精进篇

Moldex3D
模流分析实用教程与应用

李海梅　底增威　等 编著

化学工业出版社

·北京·

内容简介

本套书包含基础篇和精进篇两册，全面介绍如何基于Moldex3D软件实现注射成型及其革新工艺的模拟分析。零基础的读者可通过基础篇自学Moldex3D软件，快速掌握软件应用；了解材料、工艺、设备及模具结构与模流分析有关的性能和参数，建立工程实践与数值模拟之间的关系，合理选择分析模块、设置分析参数，以便更好地运用软件。本书为精进篇，包括数学模型和数值方法的介绍，便于读者分析模拟结果，结合专业知识建立注塑、气辅/水辅注塑、双色注塑、发泡注塑等模流分析的合理判据，使模拟结果更好地服务生产及科学决策；并结合工程实例，特别是增材制造技术实现的随形冷却水路温控系统、螺杆塑化、正交试验等特色内容，深入讨论数值结果的评价方法及优化，让读者掌握模流分析的高阶技巧。

本套书可作为Moldex3D模流分析学习入门及提高的教材，也可作为材料成型、高分子材料科学与工程、机械设计、模具设计相关专业的大学生用书，还可供塑料成型及模具相关行业的设计、研发、生产、管理等从业人员参考。

图书在版编目（CIP）数据

Moldex3D模流分析实用教程与应用．精进篇／李海梅等编著．—北京：化学工业出版社，2023.8

ISBN 978-7-122-44110-2

Ⅰ.①M… Ⅱ.①李… Ⅲ.①注塑-塑料模具-计算机辅助设计-应用软件-教材 Ⅳ.①TQ320.66-39

中国国家版本馆CIP数据核字（2023）第167377号

责任编辑：高　宁　　　　　　文字编辑：任雅航
责任校对：宋　夏　　　　　　装帧设计：韩　飞

出版发行：化学工业出版社
　　　　　（北京市东城区青年湖南街13号　邮政编码100011）
印　　装：北京盛通数码印刷有限公司
710mm×1000mm　1/16　印张29½　字数500千字
2023年8月北京第1版第1次印刷

购书咨询：010-64518888　　　　　售后服务：010-64518899
网　　址：http://www.cip.com.cn
凡购买本书，如有缺损质量问题，本社销售中心负责调换。

定　　价：158.00元　　　　　　　　　　　版权所有　违者必究

前 言

当今世界,对智能制造和高性能制造的需求日益增加,二者的共性特征都是基于建模的数字化制造;而建模,就是要建立材料、结构和工艺参数与产品性能的量化映射关系。模流分析就是能在塑料成型过程中,实现高性能制造的支撑技术之一。模流分析,融合多学科知识和计算机技术,通过对塑料材料性能的研究和塑料成型工艺过程的模拟,为制品设计、材料选择、模具设计、成型工艺的制定及成型过程的控制提供科学依据。

Moldex3D 模流软件,是台湾"清华大学"张荣语教授及其团队研究成果市场化的产物。Moldex3D 较早完成了真三维塑料制品、模具结构的耦合分析;能考虑材料性能、设备螺杆、模具结构、工艺过程、制品质量预测等全生产周期及多生产周期的模拟;在剪切生热多流道模拟、应力-光弹性能分析预测等方面极具特色。软件功能丰富,模拟结果可靠,获得人们越来越多的关注和喜爱,客户数量和服务质量近几年呈上升态势;且张教授不忘育人初心,同时与多所高校建立了 Moldex3D 实训基地并免费培训,让学生自由方便地使用 Moldex3D 软件。笔者与张教授相识于 2003 年秋,感佩于张教授的专业与专注,基于对软件的使用及理解,加上我国近期关于 Moldex3D 图书资料较少,因此有意愿完成本书的编写,同时也是对有软件研发经历的自己及张荣语教授课题组研究成果的回顾与总结。

本套书基于 Moldex3D 模流软件实现注射成型及其革新工艺的模拟,本书是精进篇,主要包含理论、革新注塑模流分析、工程应用等内容,以便读者掌握模流分析的高阶技巧。首先介绍了模流分析中所用的材料模型(第 1 章)、数学模型和数值方法(第 2 章),便于读者理解模流分析机理,合理选择材料、模型、求解器及参数;然后,结合专业知识,具体展示如何实现 Moldex3D 软件的气辅/水辅(第 3 章)、多组分(第 4 章)、发泡(第 5 章)等注射成型工艺的模流分析,拓展模流分析范围;接着,是模具温控系统、设备塑化系统的数值模拟功能及优化模块应用,即完成螺杆塑化(第 6 章)、增材制造实现的随形冷却水路温控系统(第 7 章)、正交试验(第 8 章)等特色内容模拟,深入讨论数值结果的评价及优化,并给出了工程应用实例(第 9 章)。

书中所用软件 Moldex3D Studio 2022、Moldex3D Studio 2023 得到了苏州科盛股份有限公司的鼎力支持,部分案例来自公司和笔者的合作客户,如宇通模具、惠利隆、平和电子等,非常感谢相关企业的理解、支持与合作。特别感谢苏州科盛股份有限公司的牛立国先生,正是由于他的努力协调,使得相关的模拟算例和实际应用案例才更真实,成为图书的特色之一。

本套书由李海梅、底增威、付鹏、侯俊吉、梁振风(双色、螺杆)、王紫阳(入门、气辅/水辅)、李霁雨(黏度、数学模型及数值模拟)、刘春晓(练习案例、发泡、正交试验、附录、工程案例)、肖志华(材料精灵、发泡、异形水路、热流道、工程案例)、姜喜龙(数学模型及数值模拟)等编写完成,部分内容是笔者已毕业研究生马鑫萍(夹芯)、陈金涛(双色)、徐文莉(应力)、姜坤(应力)、张雨标(发泡注塑)、张亚涛(发泡注塑)的工作成果,感谢同事、同学的努力与坚持。此外,在本书编写过程中,参考了有关书籍和资料,特别是笔者的研究生导师申长雨院士及团队的成果,在此向导师及相关作者表示感谢!

模流分析涉及流变学、传热学、流体力学、数值方法、计算机图形学、模具及塑料加工等多个内容,限于编者的水平,书中难免存在不足之处,敬请读者批评指正。

编著者　李海梅

2023 年 6 月

目 录

第1章 模流分析的材料模型 001
   1.1 塑料成型特性概述 002
   1.2 黏度模型 006
      1.2.1 普适流动曲线与黏度方程 007
      1.2.2 Moldex3D 中的黏度模型 010
      1.2.3 热固性塑料黏度模型 014
   1.3 状态方程 016
      1.3.1 不可压缩的常数模型 016
      1.3.2 三参数单域 Spencer-Gilmore 模型 017
      1.3.3 Tait 模型 017
   1.4 材料热性能 019
      1.4.1 热导率模型 020
      1.4.2 比热容模型 022
   1.5 结晶动力学模型 023
   1.6 Moldex 3D 适用材料相关信息 025
      1.6.1 性能参数测试方法 025
      1.6.2 模流分析中的单位换算 028
      1.6.3 成型原料的选用参考 030
      1.6.4 Moldex3D 数据库及其应用 031

第2章 注射成型模流分析的数学模型和数值方法 047
   2.1 聚合物熔体的流动 048

	2.1.1	流动类型	048
	2.1.2	注射成型过程中熔体的流动	050
2.2	流动/保压模拟的理论与方法		
	2.2.1	基本概念	053
	2.2.2	流变学的基本方程	060
2.3	注射成型充模流动的数学描述		071
	2.3.1	黏性流体力学的基本方程	071
	2.3.2	假设和简化	074
	2.3.3	熔体薄壁型腔流动过程的数学模型	075
	2.3.4	浇注系统内熔体流动的数学模型	078
	2.3.5	黏度模型	079
2.4	熔体薄壁型腔的流动分析——中面模型		079
	2.4.1	压力场的离散及求解方法	080
	2.4.2	温度场的离散及求解方法	085
	2.4.3	跟踪流动前沿	089
	2.4.4	小结	093
2.5	基于实体表面的流动分析		093
	2.5.1	抽取中面	095
	2.5.2	双面流充填模拟	097
2.6	三维流动分析		104
	2.6.1	数学模型	105
	2.6.2	变分方程	107
	2.6.3	数值方法	110
	2.6.4	算例分析	116
	2.6.5	小结	120
2.7	充填模拟的数据说明		120
2.8	保压模拟		123
2.9	注塑冷却分析		126
	2.9.1	数学模型	127
	2.9.2	数值方法	132
	2.9.3	冷却管网分析模型	133

2.9.4　小结 137
2.10　翘曲分析 139
　　2.10.1　概述 139
　　2.10.2　翘曲分析模型及简化 141
　　2.10.3　翘曲分析离散单元 145
　　2.10.4　翘曲分析中的一些说明 148

第3章　注塑革新工艺（1）——气辅/水辅注塑 152

3.1　气辅注塑 152
　　3.1.1　气辅注塑的特点 153
　　3.1.2　气辅注塑工艺 155
　　3.1.3　气辅注塑设备 158
　　3.1.4　气辅注塑工艺参数 159
　　3.1.5　气辅注塑常见缺陷 160
3.2　水辅注塑 161
　　3.2.1　水辅注塑的特点 162
　　3.2.2　水辅注塑工艺 165
　　3.2.3　水辅注塑主要设备 165
　　3.2.4　水辅注塑常见缺陷 167
3.3　数学模型与假设 168
3.4　气辅注塑模流分析 170
　　3.4.1　制品分析 171
　　3.4.2　前处理 171
　　3.4.3　成型参数设定和分析 175
　　3.4.4　后处理 178
3.5　带溢流腔的气辅注塑模流分析 180
　　3.5.1　制品分析 180
　　3.5.2　前处理 181
　　3.5.3　成型参数设定和分析 189
　　3.5.4　后处理 194
3.6　带溢流腔的水辅注塑模流分析 207

3.6.1　制品分析　　207
　　3.6.2　前处理　　207
　　3.6.3　成型参数设定和分析　　207
　　3.6.4　后处理　　212
　　3.6.5　小结　　223

第4章　注塑革新工艺（2）——多组分注塑　　226

4.1　多组分注塑简介　　226
　　4.1.1　多组分注塑的种类　　227
　　4.1.2　典型应用　　232
4.2　共注塑　　234
　　4.2.1　概述　　234
　　4.2.2　夹芯注塑研究进展　　236
　　4.2.3　夹芯注塑工艺模拟机理　　239
4.3　Moldex3D 夹芯注塑模流分析　　241
　　4.3.1　前处理　　242
　　4.3.2　参数设置及分析　　252
　　4.3.3　后处理　　254
　　4.3.4　分析案例　　257
4.4　双料共注塑　　267
　　4.4.1　概述　　267
　　4.4.2　Moldex3D 双料共注塑模流分析　　268

第5章　注塑革新工艺（3）——发泡注塑　　274

5.1　发泡注射成型简介　　274
5.2　发泡注射成型模流分析原理　　276
　　5.2.1　充填保压的数学模型　　276
　　5.2.2　成核和气泡生长模型　　277
5.3　Moldex3D 发泡注射成型模块　　279
5.4　Moldex3D 发泡注射成型模流分析　　280
　　5.4.1　建立网格模型　　280

  5.4.2 成型参数设置及运行 284
  5.4.3 模流分析结果查看 292
 5.5 化学发泡成型模块 295
  5.5.1 概述 295
  5.5.2 数学模型和假设 298
  5.5.3 Moldex3D 化学发泡成型模流分析 300

第 6 章 注塑设备（螺杆）分析 310

 6.1 ScrewPlus 简介 310
 6.2 ScrewPlus 使用流程 312
  6.2.1 ScrewPlus 的启动 313
  6.2.2 ScrewPlus 的螺杆特性及工艺设置 326
 6.3 ScrewPlus 模拟结果的应用 340

第 7 章 热流道与随形冷却水路分析 345

 7.1 热浇道技术 345
  7.1.1 热流道技术的特点 346
  7.1.2 热流道的形式 348
  7.1.3 热流道的应用 355
 7.2 Moldex3D 热流道分析 355
  7.2.1 软件功能简介 355
  7.2.2 分析案例 358
 7.3 随形冷却水路 373
  7.3.1 概述 373
  7.3.2 Moldex3D 实体水路分析 376
  7.3.3 Moldex3D 随形冷却水路分析 378

第 8 章 基于数值模拟的正交试验分析 386

 8.1 Moldex3D 专家分析模块 386
  8.1.1 "DOE 精灵"的启动 387

8.1.2 DOE 中的控制因子和品质因子　389
8.1.3 "DOE 精灵"的"设定"　393
8.1.4 "DOE 精灵"的"总结"　394
8.1.5 DOE 分析结果　397
8.2 正交试验分析案例　397
8.2.1 制品分析　397
8.2.2 原始工艺参数模拟及结果查看　398
8.2.3 DOE 优化　402

第 9 章 模流分析工程案例　410

9.1 多浇口进料家电面板　410
9.1.1 制品分析　410
9.1.2 模流分析　411
9.1.3 结论　419
9.2 带金属嵌件汽车配件　419
9.2.1 制品分析　419
9.2.2 浇口位置及工艺参数　421
9.2.3 模流分析　422
9.2.4 结论　425
9.3 汽车座椅　425
9.3.1 制品分析　425
9.3.2 模流分析　426
9.3.3 结论　431

参考文献　433

附录 Moldex3D 软件错误与警告讯息　436

第1章
模流分析的材料模型

塑料具有品种多、生产易、成本低、加工快、比强度高、性能好等特点，可满足不同领域的需要，并可部分替代金属、木材、陶瓷等材料而被广泛使用，或与金属、木材、陶瓷复合满足更苛刻、更复杂的应用要求。广义而言，几乎所有的塑料都必须经过成型加工才能成为有用的制品，或具有特定的性能、满足特殊需要而被使用，所以塑料成型加工在高分子材料科学领域、聚合物材料工业、聚合工程方面有重要的地位和作用。因为对塑料熔体（高分子化合物）的认识有限，最初的聚合物材料成型加工，基本上借用或移植橡胶、金属材料的加工方法。20世纪中叶开始的塑料加工工业的快速发展，使得研究材料流动与变形的聚合物流变学得以开展。聚合物流变学不仅是塑料加工和技术创新的理论基础，也是塑料成型机械和塑料成型模具的设计理论。

聚合物流变学以多样的物理形态为研究对象，通过实验和理论分析的方法，建立了材料流变状态的本构方程（数学模型），研究材料变形和流动的基本参数与各种物理量的函数关系。更进一步，运用质量守恒、动量守恒、能量守恒方程，以及纳维-斯托克斯（Naiver-Stocks）方程来预测和解释高分子材料科学和工程中规律性的物理现象。

本章介绍进行塑料成型过程数值模拟时，需要考虑的被加工原料的材料模型，包括反映流变性能的黏度模型、塑料密度变化的状态方程、热导率、比体积（比容）等，进而熟悉塑料形态的多样性，以及塑料聚合物形态对温度、时间、压力等工艺参数的依赖性，便于人们在进行模流分析时选择合适的材料模型、成型工艺参数和模流分析功能模块。

本章先从多个角度介绍黏度模型、状态方程，然后再介绍 Moldex3D 适用材料相关信息。若读者阅读过程中觉得本章前面内容艰深难懂，则建议直接进入本章 1.6.4 节，可快速掌握 Moldex3D 软件中材料的选择及应用。

1.1 塑料成型特性概述

通常塑料（图 1.1）的加工先从固态原料加热、塑化成熔体（液态）或高弹态，后经冷却固化成型。塑料成型不同于金属、陶瓷等小分子材料，特性主要体现在两个方面：塑料（聚合物）形态的多样性和多元性，聚合物形态对温度和时间的依赖性。塑料结构构象的复杂性是这些特性表现的根本原因。

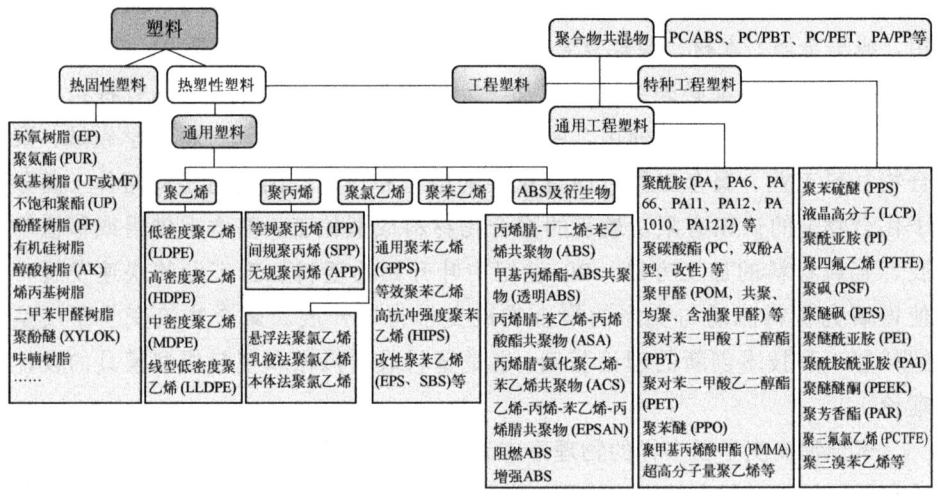

图 1.1　常用塑料材料的分类

塑料（聚合物）没有明确的固态、液态界限。固体与液体的转化过程比低分子材料复杂得多，聚合物的力学状态具有多样性和多元性，有结晶态、无定形态和液晶态。液态聚合物包括溶体、悬浮液、分散体和熔体，这里主要讨论熔体。固态聚合物有均质态、取向态和多相态。

聚合物对温度的依赖性如图 1.2 所示。由于温度的变化，无定形聚合物有玻璃态、高弹态和黏流态［图 1.2（a）］；结晶型聚合物温度高于 T_m 以后或为黏流态［图 1.2（b）曲线 1］，或为高弹态、黏流态［图 1.2（b）曲线 2］。聚合物的流变性能与时间有关，具有黏弹性。温度、时间对材料性能的影响可以用时间-温度等效建立联系。下面以聚合物性能对温度的依赖关系说明塑料材料形态的多样性及其与塑料加工的关系。

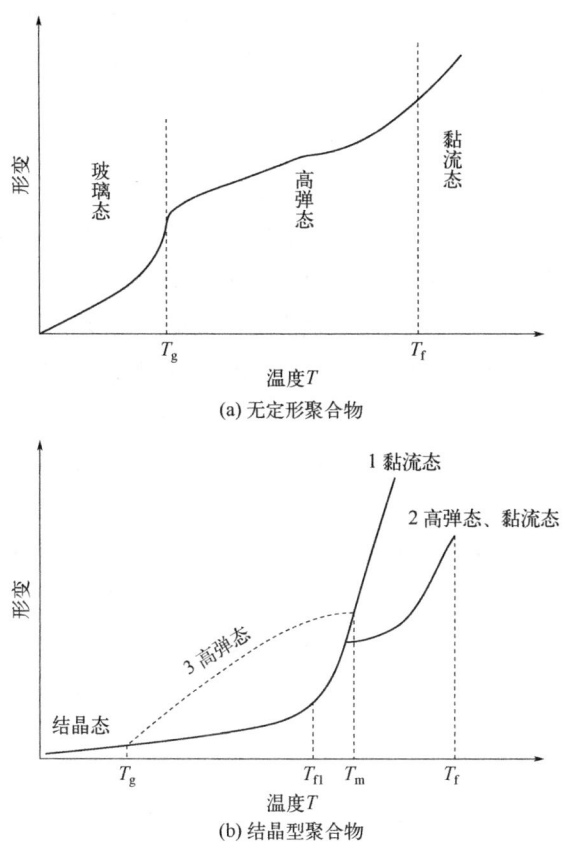

图 1.2 聚合物的形变-温度曲线

无定形聚合物在恒定外力作用下的形变-温度关系如图 1.2（a）所示。在温度变化过程中，它呈现两种转变和三种力学状态。温度低于玻璃化转变温度 T_g 时，表现为具有弹性形变的玻璃态。温度在黏流温度 T_f 以上时表现为黏流态，因此 T_f 是流动转变温度。材料温度介于 T_g 与 T_f 之间时表现为高弹态。注意，并非每一种无定形聚合物都有这三种状态，而且各种无定形聚合物的力学状态出现的温度区域不一样。无定形聚合物在玻璃化转变温度以下不会结晶，但玻璃态、高弹态的转变是流变性能和力学性能的转折点。材料的弹性模量有几个数量级的变化，断裂伸长率、屈服应力和拉伸强度等有突变。其他热力学、电磁学和光学的性能也有急剧变化。

结晶型聚合物的相转变在一定的温度范围内发生，这个温度范围的上限点称为平衡熔点 T_m。结晶型聚合物在熔点以上处于黏流态。结晶型聚合物的固态称为结晶态，但总是有无定形区的存在。结晶度是固体中结晶区的含量，结晶度影响着聚合物的力学性能。聚合物的结晶过程与分子构象密切相关。结晶度与结晶形态取决于高分子链的对称性、柔顺性和结晶速率。结晶型聚合物的玻璃化转变温度 T_g，是其无定形部分的玻璃化转变温度。

结晶型聚合物存在晶区和无定形区两相，其中无定形区的聚合物也存在三种力学状态和两种转变。图 1.2（b）为结晶型聚合物的形变-温度曲线。在玻璃化转变温度 T_g 以下，聚合物呈现玻璃态力学性能；温度升高到 T_g 时，结晶型聚合物中的无定形区部分，发生玻璃化转变进入高弹态，如虚线 3 所示。但由于结晶区的存在，晶区的刚性比高弹态的无定形态大得多，因而结晶型聚合物在未达到熔点 T_m 前形变较小地增加，此时聚合物是柔软的弹塑态，并且形变随着聚合物结晶度的增加而减小，甚至观察不到明显的玻璃化转变。温度继续升高到熔点 T_m 后聚合物熔融。若聚合物的分子量较小，使黏流温度 T_f 小于熔点时，结晶型聚合物熔融后直接进入黏流态，如曲线 1 所示。倘若聚合物的分子量较大，使黏流温度大于熔点，则结晶型聚合物熔融后先转变成高弹态，直至升温升到黏流温度 T_f 时，才转变成黏流态。结晶型聚合物在熔融后还处于高弹态，如图 1.2（b）中曲线 2 所示，这不利于熔体流动充模，因此要控制聚合物的分子量。

交联的热固性聚合物常温下处于玻璃态，而橡胶制品是高弹态。交联网络的整体就相当于一个大分子，因此不发生相态转化，故热固性塑料没有黏流态。

当聚合物处于玻璃态、高弹态、黏流态等不同的力学状态时，其力学性质的差别也较大，主要表现在材料变形能力的不同。因而在不同状态下所适合的成型加工方法也随之不同。下面以无定形聚合物为例，按照温度从低到高的顺序，依次讨论聚合物在所处的三种力学状态下的形变特点及适合的成型加工方法。

（1）$T \leqslant T_g$

聚合物处于玻璃态。玻璃态聚合物的力学行为特点是内聚能大，弹性模量高（一般可达 $10^{10} \sim 10^{11}$Pa）。在外力作用下，只能通过高分子主链键长、键角的微小改变发生形变，因此形变量很小，断裂伸长率一般在 0.01%～0.1%范围内，在极小应力范围内形变具有可逆性。上述力学特点决定了在玻璃态下聚合物不能进行大形变的成型，但适于进行机械加工，如车削、锉削、制孔、切螺纹等。如果将温度降到材料的脆化温度 T_b 以下，材料的韧性会显著降低，在受到外力作用时极易脆断，因此，T_b 是塑料加工使用的最低温度。

（2）$T_g < T < T_f$

线型非结晶型聚合物所处的力学状态为高弹态。高弹态下聚合物力学行为的特点是：弹性模量与玻璃态相比显著降低（一般在 $10^5 \sim 10^7$Pa）；在外力作用下，分子链段可发生运动，因此变形能力大大提高，断裂伸长率为 100%～1000%，所发生的形变可恢复，即外力去除后，高弹形变会随时间延长而逐渐减小，直至为零。

聚合物在高弹态下的力学行为特点决定了在该状态下可进行较大形变的成型加工，如压延成型、中空吹塑成型、热成型等。但需特别注意的是，此状态下发生的形变是可恢复的，因此，将变形后的制品迅速冷却至玻璃化转变温度以下是确保制品形状及尺寸稳定的关键。同时，由于高弹态下聚合物发生的形变是可恢复的弹性形变，因此，骤冷将限制形变恢复，容易使制品内部产生内应力。

（3）$T \geqslant T_f$

线型非结晶型聚合物所处的力学状态为黏流态。黏流态下聚合物力学行为的特点为：整个分子链的运动变为可能，在外力的作用下，材料可发生持续形变（即流动）。因此，在黏流态下可进行形变大、形状复杂的成型，如注射成型、挤出成型等，而且由于此时发生的形变主要是不可逆的黏流形变，因此，当制品温度从成型温度迅速降至室温时不易产生热内应力，制品的质量易于保证。

当聚合物熔体温度高于其降解温度 T_d 后，聚合物发生降解，使制品的外观质量和力学性能降低。从图 1.3 可更直观地理解聚合物的温度、力学状态及成型加工三者的关系。

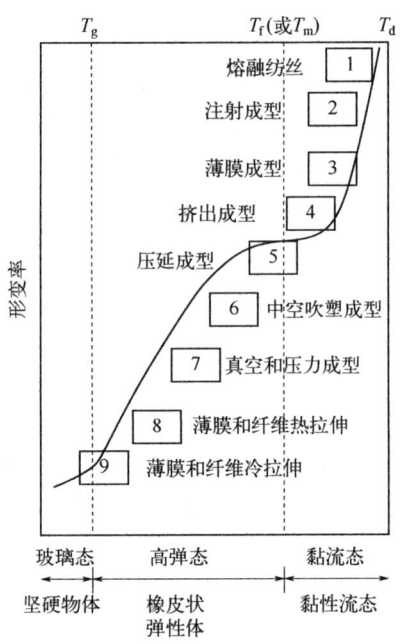

图 1.3 聚合物的温度、力学状态及成型加工的关系示意图

塑料在常温下是玻璃态,若加热则变为高弹态,进而变为黏流态,从而具有优良的可塑性。可以用一些高生产率的成型方法来制造产品,节省工时,简化工艺过程,且易于组织大批量生产。下面介绍成型加工中常用的一些材料模型和参数,如黏度、压力-比容-温度关系(在不同压力及温度下的比体积,PVT关系)、热导率、比热容等。

1.2 黏度模型

黏度模型主要用来表示流动和形变(应变)的关系。

大多数塑料的成型加工都是在熔融状态下进行的,因此聚合物在黏流温度下的流动和弹性是其成型加工的首要性能。由于聚合物大分子链很长,容易缠结,使得聚合物熔体间相对位移比较困难,所以塑料熔体黏度比小分子材料大很多,且熔体不仅呈现不可逆的黏性流动,还有可逆的弹性变形。

如果说表明应力与应变有线性关系的胡克定律是表述理想弹性体的行为,那么表明应力与应变速率有线性关系的牛顿流动定律就是表述黏性流体的行为。凡是不符合牛顿流动定律的流体，就是非牛顿流体。从图1.4（a）可知，牛顿流体的剪切应力-剪切速率关系是线性的，斜率就是黏度，为一常数。而剪切增稠（D曲线）、剪切变稀（S曲线）、假塑性宾汉流体的剪切应力（PB曲线）与剪切速率的关系是非线性的，且各自曲线上不同位置的应力（黏度）/剪切应变是变化的。

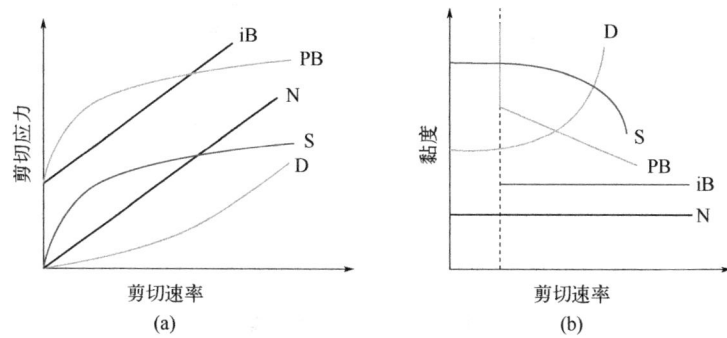

图1.4　不同流体的剪切应力和剪切速率（a）、黏度和剪切速率（b）关系示意图
N—牛顿流体；D—胀流体；S—假塑性流体；iB—理想的宾汉流体；PB—假塑性宾汉流体

1.2.1　普适流动曲线与黏度方程

通过大量的聚合物熔体流动实验和流动曲线，总结出如图1.5所示的塑料熔体普适的流动曲线。由于这类曲线的黏度（η）与剪切速率的变化范围很广，所以用对数坐标$\lg\eta$-$\lg\dot\gamma$表达。高聚物的流动曲线可以分为三个区域。①在低剪切速率下，黏度曲线斜率为0。在$\lg\tau$-$\lg\dot\gamma$上曲线斜率为1，此状态流体符合牛顿第一定律，称为第一牛顿区。该区的黏度为零剪切黏度η_0，即$\lg\dot\gamma\to 0$时的黏度。②剪切速率增大，流动曲线的斜率为$n-1$，其流动指数$n<1$，称为假塑性流动区（假塑区）。该区的黏度为表观黏度η_a，在该区的剪切应变速率$\dot\gamma$增大时黏度减小。高聚物熔体加工成型时所经历的剪切速率通常在此范围内。③当剪切速率继续增大，在高剪切速率区黏度曲线为另一个斜率为零的直线，也符合牛顿流动定律，称为第二牛顿区。高剪切速率的黏度为极限剪切黏度η_∞，如图1.5所示。一般实验不容易达到这个区域，因为尚未达到这个区域的剪切应变，已经出现了不稳定的流动。常见的普适曲线是理论推断的示意曲线。高聚物熔体的零剪切黏度、表观黏度和极限黏度关系有：$\eta_0>\eta_a>\eta_\infty$。

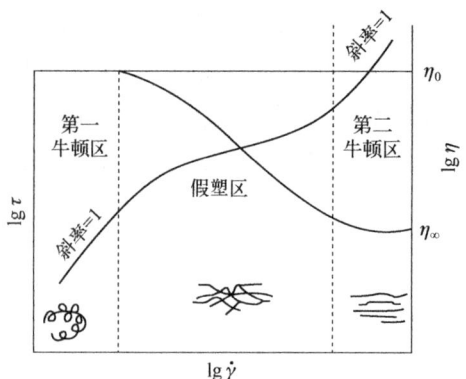

图 1.5 塑料熔体普适的流动曲线

按照图 1.5 从左到右的顺序，依次介绍能很好模拟普适曲线的黏度模型（表 1.1）。

表 1.1 普适的黏度模型

模型名称	公式及参数	适用范围
①幂律模型	实验发现，非牛顿流体的应力（τ）应变关系满足下式： $\tau = K\dot{\gamma}^n$ 则，$\eta_a = \tau/\gamma = K\dot{\gamma}^{n-1}$。式中，$\eta_a$ 是表观黏度；K 是黏稠度；n 是流动指数（非牛顿指数）。$n=1$ 时熔体为牛顿流体，$n<1$ 时为剪切变稀的假塑性流体，$n>1$ 时为剪切增稠型流体。n 偏离 1 越远，说明熔体的非牛顿流体特征越明显，聚合物熔体的 n 在 0.2～0.7 之间	幂律模型参数少、简单、使用方便。但低剪切塑料的黏度计算数值偏高；无法考虑第一和第二牛顿区及其与假塑性流体区间的过渡区。温度对黏度的影响可以通过 K 体现
②Carreau 四参数模型（1979）	$$\eta = \eta_\infty + \frac{\eta_0 - \eta_\infty}{\left[1+(\lambda\dot{\gamma})^2\right]^{\frac{1-n}{2}}}$$ 式中，η_0 为零剪切黏度；η_∞ 为极限剪切黏度；n 为流动指数（非牛顿指数）；λ 为单位为秒的材料特征时间，计算公式如下： $$\lambda = \eta_0/\tau^*$$ 式中，τ^* 是与 λ 相应的牛顿区向剪切变稀区的应力	用 η_0、η_∞、n、λ 完整描述黏度随着剪切应变速率变化的全过程
③Carreau-Yasuda 五参数模型（1979）	$$\eta = \eta_\infty + \frac{\eta_0 - \eta_\infty}{\left(1+|\lambda\dot{\gamma}|^a\right)^{\frac{1-n}{a}}}$$ $$\lambda = \eta_0/\tau^*$$ a 是已知参数，当 $a=2$ 时，就是四参数的 Carreau 模型。其余符号意义同前	用 η_0、η_∞、n、λ、a 五参数完整描述黏度随着剪切应变速率变化的全过程

续表

模型名称	公式及参数	适用范围
$\eta_\infty = 0$		
④ Cross-Williamson 模型（1965）	$\eta = \dfrac{\eta_0}{1+\|\lambda\dot\gamma\|^{1-n}}$ 符号意义同前	适合于较低的剪切速率，主要是第一牛顿区和假塑性流动区
⑤ Carreau 三参数模型（1972）	$\eta = \dfrac{\eta_0}{\left[1+(\lambda\dot\gamma)^2\right]^{\frac{1-n}{2}}}$ 符号意义同前	
⑥ Ellias 应力描述（1977）	$\eta = \dfrac{\eta_0}{1+\left\|\dfrac{\tau_{yx}}{\tau_{1/2}}\right\|^{a-1}}$ 式中，τ_{yx} 为剪切应力；$\tau_{1/2}$ 为黏度 $=\eta_0/2$ 时的剪切应力；a 为假塑性区与斜率有关的参数	反映了高剪切应变速率下剪切变稀的特性
考虑温度 T 对黏度的影响，即 $\eta = f(\dot\gamma, T)$		
⑦ Ostwald 多项式拟合	$\ln\eta = a_0 + a_1\ln\dot\gamma + a_{11}(\ln\dot\gamma)^2 + a_2 T + a_{22}T^2 + a_{12}T\ln\dot\gamma$ 式中，a_0、a_1、a_{11}、a_2、a_{22}、a_{12} 是由实验拟合的常数	适合于高剪切速率挤出
考虑温度、压力（P）对黏度的影响，即 $\eta = f(\dot\gamma, T, P)$		
⑧ 修正的 Cross 模型 — Arrhenius-Cross 模型	$\eta(\dot\gamma, T, P) = \dfrac{\eta_0(T,P)}{1+\left(\dfrac{\eta_0\dot\gamma}{\tau^*}\right)^{1-n}}$ $\eta_0(T,P) = B\exp\left(\dfrac{T_b}{T}\right)\exp(\beta P)$ 式中，B、T_b、β 是已知常数。其中，T_b、β 分别反映黏度对温度、压力的敏感度。其余符号意义同前	适合的材料和剪切应变速率范围宽，结合了幂律模型的优点，但低温估算黏度偏低
⑧ 修正的 Cross 模型 — Cross-WLF 模型（七参数）	$\eta(\dot\gamma, T, P) = \dfrac{\eta_0(T,P)}{1+\left(\dfrac{\eta_0\dot\gamma}{\tau^*}\right)^{1-n}}$ $\eta_0(T,P) = D_1\exp\left[-\dfrac{A_1(T-T^*)}{A_2+(T-T^*)}\right]$ $T^* = D_2 + D_3 P$ $A_2 = \tilde{A}_2 + D_3 P$ D_1、D_2、D_3、A_1、$\tilde{A}_2$ 为材料常数。 七参数 $\{n, \tau^*, D_1, D_2, D_3, A_1, \tilde{A}_2\}$	结合了 WLF 移轴函数的优点，对非晶料精度更高。适合注射成型模拟，也是目前使用最广泛的一种模型

续表

	模型名称	公式及参数	适用范围
⑨其他	金日光教授的理论	基于活化能的普适模型，考虑了 $\dot{\gamma} \to 0$、η_0、$\dot{\gamma} \to \infty$、η_∞	普适的黏度方程
	申长雨教授等的理论	$\eta = \eta_0 \quad 0 \leq \gamma < \tau_0/\eta_0$ $\eta = \dfrac{\eta_0}{\left[1+\left(\dfrac{\eta\dot{\gamma}-\tau_0}{\tau^*}\right)^2\right]^{\frac{1-n}{2}}}$ 当 $\gamma \geq \tau_0/\eta_0$ 基于 Cross 模型引入参数 τ_0，处理 n 的歧义性，提高精度。τ_0 为牛顿区结束点处 $\eta_0\dot{\gamma}$ 的值，即牛顿区到非牛顿区转折点处的应力水平值，该值小于 τ^* 的取值。其余符号意义同前	融合了 Carreau 模型的优点

1.2.2 Moldex3D 中的黏度模型

目前大家广泛接受的考虑温度效应的模型有两类：指数模型（Arrhenius exponential model）和 Corss-William-Landel-Ferry (WLF)模型。根据工程黏度和剪切应变速率关系的不同需求，针对塑料材料的差异有不同的数学模型可以应用，下面是 Moldex3D 中支持的模型。

1.2.2.1 热塑性材料黏度模型

（1）牛顿流体

牛顿流体如式（1.1）所示，假设黏度与温度、剪切应变速率无关，此模型无法反映热塑性塑料的流动特性，不建议用此模型模拟热塑性材料。但快速检查网格模型时，可用此模型提高预估效率。

$$\eta = \eta_0 \qquad (1.1)$$

式中，η 是黏度；η_0 是牛顿黏度。

（2）幂律模型

幂律（Power-Law）模型，忽略第一牛顿区，黏度与剪切应变速率的关系是一个幂次方程式。事实上，目前常用的许多模型都是从此模型推导出来的。但此模型对低剪切应变速率区域的黏度预估值有误差，估值偏大；此外也没有考虑压力对黏度的影响。此模型包括 n、B、T_b 三个已知参数，如下所示：

$$\eta = \eta_0(\dot{\gamma})^{n-1} \tag{1.2}$$

$$\eta_0 = B\exp\left(\frac{T_b}{T}\right) \tag{1.3}$$

式中，n 为流动指数（非牛顿指数），其值介于 0～1 之间；B、T_b 为材料常数；T 为熔体温度；η_0 为剪切速率 →0 时的黏度。

（3）修正的 Cross 模型（ⅰ）

修正的 Cross 模型（ⅰ），可用来表征材料第一牛顿区及剪切变稀区，黏度与剪切速率的关系，包含 n、B、T_b、C、D 五个已知参数，如下所示：

$$\eta = \frac{\eta_0}{1 + C(\eta_0\dot{\gamma})^{1-n}} \tag{1.4}$$

$$\eta_0 = B\exp\left(\frac{T_b}{T} + DP\right) \tag{1.5}$$

式中，C 参数反映剪切应变速率的影响；D 参数表示压力 P 对黏度的影响；其余符号意义同前。

（4）修正的 Cross 模型（ⅱ）：Cross-Exp 模型

修正的 Cross 模型（ⅱ），类似于上一个修正的 Cross 模型（ⅰ），也可表征第一牛顿区、剪切变稀区中黏度和剪切应变速率的关系。这个模型包含 n、τ^*、B、T_b、D 五个已知参数，适合分子量分布较宽的大部分热塑性塑料。因为市场上塑料的分子量分布通常较宽，所以这个模型在 Moldex3D 数据库中应用很多。另外，该模型中温度的影响用指数形式表示[式（1.7）]，且参考应力也是用指数表示[式（1.6）]，因此又记作 Cross-Exp 模型。

$$\eta = \frac{\eta_0}{1 + \left(\frac{\eta_0\dot{\gamma}}{\tau^*}\right)^{1-n}} \tag{1.6}$$

$$\eta_0 = B\exp\left(\frac{T_b}{T} + DP\right) \tag{1.7}$$

式中，τ^* 为常数，反映了由牛顿黏度过渡到幂律黏度的剪切应力水平；其余符号意义同前。

（5）修正的 Cross 模型（ⅲ）：Cross-WLF 模型

此模型是 Cross-Exp 模型的修正版。温度效应用 William-Landel-Ferry (WLF)

方程表示，因此本模型也被称为 Cross-WLF 模型。此模型包含七个参数：n、τ^*、D_1、D_2、D_3、A_1、$\tilde{A}_2$。Cross-WLF 模型通常在低温时能加以修正黏度特性，具有较高的准确性，特别是在温度低于 $T_g+100℃$ 时，Cross-WLF 模型的模拟结果通常比 Cross-Exp 的结果好。

$$\eta(\dot{\gamma},T,P) = \frac{\eta_0(T,P)}{1+(\frac{\eta_0\dot{\gamma}}{\tau^*})^{1-n}} \quad (1.8)$$

$$\eta_0(T,P) = D_1\exp\left[-\frac{A_1(T-T^*)}{A_2+(T-T^*)}\right] \quad (1.8a)$$

$$T^* = D_2 + D_3P \quad (1.9)$$

$$A_2 = \tilde{A}_2 + D_3P \quad (1.10)$$

式中，D_1、D_2、D_3、A_1、$\tilde{A}_2$ 为材料常数；其余符号意义同前。

（6）Carreau-Exp 模型

此模型可描述剪切速率在第一牛顿区、假塑性区或剪切变稀区域黏度的变化。温度对黏度的影响用指数表示，因此又被称为 Carreau-Exp 黏度模型。该模型包含 n、τ^*、B、T_b、D 五个参数，与 Cross-Exp 形式上很像［式（1.6）与式（1.11）相似］，主要区别在于 n 的指数表达上，使得该模型可以考虑 $n=1$ 的牛顿流体的情况。

$$\eta = \frac{\eta_0}{\left[1+\left(\frac{\eta_0\dot{\gamma}}{\tau^*}\right)^2\right]^{\frac{1-n}{2}}} \quad (1.11)$$

$$\eta_0 = B\exp\left(\frac{T_b}{T} + DP\right) \quad (1.12)$$

（7）Carreau-Yasuda 模型

此模型可描述第一牛顿区、剪切变稀区及第二牛顿区的剪切速率与黏度的关系。该模型包含 η_∞、n、a、τ^*、B、T_b、D 七个参数［式（1.13）］。

$$\eta = \frac{\eta_0-\eta_\infty}{\left[1+\left(\frac{\eta_0\dot{\gamma}}{\tau^*}\right)^a\right]^{\frac{1-n}{a}}} + \eta_\infty \quad (1.13)$$

第 1 章 模流分析的材料模型

$$\eta_0 = B\exp\left(\frac{T_b}{T} + DP\right) \quad (1.14)$$

式中，η_0 为剪切速率 $\to 0$ 时的黏度；η_∞ 为剪切速率趋于无限大时的黏度；a 为从 0 剪切速率到幂次区域转换的无量纲值；其他符号意义同前。

（8）Herschel–Bulkley Cross 模型（ⅱ）

此模型用于高充填或高纤维含量的塑料基体复合材料。因为填充物或纤维的存在，使得复合材料的熔体黏度有个阈值，如式（1.15）所示。当外部作用力不超过 τ_y 时，熔体无法流动。模型的第一项（$\frac{\tau_y}{\dot{\gamma}}$）反映了应力对黏度的影响，而第二项则描述了聚合物熔体剪切变稀的特点。该模型包含 n、τ^*、B、T_b、D、τ_{y0}、T_y 七个参数。

$$\eta = \frac{\tau_y}{\dot{\gamma}} + \frac{\eta_0}{1 + \left(\frac{\eta_0}{\tau^*}\dot{\gamma}\right)^{1-n}} \quad (1.15)$$

$$\eta_0 = B\exp\left(\frac{T_b}{T} + DP\right) \quad (1.16)$$

$$\tau_y = \tau_{y0}\exp\left(\frac{T_y}{T}\right) \quad (1.17)$$

式中，τ_{y0}、T_y 是材料常数，分别代表应力、温度对材料应力的影响；其他参数意义同前。

（9）Herschel–Bulkley Cross 模型（ⅲ）

此模型融合 Herschel-Bulkley 和 Cross-WLF 模型，包含 n、τ^*、D_1、D_2、D_3、A_1、$\tilde{A}_2$、τ_{y0}、T_y 九个参数，可以考虑温度、压力、应力对黏度的影响。

$$\eta = \frac{\tau_y}{\dot{\gamma}} + \frac{\eta_0}{1 + \left(\frac{\eta_0}{\tau^*}\dot{\gamma}\right)^{1-n}} \quad (1.18)$$

$$\eta_0 = D_1\exp\left[\frac{-A_1(T - T^*)}{A_2 + (T - T^*)}\right] \quad (1.19)$$

$$T^* = D_2 + D_3 P \quad (1.20)$$

$$A_2 = \tilde{A}_2 + D_3 P \quad (1.21)$$

$$\tau_y = \tau_{y0} \exp\left(\frac{T_y}{T}\right) \tag{1.22}$$

式中,各符号意义同前。

1.2.2.2 选择黏度模型的方法

不同的黏度模型有各自的适用范围,可以参考剪切速率大小、材料特性及材料参数获取的难易程度进行选择。通常来讲,Cross-WLF 黏度模型是最为常用的模拟塑料熔体流动的模型,既可以描述牛顿区域也能描述剪切致稀区域,并且其适用的温度区间相当宽而灵活(由于 WLF 方程的关系)。另外,高纤维含量或高填料的复合材料,建议使用 Herschel-Bulkley 相关模型。

1.2.3 热固性塑料黏度模型

热固性塑料由于有固化(熟化)过程,因此其黏度模型(化学流变模型)和热塑性塑料相似又有区别,下面依次介绍 Moldex3D-RIM 模拟分析主要采用的模型,不进行 RIM 模流分析的可略过此内容。

(1)牛顿流体

此模型是假设黏度为一常数,表达式同式(1.1),区别在于常数 η_0 的取值可能会有差异。牛顿流体完全不考虑交联作用产生的黏度变化,适合用户快速分析时使用。

(2)Castro Macosko 模型

此模型假设黏度只和温度及固化(熟化)程度有关。黏度和熟化程度的关系可以用 α_g、c_1、c_2 三个参数来描述,其中 α_g 是与胶化点相关的参数。温度对黏度的影响与热塑性塑料类似,用参数 A、T_b 表示。η_0 是熟化开始时的初始黏度。

$$\eta = \eta_0 \left(\frac{\alpha_g}{\alpha_g - \alpha}\right)^{c_1 + c_2 \alpha} \tag{1.23}$$

$$\eta_0 = A \exp\left(\frac{T_b}{T}\right) \tag{1.24}$$

(3)幂律 Castro Macosko 模型

此模型是前面 Castro Macosko 模型的拓展,如下所示,考虑了剪切应变速率对黏度的影响，且用幂指数形式表达剪切应变速率与黏度的关系。

$$\eta = \eta_0 \exp\left(\frac{T_b}{T}\right)\dot{\gamma}^{n-1} \tag{1.25}$$

$$\ln \eta_0 = a_0 + a_1\alpha + a_2 d \tag{1.26}$$

$$T_b = b_0 + b_1\alpha + b_2 d \tag{1.27}$$

$$n = c_0 \exp(c_1\alpha + c_2 d) \tag{1.28}$$

$$d = \tan\left[\frac{\pi}{2}\left(\frac{\alpha - \alpha_g}{\alpha_g}\right)\right] \tag{1.29}$$

式中，n 是由熟化程度（参数 $c_0 \sim c_2$）控制的幂指数；$a_0 \sim a_2$ 是考虑熟化对黏度影响的拟合参数；$b_0 \sim b_2$ 则是在熟化影响上再加上温度影响的拟合参数；α_g 与胶化点相关。

(4) Cross–Castro Macosko 模型

此模型延伸自 Castro Macosko 模型，在式（1.23）的基础上，考虑了包含 Cross 式的剪切速率相关性［式（1.30）］，表达如下：

$$\eta = \frac{\eta_0\left(\dfrac{\alpha_g}{\alpha_g - \alpha}\right)^{c_1 + c_2\alpha}}{1 + \left(\dfrac{\eta_0}{\tau^*}\dot{\gamma}\right)^{1-n}} \tag{1.30}$$

$$\eta_0 = A\exp\left(\frac{T_b}{T}\right) \tag{1.31}$$

其剪切速率、温度对黏度的影响考虑与修正的 Cross 模型（ⅱ）相同［式（1.6）］，但 Cross-Castro Macosko 模型［式（1.32）］考虑了应力临界值 τ_y 的作用。

$$\eta = \frac{\tau_y}{\dot{\gamma}} + \frac{\eta_0\left(\dfrac{\alpha_g}{\alpha_g - \alpha}\right)^{c_1 + c_2\alpha}}{1 + \left(\dfrac{\eta_0}{\tau^*}\dot{\gamma}\right)^{1-n}} \tag{1.32}$$

(5) Herschel–Bulkley 模型

此模型在 Castro Macosko 模型中加入了屈服应力的影响及幂指数类型的剪切速率相关性［式（1.33）］。而温度的相关性则以 WLF 方程［式（1.33）～式

（1.36）]来描述。

$$\eta = \frac{\tau_y}{\dot{\gamma}} + K\dot{\gamma}^{n-1} \qquad (1.33)$$

$$\tau_y = \tau_{y0} \exp\left(\frac{T_y}{T}\right) \qquad (1.34)$$

$$K = K_0 \exp\left[\frac{-C_A(T-T_g)}{C_B + (T-T_g)}\right] \qquad (1.35)$$

$$K_0 = K_{00} \left(\frac{\alpha_g}{\alpha_g - \alpha}\right)^{c_1 + c_2 \alpha} \qquad (1.36)$$

其屈服应力的考虑与 Herschel-Bulkley 模型相同；C_A、C_B 为 WLF 方程中的参数；K_0、K_{00} 为材料系数，熟化影响的参数则与 Castro Macosko 模型相同。

1.3 状态方程

描述塑料成型过程中材料密度变化（或熔体的可压缩性）的模型，称为状态方程，也就是描述压力-比体积-温度(PVT)之间的关系。

塑料加工过程中，由于相态的转变，即塑料液态、固态相互之间的变化，使得塑料的密度或者比体积（密度的倒数）会发生变化。由于液态、固态的密度存在差异，会导致塑料加工后产生收缩，造成翘曲变形。密度或比体积的变化除了和相态有关，也会随着温度和压力的变化而有明显的改变。因此表征出材料的 PVT 关系后，才能模拟材料在成型过程中被赋形定型的情况，并进一步预估产品离开模具后的收缩、变形与翘曲。

模流分析中常用的 PVT 关系主要是考虑热塑性塑料，后来随着科技的进步和市场需求，也拓展到热固性塑料。用以表征 PVT 关系最常用的就是 Spencer-Gilmore 模型（液态）和双域（固、液两态）Tait 方程，下面给予具体介绍。

1.3.1 不可压缩的常数模型

比体积（密度）常数模型[式（1.37）]是假设比体积和温度、压力无关，材料是不可压缩的。

$$\hat{V} = \hat{V}_0 \tag{1.37}$$

式中，$\hat{V}$ 及 $\hat{V}_0$ 为材料的比体积。常数模型简单方便，多用于快速模拟冷却时间、模具温度初值确定、浇口位置快速预测等功能模块。

1.3.2 三参数单域 Spencer–Gilmore 模型

Spencer-Gilmore 模型由理想气体定律加上温度、压力（P）对比体积的修正所得。热塑性材料的 PVT 关系如式（1.38）。

$$\hat{V} = \hat{V}_0 + \frac{R'T}{P + P_0} \tag{1.38}$$

式中，$\hat{V}$ 是材料的比体积，即密度的倒数；T 是温度自变量；P_0 是参考压力；R' 是常数。三个参数 $\hat{V}_0$、R' 及 P_0 已知，即 $\hat{V}_0$ 是特定条件下的参考比体积值。这个模型描述的是单一相态。

对于热固性塑料，考虑交联固化的影响，用参数 ζ 对式（1.38）进行了修正，表达式如下。

$$\hat{V} = \hat{V}_0 + \frac{R'T}{P + P_0}(1 - \zeta C) \tag{1.39}$$

式（1.39）与式（1.38）相比，多了一个参数 ζ，用来考虑交联固化程度 C 的影响。

1.3.3 Tait 模型

（1）双域 Tait 模型

塑料种类繁多，热塑性、热固性相态转变不同（图 1.6），因此比体积变化也存在差异。双域 Tait 方程组［式（1.40）～式（1.45）］很好地解决了结晶型塑料比体积-温度关系中的突变问题，准确反映了结晶型塑料及非晶型（无定形）塑料的 PVT 关系。双域 Tait 方程比单域 Spencer-Gilmore 模型更准确地描述了塑料原材料的密度变化，考虑了结晶型塑料在结晶温度附近密度的突变，目前已广泛应用于计算机辅助工程（CAE）计算中，具体形式如下。

$$\hat{V} = \hat{V}_0 \left[1 - C\ln(1 + P/B)\right] + \hat{V}_t \tag{1.40}$$

$$\hat{V}_0 = \begin{cases} b_{1S} + b_{2S}\bar{T}, & T \leq T_t \\ b_{1L} + b_{2L}\bar{T}, & T > T_t \end{cases} \tag{1.41}$$

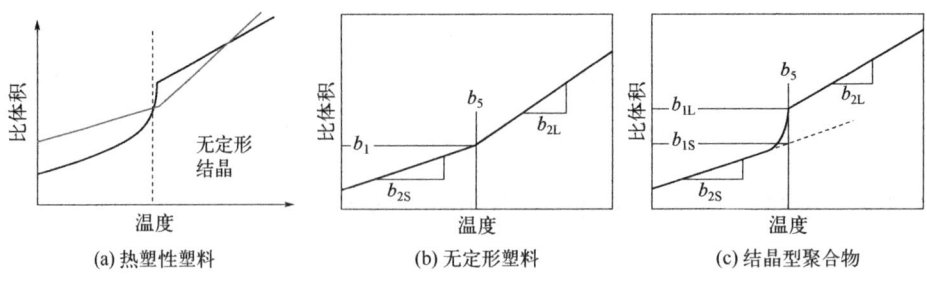

图 1.6 比体积随温度变化的示意图

$$B = \begin{cases} b_{3S}\exp(-b_{4S}\overline{T}), T \leqslant T_t \\ b_{3L}\exp(-b_{4L}\overline{T}), T > T_t \end{cases} \quad (1.42)$$

$$\hat{V}_t = \begin{cases} b_7\exp(b_8\overline{T} - b_9\overline{T}), T \leqslant T_t \\ 0, T > T_t \end{cases} \quad (1.43)$$

$$\overline{T} = T - b_5 \quad (1.44)$$

$$T_t = b_5 + b_6 P \quad (1.45)$$

双域 Tait 方程考虑了液态、固态双相的表达，共有 13 个参数。式中，C 为常数，等于 0.0895；$\overline{T}$ 为温度平移处理；$b_1 \sim b_9$ 是材料常数，对于无定形料，$b_7 = 0$，对于结晶型塑料，则要由 b_7、b_8、b_9 及 b_5 计算；下角标 S 表示固态，L 表示液体（熔体）；$\hat{V}_t$ 是温度与压力的函数，用于考虑结晶型塑料在结晶温度附近发生的密度突变；T_t 是转变温度，表示材料在转变温度附近其黏度突变特性。无定形塑料中 T_t 是聚合物的玻璃化转变温度，结晶型塑料中 T_t 是结晶温度；转变温度是压力的线性函数。

对于热固性塑料，使用前面的热塑性塑料的状态方程，即双域 Tait，计算比体积，分别得到固化（熟化）与非固化（非熟化）时两个比体积 $V_{固化}$ 和 $V_{非固化}$，然后再利用固化率（熟化率 α）计算出实际的比体积 [式（1.46）]。

$$\frac{1}{V} = \frac{1}{V_{非固化}}(1-\alpha) + \frac{1}{V_{固化}}\alpha \quad (1.46)$$

（2）单域热固性塑料 Tait-C（固化）方程

在过去，热固性塑料固化（熟化）导致的体积收缩在翘曲仿真中常被忽略。近年来有更多证据显示，仅考虑 PVT 关系对于翘曲与残留应力的计算是不够的，特别是对于流长比（最大充填长度/制品厚度）较大的塑件。但热固性塑料的 PVT-C（固化）关系没有研究透彻，因此没有模型来描述固化（熟化）对收缩翘曲的影响。为便于工程应用，除了前面说的常数比体积、Spencer-Gilmore 模型、双域 Tait 模型，Tait 单域 PVT 模型也用来考虑固化（熟化）的影响。

Tait 模型的原始版本中，b_1、b_2、b_3、b_4 及 C 五个参数必须给定，$b_1 \sim b_4$ 是材料常数，C 为常数。在此基础上的适用热固性材料 Tait-C 模型，用参数 ζ 来表征熟化度 C' 的影响 [式（1.47）～式（1.49）]。

$$\hat{V} = \hat{V}_0 \left[1 - C\ln(1 + P/B)\right](1 - \zeta C') \quad (1.47)$$

$$\hat{V}_0 = b_1 + b_2 T \quad (1.48)$$

$$B = b_3 \exp(-b_4 T) \quad (1.49)$$

1.4 材料热性能

塑料成型加工，简而言之，就是原料受热、冷却的过程，因此材料密度、热导率、比热容（定压比容）的性能对成型加工中能量分析、数值模拟分析有重要意义。其中，热导率在冷却周期计算、塑件温度分布等冷却分析过程中扮演了非常重要的角色。热稳定状态下，热交换主要和热导率有关；不稳定状态下，和热扩散率（α）有关，α 为材料的热导率 K 与密度 ρ 和比热容 C_p 的乘积之比，即 $\alpha = K/(\rho C_p)$。图 1.7 是温度高于熔体温度时，几种塑料的热导率随着温度升高的变化情况。图 1.8 是压力对热导率的影响，通常情况下，温度和压力的提高可增大热导率。

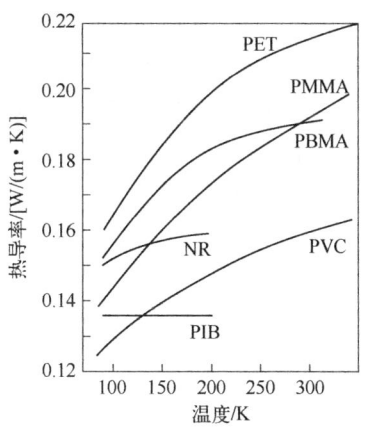

图 1.7 温度对热导率的影响

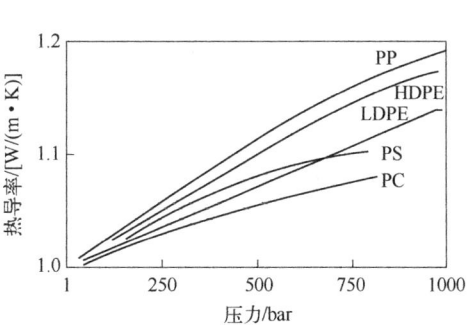

图 1.8 压力对热导率的影响（$1\text{bar}=10^5\text{Pa}$）

比热容（定压比容）的定义是将单位质量塑料温度提高 1℃所需的热量，单位是 J/(g·℃)，它是衡量塑料温度是否容易改变的度量。比热容越高，塑料的温度越不容易发生变化。由于塑料在成型加工过程中，有相态（固体、液体）变化，存在相变潜热（用焓 H 表示），因此发生相变时比热容会有变化。图 1.9 给出了塑料比热容、焓随温度变化的情况。非结晶型塑料的比热容随温度的变化不大，其关系曲线像一条拉长的 S 形 [图 1.9（a）]；而结晶型塑料的比热容在结晶温度附近，由于结晶潜热的释放而出现一个峰值 [图 1.9（b）]。结晶型塑料的焓值变化有突变 [图 1.9（c）]。

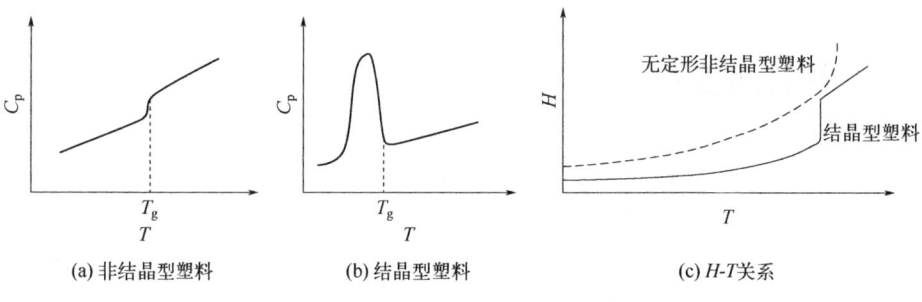

(a) 非结晶型塑料　　(b) 结晶型塑料　　(c) H-T关系

图 1.9　塑料比热容、焓随温度变化示意图

此外，现代分析手段，可以精确地获得如熔融温度、玻璃化转变温度等参数，为成型加工和数值模拟提供科学依据，并帮助理解成型机理和优化成型过程。常用的热分析方法有：差热分析法（differential thermal analysis，DTA），测量获得熔融或玻璃化转变温度及发生时间；差示扫描量热法（differential scanning calorimeter，DSC），测量-180～600℃温度范围内的聚合物的热转变温度；热机械分析法（thermomechanical analysis，TMA）可用于测量熔融温度和热膨胀系数；热重分析法（thermogravimetrc analysis, TGA）可测量 10μg 以下质量随温度、时间的变化，可用于塑料成分分析，详细的内容可参考相关资料。

1.4.1　热导率模型

忽略压力和冷却效率的影响，热导率通常用双曲函数表示，如式（1.50）。

$$K = a_0 + a_1(T - a_4) + a_2 \tanh[a_3(T - a_4)] \quad (1.50)$$

式中，a_0、a_1、a_2、a_3、a_4 为材料常数，需要通过测量拟合获得。

工程实践中,热塑性材料的热导率与模具用的金属材料相比相对较低,意味着塑料与周围环境的热交换少,在不降低模拟精度的情况下,会根据实际情况做简化。模流软件用的热导率模型有 3 种:常数、线性内插、二十点分段拟合(多段数据表征)。

(1)常数模型

假设热导率与温度无关,此模型是最简单的热固性塑料热传导模型:

$$K = K_0 \qquad (1.51)$$

式中,K 是材料的热导率;K_0 是其特定常数值。目前 Moldex3D/Shell-RIM 与 Moldex3D/Solid-RIM 模拟分析主要采用此种模型。

(2)线性内插模型

线性内插模型[式(1.52)~式(1.54)]表示温度变化对热导率的影响,在 Moldex3D 中称为 CAE_K 模型(Ⅰ),即根据已知的不同温度 T_L 和 T_S 下的热导率 K_L 和 K_S,用内插的线性关系获得热导率 K[图 1.10(a)]。

$$\begin{cases} K = mT + b & (1.52) \\ m = \dfrac{K_L - K_S}{T_L - T_S} & (1.53) \\ b = \dfrac{T_L K_S - T_S K_L}{T_L - T_S} & (1.54) \end{cases}$$

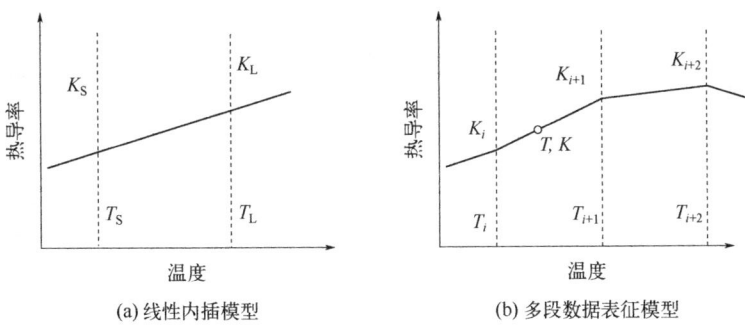

(a)线性内插模型　　(b)多段数据表征模型

图 1.10　热导率模型示意图

(3)多段数据表征模型

这个模型可输入 20 对不同温度(T_i)及其对应的材料热导率(K_i)的数据,描述热导率在大范围温度区间的变化[图 1.10(b)]。对相邻温度区间的热导率，仍用线性内插模型近似的热导率［式（1.55）］，该模型在 Moldex3D 软件中被称为 CAE_K 模型（Ⅱ）。

$$K = K_i + (T - T_i)\left(\frac{K_{i+1} - K_i}{T_{i+1} - T_i}\right), \quad T_i < T < T_{i+1}, \quad i = 1, 2, \cdots\cdots, 20 \qquad (1.55)$$

1.4.2 比热容模型

比热容模型有两种表示方法：一种是将相变热或结晶潜热的影响等效成比热容的变化，另外一种是不考虑材料可能伴随着的化学或物理相变。在不考虑压力和冷却速率的情况下，比热容双曲函数如式（1.56）、式（1.57）所示。

$$\begin{cases} 结晶型：C_p = c_0 + c_1(T - c_4) + c_2 \exp\left[-c_3(T - c_4)^2\right] & (1.56) \\ 无定形：C_p = c_0 + c_1(T - c_4) + c_2 \tanh\left[c_3(T - c_4)\right] & (1.57) \end{cases}$$

式中，c_0、c_1、c_2、c_3 是材料常数，需要测量拟合获得。

工程实践中，为便于应用，Moldex3D 软件的比热容模型和热导率模型类似（表 1.2）。

表 1.2 C_p 的四种模型

模型	公式	说明或示意
（1）常数模型 Moldex3D/Shell-RIM 及 Moldex3D/Solid-RIM 主要采用此模型	$C_p = C_{p0}$	C_p 是定压比热容，C_{p0} 则是其给定值。此模型主要用于热固性塑料
（2）两点线性内插模型 Moldex3D 称 CAE C_p 模型（Ⅰ）	$\begin{cases} C_p = mT + b \\ m = \dfrac{C_{p,L} - C_{p,S}}{T_{p,L} - T_{p,S}} \\ b = \dfrac{T_L C_{p,S} - T_S C_{p,L}}{T_L - T_S} \end{cases}$	示意图：C_p 随温度 T 线性变化，$C_{p,S}$ 在 T_S 处，$C_{p,L}$ 在 T_L 处

续表

模型	公式	说明或示意
（3）三段线性内插模型 Moldex3D 称 CAE C_p 模型（Ⅰ）修正	$\begin{cases} C_p = \dfrac{C_{p,S2} - C_{p,S1}}{T_{S2} - T_{S1}} T + \dfrac{T_{S2}C_{p,S1} - T_{S1}C_{p,S2}}{T_{S2} - T_{S1}}, \\ T_{S1} < T < T_{S2} \end{cases}$ $\begin{cases} C_p = \dfrac{C_{p,L1} - C_{p,S2}}{T_{L1} - T_{S2}} T + \dfrac{T_{L1}C_{p,S2} - T_{S2}C_{p,L1}}{T_{L1} - T_{S2}}, \\ T_{S2} \leqslant T < T_{L1} \end{cases}$ $\begin{cases} C_p = \dfrac{C_{p,L2} - C_{p,L1}}{T_{L2} - T_{L1}} T + \dfrac{T_{L2}C_{p,L1} - T_{L1}C_{p,L2}}{T_{L2} - T_{L1}}, \\ T_{L1} < T < T_{L2} \end{cases}$	一般来说，这 4 个值的 2 个 $C_{p,S1}$ 及 $C_{p,S2}$ 取自固态 C_p 值，另外 2 个值 $C_{p,L1}$ 及 $C_{p,L}$ 则来自液态 C_p 值
（4）多段数据表征模型 Moldex3D 称 CAE C_p 模型（Ⅱ）	$\begin{cases} C_p = C_{p,i} + (T - T_i) - \left(\dfrac{C_{p,i+1} - C_{p,i}}{T_{i+1} - T_i}\right), \\ T_i < T < T_{i+1}, i = 1, 2, \cdots, 20 \end{cases}$	

1.5 结晶动力学模型

本模型用于模拟结晶型塑料的相对结晶度。

根据聚合物大分子链段间排序的规则程度，塑料通常被分为非结晶型（无定形）、结晶型两种类型。非结晶型塑料的分子链间凌乱排列纠缠，而结晶型塑料的分子链则依照一定规则排列。实际上并不存在百分之百结晶的塑料，因此所有结晶型塑料在某种程度上应称作半结晶型塑料。

半结晶型聚合物熔体冷却至结晶区间的温度时，结晶行为发生。由成核点开始，晶核逐渐增大，直至所有的晶体紧密贴合彼此达到平衡，则结晶过程完成（图 1.11）。

当温度降到结晶温度，通常不会马上开始结晶；因为结晶需要时间让分子链进行重新排列，这段时间称为诱发时间。所以，结晶行为在初期非常缓慢，随后则会加速结晶（图 1.12）。为便于量化研究，研究人员用结晶度达到结晶最大值一半时所用的时间来表示结晶行为，典型高分子的结晶过程如图 1.12 所示。

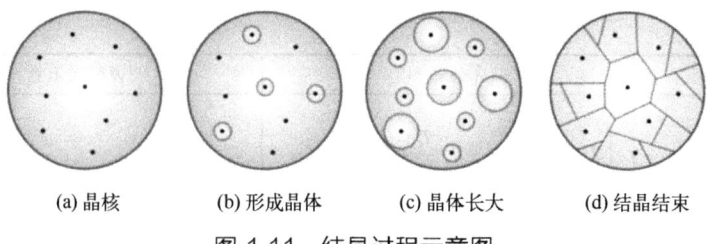

(a) 晶核　　　(b) 形成晶体　　　(c) 晶体长大　　　(d) 结晶结束

图 1.11　结晶过程示意图

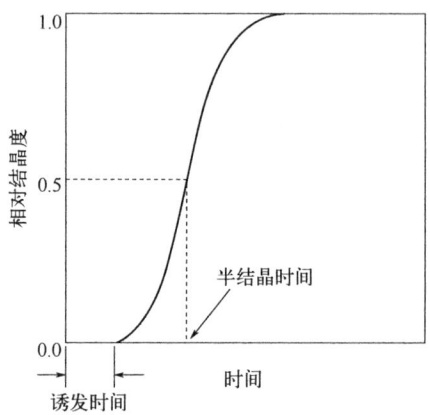

图 1.12　结晶度随时间变化示意图

结晶行为一般可以用 Avrami 模型 [式 (1.58)] 来描述。

$$\theta(t) = \frac{X(t)}{X_\infty} = 1 - \exp(-kt^n) \tag{1.58}$$

式中，$\theta(t)$ 是 t 时刻的相对结晶度；$X(t)$ 是 t 时刻的绝对结晶度；X_∞ 是极限结晶度；n 为 Avrami 指数，数值与结晶的三维空间有关，一般在 1~4 之间；k 为 Avrami 结晶率常数。

诱发时间 t_i 则利用实验模型 (Godovsky 与 Slonimsky 模型, 1974) 来描述 [式 (1.59)]。

$$t_i = t_m (T_m - T)^{-a} \tag{1.59}$$

式中，t_m 为材料常数；T 为结晶温度；t_i 为温度 T 下的诱发时间；T_m 为料温；a 为参数。

基于 Avrami 的理论拓展的 Nakamura 方程被用在 Moldex3D 中描述结晶，

其模型描述为式（1.60）、式（1.61）。

$$\frac{\mathrm{d}\theta}{\mathrm{d}t} = nK(T)(1-\theta)\left[-\ln(1-\theta)\right]^{\frac{n-1}{n}} \quad (1.60)$$

$$K(T) = \ln 2^{\frac{1}{n}} \frac{1}{t_{1/2}} \exp\left(-\frac{U^*/R}{T-T_\infty}\right) \exp\left(-\frac{K_g}{T\Delta Tf}\right) \quad (1.61)$$

式中，$K(T)$ 为非均匀结晶率常数；θ 为相对结晶度；t 为时间；$t_{1/2}$ 为半结晶时间；T 为温度；R 为通用气体常数；$\Delta T = T_m - T$，为冷却温度；f 为修正因子，$f = 2T/(T+T_m)$；U^* 为结晶的相变启动能量，$U^* = 6284\text{J/mol}$；T_∞ 为结晶过程的环境温度，依照 Hoffman 等的理论，$T_\infty = T_g - 30K_g$，为常数；n 为结晶指数。

应力导致的结晶模型则比较复杂。假设剪切应力仅影响同位置的熔体，通过温度改变，对结晶公式修正。式（1.62）、式（1.63）是剪切应力 τ 对塑料熔体熔融温度的半经验描述。C_1、C_2 是材料常数，T_m^0 是不考虑剪切应力的熔融平衡温度。

$$T_m = T_m^0 + T_{\text{shift}} \quad (1.62)$$

$$T_{\text{shift}} = C_1 \mathrm{e}^{\frac{-C_2}{\tau}} \quad (1.63)$$

式中，T_{shift} 为移轴温度。

1.6 Moldex 3D 适用材料相关信息

1.6.1 性能参数测试方法

尽管 Moldex3D 2023 版提供了近千种材料性能数据，新增了 132 种塑料，更新了 2 种 PVT 数据和 300 台注塑机及设备接口，但工程应用的塑料种类更多，为此模流数据库通常具有开放性，可以根据需要对特定材料进行测试，然后添加到数据库中。

我国在性能测试标准方面的工作虽不断进步，但由于历史原因，模流分析软件中的数据测试多是根据欧美标准，下面给予介绍。表 1.3 是国际标准 ISO（International Organization for Standardization）和美国 ASTM（American Society of Testing Materials）塑料主要性能数据的测试方法。表 1.4 是塑料材料结构分析所用数据的测试方法和推荐的测试条件。表 1.5 是成型加工模拟所需要数据的测试方法和推荐的测试条件，应用注射成型 CAE 软件时，会用到表中的性能数据。

表 1.3 塑料主要性能参数的测试方法

性能	ISO 方法	ASTM 方法
密度	ISO 1183	ASTM D792 ASTM D1505(聚烯烃)
吸水性	ISO 62	ASTM D570
熔体流动速率（MFR）	ISO 1133	ASTM D1238
模内收缩率	ISO 294-4（热塑性）、ISO 2577（热固性）	ASTM D955
拉伸性能	ISO 527-1	ASTM D638
弯曲性能	ISO 178	ASTM D790
缺口冲击强度（Izod）	ISO 180	ASTM D256
外载形变温度	ISO 75-1	ASTM D648
维卡（Vicat）软化温度	ISO 306	ASTM D1525
热膨胀系数	ISO 11359-2	ASTM E831

表 1.4 结构分析常用数据的测试方法及推荐的测试条件

性能	ISO 方法	ASTM 方法	推荐测试条件
拉伸性能	ISO 527-1，ISO 527-2，ISO 527-4	ASTM D638	温度 23℃，至少 3 次升温且有 1 次温度低于标准应变率试验条件的温度；3 个应变率在 23℃ 获得
泊松比	ISO 527-1, ISO 527-2	ASTM D638	温度 23℃，至少 1 次升温且有 1 次温度低于标准试验条件的温度
压缩性能	ISO 604	ASTM D695	温度 23℃, 2 次升温且 1 次温度低于标准试验条件的温度
剪切模量	ISO 6721-2，ISO 6721-5	ASTM D5279	温度设为 T_g+20℃ 或者 T_m+10℃，在 1Hz 下
拉伸蠕变	ISO 899-1	ASTM D2990	23℃，且至少在 3 个应力水平 2 次升温，时间 1000h
拉伸疲劳	—	—	
摩擦系数	ISO 8295	—	23℃，塑料和塑料，塑料和钢的摩擦系数
弯曲蠕变	ISO 899-2	ASTM D2990	23℃，至少 2 次升温 1000h 且有 3 个应力水平
压缩蠕变	—	ASTM D2990	23℃，至少 2 次升温 1000h 且有 3 个应力水平
弯曲疲劳	—	—	23℃，完全可逆；在 3Hz 下拉伸应力屈服点的 80%、70%、60%、55%、50% 和 40% 加载
断裂韧性	ISO 13586	ASTM D5045	

表1.5 成型加工数值模拟所需数据的测试方法及推荐测试条件

性能	ISO 方法	ASTM 方法	推荐测试条件
熔体黏度-剪切速率数据	ISO 11443	ASTM D3835	在3个温度下,剪切速率范围:10~10000s^{-1}
热固性塑料的反应黏度	ISO 6721-10	—	ISO 11443 狭缝式流变仪
单轴拉伸黏度	—	—	
双轴拉伸黏度	—	—	
第一主应力差	ISO 6721-10	—	
熔体密度	—	ASTM D3835	在0MPa和加工温度下测量
表观密度	ISO 61	ASTM D1895	
PVT数据	—	—	压力分别为40MPa、80MPa、120MPa、160MPa和200MPa(压力误差1MPa),冷却速率2.5℃/min
热导率	—	ASTM D5930	从23℃到加工温度
比热容	ISO 11357-4	ASTM D3418	DSC冷却扫描:以10℃/min速率从加工温度冷却到23℃
非流动温度	—	—	DSC冷却扫描:以10℃/min速率从加工温度冷却到23℃
脱模温度	—	—	
玻璃化转变温度	ISO 11357-2	ASTM D3418	DSC冷却扫描:以10℃/min速率从加工温度冷却到23℃
结晶温度	ISO 11357-3	ASTM D3418	
结晶度	ISO 11357-3	ASTM D3418	
熔融焓	ISO 11357-3	—	DSC加热扫描:以10℃/min速率从23℃升温到加工温度
结晶焓	ISO 11357-3	—	冷却扫描:以10℃/min、50℃/min、100℃/min、200℃/min速率从加工温度冷却到23℃
结晶动力学	ISO 11357-7	—	在结晶温度范围内以3个不同的冷却速率绝热扫描
热固性塑料的反应热	ISO 11357-5	ASTM D4473	以10℃/min速率从23℃升温到成型温度加热扫描
热固性塑料反应动力学	ISO 11357-5	ASTM D4473	
凝胶绝热转化引入时间	ISO 11357-5	—	以10℃/min速率加热扫描
线性热膨胀系数	ISO 11359-2	ASTM E831	在-40~100℃温度范围内,依照ISO 294-3平板切割试样
热塑性塑料模具收缩率	ISO 294-4	ASTM D955	1mm、1.5mm和2mm厚度的制品相应的型腔压力为:25MPa、50MPa、75MPa、100MPa
热固性塑料模具收缩率	ISO 2577	—	
面内剪切模量	ISO 6721-2、ISO 6721-7	—	

1.6.2 模流分析中的单位换算

模流分析软件的材料性能数据库，通常具有开放性，允许使用者自行输入所需的参数，因此需要注意单位换算（主要是工程制、英制与 ISO 制之间的单位换算），以避免模流分析结果不合理。表 1.6 提供了 Moldex3D 中常用单位的换算关系。

表 1.6 单位换算表

单位	换算
长度	1cm = 0.3937in 1inch = 2.54cm = 25.4mm
质量	1g = 0.001kg 1bm (pound) = 0.4536kg
比体积	1cc/g = 1000m^3/kg
黏度	1Poise [g/(cm・s)] = 0.1Pa・s 1psi・s = 6896.7Pa・s
热导率	1Cal/(cm・s・℃) = 4184J/(m・s・K) 1W/(m・K) = 1J/(m・s・K) 1Btu/(ft・h・℉) = 1.7307W/(m・K)
比热容	1Cal/(g・℃) = 4184W/(s・K) 1Btu/(lbm・℉) = 1291J/(kg・K)

下面简单介绍一下塑料流变性能数据（黏度）和力学性能、热和热力学性能、光学性能数据的应用，这些数据是塑料产品设计和成型加工的重要参考。

（1）流变性能

从图 1.13 可以看出，随着剪切速率的增加，塑料的黏度变小（剪切变稀），流动性增加。因此不同的剪切速率（黏度）对应不同的加工工艺。黏度是流变性能的重要参数，能反映塑料熔体在加工过程中的流动性能，并对流动形式、成型质量有重要影响。黏度随着材料、温度、压力的变化而变化。通过此图可以检查塑料原料与工艺是否匹配；材料在加工温度和剪切应变范围内，属于温度敏感型还是剪切敏感型，为模流分析中工艺参数的确定提供参考。如不同温度下的 ABS 原料，在注塑成型剪切速率范围内，其黏度曲线几乎平行，说明剪切速率变化对材料黏度的影响有限。

（2）力学性能

塑料原料自身的力学性能决定了其应用范围，常用的力学性能测试包括：短期的拉伸强度、冲击强度、蠕变行为、动态力学性能、耐疲劳性、热载下的性能稳定性等。如冲击强度大的塑料适用于保险杠等制品。需要说明的是,根据测试标准获得的力学性能都是短期的性能,长期性能的估算需要参考短期数据。温度、加工方法、成型条件对塑料制品的力学性能都有影响。如图 1.14 所示,在相同测试温度(20℃)下,则熔体温度升高(300℃)、料筒内滞留时间过长(12min),都可降低产品的缺口冲击强度;同一工艺参数下,随着测试温度的变化,制品的缺口冲击强度可分为脆性区和韧性区。这些数据可用于制品使用性能的预测,也可以比较验证模流分析结果与有限元结构分析(FEA)的可靠性。

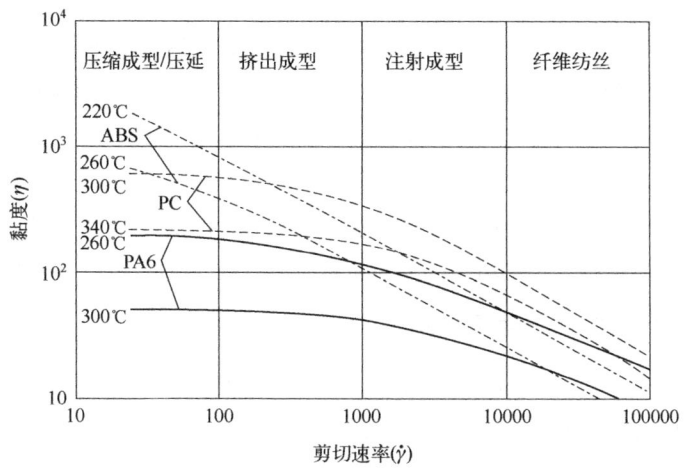

图 1.13　几种不同塑料的黏度曲线

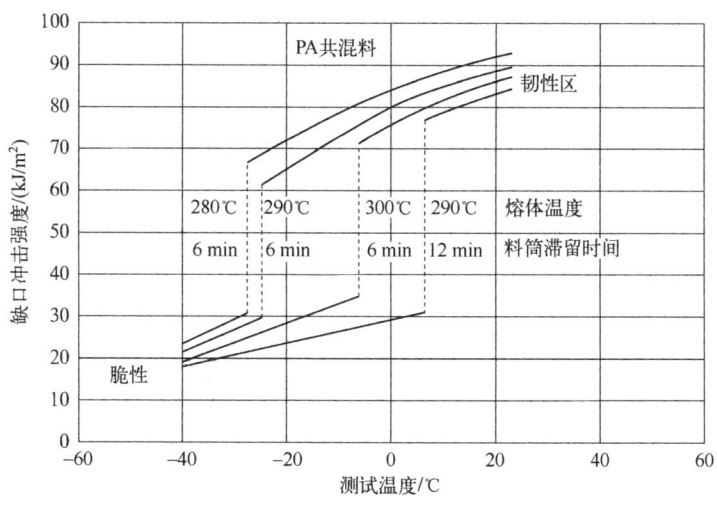

图 1.14　PA 共混料缺口冲击强度随着测试温度、料筒温度、料筒滞留时间的变化曲线

1.6.3 成型原料的选用参考

塑料原料的选用要综合考虑多方面的因素。首先要了解塑料制品的用途，以及制品使用过程中的环境状况，如环境气候温度、是否有化学介质、是否有电性能要求等；在满足其可用性后，再考虑原材料的成本，如原材料的价格、成型加工难易程度、相应的模具造价等。下面简单介绍一下根据塑料制品用途的选材情况。

（1）一般结构零件用塑料

一般结构零件，如罩壳、支架、连接件、手轮、手柄等，通常对强度和耐热性要求较低，有时会要求外观漂亮。由于这类零件批量大，对生产率和成本控制要求高，大致可选用的塑料有：改性聚苯乙烯、低压聚乙烯、聚丙烯、ABS 等。其中前三种材料经过玻璃纤维增强改性后能显著提高机械强度和刚性，还能提高热变形温度。在精密的塑件中，普遍使用 ABS，因为它具有好的综合性能。有时为了达到某一项较高的性能指标，也采用一些较高品质的塑料，如尼龙 1010 和聚碳酸酯。

（2）耐磨损传动零件用塑料

这类零件，如轴承、齿轮、凸轮、蜗轮、蜗杆、齿条、辊子、联轴器等，要求较高的强度、刚性、韧性、耐磨损性和耐疲劳性及热变形温度。广泛使用的塑料为各种尼龙、聚甲醛、聚碳酸酯；其次是氯化聚醚、线型聚酯等。各种仪表中的小模数齿轮可用聚碳酸酯制造；而氯化聚醚可用于在腐蚀性介质中工作的轴承、齿轮，以及摩擦传动零件与涂层的制造。

（3）减摩自润滑零件用塑料

减摩自润滑零件一般受力较小，对机械强度要求往往不高，但运动速度较高，要求具有低的摩擦系数。如活塞环、机械运动密封圈、轴承和装卸用的箱框等。这类零件选用的材料为聚四氟乙烯和各种填充的聚四氟乙烯，以及用聚四氟乙烯粉末或纤维填充的聚甲醛、低压聚乙烯等。

（4）耐腐蚀零部件用塑料

塑料一般要比金属耐腐蚀性好。但如果要求耐强酸或强氧化性酸，又要求耐碱的，则首推各种氟塑料，如聚四氟乙烯、聚全氟乙丙烯、聚三氟乙烯及聚偏氟乙烯等。此外，氯化聚醚具有良好的力学性能和突出的耐腐蚀特性，适用于耐腐蚀零部件。

（5）耐高温零件用塑料

前面一般结构零件、耐磨损传动零件所选用的塑料，大都只能在80～120℃下工作；当外力较大时，工作温度只有60～80℃。能适应工程需要的新型耐热塑料，除了各种氟塑料外，还有聚苯醚、聚砜、聚酰亚胺、芳香尼龙等，它们的工作温度大都可以在150℃以上，有的甚至可以在260～270℃下长期工作。

（6）光学制品用塑料

光学塑料适于大批量生产形状复杂、质量轻、耐冲击强的制品，且可以同时成型光学面和定位面，减少系统装配成本，有替代玻璃的趋势。光学塑料种类可分为：丙烯基系列，苯乙烯系列，聚碳酸酯系列，聚烯烃系列，以及烯丙基二甘醇碳酸酯(allyl diglycol carbonate，简称ADC或CR-39)。其他新型材料有：聚三环癸甲基丙烯酸酯OZ-1000/1011/1012/1013等系列（日本日立化工公司）、ARTON（日本合成橡胶公司JSR）、环烯烃共聚物COC、环烯烃聚合物（cyclo olefin polymer，COP），如日本瑞翁公司的非结晶型聚烯烃 Zeonex480等。透明塑料制品包括汽车车灯罩、温室屋顶、光纤、仿制珠宝等。但光学塑料对温度和湿度等环境的变化敏感，且塑料的热膨胀系数比玻璃大一个数量级，尺寸和性能的稳定性低于玻璃制品；成型方法和工艺条件对分子取向和收缩的影响直接关系到制品的光学性能。图1.15显示了制品厚度［图1.15（a）］、材料［图1.15（b）］对光学制品双折射现象的不同影响。

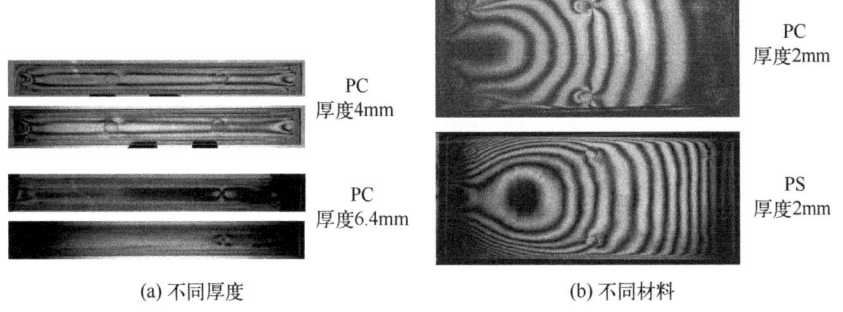

(a) 不同厚度　　　　　　　　(b) 不同材料

图1.15　不同厚度、材料的透明塑料制品的双折射应力条纹

1.6.4　Moldex3D数据库及其应用

材料性能参数是合理、准确模拟成型过程的关键因素之一。在成型过程中，塑

料材料经历复杂的热、力历程,其流动行为、材料状态、热交换相当复杂,因此材料的选择会影响模拟结果。Moldex3D 软件提供的数据库,可让用户方便选择适合的材料,不仅列出每种材料的信息,同时也具有链接执行项目的功能,并提供可修改材料性能参数的数据库管理接口,有助于提升 CAE 结果的可靠性。需要说明的是:数据库性能及其参数,与模流分析的功能模块紧密相连。例如,没有结晶参数,则无法进行结晶度的预测;若没有光弹应力参数,则无法进行光学制品的应力条纹模拟分析;即便程序能运行,也不会有合理的模拟结果可用。

Moldex3D 2023 中材料的选择、修改和添加新材料是通过"材料精灵"实现的。下面介绍"材料精灵"及 Moldex3D 材料数据库的具体应用。

1.6.4.1 进入/启动"材料精灵"

Moldex3D 软件中"材料精灵"可以从两个入口启动,方法如下。

① 在案例网格生成并最终检查后,软件系统激活"材料"图标(即"材料"菜单可用,不是灰色状态),如图 1.16 所示,按照顺序,依次单击"主页"→"材料",并在"未指定"下拉菜单中单击"材料精灵"。

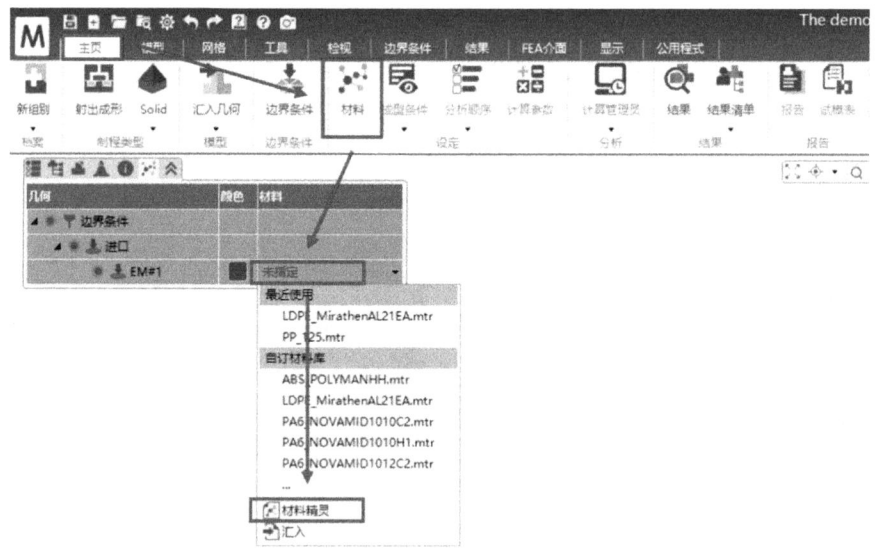

图 1.16 从"主页"菜单中启动"材料精灵"

② 单击"公用程式"主菜单→"材料精灵",如图 1.17 所示。

第 1 章 模流分析的材料模型

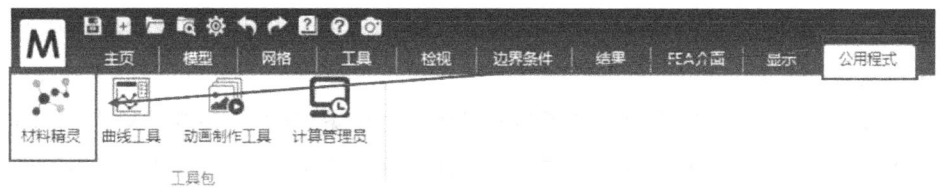

图 1.17 从"公用程式"菜单中启动"材料精灵"

1.6.4.2 "材料精灵"简介

（1）材料精灵界面

Moldex3D 2023"材料精灵"窗口如图 1.18 所示，包括标题栏、菜单栏、工具栏、视图区、材料库（材料列表）等。各部分功能说明如下。

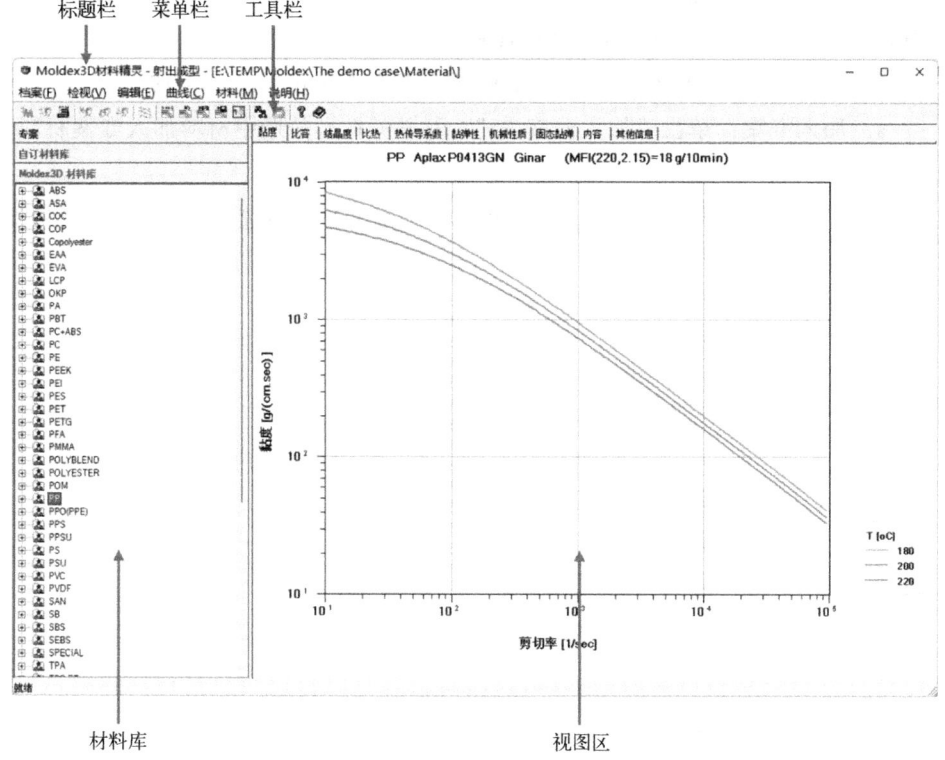

图 1.18 Moldex3D 2023"材料精灵"的窗口

① 标题栏。标题栏显示了当前制程（成型工艺）和文件存储路径（位置路径）。

② 菜单栏。菜单栏中包含了当前可用的"档案（F）""检视（V）""编辑（E）""曲线（C）""材料（M）""说明（H）"六个功能图标，通过对图标的操作，可以启用"材料精灵"的全部功能。用户选择不同的功能图标时，每个图标的下拉菜单栏中所包含的内容也有所不同。

③ 工具栏。工具栏提供了菜单功能的快捷访问方式，这些功能也可以通过菜单直接访问。

④ 材料库（材料列表）。材料库包括专案材料库、自订材料库和 Moldex3D 材料库，专案材料库和自订材料库中的材料可在选择材料时直接调用。

⑤ 视图区。视图区显示所选材料详细的属性信息和性能曲线。

（2）"材料精灵"菜单栏功能

从图 1.18 可知，菜单栏共有"档案（F）""检视（V）""编辑（E）""曲线（C）""材料（M）""说明（H）"六个功能图标，下面具体介绍。

① 档案（F）。"档案（F）"菜单栏下有五个选项可用（图 1.19）。

a. 加入专案：单击"加入专案(P)"，用户可将当前选中材料加入专案材料库中。

b. 汇出：单击"汇出..."，用户可汇出（导出）当前选中材料的 .mtr 格式文件。

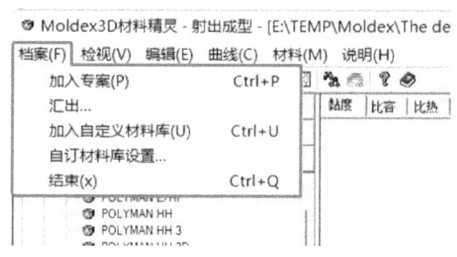

图 1.19 "档案(F)"的下拉菜单

c. 加入自定义材料库（U）：在专案材料库和 Moldex3D 材料库下，单击"加入自定义材料库（U）"，用户能将当前选中材料加入自订材料库中（用户根据自己需要定制的材料库）。在自订材料库下，单击"加入自定义材料库"，用户能将.mtr格式材料档案加入自订材料库中。

d. 自订材料库设置：单击"自订材料库设置…"，用户可修改自订材料库中材料档案（文件）的保存路径。

e. 结束（X）：单击"结束（X）"，关闭材料精灵。

② 检视（V）。"检视（V）"菜单栏下有三个可用选项（图1.20）。

a. 专案（P）：单击"专案（P）"，切换到专案材料库。

b. Moldex3D材料库（M）：单击"Moldex3D材料库（M）"，切换到Moldex3D材料库。

c. 自定义材料库（U）：单击"自定义材料库（U）"，切换到自订材料库。

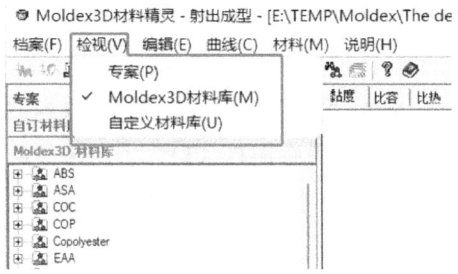

图1.20 "检视（V）"的下拉菜单

③ 编辑（E）。"编辑（E）"菜单栏下有六个可用选项（图1.21）。

a. 新增材料（N）：在自订材料库下，单击"新增材料（N）…"，弹出材料属性对话框，用户可输入必要的材料属性，在自订材料库中新增材料。

b. 修改材料（M）：在自订材料库下，单击"修改材料（M）…"，弹出材料属性对话框，用户可修改当前选中材料属性并保存在自订材料库中。

c. 删除材料（D）：在自订材料库下，单击"删除材料（D）"，删除当前选中材料。

d. 重新整理（R）：单击"重新整理（R）"，专案材料库中的可用材料将重新加载。

e. 单位设定（U）：单击"单位设定（U）…"，弹出单位设定窗口，用户可修改变量的单位。

f. 依制造商排序（S）：单击"依制造商排序（S）"，Moldex3D材料库下的材料清单会依制造商而非材料类型来排序。

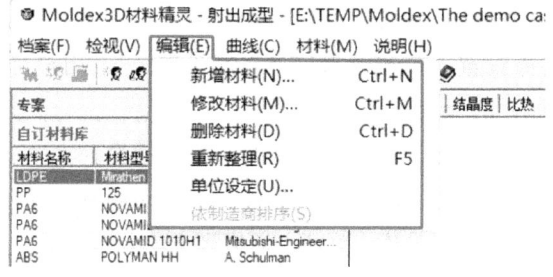

图 1.21 "编辑(E)"的下拉菜单

④ 曲线(C)。"曲线（C）"菜单栏下有七个可用选项（图 1.22）。

a. 设定范围（S）：单击"设定范围（S）…"，弹出曲线设置面板，用户可修改曲线显示的温度等范围。

b. 默认值：单击"默认值"，所有曲线设置恢复为默认值。

c. 撷取屏幕（C）：单击"撷取屏幕（C）"，截取当前曲线到剪贴板。

d. 另存图档（I）：单击"另存图档（I）…"，保存当前曲线为.bmp 文件。

e. 材料模式（M）：单击"材料模式（M）…"，显示当前材料的模型和参数。

f. 显示符号：单击"显示符号"，显示当前曲线材料的数据点和符号。

g. 图例设定：单击"图例设定…"，用户可设置曲线图例的显示和位置。

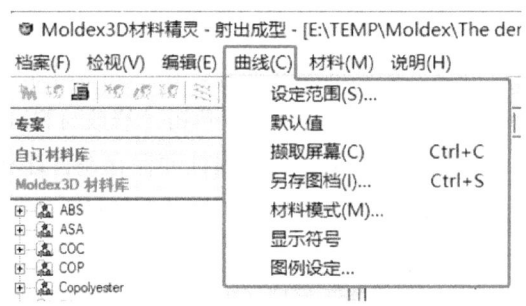

图 1.22 "曲线（C）"的下拉菜单

⑤ 材料（M）。"材料（M）"菜单栏下有两个可用选项（图 1.23）。

a. 搜寻材料（F）：在 Moldex3D 材料库下，单击"搜寻材料（F）…"，用户可通过材料种类、制造商和材料牌号搜索材料。

b. 比较（C）：单击"比较（C）…"，可添加 2 种或 3 种材料在视图区，并同时显示不同材料的性能曲线。

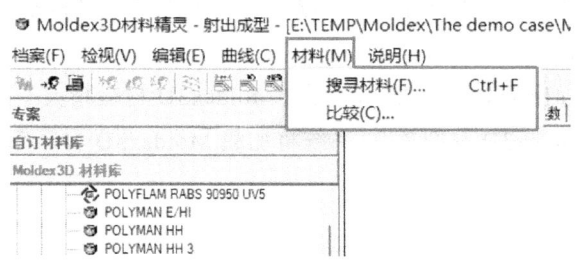

图 1.23 "材料（M）"的下拉菜单

⑥ 说明（H）。"说明（H）"菜单栏下有两个可用选项（图 1.24）。

a. 关于 Moldex3D 材料精灵（A）：单击"关于 Moldex3D 材料精灵（A）…"后，显示材料精灵的数据库版本。

b. 在线帮助（O）：单击"在线帮助（O）"，显示帮助文档。

图 1.24 "说明（H）"的下拉菜单

1.6.4.3 "材料精灵"应用实例

下面详细说明"材料精灵"的应用，包括：选择 Moldex3D 材料库中的已有材料、根据工程实际选择近似材料、添加新材料［用户自定义（输入）新材料］三部分。

（1）选择 Moldex3D 材料库中的已有材料

以奇美化工生产的 ABS POLYLAC PA707 为例。奇美为制造商，ABS 为材料名称，POLYLAC PA707 为材料牌号。用户可以在材料数据库列表中查找该材料，但数据库中材料种类众多，这种方式比较麻烦。这里介绍一种通过"搜寻材料"工具检索的方式，具体操作如下。

① 点击图 1.17 中"公用程式"菜单后，再点击"材料精灵"功能图标，启动"Moldex3D 材料精灵"。

② 在自动弹出的如图 1.25 所示的"Moldex3D 材料精灵"窗口中，点击窗口左上方的"Moldex3D 材料库"，系统将加载 Moldex3D 材料库中所有的材料。

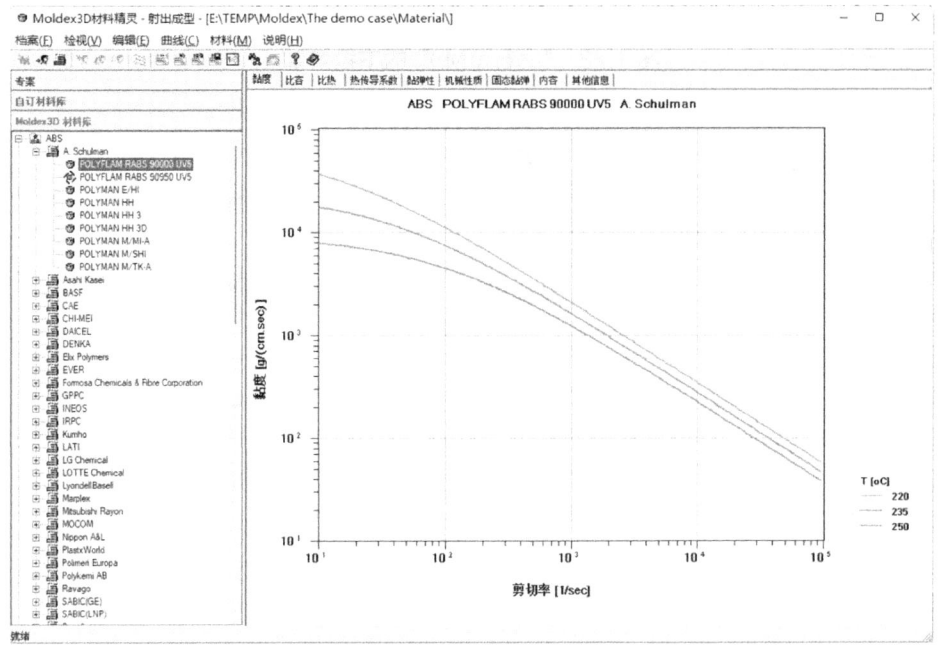

图 1.25　Moldex3D 材料精灵

③ 单击如图 1.26 所示菜单栏中的"材料"标签，再单击其下拉菜单的"搜寻材料（F）…"项或单击 图标，弹出如图 1.27 所示的"搜寻材料（F）…"窗口。

④ 勾选图 1.27"材料型号（T）"选项。从上到下，依次输入："材料（P）："="ABS"；"制造商（R）："="CHI-MEI"；"材料型号（T）"="POLYLAC PA707"，然后点击"搜寻"按钮，则结果如图 1.28 所示。然后在结果栏目中选择目标材

料，在对应材料上单击鼠标右键，并选择"加入自定义材料库"，完成材料种类的选择。

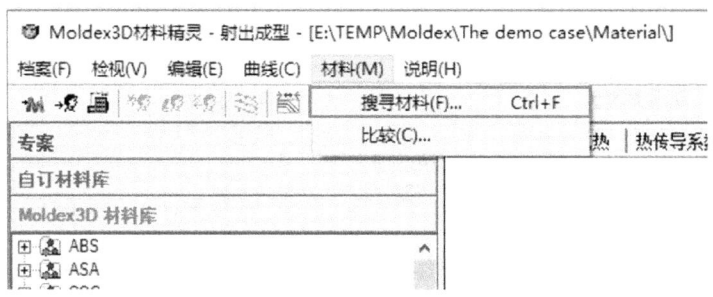

图 1.26　打开"搜寻材料（F）..."

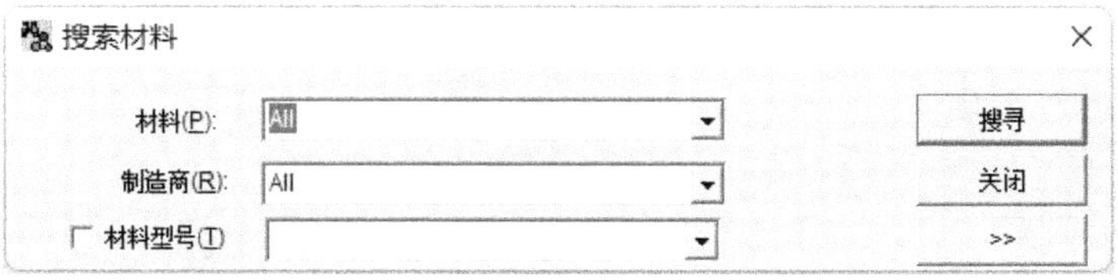

图 1.27　"搜寻材料"窗口

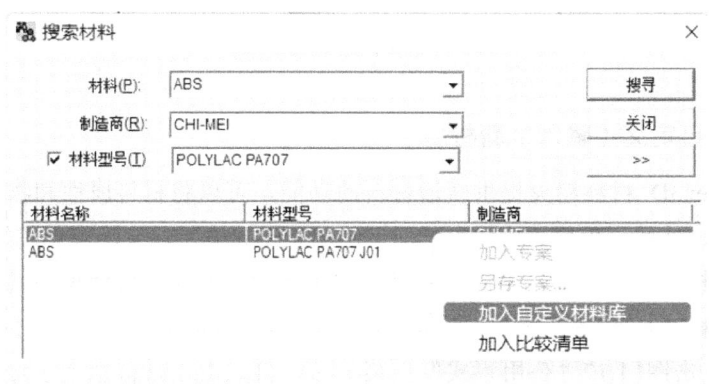

图 1.28　添加材料到自订材料库

（2）根据工程实际选择近似材料

实际使用中，有些材料未收录在 Moldex3D 材料库中，可以通过比较密度、比体积、热导率、黏度曲线、PVT 曲线和加工条件,选择曲线接近的近似材料替代。Moldex3D 最近推出的 Material Hub Cloud(MHC 材料云)功能,可以帮助人们快速搜寻替代材料,界面如图 1.29 所示。

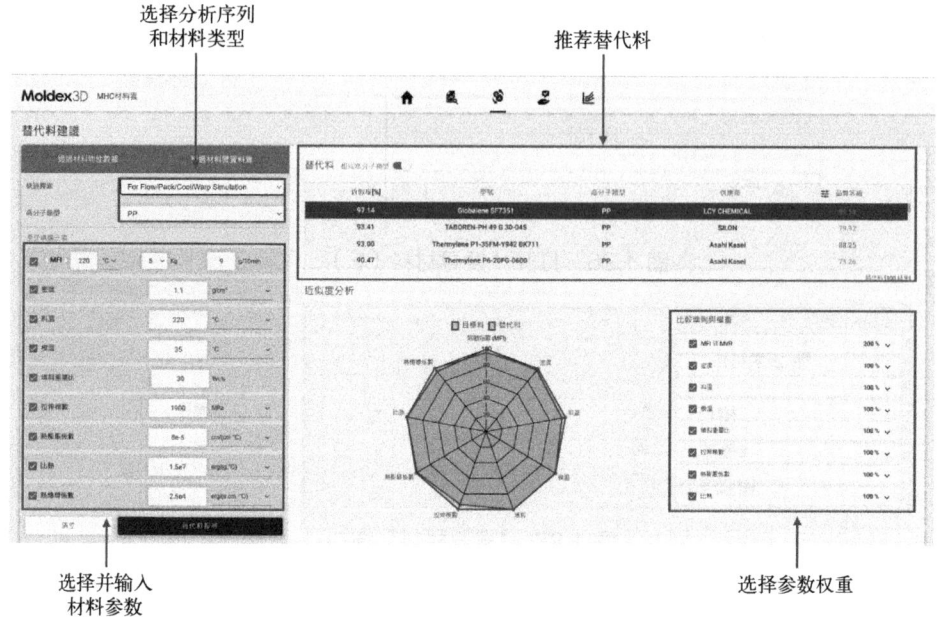

图 1.29　MHC 材料云查找替代材料

(3)自定义(输入)新材料

Moldex3D 材料精灵提供新增材料的功能,可以将材料属性和物性模型及参数输入软件数据库中(软件未使用国际单位制,输入时应注意单位),并生成一种新的材料数据档案。下面以锦湖日丽生产的 ABS-M 为例说明具体操作。拟输入的材料是 ABS 填充 3%铝粉的免喷涂材料,具体操作步骤如下。

① 点击图 1.17"公用程式"主菜单后,再点击"材料精灵"功能图标,启动"Moldex3D 材料精灵"。

② 在自动弹出的如图 1.25 所示的"Moldex3D 材料精灵"窗口,点击窗口左上方的"自订材料库"。

③ 单击如图 1.30 所示的"编辑(E)"下拉菜单的"新增材料(N)…"选项,则弹出如图 1.31 所示的"材料精灵"窗口。

第 1 章 模流分析的材料模型

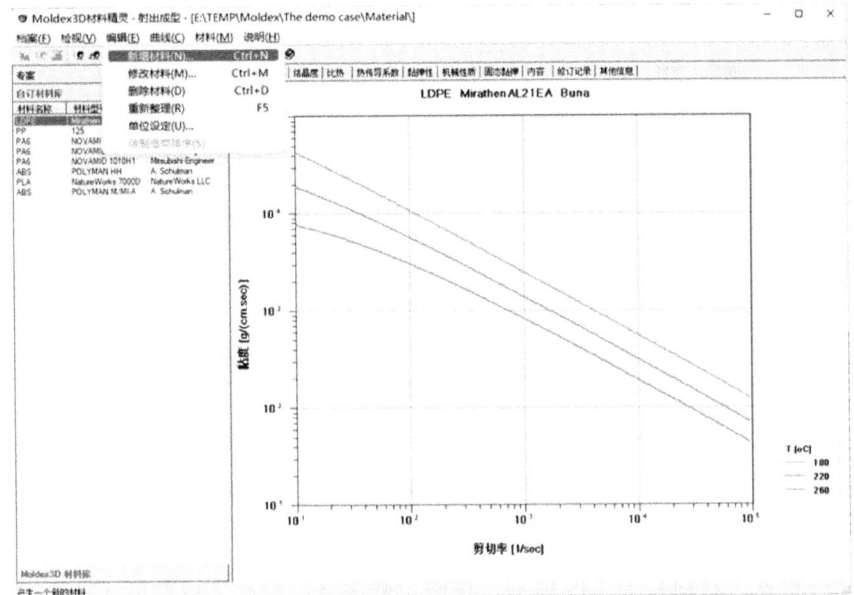

图 1.30 "编辑"菜单下的"新增材料（N）..."选项

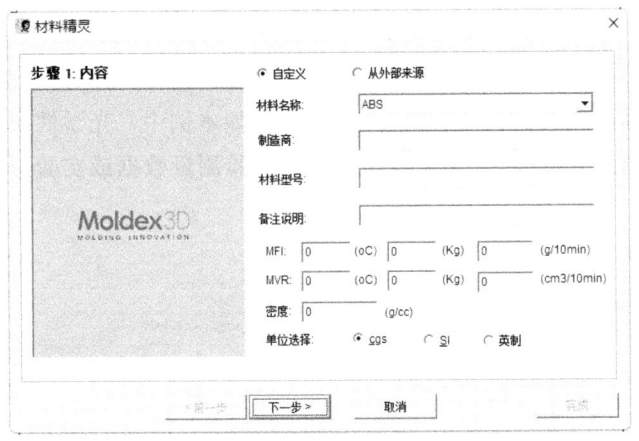

图 1.31 "材料精灵"的"步骤 1: 内容"界面

④ 根据"材料精灵"窗口提示，依次输入如图 1.31 所示的材料内容参数或数据。第一行选择"自定义"；第二行的"材料名称"选择"ABS"；第三行的"制造商"键入"KUMHO-SUNNY"（锦湖日丽）；下面的"材料型号"="ABS-M"，MFI、MVR 等内容，单位选择"cgs"工程制，完成录入参数的界面如图 1.32 所示，然后单击"下一步"按钮。

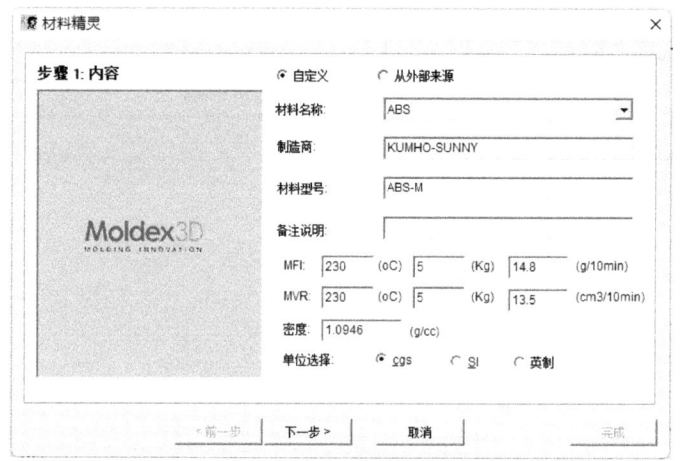

图 1.32 "材料精灵"的"步骤 1：内容"添加后的界面

⑤ 根据"材料精灵"的提示，按照步骤序号，依次完成黏度（图 1.33）、比体积（图中为比容，Tait 方程）（图 1.34）、黏弹性（图 1.35）、比热容（图中为比热）（图 1.36）、热导率（图中为热传导系数）（图 1.37）、力学性能（图中为机械性质）（图 1.38）、固态黏弹（图 1.39）、光学性质（图 1.40）、加工条件（图 1.41）和资讯来源（图 1.42）等参数的设定。需要说明的是：若没有数据，则填写 0，相应的分析功能无法启动，如本例中，光学性质的参数为零，则无法运行光弹分析模块；其他数据也参考实验测量数据或实验拟合数据完成。

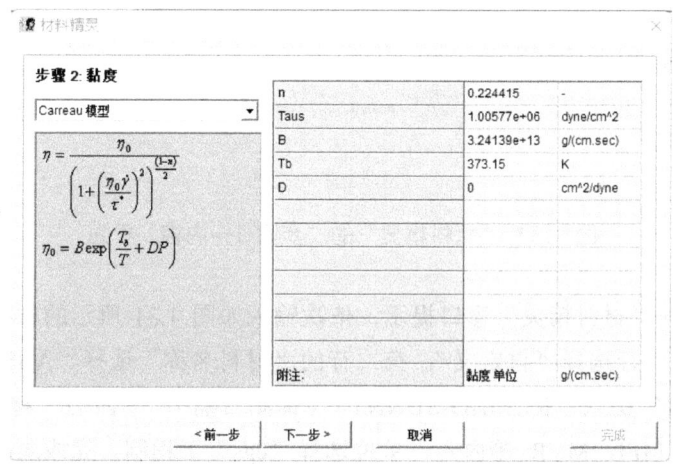

图 1.33 "材料精灵"的"步骤 2：黏度"界面及模型参数

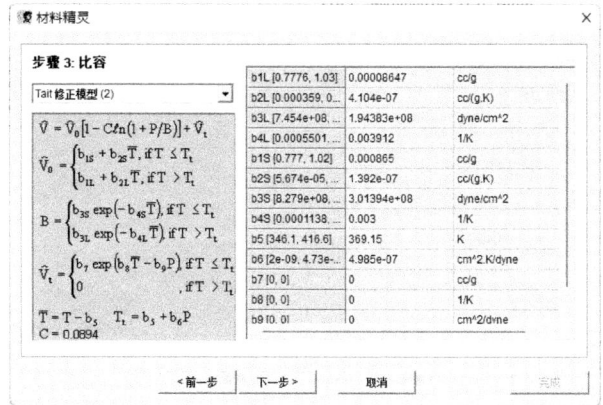

图 1.34 "材料精灵"的"步骤 3：比容"Tait 模型参数

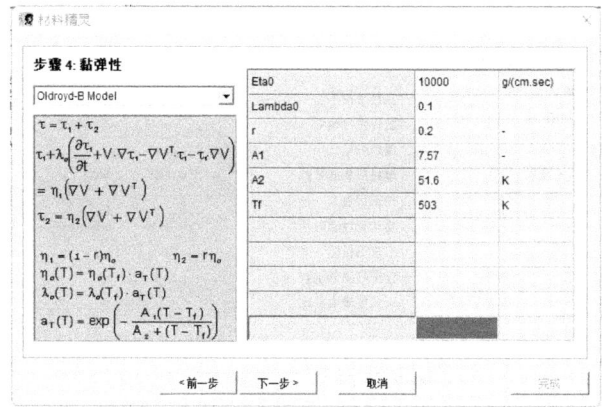

图 1.35 "材料精灵"的"步骤 4：黏弹性"界面及模型参数

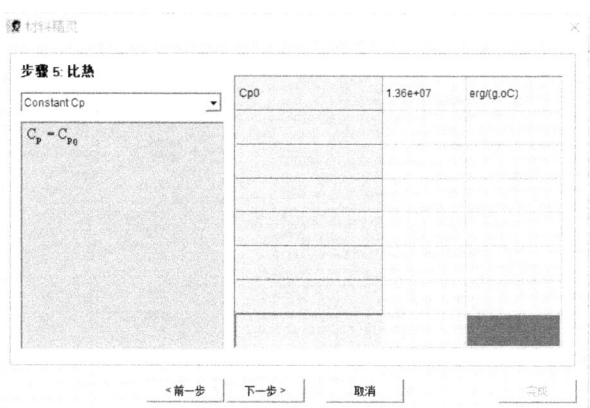

图 1.36 "材料精灵"的"步骤 5：比热"界面及模型参数

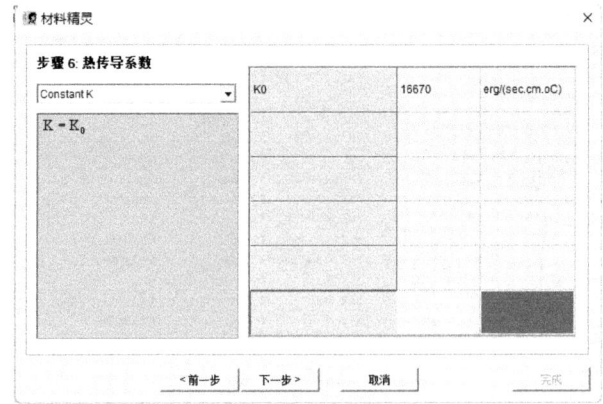

图1.37 "材料精灵"的"步骤6：热传导系数"界面及模型参数

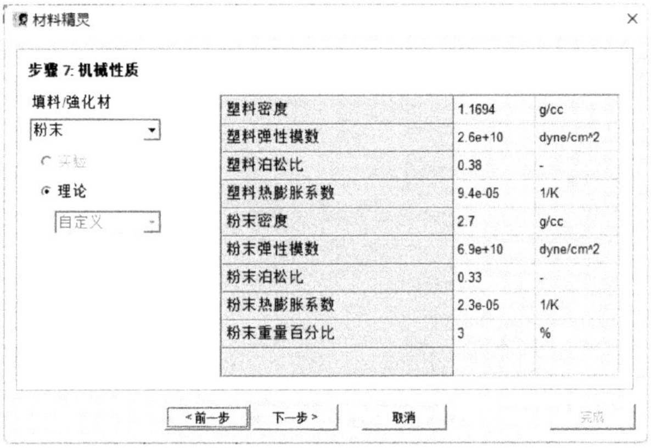

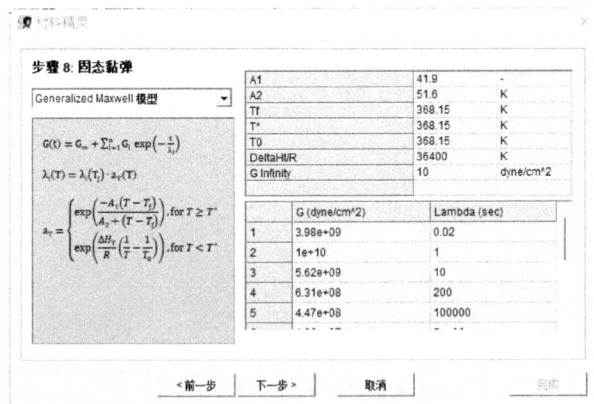

图1.38 "材料精灵"的"步骤7：机械性质"界面及模型参数

图1.39 "材料精灵"的"步骤8：固态黏弹"界面及模型参数

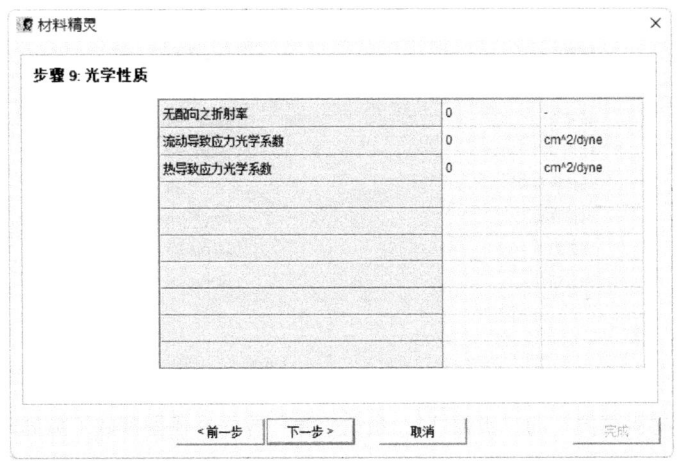

图 1.40 "材料精灵"的"步骤 9：光学性质"界面及模型参数
（输入 0 将忽略光学性质）

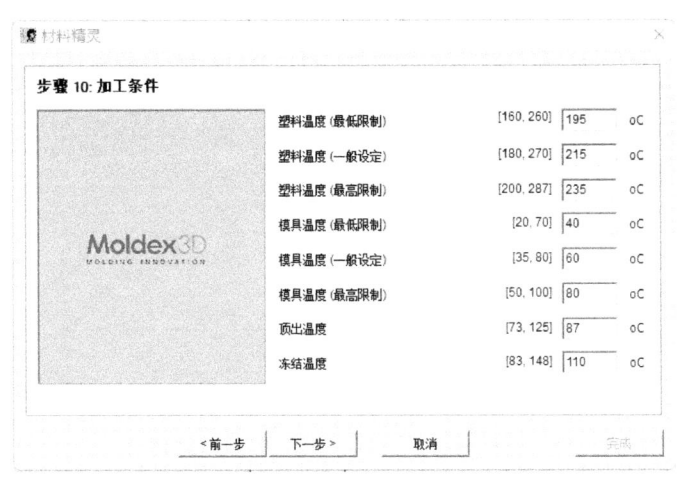

图 1.41 "材料精灵"的"步骤 10：加工条件"界面及模型参数

⑥"材料精灵"步骤 11 完成后（图 1.42）单击"完成"按钮，则所新增的材料信息将出现在自订材料库中（图 1.43）。图 1.43 左侧"自订材料库"中最后一行出现"KUMHO-SUNNY"新增条目，说明完成了新增材料到数据库的任务，同时也说明了 Moldex3D 材料数据库的开放性。

045

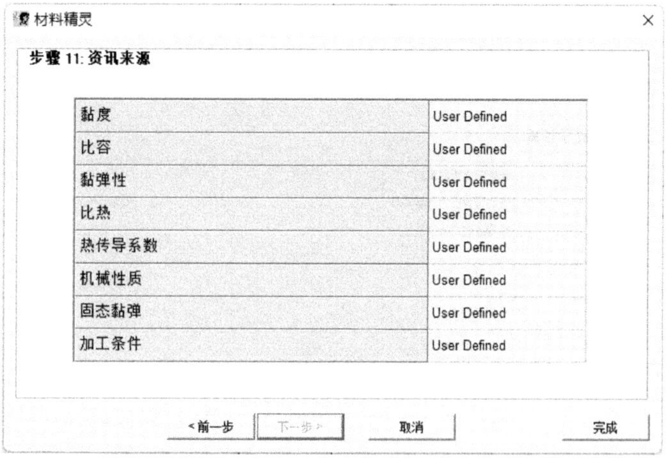

图 1.42 "材料精灵"的"步骤 11：资讯来源"界面及模型参数（数据来源记录）

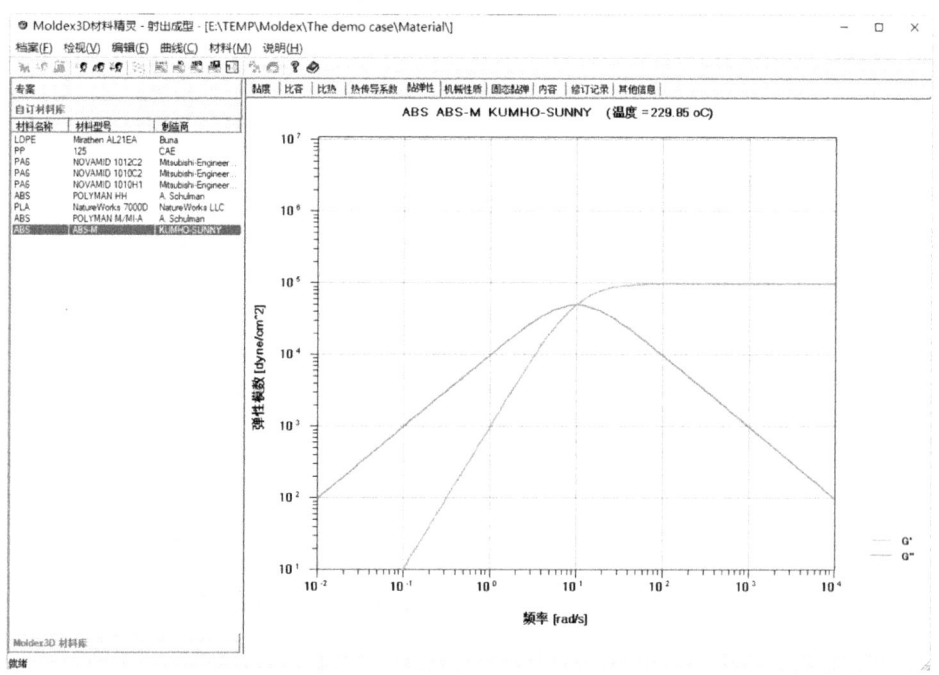

图 1.43 用户新增的"ABS-M"材料已添加到"自订材料库"中

第 2 章
注射成型模流分析的数学模型和数值方法

注射成型工艺过程，根据塑料熔体的位置和状态，可分为熔体充填、保压（赋形）、冷却固化、脱模（制品从模腔内取出）。为方便理解，可将工艺的各个阶段分别对应于注射成型模流分析的充填（fill，F）、保压（packing，P）、冷却（cooling，C）和翘曲（warpage，W）分析模块（数值模拟序列），其他分析顺序，如 F/P、C-F-P-C-W 可以理解为在此基础上的集成或升级完善。

本章按照注射成型过程熔体流动/保压、冷却（温度控制理论）及翘曲变形模流分析的顺序，介绍模流分析的基本理论和数值方法。通过了解注射成型所用的数学模型和数值方法，可以知道工程物理问题如何用数学模型表达，进而深入了解模流分析软件的特点，以便合理使用模流软件、正确分析模拟结果。

本章的数学模型和公式较多。希望通过对数学模型中清晰的物理概念和数值离散方法的详细介绍，使学习人员深刻理解数值模拟的特点，明白为什么模流软件要设置一些参数后，才能正确获得模拟结果；为什么有些参数都确定了，仍然无法获得理想的模拟结果。原因在于模流分析与材料模型、熔体受力流动形式（本构关系）、数学描述（质量守恒、动量守恒、能量守恒方程）及数值方法（有限元法、有限差分法、边界元法、控制体积法等）都有关系。目前，能同时处理复杂的非线性材料本构关系和三个守恒方程非常困难，因此所有模拟软件在求解非线性方程组时，都会有简化和假设，以便顺利实现数值模拟，解决工程问题。

注射成型充填/保压分析主要涉及非牛顿流体的流体力学与传热学知识，属于流变学的研究范围和对象；冷却主要涉及传热学知识；翘曲分析涉及固体力学知识。下面依次介绍注射成型过程的数学模型和数值方法。本章结合郑州大学申长雨教授团队的研究结果，用数学模型描述熔体的充填保压过程、冷却及注塑翘曲变形，综合考虑材料、模具结构（制品结构）及工艺参数的合理关系，说明模流分析的控制方程、定解条件及求解（数值求解）方法。

模流分析软件初学者，可在掌握一定基础知识后再学习本章内容。

2.1 聚合物熔体的流动

2.1.1 流动类型

认识聚合物熔体多样的流动类型和非牛顿流体的流变行为，是研究熔体黏度变化规律的前提。区分流动类型将有助于掌握各种成型条件下的流动规律。塑料熔体在成型条件下的流速、外部作用力形式、模具结构的几何形状和热量传递情况都不同，会表现出不同的流动类型。

① 层流和湍流。聚合物熔体在成型条件下的雷诺数 Re 大多小于 1，熔体一般呈现层流状态。这是因为聚合物熔体黏度高。如低密度聚乙烯的黏度为 30～1000Pa·s，在加工过程中剪切速率一般不大于 $10^4 s^{-1}$。但是在特殊场合下，如熔体从小尺寸浇口进入大型腔，由于剪切力应力过大等原因，会出现弹性引起的湍流，甚至造成熔体的破碎。

② 稳定流动与不稳定流动。在输送通道中流动时，熔体在任何部位的流动状态保持恒定，不随时间变化，且一切影响流体流动的因素都不随时间而改变，这种流动就称为稳定流动。稳定流动并不是熔体各部位的速度以及物理状态都相同，而是指在任何给定部位的速度等都不随时间而变化。例如在正常操作的挤出机中，塑料熔体沿螺杆螺槽向前流动属稳定流动，因为其流速、流量、压力和温度分布都不随时间变化而改变。

③ 等温流动和非等温流动。等温流动是指流体各处温度保持不变情况下的流动。在等温流动情况下，流体与外界可以进行热量传递，但传入和输出热量保持相等。

在塑料成型的实际条件下，聚合物熔体的流动一般呈现非等温状态。一方面是由于成型工艺有要求，将流程各区域控制在不同的温度下；另一方面是黏性流体流动过程中有剪切生热的效应，这些都使得流体在径向和轴向存在一定的温度差。塑料注射成型时，熔体在进入低温模具后，就开始冷却降温，但将熔体充模阶段当作等温流动过程处理，不会有过大的偏差，却可以使充填过程的流动分析大为简化。

④ 一维流动、二维流动和三维流动。当熔体在流道内流动时，由于外力作用方式和流道几何形状的不同，流体内质点的速度分布具有不同的特征。一维流动中，流体内质点的速度仅在一个方向上变化。流道截面上，任一点的速度只需用一个垂直于流动方向的坐标表示，例如聚合物熔体在等截面圆管内的层流，其速度分布仅是圆管半径的函数。二维流动时，流道截界面上各点的速度需要两个垂直于流动方向的坐标表示。流体在矩形截面通道中流动时，其流速在通道高度和厚度两个方向上都发生变化，是典型的二维流动。流体在截面变化的通道中流动，如锥形通道，其质点速度不仅沿着通道截面的纵横两个方向变化，而且也沿着主流动方向变化，流体的流速要用三个相互垂直的坐标表示，因而称为三维流动。二维流动和三维流动的规律在数学处理上，比一维流动要复杂得多。有的二维流动，如平行板夹缝通道和间隙很小的环形通道中的流动，按一维流动进行近似处理时，不会有很大的误差。

⑤ 拉伸流动和剪切流动。熔体流动时，即使流动状态为稳定层流，但流体内各个质点的速度并不完全相同。质点速度的变化方式，称为速度分布。根据质点速度分布与流动方向的关系，可将聚合物加工时的熔体流动分为两类（图2.1）：一类是质点速度只沿流动方向发生变化，称为拉伸流动［图2.1（a）］；另一类是质点速度沿着与流动方向垂直的方向发生变化，称为剪切流动［图2.1（b）］。通常研究的拉伸流动有单轴拉伸和双轴拉伸。单轴拉伸的特点是一个方向被拉长，其余两个方向则相对缩短，如合成纤维的拉丝成型。双轴拉伸时，两个方向被同时拉长，另一个方向则缩短，如塑料的中空吹塑、薄片生产等。在以往的聚合物熔体流变学研究中主要考虑剪切流动，近年来拉伸流动的研究日益活跃，如华南理工大学瞿金平教授团队研发的拉伸剪切共同作用的注塑设备。

⑥ 拖曳流动和压力流动。剪切流动按流动的边界条件可分拖曳流动和压力流动。由于边界运动而产生的流动（如运转滚筒表面对流体的摩擦而产生的流动），压延成型片材，即为拖曳流动。而边界固定由外力作用于流体而产生的流动称为压力流动。塑料熔体注射成型和挤出成型等，在模具内的流动属于压力梯度引起的剪切流动。

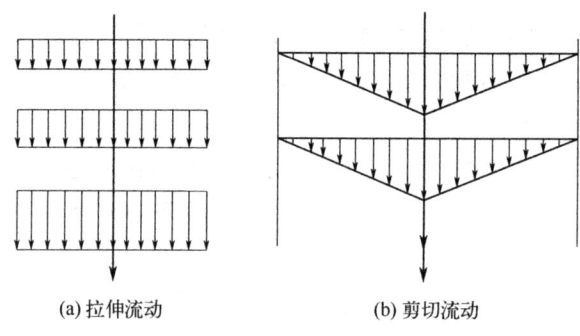

(a) 拉伸流动　　　　　　(b) 剪切流动

图 2.1　拉伸流动和剪切流动的速度分布

2.1.2　注射成型过程中熔体的流动

在注射成型的过程中，将塑料熔体填入型腔是关键。这一工程现象涉及与流动波前有关的三维瞬态（时）非牛顿流体流动及传热问题（图 2.2）：流动造成喷泉效应，而传热造成冷凝层效应。一般来说，若是模具设计、材料或工艺参数不当或不匹配，都会形成充填缺陷（图 2.3）。

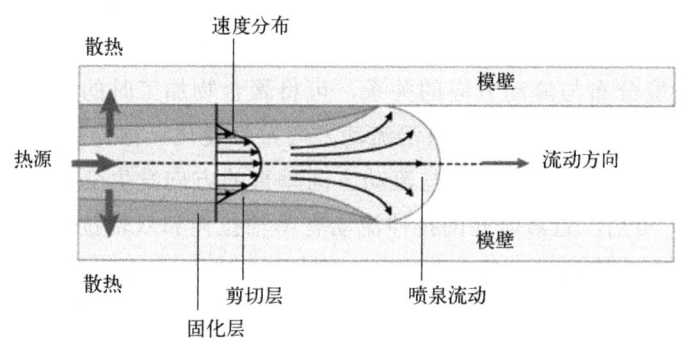

图 2.2　熔体充填经历的流动和传热

通常充填过程中的熔体都倾向于向阻力小的区域流动。若塑料熔体在型腔中某个区域流速快，就表示此处有较低的阻力。塑料熔体的黏度在充填的过程中是一项非常重要的参数，可作为评估流动阻力的一个指标，黏度大，阻力大，熔体流动所需的压力也大。因为塑件温度、热传输速率、剪切应变速率及厚度等因素都会影响黏度，故为了更佳的充填效果，应该谨慎考虑这些因素。其中厚度是最关键的因素之一（图2.4）。型腔厚度大则有较小的阻力，熔体较易流动；同时，由于热塑性材料的热导率很小，故壁厚区域热量不易移除，温度较高。反之，型腔薄壁部分就有较高的流动（充填）阻力，熔体流动需要较大压力。通常充填阶段所面临的主要问题包括：

① 是否会有短射的问题（型腔是否能顺利充满）？
② 是否有迟滞的现象（跑道效应）？
③ 熔接线及包封在哪里？其影响如何？
④ 单型腔或是多型腔系统的充填与流动如何平衡？

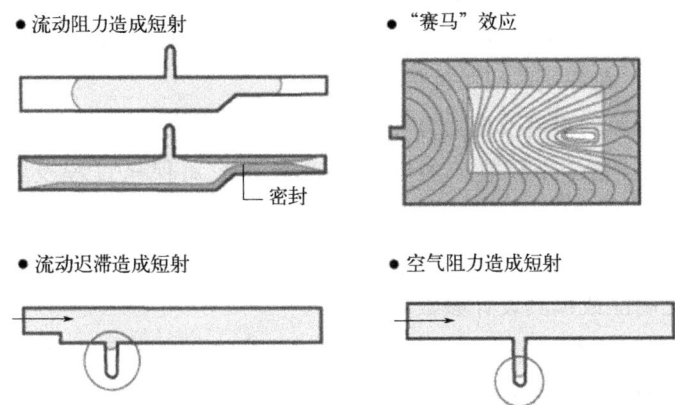

图2.3　充填过程可能引起的注塑成型缺陷

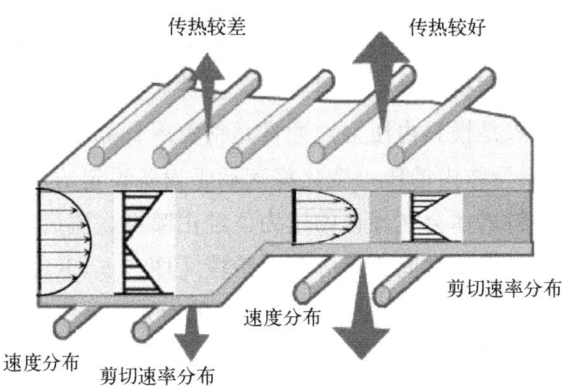

图2.4　熔体充填行为与厚度关系示意图

⑤ 充填过程中的温度变化及其分布情形如何？
⑥ 浇口的压力大小及其所对应的锁模力如何？

当型腔被塑料熔体完全充填后，进入保压阶段。注塑机的螺杆在保压过程中只会微幅前进，塑料熔体因此渐缓进入型腔（补料/补缩），该过程称为充填补缩；然后螺杆回退，进入保压赋形阶段。在保压阶段，型腔内熔体受到最大的压力，同时与低温模壁接触处继续固化，保压过程将持续到浇口凝固（固化）为止。一般而言，增加保压压力或延长保压时间都会延迟塑料熔体的固化时间，这有利于压力在塑料熔体部分中的传递分散，减少体积收缩。但过大的保压压力很有可能会导致脱模困难、残余应力高、溢料飞边等缺陷。相较而言，保压压力不足则会导致较大的体积收缩及凹痕等瑕疵。一般来说，流体在阻力低的时候压力会较容易被传递也会有较小的压降。因此固化时间较长时，型腔内的压力也会较高。在保压阶段关注的问题如下：

① 保压阶段的温度及压力分布情形。

② 评估工艺/设计参数（如制品厚度分布）对保压过程及收缩行为的影响。

③ 优化保压压力、保压时间及保压压力的 V/P 转换工艺参数。

④ 优化制品或模具设计参数。

熔体在型腔的充填、保压过程中，温度、压力随着时间一直变化。图 2.5（a）中的 P_m 为注塑机螺杆计量区的压力设定值（注塑机的参数）；P_n 是注塑机喷嘴处的压力值（是注塑设备参数也是成型工艺参数）；P_g 是浇口处的压力，流道末端或型腔入口处的压力，工程实践获得较困难，但数值模拟可作为已知的设定数值（也可作为待求解的数值）；P_c 是型腔充填末端的压力。型腔内压力会小于浇口压力主要是因为型腔内的压力损失。P_m、P_n 可以理解为注塑工艺中的设备参数，与注塑机型号、原料种类、塑件质量及模具结构（塑料熔体注塑量）有关；P_g、P_c 是模具内压力，通常是估算或计算获得。由于压力传递及摩擦损耗，一般来说型腔内的压力变化将落后于设备设定的压力值（时间滞后）。在充填过程中，塑料熔体会在预设的压力下经由喷嘴、流道、浇口后，进入型腔中，充填过程可以根据时间先后分两个阶段［图 2.5（b）］：①$t_f \sim t_{f1}$ 充填控制阶段，此时塑料开始填入型腔，并维持稳定的流速，型腔压力会逐渐地上升；②$t_{f1} \sim t_p$ 熔融塑料固化过程的压力控制阶段。t_d 是螺杆回退的时间，t_e 是型腔内的制品被顶出的时刻。这一阶段的型腔压力会迅速上升且充填因收缩形成的可充填体积，模内压力传递至型腔末端。

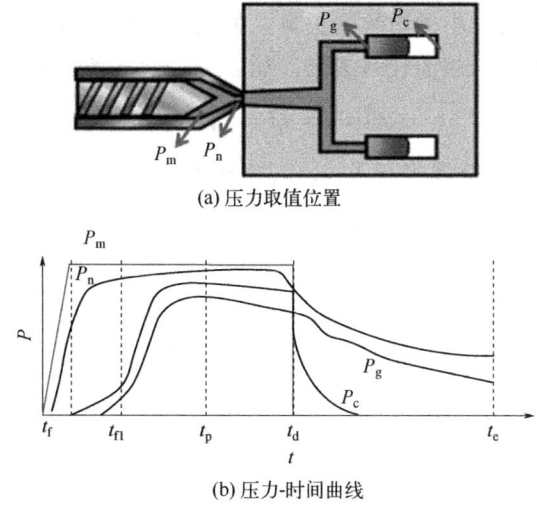

(a) 压力取值位置

(b) 压力-时间曲线

图 2.5　注塑充填中压力变化示意图

2.2　流动/保压模拟的理论与方法

高聚物材料的性能测定和加工过程是流变学的主要研究范围和对象。为了定量分析、研究高聚物材料的流动和变形过程，必须建立起描述流动保压过程的数学方程，即连续方程、动量方程和能量方程（三大守恒方程）；而这些数学方程可建立在张量运算的基础上。为此，先了解一下张量运算的基本概念。

2.2.1　基本概念

高聚物流变学的发展与现代数学的应用密切相关，特别是张量分析是高聚物流变学研究中必不可少的工具。全面深入学习和研究流变学必须具有矢量代数、线性代数和张量运算的数学基础。本小节提供了一些有限的张量分析的数学概念，帮助读者建立矢量空间的表达，以便更好地理解流变学基本方程及一些加工应用方程的推导。

2.2.1.1　标量、矢量和张量

没有任何方向性的纯数值的量称为标量。如质量 m、体积 V、密度 ρ、温度 T、热导率 k_{th}、热扩散率 α、定压比热容 C_p 和能量 E 等。标量的特征是其值不因坐标系的变化而变化。

既有方向，又有大小的量称为矢量，如位移、速度和温度梯度等。矢量用粗体代号或一个带脚标码的代号表示，如 $\boldsymbol{a}$、(a_i) 表示的内容一样［式（2.1）］。

$$(a_i) = \boldsymbol{a} = a_i\boldsymbol{i} + a_j\boldsymbol{j} + a_k\boldsymbol{k} \tag{2.1}$$

式中，$\boldsymbol{i}$、$\boldsymbol{j}$、$\boldsymbol{k}$ 是分别平行于 x、y、z 轴的单位矢量。三个分量 a_i、a_j、a_k 的大小，实际上是矢量 (a_i) 在 x、y、z 轴上的投影。流变学专业书中，常把 x、y、z 写成 1、2、3。对于一个直角坐标系中的矢量 $\boldsymbol{a}_i$（a_1，a_2，a_3），需经坐标变换公式，才能变换到另一直角坐标系 $\boldsymbol{a}_i{}'$（$a_1{}'$，$a_2{}'$，$a_3{}'$）。

张量比矢量更为复杂，是矢量的推广。物理学上的定义为：在一点处不同方向面上具有各个矢量值的物理量。流变学应用的是二阶张量，是"面量"。张量在数学上的定义是：在笛卡尔坐标系上一组有 3^n 个有序矢量的集合，指数 n 称为张量的阶数，二阶（$n=2$）笛卡尔张量 $3^n=9$。标量是零阶张量，矢量是一阶张量。

张量不仅可以从一个直角坐标系转换到另一个直角坐标系，还可按定量关系转换到柱面坐标系（r，θ，z）和球面坐标系（r，θ，ϕ），三种坐标系均可描述各个张量分量的存在。张量的分量都具有一定的空间分布，且张量具有可分解性和可加性。

流变学中的应力 σ_{ij}、应变 ε_{ij}、剪切应力 τ_{ij}、剪切速率 $\dot{\gamma}$、应变速率 $\dot{\varepsilon}$ 等都是张量。二阶张量用粗体字符，或带大括号，或用双脚标表示［式（2.2）］。

$$\boldsymbol{\sigma} = \{\sigma\} = (\sigma_{ij}) = \begin{bmatrix} \sigma_{11} & \sigma_{12} & \sigma_{13} \\ \sigma_{21} & \sigma_{22} & \sigma_{23} \\ \sigma_{31} & \sigma_{32} & \sigma_{33} \end{bmatrix} \tag{2.2}$$

2.2.1.2　哈密顿算子（Hamilton operation）

哈密顿算子是一个具有微分和矢量双重运算的算子。哈密顿算子在直角坐标系中的表达式为式（2.3）。

$$\nabla = \boldsymbol{i}\frac{\partial}{\partial x} + \boldsymbol{j}\frac{\partial}{\partial y} + \boldsymbol{k}\frac{\partial}{\partial z} \tag{2.3}$$

式中，算子 ∇ 是具有矢量和微分双重性质的符号。一方面它是个矢量，在运算时服从矢量代数和矢量分析中所有法则；另一方面它又是个微分算子，可按微分法则进行运算。

流动与变形的材料在某个几何空间中的每个点，都对应着物理量的一个确定值。对于这些标量和矢量确定的空间，就称为标量场和矢量场。

（1）标量场的梯度

梯度（gradient）φ 是个矢量。梯度的方向是 φ 变化率最大的方向，其大小则为这个最大变化率的数值。梯度是温度、浓度和密度等这些标量场不均匀的量度，记为 $\mathrm{grad}\varphi$。在直角坐标系中表达见式（2.4）或式（2.5）。

$$\mathrm{grad}\varphi = \frac{\partial \varphi}{\partial x}\boldsymbol{i} + \frac{\partial \varphi}{\partial y}\boldsymbol{j} + \frac{\partial \varphi}{\partial z}\boldsymbol{k} = \nabla\varphi \tag{2.4}$$

或

$$\mathrm{grad}\varphi = \boldsymbol{i}\frac{\partial \varphi}{\partial x} + \boldsymbol{j}\frac{\partial \varphi}{\partial y} + \boldsymbol{k}\frac{\partial \varphi}{\partial z} = \nabla\varphi \tag{2.5}$$

两个矢量的点乘定义为一个标量，如下所示。

$$\boldsymbol{u} \odot \boldsymbol{v} = \boldsymbol{v} \odot \boldsymbol{u} = (u_1\boldsymbol{i} + u_2\boldsymbol{j} + u_3\boldsymbol{k}) \cdot (v_1\boldsymbol{i} + v_2\boldsymbol{j} + v_3\boldsymbol{k}) \\ = u_1v_1 + u_2v_2 + u_3v_3 = u_iv_i \tag{2.6}$$

梯度的乘法、加法、乘积、导数的基本运算法则如式（2.7）~式（2.10）。

$$\nabla(C\varphi) = C\nabla\varphi \tag{2.7}$$

$$\nabla(\varphi_1 + \varphi_2) = \nabla\varphi_1 + \nabla\varphi_2 \tag{2.8}$$

$$\nabla(\varphi_1\varphi_2) = \varphi_1\nabla\varphi_2 + \varphi_2\nabla\varphi_1 \tag{2.9}$$

$$\nabla F(\varphi) = F'(\varphi)\nabla\varphi \tag{2.10}$$

式中，C 为系数。

（2）矢量场的散度

散度（divergence）为矢量场中任一点通过所包围界面的通量，并除以此微元体积得到的量，记为 $\mathrm{div}\boldsymbol{v}$，它是一标量。在直角坐标系中，若有 $\boldsymbol{v} = v_1\boldsymbol{i} + v_2\boldsymbol{j} + v_3\boldsymbol{k}$，则散度表达见式（2.11）。

$$\mathrm{div}\boldsymbol{v} = \frac{\partial v_1}{\partial x} + \frac{\partial v_2}{\partial y} + \frac{\partial v_3}{\partial z} = \nabla \cdot \boldsymbol{v} \tag{2.11}$$

散度的求和、点乘基本运算法则见式（2.12）、式（2.13）。

$$\nabla \cdot (\boldsymbol{v} + \boldsymbol{u}) = \nabla \cdot \boldsymbol{v} + \nabla \cdot \boldsymbol{u} \tag{2.12}$$

$$\nabla \cdot (\varphi\boldsymbol{v}) = \varphi\nabla \cdot \boldsymbol{v} + \boldsymbol{v}\nabla \cdot \varphi \tag{2.13}$$

流变学中最常见的是速度矢量场的散度。对于速度场散度 div$v$=0，称为无源场，具有不可压缩特性。常用 $\nabla \cdot v$ 表示速度散度，它经常写成式（2.14）。

$$\nabla \cdot v_i = \frac{\partial v_i}{\partial x_i} \tag{2.14}$$

而 ∇v_i 是速度梯度，其表达式可写成式（2.15）。

$$\nabla v_i = \frac{\partial v_i}{\partial x_j} \tag{2.15}$$

（3）矢量场的旋度

旋度（curl）为矢量场 v 中任一点在任一方向上的环量密度。旋度是个矢量，它的方向是环量面密度最大的方向，其大小即为这个最大面密度的值，记为 rot v 或 curl v，定义为哈密顿算子与一个矢量函数的叉积。在直角坐标系中的表达式如下。

$$\text{rot } v = \begin{bmatrix} i & j & k \\ \frac{\partial}{\partial x} & \frac{\partial}{\partial y} & \frac{\partial}{\partial z} \\ v_x & v_y & v_z \end{bmatrix} = i\left(\frac{\partial v_z}{\partial y} - \frac{\partial v_y}{\partial z}\right) + j\left(\frac{\partial v_x}{\partial z} - \frac{\partial v_z}{\partial x}\right) + k\left(\frac{\partial v_y}{\partial x} - \frac{\partial v_x}{\partial y}\right) = \nabla \times v$$

$$\tag{2.16}$$

式中，"×"表示叉乘。两个矢量 u 和 v 的叉乘为一个矢量 w，数值为 $uv\sin\theta$（θ 为 u 与 v 的夹角），方向垂直于 u 与 v 形成的平面，u、v 和 w 形成一个右手系。旋度的基本运算法则见式（2.17）、式（2.18）。

$$\nabla \times (v + u) = \nabla \times v + \nabla \times u \tag{2.17}$$

$$\nabla \times (\varphi v) = \varphi \nabla \times v + \nabla \varphi \times v \tag{2.18}$$

2.2.1.3 拉普拉斯（Laplace）算子

散度是哈密顿算子与矢量的点积，如果这个矢量是某个标量 f 的梯度，那么就形成了梯度的散度，在直角坐标系中表示为式（2.19）。

$$\nabla \cdot \nabla f = \frac{\partial^2 f}{\partial x^2} + \frac{\partial^2 f}{\partial y^2} + \frac{\partial^2 f}{\partial z^2} \tag{2.19}$$

则有，

$$\nabla \cdot \nabla = \nabla^2 = \Delta = \frac{\partial^2}{\partial x^2} + \frac{\partial^2}{\partial y^2} + \frac{\partial^2}{\partial z^2} \tag{2.20}$$

通常，式（2.20）中的 ∇^2 或 Δ 称为拉普拉斯算子。若它将一个标量函数 f

映射为另一个标量函数,给出了函数 f 的梯度的坐标变化率,为了表达方便,也称为函数的拉普拉斯算子(Laplacian Operator)。如果空间只有一维,拉普拉斯算子退化为二阶导数,即一元函数的二阶导数可看作拉普拉斯算子的一个特例。

拉普拉斯算子在直角坐标系下,对任一函数或变量 φ 的表达式为式(2.21)。

$$\nabla^2 = \Delta\varphi = \left(\frac{\partial^2}{\partial x^2} + \frac{\partial^2}{\partial y^2} + \frac{\partial^2}{\partial z^2}\right)\varphi = \frac{\partial^2\varphi}{\partial x^2} + \frac{\partial^2\varphi}{\partial y^2} + \frac{\partial^2\varphi}{\partial z^2} \tag{2.21}$$

2.2.1.4 几种特殊的张量

(1)单位张量

单位张量的表达为式(2.22)。

$$\boldsymbol{\delta} = \begin{bmatrix} 1 & 0 & 0 \\ 0 & 1 & 0 \\ 0 & 0 & 1 \end{bmatrix} = (\delta_{ij}) \tag{2.22}$$

式中,δ_{ij} 为克罗内克(Kronecker)符号,定义为式(2.23):

$$\delta_{ij} = \begin{cases} 1, i = j \\ 0, i \neq j \end{cases} \tag{2.23}$$

(2)对称张量

二阶张量下标 i 与 j 互换后所代表的分量不变,称为二阶对称张量,即满足式(2.24)。二阶对称张量的矩阵表达形式中,各个单元关于对角线对称,因而只有 6 个独立变量。

$$(\sigma_{ij}) = (\sigma_{ji}) = \begin{bmatrix} \sigma_{11} & \sigma_{12} & \sigma_{13} \\ \sigma_{21} & \sigma_{22} & \sigma_{23} \\ \sigma_{31} & \sigma_{32} & \sigma_{33} \end{bmatrix} = \begin{bmatrix} \sigma_{11} & \sigma_{12} & \sigma_{13} \\ \sigma_{12} & \sigma_{22} & \sigma_{23} \\ \sigma_{13} & \sigma_{23} & \sigma_{33} \end{bmatrix} = \begin{bmatrix} \sigma_{11} & \sigma_{12} & \sigma_{13} \\ \bullet & \sigma_{22} & \sigma_{23} \\ \bullet & \bullet & \sigma_{33} \end{bmatrix} \tag{2.24}$$

(3)反对称张量

二阶张量下标 i 与 j 互换后,所代表的分量满足式(2.25),为二阶反对称张量。因此,二阶反对称张量,对角线分量为零,只有三个独立分量。

$$(p_{ij}) = (-p_{ji}) = \begin{bmatrix} p_{11} & p_{12} & p_{13} \\ -p_{21} & p_{22} & p_{23} \\ -p_{31} & -p_{32} & p_{33} \end{bmatrix} = \begin{bmatrix} 0 & p_{12} & p_{13} \\ -p_{21} & 0 & p_{23} \\ -p_{31} & -p_{32} & 0 \end{bmatrix} = \begin{bmatrix} 0 & p_{12} & p_{13} \\ -p_{12} & 0 & p_{23} \\ -p_{13} & -p_{23} & 0 \end{bmatrix} \tag{2.25}$$

任何一个二阶张量都可分解为一个对称张量和一个反对称张量的和。

（4）张量不变量

张量 σ_{ij} 的分量，可以有三个组合形式 [式（2.26）～式（2.28）]，称为张量的三个不变量，分别称为第一不变量（I_σ）、第二不变量（II_σ）、第三不变量（III_σ）。

$$I_\sigma = \sigma_{11} + \sigma_{22} + \sigma_{33} \tag{2.26}$$

$$II_\sigma = \begin{vmatrix} \sigma_{22} & \sigma_{23} \\ \sigma_{32} & \sigma_{33} \end{vmatrix} + \begin{vmatrix} \sigma_{11} & \sigma_{13} \\ \sigma_{31} & \sigma_{33} \end{vmatrix} + \begin{vmatrix} \sigma_{11} & \sigma_{12} \\ \sigma_{21} & \sigma_{22} \end{vmatrix}$$
$$= \sigma_{11}\sigma_{22} + \sigma_{22}\sigma_{33} + \sigma_{11}\sigma_{33} - \sigma_{12}\sigma_{21} - \sigma_{13}\sigma_{31} - \sigma_{23}\sigma_{32} \tag{2.27}$$

$$III_\sigma = \begin{vmatrix} \sigma_{11} & \sigma_{12} & \sigma_{13} \\ \sigma_{21} & \sigma_{22} & \sigma_{23} \\ \sigma_{31} & \sigma_{32} & \sigma_{33} \end{vmatrix}$$
$$= \sigma_{11}\sigma_{22}\sigma_{33} + \sigma_{12}\sigma_{23}\sigma_{31} + \sigma_{13}\sigma_{21}\sigma_{32} - (\sigma_{11}\sigma_{23}\sigma_{32} + \sigma_{13}\sigma_{22}\sigma_{31} + \sigma_{12}\sigma_{21}\sigma_{33}) \tag{2.28}$$

为便于理解不变量的物理意义，用应力张量来说明。

应力张量的矩阵表达如式（2.29），

$$(\sigma'_{ij}) = \begin{bmatrix} \sigma_{11} & \sigma_{12} & \sigma_{13} \\ \sigma_{21} & \sigma_{22} & \sigma_{23} \\ \sigma_{31} & \sigma_{32} & \sigma_{33} \end{bmatrix} \tag{2.29}$$

此时，应力张量各分量依据坐标系 $K(O, x, y, z)$ 而定。张量本身不变不动，把坐标系沿 O 点旋转（坐标变换），直到应力张量 σ_{ij} 的九个分量中，除了对角线上的 σ_{11}、σ_{22}、σ_{33} 外，其余 $i \neq j$ 的六个分量都为零；这时对应的坐标系为 $K'(O, x', y', z')$，则张量 σ'_{ij} 相应的应力主矢量为 n_i，法向应力 σ'_{11}、σ'_{22}、σ'_{33} 称为主应力，即式（2.30）。

$$(\sigma'_{ij}) = \begin{bmatrix} \sigma'_{11} & 0 & 0 \\ 0 & \sigma'_{22} & 0 \\ 0 & 0 & \sigma'_{33} \end{bmatrix} \tag{2.30}$$

为确定应力主方向 n_i，求解下面的方程 $\sigma_{ij}n_j = \lambda n_i$，其中 λ 是含有 λ_1、λ_2、λ_3 的待求标量。将此方程展开成式（2.31），

$$\begin{aligned} \sigma_{11}n_1 + \sigma_{12}n_2 + \sigma_{13}n_3 &= \lambda n_1 \\ \sigma_{21}n_1 + \sigma_{22}n_2 + \sigma_{23}n_3 &= \lambda n_2 \\ \sigma_{31}n_1 + \sigma_{32}n_2 + \sigma_{33}n_3 &= \lambda n_3 \end{aligned} \tag{2.31}$$

线性齐次方程组有 λ 解的条件为式（2.32），

$$\begin{bmatrix} \sigma_{11}-\lambda & \sigma_{12} & \sigma_{13} \\ \sigma_{21} & \sigma_{22}-\lambda & \sigma_{23} \\ \sigma_{31} & \sigma_{32} & \sigma_{33}-\lambda \end{bmatrix}=0 \qquad (2.32)$$

于是，可有式（2.33），

$$\lambda^3-(\sigma_{11}+\sigma_{22}+\sigma_{33})\lambda^2+(\sigma_{11}\sigma_{22}+\sigma_{22}\sigma_{33}+\sigma_{33}\sigma_{11}-\sigma_{13}\sigma_{31}+\sigma_{23}\sigma_{33}+\sigma_{12}\sigma_{21})\lambda+$$
$$(\sigma_{11}\sigma_{22}\sigma_{33}+\sigma_{12}\sigma_{23}\sigma_{31}+\sigma_{13}\sigma_{32}\sigma_{21}-\sigma_{11}\sigma_{23}\sigma_{32}-\sigma_{13}\sigma_{22}\sigma_{31}-\sigma_{12}\sigma_{21}\sigma_{33})=0$$
$$(2.33)$$

代入三个不变量的表达式，则有式（2.34），

$$\lambda^3-I_\sigma\lambda^2+II_\sigma\lambda+III_\sigma=0 \qquad (2.34)$$

由此，可解得 λ_1、λ_2、λ_3，以及新坐标系 $K'(O, x', y', z')$ 下的应力张量 σ'_{ij} [式（2.35）]，

$$(\sigma'_{ij})=\begin{bmatrix} \lambda_1 & 0 & 0 \\ 0 & \lambda_2 & 0 \\ 0 & 0 & \lambda_3 \end{bmatrix} \qquad (2.35)$$

λ_1、λ_2、λ_3 是法向主应力，因此有：

$$I_\sigma=\lambda_1+\lambda_2+\lambda_3 \qquad (2.36)$$

$$II_\sigma=\lambda_1\lambda_2+\lambda_2\lambda_3+\lambda_3\lambda_1 \qquad (2.37)$$

$$III_\sigma=\lambda_1\lambda_2\lambda_3 \qquad (2.38)$$

因此，第一不变量 [式（2.36）]、第二不变量 [式（2.37）]、第三不变量 [式（2.38）] 可以通过法向主应力方便获得。

2.2.1.5　牛顿流体的本构方程

流体的应变速率张量 $\dot{\varepsilon}_{ij}$ 与应力张量 σ_{ij} 之间的关系称为流体的本构方程。牛顿流体的本构方程为式（2.39）。

$$\sigma_{ij}=\left[-p+\left(\mu'-\frac{2}{3}\mu\right)\dot{\varepsilon}_{ii}\right]\delta_{ij}+2\mu\dot{\varepsilon}_{ij} \qquad (2.39)$$

式中，p 是压强；μ 是剪切黏度系数或牛顿黏度；μ' 是体积黏度系数（第二黏性系数）。由此可知，牛顿流体质点的应力状态，包括三部分：①热力学压强，$-p\delta_{ij}$；②由体积膨胀或压缩率引起的各向同性黏性应力，$\left(\mu'-\frac{2}{3}\mu\right)\dot{\varepsilon}_{ii}\delta_{ij}$；

③由运动流体应变速率引起的黏性应力，称为偏应力张量，也称剪切应力张量 τ_{ij}，式（2.39）中为 $2\mu\dot{\varepsilon}_{ij}$。非记忆性流体的本构关系有唯一的形式，$\tau_{ij} = 2\mu\dot{\varepsilon}_{ij} = \mu\dot{\gamma}_{ij}$，$\dot{\gamma}$ 为剪切速率张量。

流体在各向同性静压 p 作用下，有平均应力 $\sigma_m = (\sigma_x + \sigma_y + \sigma_z)/3$，且是不随着坐标系变化的不变量。根据张量运算规则，流体中任一点的应力张量可分解为各向同性张量和另一张量之和（正应力与偏应力之和），即式（2.40），

$$\sigma_{ij} = \sigma_m \delta_{ij} + \tau_{ij} = -p\delta_{ij} + \tau_{ij} \qquad (2.40)$$

另有 $\dot{\varepsilon}_{ij} = \dot{\varepsilon}_{11} + \dot{\varepsilon}_{22} + \dot{\varepsilon}_{33} = \dfrac{\partial v_i}{\partial x_i} = \nabla \cdot v_i$（式中，$v_i$ 是 i 方向的速度；∇ 是哈密顿算子），这既是流场的散度，也是质点的膨胀率。因此剪切流动的牛顿流体剪切应力张量与剪切应变速率张量之间的本构关系，可以写成式（2.41）。

$$\tau_{ij} = \mu\dot{\gamma}_{ij} + \left(\mu' - \frac{2}{3}\mu\right)(\nabla \cdot v_i)\delta_{ij} \qquad (2.41)$$

除高温、高频声波等极端条件，一般流体运动包括液态流体 $\mu'=0$ 的情况。对于不可压缩流体 $\nabla \cdot v_i = 0$ 时，简化的牛顿流体的剪切流动的本构方程为 $\tau_{ij} = \mu\dot{\gamma}_{ij}$。

这里从（流体）力学角度说明了牛顿流体的黏度与剪切应力、剪切应变速率的关系。从中可知，非牛顿流体的数学模型和表达会更复杂。

有了这些基本概念，下面从三大守恒定律出发，给出注塑流动/保压过程的数学模型和相应的数值方法。

2.2.2　流变学的基本方程

2.2.2.1　连续性方程

连续性方程（continuity equation）是质量守恒定律在流体运动中的具体应用。在欧拉（Euler）描述法选定的时空坐标系中，考察流动过程中速度和密度的分布。在直角坐标系中任选一个边长为 dx、dy、dz 的立方体单元（图2.6），称为控制体。流场中任一点（x，y，z）处，在 t 时刻的速度为 v_i，三个速度分量分别为 v_x、v_y、v_z，流体密度为 ρ。假定在流体流动过程中，没有化学变化。根据质量守恒，单位时间控制体积内物质的增量，等于输入与输出控制体的质量之差，与控制体本身的质量无关。对于控制体，有：

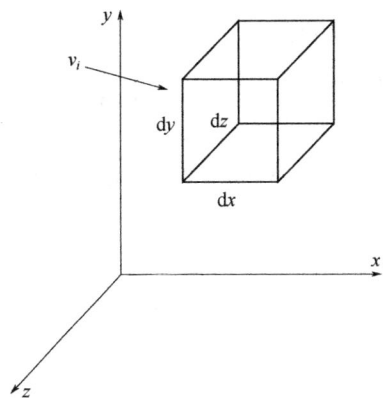

图 2.6 直角坐标系中的控制体系

单位时间内质量累计量=输入量-输出量,根据质量守恒定律,可通过控制体积推导可压缩流体的连续性方程的直角坐标系的表达式[式(2.42)]。

$$\frac{\partial \rho}{\partial t}+\frac{\partial(\rho v_x)}{\partial x}+\frac{\partial(\rho v_y)}{\partial y}+\frac{\partial(\rho v_z)}{\partial z}=0 \quad (2.42)$$

向量形式[式(2.43)]:

$$\frac{\partial \rho}{\partial t}+\nabla \cdot (\rho v_i)=0 \quad (2.43)$$

张量形式[式(2.44)]:

$$\frac{\partial \rho}{\partial t}+\frac{\partial(\rho v_i)}{\partial x_i}=0 \quad (2.44)$$

式(2.42)的第一项,是单位时间内体积的质量累积量,表现为密度的变化,或者理解为某位置处(给定空间)密度随时间的变化率。与坐标有关的项,是控制体单位时间内物质的流入量与流出量之差。

用柱面坐标系(r, θ, z)描述,连续性方程为式(2.45),

$$\frac{\partial \rho}{\partial t}+\frac{\partial(\rho r v_r)}{r \partial r}+\frac{\partial(\rho v_\theta)}{r \partial \theta}+\frac{\partial(\rho v_z)}{\partial z}=0 \quad (2.45)$$

连续性方程球面坐标的表达式,可通过坐标变量替换获得,具体表达式请参考相关图书资料。

若为稳定流动,某位置的密度不随着时间变化,则 $\partial \rho / \partial t = 0$。于是,张量形式的连续性方程如式（2.46）。

$$\frac{\partial \rho}{\partial t} = -\frac{\partial(\rho v_i)}{\partial x_i} = -\rho \frac{\partial v_i}{\partial x_i} = -\rho \operatorname{div} v_i = -\rho \nabla \cdot v_i = 0 \qquad (2.46)$$

此时，密度 $\rho \neq 0$，则 $\operatorname{div} v_i = \nabla \cdot v_i = 0$，因此不可压缩流体的连续性方程（直角坐标系）可简化为式（2.47）。

$$\frac{\partial v_x}{\partial x} + \frac{\partial v_y}{\partial y} + \frac{\partial v_z}{\partial z} = 0 \qquad (2.47)$$

下面介绍一下随体导数（物质导数）的概念，它在流体力学和流变学中应用广泛。随体导数将流体中质点携带的物理量随时间的变化率用欧拉描述的全导数表示见式（2.48）。

$$\frac{\mathrm{d} F}{\mathrm{d} t} = \frac{\partial F}{\partial t} + v \cdot \nabla F \qquad (2.48)$$

式中，F 表示场函数，可以代表温度、密度、压强等标量场，也可是速度等矢量场。定义这样的一个函数，需要以空间和时间为自变量，记为 $F(x,y,z,t)$。$F(x, y, z, t)$ 表示在空间坐标（x,y,z）处和时间 t 时刻的物理量（温度、密度、压强等）。一个流体元在 t 时刻从位置（x,y,z）运动到了（$x+\Delta x,y+\Delta y,z+\Delta z$），会有一个物理量的变化。式（2.48）等号右边第一项，是给定位置处，物理量随着时间的变化率，称为当地导数（坐标在流体元上）；第二项表示物理量因为空间运动引起的变化率。即"随流体运动的流体微元的瞬时变化率"="由当地时间变化引起的变化率"+"由空间运动引起的变化率"。随体导数，也被称为拉格朗日导数，可以理解为一种运算符 [式（2.49）]。

$$\frac{\mathrm{d}}{\mathrm{d} t} = \frac{\partial}{\partial t} + v \cdot \nabla \qquad (2.49)$$

随体导数在数学上是一个全微分的概念，是流体质点在运动时所具有的物理量对时间的全导数。在工程中的物理意义为：它是运动的流体微团的物理量随时间的变化率，等于该物理量由当地时间变化所引起的变化率与由流体对流引起的变化率的和。因此，可压缩流体的连续方程式（2.42），可表示为式（2.50）的拉格朗日描述形式。

$$\frac{\mathrm{d} \rho}{\mathrm{d} t} + \rho \left(\frac{\partial v_x}{\partial x} + \frac{\partial v_y}{\partial y} + \frac{\partial v_z}{\partial z} \right) = 0 \qquad (2.50)$$

矢量形式 [式（2.51）]：

$$\frac{D\rho}{Dt} + \rho\left(\nabla \cdot \vec{v}_i\right) = 0 \tag{2.51}$$

张量形式[式(2.52)]：

$$\frac{d\rho}{dt} + \rho\frac{\partial v_i}{\partial x_i} = 0 \tag{2.52}$$

2.2.2.2 动量方程

动量方程(momentum equation)是动量守恒定律在流体运动中的表现形式。动量守恒定律要求流体系统的动量变化率等于该系统上的全部作用力，表达见式(2.53)。

$$\frac{dmv}{dt} = \sum F_i \tag{2.53}$$

若采用拉格朗日观点，取某一固定质量的流体微元控制体，与流体一起运动，上式可用随体导数形式描述牛顿运动定律[式(2.54)]。

$$m\frac{dv}{dt} = \sum F_i \tag{2.54}$$

式中，$\sum F_i$ 是各种外力之和。流体运动中作用外力包括质量力和表面力。其中，①质量力是指作用于流体上的非接触力，在流体内部每个质点上。单位质量力 $F=mg$ 作用于流体的控制体上，如图2.7(a)所示。②表面力是流体通过接触面而施加在另一部分流体上的作用力。由于流体的流动或变形，可视为在控制体表面上产生的相互作用力，表现为黏性流动阻力，用应力张量 σ 表示。如图2.7(b)所示，σ_{xy}、σ_{xz}、σ_{yx}、σ_{yz}、σ_{zx} 和 σ_{zy} 六个应力分量，为不同下标的剪切应力分量，第一个下标表示该应力分量的所在作用面的法向方向；第二个下标表示应力分量的作用方向。σ_{xx}、σ_{yy} 和 σ_{zz} 下标相同的应力分量为法向应力分量。

根据式(2.53)的动量方程，得到拉格朗日描述的动量方程式[式(2.55)～式(2.59)。三个直角坐标系分量方程：式(2.55)～式(2.57)；张量形式：式(2.58)；矢量形式：式(2.59)]。

$$\rho\frac{dv_x}{dt} = \rho g_x + \frac{\partial \sigma_{xx}}{\partial x} + \frac{\partial \sigma_{yx}}{\partial y} + \frac{\partial \sigma_{zx}}{\partial z} \tag{2.55}$$

$$\rho\frac{dv_y}{dt} = \rho g_y + \frac{\partial \sigma_{xy}}{\partial x} + \frac{\partial \sigma_{yy}}{\partial y} + \frac{\partial \sigma_{zy}}{\partial z} \tag{2.56}$$

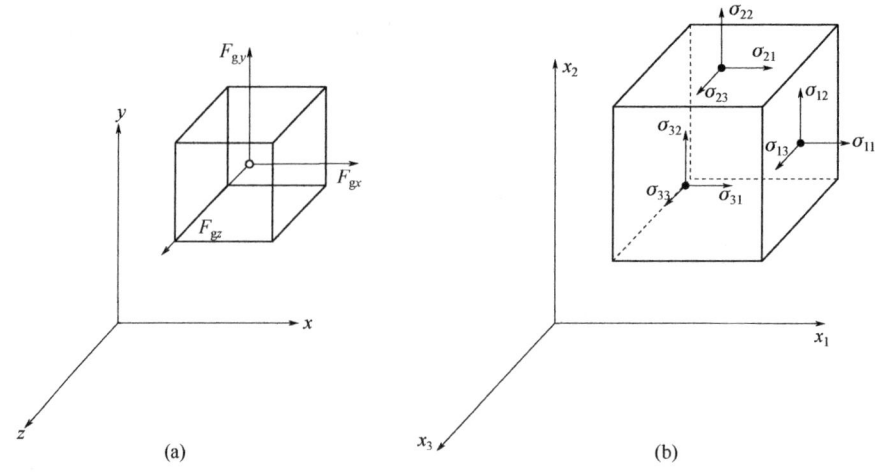

图 2.7 流体控制体上的质量力（a）与应力分量（b）示意图

$$\rho \frac{\mathrm{d}v_z}{\mathrm{d}t} = \rho g_z + \frac{\partial \sigma_{xz}}{\partial x} + \frac{\partial \sigma_{yz}}{\partial y} + \frac{\partial \sigma_{zz}}{\partial z} \qquad (2.57)$$

$$\rho \frac{\mathrm{D}\boldsymbol{v}_i}{\mathrm{D}t} = \rho g_i + \frac{\partial \sigma_{ji}}{\partial x_j} \qquad (2.58)$$

$$\rho \frac{\mathrm{D}\boldsymbol{v}}{\mathrm{D}t} = \rho \boldsymbol{g} + \nabla \cdot \boldsymbol{\sigma} \qquad (2.59)$$

流变学动量方程式（2.55）～式（2.57）等号右边项由局部动量增长量和体积动量输出量两部分组成，物理意义是微元控制体单位体积流体上的局部动量增长率与通过微元控制体的单位体积流体的动量输出量之和，等于控制体上单位体积流体的质量力与表面力之和［式（2.55）～式（2.57）等号右边］。

若考虑式（2.39）牛顿流体本构方程 $\sigma_{ij} = \left[-p + \left(\mu' - \frac{2}{3}\mu \right) \dot{\varepsilon}_{ii} \right] \delta_{ij} + 2\mu \dot{\varepsilon}_{ij}$ 中 $\mu'=0$ 的情况，则有：$\sigma_{ij} = -\left(p + \frac{2}{3}\mu \nabla \cdot v_i \right) \delta_{ij} + 2\mu \dot{\varepsilon}_{ij}$，代入微分形式的动量方程式（2.58），获得随体导数形式的牛顿流体的运动方程式（2.60）。此方程又称为 N-S(Navier-Stokes)方程，即 1821 年法国学者奈维（Naiver）提出，1845 年英国学者斯托克斯（Stokes）完成最终形式。

$$\rho \frac{\mathrm{d}v_i}{\mathrm{d}t} = \rho g_i - \frac{\partial}{\partial x_j}\left(p + \frac{2}{3}\mu \nabla \cdot v_i \right) + \frac{\partial}{\partial x_j}\left[\mu \left(\frac{\partial v_i}{\partial x_j} + \frac{\partial v_j}{\partial x_i} \right) \right] \qquad (2.60)$$

聚合物熔体加工时，常用 N-S 方程在熔体不可压缩情况下（$\nabla \cdot v_i = 0$）的形式，即式（2.61）。

$$\rho \frac{\mathrm{d}v_i}{\mathrm{d}t} = \rho g_i - \frac{\partial p}{\partial x_i} + \mu \frac{\partial^2 v_i}{\partial x_j^2} \tag{2.61}$$

张量形式［式（2.62）］

$$\rho \frac{\mathrm{d}v_i}{\mathrm{d}t} = \rho g_i - \frac{\partial p}{\partial x_i} + \mu \Delta v_i \tag{2.62}$$

若是非牛顿流体应用 N-S 方程时，需要将牛顿流体的黏度 μ 置换为 $\mu\left[\sqrt{\frac{1}{2}(\dot{\gamma}:\dot{\gamma})}\right]$。

将式（2.40）代入式（2.59），则获得剪切流动的黏性流体动量方程式（2.63）。

$$\rho \frac{\mathrm{D}v}{\mathrm{D}t} = \rho g - \nabla \cdot p + \nabla \cdot \tau_{ij} \tag{2.63}$$

在直角坐标系下展开，有 x、y、z 三个轴向的动量方程，即式（2.64）～式（2.66）。

$$\rho\left(\frac{\partial v_x}{\partial t} + v_x\frac{\partial v_x}{\partial x} + v_y\frac{\partial v_x}{\partial y} + v_z\frac{\partial v_x}{\partial z}\right) = \rho g_x - \frac{\partial p}{\partial x} + \left(\frac{\partial \tau_{xx}}{\partial x} + \frac{\partial \tau_{yx}}{\partial y} + \frac{\partial \tau_{zx}}{\partial z}\right) \tag{2.64}$$

$$\rho\left(\frac{\partial v_y}{\partial t} + v_x\frac{\partial v_y}{\partial x} + v_y\frac{\partial v_y}{\partial y} + v_z\frac{\partial v_y}{\partial z}\right) = \rho g_y - \frac{\partial p}{\partial y} + \left(\frac{\partial \tau_{xy}}{\partial x} + \frac{\partial \tau_{yy}}{\partial y} + \frac{\partial \tau_{zy}}{\partial z}\right) \tag{2.65}$$

$$\rho\left(\frac{\partial v_z}{\partial t} + v_x\frac{\partial v_z}{\partial x} + v_y\frac{\partial v_z}{\partial y} + v_z\frac{\partial v_z}{\partial z}\right) = \rho g_z - \frac{\partial p}{\partial z} + \left(\frac{\partial \tau_{xz}}{\partial x} + \frac{\partial \tau_{yz}}{\partial y} + \frac{\partial \tau_{zz}}{\partial z}\right) \tag{2.66}$$

式（2.64）～式（2.66）中各项的物理含义，以直角坐标系下 z 方向的式（2.66）为例说明如下：

$$\underbrace{\rho\left(\frac{\partial v_z}{\partial t}\right.}_{\text{局部动量}} \underbrace{\left. + v_x\frac{\partial v_z}{\partial x} + v_y\frac{\partial v_z}{\partial y} + v_z\frac{\partial v_z}{\partial z}\right)}_{\text{体积动量}} = \underbrace{\rho g_z}_{\text{重力}} \underbrace{- \frac{\partial p}{\partial z}}_{\text{压力}} + \underbrace{\left(\frac{\partial \tau_{xz}}{\partial x} + \frac{\partial \tau_{yz}}{\partial y} + \frac{\partial \tau_{zz}}{\partial z}\right)}_{\text{表面黏性力}} \tag{2.67}$$

此动量方程的展开式，目前无法求得普适（通识）的解。但对于一定的流动类型，给定具体拖曳流动或/和压力流动的边界和初始条件，动量方程与连续性方程、能量方程和材料的本构方程结合后，可以求解一些高聚物熔体加工中的流动问题，获得速度、应力、应变和应变速率等物理量的表达式。

在稳定流动的条件下，所有的参量对时间 t 的一阶导数为零。在层流流动状态，控制体的物理量在通过其表面的输送量具有单向性。如果不计流体的黏度，可得水力学的动量方程：

$$\rho v_j \frac{\partial v_i}{\partial x_j} = \rho g_i - \nabla \cdot p \qquad (2.68)$$

2.2.2.3 能量方程

能量方程（energy equation）是能量守恒定律在流体运动中的表现形式。这里介绍便于工程应用的流场能量方程，以及由此导出的热传导方程。

（1）流场的能量方程

对于任一给定的流体微元控制体 dv，根据能量守恒定律，可知：固定质量的流体微元中总能量的变化率 E_t，等于单位体积的流动能量 E_1、热能的净流量 E_2 和应力所做功 E_3 之和，表达式分别如式（2.69）～式（2.72）所示。

① 总能量变化率 E_t 表达式如下：

$$E_t = \frac{\partial(E\rho)}{\partial t} \qquad (2.69)$$

式中，E_t 是具有给定质量 dm 的控制体积 dV 中的总能量变化率；E 是单位质量流体 dm 所具有的能量，等于内能和动能之和；密度 ρ 在不稳定流动时，是随着时间和位置变化的物理量；$E\rho$ 是单位体积流体 dV 所具有的能量。

② 单位时间、单位体积的流体动量 E_1：

$$E_1 = -\nabla \cdot (E\rho v_i) \qquad (2.70)$$

③ 单位时间、单位体积吸收的净热量 E_2：

$$E_2 = -(\nabla q_i) \qquad (2.71)$$

式中，q_i 是沿着 i 轴方向单位时间、单位面积流入的热量密度，即热通量。

④ 应力所做的功 E_3，即微元控制体受到应力张量 σ_{ij} 各个分量的作用在单位时间内做的功，等于应力分量乘以沿应力作用方向上速度变化率：

$$E_3 = \sigma_{ij}\frac{\partial v_i}{\partial x_j} = \nabla \cdot (\sigma_{ij} v_i) \qquad (2.72)$$

进而，有流场能量方程的张量表达式：

$$\frac{\partial(E\rho)}{\partial t} = -\nabla \cdot (E\rho v_i) - (\nabla q_i) + \nabla \cdot (\sigma_{ij} v_i) \qquad (2.73)$$

给定质量的控制体积总的能量变化由三部分组成：首先，单位体积质量力的流动功率，负号"−"表示外力做功使得能量流入（对于微元体，入为负，出为正）；其次，热通量矢量，负号"−"表示热流方向与外法线方向相反，热量流入控制体；再者，是单位质量流体表面力的功率，黏性流体的黏热性。现代流变学的发展中，还有第四部分，由辐射或化学能释放等因素而产生的单位体积流体热量的增量。但是，式（2.69）能量方程中的 $\dfrac{\partial(E\rho)}{\partial t}$ 是很难通过测定量化的，因此希望用工程实践测量的温度 T 描述能量方程，以便工程应用。

（2）工程适用的流场能量方程

所谓工程适用的流场能量方程，就是将式（2.73）流场的能量方程，以可测量的温度变化率形式表示。为此，需要引入独立的热状态方程，详细的推导过程，请参考徐佩弦所著《高聚物流变学及其应用》。

为了取代式（2.73）中的 E，把单位质量流体所具有的能量 E，分解为内能 U 和动能 K 两部分之和［式（2.74）］，然后用便于测量的参数，如速度、压力、应力、温度等进行数学描述。

$$E = U + K \tag{2.74}$$

那么，单位质量体积能量的变化率为：

$$\rho \frac{dE}{dt} = \rho \frac{dU}{dt} + \rho \frac{dK}{dt} \tag{2.75}$$

下面考虑式（2.75）各项用速度、压力、应力、温度的表达式。

① 能量变化率 $\dfrac{dE}{dt}$

对式（2.69）中等号右端的单位体积能量（$E\rho$）求导，则有式（2.76）：

$$\frac{\partial(E\rho)}{\partial t} = \rho \frac{\partial E}{\partial t} + E \frac{\partial \rho}{\partial t} \tag{2.76}$$

对于式（2.76）等号左边项，先应用随体导数［式（2.49）］对 E 运算，然后两边同时乘以密度 ρ 处理，则有（此时速度为向量）式（2.77）：

$$\rho \frac{DE}{Dt} = \rho \frac{\partial E}{\partial t} + (\rho v) \cdot \nabla E \quad \text{或}$$

$$\rho \frac{\partial E}{\partial t} = \rho \frac{DE}{Dt} - (\rho v) \cdot \nabla E \tag{2.77}$$

对于式（2.76）等号右边第一项，用式（2.43）的连续性方程，然后两边

乘以 E，则有：

$$E\frac{\partial \rho}{\partial t} + E\nabla \cdot (\rho v_i) = 0$$

$$E\frac{\partial \rho}{\partial t} = -E\nabla \cdot (\rho v_i) \tag{2.78}$$

将式（2.77）、式（2.78）代入式（2.76），则有式（2.79）：

$$\frac{\partial(E\rho)}{\partial t} = \rho \frac{\mathrm{d}E}{\mathrm{d}t} - (\rho v) \cdot \nabla E - E\nabla \cdot (\rho v) \tag{2.79}$$

将式（2.79）代入式（2.73）（张量表达），则有式（2.80）：

$$\rho \frac{\mathrm{d}E}{\mathrm{d}t} - (\rho v_i) \cdot \nabla E - E\nabla \cdot (\rho v_i) = -\nabla \cdot (E\rho v_i) - \nabla q_i + \nabla \cdot (\sigma_{ij} v_i) \tag{2.80}$$

考虑到 $-(\rho v_i) \cdot \nabla E - E\nabla \cdot (\rho v_i) = -\nabla \cdot (E\rho v_i)$，去掉相同项后，得到能量变化率的表达式 [式（2.81）]，对于流体，忽略了质量力做功项（ρv_i）：

$$\rho \frac{\mathrm{d}E}{\mathrm{d}t} = -\nabla q_i + \nabla \cdot (\sigma_{ij} v_i) \tag{2.81}$$

② 动能变化率 $\dfrac{\mathrm{d}K}{\mathrm{d}t}$

单位质量流体的动能为标量 $K = \dfrac{1}{2} \boldsymbol{v} \cdot \boldsymbol{v}$。对单位体积内所含有的物质质量 ρ 而言，其动能为 $\rho K = \dfrac{1}{2}\rho(\boldsymbol{v} \cdot \boldsymbol{v})$，动能的变化率为式（2.82）。

$$\rho \frac{\mathrm{d}K}{\mathrm{d}t} = \rho v_i \frac{\mathrm{d}v_i}{\mathrm{d}t} \tag{2.82}$$

考虑前面的动量方程，并忽略掉重力（体积力）的影响，则可得式（2.83）。

$$\rho \frac{\mathrm{d}K}{\mathrm{d}t} = v_i \cdot (\nabla \cdot \sigma_{ij}) \tag{2.83}$$

③ 内能变化率 $\dfrac{\mathrm{d}U}{\mathrm{d}t}$

把式（2.81）、式（2.83）代入式（2.75），则有式（2.84）。

$$\rho \frac{\mathrm{d}U}{\mathrm{d}t} + v_i \cdot (\nabla \cdot \sigma_{ij}) = -\nabla q_i + \nabla \cdot (\sigma_{ij} \cdot v_i) \tag{2.84}$$

工程中的应力和速度梯度对称，利用式（2.85）的张量的运算规则，并把式（2.84）代入，则有式（2.86）。

$$\sigma_{ij}:\nabla v_i = \sigma_{ij}\cdot\cdot\nabla v_i = \nabla\bullet(\sigma_{ij}\bullet v_i) - v_i\bullet(\nabla\bullet\sigma_{ij}) \tag{2.85}$$

$$\rho\frac{\mathrm{d}U}{\mathrm{d}t} = -\nabla q_i + (\sigma_{ij}\cdot\cdot v_i) = -\nabla q_i + \sigma_{ij}:\nabla v_i \tag{2.86}$$

为了使能量方程能清晰地反映剪切流动，用 $\sigma_{ij} = -p\delta_{ij} + \tau_{ij}$ 代入内能变化率的能量方程式（2.86），则有式（2.87）。

$$\rho\frac{\mathrm{d}U}{\mathrm{d}t} = -\nabla q_i - p\nabla\bullet v_i + \tau_{ij}:\nabla v_i \tag{2.87}$$

式（2.87）就是给定（固定）质量的能量变化率和内能变化率的能量方程，但内能 U 不便于工程量测应用，故而应用热力学第一、第二定律及热力学温度 T、压力 p、比体积 V 之间的函数关系，将内能转换成用温度变化率表达的实用能量方程，获得固定质量的单位体积的内能变化率的表达式：

$$\rho\frac{\mathrm{d}U}{\mathrm{d}t} = \rho C_V\frac{\mathrm{d}T}{\mathrm{d}t} + \left[T\left(\frac{\partial p}{\partial T}\right)_V - p\right]\rho\frac{\mathrm{d}V}{\mathrm{d}t} \tag{2.88}$$

式中的 $\rho\frac{\mathrm{d}v}{\mathrm{d}t}$，可用密度表示为式（2.89）。再利用式（2.43）的连续性方程 $\frac{\partial \rho}{\partial t} + \nabla\bullet(\rho v_i) = 0$，建立比体积 V 和速度的关系式（2.90）：

$$\rho\frac{\mathrm{d}V}{\mathrm{d}t} = \rho\frac{\mathrm{d}\left(\frac{1}{\rho}\right)}{\mathrm{d}t} = \rho\frac{1}{\rho^2}\left(-\frac{\mathrm{d}\rho}{\mathrm{d}t}\right) = -\frac{1}{\rho}\times\frac{\mathrm{d}\rho}{\mathrm{d}t} \tag{2.89}$$

$$\rho\frac{\mathrm{d}V}{\mathrm{d}t} = \nabla\bullet v_i \tag{2.90}$$

将式（2.90）代入式（2.88），则得到便于工程应用的内能变化率的表达式[式（2.91）]，此式表明内能变化率是单位时间温度变化和膨胀功引起的温度变化所造成的。

$$\rho\frac{\mathrm{d}U}{\mathrm{d}t} = \rho C_V\frac{\mathrm{d}T}{\mathrm{d}t} + \left[T\left(\frac{\partial p}{\partial T}\right)_V - p\right]\nabla\bullet v_i \tag{2.91}$$

最后，将式（2.91）的等号右边项代入式（2.87）等号的左边，消去 $-p\nabla\bullet v_i$，将 $\left(\frac{\partial p}{\partial T}\right)_V$ 改为 $\left(\frac{\partial p}{\partial T}\right)_\rho$，则获得便于工程应用的剪切流动的能量方程式（2.92）。

$$\rho C_V\frac{\mathrm{d}T}{\mathrm{d}t} = -\nabla q_i - T\left(\frac{\partial p}{\partial T}\right)_\rho(\nabla\bullet v_i) + \tau_{ij}:\nabla v_i \tag{2.92}$$

式中，$\rho C_V \dfrac{\mathrm{d}T}{\mathrm{d}t}$ 是单位时间内流体质点的温度变化而引起的热量变化量。$-\nabla q_i$ 是空间位置的温差引起热传导产生的热量变化。$T\left(\dfrac{\partial p}{\partial T}\right)_\rho (\nabla \cdot v_i)$ 是因温度变化而引起的膨胀或压缩能量的变化，这对于气体或泡沫等可压缩体系是很重要的，但对高聚物熔体和高弹性体等，视为不可压缩的，即 $\nabla \cdot v_i = \mathrm{div}\, v_i = 0$。$\tau_{ij}:\nabla v_i$ 是剪切应力作用于流体时，黏性摩擦产生的热效应引起的温度变化，也就是单位体积内机械能转变的热能。实用能量方程的直角坐标系的表达为式（2.93），柱面、球面的展开可参考有关图书。

$$\rho C_V \left(\frac{\partial T}{\partial t} + v_x \frac{\partial T}{\partial x} + v_y \frac{\partial T}{\partial y} + v_z \frac{\partial T}{\partial z}\right) = -\left(\frac{\partial q_x}{\partial x} + \frac{\partial q_y}{\partial y} + \frac{\partial q_z}{\partial z}\right) - T\left(\frac{\partial p}{\partial T}\right)_\rho \left(\frac{\partial v_x}{\partial x} + \frac{\partial v_y}{\partial y} + \frac{\partial v_z}{\partial z}\right) + \left[\left(\tau_{xx}\frac{\partial v_x}{\partial x} + \tau_{yy}\frac{\partial v_y}{\partial y} + \tau_{zz}\frac{\partial v_z}{\partial z}\right) + \tau_{xy}\left(\frac{\partial v_x}{\partial y} + \frac{\partial v_y}{\partial x}\right) + \tau_{xz}\left(\frac{\partial v_x}{\partial z} + \frac{\partial v_z}{\partial x}\right) + \tau_{yz}\left(\frac{\partial v_y}{\partial z} + \frac{\partial v_z}{\partial y}\right)\right] \tag{2.93}$$

（3）傅里叶（Fourier）热传导方程

如果流体是不可压缩的，则 $\nabla \cdot v_i = \mathrm{div}\, v_i = 0$；且流体黏度很低，可忽略黏性摩擦引起的温度变化，则实用能量方程式（2.92）等号右边的后两项可忽略，变成简化式（2.94）。

$$\rho C_V \frac{\mathrm{d}T}{\mathrm{d}t} = -\nabla q_i \tag{2.94}$$

式中，ρ 为密度；C_V 为定容比热容；热通量 q_i 为单位时间内通过单位面积的热量，直角坐标下，有式（2.95）：

$$\begin{cases} q_x = -k\dfrac{\partial T}{\partial x} \\ q_y = -k\dfrac{\partial T}{\partial y} \\ q_z = -k\dfrac{\partial T}{\partial z} \end{cases} \tag{2.95}$$

式中，k 是材料的热导率，考虑到热通量与温度梯度的关系 $q_i = -k\nabla T$，代入式（2.94），则有式（2.96）：

$$\rho C_V \frac{\mathrm{d}T}{\mathrm{d}t} = -\nabla q_i = -\nabla(-k\nabla T) = k\Delta T \tag{2.96}$$

引入热扩散系数 $\alpha = k/(\rho C_V)$，得到傅里叶热传导方程［式（2.97）］，直角坐标的展开式为式（2.98）。

$$\frac{\mathrm{d}T}{\mathrm{d}t} = \alpha \Delta T \qquad (2.97)$$

$$\frac{\partial T}{\partial t} + v_x \frac{\partial T}{\partial x} + v_y \frac{\partial T}{\partial y} + v_z \frac{\partial T}{\partial z} = \alpha \left(\frac{\partial^2 T}{\partial x^2} + \frac{\partial^2 T}{\partial y^2} + \frac{\partial^2 T}{\partial z^2} \right) \qquad (2.98)$$

掌握流体的基本方程后，可以根据工程具体问题，结合本构关系，对连续性方程、动量方程、能量方程简化求解。接下来，介绍注射成型的数学描述和数值方法。

2.3 注射成型充模流动的数学描述

注射成型充模流动的数学描述就是流体力学基本方程的一种工程应用。

注射成型中，充模过程是非牛顿流体的非等温、非稳态的流动过程，具有移动边界的特征。基于黏性流体力学的基本方程，针对塑料注射成型的特点，引入合理而必要的假设，得到描述充模流动过程的数学模型。也可以理解为，塑料熔体在模具中的流动是可以用数学模型描述的。本节所用的基本方程，与前面一节类似，但为了加深印象，并了解如何根据具体的工程问题进行简化，给出了注塑充填过程数学模型的描述（所用公式部分可能与前面重复）。

2.3.1 黏性流体力学的基本方程

（1）连续性方程

连续性方程是质量守恒定律用于运动流体，其一般形式为式（2.99）。

$$\frac{\partial \rho}{\partial t} + \nabla \cdot (\rho \boldsymbol{u}) = 0 \qquad (2.99)$$

式中，ρ 为密度；t 为时间；∇ 为哈密尔顿算子；$\boldsymbol{u}$ 为速度矢量。在直角坐标系中，式（2.99）可表示为式（2.100）：

$$\frac{\partial \rho}{\partial t} + \frac{\partial (\rho u)}{\partial x} + \frac{\partial (\rho v)}{\partial y} + \frac{\partial (\rho w)}{\partial z} = 0 \qquad (2.100)$$

式中，u、v、w 是速度矢量 $\boldsymbol{u}$ 沿 x、y、z 三个坐标方向的分量。当写成圆

柱坐标系形式时（圆形流道），连续性方程为式（2.101）：

$$\frac{\partial \rho}{\partial t} + \frac{1}{r} \cdot \frac{\partial(\rho r u_r)}{\partial r} + \frac{1}{r} \cdot \frac{\partial(\rho u_\theta)}{\partial \theta} + \frac{\partial(\rho u_z)}{\partial z} = 0 \qquad (2.101)$$

式中，u_r、u_θ、u_z 是速度矢量沿 r、θ、z 三个坐标方向的分量。

（2）运动方程

运动方程是动量守恒定律用于运动流体，其矢量形式为式（2.102）。

$$\rho \frac{\mathrm{d} \boldsymbol{u}}{\mathrm{d} t} = \rho \boldsymbol{g} + \nabla \cdot \boldsymbol{\sigma} \qquad (2.102)$$

式中，$\boldsymbol{g}$ 为流体单位质量的质量力；$\boldsymbol{\sigma}$ 为柯西（Cauchy）应力张量。引入广义牛顿内摩擦定律 [式（2.103）]：

$$\boldsymbol{\sigma} = 2\eta \boldsymbol{\varepsilon} - (p - \lambda \nabla \cdot \boldsymbol{u}) \boldsymbol{I} \qquad (2.103)$$

式中，η 为流体的黏度；$\boldsymbol{I}$ 为单位张量；p 为压力；λ 为系数；$\boldsymbol{\varepsilon}$ 为应变速率张量，可进一步表示为式（2.104）：

$$\boldsymbol{\varepsilon} = \begin{bmatrix} \varepsilon_x & \varepsilon_{xy} & \varepsilon_{xz} \\ \varepsilon_{yx} & \varepsilon_y & \varepsilon_{yz} \\ \varepsilon_{zx} & \varepsilon_{zy} & \varepsilon_z \end{bmatrix}$$

$$= \begin{bmatrix} \dfrac{\partial u}{\partial x} & \dfrac{1}{2}\left(\dfrac{\partial v}{\partial x} + \dfrac{\partial u}{\partial y}\right) & \dfrac{1}{2}\left(\dfrac{\partial w}{\partial x} + \dfrac{\partial u}{\partial z}\right) \\ \dfrac{1}{2}\left(\dfrac{\partial u}{\partial y} + \dfrac{\partial v}{\partial x}\right) & \dfrac{\partial v}{\partial y} & \dfrac{1}{2}\left(\dfrac{\partial w}{\partial y} + \dfrac{\partial v}{\partial z}\right) \\ \dfrac{1}{2}\left(\dfrac{\partial u}{\partial z} + \dfrac{\partial w}{\partial x}\right) & \dfrac{1}{2}\left(\dfrac{\partial v}{\partial z} + \dfrac{\partial w}{\partial y}\right) & \dfrac{\partial w}{\partial z} \end{bmatrix} \qquad (2.104)$$

将式（2.103）[包括式（2.104）] 代入式（2.102），则直角坐标系中黏性流体的运动微分方程可写为式（2.105）～式（2.107）。

$$\rho \frac{\mathrm{d} u}{\mathrm{d} t} = \rho g_x - \frac{\partial p}{\partial x} + \frac{\partial}{\partial x}\left(2\eta \frac{\partial u}{\partial x} + \lambda \nabla \cdot \boldsymbol{u}\right)$$

$$+ \frac{\partial}{\partial y}\left[\eta\left(\frac{\partial v}{\partial x} + \frac{\partial u}{\partial y}\right)\right] + \frac{\partial}{\partial z}\left[\eta\left(\frac{\partial w}{\partial x} + \frac{\partial u}{\partial z}\right)\right] \qquad (2.105)$$

$$\rho \frac{\mathrm{d} v}{\mathrm{d} t} = \rho g_y - \frac{\partial p}{\partial y} + \frac{\partial}{\partial x}\left[\eta\left(\frac{\partial u}{\partial y} + \frac{\partial v}{\partial x}\right)\right]$$

$$+\frac{\partial}{\partial y}\left(2\eta\frac{\partial v}{\partial y}+\lambda\nabla\cdot\boldsymbol{u}\right)+\frac{\partial}{\partial z}\left[\eta\left(\frac{\partial w}{\partial y}+\frac{\partial v}{\partial z}\right)\right] \tag{2.106}$$

$$\rho\frac{\mathrm{d}w}{\mathrm{d}t}=\rho g_z-\frac{\partial p}{\partial z}+\frac{\partial}{\partial x}\left[\eta\left(\frac{\partial u}{\partial z}+\frac{\partial w}{\partial x}\right)\right]$$

$$+\frac{\partial}{\partial y}\left[\eta\left(\frac{\partial v}{\partial z}+\frac{\partial w}{\partial y}\right)\right]+\frac{\partial}{\partial z}\left(2\eta\frac{\partial w}{\partial z}+\lambda\nabla\cdot\boldsymbol{u}\right) \tag{2.107}$$

（3）能量方程

能量方程是能量守恒定律用于运动流体，其一般形式为式（2.108）：

$$\rho C_V\frac{\mathrm{d}T}{\mathrm{d}t}=\nabla\cdot\left(k_{\mathrm{th}}\nabla T\right)-T\left(\frac{\partial p}{\partial T}\right)_\rho(\nabla\cdot\boldsymbol{u})+\tau_{ij}:\nabla\boldsymbol{u}+\rho q \tag{2.108}$$

式中，T 为温度；C_V 为定容比热容，取 $C_V=C_p$（定压比热容）；k_{th} 为热导率；q 为单位质量流体的热源（源项）强度。对于不可压缩熔体，$\nabla\cdot\boldsymbol{u}=0$，则等号右边第二项消失。于是，在直角坐标系中式（2.108）可写为式（2.109）：

$$\rho C_p\left(\frac{\partial T}{\partial t}+u\frac{\partial T}{\partial x}+v\frac{\partial T}{\partial y}+w\frac{\partial T}{\partial z}\right)=$$

$$\frac{\partial}{\partial x}\left(k_{\mathrm{th}}\frac{\partial T}{\partial x}\right)+\frac{\partial}{\partial y}\left(k_{\mathrm{th}}\frac{\partial T}{\partial y}\right)+\frac{\partial}{\partial z}\left(k_{\mathrm{th}}\frac{\partial T}{\partial z}\right)$$

$$+\eta\left[2\left(\frac{\partial u}{\partial x}\right)^2+2\left(\frac{\partial v}{\partial y}\right)^2+2\left(\frac{\partial w}{\partial z}\right)^2+\left(\frac{\partial v}{\partial x}+\frac{\partial u}{\partial y}\right)^2+\left(\frac{\partial w}{\partial y}+\frac{\partial v}{\partial z}\right)^2+\left(\frac{\partial u}{\partial z}+\frac{\partial w}{\partial x}\right)^2\right]+\rho q$$

$$\tag{2.109}$$

（4）应力-应变速率关系

广义牛顿内摩擦定律［式（2.103）］建立了一般情况下应力张量与应变速率张量之间的关系，其分量形式为式（2.110）~式（2.115）。

$$\sigma_x=-p+\lambda\nabla\cdot\boldsymbol{u}+2\eta\frac{\partial u}{\partial x} \tag{2.110}$$

$$\sigma_y=-p+\lambda\nabla\cdot\boldsymbol{u}+2\eta\frac{\partial v}{\partial y} \tag{2.111}$$

$$\sigma_z=-p+\lambda\nabla\cdot\boldsymbol{u}+2\eta\frac{\partial w}{\partial z} \tag{2.112}$$

$$\sigma_{xy} = \sigma_{yx} = \eta\left(\frac{\partial v}{\partial x} + \frac{\partial u}{\partial y}\right) \tag{2.113}$$

$$\sigma_{yz} = \sigma_{zy} = \eta\left(\frac{\partial w}{\partial y} + \frac{\partial v}{\partial z}\right) \tag{2.114}$$

$$\sigma_{xz} = \sigma_{zx} = \eta\left(\frac{\partial u}{\partial z} + \frac{\partial w}{\partial x}\right) \tag{2.115}$$

（5）状态方程

当研究可压缩流体的运动规律时，必须考虑热力学参数对流体运动的影响。状态方程建立了压力 p、温度 T 及体积 V 之间的关系，其一般形式为式（2.116）。

$$p = p(\rho, T) \tag{2.116}$$

式（2.99）、式（2.102）、式（2.108）、式（2.110）~式（2.115）、式（2.116）描述了塑料熔体充填型腔的过程，共有 3 个速度分量，6 个应力分量，密度、压力和温度共 12 个独立变量。这种连续介质力学基础上的流体力学控制方程是普适的。注塑流动模拟的实质是在一定的边界条件下，求满足式（2.100）、式（2.105）~式（2.107）、式（2.109）及式（2.116）的解，包括熔体的压力、温度、密度及流动速度，并由式（2.104）、式（2.110）~式（2.115）进一步求出剪切应变速率和剪切应力。显然，方程比较复杂难解，因此需要引入一定的假设和简化，才能求解。如何合理地简化方程成为充模模拟重要的工作。从数学上讲，简化方程包括减少方程的数目、每个方程式中的项，降低非线性程度、减少方程间的耦合程度等，简化过程必须综合考虑工程物理背景（包括材料行为）、几何因素以及数学运算过程等因素。

下面以薄壁注塑制品的成型为例，具体说明注射成型的假设和简化，及由此带来的方程简化，更具体的内容请参考申长雨院士团队的研究成果（包括申长雨院士所著《注塑成型模拟及模具优化设计理论与方法》一书）。

2.3.2 假设和简化

由于注塑件大多是薄壁制品，因此假设熔体在扁平的型腔中流动（图 2.8）。图中，C_e 是熔体入口（浇口）位置；$C_m(t)$ 是 t 时刻熔体前沿位置；C_0 是模具型腔边界；C_i 是型腔任意嵌件的边界，制品厚度为 $2h$（h 为厚度的一半）。

根据制品几何特征、塑料熔体黏度的特点，引入以下假设和简化。

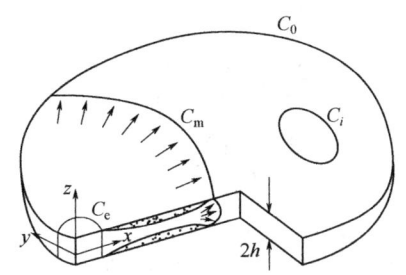

图2.8 聚合物在模具型腔中流动示意图

① 不计厚度方向速度、压力变化。型腔厚度（z方向）远小于其他两个方向（x、y方向）的尺寸，且熔体黏度大，因此熔体的充填流动假设为扩展层流；z向的速度分量 w=0，且压力不沿 z 向变化，即 $\partial p/\partial z = 0$。

② 假设熔体不可压缩。在充填流动中，型腔内熔体压力不是很高，且合适的浇口数量布置可避免局部过压现象，因此，可引入熔体不可压缩假设，即 $\nabla \cdot \boldsymbol{u} = 0$。

③ 充填过程忽略惯性力和体积力，不计材料的弹性。由于熔体黏度大，相对于黏性剪切力而言，惯性力和体积力都很小（雷诺数 $Re<10^{-2}$），可忽略不计，即令式（2.102）中的 $\rho\dfrac{\mathrm{d}\boldsymbol{u}}{\mathrm{d}t}$ 项及 $\rho\boldsymbol{g}$ 项为 0。此外，还可忽略熔体的弹性效应。

④ 在熔体流动方向（x、y方向）上，相对于热对流项而言，热传导项很小（佩克莱特数 Peclet number，$Pe>10^{2}$），可忽略不计，即忽略式（2.109）中的 $\dfrac{\partial}{\partial x}\left(k_{\mathrm{th}}\dfrac{\partial T}{\partial x}\right)$ 项和 $\dfrac{\partial}{\partial y}\left(k_{\mathrm{th}}\dfrac{\partial T}{\partial y}\right)$ 项。熔体中不含热源，即 $q=0$。

⑤ 常物性假设。在充模过程中，熔体温度变化范围不大，可认为熔体的比热容及热导率为常数。

⑥ 忽略熔体前沿附近喷泉流动的影响。

2.3.3 熔体薄壁型腔流动过程的数学模型

利用上述假设和简化，二维薄壁型腔熔体流动的连续性方程、运动方程和能量方程，即流体力学中的基本方程，简化为式（2.117）～式（2.120）（又称

Hele-Shaw 模型)。

$$\frac{\partial}{\partial x}(h\bar{u}) + \frac{\partial}{\partial y}(h\bar{v}) = 0 \qquad (2.117)$$

$$\frac{\partial}{\partial z}\left(\eta \frac{\partial u}{\partial z}\right) - \frac{\partial p}{\partial x} = 0 \qquad (2.118)$$

$$\frac{\partial}{\partial z}\left(\eta \frac{\partial v}{\partial z}\right) - \frac{\partial p}{\partial y} = 0 \qquad (2.119)$$

$$\rho C_p \left(\frac{\partial T}{\partial t} + u\frac{\partial T}{\partial x} + v\frac{\partial T}{\partial y}\right) = k_{th}\frac{\partial^2 T}{\partial z^2} + \eta\left[\left(\frac{\partial u}{\partial z}\right)^2 + \left(\frac{\partial v}{\partial z}\right)^2\right] \qquad (2.120)$$

式中，h 为制品（型腔）半厚；z 是厚度方向；$\eta(\dot{\gamma}, T, p)$ 为剪切黏度，$\dot{\gamma}$ 为剪切速率，$\dot{\gamma} = \sqrt{\left(\partial u/\partial z\right)^2 + \left(\partial v/\partial z\right)^2}$；$\bar{u}$、$\bar{v}$ 分别为 x 和 y 方向的平均流速。

对比前面的连续性方程式（2.100）、运动守恒方程式（2.105）～式（2.107）和能量守恒方程式（2.109），发现 Hele-Shaw 模型变量变少，而且模型关系也简单。为了获得这些微分方程的解，还要给出定解条件（边界条件、初始条件）。

（1）型腔厚度上的边界条件

一般假定熔体的流动关于型腔中心层（$z=0$）对称（图 2.8），且固液（熔体）界面无滑移。因此，关于 z 向的速度和温度边界条件，是第二类边界条件［式（2.121）、式（2.122）］。

$$u = v = 0; \quad -k_{th}\frac{\partial T}{\partial n} = h_c(T - T_w) \quad (z=h) \qquad (2.121)$$

$$\frac{\partial u}{\partial z} = \frac{\partial v}{\partial z} = 0; \quad \frac{\partial T}{\partial z} = 0 \quad (z=0) \qquad (2.122)$$

式中，h_c 为熔体与模壁间的热交换系数；T_w 为模壁温度，为已知量。

分别对式（2.118）和式（2.119）积分，并利用边界条件式（2.122），得式（2.123）和式（2.124）：

$$\frac{\partial u}{\partial z} = -\frac{\Lambda_x z}{\eta} \qquad (2.123)$$

$$\frac{\partial v}{\partial z} = -\frac{\Lambda_y z}{\eta} \qquad (2.124)$$

式中，$\Lambda_x = -\partial p/\partial x$，$\Lambda_y = -\partial p/\partial y$。再次对式（2.123）和式（2.124）积分，并利用边界条件式（2.121）和式（2.122），可得式（2.125）和式（2.126）。

$$u = \Lambda_x \int_z^h \frac{\bar{z}}{\eta} \mathrm{d}\bar{z} \qquad (2.125)$$

$$v = \Lambda_y \int_z^h \frac{\bar{z}}{\eta} \mathrm{d}\bar{z} \qquad (2.126)$$

对式（2.125）和式（2.126）沿 z 向积分，得到熔体的平均流速为式（2.127）和式（2.128）。

$$\bar{u} = \frac{\Lambda_x S}{h} \qquad (2.127)$$

$$\bar{v} = \frac{\Lambda_y S}{h} \qquad (2.128)$$

式中，S 为流通率，表达见式（2.129）：

$$S = \int_0^h \frac{z^2}{\eta} \mathrm{d}z \qquad (2.129)$$

将式（2.129）代入式（2.117），得到压力场的控制方程式（2.130）。

$$\frac{\partial}{\partial x}\left(S\frac{\partial p}{\partial x}\right) + \frac{\partial}{\partial y}\left(S\frac{\partial p}{\partial y}\right) = 0 \text{ 或 } \nabla \cdot (S\nabla p) = 0 \qquad (2.130)$$

从式（2.127）和式（2.128），可得如下体积流率的表达式：

$$q = -2\oint S\frac{\partial p}{\partial n} \mathrm{d}S \qquad (2.131)$$

这样，式（2.130）、式（2.120）一起构成了薄壁制品充填流动的控制方程。

（2）熔体在流动平面（XY 平面）的边界条件

① 熔体在型腔边界 C_0 和型芯边界 C_i 上（图 2.8 所示），应满足无渗透边界条件，即式（2.132）：

$$\frac{\partial p}{\partial n} = 0 \qquad (2.132)$$

② 在熔体流动前沿 C_m，若排气良好并以大气压力为基点，则有式（2.133）：

$$p = 0 \qquad (2.133)$$

③ 在入口处 C_e，若熔体注射量 Q 给定（已知），通常假定压力沿入口边界

均匀分布。于是有式（2.134）：

$$\int_{C_e}\left(-S\frac{\partial p}{\partial n}\right)dl = Q \qquad (2.134)$$

入口处的温度边界条件为式（2.135）：

$$T = T_e \qquad (2.135)$$

式中，T_e 可取注射的熔体温度（已知）。

若给定压力，则为第一类边界条件，即式（2.136）：

$$P = P_e(t) \qquad (2.136)$$

式中，P_e 是给定时刻 t 的边界压力（已知）。

理论上，根据定解条件［式（2.132）～式（2.136）］和控制方程，就得到方程的唯一解。

2.3.4　浇注系统内熔体流动的数学模型

浇注系统是注射成型中熔体的分配运输通道，包括主流道、分流道和浇口。熔体在浇注系统中的流变行为影响整个充模过程，若流道截面太小，则所需要注射压力增加，而且黏性热增大，可能导致熔体发生热降解；另一方面，若流道截面过大，则不仅增加了材料消耗，而且由于流道内熔体难以冷凝而使整个成型周期过长，生产效率降低。因此，流动模拟必须对流道、浇口和型腔进行整体分析。

常用的浇注系统截面包括矩形、半圆形、梯形等，但可以按水力学半径等效成圆形，因此浇注系统的数学描述，通常简化为圆形管道中轴对称的熔体流动。利用前面的假设和简化，柱面坐标系下的圆形流道中流动的控制方程（连续性方程、动量方程、能量方程）为式（2.137）～式（2.139）。

$$\frac{\partial \rho}{\partial t} + \frac{\partial(\rho u)}{\partial x} + \frac{1}{r} \cdot \frac{\partial(r\rho v)}{\partial r} = 0 \qquad (2.137)$$

$$\frac{1}{r} \cdot \frac{\partial}{\partial r}\left(r\eta\frac{\partial u}{\partial r}\right) - \frac{\partial p}{\partial x} = 0 \qquad (2.138)$$

$$\rho C_p\left(\frac{\partial T}{\partial t} + u\frac{\partial T}{\partial x}\right) = \frac{k_{th}}{r} \cdot \frac{\partial}{\partial r}\left(r\frac{\partial T}{\partial r}\right) + \eta\left(\frac{\partial u}{\partial r}\right)^2 \qquad (2.139)$$

式中，x、r 分别是圆形流道的轴向和径向坐标。一般地，圆形流道内熔体的流动是对称的，可采用如下的边界条件［式（2.140)～式（2.142)］，R 为圆形流道的半径（或等效半径）。

$$\begin{cases} \dfrac{\partial P}{\partial r}=0, \quad 0\leqslant r \leqslant R & (2.140)\\ u=0, \quad -K\dfrac{\partial T}{\partial r}=h(T-T_w), \quad r=R & (2.141)\\ \dfrac{\partial u}{\partial r}=0, \quad \dfrac{\partial T}{\partial r}=0, \quad r=0 & (2.142) \end{cases}$$

对动量方程式（2.137）进行类似前面型腔内熔体流动控制方程的推导，可得到式（2.143）～式（2.146），其中符号意义同前。

$$\frac{\partial u}{\partial r}=-\frac{\Lambda_x r}{2\eta} \tag{2.143}$$

$$u=\frac{\Lambda_x}{2}\int_r^R \frac{\bar{r}}{\eta}\mathrm{d}\bar{r} \tag{2.144}$$

$$Q=\frac{1}{4}\pi S \Lambda_x \tag{2.145}$$

其中

$$S=2\int_0^R \frac{r^3}{\eta}\mathrm{d}r \tag{2.146}$$

2.3.5 黏度模型

流动问题的求解，还需给出塑料熔体的黏度模型。熔体的黏度主要取决于温度和剪切应变速率，压力的影响相对较小。目前，较常用的黏度模型主要有常数黏度模型、幂律模型、Cross-Arrhenius 模型、Cross-WLF 模型等，可以根据材料性能、工艺类型、模拟要求、计算机性能、数值方法效率等选用。如浇口位置初选常用常数黏度模型。选择的关键在于公式对于材料性能（如黏度）、剪切速率范围（工艺参数）等的适用性。和幂律模型相比，Cross 相关的黏度模型适用于更宽的剪切速率范围。

2.4 熔体薄壁型腔的流动分析——中面模型

从前面章节可知，注塑充模过程的数学描述就是一组偏微分方程及相应的定解条件，由于计算区域复杂，控制方程是非线性方程，所以一般没有解析解，只能用数值方法求解。常用的数值求解方法是有限元/有限差分法，即在流动平面内各待求量（如压力、速度等物理量）用有限元法近似，而在塑件壁厚方向的物理量及时间变量用有限差分法近似。该方法发挥了有限元法（finite element method，FEM）和有限差分法（finite difference method，FDM）各自的优点，对复杂边界的适应性强。

对于熔体充填过程，数值模拟的关键在于熔体移动边界的确定，即熔体前沿位置的确定，下面介绍利用有限元（FEM）/有限差分（FDM）/控制体积法（control volume method，CVM）实现充填过程的数值模拟。控制方程的求解主要包括三个阶段：压力场、温度场和流动前沿位置的自动更替，沿用FEM/FDM/CVM基本思想，型腔面内的压力场采用有限元法，通过对时间和厚度方向的差分求解温度场，并根据节点控制体积的充填状况更新流动前沿。这样获得速度、压力、温度场具体的数值后，可以回答注塑工艺关注的问题，如型腔是否能顺利充满、熔体充填是否有均匀或者有无迟滞现象、熔体前沿是否有多股熔体料流汇合、充填温度变化情况等。

2.4.1 压力场的离散及求解方法

在数值计算实施之前，必须先对薄壁制品（型腔）进行离散或网格划分。与四边形单元相比，三角形线性单元具有以下优点：①适用形状复杂的型腔边界（如曲面、不规则边界）；②更易于实现复杂区域的网格划分，若节点数（node number）相同，采用三角形单元时节点布置具有更大的适用性；③四边形单元需进行等参变换，三角形线性单元可直接进行单元局部坐标计算（无需坐标变换）。

（1）离散

区域边界 $\partial \Omega_f$ 由四部分组成：入口边界 C_e、型腔边界 C_0、型芯边界 C_i 和熔体流动前沿 C_m，即 $\partial \Omega_f = C_e \cup C_0 \cup C_i \cup C_m$。对式（2.130）两边乘以函数 q，并分部积分得式（2.147），

$$\int_{\partial \Omega_f} S \frac{\partial p}{\partial n} q \mathrm{d}l - \int_{\Omega_f} S \nabla p \cdot \nabla q \mathrm{d}z = 0 \quad \forall q \in H_{\Gamma}^1(\Omega_f) \quad (2.147)$$

利用熔体的入口条件、型腔边界条件[式（2.132）、式（2.134）]得式（2.148），其中 Q 是已知的熔体注射量。

$$\int_{\Omega_f} S \nabla p \cdot \nabla q \mathrm{d} \Omega_f = Q \quad \forall q \in H_{\Gamma}^1(\Omega_f) \quad (2.148)$$

当熔体区域在任意给定充填时刻时，可以利用压力边界条件通过求解压力

控制方程得到压力场的分布。压力场的求解将在流动中面内进行，二维流动平面被离散成三角形单元（图 2.9）。则面积坐标线性三角形单元内的压力 $p^{(l)}(x,y,t)$ 可以采用线性插值表示。

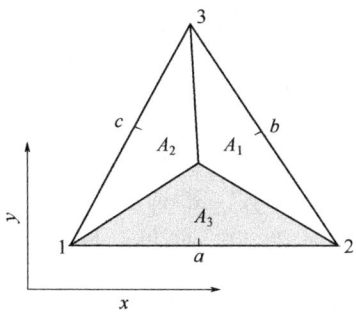

图 2.9　三角形单元的节点及面积分割示意图

在任意单元 l 上，压力 $p^{(l)}(x,y,t)$ 用一次（线性）插值多项式 [式（2.149）] 近似：

$$p^{(l)}(x,y,t) = \sum_{k=1}^{3} L_k^{(l)}(x,y) p_k^{(l)}(t) \qquad (2.149)$$

式中，上角标代表单元号；下角标代表单元内的局部节点号；$p_k^{(l)}$ 为单元节点压力；$L_k^{(l)}$ 为对应于节点 k 的单元插值函数，一般用面积坐标表示为式（2.150）：

$$L_k^{(l)}(x,y) = A_k^{(l)}(x,y)/A^{(l)} = \left[b_{1k}^{(l)} + b_{2k}^{(l)} x + b_{3k}^{(l)} y \right]/2A^{(l)} \quad (k=1,2,3) \qquad (2.150)$$

式中，$A^{(l)}$ 为三角形单元 l 的总面积；$b_{1k}^{(l)}$、$b_{2k}^{(l)}$、$b_{3k}^{(l)}$ 是根据式（2.154）计算的系数；$A_k^{(l)}(x,y)$ 为单元 l 内点 (x,y) 与三角形单元中除 k 点外另外两点围成的面积，如图 2.9 所示，节点 3（$k=3$）对应的面积（阴影）为 A_3，$A_3^{(l)}(x,y)$ 计算如下：

$$A_3^{(l)} = \frac{1}{2} \begin{vmatrix} 1 & x^{(l)} & y^{(l)} \\ 1 & x_1^{(l)} & y_1^{(l)} \\ 1 & x_2^{(l)} & y_2^{(l)} \end{vmatrix} = \frac{1}{2}\left[b_{13}^{(l)} + b_{23}^{(l)} x + b_{33}^{(l)} y \right] \quad k=3 \qquad (2.151)$$

则：

$$L_3^{(l)}(x,y) = A_3^{(l)}(x,y)/A^{(l)} = \left(b_{13}^{(l)} + b_{23}^{(l)}x + b_{33}^{(l)}y\right)/2A^{(l)} \qquad (2.152)$$

类似地，可以得到 $L_k^{(l)}$ 的计算结果：

$$\begin{Bmatrix} L_1^{(l)} \\ L_2^{(l)} \\ L_3^{(l)} \end{Bmatrix} = \frac{1}{2A} \begin{bmatrix} b_{11}^{(l)} & b_{21}^{(l)} & b_{31}^{(l)} \\ b_{12}^{(l)} & b_{22}^{(l)} & b_{32}^{(l)} \\ b_{13}^{(l)} & b_{23}^{(l)} & b_{33}^{(l)} \end{bmatrix} \begin{Bmatrix} 1 \\ x \\ y \end{Bmatrix} \qquad (2.153)$$

其中，$b_{ij}^{(l)}$ 的计算公式为式（2.154）。

$$\begin{bmatrix} b_{11}^{(l)} & b_{21}^{(l)} & b_{31}^{(l)} \\ b_{12}^{(l)} & b_{22}^{(l)} & b_{32}^{(l)} \\ b_{13}^{(l)} & b_{23}^{(l)} & b_{33}^{(l)} \end{bmatrix} = \begin{bmatrix} x_2^{(l)}y_3^{(l)} - x_3^{(l)}y_2^{(l)} & y_2^{(l)} - y_3^{(l)} & -x_2^{(l)} + x_3^{(l)} \\ x_3^{(l)}y_1^{(l)} - x_1^{(l)}y_3^{(l)} & y_3^{(l)} - y_1^{(l)} & -x_3^{(l)} + x_1^{(l)} \\ x_1^{(l)}y_2^{(l)} - x_2^{(l)}y_1^{(l)} & y_1^{(l)} - y_2^{(l)} & -x_1^{(l)} + x_2^{(l)} \end{bmatrix} \qquad (2.154)$$

至此，完成了离散单元的定义及插值函数的确定，即单元内任何位置处(x, y)的物理量（此处是压力）都可以通过单元节点（m，即图 2.9 中的三角形顶点 1、2、3）的物理量（压力）利用坐标之间的线性关系插值获得[式（2.149）～式（2.154）]。但是，一个节点 N，可能连接多个单元（图 2.10），为了建立节点、单元间的关系，进行熔体前沿位置预测，定义一个函数如式（2.155）：

$$\tilde{L}_m^{(l)}(x,y) = \begin{cases} L_m^{(l)}(x,y), (x,y) \in A^{(l)} \\ 0 \end{cases} \qquad (2.155)$$

节点 N 取检验函数式（2.156）：

$$q_N^{(l')}(x,y) = \sum_{l'} \tilde{L}_N^{(l')}(x,y) \qquad (2.156)$$

式中，$\sum_{l'}$ 表示对包含节点 N 的所有单元求和，如图 2.10 所示。包含 N 节点的有 6 个三角形单元和一个圆形管道单元，根据单元的类型统计，此时 l' 为 6。假定流通率 S 在单元上为常数（在单元重心处计算），将式（2.155）、式（2.156）代入式（2.148），得到节点 N 相关单元的熔体流通率，如式（2.157）和式（2.158）所示，

$$\sum_{l'} S^{(l')} \sum_{j=1}^{3} D_{ij}^{(l')} \cdot p_{N'} = 0, \quad N \text{ 不是入口节点} \qquad (2.157)$$

$$\sum_{l'} S^{(l')} \sum_{j=1}^{3} D_{ij}^{(l')} \cdot p_{N'} = Q, \quad N \text{ 是入口节点} \qquad (2.158)$$

式中，$D_{ij}^{(l')} = \int_{A^{(l')}} [\nabla \tilde{L}_i^{(l')}(x,y) \cdot \nabla \tilde{L}_j^{(l')}(x,y)] \mathrm{d}A = \left[b_{2i}^{(l')}b_{2j}^{(l')} + b_{3i}^{(l')}b_{3j}^{(l')}\right]/4A^{(l')}$，下角标 $i=1$，2，3，表示单元 l' 中对应于总体节点 N 的局部节点编号，即 $N=\mathrm{NOD}(l', i)$；

类似地，$N'=\mathrm{NOD}(l',j)$，$j=1,2,3$。$b_{2k}^{(l')}$、$b_{3k}^{(l')}$（$k=i,j$）对应于插值函数中 x、y 的系数[计算公式参见式（2.154）]。

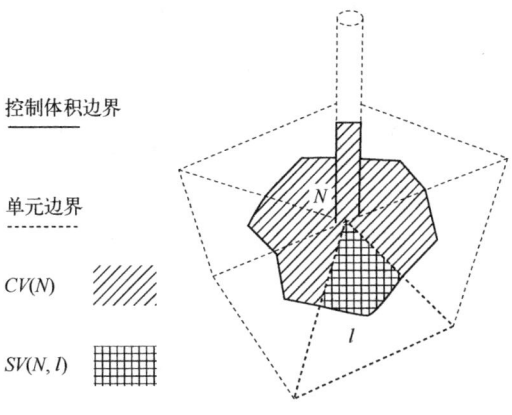

图 2.10　节点 N 的控制体积示意图

（2）控制体积法

为了阐明式（2.157）和式（2.158）的物理意义，引入关于节点 N 的控制体积的定义（图 2.10），然后在此基础上推导计算压力场的控制方程。节点 N 的控制体积定义为包含该节点的所有单元的相应子体积之和，如图 2.10 中阴影部分所示，图中 $CV(N)$ 表示节点 N 的控制体积，$SV(N,I)$ 表示节点 N 对应于单元 l 的子控制体积（图 2.11）。从图 2.11 可知，连接三角形单元的重心和三边中点，将单元分为三个子区域，各子区域面积乘以单元的厚度得到子体积（分体积）①②③。考虑图 2.11 中的单元，则该单元内流入子体积①的流量为式（2.159）：

$$q_1 = -h\int_{cda}\overline{V}_n^{(l)}\mathrm{d}S = -h\int_{cda}\left(\overline{u}^{(l)}\mathrm{d}y - \overline{v}^{(l)}\mathrm{d}x\right) \quad (2.159)$$

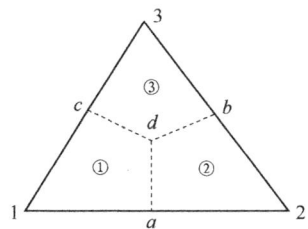

图 2.11　形成控制体积时的单元分割示意图

由式（2.127）和式（2.128）、式（2.129）可知，在单元内 $\bar{u}^{(l)}$、$\bar{v}^{(l)}$ 为常数，并用流通率表示，则有式（2.160）：

$$q_1 = -h\bar{u}^{(l)}\int_{cda} dy + h\bar{v}^{(l)}\int_{cda} dx$$

$$= -h\bar{u}^{(l)}\frac{b_{21}^{(l)}}{2} + h\bar{v}^{(l)}\frac{b_{31}^{(l)}}{2}$$

$$= -\left[-\frac{S^{(l)}}{2A^{(l)}}\left(b_{21}^{(l)}p_1^{(l)} + b_{22}^{(l)}p_2^{(l)} + b_{23}^{(l)}p_3^{(l)}\right)\frac{b_{21}^{(l)}}{2}\right. \quad (2.160)$$

$$\left.-\frac{S^{(l)}}{2A^{(l)}}\left(b_{31}^{(l)}p_1^{(l)} + b_{32}^{(l)}p_2^{(l)} + b_{33}^{(l)}p_3^{(l)}\right)\frac{b_{31}^{(l)}}{2}\right]$$

式中，积分边界 *cda* 是图 2.11 中多边形①的右边界。

整理，得式（2.161）：

$$q_1 = S^{(l)}\sum_{j=1}^{3} D_{1j}^{(l)} p_{N'} \quad (2.161)$$

采用类似的方法可推得 q_2、q_3 的表达式如下：

$$q_2 = S^{(l)}\sum_{j=1}^{3} D_{2j}^{(l)} p_{N'} \quad (2.162)$$

$$q_3 = S^{(l)}\sum_{j=1}^{3} D_{3j}^{(l)} p_{N'} \quad (2.163)$$

根据质量守恒定律，对不可压缩流体，若已充满节点 N 为内点，则节点 N 的控制体积的净流量应为零，即：

$$\sum_{l'} S^{(l')}\sum_{j=1}^{3} D_{ij}^{(l')} \cdot p_{N'} = 0 \quad (2.164)$$

若已充满节点 N 为入口点，则节点 N 的控制体积的净流率应为流量，即有下式：

$$\sum_{l'} S^{(l')}\sum_{j=1}^{3} D_{ij}^{(l')} \cdot p_{N'} = Q \quad (2.165)$$

可见由控制体积法推导出的压力场有限元方程式（2.164）、式（2.165）和前面由 Galerkin 方法得到的式（2.157）和式（2.158）一致，前者使方程具有明确的物理意义。

对于熔体在浇注系统中的流动，将图 2.10 中的各个一维流动单元分为两半，形成相应于两节点的子控制体积，由式（2.145）可知子控制体积上的流量

式 [式 (2.166) 和式 (2.167)]：

$$q_1 = \frac{1}{4}\pi S^{(l)} \frac{p_1^{(l)} - p_2^{(l)}}{L^{(l)}} = S^{(l)}\left[\frac{\pi}{4L^{(l)}}p_1^{(l)} - \frac{\pi}{4L^{(l)}}p_2^{(l)}\right] = S^{(l)}\sum_{j=1}^{2} R_{1j}^{(l)} p_j^{(l)} \quad (2.166)$$

式中，$R_{11}^{(l)} = \frac{\pi}{4L^{(l)}}$，$R_{12}^{(l)} = -\frac{\pi}{4L^{(l)}}$。

同理，

$$q_2 = S^{(l)}\sum_{j=1}^{2} R_{2j}^{(l)} p_j^{(l)} \quad (2.167)$$

式中，$R_{21}^{(l)} = -\frac{\pi}{4L^{(l)}}$，$R_{22}^{(l)} = \frac{\pi}{4L^{(l)}}$。

如果平面单元的节点与流道单元相连，那么节点的控制体积不仅包括三角形单元生成的子体积，而且包括由一维流道单元生成的子体积，根据质量守恒定律有式 (2.168)、式 (2.169)：

$$\sum_{l'} S^{(l')} \sum_{j=1}^{3} D_{ij}^{(l')} \cdot p_{N'} + \sum_{l''} S^{(l'')} \sum_{j=1}^{2} D_{ij}^{(l'')} \cdot p_{N'} = 0 \quad (2.168)$$

或

$$\sum_{l'} S^{(l')} \sum_{j=1}^{3} D_{ij}^{(l')} \cdot p_{N'} + \sum_{l''} S^{(l'')} \sum_{j=1}^{2} D_{ij}^{(l'')} \cdot p_{N'} = Q \quad (2.169)$$

当 l' 遍历包含节点 N 的所有三角形单元，l'' 遍历包含节点 N 的所有一维流道单元，上式即为对流道、浇口和型腔进行充填模拟时的压力场离散方程。由于离散的压力场方程中的 $S^{(l')}$、$S^{(l'')}$ 依赖于压力场，所以方程组为非线性方程组，还要进行压力场、流动速率迭代，才能求出最终解，一般采用 Newton-Raphson 迭代或超松弛迭代求解离散后的代数方程组的解。

2.4.2 温度场的离散及求解方法

熔体的温度在流动平面内和沿型腔（制品）壁厚方向均发生变化。在流动平面内，单元内的温度分布仍采用线性插值，即式 (2.170)：

$$T^{(l)}(x,y,z,t) = \sum_{k=1}^{3} L_k^l(x,y) T_k^{(l)}(z,t) \quad (2.170)$$

式中，$L_k^l(x,y)$ 为插值函数，表达式同式 (2.150)；$T_k^{(l)}(z,t)$ 为 t 时刻单元节

点处的温度分布。所以温度场的求解，还需沿厚度方向（z向）引入差分网格，并在单元节点处求解能量方程式（2.120）。

由于靠近模壁处熔体的温度梯度较大，而靠近型腔中心层温度梯度较小，因此，一般采用非均匀差分网格，即在靠近模壁处布置较密的差分节点，在靠近型腔中心层布置较稀的差分节点。

$$\sum_{j=1}^{NZ} \Delta z_j = h \quad (2.171)$$

式中，NZ 为厚度方向网格总层数；j 为层数；Δz_j 为 j 层数厚度；h 为厚度一半（图2.8）。在实际模拟中，厚度方向采用对称边界，仅考虑厚度的一半，中面坐标为0，壁面处坐标为 h，中间各层坐标为对应的无量纲坐标（表2.1）乘以 h。在各个分层上计算温度、速度等物理量，求解花费的机时会增加，并占用较大的内存和存储计算结果的硬盘空间。因此，温度场计算的效率和精度会影响流动模拟的速度和熔体压力场、速度场等的计算精度。

表2.1 厚度方向分层节点位置的无量纲坐标

8	10	12	14	16	18	20
0.000	0.000	0.000	0.000	0.000	0.000	0.000
0.313	0.248	0.206	0.180	0.158	0.135	0.123
0.586	0.477	0.399	0.350	0.310	0.268	0.243
0.816	0.681	0.577	0.508	0.453	0.397	0.360
1.000	0.856	0.738	0.653	0.585	0.520	0.474
	1.000	0.880	0.784	0.706	0.636	0.583
		1.000	0.900	0.816	0.743	0.685
			1.000	0.914	0.840	0.779
				1.000	0.926	0.864
					1.000	0.938
						1.000

注：中面0.00，1制品厚度（模具壁面）。即坐标系选择在厚度的一半处，整个塑料的无量纲制品厚度是2，是从 [-1, +1]，半个壁厚是从0到1。

薄壁制品注塑充填的能量方程式（2.120），通过移项处理，有下式：

$$\underbrace{\rho C_p \frac{\partial T}{\partial t}}_{\text{瞬态项}} = \underbrace{k_{\text{th}} \frac{\partial^2 T}{\partial z^2}}_{\text{热传导项}} + \underbrace{\eta \left[\left(\frac{\partial u}{\partial z}\right)^2 + \left(\frac{\partial v}{\partial z}\right)^2 \right]}_{\text{黏性热项}} - \underbrace{\rho C_p \left(u \frac{\partial T}{\partial x} + v \frac{\partial T}{\partial y} \right)}_{\text{热对流项}} \quad (2.172)$$

下面具体说明对瞬态项、热传导项、黏性热项和热对流项的离散处理。需要说明的是，由于采用线性单元，热传导项、黏性热项和热对流项在单元边界处不连续；为此，在各单元重心处计算其物理量值，再通过加权平均处理。

（1）瞬态项

在单元重心处计算熔体温度沿厚度 z 向的分布，且已知上一时刻的模拟结果（或温度 $t=0$ 时刻的初值），瞬态项采用向后差分近似。即当前时刻 $t+1$ 的温度与前一时刻 t 的温度之差与当前时间步长 Δt（时间间隔）之比，代替当前时刻 $t+1$ 的差分（微分）[式（2.173）]。

$$\left(\rho C_p \frac{\partial T}{\partial t}\right)\bigg|_{N,j,t+1} = \rho C_p \frac{T_{N,j,t+1} - T_{N,j,t}}{\Delta t} \quad (2.173)$$

式中，下角标 N、j、t 分别表示 N 节点、第 j 层和 t 时刻。

（2）热传导项

在三角形单元重心处计算熔体温度沿 z 向的分布，且取上一时刻的模拟结果，热传导项采用隐式差分近似，即式（2.174）。

$$k_{th}\left(\frac{\partial^2 T}{\partial z^2}\right)\bigg|_{N,j,t+1} = k_{th}\frac{T_{N,j+1,t+1} - 2T_{N,j,t+1} + T_{N,j-1,t+1}}{(\Delta z_j)^2} \quad (2.174)$$

式中，N、j 分别表示平面单元节点 N、z 向差分节点 j；Δz_j 是当前的空间步长。

对一维圆管单元，热传导离散如式（2.175）：

$$\frac{k_{th}}{r} \cdot \frac{\partial}{\partial r}\left(r\frac{\partial T}{\partial r}\right)\bigg|_{j,t+1}^{(l)} = \left[\frac{k_{th}}{r} \times \frac{\partial T}{\partial r} + \frac{\partial}{\partial r}\left(k\frac{\partial T}{\partial r}\right)\right]_{j,t+1}^{(l)} = \frac{2k_{th}}{r_j^{(l)}} \cdot \frac{T_{j+1,t+1} - T_{j+1,t+1}}{\Delta r_j + \Delta r_{j+1}} +$$

$$\frac{2k_{th}}{r_j^{(l)}}\left\{\frac{T_{j+1,t+1}}{\Delta r_{j+1}^{(l)} + \Delta r_j^{(l)}} - \left[\frac{T_{j,t+1}}{\Delta r_{j+1}^{(l)} + \Delta r_j^{(l)}} + \frac{T_{j,t+1}}{\Delta r_{j-1}^{(l)} + \Delta r_j^{(l)}}\right] + \frac{T_{j-1,t+1}}{\Delta r_{j-1}^{(l)} + \Delta r_j^{(l)}}\right\}$$

$$(2.175)$$

（3）热对流项

流动模拟中，时间增量是在流动前沿更新时确定的，该时间增量不一定能满足求解能量方程对时间增量的要求。为克服这一难点，可以采用一种类似向后差分的隐式方法求热对流项且在单元节点处计算温度分布。为保证数值计算过程的稳定性，采用"上风法"(up-wind)来处理热对流项，即在热对流项进行加权平均计算时仅包含来自节点上游单元的贡献，权函数 $[v_{i,j}^{(l)}]$ 取相应层（第 j 层）上单元 l 对节点 N 的分层控制体积的体积贡献,如图 2.12 所示,$\overrightarrow{CN}$ 表示从单元重心到节点 N 的向量,$\vec{V}$ 表示单元重心处的速度矢量。定义 $\text{DOT} = \overrightarrow{CN} \cdot \vec{V}$,于是,权函数可定义为式(2.176):

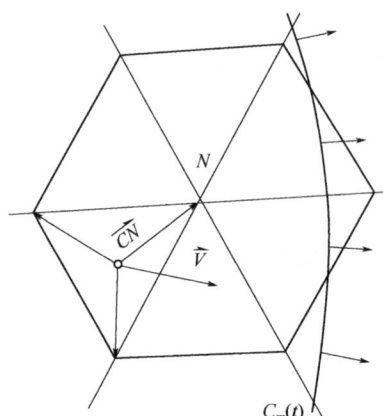

图 2.12 "上风"法示意图

$$\hat{v}_{i,j}^{(l)} = \begin{cases} v_{i,j}^{(l)}, & \text{DOT} > 0 \\ 0, & \text{DOT} \leqslant 0 \end{cases} \quad (2.176)$$

则三角形单元的对流项可以离散为式(2.177):

$$\rho C_p \left(u \frac{\partial T}{\partial x} + v \frac{\partial T}{\partial y} \right)\bigg|_{N,j,t} = -\frac{\rho C_p}{\sum_l \hat{v}_{i,j}^{(l)}} \sum_l \hat{v}_{i,j}^{(l)} \frac{\int_{z_j}^{h} \frac{\overline{z}}{\eta} \mathrm{d}\overline{z}}{2A^{(l)}} \sum_{m=1}^{3} \left[\Lambda_x^{(l)} b_{2m}^{(l)} + \Lambda_y^{(l)} b_{3m}^{(l)} \right] \cdot T_{N',j,t}^{(l)}$$

$$(j=1,2,\ldots,NZ) \quad (2.177)$$

式中,$b_{2m}^{(l)}$、$b_{3m}^{(l)}$ 是单元 l 面积坐标中的参数;N' 是单元 l 的不同节点;其他符号意义同前。在模壁处,因为没有速度,所以热对流项为零。

对一维圆管单元式(2.139)的热对流项 $\rho C_p \left(u \dfrac{\partial T}{\partial x} \right)$ 进行离散,有式(2.178):

$$\left(\rho C_p u \frac{\partial T}{\partial x} \right)\bigg|_{N,j,t} = \frac{\rho C_p}{2\sum_i \hat{v}_{i,j}^{(l)}} \sum_l \hat{v}_{i,j}^{(l)} \int_{r_j}^{R} \left(\frac{\overline{r}}{\eta}\right)^{(l)} \mathrm{d}\overline{r} \frac{\left[p_{N'}^{(l)} - p_N^{(l)} \right] \left[T_{N',j,t}^{(l)} - T_{N,j,t}^{(l)} \right]}{\left[L^{(l)} \right]^2} \quad (2.178)$$

式中,$L^{(l)}$ 为一维单元的长度。

(4)黏性热项

黏性热项的处理方式与对流项类似,三角形和一维管道离散结果见式(2.179)和式(2.180),

$$\eta\left[\left(\frac{\partial u}{\partial z}\right)^2+\left(\frac{\partial v}{\partial z}\right)^2\right]\bigg|_{N,j,t}=\left[\eta\left(\dot{\gamma}^2\right)\right]\bigg|_{N,j,t}=\frac{1}{\sum_i \hat{v}_{i,j}^{(l)}}\sum_l \hat{v}_{i,j}^{(l)}\frac{\left[\Lambda^{(l)}z_j\right]^2}{\eta^{(l)}} \quad (2.179)$$

$$\eta\left(\frac{\partial u}{\partial r}\right)^2\bigg|_{N,j,t}=\left[\eta\left(\dot{\gamma}^2\right)\right]\bigg|_{N,j,t}=\frac{1}{\sum_i \hat{v}_{i,j}^{(l)}}\sum_l \hat{v}_{i,j}^{(l)}\frac{\left[\Lambda^{(l)}r_j\right]^2}{4\eta^{(l)}} \quad (2.180)$$

对每个节点进行离散,将离散公式代入相应的控制方程,得到以各节点温度为未知量的方程组,可以采用松弛法求解差分方程,从而获得温度场。

需要强调的是:热对流项和黏性热项的计算公式,可以通过前一时间步计算得到,在新的步长中,可以作为已知项,即式(2.181),

$$\left[\rho C_p \frac{T^{k+1}-T^k}{\Delta t_k}\right]_{N,j}+\left[\rho C_p\left(u\frac{\partial T}{\partial x}+v\frac{\partial T}{\partial y}\right)\right]_{N,j}^k=\left[k_{\text{th}}\frac{\partial^2 T}{\partial z^2}\right]_{N,j}^{k+1}+\left[\eta\dot{\gamma}^2\right]_{N,j}^k \quad (2.181)$$

在这样的求解策略中,z 向的温度求解与流动平面内的温度求解分离开来(非耦合的),即先计算各单元重心处的分布,再加权平均求得厚度方向各节点处的温度分布。这种方法虽然避免了型腔壁厚变化和热传导在单元边界不连续等造成的困难,但节点温度仍需采用加权平均计算。应当指出的是,从保证数值计算的稳定性出发,这种算法对时间增量Δt的选取有限制,不合适的话,结果会发散(无解或求解错误)。

2.4.3 跟踪流动前沿

在塑料充填过程中,熔体前沿随时间向前推进,具有移动边界特点。在流体力学中,跟踪移动边界常用的方法有拉格朗日法(移动网格法)和欧拉法(固定网格法)。在拉格朗日法中,熔体每次向前推进,网格都需要重新划分,虽然能较准确地预测熔体前沿的位置,但计算量大而且当几何模型复杂时网格易于划出模型之外。欧拉法分为 MAC(marker and cell)和 FAN(flow analysis network)法。其中 FAN 法其基本思想是:先将整个型腔划分为矩形网格,并形成相应于各节点的体积单元，随后建立节点压力与流入节点体积单元流量之间的关系，得到一组以各节点压力为变量的方程，求解方程组得到压力分布，进而计算获得流入前沿节点体积单元的流量；最后根据节点体积单元的充填情况，更新流动前沿位置，重复上述计算，直至型腔充满。FAN 法不需要重新划分网格，易于处理复杂模型中的前沿位置以及多股流体的汇集和分离等问题，是早期数值模拟中普遍使用的方法。

控制体积法（CVM）是基于 FNA 法的，可实现熔体前沿的自动跟踪。CVM 的基本思想是用图 2.10 示意的控制体积代替 FNA 法中的矩形体积单元，对每个控制体积引入无量纲系数，即充填因子 $f=V_m/V$，V_m 和 V 分别表示节点的有效控制体积和某时刻该控制体积被熔体充填部分的体积，f 反映了控制体积的熔体充满程度。如图 2.13 所示，根据对应控制体积的充填情况的不同，节点分为四类：①入口点(f=1)，熔体由该节点进入模具；②内点(f=1)，相应的控制体积被完全充满；③熔体前沿点($0<f<1$)，相应的控制体积被部分充填；④空节点(f=0)，熔体还没有到达节点的控制体积。

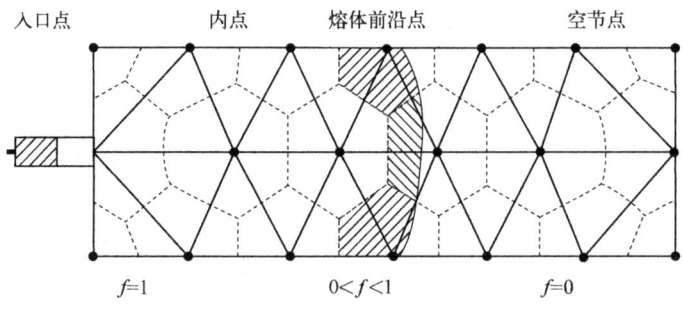

图 2.13 节点类型定义示意图

当确定 t 时刻各个前沿节点的净流率后，由当前时刻各个前沿节点 i 的控制体积 V_i 及充填因子 f_i，可计算每个前沿控制体积被充满所需要的时间［式（2.182）］，

$$\Delta t_i = \frac{(1-f_i)V_i}{Q_i} \tag{2.182}$$

取 $\Delta t = \min\{t_i\}$，则 Δt 即为 t 时刻所取的时间步长。在 $t+\Delta t$ 时刻前沿区域的充填因子更新为式（2.183），

$$f_i^{(t+\Delta t)} = f_i^{(t+\Delta t)} + \frac{\Delta t Q_i}{V_i} \tag{2.183}$$

图 2.14 所示的某一时刻熔体前沿，假设图中节点 r 对应的 Δt_r 最小，那么 $t+\Delta t$ 时刻 r 点的控制体积被充满，成为新的内点（$f_r=1$），则与该点相关的所有空节点变为新的前沿节点。图中，与 r 相关的空节点 s 进入计算区域，成为新的前沿点。熔体前沿向前推进，熔体区域得到更新。

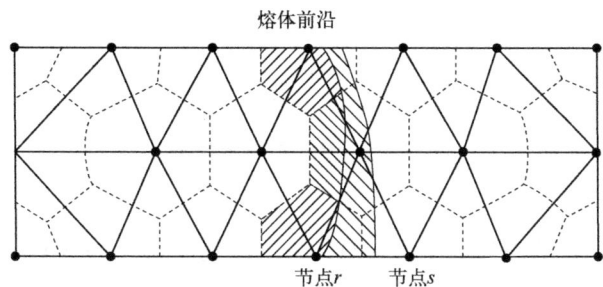

图 2.14 熔体前沿推进示意图

在进行充填过程模拟时，时间步长的选择要保证每一个时间步长刚好有一个节点控制体积被充满，而与其相连的所有节点成为新的前沿节点，这种限制在一般情况下能保证这种方法的稳定性，早期的模流分析多用这种方法。控制体积法中熔体前沿的跟踪依赖于单元数目和形状。但数值实验证明对于适度的单元数，熔体前沿总体形状对网格形状的敏感程度不大。尽管如此，均匀分布的等边三角形单元可以较好地预测熔体前沿，且所要求的单元数也较少。因为压力场和温度场的计算次数与要求的时间步长数（或控制体积数）是同量级的，因而在复杂制件的计算中，单元数和控制体积数在保证精度的情况下越少越好。

对于具有可变尺寸的有限元网格而言（网格均匀性差），时间步长（时间步长增量）的选择要保证每一个时间步长刚好有一个节点控制体积被充满，有明显的不足。当网格很细（如筋、浇口等处）时，计算量太大；当网格较粗时，精度难以保证。为此，郑州大学的科研人员提出了一种改良方法，即将基于四面体单元（图 2.15）的跟踪前沿方法推广到基于节点的控制体积上，建立了充填因子的输运方程并导出递推公式，用 Galerkin 方法计算充填因子的导数；由高阶导数和迭代误差计算时间步长,用高阶 Taylor 展开式更新充填因子,大大减少了充填因子对网格的依赖度,在精度相同的条件下,可以减少近 90%的网格数目,大大提高了计算效率。下面给予简单介绍,详细内容可参考相关文献。

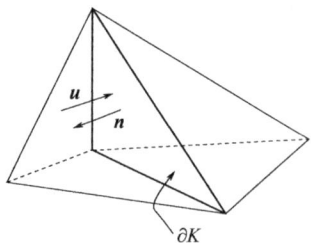

图 2.15　流入边界示意图

对于给定时刻的充填因子 $F(x,t)$,下一时刻的 $F(x,t+\Delta t)$ 用 n 阶 Taylor 展开式近似,则有式(2.184),

$$F(x,t+\Delta t) = F(x,t) + \Delta t \frac{\partial}{\partial t} F(x,t) + \Delta t^2 \frac{\partial^2}{2!\partial t^2} F(x,t) + \cdots$$

$$+ \Delta t^n \frac{\partial^n}{n!\partial t^n} F(x,t) + O[(\Delta t)^{n+1}] \tag{2.184}$$

式中,$O[(\Delta t)^{n+1}]$ 为微积分中可以忽略的高阶无穷小项。

时间步长 Δt 按式(2.185)选取,

$$\Delta t = \left[(n+1)! \varepsilon \min \left(\left| \frac{\partial^{n+1}}{\partial t^{n+1}} F(x,t) \right|^{-1} \right) \right]^{1/(n+1)} \tag{2.185}$$

式中,ε 是预先指定的迭代误差,$\varepsilon \ll 1$(属于模流分析中的计算参数),各阶导数求解见式(2.186)。

根据质量守恒方程(连续性方程)可获得计算充填因子各阶导数的递推公式,见式(2.186),

$$\frac{\partial^k F}{\partial t^k}|V| = \int_{\partial V^-} \left[\frac{\partial^{k-1} F}{\partial t^{k-1}} \right] \boldsymbol{u} \cdot \boldsymbol{n} \mathrm{d}\Gamma \quad \forall V \in \Im(\Omega) \tag{2.186}$$

式中,$|V|$ 为节点 V 上的控制体积;∂V^- 为熔体流入控制体积的边界体积,

$\partial V^- = \{\partial V; \boldsymbol{u} \cdot \boldsymbol{n} < 0\}$，$V$ 为相应于网格划分 $\Im(\Omega)$ 的节点控制体积；$P_k(V)$ 为图 2.15 所示的控制体积 V 的 k 次多项式的集合。

$\left[F^V\right]$ 表示相邻控制体积上的跳跃函数（式 2.187）：

$$\left[F^V\right] = F\big|_{V'} - F\big|_V \tag{2.187}$$

式中，$F\big|_{V'}$ 表示流入 V 的邻近控制体积的充填因子。

求出各阶导数后，用式（2.185）计算下一时刻的时间步长，用式（2.184）可以更新下一时刻的充填因子，确定充满节点（$F \geq 1$），进入下一次流动模拟。因为这个方法不需要一次必须充满一个节点，当网格较粗时可以分几次充满一个节点，而每次的速度场都不相同，所以可提高粗疏网格的模拟精度。

2.4.4 小结

薄壁制品注射成型的充填过程的模拟，是基于广义 Hele-Shaw 流动建立的非等温、非牛顿流体（无弹性）流动的控制方程，用有限元求解流动平面方向上的压力场，在厚度方向上差分求解温度场，然后以压力场、温度场为基础求出速度场、剪切应力、黏度及充填因子，模拟注射成型充模流动过程，所以这种方法也被称为基于中面模型的二维半或 2.5 维方法。经 K.K.Wang 等的发展，这种模拟技术比较成熟，以此为基础研制的商品化软件，如 C-MOLD、Moldflow 等模块，上市反映良好，而且目前依然是非常稳定、可靠的技术，对于薄壁制品模拟的效率和精度仍有很好的表现。此外，这种方法还被推广到双色共注塑（夹芯）、气体/水辅助注塑等成型的模拟中。

但基于中面的二维半模拟，主要问题在于离散过程需要构造塑料制品的中心面即中面模型，这对于生产一线的技术人员来说是非常抽象的（不容易理解的）。实际上对有些复杂的产品中面建模非常困难，加上当时建模、网格划分的辅助工具软件少，因此，基于中面的模拟技术应用受到一定限制。为了满足市场和工业界的需求，软件研发技术人员在中面模型的基础上，完成了基于表面模型的充填流动分析模拟软件，即双面模拟技术。

2.5 基于实体表面的流动分析

在流体力学中的 Hele-Shaw 模型中，三维的薄壁制件假设为壳体，用制件的中面表示，如图 2.16 所示，让中面带有厚度信息。需要注意的是：中面是虚拟的，模具、产品模型都不提供这方面的信息，只能靠分析人员根据产品的形状、熔体的流动方向等因素来确定中面位置及厚度信息，因此构造中面模型与工程设计中造型有差别（对于形状简单的，如图 2.16 所示，是一致的）；通用的 CAD 软件不提供这项功能。20 世纪 90 年代中期以前，基于 Hele-Shaw 模型的注射成型分析软件都需要一个建模器（molder）来生成所需要的中面，由于投入有限，建模器的造型功能使用非常不方便，因此限制了中面模流分析技术的推广和应用。

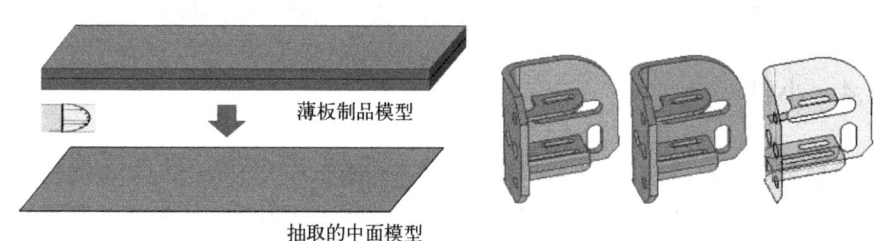

图 2.16　制品中面示意图

19 世纪 50 年代，随着 CAD 技术的发展及计算机性价比的提高，实体造型技术得到广泛的应用，用户希望直接利用 CAD 的几何信息来进行模流分析，而不是再建一次中面模型。为满足用户要求，模流分析就有了利用实体信息进行基于中面的注射成型模拟的两种思路。

第一种，抽取中面，即利用实体模型的表面信息抽取 CAE 分析所需的中面。但由于塑件多是两个流动平面几何模型不同的情况，直接从实体表示法（如用实体的封闭边界表示实体边界的表示法 B-Rep，用几何体布尔运算构造实体几何的表示法 CSG 等）抽取中面几乎是不可能的。一些学者提出"抽取近似中面"的方法，即先将实体表面离散成足够小的三角面片（三角形单元），将单元在厚度方向配对，再将配对的单元在中心面上收缩成一个单元，生成近似的中面，然后用中面方法进行流动分析。这种方法是在几何上实现的，不需要对数学模型及边界条件做任何修改。

第二种，是直接利用实体的表面信息（如 Stereolithography，STL），在实体表面进行二维网格划分，根据模型的几何特点对单元节点配对，使用中面方法在这些表面单元上计算压力场、温度场，再使用特殊的方法使配对的节点具有近似相同的物理意义如压力相等,以此来保障上下表面的一致流动。这种方法既利用了中面模型快速、灵活的特点,又不需要重构几何模型,模拟的物理量也都显示在实体的表面,真实感较强,被大多数模流软件开发商采用。

2.5.1 抽取中面

抽取中面功能模块,属于模拟分析的前处理。商品化软件,如 Hypermesh、ANSYS 等都提供有抽取中面的功能。中轴转换是抽取中面的流行方法,即找出一系列的被实体包含的内切球,用这些内切球的球心作中心轴,再生成中心面。但这种方法耗时较长,不适用于复杂制件,因此不适合商业软件开发。而包围盒法,用一系列的长方体包围实体制件,长方体逐渐收缩,在收缩过程中保持与原实体的拓扑等价,当精度达到一定要求时,连接这些长方体的中心面,就生成了中面。与中轴转换相似,这种方法也相当费时。为便于工程应用,研究人员结合这两种方法,提出了新的抽取中面方法,步骤如下。

(1)检查网格

对通过商品化软件,如 Pro/E、UG 等,自动生成的表面网格和实体网格进行检查,看是否出现重叠、相交、悬边等拓扑问题(这些问题会给抽中面带来困难),若出现不合法的拓扑问题,需要重新生成网格,有时可能需要重新修改几何模型,直至网格正常。

(2)生成表面

根据相邻单元之间的曲率、夹角,以及曲率的一阶导数、二阶导数等参数将单元分组,每组单元组成已知的曲面,如旋转面、平扫面、NURBS 曲面等,再由这些曲面构成封闭的实体。生成曲面的曲率、夹角等判据规则需要根据制件的大小、复杂程度等因素定义。

(3)匹配曲面上的单元

曲面上单元匹配的原则包括:
① 两个单元位于相对的曲面上;
② 一个单元重心上的法线要穿过另一个单元,反之亦然;
③ 两个单元的距离在允许的范围内;
④ 两个单元的法线夹角大于给定的角度;

⑤ 两个单元的距离规则要根据它们所在的曲面性质如曲率、实体的大小、实体的平均厚度来确定，这个距离也是形成中面网格厚度的重要参考数据。

（4）合并表面生成中面

完成单元匹配后，将匹配的单元移至中心面上，形成中面网格。因为配对单元之间的距离不尽相同，如果简单地将每对单元都移到中心上，就会生成起伏不平、变形较大的中面，不能与原实体保持几何上的相似性，所以要参考单元所在曲面的性质确定移动距离，以减小变形量，使生成的曲面具有较好的形状并与原实体等价。

（5）缝补中面网格

识别生成的中面网格中的悬边、交叉单元，依据拓扑关系修改和生成网格，同时，将原单元所在的曲面之间的距离作为生成网格的厚度，这样就生成了完整的中面网格。由此生成的中面网格的单元数大约只有表面网格的一半。

这种方法的优点是速度快、与原实体在几何上保持较好的相似性。对于形状简单的模型，只需稍加修改就能生成较好的中面网格，能取得较好的结果［图 2.17（a）］。但对复杂模型，这种方法还是不太适用，生成的中面显然与原型相差较大［图 2.17（b）的矩形框处］。

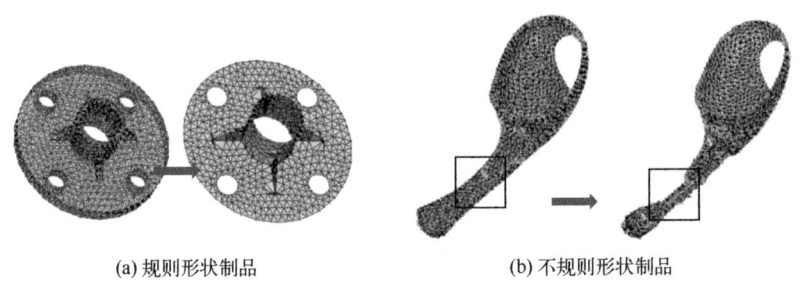

(a) 规则形状制品　　　　　　　　(b) 不规则形状制品

图 2.17　表面网格抽取中面网格

中面网格生成后就可以直接利用 2.4 节的方法模拟流动过程中各物理场的分布，预测可能出现的问题，再通过修改工艺参数、流注系统参数等重新模拟，直到得到最优的设计方案。抽取中面的优点是：一旦生成了中面网格，以后的计算都是建立在坚实的理论基础之上，结果可靠。这类方法最大的问题是：对于复杂制件，生成的中面很难与原型保持相似性［图 2.17（b）］；更甚者，有些制件或者制件的局部特征，根本不存在中面，这样任何方法都不可能抽出中面。此外，这类方法需要人工修补的工作量很大，有时甚至会超过直接建造中面模型。所以，工程实际中普遍使用的是基于表面网格（fusion-surface，dual surface）的双面流。

2.5.2 双面流充填模拟

双面流，假定两股熔体在制品两个表面平行流动，并且一致地向前填充。这就要求两个面离散后的对应点在充填过程中保持近似相同的物理意义，如何做到这一点是这类算法的核心。一些研究人员的做法是：将塑件在厚度方向等分成两部分（两块板），每部分的厚度是原塑件的一半，然后对这两部分进行和中面模型一样的处理，应用 Hele-Shaw 模型导出控制方程，然后用有限元、有限差分求解压力场、温度场、速度场等物理量。但在厚度方向上的差分，只有一个模具边界，另一边界是塑料熔体中心，这两块部分（板）在中心面上进行热交换。这样在求解过程中，需要添加强制性的边界条件（如配对点的压力相等）来协调配对点的物理量以达到一致充填，类似地在制品上下表面或者说成型模具型腔和型芯的对应点之间钉上钉子，使制品两部分（两块板）牢牢地贴在一起。这样人为分成的两块板与 Hele-Shaw 流动的假定有一定的差别，而且非自然边界条件的引入容易引起质量不守恒等问题，需要使用一些技巧来处理由此引起的理论上的不完备性（数值结果不是控制方程的正确解，或无解）。

郑州大学的申长雨教授团队，借鉴"热流道"的特征（即在流道周围缠绕电阻丝以保持流道中熔体温度恒定），提出在配对点间添加虚拟的热流道的处理方法。如图 2.18 所示，把配对点间虚拟的热流道作为一个流道单元，使熔体经虚拟热流道从一个点可以到达另一个点。这样就构成了有限元分析所需的网格模型，边界条件与原问题一样，求解过程也不需要特殊处理，在整个塑件表面都可以不受限制地应用，消除了理论上的不完备性。由于熔体在虚拟热流道中没有能量损失，流动阻力比平板小，所以当熔体到达其中一个点后会立即进入它的配对点，这样就实现了配对点之间具有近似相同的物理意义。下面介绍虚拟热流道配对的双面模流分析方法（注意：不同的模流分析软件处理方式存在差异）。

（1）网格的预处理

不同于中面抽取不能直接利用表面网格进行有限元分析，"虚拟热流道"改进方法将节点在厚度方向上配对，记录配对信息并添加虚拟热流道单元，这一过程称为网格的预处理。这样由二维单元、一维单元一起构成了有限元分析的网格,与薄壁中面流相比,没有增加任何新的单元类型,便于算法程序的实施。网格预处理分为以下几个步骤。

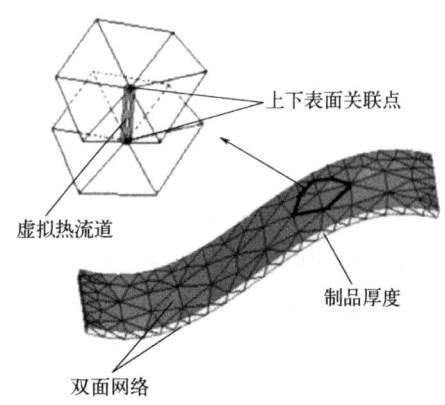

图 2.18　双面模型连接对应点的虚拟热流道示意图

① 检查表面网格的正确性。和抽中面相似,先检查模型表面网格是否出现重叠、交叉、悬边等特殊情况,以保证网格的有效性。如果出现这些情况,要检查几何模型和网格尺寸,并重新进行网格划分,直至网格正确无误。

② 调整网格。从实体表面,尤其是从 STL 中获得的表面网格往往不太均匀,过渡也很差,不能很好地处理细部特征。形态比(外接圆的半径除以两倍内切圆半径)是衡量单元质量的重要指标,形态比接近 1,表明三角形接近正三角形,质量最好。形态比越大,三角形的钝角和锐角相差也越大,质量越差。计算各单元的形态比,找出形态比大于给定值的单元,通过交换边、添加节点、合并节点、收缩边等方式改进这些单元,最终使全部三角形的形态比小于给定值,满足网格质量要求。同其他有限元分析程序一样,数值结果对单元质量有较强的依赖性。若网格质量太差,网格配对将非常困难,模流分析将很难正常进行,模拟结果也就毫无意义。

③ 节点配对。在单元的重心处作它的法线反向延长线,找出最近的单元,两单元的法线夹角要大于一定角度(如 135°),并且两单元的重心处的反向延长线要互相穿过对方单元,记录配对单元和重心之间的距离(也就是两单元的厚度)。比较配对的单元节点,如果两节点在法线方向的投影落在对方单元内,

而且距离小于一定范围,则将两节点配对,记录配对信息。距离准则依据制件的大小、网格尺寸而定。节点匹配的比例越高,计算结果越可靠。

④ 生成一维流道单元。在两配对的节点之间添加热流道单元,单元的长度即为两节点间的距离,单元的直径为三分之一的单元长度,这样的长径比使流动阻力达到最小。

基于表面模型的双面模流分析流程图如图 2.19 所示。其中,a. 读入塑件的实体几何信息,将表面划分为三角形单元;b. 将节点在厚度方向上配对;c. 读入材料及工艺条件等信息属于前处理的内容;d. 用有限元计算压力场,有限差分计算温度场,由此计算相应的速度场;e. 计算前沿节点的充填率,确定下一时间步长内要充满的节点及时间步长,则属于数学模型和数值算法。下面对控制方程和数值方法给予介绍。

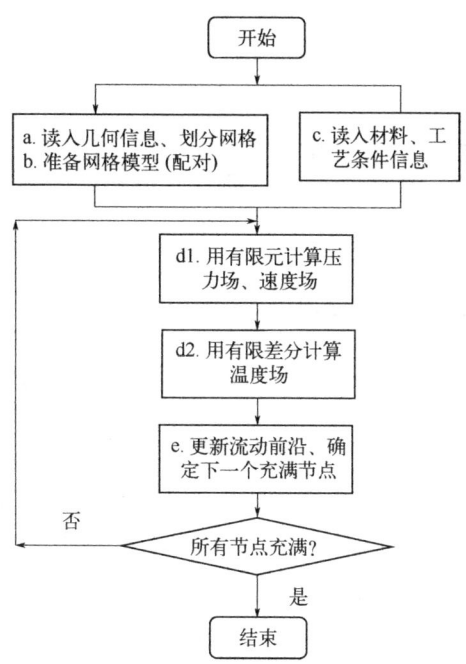

图 2.19 表面模型的数值分析流程图

(2) 控制方程及数值方法

双面模型的控制方程,与前面 2.3.3、2.3.4 节的二维薄壁制品的中面模型一样。其中，流动平面的控制方程同式（2.117）～式（2.120），速度场、温度场关于厚度方向（z 轴）中心对称，熔体在模壁上无滑移；熔体在圆形流道中的控制方程同式（2.137）～式（2.139），边界条件同式（2.140）～式（2.142）。黏度模型与中面方法一样。不同之处在于控制方程的边界条件。

对于虚拟热流道，模壁与熔体之间没有热交换，故边界条件为绝热边界[式（2.188）]。

$$u = 0, \quad -K\frac{\partial T}{\partial r} = 0 \quad (r=R) \tag{2.188}$$

式中，u 为速度；T 为温度；K 为热导率；r 为虚拟热流道的半径。

① 压力场的求解。与中面相同，通过分步积分，分别导出关于平面和圆形流道的由压力梯度表示的控制方程，用一阶插值多项式离散，将单元刚度矩阵组装成总体刚度矩阵，根据质量守恒定律得到压力场的代数方程组式（2.166）和式（2.167），其中第二项，中面模型可以理解为真实的流道，而对于双面模型该项包含真实的流道（浇道）和虚拟的热流道，表达式为式（2.189）、式（2.190）。

$$\sum_{l'} S^{(l')} \sum_{j=1}^{3} D_{ij}^{(l')} \cdot p_{N'} + \sum_{l''} S^{(l'')} \sum_{j=1}^{2} D_{ij}^{(l'')} \cdot p_{N'} = 0 \quad (N \text{ 为内点}) \tag{2.189}$$

或

$$\sum_{l'} S^{(l')} \sum_{j=1}^{3} D_{ij}^{(l')} \cdot p_{N'} + \sum_{l''} S^{(l'')} \sum_{j=1}^{2} D_{ij}^{(l'')} \cdot p_{N'} = Q \quad (N \text{ 为入口点}) \tag{2.190}$$

与中面方法不同，双面流模型求解时，所有配对成功的节点都有虚拟热流道相连，因此离散方程中都含有一维管道的离散项 $\sum_{l''} S^{(l'')} \sum_{j=1}^{2} D_{ij}^{(l'')} \cdot p_{N'}$；而基于中面的模型在平面流动时（多数是三角形单元），没有公式中的第二项（一维流道）。从这个方程可以看出，当配对点的压力不相等时（$\Lambda_x = -\partial p/\partial x \neq 0$），熔体就会经过虚拟管道进入其相应的配对点，并保持质量守恒。假定管道壁足够光滑，无摩擦阻力，且管道是热流道，与外界不存在热交换，所以熔体在该管道内流动基本上没有能量损失，熔体到达配对点后，压力基本不变。这样，就实现了上下表面表示近似相同的物理意义。

对于前面提到的强制边界条件的处理方法如下。在边界上，强制两部分的压力 P、速度 $\bar{V}$、温度 T 及熔体前沿 C_m 等物理量相等[式（2.191）～式（2.194）]。

$$P_{\mathrm{I}} = P_{\mathrm{II}} \tag{2.191}$$

$$\vec{V}_\text{I} = \vec{V}_\text{II} \tag{2.192}$$

$$T_\text{I} = T_\text{II} \tag{2.193}$$

$$C_{\text{m-I}} = C_{\text{m-II}} \tag{2.194}$$

式中，Ⅰ、Ⅱ表示实体的两个流动平面。式（2.191）～式（2.194）这些强制边界条件能够保证物理量在配对点上严格相等，因此，模拟的两个平面的流动前沿在充填过程中保持一致。

引入这些强制边界条件后，平面流动（型腔内的熔体流动）大概只需要在一半的节点上采用离散的压力方程，且只考虑式（2.189）的第一项，为便于说明，用下面的式（2.195）表示，这样处理，减少了计算量。由于式（2.195）仅考虑一半的节点计算，这样求出的压力可能在另一半节点上不一定满足式（2.195），即质量不再守恒；于是在这些节点上形成"源"或"汇"，严重影响结果的可靠性，后面用模拟案例说明。

$$\sum_{l'} S^{(l')} \sum_{j=1}^{3} D_{ij}^{(l')} \cdot p_{N'} = 0 \tag{2.195}$$

② 温度场的求解。与中面方法类似，用有限差分法求解温度场。在厚度和径向上将单元分层，用有限差分离散控制方程式（2.120）、式（2.139）。热对流项和黏性热的处理以及扩散项在插值内点的处理与中面方法完全一致，扩散项在边界上的处理依单元类型分为两种，即平面单元、冷流道一维单元。其中，虚拟流道单元，用式（2.188）离散边界，边界温度取与该虚拟热流道单元相连的两个平面单元在边界上的平均温度。最后用追赶法或超松弛迭代法求解离散后的代数方程组，得到温度场。

③ 跟踪流动前沿。同中面方法一样，用充填因子 F（$0 \leqslant F \leqslant 1$）表示每个节点的控制体积的充满程度：$F=0$，空节点；$F=1$，充满节点；$0<F<1$，前沿节点。由质量守恒定律得输运方程：$\dfrac{\partial F}{\partial t} + \boldsymbol{u} \cdot \nabla F = 0$。通过空间位置 x 与时间 t 的充填可得 $F(x,t)$ 和展开的 Taylor 级数，可求下一时间步长的 $F(x, t+\Delta t)$，即式（2.184）。

使用 Taylor 展开式的项数越多，误差越小，计算精度越高；充填因子的各阶导数可以通过递推公式［式（2.184）］求得，进而可以求得时间步长 Δt［式（2.185）］；然后将式（2.184）、式（2.185）代入式（2.183），更新前沿节点的充填因子。当充填因子≥1 时，该节点为充满节点，其周围的空节点作为前沿节点，进入下一次计算，直到全部节点全部充满为止。在此过程中，如果充满节点的配对点也是空节点,该点自然进入前沿节点。因为熔体在虚拟管道中流动没有摩擦阻力和热交换,流动距离短,所以熔体马上充满配对点,然后才充满周围的其他节点,实现了两个流动平面的流动前沿基本保持一致。

与强制边界条件相比,虚拟热流道方法模拟的两个面的流动前沿不是精确一致的,但是因为制件是薄壁制件,熔体到达两个面的时间差很小,因此这种方法模拟的流动结果也比较接近中面方法的结果。

(3)模拟案例——摩托车后视镜双面流充填模拟

本案例的摩托车后视镜模具是由郑州大学橡塑模具国家工程研究中心设计和加工的(图 2.20)。制品表面是自由曲面,带有加强筋、凹槽、孔洞,下部分手柄的平均厚度为 5mm,壳体部分为 2mm,而中间凹槽的厚度只有 0.5mm。塑料为通用注塑级 ABS,熔体温度 200℃,模壁温度 50℃,充填时间 2.1s。由于制品厚度变化大,中面抽取困难,因此采用基于表面的双面流进行充填模拟。

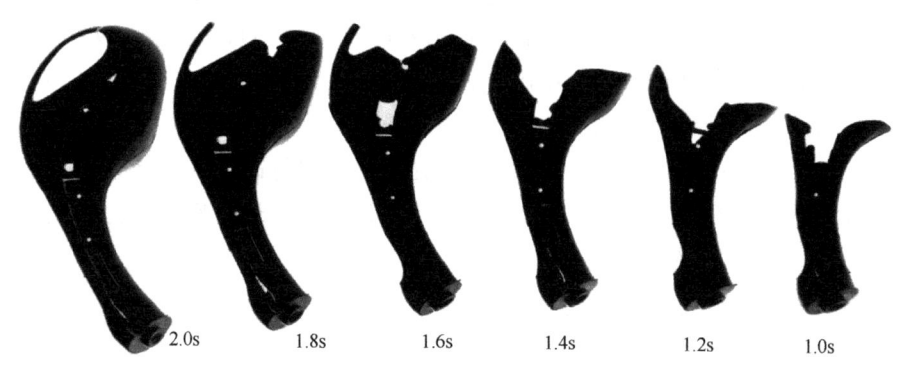

图 2.20　缺料注射实物图片

为便于与模拟结果比较,用缺料注射方式获得不同时刻下熔体的流动前沿位置及形状,缺料实验结果如图 2.20 所示。双面模型的充填模拟结果如图 2.21 所示。

通过与实验结果对比,发现图 2.21 中虚拟热流道法的模拟结果产品形状与缺料注射的产品形状基本一致,流动前沿的轮廓也与缺料注射比较接近;但模拟结果与缺料注射的结果还存在一些差别,在相同时刻模拟的塑料熔体比实验流得慢,原因在于:

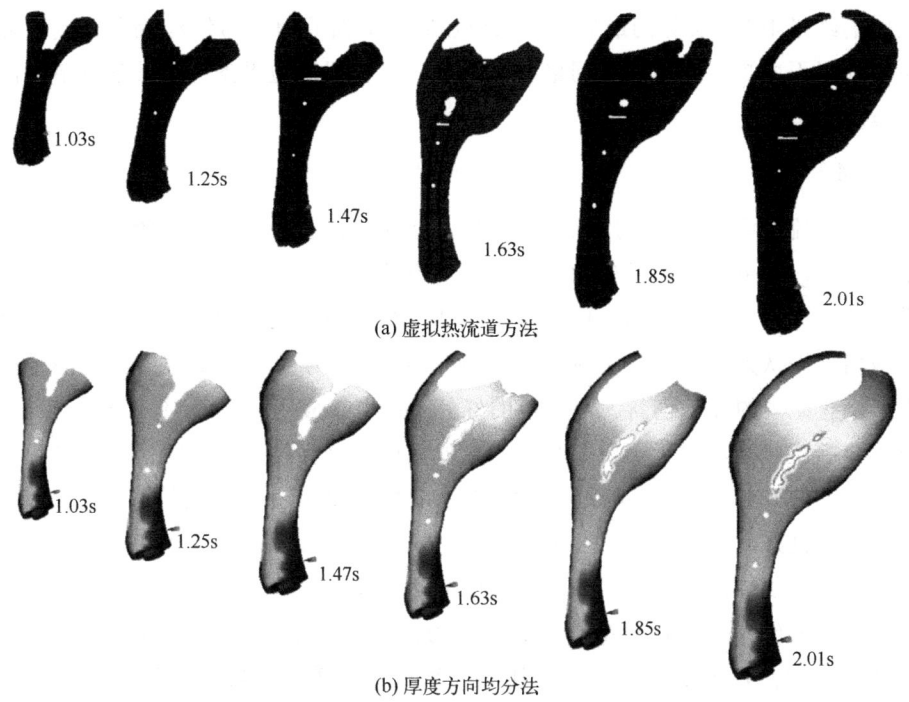

图 2.21 双面模型的充填模拟结果

① 网格不够精细。由于几何模型太复杂，网格尺寸又不可能太小，造成部分节点没有配对（大约 60 个节点），这些没有配对的节点计算时没有考虑双面因素，同时它们的结果又影响周围节点，并影响了最终结果。此外，因为网格不够细，模拟的流动前沿也不够光滑。

② 虚拟流道的阻力。由于熔体存在黏性，熔体流经虚拟流道单元时存在阻力，假设与实际有偏差，尽管本案例中最大压差为 0.0012MPa，压力误差累积速度、温度、熔体前沿后，造成了模拟的塑料熔体滞后于实际流动，形成模拟误差。

③ 忽略惯性的影响。在实际注射成型过程中，螺杆停止推进后，熔体由于惯性的作用还会再前进一段距离。由于控制方程忽略了惯性项，使得模拟结果与实际注射的熔体流动有偏差。

强制边界条件的模拟结果［图 2.21（b）］在充填的初始阶段（$t \leqslant 1.25s$）与缺料注射的结果基本一致，当模拟的熔体前进到特别薄的部位（制品中间凹槽后），熔体产生了滞留，当其余部分全部充满后才充填塑件凹槽这部分，与缺料注射的结果不符（实际的最后充填部分在制品上面的圆弧部分）。因此强制边界条件模拟不成功，原因在于网格配对困难，导致强制边界条件在某部分节点的质量不守恒。

（4）小结

双面流是中面模型应用的技术升级。双面流是 20 世纪 90 年代中期发展起来的技术，继承了中面模型的理论及数值方法，使用一些技巧实现了在实体上进行流动分析，因为它的操作对象是实体，模拟结果又显示在实体表面，所以一般用户误认为是真正的实体分析。但双面流的数学模型和数值方法仍然是中面，没有太多的理论创新。双面流的好处是：直接应用来自 CAD 的实体模型，不需要二次建模，便于实现 CAD/CAE 的集成，这种技术一经问世，便受到企业工程师的好评。Moldflow 中的 QuickFill、PartAdvicer 模块就是双面流。由于市场反应良好，一些 CAD 软件如 UG、Pro/E、SolidWorks 等都集成了双面流塑料熔体充填分析，促进了模流技术的应用普及。

双面流继承了中面模型简单、可靠的优点，避免了真三维方法计算量大、周期长的缺点，主要技术指标如压力、流动前沿等与实际也比较吻合，可以实现与 CAD 的无缝集成，为用户综合应用 CAD/CAE/CAM 带来极大的方便。但双面流不是真正的实体分析，中面模型固有的缺陷在双面流中依然存在。双面流对网格质量的依赖性比中面更强，没有好的网格或者匹配率过低，模拟的结果就会失真。为避免网格带来的问题，通常双面网格匹配率需要达到 90%（制品越复杂，要求的匹配率越高）。双面网格不管是强制边界条件还是自然边界条件，都是使用一些技巧来实现上下面的平行流动，对薄壁 Hele-Shaw 模型进行了适当修改，所以模拟结果精度通常比中面方法差些。

2.6 三维流动分析

注塑制品的尺寸特点使得迄今为止注射成型模拟软件中以 Hele-Shaw 模型为基础的中面算法仍占主导地位，即薄壁制件的厚度方向上的尺寸比另外两个垂直方向尺寸小得多，用厚度方向上的中面代表实体制件，熔体的流动关于中面对称。然而有些制件的几何特征常常使中面变得十分模糊，有些制件甚至根本就不存在中面。此外，对称性的应用导致了精度的丢失，不能正确地预测一些重要的流动特征（如拐角处的压力降），对不存在明显中面的制件尤其如此。双面流只是解决了与 CAD 共享几何信息的问题，但理论基础和假定与中面方法完全一致，由于添加了过多的边界条件，所以它的模拟结果比中面方法还差。虽然塑件的表面能够显示物理量的分布，表现出真三维分析的效果，但是，如果将实体沿某一平面切开就会发现内部是空的，因为这里所谓的实体只是由表面围成的空壳，内部没有单元和节点。所以，双面流并没有解决中面方法的固有问题。

与 Hele-Shaw 模型不同，真正的三维流动分析并不忽略厚度方向上的速度，传热在三个方向都存在，三个方向都发生对流，而不是仅仅考虑流动方向。如果再将熔体的重力、弹性、惯性力等考虑在内，三维流动分析模型就比较接近塑料熔体的真实流动行为。所以，用三维流动分析可以更准确地模拟塑件内部的应力、速度、温度分布，预测流动前沿、熔接线和气穴位置，尤其能够模拟中面方法无能为力的喷泉效应、拐角处的压力降等现象。过去受计算机运算速度、内存的限制，三维流动分析难以得到真正的应用。随着时代的进步，市场上已经出现了商品化的三维流动模拟软件，如 POLYFLOW、Moldflow、Moldex3D 等。

影响流动分析的因素很多，材料的热性能参数、黏度模型、数值算法等都对结果产生重要影响，但最重要的是描述流动行为的数学模型，下面介绍几种常用的数学模型及其变分方程，并对线性的 Stokes 问题讨论解存在的条件。

2.6.1 数学模型

在流体力学中，描述流体流动行为的主要有：连续性方程［式（2.42）、式（2.43）、式（2.99）～式（2.101）］；动量方程［式（2.63）、式（2.102）或式（2.103）］；能量方程［式（2.92）、式（2.108）］；状态方程［式（2.110）～式（2.115），P、V、T 关系方程，如 Tait 方程］及应变关系的本构方程［式（2.116）］。

（1）控制方程

塑料熔体的弹性效应与黏性效应相比还是比较小的，熔体的黏性在流动中起主导作用，所以在一般情况下还是不考虑弹性效应，只考虑黏性的影响。假定熔体是不可压缩流体，忽略熔体的弹性、惯性和质量力，流动过程中无热源，则有以下的控制方程［式（2.196）～式（2.198）］。

$$\nabla \cdot \boldsymbol{u} = 0 \qquad (2.196)$$

$$2\nabla \cdot [\eta\varepsilon(\boldsymbol{u})] - \nabla p = 0 \qquad (2.197)$$

$$\rho C_v \frac{\mathrm{d}T}{\mathrm{d}t} = -\mathrm{div}\boldsymbol{q} + \dot{w} \qquad (2.198)$$

式中，$\boldsymbol{q} = k_{\mathrm{th}}\nabla T$；$\dot{w} = 2\eta\varepsilon(\boldsymbol{u}):\varepsilon(\boldsymbol{u})$。

式中，$\boldsymbol{u}$ 为速度；η 为黏度；ε 为速度引起的应变；p 为压力；C_v 是定容比热容；ρ 是熔体密度；$\boldsymbol{q}$ 是热流密度。

（2）边界条件

① 在入口边界上指定速度或压力：

$$\boldsymbol{u} = \boldsymbol{u}_i \quad \text{或} \quad p = p_i \ (\text{在 } \varGamma_i) \qquad (2.199)$$

② 熔体在模壁上无滑移，即：

$$\boldsymbol{u} = 0 \ (\text{在 } \varGamma_{\mathrm{w}}) \qquad (2.200)$$

③ 熔体前沿面上表面张力（$\boldsymbol{\sigma}_{\mathrm{n}}$）为零：

$$\boldsymbol{\sigma}_{\mathrm{n}} = 0 \ (\text{在 } \varGamma_{\mathrm{m}}) \qquad (2.201)$$

④ 在熔体前沿没有热交换：

$$\frac{\partial T}{\partial n} = 0 \ (\text{在 } \varGamma_{\mathrm{m}}) \qquad (2.202)$$

⑤ 在模具边界指定热流：

$$-k_{\mathrm{th}}\frac{\partial T}{\partial n} = h(T - T_{\mathrm{w}}) \ (\text{在 } \varGamma_{\mathrm{w}}) \qquad (2.203)$$

式中，h 为熔体与模壁间的热交换系数；T_{w} 为模壁温度；$\varGamma_{\mathrm{m}}$ 为熔体模壁；$\varGamma_{\mathrm{w}}$ 为熔体前沿面。

（3）初始条件

假定模具的温度是恒定的，刚开始注射时熔体温度为料筒温度，计算过程中每一时刻的初始温度为前一步的计算温度，于是

$$T = T_0 \qquad (2.204)$$

式中，T_0 为料筒温度，此时 $t=0$。

（4）黏度模型

与中面方法、双面方法一样，在三维流动分析中根据研究对象、材料的不同，黏度模型分别采用幂律模型、Cross-Arrhenius 模型或 Cross-WLF 模型。

（5）考虑惯性的数学模型

简化的控制方程［式（2.196）～式（2.204）］比较简单，便于数值计算，很多三维注射成型流动问题都采用这个模型，此时动量方程简化为拟泊松方程。

但当需要模拟熔体充填过程发生的射流时，动量方程式（2.197）所示的惯性具有很大影响；且当注射速率较大时，惯性也是不能忽略的。为此动量方程需要考虑惯性项 $\rho \dfrac{\mathrm{d} \boldsymbol{u}}{\mathrm{d} t}$，这时动量方程就为式（2.205），边界条件同式（2.199）～式（2.203）；初始条件要给出速度的初始条件。

$$\rho \frac{\mathrm{d} \boldsymbol{u}}{\mathrm{d} t} = \nabla \cdot \boldsymbol{\sigma} \tag{2.205}$$

式中，Cauchy 应力张量 $\boldsymbol{\sigma}$ 表示为式（2.206），以后不特别注明，应力张量 $\boldsymbol{\sigma}$ 就按该式计算。

$$\boldsymbol{\sigma} = 2\eta \varepsilon(\boldsymbol{u}) - P\boldsymbol{I} \tag{2.206}$$

考虑惯性项后，充模过程是流动边界在不断变化，是移动边界问题。注射开始时，初始的速度与温度即为入口处的速度和温度（计算过程中每一时刻的初始速度和温度为前一步计算的速度和温度），于是初始条件包括速度和温度（$t=0$）：

$$T = T_0 \tag{2.207}$$

$$\boldsymbol{u} = \boldsymbol{u}_0 \tag{2.208}$$

2.6.2 变分方程

变分方程是有限元离散的基础。通过变分可以把前面控制方程和边界条件等价为泛函数，近似处理为插值空间上的离散变分方程，进而形成便于求解的代数方程。对于不同的问题可以得到不同的变分方程，详细内容可参考有限元相关书籍。下面仅给出注塑熔体充填控制方程的变分形式。

（1）不考虑惯性影响的三维熔体充填

定义：

$$\varGamma = \varGamma_i \cup \varGamma_w \cup \varGamma_m$$

$$H_\varGamma^1\left(\varOmega_f\right)^3 = \left\{\boldsymbol{v} \in H^1\left(\varOmega_f\right)^3 : \boldsymbol{v} = \boldsymbol{0} \ \text{在} \ \varGamma_i \cup \varGamma_w \right\}$$

$$H_\Gamma^1(\Omega_f) = \{\phi \in H^1(\Omega_f) : \phi = 0 \text{ 在 } \Gamma_i\}$$

式中，$H^1(\Omega_f)$ 是 Ω_f 上一阶可导的索伯列夫空间（Sobolev 空间）；$H^1(\Omega_f)^3$ 是 3 阶张量。

对控制方程 [式（2.196）～式（2.198）] 两边分别乘以检验函数 v 和 ψ，分步积分，再应用边界条件 [式（2.199）～式（2.203）] 得等价的变分方程 [式（2.209）～式（2.230）]。

① 入口处指定速度

求速度 $u \in H^1(\Omega_f)^3$、压力 $p \in L^2(\Omega_f)$，$L^2(\Omega_f)$ 是 Ω_f 上勒贝格测度（Lebesgue measure）意义下的平方可积空间，温度 $T \in H^1(\Omega_f)$ 满足

$$\int_{\Omega_f} (q\nabla \cdot u) \, d\Omega = 0 \quad \forall q \in L^2(\Omega_f) \tag{2.209}$$

$$\int_{\Omega_f} 2\eta\varepsilon(u):\varepsilon(v)\,d\Omega - \int_{\Omega_f} p\nabla \cdot v\,d\Omega = 0 \quad \forall v \in H_\Gamma^1(\Omega_f)^3 \tag{2.210}$$

$$\int_{\Omega_f} \rho C_v \frac{\partial T}{\partial t}\varphi\,d\Omega + \int_{\Omega_f} \rho C_v (u\cdot\nabla)T\varphi\,d\Omega + \int_{\Omega_f} k_{th}\nabla T \cdot \nabla\varphi\,d\Omega + \int_{\Gamma_w} hT\varphi\,d\Gamma$$

$$= \int_{\Gamma_w} hT_w\varphi\,d\Gamma + \int_{\Omega_f} 2\eta\varepsilon(u):\varepsilon(u)\varphi\,d\Omega \quad \forall \varphi \in H_\Gamma^1(\Omega_f) \tag{2.211}$$

$$u|_{\Gamma_i} = u_i \tag{2.212}$$

$$u|_{\Gamma_w} = 0 \tag{2.213}$$

② 入口处指定压力

求 $u \in H^1(\Omega_f)^3$、$p \in L^2(\Omega_f)$、$T \in H^1(\Omega_f)$ 满足

$$\int_{\Omega_f} (q\nabla \cdot u)\,d\Omega = 0 \quad \forall q \in L^2(\Omega_f) \tag{2.214}$$

$$\int_{\Omega_f} 2\eta\varepsilon(u):\varepsilon(v)\,d\Omega - \int_{\Omega_f} p\nabla v\,d\Omega$$

$$= \int_{\Gamma_i} [\varepsilon(u)\cdot n - pn]v\,d\Gamma \quad \forall v \in H^1(\Omega_f)^3 \tag{2.215}$$

$$\int_{\Omega_f} \rho C_v \frac{\partial T}{\partial t}\varphi\,d\Omega + \int_{\Omega_f} \rho C_v (u\cdot\nabla)T\varphi\,d\Omega + \int_{\Omega_f} k_{th}\nabla T \cdot \nabla\varphi\,d\Omega + \int_{\Gamma_w} hT\varphi\,d\Gamma$$

$$= \int_{\Gamma_w} hT_w\varphi\,d\Gamma + \int_{\Omega_f} 2\eta\varepsilon(u):\varepsilon(u)\varphi\,d\Omega \quad \forall \varphi \in H_\Gamma^1(\Omega_f) \tag{2.216}$$

$$p|_{\Gamma_i} = p_i \tag{2.217}$$

$$u|_{\Gamma_w} = 0 \tag{2.218}$$

式中，$\boldsymbol{n}$ 为边界的法向量；$\varGamma_1$ 为边界。

（2）考虑惯性影响的三维熔体充填等价变分问题

① 入口处指定速度

求 $\boldsymbol{u} \in H^1(\varOmega_f)^3$、$p \in L^2(\varOmega_f)$、$T \in H^1(\varOmega_f)$ 满足

$$\int_{\varOmega_f} (q\nabla \cdot \boldsymbol{u}) \mathrm{d}\varOmega = 0 \quad \forall q \in L^2(\varOmega_f) \tag{2.219}$$

$$\int_{\varOmega_f} \frac{\partial \boldsymbol{u}}{\partial t} \cdot \boldsymbol{v} \mathrm{d}\varOmega + \int_{\varOmega_f} (\boldsymbol{u} \cdot \nabla) \boldsymbol{u} \cdot \boldsymbol{v} \mathrm{d}\varOmega + \int_{\varOmega_f} 2\eta \varepsilon(\boldsymbol{u}) : \varepsilon(\boldsymbol{v}) \mathrm{d}\varOmega - \int_{\varOmega_f} p \nabla \cdot \boldsymbol{v} \mathrm{d}\varOmega = 0$$

$$\forall \boldsymbol{v} \in H^1_\varGamma (\varOmega_f)^3 \tag{2.220}$$

$$\int_{\varOmega_f} \rho C_V \frac{\partial T}{\partial t} \varphi \mathrm{d}\varOmega + \int_{\varOmega_f} \rho C_V (\boldsymbol{u} \cdot \nabla) T \varphi \mathrm{d}\varOmega + \int_{\varOmega_f} k_{\mathrm{th}} \nabla T \cdot \nabla \varphi \mathrm{d}\varOmega + \int_{\varGamma_\mathrm{w}} hT\varphi \mathrm{d}\varGamma$$

$$= \int_{\varGamma_\mathrm{w}} hT_\mathrm{w} \varphi \mathrm{d}\varGamma + \int_{\varOmega_f} 2\eta \varepsilon(\boldsymbol{u}) : \varepsilon(\boldsymbol{u}) \varphi \mathrm{d}\varOmega \quad \forall \varphi \in H^1_\varGamma (\varOmega_f) \tag{2.221}$$

$$\boldsymbol{u}|_{\varGamma_i} = \boldsymbol{u}_i \tag{2.222}$$

$$\boldsymbol{u}|_{\varGamma_\mathrm{w}} = 0 \tag{2.223}$$

$$\boldsymbol{u}(x,0) = \boldsymbol{u}_0(x) \tag{2.224}$$

② 入口处指定压力

求 $\boldsymbol{u} \in H^1(\varOmega_f)^3$、$p \in L^2(\varOmega_f)$、$T \in H^1(\varOmega_f)$ 满足

$$\int_{\varOmega_f} (q\nabla \cdot \boldsymbol{u}) \mathrm{d}\varOmega = 0 \quad \forall q \in L^2(\varOmega_f) \tag{2.225}$$

$$\int_{\varOmega_f} \frac{\partial \boldsymbol{u}}{\partial t} \cdot \boldsymbol{v} \mathrm{d}\varOmega + \int_{\varOmega_f} (\boldsymbol{u} \cdot \nabla) \boldsymbol{u} \cdot \boldsymbol{v} \mathrm{d}\varOmega + \int_{\varOmega_f} 2\eta \varepsilon(\boldsymbol{u}) : \varepsilon(\boldsymbol{v}) \mathrm{d}\varOmega - \int_{\varOmega_f} p \nabla \cdot \boldsymbol{v} \mathrm{d}\varOmega$$

$$= \int_{\varGamma_i} [\varepsilon(\boldsymbol{u}) \cdot \boldsymbol{n} - p\boldsymbol{n}] \boldsymbol{v} \mathrm{d}\varGamma \quad \forall \boldsymbol{v} \in H^1(\varOmega_f)^3 \tag{2.226}$$

$$\int_{\varOmega_f} \rho C_V \frac{\partial T}{\partial t} \varphi \mathrm{d}\varOmega + \int_{\varOmega_f} \rho C_V (\boldsymbol{u} \cdot \nabla) T \varphi \mathrm{d}\varOmega + \int_{\varOmega_f} k_{\mathrm{th}} \nabla T \cdot \nabla \varphi \mathrm{d}\varOmega + \int_{\varGamma_\mathrm{w}} hT\varphi \mathrm{d}\varGamma$$

$$= \int_{\varGamma_\mathrm{w}} hT_\mathrm{w} \varphi \mathrm{d}\varGamma + \int_{\varOmega_f} 2\eta \varepsilon(\boldsymbol{u}) : \varepsilon(\boldsymbol{u}) \varphi \mathrm{d}\varOmega \quad \forall \varphi \in H^1_\varGamma (\varOmega_f) \tag{2.227}$$

$$p|_{\varGamma_i} = p_i \tag{2.228}$$

$$\boldsymbol{u}|_{\varGamma_\mathrm{w}} = 0 \tag{2.229}$$

$$\boldsymbol{u}(x,0) = \boldsymbol{u}_0(x) \tag{2.230}$$

描述流体运动规律的数学模型主要包括控制方程、黏度模型、边界条件及

初始条件等，数学模型是否正确主要看由这些方程、边界条件等组成的数学问题是否存在唯一解，亦即数学问题是否是适定的。直接讨论这些数学问题比较困难，一般借助于泛函分析的工具将其划为等价的变分问题，再讨论其存在唯一性。此外，变分方程也是有限元数值求解的理论基础，使用不同的插值空间，将得到不同精度的逼近结果。数值解是否收敛以及是否稳定，都与其变分方程有直接的关系。

2.6.3 数值方法

对于黏性不可压缩的非牛顿流体来说，在一般区域上很难找到解析解，只能寻求其近似的数值解。有限元法是流体力学中常用的数值方法之一，它建立在变分法、网格划分、经典 Galerkin 方法之上，使用分片多项式作为试探函数空间，求出区域离散点上的物理量的方法。由于剖分灵活，使有限元法比有限差分法更易于处理复杂的边界问题，且又继承了差分法稀疏矩阵的优点，因此有限元法较之经典的 Galerkin 方法可谓青出于蓝而胜于蓝，目前已成为流动分析的主要数值方法之一。有限元法求解主要包括三个部分：

① 从控制方程及边界条件导出变分方程；
② 用分片多项式作为插值多项式离散变分方程；
③ 求解离散后的代数方程组。

如果方程是非线性的，还需要使用 Newton-Raphson、超松弛等方法求出最终解。

变分方程在上一节中给出，这里介绍方程的离散及方程组的求解，并探讨了惯性项、能量方程的离散及其对结果的影响，最后用三个具体的算例说明算法的特点，并与解析解、Moldflow 及实际加工过程数据进行比较。

2.6.3.1 不考虑惯性的三维注塑充填

（1）四面体的插值函数

$\psi_i^{(l)}$ 表示单元 l 以体积坐标形式表示的对应于节点 i（i=1,2,3,4）的一次插值基函数，u_i、p_i 为相应节点上的速度、压力；$b^{(l)}$ 表示单元 l 的"冒泡"函数（单元内任一点，通常是重心处的），$u^{(l)}$ 表示单元 l 重心处的速度。为统一起见，令 $\psi_5^{(l)} = b^{(l)}$，$u_5 = u^{(l)}$。于是得到单元 l 内任意一点的速度、压力插值近似式（2.231）、式（2.232）。

$$u = \sum_{i=1}^{5} \psi_i^{(l)} u_i \qquad (2.231)$$

$$p = \sum_{i=1}^{4} \psi_i^{(l)} p_i \qquad (2.232)$$

四面体单元，根据所用节点数的插值，会有不同的精度。这里用的是线性的插值函数。

（2）拟泊松方程

对动量方程两边乘以检验函数 v 并积分，有

$$\int_{\Omega_f} 2\nabla \cdot [\eta \varepsilon(u)] \cdot v \mathrm{d}\Omega - \int_{\Omega_f} \nabla p \cdot v \mathrm{d}\Omega = 0 \quad \forall v \in H_\Gamma^1 (\Omega_f)^3 \qquad (2.233a)$$

假定每个单元上的压力梯度为待定的常数，只对上式第一项分步积分就得到以下变分方程

$$\int_{\Omega_f} 2\eta \varepsilon(u):\varepsilon(v) \mathrm{d}\Omega + \int_{\Omega_f} \nabla p \cdot v \mathrm{d}\Omega = \int_{\Gamma_m} [\varepsilon(u) \cdot n] \cdot v \mathrm{d}\Gamma \quad \forall v \in H_\Gamma^1 (\Omega_f)^3$$

$$(2.233b)$$

用经典有限元方法在充填区域离散变分方程式（2.233b）。在单元 l 上，Ψ_j 表示相应于节点 j 的插值多项式，$u = \sum_j \Psi_j u_j$，v 相应于当前节点 i 以 Ψ_i 为分量的检验函数向量。将 u、v 代入式（2.233b）并按单元装配，得到以压力梯度表示的速度场式（2.234）。

$$a_{ii} u_i = -\sum_{j \neq i} a_{ij} \tilde{u}_j - \sum_l b_{il} \nabla p_l \qquad (2.234)$$

式中，$\tilde{u}$ 为上一次迭代速度；$b_{il} = \int_l \Psi_i \mathrm{d}\Omega$；$a_{ii} = \sum_l \int_l \varepsilon(\Psi_i):\varepsilon(\Psi_i) \mathrm{d}\Omega$；$a_{ij} = \sum_l \int_l \varepsilon(\Psi_i):\varepsilon(\Psi_j) \mathrm{d}\Omega$（若节点 i 在熔体前沿面上，a_{ii}、a_{ij} 还要加入边界上的贡献），其中 $\Psi_i = (\Psi_i, \Psi_i, \Psi_i)^\mathrm{T}$，$\Psi_j = (\Psi_j, \Psi_j, \Psi_j)^\mathrm{T}$。

对连续性方程两边乘以检验函数 q 并积分得式（2.209）：

$$\int_{\Omega_f} \nabla \cdot u q \mathrm{d}\Omega = 0$$

再分步积分得式（2.235）：

$$\int_{\Omega_f} u \cdot \nabla q \mathrm{d}\Omega = \int_{\Gamma_i + \Gamma_m} q u \cdot n \mathrm{d}\Gamma \qquad (2.235)$$

将式（2.231）中的速度场代入变分方程［式（2.235）］，得到关于压力场

的变分方程式（2.236）：

$$\int_{\Omega_f} \nabla q \cdot (K\nabla p) \mathrm{d}\Omega = -\int_{\Gamma_i + \Gamma_m} q\tilde{u} \cdot n\mathrm{d}\Gamma - \int_{\Omega_f} \nabla q \cdot \hat{u}\mathrm{d}\Omega \quad (2.236)$$

在单元 l 上，有

$$K^{(l)} = \frac{b_{il}}{a_{ii}} \quad (2.237)$$

节点速度 $\tilde{u}$ 与单元速度或相邻节点的平均速度 $\hat{u}$ 的关系为式（2.238），

$$\hat{u}_i = \sum_{j \neq i} \frac{a_{ij}\tilde{u}_j}{a_{ii}} \quad (2.238)$$

用经典的有限元方法离散方程式（2.236），求出节点的压力值，将求出的压力代入式（2.233b），重复该过程，此循环直到收敛为止。

注意到式（2.236）是泊松（Poisson）方程的弱形式，离散后的代数方程组的系数矩阵正定对称，可以用超松弛法迭代求解，数值解收敛而且稳定，因此用式（2.236）求解压力场比耦合求解简单而且稳定性好。

（3）迭代法求解压力场、速度场

由于黏度依赖剪切速率、温度和压力，使得离散后的代数方程组是非线性的。前面给出的方法解出的是给定黏度下的速度场和压力场，要得到最终的速度、压力，还需要进行速度-黏度迭代。因此，在每一时间步内包括两层循环：内层循环求解速度、压力，外层循环更新黏度。

① 内层循环（速度、压力求解）：用 Galerkin 方法离散方程［式（2.236）］解出压力场，代入式（2.234）更新速度场，用新的速度场作为已知条件，再从式（2.236）中解出压力场，如此循环直到收敛为止。内循环的收敛准则是：压力的相对误差≤0.05%，速度的相对误差≤0.02%。

② 外层循环（即速度-黏度迭代）：用速度场更新剪切应变速率，并计算相应的黏度，再按内层循环计算速度场、压力场，重复这个过程，直到收敛为止。外循环的收敛准则是：压力的相对误差≤0.1%，速度的相对误差≤0.08%。

需要注意的是：黏度在单元上计算，除黏度之外的其他物理量如压力、速度等均在节点上计算。模拟过程中未知量个数就是已充填的节点，包括完全充满节点和熔体前沿的节点。

（4）能量方程的离散

对能量方程的两边乘以检验函数并积分可得变分方程如下：

$$\int_{\Omega_f}\rho C_V\frac{\partial T}{\partial t}\varphi\mathrm{d}\Omega+\int_{\Omega_f}\rho C_V(\boldsymbol{u}\cdot\nabla)T\varphi\mathrm{d}\Omega+\int_{\Omega_f}k_{\mathrm{th}}\nabla T\cdot\nabla\varphi\mathrm{d}\Omega+\int_{\Gamma_w}hT\varphi\mathrm{d}\Gamma$$
$$=\int_{\Gamma_w}hT_{\mathrm{w}}\varphi\mathrm{d}\Gamma+\int_{\Omega_f}2\eta\varepsilon(\boldsymbol{u}):\varepsilon(\boldsymbol{u})\varphi\mathrm{d}\Omega\ \ \forall\varphi\in H^1_{\Gamma}\left(\Omega_f\right) \quad (2.239)$$

对式（2.239）中的对流项分步积分并利用熔体不可压缩性质，得式（2.240），

$$\rho C_p\int_{\Omega_f}\frac{\partial T}{\partial t}\varphi\mathrm{d}\Omega+k_{\mathrm{th}}\int_{\Omega_f}\nabla T\cdot\nabla\varphi\mathrm{d}\Omega+h\int_{\Gamma_w}T\varphi\mathrm{d}\Gamma$$
$$=\rho C_p\int_{\Omega_f}T\boldsymbol{u}\cdot\nabla\varphi\mathrm{d}\Omega+\int_{\Gamma_w}hT_{\mathrm{w}}\varphi\mathrm{d}\Gamma+\int_{\Omega_f}2\eta\varepsilon(\boldsymbol{u}):\varepsilon(\boldsymbol{u})\varphi\mathrm{d}\Omega$$
$$\forall\varphi\in H^1\left(\Omega_f\right) \quad (2.240)$$

用 Galerkin 有限元离散上述变分方程，单元 l 内任一点的温度 T 用它的四个节点的温度 T_i（$i=1,\dots,4$）近似

$$T=\sum_{i=1}^{4}\varphi_i^{(l)}T_i \quad (2.241)$$

离散时，$\dfrac{\partial T}{\partial t}=\dfrac{T^{n+1}-T^n}{\Delta t}$，该方程的当前待定温度为 T^{n+1}，前一时间步长的温度为 T^n，对流项只取边界上 $\boldsymbol{u}\cdot\boldsymbol{n}<0$ 的单元，即流入熔体的单元。单元离散后再装配成总刚度矩阵，便得到关于温度场的代数方程组 [式（2.242）]。

$$\boldsymbol{A}T^{n+1}=\boldsymbol{f} \quad (2.242)$$

与动量方程不同，离散后的系数矩阵 $\boldsymbol{A}$ 是常系数矩阵，$\boldsymbol{f}$ 是已知的温度边界数列，从式（2.242）求出温度场就是最终解，不需要再进行迭代。

严格地说，因为黏度依赖温度，所以能量方程应该与连续性方程、动量方程一起求解。然而，实际计算时，时间步长很小，在单个时间步长内黏度的变化也很小，由此引起的速度场、压力场的变化不大，所以采用独立求解方法求解温度场。

（5）跟踪流动前沿

采用 VOF（volume of fluid）方法跟踪熔体流动前沿。充填因子 F 表示单元的充满程度，用输运方程跟踪和求解充填因子 F，

$$\frac{\partial}{\partial t}F_{\Omega_f}(x,t)+\boldsymbol{u}\cdot\nabla F_{\Omega_f}(x,t)=0,\ \ \forall x\in\Omega,\ \forall t\in R^+ \quad (2.243)$$

与中面流、双面流类似，充填因子 F 也用 Patrov-Galerkin 方法计算。F 依赖于空间位置 x 与时间 t，为了求下一时间步长的 $F(x,t+\Delta t)$，将它根据时间 t 展开成 Taylor 级数：

$$F(x,t+\Delta t) = F(x,t) + \Delta t \frac{\partial}{\partial t} F(x,t) + (\Delta t)^2 \frac{\partial^2}{2!\partial t^2} F(x,t) + \cdots +$$

$$(\Delta t)^n \frac{\partial^n}{n!\partial t^n} F(x,t) + O\left[(\Delta t)^{n+1}\right] \tag{2.244}$$

式中充填因子的各阶导数可以通过以下递推公式计算：

$$\frac{\partial^k F}{\partial t^k}\bigg|V| = \int_{\partial V^-}\left[\frac{\partial^{k-1} F}{\partial t^{k-1}}\right] \boldsymbol{u} \cdot \boldsymbol{n} \mathrm{d}\Gamma \ (k=1,2,\cdots,n+1) \tag{2.245}$$

式中，$|V|$ 表示单元 l 的体积；∂V^- 表示熔体流入单元 l 的边界。时间步长 Δt 按以下方式选取。

$$\Delta t \leq \left((n+1)!\varepsilon\left\{\max\left[\left|\frac{\partial^{n+1}}{\partial t^{n+1}} F(x,t)\right|\right]\right\}^{-1}\right)^{1/(n+1)} \tag{2.246}$$

式中，$\varepsilon \ll 1$ 是给定的初始误差。

2.6.3.2 考虑惯性的三维充填离散

主要考虑指定入口速度时，惯性项对充填结果的影响。此时，对应的变分问题是式（2.219）～式（2.224）。与前面类似，先从连续性方程和动量方程中求出速度、压力、黏度，再从能量方程中求出温度。鉴于显式方法的稳定性过分依赖于时间步长的选取，而隐式方法一般是无条件稳定的，所以选择隐式格式离散动量方程的变分方程。各项的处理如下。

（1）时间导数项

$$\int_{\Omega_f} \frac{\partial \boldsymbol{u}}{\partial t} \cdot v \mathrm{d}\Omega = \int_{\Omega_f} \frac{\boldsymbol{u}^{n+1} - \boldsymbol{u}^n}{\Delta t^{n+1}} \cdot v \mathrm{d}\Omega \tag{2.247}$$

（2）对流项

对流项是非线性的，若全部作为未知量离散，那么得到的代数方程组关于该项是非线性的，给求解带来困难。取其中之一为前一时间步长上的值，然后用迭代法求出最终的速度。

$$\int_{\Omega_f} (\boldsymbol{u} \cdot \nabla) \boldsymbol{u} \cdot v \mathrm{d}\Omega = \int_{\Omega_f} (\boldsymbol{u}^n \cdot \nabla) \boldsymbol{u}^{n+1} \cdot v \mathrm{d}\Omega \tag{2.248}$$

（3）黏性项

$$\int_{\Omega_f} 2\eta \varepsilon(\boldsymbol{u}) : \varepsilon(\boldsymbol{v}) \mathrm{d}\Omega = \int_{\Omega_f} 2\eta \varepsilon(\boldsymbol{u}^{n+1}) : \varepsilon(\boldsymbol{v}) \mathrm{d}\Omega \tag{2.249}$$

（4）压力项

$$\int_{\Omega_f} p\nabla \cdot v \mathrm{d}\Omega = \int_{\Omega_f} p^{n+1}\nabla \cdot v \mathrm{d}\Omega \quad (2.250)$$

空间上仍采用 Galerkin 有限元离散；采用与前面一样的四面体单元离散速度场和压力场，即 $u^{n+1} = \sum_{i=1}^{5} \psi_i^{(l)} u_i^{n+1}$，$p^{n+1} = \sum_{i=1}^{4} \psi_i^{(l)} p_i^{n+1}$。然后，得到关于速度和压力的耦合代数方程组：

$$\begin{bmatrix} A & B^{\mathrm{T}} \\ B & 0 \end{bmatrix} \begin{bmatrix} u \\ p \end{bmatrix} = \begin{bmatrix} f \\ g \end{bmatrix} \quad (2.251)$$

这类方程组数值求解比较麻烦，与前面不考虑惯性影响的 Stokes 问题类似，采用改进的有限元法离散变分方程。首先，假定压力梯度在单元上为常数，此时动量方程变分为式（2.249）。

$$\int_{\Omega_f} \frac{\partial u}{\partial t} \cdot v \mathrm{d}\Omega + \int_{\Omega_f} (u \cdot \nabla) u \cdot v \mathrm{d}\Omega + \int_{\Omega_f} 2\eta \varepsilon(u):\varepsilon(v) \mathrm{d}\Omega + \int_{\Omega_f} \nabla p \cdot v \mathrm{d}\Omega$$
$$= \int_{\Gamma_i} 2\eta n \cdot \varepsilon(u) \cdot v \mathrm{d}\Gamma \quad \forall v \in H_{\Gamma}^1(\Omega_f)^3 \quad (2.252)$$

用上述隐式方法及 Galerkin 有限元离散变分方程，得到以压力梯度形式表示的速度表达式［式（2.253）］。

$$a_{ii} u_i^{n+1} = -\sum_{j \neq i} a_{ij} \tilde{u}_j^{n+1} - \sum_{l} b_{il} \nabla p_l^{n+1} \quad (2.253)$$

对连续性方程的变分方程分步积分，有式（2.254），

$$\int_{\Omega_f} u \cdot \nabla q \mathrm{d}\Omega = \int_{\Gamma_i+\Gamma_m} q u \cdot n \mathrm{d}\Gamma \quad (2.254)$$

将式（2.253）中的速度场代入变分方程［式（2.254）］，得到关于压力场的变分方程［式（2.255）］，

$$\int_{\Omega_f} \nabla q \cdot (K \nabla p^{n+1}) \mathrm{d}\Omega = -\int_{\Gamma_i+\Gamma_m} q \tilde{u}^{n+1} \cdot n \mathrm{d}\Gamma - \int_{\Omega_f} \nabla q \cdot \hat{u}^{n+1} \mathrm{d}\Omega \quad (2.255)$$

在单元 l 上

$$K^{(l)} = \frac{b_{il}}{a_{ii}} \quad (2.256)$$

$\tilde{u}$ 与 $\hat{u}$ 的关系为

$$\hat{u}_i^{n+1} = \sum_{j \neq i} \frac{a_{ij} \tilde{u}_j^{n+1}}{a_{ii}} \quad (2.257)$$

用上节同样的方法迭代求出速度场、压力场和黏度，再从能量方程中求出温度，更新流动前沿的充填因子，确定充满单元及下一个时间步长，进入下一次充填模拟，直到所有节点全部充满为止。

由于对动量方程和能量方程均采用隐式格式离散，虽然每一步都需要求解方程组，但数值方法稳定性好。若用显式格式离散，动量方程和能量方程都需要确定时间步长增量，更新流动前沿的充填因子时也需要确定时间步长增量，所以最终的时间步长增量只能取其中的最小值，这样要完成充填模拟就需要更多的时间步，进而增加计算量。

2.6.4 算例分析

（1）3D模拟结果与解析解比较（圆管内熔体流动）

本案例用来说明熔体充填圆形管状时三维模拟结果与解析解的异同。

当圆管半径较小时，塑料熔体在圆管内的流动关于中心对称，压力在截面上不变，在柱坐标系下控制方程简化为

$$2\pi \int_0^R ru\,dr = Q \tag{2.258}$$

式中，Q 为流量。

$$\frac{1}{r} \cdot \frac{\partial}{\partial r}\left(r\eta \frac{\partial u}{\partial r}\right) - \frac{\partial p}{\partial x} = 0 \tag{2.259}$$

$$\rho C_p\left(\frac{\partial T}{\partial t} + u\frac{\partial T}{\partial x}\right) = \frac{k_{th}}{r} \cdot \frac{\partial}{\partial r}\left(r\frac{\partial T}{\partial r}\right) + \eta\left(\frac{\partial u}{\partial r}\right)^2 \tag{2.260}$$

为获得解析解，这里黏度用幂律模型 $\eta = K_{con}\dot{\gamma}$（$K_{con}$ 为稠度，依赖于温度；n 为牛顿指数）表示，这样压力梯度、速度可以表示为：

$$\Lambda_x = \left[\frac{Q(3n+1)}{\pi n}\right]^n \frac{2K_{con}}{R^{3n+1}} \tag{2.261}$$

$$u = \left(\frac{\Lambda_x}{2K}\right)^{\frac{1}{n}} \frac{n}{n+1}\left(R^{\frac{n+1}{n}} - r^{\frac{n+1}{n}}\right) \tag{2.262}$$

式中，$\Lambda_x = -\partial p/\partial x$。

对于等温流动，K_{con} 是常数。当流量恒定时，式（2.261）、式（2.262）就是熔体在圆形流道内流动的解析解。

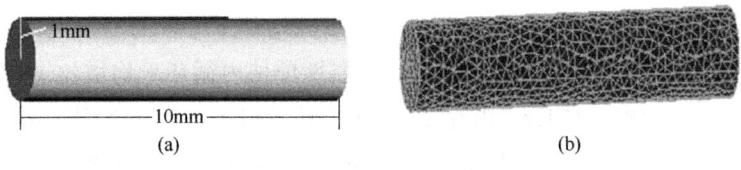

图 2.22　圆管的几何尺寸（a）和网格（b）

为了与解析解比较，模拟时牛顿指数 $n=0.52$，熔体的稠度 $K_{con}=0.359\text{N}\cdot\text{s}/\text{cm}^2$。熔体温度 230℃，流量 $Q=0.7\text{cm}^3/\text{s}$，注射时间为 1s。将流道划分为 15817 个四面体单元管道尺寸及网格如图 2.22 所示，等温流动的模拟结果如图 2.23、图 2.24 所示。

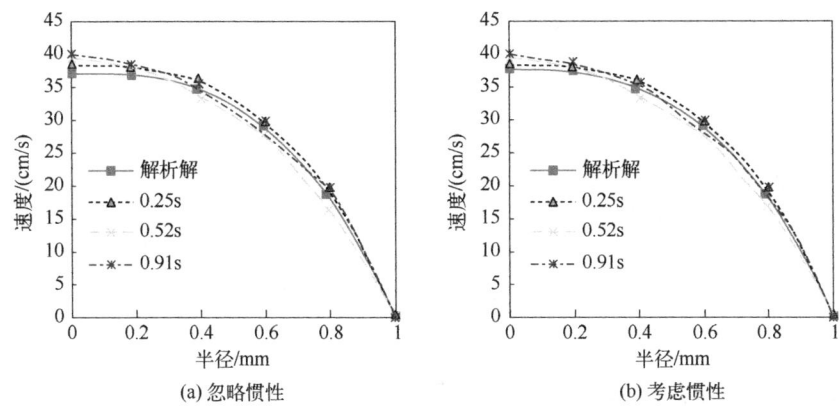

图 2.23　模拟的速度结果与解析解比较

从图 2.23 可以看出，模拟的径向速度在不同时刻与解析解的比较（模拟结果是径向上同心圆处速度的平均值），初始时刻边界处（半径=1mm）的模拟结果与解析解吻合较好，随着误差的积累和传播，模拟结果与解析解之间的偏差增大，考虑熔体的惯性模拟的结果在 $r=0$ 略好于忽略惯性的结果。

当流量一定时，压力梯度为常数，入口压力随轴向距离的变化是一条直线。图 2.24 为熔体到达不同的轴向位置时模拟的入口压力与解析解的比较，模拟结果在初始阶段较准确，到结束时偏差增加，不计惯性影响与考虑惯性影响的最大压力偏差分别为 0.15MPa 和 0.1MPa，相对误差≤5.47%、3.65%。

从图 2.23、图 2.24 可以知道：由于插值精度和计算误差，模拟解与解析解不完全吻合，但模拟结果还是比较接近解析解；惯性对模拟结果有一定的影响，它使模拟结果更接近理论值。但惯性项的引入增加了方程的复杂性,要得到收敛解需要更多的迭代步数,就本例而言,惯性项使内循环平均增加 15 次,外循环增加 6 次。在频率 2GHz、内存 256MB 的计算机上运行本案例算例,忽略惯性项的计算时间比考虑惯性项的计算时间快 7%,对于更大规模的制件增加的时间更是惊人。所以,是否考虑惯性的影响需要权衡精度和计算时间,通常商业软件会提供复选框让用户选择。

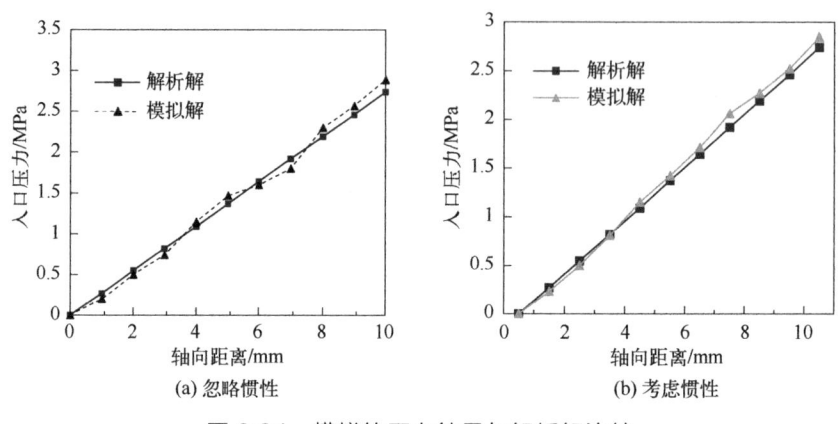

图 2.24　模拟的压力结果与解析解比较

(2)法兰注塑制品中面、实体模拟比较

图 2.25(a)所示的法兰厚度变化较大,底部厚度为 18.5mm,加强筋和圆柱状凸起部分的厚度为 5mm。中面模型[图 2.25(b)]有 2726 个节点、5169 个三角形;实体模型[图 2.25(c)]有 12059 个节点、55439 个四面体。熔体温度 190℃,模具温度 40℃,充填时间 10s,充填压力已知。材料熔体黏度采用 Cross-WLF 模型,用中面方法和实体方法在相同的工艺条件下模拟充填过程,其中实体模拟的内循环的最大次数为 76,外循环的最大次数为 98。模拟结果如图 2.26~图 2.28 所示。

中面方法假定熔体流动关于中面对称,忽略厚度方向上的速度,压力在厚度方向上不变,流动前沿的流率主要与周围点的压力有关,熔体的流动处于压力驱动模式,所以中面方法模拟的熔体先充满圆柱状的凸台(离浇口较近)(图 2.26),中面方法模拟的压力比实际的压力低。三维模拟结果的充填相对均衡(图 2.27)。从压力模拟结果看(图 2.28),三维模拟结果更接近于实验结果。

第2章 注射成型模流分析的数学模型和数值方法

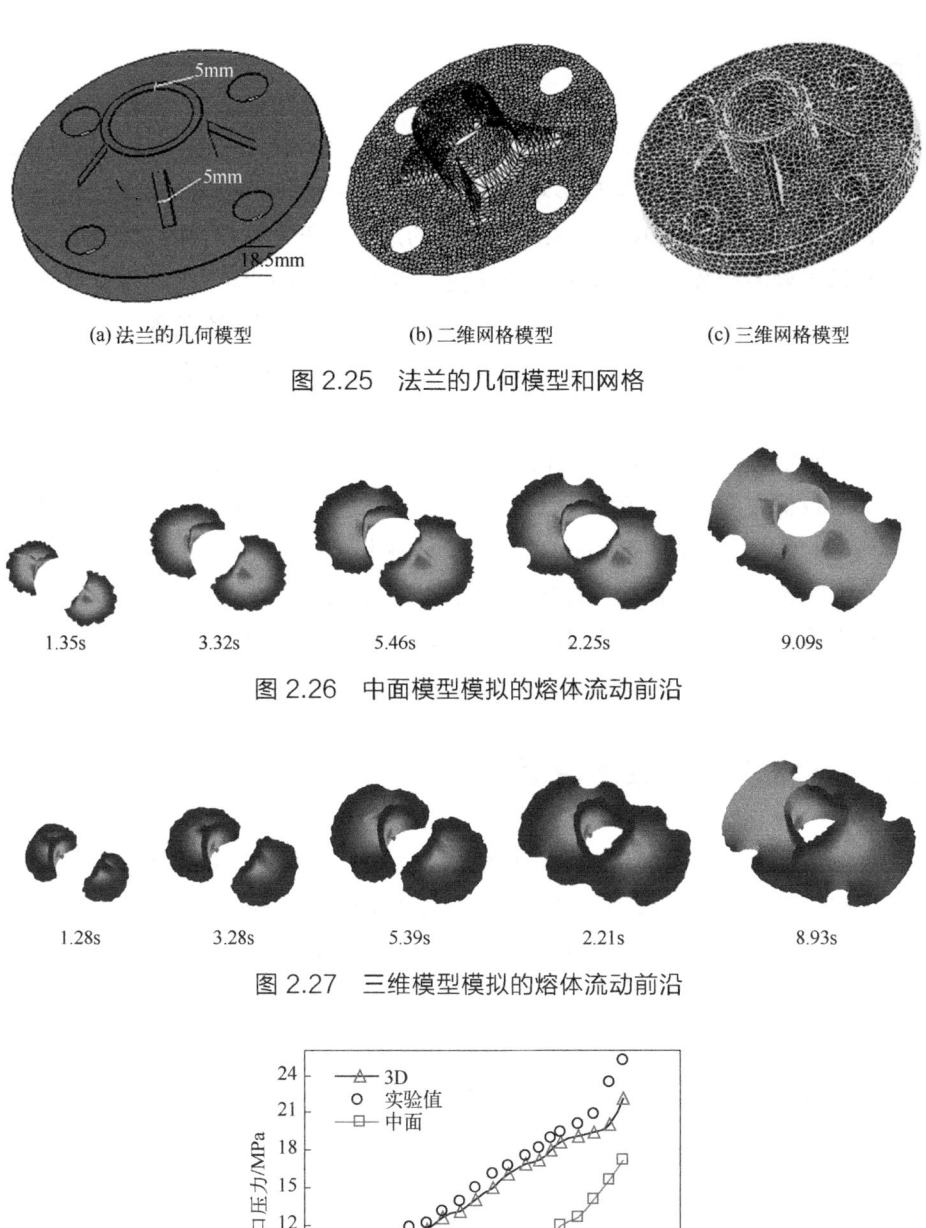

(a) 法兰的几何模型　　　(b) 二维网格模型　　　(c) 三维网格模型

图 2.25　法兰的几何模型和网格

图 2.26　中面模型模拟的熔体流动前沿

图 2.27　三维模型模拟的熔体流动前沿

图 2.28　熔体充填时的入口处压力

2.6.5 小结

提高数值计算精度通常有两种方式：细化网格或者提高插值多项式的次数，但首要的问题是如何选择插值多项式来保证数值方法的收敛性及稳定性。

由于 Stokes 方程或 Navier-Stokes 方程的速度和压力是耦合的，从变分方程直接离散得到的代数方程组对称但不正定，也不是对角占优矩阵，没有简单方法（如追赶法、超松弛迭代法）进行数值求解，为此需要特殊处理。不同的模流软件有不同的处理技术（原理类似）。这里介绍的数值方法来自申长雨教授研究团队的模拟技术。该方法为了克服代数方程组不易求解的缺陷，需要结合变分方程，推导关于压力场的拟泊松方程，这样离散后的代数方程组对称、正定，用经典的数值方法如超松弛迭代法就能求出数值解，然后用迭代法求解最终的速度场、压力场。在此基础上完成的三维流动模拟了制件的流动过程，分别与解析解及实际加工过程的缺料进行比较。结果显示，3D 模拟软件能够正确预测注塑成型中的流动前沿、压力场、速度场、温度场等一些重要物理量的大小及变化，对于厚壁或厚度变化较大制件的三维流动分析比中面流动分析更可靠。

2.7 充填模拟的数据说明

模流软件系统的数据包括材料数据、工艺条件数据、计算数据及根据这些数据得出的模拟结果和总结数据。其中材料数据包括塑料、模具材料数据、注塑机性能参数，多数属于已知的数据；工艺参数、模拟参数是输入数据；模拟结果和总结数据是模拟输出。了解这些，便于用户正确选择或输入工艺参数、模拟参数。下面给出数据结构的说明。

（1）塑料、模具材料及注塑机数据

用户可以添加、修改、备份、删除数据库中的数据，也可以根据自己的要求定制自己的数据库。确定加工用的材料后，这些数据分别传给压力求解器、温度求解器。

塑料材料性能数据（图 2.29）中的密度是已知常数；热导率、比热容通常为常数（在结晶料、温度敏感材料中为公式表达）；黏度多是公式表达。加工温度的温度范围通常是已知的区间，用户需要自己确定一具体的数值。转换温度用于判断熔体采用固态还是液态数据。模具材料数据（图 2.30）均已知。注塑机性能参数（图 2.31）根据注塑机型号获得，有区间数据、具体数据，部分数据需要用户自己测算（折算/估算）获得；其中螺杆行程控制，用户可以根据塑件的大小、产品的形状、工艺条件、塑料材料等因素自己定制。

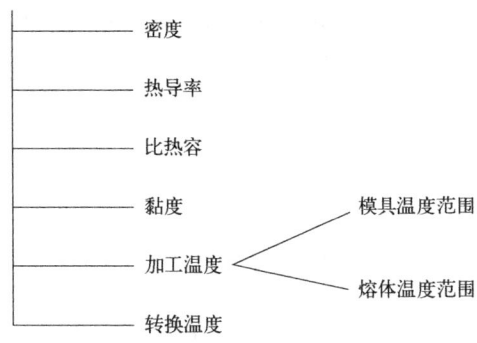

图 2.29　塑料材料基本的数据结构

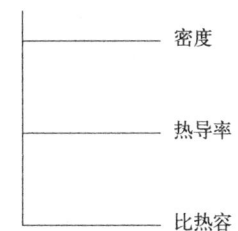

图 2.30　模具材料的数据结构

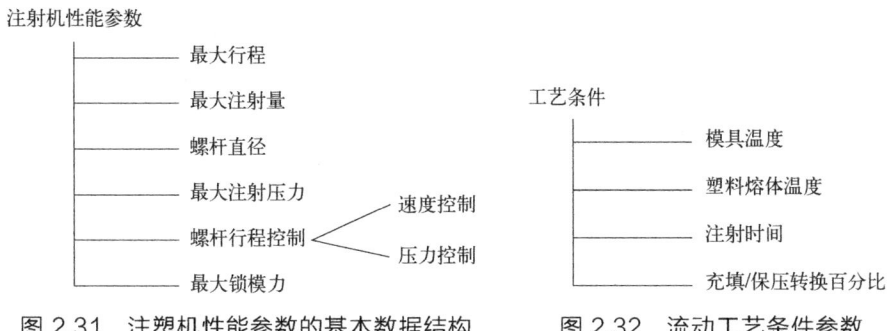

图 2.31　注塑机性能参数的基本数据结构　　图 2.32　流动工艺条件参数

（2）工艺参数（条件）

流动工艺参数（图 2.32）有缺省值，但用户需要根据具体成型的塑件来设定具体值。

（3）计算参数

计算参数属于数值计算相关的控制参数，如前面的物理场精度控制等。通常，计算参数都有缺省值，如充填计算参数（图 2.33），用户不需要修改它们。若程序运行时中途退出，或者计算结果精度不符合要求，用户可以尝试修改这些数据重新进行模拟计算。

图 2.33　充填计算参数示意图

（4）计算数据

计算数据（图 2.34）是根据材料数据、工艺条件和设定的计算参数用有限元、有限差分计算得到的。这些数据在计算过程中随着熔体前沿向前发展而不断变化。为了后处理时显示结果方便，每隔一定时间步长保存一次计算结果，即压力、速度、温度、黏度等，是控制方程的直接结果。而导出数据是由计算数据根据不同的公式计算出来的，这些导出数据具有更容易理解的工程意义，如锁模力、熔体前沿位置、熔接线位置、气穴位置等；用户从这些导出数据可以判断设计的好坏、工艺条件是否合适、是否影响产品的质量等，导出数据必须存在硬盘以备将来显示和查询。

（5）总结数据

总结数据（图 2.35）是根据计算数据、导出数据、设计师的经验及专家建议而生成的，具有相当的可信度；且这些数据以动画、图片、表格、曲线、文本方式给出，便于浏览阅读，如 Moldex3D 后处理 Report 中的内容。

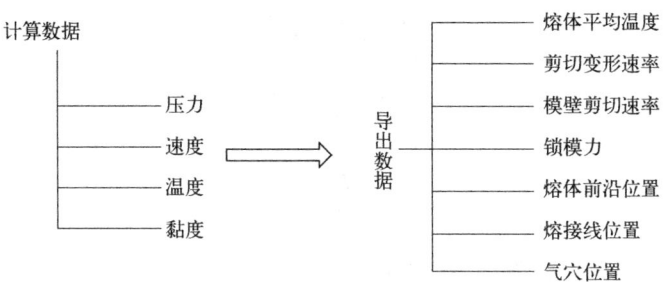

图 2.34　充填计算结果数据示意图

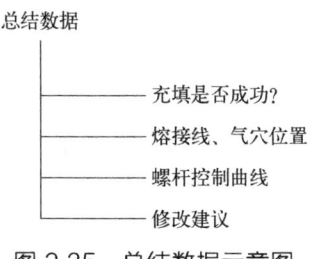

图 2.35　总结数据示意图

2.8　保压模拟

注塑模保压过程是可压缩、非牛顿流体在非等温状态下的非稳态流动和传热过程，由于温度、压力的变化大，导致塑料熔体的密度变化，并伴有相态的变化。对保压过程的研究始于 20 世纪 50 年代初，Spencer 和 Gilmore 首先采用状态方程和 Poiseuille 流动模型对圆管内的保压过程进行了计算,后来美国康奈尔大学 K.K. Wang（王国金）教授团队相继开展了相关工作，完成了流动充填/保压过程的统一模型。与充模过程相比，在保压阶段，必须考虑塑料熔体的可压缩性，$\nabla \cdot \vec{v}=0$ 不再作为假设条件简化控制方程。但"不可压缩"假设并不影响运动方程（动量方程），能影响的是连续性方程和能量方程，因此，采用与充模分析相同的假设，可以得到在薄壁型腔的黏性可压缩熔体的控制方程，保压与熔体充填型腔的控制方程非常类似，数值离散和数值算法也相似。下面以薄壁制品的直角坐标为例说明。

质量方程：
$$\frac{\partial \rho}{\partial t} + \rho\left(\frac{\partial u}{\partial x} + \frac{\partial v}{\partial y}\right) + \left(u\frac{\partial \rho}{\partial x} + v\frac{\partial \rho}{\partial y}\right) = 0 \quad (2.263)$$

动量方程：
$$\begin{cases} \dfrac{\partial p}{\partial x} = \dfrac{\partial}{\partial z}\left(\eta\dfrac{\partial u}{\partial z}\right) \\ \dfrac{\partial p}{\partial y} = \dfrac{\partial}{\partial z}\left(\eta\dfrac{\partial v}{\partial z}\right) \\ \dfrac{\partial p}{\partial z} = 0 \end{cases} \quad (2.264)$$

能量方程：
$$\rho C_p\left(\frac{\partial T}{\partial t} + u\frac{\partial T}{\partial x} + v\frac{\partial T}{\partial y}\right) = \beta_s T\left(\frac{\partial p}{\partial t} + u\frac{\partial p}{\partial x} + v\frac{\partial p}{\partial y}\right) + k_{th}\frac{\partial^2 T}{\partial z^2} + \eta\dot{\gamma}$$
$$(2.265)$$

不同于充填流动方程，这里密度 ρ 是变化的，依赖于压力和温度，对状态方程 $\hat{V} = f(T,P)$ 求导后，有式（2.266），

$$\begin{cases} \dfrac{\mathrm{d}\hat{V}}{\hat{V}} = \beta_s \mathrm{d}T - \beta_c \mathrm{d}p \\ \beta_s = \dfrac{1}{\hat{V}}\left(\dfrac{\partial \hat{V}}{\partial T}\right)_P \\ \beta_c = \dfrac{1}{\rho}\left(\dfrac{\partial \rho}{\partial p}\right)_T \end{cases} \quad (2.266)$$

式中，β_s、β_c 分别是热膨胀系数、等温压缩系数。

在保压阶段，型腔内熔体已充满，施加的保压压力趋于静压，型腔内的压力梯度变化很小，因此可以忽略压力的对流项。利用与前面充模过程相同的数学分析，最终可以得到型腔压力的控制方程［式（2.267）］。

$$\nabla \cdot (S\nabla p) = \bar{\alpha}h\frac{\partial p}{\partial t} - \int_0^h \frac{\beta_s}{\rho C_p}\left(\eta\dot{\gamma}^2 + k_{th}\frac{\partial^2 T}{\partial z^2}\right)\mathrm{d}z = \bar{\alpha}h\frac{\partial p}{\partial t} - b \quad (2.267)$$

式中，$S = \int_0^h \frac{z^2}{\eta}\mathrm{d}z$；$\bar{\alpha} = \frac{1}{h}\int_0^h \beta_c \mathrm{d}z$；$b = \int_0^h \frac{\beta_s}{\rho C_p}\left(\eta\dot{\gamma}^2 + k_{th}\frac{\partial^2 T}{\partial z^2}\right)\mathrm{d}z$。

从式（2.267）中可知，流体体积单元质量的变化（可压缩性）主要由材料的压缩 $\bar{\alpha}$ 和热膨胀 b 引起的。对于能量方程［式（2.265）］，忽略压力的对流项后，有式（2.268）。

$$\rho C_p \left(\frac{\partial T}{\partial t} + u \frac{\partial T}{\partial x} + v \frac{\partial T}{\partial y} \right) = \beta_s T \frac{\partial p}{\partial t} + k_{th} \frac{\partial^2 T}{\partial z^2} + \eta \dot{\gamma} \quad (2.268)$$

从式（2.268）可以看到，引起型腔中温度场变化的主要因素除了沿流动平面的热对流、黏性剪切热以及沿厚度方向的热传导，还包括材料的可压缩性。式（2.267）、式（2.268）就是保压过程的控制方程。保压过程的参数初值为流动分析结束时的压力场和温度场，相应的边界条件为：$P=P_{hold}$（在浇口处的保压压力）；$T=T_w$（模壁处的模具温度）。

注塑充模过程，忽略了"泉涌流动"、弹性效应等现象后，熔体在型腔中是完全发展的剪切流，因此剪切黏度的描述成为充模流动分析的关键。作为聚合物熔体，由于其长分子链结构剪切黏度一般都很高，并且剪切黏度随温度的升高而降低，随剪切速率的升高而降低，表现出"剪切变稀"的流变行为，可采用与温度、压力相关的 Cross-WLF 黏度模型、幂律模型等，与流动充填过程一致。保压阶段的状态方程，目前普遍采用的是可以同时描述固相和液相的双域 Tait 状态方程，流动充填阶段不考虑状态方程。

在充模阶段，由于时间短，且温度范围在塑料熔体的温度区间，因此比热容可以取常数；但在保压过程中，比热容在成型温度和室温之间的变化大。对于无定形塑料，在玻璃化转变温度处有一个阶跃，但在低于和高于玻璃化转变温度时各自随温度呈线性变化，可以按与温度有关的经验公式（双曲函数）计算；而对于结晶塑料，由于结晶温度附近的结晶潜热释放而存在一个峰值，与材料的冷却速率有关，可按照指数形式的有关经验公式计算。

热导率与比热容一样随温度的变化而变化。对于无定形塑料，当温度高于玻璃化转变温度时，热导率保持为常数；当温度低于玻璃化转变温度时，它与温度呈线性关系。对于结晶塑料，当温度低于结晶温度时，由于结晶相的存在，热导率会突然增加，有经验公式可用。

此外，需要说明的是：这里介绍的流动、保压过程模拟，是对各自的控制方程分别计算的，即完成充填计算后，再进行保压过程的计算；实际上，目前中面的模拟（2.5D），流动和保压的控制方程是统一的。

另外，注塑充填、保压的控制方程差别不大，但假设简化条件、边界条件不同，中面、双面和三维的控制方程会有差异；此外，离散几何模型（网格类型）插值函数的差异会带来数值算法的差异。而边界条件、初始条件和数值计算参数，就是用户确定的，合适与否会严重影响模拟的结果。从应用角度看，要求模流分析工程师选择合适的材料性能参数、恰当的工艺参数和计算参数，然后才能得到理想的结果。

2.9 注塑冷却分析

注射成型本质上是一个热交换过程。高温聚合物熔体被注入封闭的模具型腔，在模腔内冷却固化，形成具有一定形状的制品，冷却到脱模温度后脱模，然后塑料制品冷却到室温。冷却过程是指浇口凝固到塑料从模具中顶出这一阶段，占整个注塑循环周期的 60%～80%，是注塑加工的一个重要环节。一个良好的冷却系统，可以大幅缩短塑件成型时间，帮助提高生产效率及成品质量。

塑料熔体的热量一方面通过热传导从熔体传递到模具、环境温度中；另一方面熔体及固化过程中放出的热量被模具冷却孔中的冷却介质带走（图 2.36）。因此冷却管道的位置、尺寸及循环水的流量、温度等直接影响模具型腔表面温度的高低及均匀性，并最终影响注射成型的生产效率及注塑制品的表面质量、残余应力及翘曲变形。

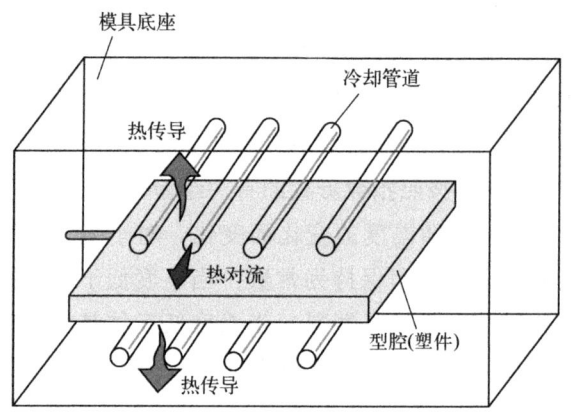

图 2.36 注射成型冷却过程示意图

给定冷却系统的设计参数后，预测凹、凸模具表面的温度和温差分布及塑件的冷却时间等，可为设计人员评估设计方案、优化冷却系统设计提供必要依据。对此，国内外学者开展了大量的研究工作。早期的研究以定性为主，定量分析局限于简化后的解析计算，20 世纪 80 年代开始用有限元法和边界元法分析计算注塑模典型几何尺寸截面的温度分布，并在此基础上实现了对冷却系统参数的优化设计。真正开展注塑模温度场计算是在 20 世纪 90 年代以后，数值计算大多采用边界元法（boundary element methods，BEM），原因在于边界元分析只需离散模具表面，数据准备简单，边界元网格自动划分方法成熟，且设计者主要关心的是模腔表面的温度分布。

从表面形式看，将二维分析扩展到三维情形，在数学上不会有太大困难。但由于注射模结构本身的特点，各部分尺寸相差悬殊，主要体现在：①模具型腔和外廓边界尺寸较型腔厚度（制品壁厚）差 1~2 个数量级（10~100 倍），型腔变成狭缝面；②冷却管道长度较冷却孔直径大 1~2 个数量级。对于二维分析，通过将凹凸模分开和细网格离散即可解决上述问题；而对于三维分析，由于模具型腔的几何复杂性，继续沿用这样的方法将使计算量大到难以承受，失去实用意义。Razayat 应用断裂力学中裂纹及 Barone 对含有圆孔的二维区域的处理方法，对常规三维边界积分方程进行了修正，克服了尺寸相差悬殊造成的困难。但全面有效地解决计算量大和计算稳定性的问题，边界元法还有待于进一步完善，以便让数值计算效率和分析精度之间得到良好平衡。其间，有限元法也被改进完善以便更好进行温度场模拟。此外，为了与流动、保压离散后的计算方法相呼应，有限元法/控制体积法也常用于模流冷却分析。下面介绍一下冷却分析机理和方法。

注塑冷却分析（注塑模温度场分析）包括两部分内容：首先是模具型腔表面温度的变化，据此考量注塑工艺参数、模具结构的合理性；然后是冷却管道分析，考察冷却管道内冷却介质的流动平衡、热交换效率，进而判断冷却介质参数（入口温度、流速、流量等）、冷却管道位置、尺寸合理与否。二者的侧重点不同，模具型腔表面的温度场分析主要是依据热传导控制方程，管网分析主要是依据压力平衡理论，具体内容如下。

2.9.1 数学模型

工程实践中，注射成型过程是有周期的，因此模温也呈现周期性变化［图 2.37（a）］。在循环初期［图 2.37（b）］，开始的前几个周期，模具表面温度受熔体影响逐步上升，且模具温度变化会较剧烈，该阶段工况属于非稳定周期，属于试生产期；周期循环次数足够后，模温变化近似稳态，周期平均温度近乎为常数，由此进入正常的生产周期（稳定周期），单一周期内温度变化幅度在一定范围内。在一个稳定周期中，模具温度随着充填、保压升温，达到最大值后，通过冷却系统，塑件热量持续地被冷却介质及空气带走，直到塑件温度低于顶出温度，顶出塑件。顶出后的塑件仍会持续受环境温度影响，直到与环境温度相同。因此，冷却分析模块可以把模温用周期平均温度替代，视为稳态温度场，以周期平均方式模拟稳态温度（q_0）；也可用瞬时方式模拟模温每一时刻的变化（q_1）。在模温变化较为剧烈的特殊工艺中，例如变模温工艺，单一周期内温度变化幅度很大，此时必须以瞬态方式考虑模温随着时间的变化。

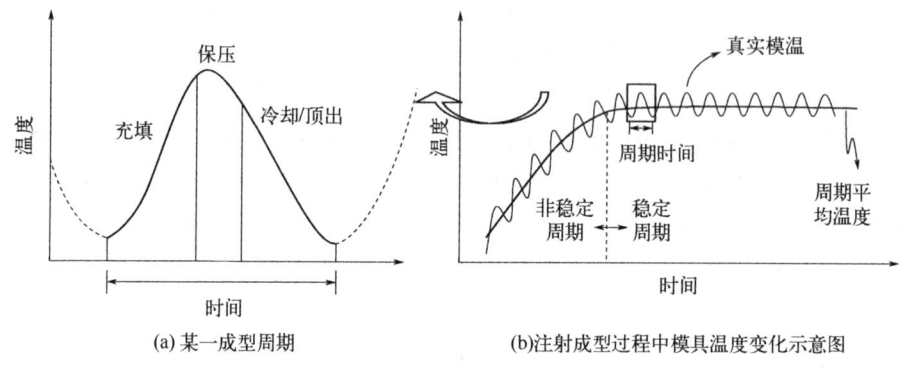

图 2.37　注射成型生产周期及型腔温度变化示意图

稳定周期中，模具的最大、最小模具温差通常小于 5℃，因此任一成型周期的模具温度，可以用周期平均温度替代，模壁温度的热传导方程如下：

$$k_{\text{th-m}}\left(\frac{\partial^2 \bar{T}_{\text{m}}}{\partial x^2} + \frac{\partial^2 \bar{T}_{\text{m}}}{\partial y^2} + \frac{\partial^2 \bar{T}_{\text{m}}}{\partial z^2}\right) = 0 \qquad (2.269)$$

式中，$\bar{T}_{\text{m}}$ 为周期平均模温；$k_{\text{th-m}}$ 为模具热导率；x、y、z 为直角坐标系的坐标。

$\bar{T}_{\text{m}}$ 求解后，可以作为边界条件，用于求解塑料制品的温度。而塑件的热传导方程为：

$$\rho C_p \frac{\partial T}{\partial t} = k_{\text{th}} \left(\frac{\partial^2 T}{\partial z^2}\right) \qquad (2.270)$$

式中，ρ 为塑件密度；C_p 为塑件定压比热容；T 为温度；t 为时间；k_{th} 为塑件热导率。

模具、塑件的瞬态热传导方程为式（2.271）。

$$\rho C_p \frac{\partial T}{\partial t} = \frac{\partial}{\partial x}\left(k_{th}\frac{\partial T}{\partial x}\right) + \frac{\partial}{\partial y}\left(k_{th}\frac{\partial T}{\partial y}\right) + \frac{\partial}{\partial z}\left(k_{th}\frac{\partial T}{\partial z}\right) + q_v(x,y,z,t) \quad (2.271)$$

式中，T 为温度；ρ、k_{th}、C_p 分别是模具或塑料的密度、热导率、比热容；q_v 为内热源强度，是指单位时间内从单位体积内放出的能量，W/(m·s)。

下面对瞬态（暂态）控制方程［式（2.271）］给予详细介绍，稳态温度场方程是其简化形式。

2.9.1.1 控制方程及简化

塑料和模具温度场的热传导方程，从能量守恒方程和热传导傅里叶方程获得，直角坐标系下普适表达式为式（2.271）。

针对不同的情况，式（2.271）有不同的化简形式。

若导热物体为各向同性且热导率均为常数，此时式（2.271）可以化简为式（2.272）。

$$\rho C_p \frac{\partial T}{\partial t} = k_{th}\left(\frac{\partial^2 T}{\partial x^2} + \frac{\partial^2 T}{\partial y^2} + \frac{\partial^2 T}{\partial z^2}\right) + q_v(x,y,z,t) \quad (2.272)$$

若热导率为常数且无内热源，此时式（2.272）化简为式（2.273）。

$$\rho C_p \frac{\partial T}{\partial t} = k_{th}\left(\frac{\partial^2 T}{\partial x^2} + \frac{\partial^2 T}{\partial y^2} + \frac{\partial^2 T}{\partial z^2}\right) \quad (2.273)$$

若热导率为常数且为稳态传热时，式（2.272）可以化简为式（2.274）。

$$\left(\frac{\partial^2 T}{\partial x^2} + \frac{\partial^2 T}{\partial y^2} + \frac{\partial^2 T}{\partial z^2}\right) + \frac{q_v(x,y,z,t)}{k_{th}} = 0 \quad (2.274)$$

式（2.274）在数学上又称为泊松方程。

若热导率为常数、无内热源，且为稳态传热，则式（2.271）可以化简为式（2.275）。

$$\frac{\partial^2 T}{\partial x^2} + \frac{\partial^2 T}{\partial y^2} + \frac{\partial^2 T}{\partial z^2} = 0 \quad (2.275)$$

常规注射成型过程中的冷却主要通过模具上的冷却管道、模具热传导实现。根据注塑模具冷却过程的特点，为方便理解，对塑件传热过程作如下假设。

① 忽略塑件与模具之间的接触热阻；
② 假定模具内部各物理参数各向同性；
③ 将模具的各个物理参数视为常数，根据稳定周期的平均模具温度确定，

忽略其随时间的变化；

④ 不计塑料相态变化所产生的热量，且无其他热源（如电加热棒、感应加热）；

⑤ 冷却水流速恒定，并且温度不随时间变化；

⑥ 模具周围的空气温度不随时间变化，并且将空气与模具之间的换热系数视为常数；

⑦ 开始冷却时，模具和塑件的温度场通过读取充填的分析结果得到，在进行冷却分析时视为温度已知（温度初值的确定）。

通过上面的假设，可以将注塑模具的冷却过程简化为三维瞬态温度场的计算问题，控制方程与式（2.269）相同。

2.9.1.2 定解条件

热传导温度场控制方程是偏微分方程，是以数学方程式的形式描述无数具有不同特点的导热现象中物体内温度的分布情况。对于特定的导热现象，该方程必须附加上特定的单值性条件才能得到特定的解。这些附加的单值性条件包括：

① 几何条件：给定导热体的几何形状、尺寸及相对位置。

② 物理条件：给定导热体的物理特征，如各物理参数的大小、内热源的分布情况等。

③ 初始条件：传热初始时刻（$t=0$）的温度场分布情况，稳态导热问题不需要该条件。

④ 边界条件：热传导的边界条件通常有三类。a.第一类边界条件，指边界上的温度 T_w 已知；b.第二类边界条件，指边界上的热流密度 q 已知，当 $q=0$ 时，边界条件被称为绝热边界条件；c.第三类边界条件，又称对流边界条件，指边界上物质与周围流体之间的热交换，系数 h_{con} 已知。

对注射成型而言，式（2.272）的定解条件如下。

（1）模具与塑件之间的热传导

塑料与模具之间通过型腔表面（模具与塑料接触面）进行热传导，型腔表面作为第二类边界条件处理。热流密度通过塑件的冷却分析得到，为了便于计算，可以用从开始时刻到 t 的平均热流（$\bar{q}$）代替计算［式（2.276）］。

$$-k_{th}\frac{\partial T}{\partial n}=\bar{q} \qquad (2.276)$$

注塑模流分析软件对冷却过程的处理大都是将塑件假设为沿厚度方向的

一维传热体,加第一类边界条件,采用有限差分方法进行计算,这样就需要得到模具的型腔表面温度,而模具型腔表面温度的获得又需要塑件表面的热流密度,所以型腔表面热流密度的获得需要通过模具和塑件温度场的耦合迭代求得。

(2) 模具与冷却管道之间的热对流

冷却管道中的水冷过程属于第三类边界条件 [式 (2.277)],

$$-k_{\mathrm{th}}\frac{\partial T}{\partial n}\bigg|_{\partial\Omega} = h_{\mathrm{con}}\left(T_{\mathrm{w}} - T_{\mathrm{coolant}}\right) \qquad (2.277)$$

式中,h_{con} 为对流换热系数;T_{w} 为冷却液与模座界面温度;T_{coolant} 为冷却介质温度(通常为已知)。

对流换热系数 h_{con} 通过无量纲准数公式(经验解析公式)获得[式(2.278)]。

$$\begin{aligned} h_{\mathrm{con}} &= \frac{\lambda}{d} f(Re, Pr) \\ Re &= \frac{\bar{u} d \rho}{\mu}, \quad Pr = \frac{C_p \mu}{k_{\mathrm{th}}} \end{aligned} \qquad (2.278)$$

式中,d 为冷却管道直径;k_{th} 为冷却介质的热导率;ρ 为冷却介质密度;μ 为冷却介质动力黏度系数;C_p 为冷却介质的定压比热容;$\bar{u}$ 为冷却介质的平均流速;Re 为雷诺数(Reynolds number);Pr 为普朗特数(Prandtl number)。

假设冷却液流动为充分展开流,并且水管管壁为光滑表面,对流换热系数可利用迪图斯-贝尔特公式(Dittus-Boelter equation)获得 [式 (2.279)]。

$$h_{\mathrm{con}} = 0.023 \frac{\lambda}{d} Re^{0.8} Pr^n \qquad (2.279)$$

式中,加热时 $n=0.4$,冷却时 $n=0.3$;λ 是阻力系数,与流动形态(层流、湍流)、管道光洁度有关,可通过半经验公式获得。

(3) 模具与周围环境的热交换

模具的外表面,属于空气自然对流边界,同样属于第三类边界条件。

$$-k\frac{\partial T}{\partial n}\bigg|_{\partial\Omega} = h_{\mathrm{f}}\left(T_{\mathrm{w}} - T_{\mathrm{air}}\right) \qquad (2.280)$$

式中,T_{air} 为空气温度。

换热系数可由努赛尔数(Nusselt number)获得 [式 (2.281)],

$$h_f = Nu\frac{k}{h} \tag{2.281}$$

式中，Nu 为努塞尔数，对于平板空气自然对流边界有 $Nu = 0.11(GrPr)^{1/3}$，Gr 为格拉斯霍夫（Grashof）数，表达式如下，

$$Gr = \frac{gb(T_{mold} - T_{air})h^3}{\mu_{air}^2} \tag{2.282}$$

式中，g 为重力加速度；h 为模具高度；T_{air} 为空气温度（已知）；T_{mold} 为模具温度；μ_{air} 为空气的运动黏度；b 为体积膨胀系数，对于空气，近似为 $b=1/[273+0.5(T_{mold}+T_{air})]$。

模具表面温度场的初始条件为模具冷却开始时刻的温度场分布，可以从塑件的充填和保压模拟结果中得到，进行冷却分析时为已知条件。

有了边界条件和初始条件，热传导的控制方程就有唯一解。

2.9.2 数值方法

现有的注塑模模流分析软件对模具冷却过程的温度场分析使用的方法有边界元法（BEM）和有限元/控制体积法（FEM/CVM）。下面以有限元/控制体积法离散数值计算说明。

模具温度控制方程的离散与插值（形）函数与前面流动控制方程类似。理论上，常规冷却管道的离散与流道/浇道的离散一样，可按照一维管道处理，但控制方程从压力、速度、温度耦合形式变成温度的热传导方程。此外，冷却介质多为水（油的黏度也较小），冷却管道的几何形状规则简单，因此在简化假设的基础上，冷却模拟的运算可大大简化。若考虑到模具的三维体单元，因为仅仅考虑热传导，网格尺寸可适当放大，采用线性插值。

关于模具表面温度场的数值求解，Moldex3D 有几种方式。其中，Moldex3D/Shell-Cool（基于中面模型）用快速有限元（fast finite element methods，FFEM）作为主要冷却计算架构，在 2.5D 薄壳模型的基础上，结合 2.5D Hele-Shaw 流动模型的填充结果，通过空间几何关系映射与 3D 网格匹配后，再进行 3D 冷却分析，相对于传统边界单元法，FFEM 具有节省内存、计算快速准确、容易收敛等优点。

Moldex3D/Solid-Cool 为真实三维实体模流分析技术，用高精度有限体积法（high performance finite volume method，HPFVM）进行数值求解，同时与 3D

模型的充填分析结果结合，针对真实 3D 模型的冷却分析提供一个高效率的算法。Moldex3D/Solid-Cool 中的塑件与模座、冷却水道，均是三维实体单元，可用"材料边界"概念进行模具和塑件的耦合温度场求解。此外，Moldex3D/Solid-Cool 另有 Fast-Cool 计算模块，可利用近似薄壳 Shell 模型的水管单元（带厚度的平面单元），无需生成模座的实体单元，可大幅简化几何建模生成网格的负担，提高求解效率，适于快速的水管设计评估验证。

2.9.3 冷却管网分析模型

注塑冷却模型在冷却管道表面采用的是第三类边界条件，需要确定冷却管道中冷却介质的对流换热系数。而对流换热系数的计算与冷却介质在管道中的流动状态密切相关，因此为了准确计算冷却介质的对流换热系数，就必须准确分析冷却介质的流动状态。下面利用图论的相关理论对冷却系统进行管网分析，确定冷却介质在管网中的流量分配，然后据此计算冷却介质的对流换热系数。

2.9.3.1 流体力学基本定律

一般而言，冷却介质在管道内的流动是复杂的三维流动，但在冷却分析中没有必要精确地研究它，因为冷却分析的主要目的是研究传热行为，为此，采用工程实际中常用的简化方法,把冷却介质的流动当作一维不可压缩稳态流动。所谓一维流动是指流速、压强等物理量只是一个空间坐标的函数，对于冷却管道，这些参数只沿管道长度方向变化，在其他方向无变化。按照流体力学的有关理论，流体的运动首先要满足连续性条件，也就是说流体连续地充满所占据的空间，流动时不形成空隙。其次，流体的运动还必须满足质量守恒、能量守恒及动量守恒三大定律。

（1）质量守恒定律

管道任一截面的质量流量（G）为式（2.283），

$$G = \rho A \bar{v} = \rho Q \qquad (2.283)$$

式中，A 为管道截面面积；Q 为流体体积流量；$\bar{v}$ 为流体平均流速；ρ 为流体密度。

对于管道中的稳态流动，流过任意两截面的质量流量 G_1、G_2 应相等，即式（2.284），

$$\rho_1 Q_1 = \rho_2 Q_2 \tag{2.284}$$

式中，ρ_1、ρ_2 分别为两个截面上的冷却介质密度。对于不可压缩流体，密度不变，因此有式（2.285），

$$Q_1 = Q_2 \tag{2.285}$$

（2）能量守恒定律

流体的机械能有三种形式：动能、势能、压缩能。单位质量流体的机械能为式（2.286），

$$E = gZ + \frac{p}{\rho} + \frac{\overline{v}^2}{2} \tag{2.286}$$

式中，E 为单位质量流体的机械能；Z 为流体的垂直高度；g 为重力加速度；p 为压力。

假设 E_1 为单位质量流体在 1 截面的能量，E_2 为单位质量流体在 2 截面的能量，E_w 为流体从截面 1 流到截面 2 总的能量损失，则有能量守恒方程 $E_1=E_2+E_w$，即式（2.287），

$$gZ_1 + \frac{p_1}{\rho} + \frac{\overline{v}_1^2}{2} = gZ_2 + \frac{p_2}{\rho} + \frac{\overline{v}_2^2}{2} + E_w \tag{2.287}$$

两边同除以 g，并用 h_w 代替 E_w/g，有式（2.288），

$$h_w = Z_1 + \frac{p_1}{\rho g} + \frac{\overline{v}_1^2}{2g} - \left(Z_2 + \frac{p_2}{\rho g} + \frac{\overline{v}_2^2}{2g} \right) \tag{2.288}$$

式中，h_w 为总的压力损失。

式（2.288）为管道上总水力损失的计算公式。根据水力损失的产生机理，可以把水力损失分为沿管程流动产生的沿程损失和在管道附件（如阀门、弯头等）中产生的局部损失，因此管道上总水力损失又可表示为式（2.289），

$$h_w = \sum h_l + \sum h_j \tag{2.289}$$

式中，h_l 为沿程损失；h_j 为局部损失。

在传统冷却分析模型中，只考虑了沿程损失 h_l，而忽略了局部损失 h_j。这是因为冷却系统受模具结构的约束，结构往往很简单，没有管道附件也无复杂转向，局部水力损失相对于沿程损失来说较小，可以忽略不计。另外冷却介质在垂直高度方向上的变化也忽略不计，故根据式（2.288）和式（2.289）可进一步导出冷却管道沿程损失计算公式［式（2.290）］，

$$h_1 = \frac{\Delta p}{\rho g} = \lambda \frac{l}{d} \times \frac{\overline{v}_1^2}{2g} \tag{2.290}$$

式中，Δp 为管道上的压差；l 为管道长度；λ 为阻力系数，它是雷诺数、管道直径及管壁粗糙度的函数。

（3）动量守恒定律

$$\overline{F} = \rho Q (\overline{v}_2 - \overline{v}_1) \tag{2.291}$$

式中，$\overline{F}$ 为作用在流体上的合力。

2.9.3.2 管网分析基本方程

管网分析的主要作用是计算管网内冷却介质的流量分配，基本方程为式（2.292）。

Darcy Weisbach 方程：
$$h_1 = \frac{\Delta p}{\rho g} = \lambda \frac{l}{d} \times \frac{Q^2}{2gA^2} = KQ^2 \tag{2.292}$$

式中，A 为冷却管道横截面积；Q 为冷却介质的体积流量；K 为简化系数；平均流速 $\overline{v} = Q/A$，最终压力损失可表示为体积流量 Q 的函数。

对任一节点（冷却管道的节点），流进与流出流量的代数和为零，即式（2.293），

节点方程：
$$\sum_{j=1}^{M} Q_{ij} = q_i \tag{2.293}$$

式中，Q_{ij} 为与节点相连管道的流量；q_i 为外界供给 i 节点的流量。

对于有 N 个节点、M 条管道的管网，共有 $N-1$ 个独立的流量方程，即 $i=1$，2，$\cdots$，$N-1$，写成矩阵形式为式（2.294），

$$[B]_{(N-1) \times M} \{Q\}_{M \times 1} = \{q\}_{(N-1) \times 1} \tag{2.294}$$

式中，B 为基本关联矩阵；Q、q 为列向量。

回路方程：一个回路内净压头损失的代数和为零，即式（2.295），

$$\sum_{i=1}^{l_j} h_{ij} = 0 \quad (j=1,2,\cdots,L_1) \tag{2.295}$$

式中，h_{ij} 为回路中第 i 管段的压头损失；l_j 为 j 回路中所包含管段的个数；L_1 为管网的基本回路数。

由式（2.293），式（2.295）可写为流量的形式 [式（2.296）]，

$$\sum_{i=1}^{l_j} K_i Q_{ij}^2 = 0 \qquad (j=1,2,\cdots,L_1) \tag{2.296}$$

写成矩阵形式为式（2.297）：

$$[C]_{L_1 \times M}[B]_{M \times M}\{Q^2\}_{M \times 1} = \{q\}_{L_1 \times 1} \tag{2.297}$$

式中，C 为基本回路矩阵；$[K]=[C]_{L_1 \times M}[B]_{M \times M}$，为对角矩阵；$Q$ 为列向量。

管网计算时可以先消去压力损失 h，以 Q 为未知量计算，求出 Q 后反求 h。也可以先消去 Q，以 h 为未知量计算，解出 h 之后再反求 Q。

下面用压力损失的一个简单例子（图 2.38）说明计算过程。

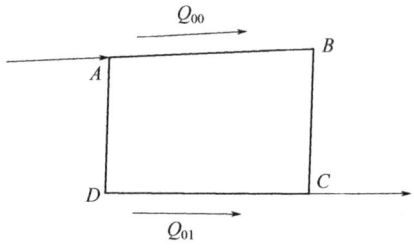

图 2.38　管网示意图

首先给定管网中的初始流量，ABC 的流量为 Q_{00}，ADC 中的流量为 Q_{01}，根据式（2.295）有

$$h_{ABC} - h_{ADC} = 0 \tag{2.298}$$

由于 Q_{00} 和 Q_{01} 为假定值，它们与实际流量之间存在误差 ΔQ，则式（2.299）：

$$\begin{cases} h_{ABC} = K_0 Q_0^2 = K_0(Q_{00} + \Delta Q)^2 \\ h_{ADC} = K_1 Q_1^2 = K_1(Q_{01} + \Delta Q)^2 \end{cases} \tag{2.299}$$

代入式（2.298），整理得式（2.300），

$$\Delta Q = -\frac{K_0 Q_{00}^2 - K_1 Q_{01}^2}{2(K_0 Q_{00} - K_1 Q_{01})} \tag{2.300}$$

根据式（2.300）计算得到的 ΔQ 对初始流量进行修正，再重复计算直到 ΔQ 满足精度要求为止。

管网流量分配计算是基于回路进行的，因此需要找出管网中包含的回路。

但由于管网具有多连通性质，拓扑关系复杂，计算管网中的回路不是一件容易的事。图论作为网络分析的主要工具，能够使管网分析计算变得简便、迅捷。通常应用图论理论建立冷却管用的网络图模型，然后找出管网中包含的一组最有利于流量分配计算的最小回路，相关内容请看有关图论的资料。

2.9.3.3 管网的温度分析

前面的基本方程和管网分析忽略了水温的变化，即基于以下假设：①冷却水管效率非常高；②冷却液进出口温度变化小。水温被视为固定温度，适用于大多数情况。

若不符合①、②两项情形，则需要分析冷却水路的温度变化。

由于水管内可视为一个完全封闭区间，定义冷却液在水管每个截面上的平均水温 $T_c(x)$，根据能量守恒定律，冷却液于封闭区间内的热量变化，可以通过进出水口温差获得，于是可获得不可压缩流体的温度和热量方程。Moldex3D 的冷却求解器中，主要以管壁表面温度作为边界条件，因此，管网温度和热量的求解公式为式（2.301），

$$\frac{T_s - T_c(x)}{T_s - T_{c,i}} = \exp\left(-\frac{P_x}{\dot{m}C_p}\bar{h}\right) \quad (2.301)$$

式中，$\bar{h}$ 是平均热对流系数；T_s 为壁面温度，为常数；$T_{c,i}$ 为管道的入口温度；P_x 是管周长；$\dot{m}$ 为单位质量。

水管带走的总热量可以用式（2.302）表示，

$$q_{con} = \dot{m}C_p\left[(T_s - T_{c,i}) - (T_s - T_{c,o})\right] = \dot{m}C_p(\Delta T_i - \Delta T_o) \quad (2.302)$$

式中，$T_{c,o}$ 为管道的出口温度。水管带走的总热量 q_{con} 与冷却管道回路的入口、出口处温度变化 ΔT_i、ΔT_o 有关。

2.9.4 小结

注塑冷却分析，作为独立的分析功能模块，重点考虑管道的排列、尺寸、位置是否合理，比较每个冷却回路的热交换（冷却）效率，同时获得模具表面的温度（平均温度）T_w 作为熔体的充填和保压模拟分析的边界条件。此外，冷却分析还通过多周期模具温度的变化曲线，确定注塑工艺达到稳定周期的时刻，指导工程实践中的试生产周期数目，以及确定快速变模温工艺的目标温度，也

可帮助用户预设成型工艺过程的冷却时间。因此冷却分析包括模具表面温度的热传导分析，以及冷却管道回路的热效率分析两部分内容，工程应用根据需要各有侧重。

Moldex3D 提供选项可以自动设定冷却时间，自动完成工艺参数的确定。以顶出温度为参考，图 2.39 给出了自动设定冷却时间的分析步骤。

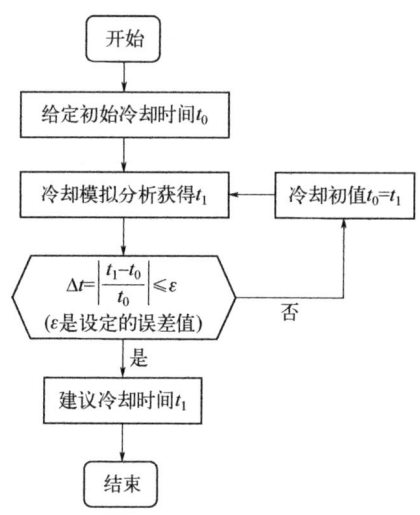

图 2.39 自动设定冷却时间分析流程图

步骤 1：给定冷却时间初始值 t_0。

步骤 2：根据 t_0，进行冷却分析计算，获得冷却分析结果 t_1（程序运行后的冷却时间 t_1）。

步骤 3：判定冷却时间差 $\Delta t=(t_1-t_0)/t_0$ 是否小于需求误差 ε（设定的误差值），若是，则进入步骤 5，冷却分析结束。

步骤 4：若步骤 3 答案是否定的，则 $t_0=t_1$（t_1 作为新的初始值），然后进入步骤 2，进行冷却分析。

步骤 5：冷却分析后的冷却时间建议值为 t_1，分析结束。

"自动设定冷却时间"功能的开启，需要用户在设定计算参数时勾选相应选项，然后进行周期平均冷却时间计算。常规的中小型薄壁制品，模具壁面温度可通过经验或经验公式直接给出，但对于形状复杂或厚度变化大的制品，冷却时间的估算可以让模拟结果更可靠。

2.10 翘曲分析

注塑制品最后的尺寸与形状,与材料、工艺过程、结构相关,因此需要完成流动充填、保压冷却模拟后,才能较准确地预测制品的形状和尺寸。翘曲分析就是在塑件的设计阶段完成注塑成型制品尺寸的预测。从力学研究角度讲,就是根据初应力、初应变、边界条件求解静态(准静态)平衡方程,得到位移的结构分析过程。

翘曲是注射成型中的常见缺陷,也是评定注塑产品成型质量的重要指标。但翘曲的概念有不同,有时指塑件壁厚(z 方向)的弯曲和扭曲,有时指塑件的整体变形,包括塑件流动平面 x、y、z 方向的变形位移和转角。这里将塑件面内的变形、厚度方向的变形统称为翘曲变形,换言之,塑件的翘曲变形是指通过数值模拟得到的各个离散节点上的线位移和角位移(角度变化)。

2.10.1 概述

注塑制品的翘曲变形包括型腔内、外两部分。首先,是塑料制品在型腔内的应力与变形。成型过程中,由于模具的结构比较复杂,产生约束和限制,使得模具型腔内的塑料制品基本上不发生翘曲变形,变形受限后产生残余应力,也可能在厚度方向上产生收缩。其次,是制品脱模后冷却到室温的变形。塑料制品脱模之后,随着温度和约束的变化,工艺过程中形成的残余应力会得到释放,使得制品产生变形。因此从根本上说,翘曲变形可以理解为制品中不均匀收缩及残余应力的一种反映。塑料制品中残余应力产生的翘曲变形一般称为出模时刻的翘曲变形或者初始应力引起的翘曲变形。忽略塑料制品脱模时顶出机构可能带来的变形和应力,制品脱模后,在室温下或者其他条件下的冷却过程中,由于脱模时刻制品的温度分布不均匀,使得制品各个部分产生的温度应力或者收缩不一样,会产生脱模后的翘曲变形。

随着注射成型工艺研究的不断发展,注塑制品翘曲变形的机理及预测方法得到了广泛的研究。注射成型翘曲变形模拟主要采用以下两种方法。

① 应力法。建立热-弹性、热-黏弹性残余应力计算模型,或通过实验得到成型过程中的残余应力,将其作为初始应力代入结构分析程序中进行翘曲和收缩分析,成型过程中的分子取向、纤维取向和结晶效应等影响因素在残余应力的计算模型中给予考虑。随着应力模型的不断完善,模型考虑的因素不断增加,

可以分析注射成型过程中多种成型因素的影响。

② 应变法。采用实验得到的计算模型或者经验模型计算成型过程中的收缩结果，并将得到的收缩结果作为初始应变代入结构有限元分析程序中计算翘曲变形。在计算收缩结果时，考虑了分子取向、纤维取向和结晶效应等影响因素对于收缩的影响，具有较大的灵活性。由于收缩计算采用的是经验公式，需要大量的实验才能得到较为准确的系数，而且不同塑料的性能相差较大，因此该方法在商业软件中的应用受到了一定限制。

最早进行注塑制品收缩和翘曲计算的商业软件 Moldflow 公司采用的是残余应变法，即该模型直接计算产品的应变（收缩），然后将应变导入结构分析软件中计算变形。该模型考虑了不同因素对产品应变的影响，其应变计算表达式为式（2.303）。

$$S^{//} = a_1 M_V + a_2 M_c + a_3 M_o^{//} + a_4 M_r + a_5 \\ S^{\perp} = a_6 M_V + a_7 M_c + a_8 M_o^{\perp} + a_9 M_r + a_{10}$$ （2.303）

式中，$S^{//}$、$S^{\perp}$ 分别是预估的平行、垂直于流动方向的收缩；M_V 是测量的体积收缩；M_c 是测量的结晶；$M^{//}$、$M^{\perp}$ 分别是平行、垂直于流动方向的分子取向；M_r 是模具约束；$a_1 \sim a_{10}$ 是已知材料的常数，根据收缩试样的实验测量结果拟合获得。

为了计算产品的翘曲（厚度 z 方向的变形），需要计算作用在产品上的弯矩。弯矩的计算方法是：考虑型芯和型腔侧的温差，通过修正单元上下表面的应变确定。因为式（2.303）考虑了结晶和纤维取向对收缩的影响，可较准确地计算半结晶型材料和纤维填充材料的翘曲变形。但是该模型具有明显的弱点：每种材料都要进行大量的实验，才能获得材料常数 $a_1 \sim a_{10}$。因此，残余应变法的适用范围比较有限，主要应用在早期的模流分析版本中。

1991 年，Baaijens 提出了计算流动残余应力和热残余应力的热-黏弹性模型，通过考虑型腔压力以及材料的温度历史，较准确地获得了残余应力分布。Bushko 考虑了保压补缩流入型腔熔体的影响，将保压压力对熔体的压缩作用以参考应变的形式引入。Kabanemi 考虑了松弛对残余应力的影响。Zheng 等计算了纤维增强塑料的残余应力，并考虑了纤维填料对产品力学性能的影响，通过模拟发现纤维取向对塑料制品的变形有很大的影响，且与实际的情况相符。1998 年后，研究人员采用残余应力法进行翘曲变形分析。但残余应力法也有局限性。首先残余应力计算对材料的转换温度以及 PVT 参数比较敏感，但依据目前的实验方法，很难获得与实际注射成型条件完全相符的转换温度和 PVT 参数；其次没有考虑分子取向，因此对无纤维填充的塑料无法考虑各向异性，同时结晶的影响也无法考虑，以致很难获得准确的材料松弛数据。因为上述这些原因，Moldflow 提出了修正的残余应力模型（corrected residual in-mold stress，CRIMS），该模型将残余应变法和残余应力法结合起来，用残余应变法来修正计算出的残余应力，可以获得更准确的残余应力（图 2.40）。从准确度来讲，它是目前最准确的计算残余应力的方法。该模型采用的实验方法弥补了残余应力方法无法考虑结晶和分子取向以及对材料参数强依赖的不足。但是该方法也存在与残余应变方法相同的不足——实验量过大。获得残余应力或残余应变后，将残余应力或应变作为载荷输入可进行线性或非线性分析的有限元结构，获得塑料制品的变形。此外，修正的残余应力模型能用于中面网格和双面网格，目前也扩展到了实体三维网格。

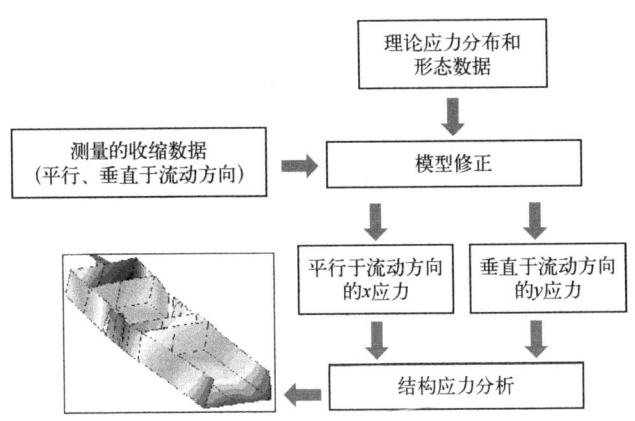

图 2.40　修正残余应力模型示意图

2.10.2　翘曲分析模型及简化

（1）塑件收缩计算

式（2.303）中，考虑了体积收缩、结晶、分子取向和模具约束的影响，下面依次介绍如何量化这些参数。

① 收缩因素。塑件收缩取决于其热膨胀性与可压缩性，也就是塑件的 PVT 关系。塑件脱模后的体积遵循 PVT 变化关系，随温度、压力而变化。若室温下的型腔体积为 V_C，塑件脱模后的体积为 V，则可定义塑件的体积收缩率（M_V）

为式（2.304），

$$M_V \equiv \frac{V_C - V}{V_C} = 1 - \frac{V}{V_C} \tag{2.304}$$

若塑料为各向同性，即各方向材料物性相同，则塑件的线性收缩率（M_L）为式（2.305），

$$M_L \equiv 1 - \sqrt[3]{1 - M_V} \tag{2.305}$$

通常，上式可以近似作为式（2.306），

$$M_L \approx \frac{1}{3} M_V \tag{2.306}$$

也就是说，线性收缩率约为体积收缩率的1/3。

② 结晶影响。结晶型聚合物的结晶度是温度和冷却速率的函数。可结合材料测试获得的相对结晶度和 PVT 曲线，量化结晶对体积变化的影响。

③ 分子取向影响。在剪切流动过程中，聚合物分子沿流动方向排列。这种取向的程度取决于材料所受的剪切速率和熔体的温度。当材料停止流动时，诱发的分子取向开始以材料弛豫时间的速率松弛。如果材料在松弛完成之前被固结了（即松弛时间小于材料的弛豫时间），则分子取向就被"冻结"，这种"冻结取向"将导致塑料在平行和垂直于取向方向（流动方向）的收缩差异。

为了确定冻结取向的程度，充填或流动分析模块会计算每个单元及每个网格节点 i 在被冻结时穿过该单元的数量。

若确定了每个节点的取向 Φ_i 后，在网格点 i 处平行于局部 x 轴方向的取向（Φ_i^x）为式（2.307），

$$\Phi_i^x = \Phi_i \cos \theta_i \tag{2.307}$$

在垂直方向上的取向，用类似的方法确定。

这样，平行和垂直于单元局部 x 坐标轴的单元取向分别记为 Φ^x、Φ^y，取向程度可用节点 i 的求和获得式（2.308）～式（2.310），

$$\Phi^x = \sum_{i=1}^{n} \Phi_i^x \tag{2.308}$$

$$\Phi^y = \sum_{i=1}^{n} \Phi_i^y \tag{2.309}$$

式中，n 是塑料网格节点的数量。塑料单元相对于局部 x 坐标轴的单元取

向，则被定义为 Ψ，表达式如下：

$$\Psi = \arctan \frac{\Phi_y}{\Phi_x} \tag{2.310}$$

④ 模具约束影响。当塑件在型腔内，假设它在塑件平面上不存在物理收缩，但厚度方向的收缩是允许的。由于模具约束阻止了材料的收缩，因此塑件中会累积残余应力。塑料件在填充、保压和冷却阶段的温度历史影响这些应力的松弛速率。通过加入一些小的温度增量的贡献来计算模具约束力的大小，这时的松弛速率由当前温度确定。

⑤ 简化形式的收缩估算。通过前面介绍，知道了由注塑成形流动过程造成的分子取向效应，模壁对收缩的限制，使收缩行为呈现非各向同性现象。为方便量化，Moldex3D 给出了如下简化形式。一般而言，在制品厚度方向的线性收缩率（垂直于流动方向）可用以下经验式加以估计：

$$S^{\perp} \approx 0.9 - 0.95 M_V \tag{2.311}$$

流动方向（平行于流动方向）的线性收缩率可用以下经验式加以估计：

$$S^{//} \approx 0.1 - 0.05 M_V \tag{2.312}$$

⑥ 等效热应变。前面的残余应变收缩模型给出了每个单元的平行和垂直收缩值，表示通过该单元厚度的平均值。实际上，收缩程度随厚度而变化。如果这种收缩分布是关于腔体中心线不对称的，就会产生一个弯矩，这可能会影响零件的翘曲。

若已知单元厚度上的温度分布，则厚度方向上的收缩 SH(z) 可近似为式（2.313），

$$\text{SH}(z) = \alpha [T(z) - T_{\text{room}}]$$
$$\alpha = \frac{\text{SH}}{T_{\text{av}} - T_{\text{room}}} \tag{2.313}$$

式中，$T(z)$ 是由冷却分析得到的单元中心冻结时，或塑件单元件完全冻结时，单元内部的温度分布；T_{room} 为环境温度；T_{av} 是整个制品厚度方向 $T(z)$ 的平均值；SH 是收缩模型预测的平均收缩；α 是热膨胀的"实际等效"系数，包括了如结晶度等因素的影响，不是一个真正的热膨胀系数。$T(z)$ 的峰值是材料的冻结温度，位于从冷却分析确定的单元厚度处。在计算上述方程时，模腔各界面温度近似为周期变化模温的稳定值，且最高温度两侧的温度分布近似为抛物线。这样，SH(z) 就可以是线性分布，即为一条直线，以保持弯曲效应。弯曲效应的积分表达为式（2.314），

$$\frac{12}{h^3}\int_{z=-h/2}^{z=h/2} z\mathrm{SH}(z)\mathrm{d}z \qquad (2.314)$$

式中，h 是单元厚度。需要注意的是，这种线性转化不是近似，而是必需的，因为有些模流软件的翘曲分析模块支持的单元类型只能处理通过单元厚度的应变线性分布的情形。这种线性化的结果视收缩分布 SHL(z) 为一直线，可以方便用线性化的温度分布 $T(z)$ 计算［式（2.313）］。收缩（率）用温度计算的原因在于，早期的 ABAQUS 结构分析软件只接受热膨胀系数和温度变化为输入或求解条件，不接受直接的初始应变输入。目前模流软件都构建了自己的翘曲分析模块，这种收缩与温度的线性转化根据翘曲软件的数据结构、软件输入要求而定，但不一定是必需的。从 $T(z)$ 确定的单元顶部和底部温度、室温以及平行和垂直方向的 α 值被保存，作为翘曲分析的输入。在翘曲分析中，SH(z) 计算的数值源于式（2.303）。

已知应变后（如收缩率、收缩量、已知变形），则可估算应力。最简单的形式，可以理解为已知一维弹性变形引起的应变，则 $\mathrm{SH}=\varepsilon_x$，则根据胡克定律，有应力 $\sigma_x = E\varepsilon_x$（杨氏模量 x 应变）。

（2）塑件变形计算

假设成型工艺中的塑件为弹性变形，其控制方程式为式（2.315）：

$$\sigma_{ij} + f_i = 0 \qquad (2.315)$$

式中，σ_{ij} 为应力分量；f_i 为体积力。而应力与应变的关系为式（2.316）、式（2.317）：

$$\sigma_{ij} = C_{ijkl}\left(\varepsilon_{kl} - \varepsilon_{kl}^0 - \alpha_{kl}\Delta T\right) + \sigma_{ij}^{\mathrm{F}} \qquad (2.316)$$

$$\varepsilon_{ij} = \frac{1}{2}\left(u_{i,j} + u_{j,i}\right) \qquad (2.317)$$

式中，σ_{ij} 是应力分量；C_{ijkl} 是材料力学性能参数；σ_{ij}^{F} 是流动引起的初始应力；ε_{ij} 是弹性应变分量；ε_{kl} 是弹性应变分量；ε_{kl}^0 是初始应变；α_{kl} 是线性热膨胀系数；ΔT 是温差。除此之外，模具对塑件的约束可以作为初始应力或应变加以考虑。

翘曲分析的过程如前面所讲，可分为两个阶段：一是模具内阶段，直到脱模前一时刻；二是脱模以后，考虑的是自由收缩的情形。通常用两部分的变形相加即为总的翘曲变形结果。翘曲分析与前面流动保压冷却的关系如图 2.41 所示。

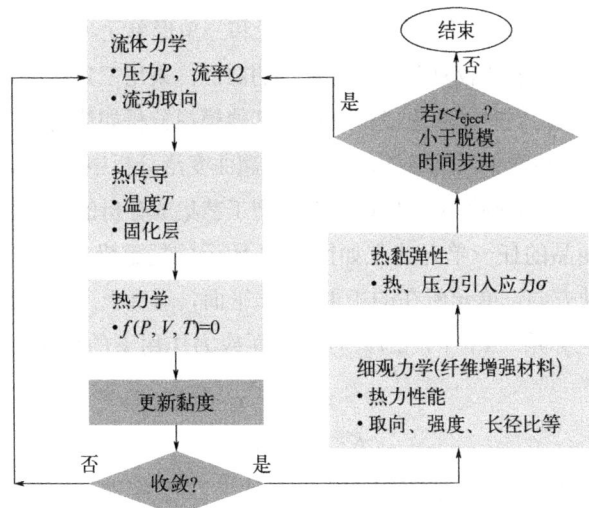

图 2.41 翘曲分析与流动、保压、冷却分析相关参数关系示意图

通常，常规翘曲分析会有假设。在中面模型、双面网格模型壳（Shell）的翘曲分析中，有 4 项假设：①塑件是 2D 的薄壳或者 1D 柱状结构；②材料为线弹性；③小变形应变；④近似稳态。在实体模型的翘曲分析（eDesign 和 Solid）中，则去掉了第一条假设。

更详细的内容可参考《弹性力学与有限元》。

2.10.3 翘曲分析离散单元

翘曲分析属于准静态结构分析，离散单元有多种形式。中面多是基于板壳力学的壳单元，三维实体有四面体、六面体单元，限于篇幅，这里介绍壳膜单元，为便于理解，不再用繁杂的数值公式，仅做分析思路介绍。

由于注塑制品的壁厚一般比较小，属于薄壁制品，平面内两个方向尺寸往往比厚度方向尺寸大一个数量级（10 倍）以上，因此可以看作理想薄壳结构。

壳体是具有薄膜和弯曲两重受力特征的三维特殊结构。在有限元的发展过程中，壳体单元的研究一直受到广泛的重视。对于任意形状的壳体，通常有四种有限元离散形式：①借助于坐标变换以折板代替曲面的平板型壳单元；②基于经典壳体理论的曲面壳单元；③基于空间弹性理论的三维实体退化型壳单元；④将相对自由度概念引入三维实体退化壳单元而得到的相对自由度壳单元。其中①平板型壳单元是使用最广的。这里介绍翘曲模拟中的平板型壳单元。

在平板型壳单元中，一般采用四边形单元和三角形单元，或者两者的混合单元。注塑制品表面形状一般比较复杂，具有大量的曲面，采用三角形单元可以很好地拟合制品的表面形状。同时，注射成型过程的其他模拟分析如流动、保压、冷却和应力分析都有基于三角形单元的算法，因此早期翘曲变形分析中三角形单元应用较多，这样既可以保证分析准确性又能保证整个注塑工艺集成分析的一致性。

对于塑料制品的任一单元建立如图 2.42 所示的局部坐标系，以节点 1、2 方向为局部的 x 轴方向，单元所在的平面为 xy 平面，垂直于三角单元面的直线为 z 轴，建立局部坐标系（x', y', z'）。对于平面应力作用下的情况，单元方程为式（2.318），

$$K^{平}\delta^{平} = R^{平} \tag{2.318}$$

式中，$K^{平}$ 是平面单元刚度矩阵；$R^{平}$ 是平面等效节点载荷；$\delta^{平}$ 是平面节点位移，包括有平面内旋转自由度和无旋转自由度两种情况。节点位移形式如式（2.319），

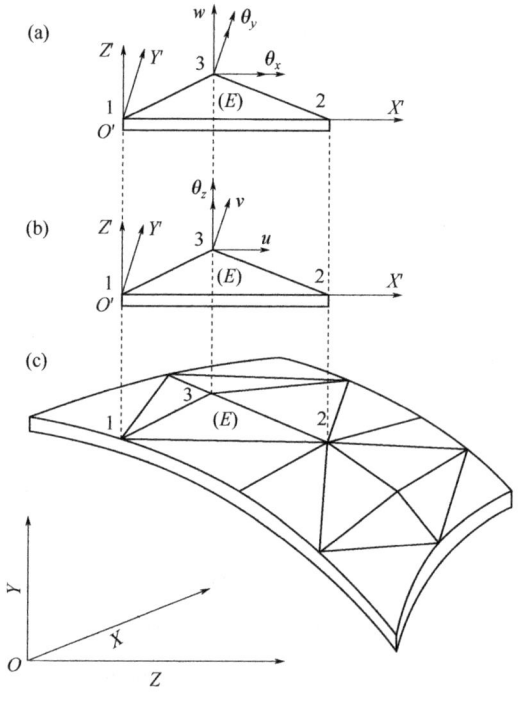

图 2.42　平板壳单元
（a）平板壳单元；（b）平面膜单元；（c）板弯曲单元

$$(\delta^{\mathrm{ep}}) = \begin{Bmatrix} u \\ v \\ \theta_z \end{Bmatrix} \qquad (\delta^{\mathrm{ep}}) = \begin{Bmatrix} u \\ v \end{Bmatrix} \tag{2.319}$$

对应的平面等效节点载荷 R^{ep} 可以表示为式（2.320），

$$(R^{\mathrm{ep}}) = \begin{Bmatrix} U \\ V \\ M_z \end{Bmatrix} \qquad (R^{\mathrm{ep}}) = \begin{Bmatrix} U \\ V \end{Bmatrix} \tag{2.320}$$

对于弯曲作用，应变状态有 z 方向的节点位移 w 以及两个转角 θ_x 和 θ_y，单元方程为式（2.321），

$$K^{\mathrm{eb}} \delta^{\mathrm{eb}} = R^{\mathrm{eb}} \tag{2.321}$$

式中，节点位移和平面等效节点载荷分别为式（2.322），

$$(\delta^{\mathrm{eb}}) = \begin{Bmatrix} w \\ \theta_x \\ \theta_y \end{Bmatrix} \qquad (R^{\mathrm{eb}}) = \begin{Bmatrix} W \\ M_x \\ M_y \end{Bmatrix} \tag{2.322}$$

将两部分刚度矩阵组合，就得到局部坐标系下的平板壳单元刚度矩阵。在组合时注意：①曲面作用产生的位移变形与弯曲作用产生的位移变形之间互不影响；②对于无面内旋转自由度定义的平面应力单元来说，在单元分析阶段 θ_z 不作为位移变量（参数）。于是生成的节点位移为式（2.323），

$$(\delta^{\mathrm{e}}) = \{ u \quad v \quad w \quad \theta_x \quad \theta_y \quad \theta_z \}^{\mathrm{T}} \tag{2.323}$$

对应的等效节点载荷为式（2.324），

$$(R^{\mathrm{e}}) = \{ U \quad V \quad W \quad M_x \quad M_y \quad M_z \}^{\mathrm{T}} \tag{2.324}$$

单元方程为式（2.325），

$$K^{\mathrm{e}} \delta^{\mathrm{e}} = R^{\mathrm{e}} \tag{2.325}$$

式中，单元刚度的节点子矩阵为式（2.326），

$$(K^{\mathrm{e}}_{rs}) = \begin{bmatrix} k^p_{11} & k^p_{12} & 0 & 0 & 0 & k^p_{13} \\ k^p_{21} & k^p_{22} & 0 & 0 & 0 & k^p_{23} \\ 0 & 0 & k^b_{11} & k^b_{12} & k^b_{13} & 0 \\ 0 & 0 & k^b_{21} & k^b_{22} & k^b_{23} & 0 \\ 0 & 0 & k^b_{31} & k^b_{32} & k^b_{33} & 0 \\ k^p_{31} & k^p_{32} & 0 & 0 & 0 & k^p_{33} \end{bmatrix} \quad (r,s=1,2,3) \tag{2.326}$$

式中，k_{ij}^{p} 和 k_{ij}^{b}（i, j=1, 2, 3）分别是 $\boldsymbol{K}^{ep}$ 和 $\boldsymbol{K}^{eb}$ 中相应子矩阵 $\boldsymbol{K}_{rs}^{ep}$ 和 $\boldsymbol{K}_{rs}^{eb}$ 的全部元素。

生成局部单元刚度矩阵后，将单元刚度矩阵转换到整体坐标下（转换的方法可参考文献或有限元相关图书），然后形成总刚；相应地，位移和等效载荷也形成整体坐标系的总位移和总载荷向量，最后形成 $\boldsymbol{Ax=b}$ 类型的线性方程。

有限单元法常被用来求解数学及工程上的问题，其典型的应用包括应力分析、振动分析、热传分析、流体分析等。在有限单元法中，求解区间是由许多被称作有限单元的互相链接的小单元所构成。一个很复杂的问题可以被近似为多个单元的结合。在每个单元中，都假设有一个近似解并依此推导出其总平衡的条件，当条件都满足时就可以得到近似解。Moldex3D 2023 是采用有限单元法来解决注射成型过程中的翘曲问题。

有限单元法使用矩阵分析处理工程及数学上的问题。有限单元法可将问题简化成一个到多个线性代数方程式的群组。这些方程式多以 $\boldsymbol{Ax=b}$ 的形式呈现，其中 $\boldsymbol{A}$ 是方程式的矩阵，$\boldsymbol{b}$ 是边界条件的向量，而 x 是问题的解。在这样的形式下就可以应用矩阵分析法求解。根据线性代数的相关知识，矩阵的求解包括直接计算法与迭代计算法两种。其中，直接计算法可通过行列式值求解、逆矩阵法求解、连续消去法求解，直接计算法的优点在于使用者可以预测解方程组所需的时间并得到高精度解；迭代计算法在计算复杂或较大的方程时比直接计算法更容易求解。作为模流软件使用者，用户按照工程手册合理使用求解器就好。如 Moldex3D 标准版翘曲（standard warp）求解器能够较好地预测翘曲的趋势，但在冷却时间影响较大的情形中却可能有模拟精度的不足，收缩行为会被过度预测；为此可考虑强化版翘曲（enhanced warp）求解器，这样可以考虑黏弹性的翘曲行为、瞬态温度变化及模内约束等因素，但需要较多的计算资源及时间，可根据需要选择。

2.10.4 翘曲分析中的一些说明

早期的应力分析与翘曲变形作为一个功能模块进行模拟，后来随着用户对制品品质，特别是光学制品光学性能的要求提高，应力分析模块与翘曲变形模块作为两个独立的部分，后来又合并为翘曲分析模块。这里只说明翘曲变形分析。

(1) Moldex3D 翘曲分析中的位移

在 (x, y, z) 的直角坐标系中，u 表示沿 x 轴的变形量，正负表示相对于设计尺寸的增大或减小（图 2.43）；v 表示 y 轴的变形量，w 表示 z 轴的变形量。

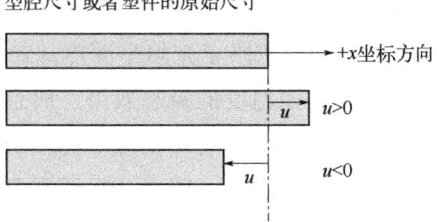

图 2.43 翘曲分析中 x 位移示意图

最大线性收缩率 $S_{\max}$，是以该方向的最大位移 $u_{\max}$ 除以塑件在此方向的尺寸 L_x；而最大变形量定义为式（2.327）：

$$S_{\max} = \frac{u_{\max} - u_{\min}}{L_x} \times 100\% \qquad (2.327)$$

Moldex3D 提供了多种结果数据来帮助工程技术人员了解翘曲的产生及其原因，如总位移量、热位移和纤维配向影响位移等。

① 总位移 (x, y, z)：表示从开始至当时时刻，在顶出后并冷却到室温，所有因素导致的位移量的叠加。

② 热位移 (x, y, z)：表示塑件在顶出后，冷却至室温的过程中由热应力导致的变形。

③ 模内收缩效应位移 (x, y, z)：表示塑件在模具中顶出前时刻，因冷却受到模壁约束可能导致的变形量。

④ 纤维配向（取向）效应位移 (x, y, z)：考虑纤维随机取向一起的位移结果，以便分析排除纤维配向效应。这个结果不同于非均质纤维配向下的各向异性，前者是外部物理场影响的结果，后者是材料自身（非均质）造成的。

(2) 翘曲分析序列

使用模流分析软件时，注射成型的充填（fill）、保压（pack）、流动（flow=fill+pack）、冷却（cool）、翘曲（FPCW）分析顺序容易理解，其中充填、保压、流动、冷却都可以单独运行，但翘曲需要用充填、保压的模拟结果作为输入，因此商品化的模流软件中翘曲变形分析的模拟序列常见的包括：FPW、FPCW、CFPW、CFPCW。区别在于冷却分析模块的有无及其冷却的处理方式。FPW 适合没有冷却管道的模具结构；FPCW 中，模具型腔表面温度已知且为常数［参考本章图 2.37（b）的周期平均温度］；CFPW 中，冷却分析模块可能是周期瞬态的控制方程求解，用于帮助工程人员确定模具型腔表面的温度及分布，以及冷却效率分析，但可能简化或忽略了充填平面冷却对翘曲的影响；CFPCW 中，冷却分析不仅考虑了型腔表面温度的瞬态效果，而且考虑了冷却对整个成型周期温度场、压力场、速度场、应力场等物理量的影响。开始模流分析前，要根据制品需求，选择合适的模拟序列。翘曲分析通常要进行多次模拟，以解决变形过大的问题（图 2.44）。

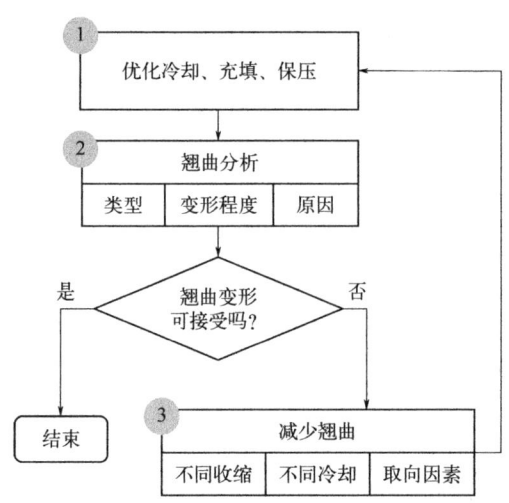

图 2.44 翘曲分析工程应用流程示意图

（3）翘曲分析中的锚平面

翘曲分析应用较多的是固体力学、板壳力学的知识。理论上说，变形对于主应力坐标系（参考）具有唯一的结果。但在工程应用中，根据制品的特点，制品不同位置的变形要求会有差异，这时翘曲分析锚定平面（参考工作面）设置比较重要。对于不同的锚定平面，模拟的结果可能有很大差异（图 2.45），二者变形放大倍数、条件一致，其中图 2.45（a）锚平面三点过于集中，锚平面过小,模拟的变形结果较大;(b)锚平面三点合适,变形相较于(a)偏小。构成锚平面三个点的作用如下:第一点的三个平移自由度被约束,即没有 x、y、z 三个方向的位移,第二个点的两个平移自由度被约束,第三个点的一个平移自由度被约束。

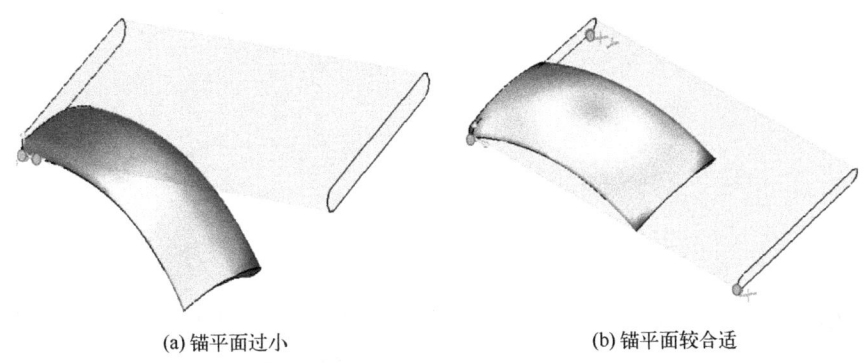

(a) 锚平面过小　　　　　　　(b) 锚平面较合适

图 2.45　锚平面选取位置不同带来的变形差异示意图

翘曲分析的输出位移,通常都是对全局坐标而言,不是主应力坐标系(除了主应力,其他偏应力为零时所对应的坐标系)。若用户没有自己设置,通常软件自己会设置锚定平面,如浇口、制品凹凸处等,有一定的随机性。因此建议让充分理解模流分析需求、很好理解翘曲变形的模流分析工程人员自己设定锚定平面,便于对后面翘曲分析结果的分析判断及改善后的翘曲分析结果对比。Moldex3D 中参考平面可定义方式有三种:①利用网格单元;②利用三个不同的节点;③利用一个平面方程。

第3章

注塑革新工艺（1）——气辅/水辅注塑

为满足塑料制品的多样性和功能性，注射成型工艺也在不断进步。下面将先后介绍注射成型的革新工艺：气辅/水辅注射成型、多组分注射成型、发泡注射成型。

在注塑工艺的基础上，气辅注射成型（gas-assisted injection molding，GAIM）、水辅注射成型（water assisted injection molding，WAIM）可改善产品的表面质量，减少翘曲、成型周期、锁模力、材料用量、成本，同时能减轻产品重量。GAIM 与 WAIM 过程是先把塑料熔体射入型腔中，待型腔被塑料熔体部分充填或完全充满后，再将压缩后的带压气体（通常是氮气）或水通过相应喷嘴射入模具型腔。在气体/水的射出流动过程中，气体、水倾向流入壁厚较大的区域（流动阻力较小），使产品中心形成中空。当成型工艺完成之后，就会产生带有中空结构的产品。本章先说明气辅/水辅注塑的意义，然后介绍 GAIM、WAIM 的工艺特点，最后介绍气辅/水辅注塑模流分析的操作步骤。

3.1 气辅注塑

气辅注塑技术（又称气体辅助注射成型）是 20 世纪 80 年代开始使用的一种技术。气辅注塑就是当型腔中注射了部分聚合物熔体以后，紧接着通过喷嘴、流道将压缩空气（通常为 N_2）注入熔体中形成气体中空制品，即表层是连续结实的实体，而塑件的内部是空气空间。气辅塑件有高的强度质量比，在汽车、办公及日用品中有着广泛应用。

气辅注塑系统与一般注塑系统的区别主要在于添加了压缩空气的流道和控

制系统。气体的压力、流量、体积是决定塑件中空方位、大小等的重要因素。另外模具结构如气针、气道等（图3.1）和工艺参数如注射速度、熔料温度、模具温度、注射压力、保压时间等也对气体芯层有重要影响。

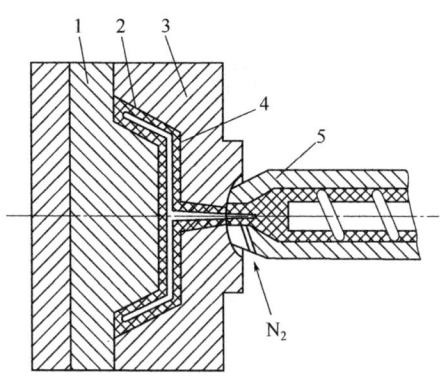

图3.1 气辅注塑模具结构示意图
1—动模型芯板；2—塑件；3—定模型腔板；4—气道；5—料筒及喷嘴

3.1.1 气辅注塑的特点

传统注塑（常规注塑）用的塑料原料，都可以进行气辅注塑。气辅注塑主要用于把手型厚件、厚度差异大的制品（可能需局部气道设计）和中大型薄件（需设计气道引导气体并作结构补强）。

气辅注塑工艺带来新的产品设计观念：产品设计可以使用大的厚薄比例、增加补强结构的应用、减少配合零组件的数目。图3.2（a）是传统注射成型加工的制品，最大壁厚3.6mm。采用气辅注塑，壁厚减为2.5mm，并减少零件数目和装配时间［图3.2（b）］。

气辅注塑的优点包括：

① 在塑件厚壁处，肋、凸台等部位表面不会出现缩痕（凹痕），提高了塑件质量，一般气辅注塑制件的截面形状如图3.3所示；

② 所需锁模力为传统注塑的1/10～1/5，可大幅度降低设备成本；

③ 因成型时注射压力低，故塑件中的残余应力极小，塑件不易出现翘曲和应力碎裂，可大幅度降低废品率；

④ 可减轻塑件的重量，减少原材料的费用，使塑件适应工业产品轻型化的要求；

⑤ 所需冷却时间短，可缩短成型周期，提高注射成型的生产效率；

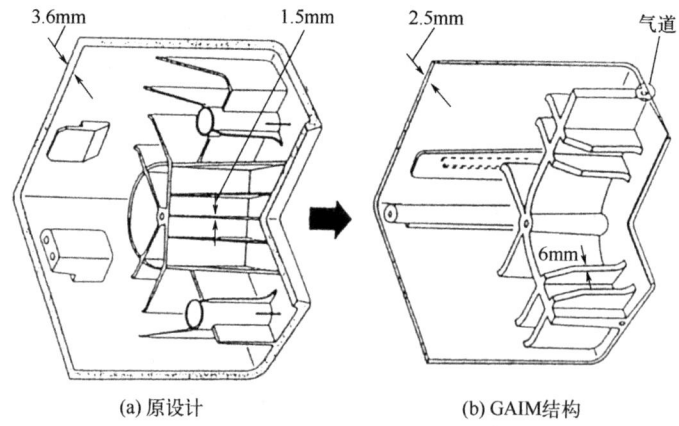

图 3.2 气辅注塑对制品结构的改良

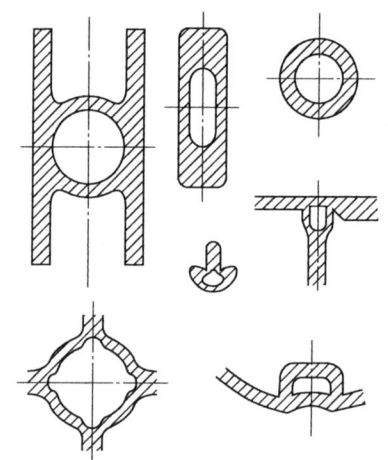

图 3.3 一般气辅注塑制件的截面形状

⑥ 可成型复杂形状的塑件。

气辅注塑的缺点（难点）如下。

① 成品的外观问题：气道附近易出现光影、表面流痕、浮纤；
② 低压成型对于需高保压成品而言不利于应用；
③ 可能出现量产时不稳定：气体装置及注塑机具有不稳定性、气针易堵塞；
④ 对料温、模温、模具精度及操作环境敏感。

气辅注塑模具的基本结构与一般注射成型模具相似,主要差异在于气道和气针位置的设计。由于气辅注塑属于低压成型,有利于提高模具寿命,但对型腔表面的精度提出了更高的要求,使得气辅注塑能较逼真地反映型腔壁表面的状况,利于注塑表面带有装饰花纹的塑件;但如果模具表面存在某些缺陷,也容易在塑件表面上显示出来。

3.1.2 气辅注塑工艺

气辅注塑过程与普通注射成型相比,多了一个气体注射阶段,且塑件脱模前由气体而非塑料熔体的注射压力进行保压。成型后塑件中气体形成的中空部分称为气道。压缩气体多选用廉价、容易获得,且不与熔体发生反应的惰性气体——氮气。

根据具体工艺过程不同,气辅注射成型可分为标准成型法、副腔(溢流腔)成型法、熔体回流法和活动型芯法。

(1) 标准成型法

标准成型法是先向模具型腔中注入经准确计量的塑料熔体 [图 3.4 (a)],再通过浇口或流道注入压缩气体,气体在型腔内塑料熔体的包围下沿阻力最小的方向扩散前进,对塑料熔体进行穿透和排空 [图 3.4 (b)],最后推动塑料熔体充满整个模具型腔并进行保压 [图 3.4 (c)],待塑料冷却到具有一定刚度后开模顶出 [图 3.4 (d)]。

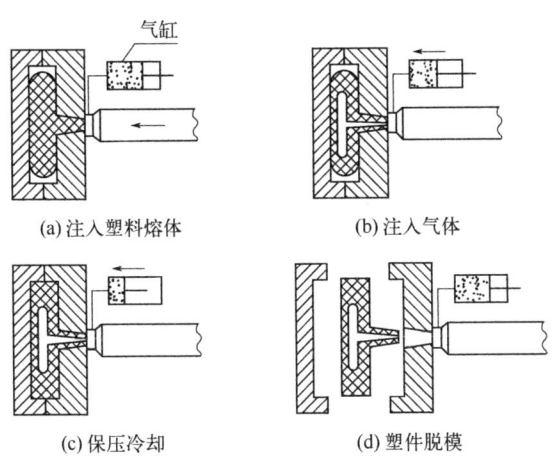

(a) 注入塑料熔体　　(b) 注入气体
(c) 保压冷却　　(d) 塑件脱模

图 3.4　标准成型法示意图

（2）副腔（溢流腔）成型法

副腔成型法是在模具型腔之外设置一可与型腔相通的副型腔。首先关闭副型腔，向型腔中注射塑料熔体直到型腔充满并进行保压［图3.5（a）］；然后开启副型腔，向型腔内注入气体，由于气体的穿透而多余出来的熔体流入副型腔［图3.5（b）］；当气体穿透到一定程度时关闭副型腔，升高气体压力对型腔中的熔体进行保压补缩［图3.5（c）］；最后开模顶出塑件［图3.5（d）］。此外，副型腔还可以在模具内（图3.6），这被称为溢流腔，目的是使气体在注入模具型腔的熔体中获得良好的贯穿。溢流腔气辅注塑工艺过程（图3.6）与副腔法（图3.5）一样，区别在于溢流腔/副腔的位置。

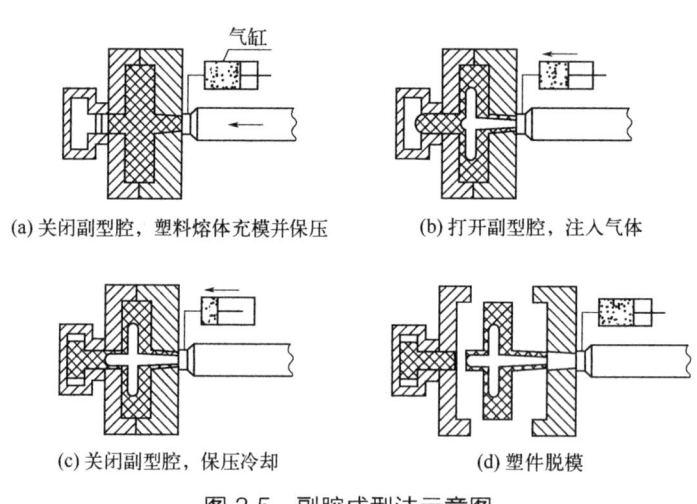

图3.5 副腔成型法示意图

（3）熔体回流法

熔体回流法与副腔成型法类似，所不同的是模具没有副型腔，气体注入时多余的熔体不是流入副型腔，而是流回注塑机的料筒，过程如图3.7所示。

（4）活动型芯法

在模具型腔中设置活动型芯，首先使活动型芯位于最大伸出位置，向型腔中注射塑料熔体直到型腔充满并进行保压［图3.8（a）］；然后注入气体，活动型芯从型腔中退出以让出所需的空间，如图3.8（b）所示；等活动型芯退到最小伸出位置时升高气体压力实现保压补缩［图3.8（c）］；最后塑件脱模［图3.8（d）］。

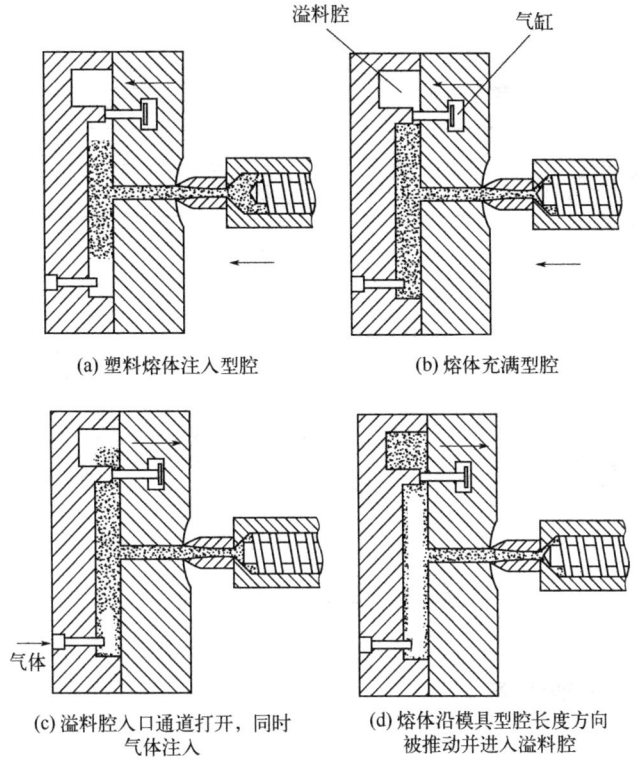

图 3.6 溢流腔成型法示意图

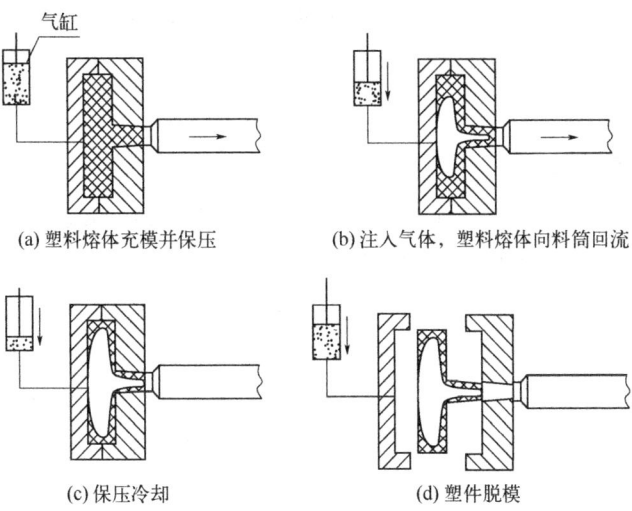

图 3.7 熔体回流法示意图

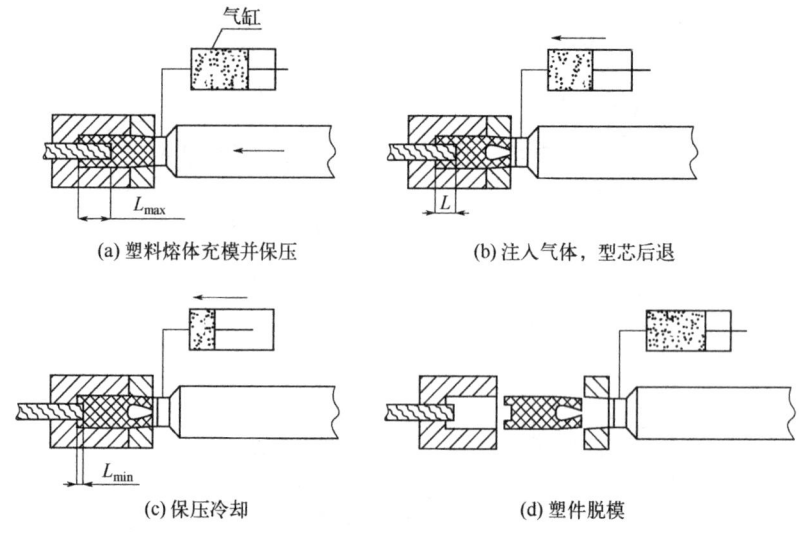

图 3.8 活动型芯法示意图

3.1.3 气辅注塑设备

（1）注塑机

气辅注塑技术是通过控制注入型腔的塑料量控制塑件的中空率和气道形状的，因此对注塑机的注射量和注射压力的精度要求较高。一般情况下，注塑机的注射量误差应在±0.5%以内，注射压力波动相对稳定，控制系统能和气体控制单元匹配。

（2）气辅装置

气辅装置由标准氮气发生器、控制单元和氮气回收装置组成。

氮气发生器提供注射所需的氮气。

控制单元包括压力控制阀和电子控制系统，有固定式和移载式两种。固定式控制单元是将压力控制阀直接安装在注塑机控制箱内，即控制单元和注塑机是连为一体的。移载式控制单元是将压力控制阀和电子控制系统安装在一套控制箱内，使其在不同的时间能和不同的注塑机搭配使用。

氮气回收装置用于回收气体注射通路中残留的氮气，不包括塑件气道中的氮气，因为气道中的氮气会混合别的气体，如空气或挥发的添加剂等，一旦回收会影响以后成型塑件的质量。

（3）进气喷嘴

进气喷嘴（或气针）有两类：主流道式喷嘴，即塑料熔体和气体共用一个喷嘴，塑料熔体注射结束后，喷嘴切换到气体通路上实现气体注射；另一类是气体通路专用喷嘴，又分为嵌入式和平面式两种。

3.1.4 气辅注塑工艺参数

（1）成型参数

与产品设计有关的参数：气道的布置（排列）方式、气道截面的形状与尺寸、成品的壁厚以及肋骨或轮毂数目。

与模具设计有关的参数：气体入口位置、数目以及气针的埋置，浇口及流道系统的配合，冷却系统的设计。

与成型相关的参数：传统注射成型工艺参数（熔体温度、熔体注塑速度、模温等），和气体有关的工艺参数（配合熔体注射量的气体起射时间、气体起射延迟时间、气体注射压力或流量、气体注射时间）。

（2）成型工艺参数对气体穿透的影响

气体穿透，可用于分析成型质量，在研究和生产实践中有积极的意义。气体一次穿透、二次穿透的示意如图3.9所示。其中气体的总穿透长度是一次穿透、二次穿透长度之和。表3.1是陈夏宗教授团队总结的不同工艺参数对气体穿透的影响。

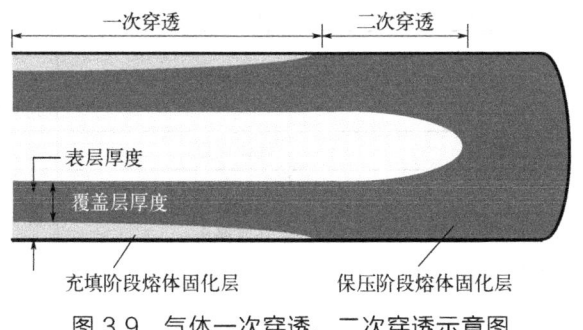

图3.9　气体一次穿透、二次穿透示意图

表 3.1　不同工艺参数对气体穿透的影响

工艺参数	气体一次穿透长度	气体二次穿透长度	气体穿透总长度
气体压力 ↑	较短，但趋于一定值	不确定	↓
气体压力 ↓	↑	↓	↑
熔体温度 ↑	↓	↑	↓
延迟时间 ↑	↑	↓	↑
气体注塑时间 ↑	无明显关系	↑	↓
预填塑料量 ↑	↓	↑	↓
模具温度 ↑	↓	↑	↓

注：↑为增加，↓为减少。

3.1.5　气辅注塑常见缺陷

在气体辅助注射成型中，为了方便找出产生缺陷的原因并采取相应的补救措施，必须回顾气体辅助注射成型工艺的四个基本步骤，改变工艺步骤中的任何一步都会对制品的最终质量产生影响。气体辅助注射成型常见缺陷和解决办法如表 3.2 所示。

表 3.2　气体辅助注射成型常见缺陷和解决办法

缺陷名称	缺陷处理		
	原因	出现缺陷的阶段	解决方案
吹破	熔体量不足	熔体填充 气体填充	增加熔体注射量 增加气体压力
制品质量改变	注射量不均匀	熔体填充	修理注射机
迟滞线	熔体流动前沿停止	气体填充	减少延迟时间
放射斑	气体与熔体混合	气体填充	增加延迟时间
喷流	熔体流动太容易	熔体填充	调整注射时间
翘曲	收缩	气体填充	改变气体入口位置 改变制品结构 增加成孔区域
缩痕	收缩	气体保压	增加气体保压时间
指形流	气体渗透	气体填充 气体保压	改变制品结构 改变模具结构 改变熔体材料
短射	熔体量不足	熔体填充 气体填充	增加熔体温度 增加气体压力 减少延迟时间

续表

缺陷名称	缺陷处理		
	原因	出现缺陷的阶段	解决方案
膨胀	夹气	排气	增加保压时间
制品破裂	夹气	排气	增加保压时间
间歇破裂	气体渗透到料筒中	保压	安装止逆喷嘴

3.2 水辅注塑

气辅注塑（GAIM）中，惰性气体（通常为氮气）是过程介质，由于气体可压缩性大，不容易控制，因此研究人员用水来代替氮气作为过程介质，即水辅助注射成型技术（水辅注塑，WAIM），或称水辅助注射技术（water injection technology，WIT）。水辅注塑是用水来代替气体辅助熔体流动充模，最后用压缩空气将水从制品的中空部分排出，水辅制品如图3.10所示。

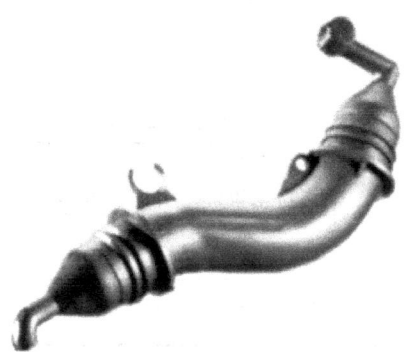

图 3.10 汽车用 PP 水辅注塑管件

直径 60mm，德 IKV, Aachen

早在20世纪70年代初，就有了将流体（水、油等）注射到塑料熔体中形成中空结构的概念，即后来的水辅注射成型的技术。但是，这种技术由于气体辅助注射成型的出现和广泛应用而被搁置。后来由于气辅注塑在使用中存在不足，因此研究人员用水代替氮气，于1998年又开启了WAIM的研究和应用。奥地利的Engel公司、Battenfeld公司，德国的Ferromatik公司，以及著名的德国亚琛（Aachen）工业大学的塑料加工研究所（Institut Fur Kunststoff

Verarbeitung，IKV）等公司和研究机构开展的 WAIM 研发工作，在缩短成型周期和工艺改良方面取得了进展，并得到了工程应用。2001 年在德国杜塞尔多夫国际塑料及橡胶博览会（K 展）上，WAIM 引起关注，进一步推进了其商业化应用。

3.2.1 水辅注塑的特点

GAIM 存在一些局限，如制品中空气道直径大小的限制、气体在熔体中溶解起泡，并产生气体指形渗透（类似鸭蹼状）等。根据聚合物和制品结构的特点，对于特定的产品结构和应用需求来选择 GAIM、WAIM。WAIM 与 GAIM 相比，具有循环周期更短（最大可提高 70%）、残余壁厚更薄、中空截面的同轴性更好等优点。

WAIM 与 GAIM 的根本区别在于二者使用的辅助成型介质不同（表 3.3）。其中，WAIM 的辅助成型介质是液态的水，GAIM 是气态的氮气。水是不可压缩的，而氮气可以；不仅水的黏度大于气体，而且水的热导率是氮气的 40 倍以上，其定压比热容是氮气的 4 倍以上，利于成型过程的冷却。水的流体特性，使水辅注射成型具有如下特点。

表 3.3 水和氮气性能对比

性能	氮气 （1atm,20℃）	水 （1atm,20℃）	性能比值 （水/氮气）
热导率 $K/[W/(m·K)]$	0.0143	0.604	>40
定压比热容 $C_p/[J/(kg·K)]$	1038	4182	>4

注：1atm=101325Pa。

（1）缩短冷却时间、注塑周期

WAIM 直接冷却制品的内部。WAIM 是将 10~80℃、约 30MPa 的高压水注入型腔内熔体的芯部，水可直接从芯部对制品进行冷却，冷却效果好，因此可大大缩短厚壁制品的冷却时间，相应缩短了成型周期。研究表明，WAIM 的冷却时间可减少至气体辅助注射成型的 25%，甚至更低。如成型直径小于 10mm、壁厚为 1.0~1.5mm 的制品，气体辅助注射成型时间为 300s，而水辅成型时间只需 60s。

（2）制品表面无缩痕，外表更光滑

WAIM 中使用的是近 30MPa 的高压水，熔体在这个压力作用下会紧贴型腔壁流动并冷却固化，制品的整个注射保压与冷却定型过程始终受到制品芯部水压的作用。水辅注塑的制品密度高，冷却均匀，收缩一致，表面平整无缩痕，外观质量好。

（3）制品中空的内表面光滑

由于水辅注射成型所用的水温远低于熔体温度，因此注入型腔的水与高温熔体接触界面因熔体温度降低而形成一层光滑的高黏度固化膜，且水不会穿透固化膜进入熔体；同时水流前沿面的熔体在水压力作用下向前推移，使更多的熔体向前移动，从而获得壁厚较薄且内表面光滑的制品；其次因为水的黏度高于气体，并且由于熔体固化膜的阻隔作用，使水不会像气体那样容易渗入熔体内，因此可获得内表面光滑的制品（图 3.11）。而气体则容易与聚合物混合并渗透到制品内表面，当气体再次渗出时，在制品的内表面会产生气泡或形成空隙致使制品内表面粗糙。

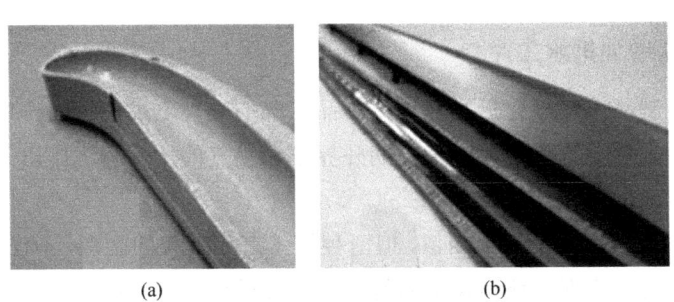

(a)　　　　　　　　　　(b)

图 3.11　WAIM 制品剖面（a）与光滑的内表面（b）

（4）制品残余壁厚较小且均匀

当注入高压水时，水与熔体的交界面所形成的固化膜在水压力作用下向型腔壁均匀施压，使尚未凝固的制品壁因受压而变薄，因此可成型比 GAIM 所能达到的更薄壁厚的制品。GAIM 用于直径较大的制品成型时，因为气体的压力有限及可压缩性，制品残余壁厚较大，而且易使制品内表面产生气泡；GAIM 成型直径超过 40mm 的制品时，气体压力、冷却作用变弱，易造成壁厚不均，而 WAIM

有高于气体的压力及快速冷却的作用，WAIM 制品壁厚较均匀（图 3.12）。

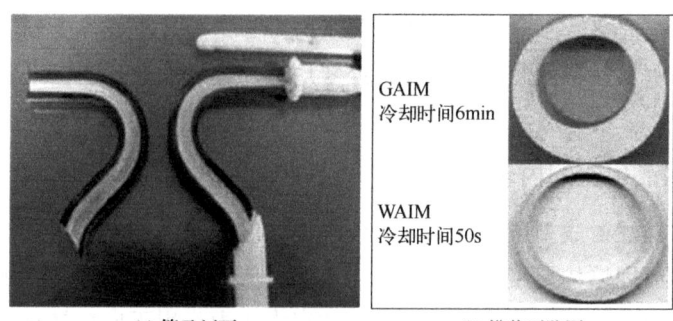

(a) 管子剖面　　　　　　(b) 横截面壁厚

图 3.12　WAIM 制品内壁剖面（a）及 GAIM 和 WAIM 制品横截面壁厚对比（b）

（5）水易于控制且可重复利用

WAIM 中水的温度、压力、流量等易于准确控制，利于保证成型制品的质量；同时水比氮气易得；制品中排出的水可回流到供水系统循环使用，可降低生产成本。

（6）需增加排水工序

WAIM 制品冷却固化后，需排空制品芯部的水，然后脱模。排水方法有两种：一是靠水的自重排空；二是借助外界压缩空气的压力将水排出。后者排水干净，但需增加供气装置。

GAIM 和 WAIM 二者很相似，但两种技术有相当大的区别，不仅涉及材料、注射技术、成型周期，还涉及制品特性和模具设计方案。由于它们的应用领域部分重叠，因此 WAIM 与 GAIM 互为补充，而不是 GAIM 的替代方法。水、气辅助注射技术成型的制品有以下三种类型。

① 厚壁和棒状制品（GAIM 和 WAIM）；
② 带有厚壁截面的中小制品（GAIM 和 WAIM）；
③ 带有特殊形状加强筋的扁平薄壁制品（只能 GAIM）。

WAIM 技术的应用范围与 GAIM 相似，但它可成型具有更大更长内部空间、更小壁厚及内表面光滑的制品，既适用于小型制品的成型，也适用于大型制品。与 GAIM 相比，WAIM 不仅可用于塑料熔体冷却过程的收缩补偿，还能缩短大型或大体积制品的冷却时间。在一些情况下，WAIM 的应用能够改善制品的某些关键特性，如减小收缩或残余壁厚，增加制品密度，调控结晶形态及结晶度等。

每种成型方法都具有各自优缺点，因此需要根据产品的应用需求进行合理选择。这里要注意，选择依据除了纯粹的技术可行性和挑战以外，还需要对专利和使用许可条件加以考量。

3.2.2 水辅注塑工艺

WAIM 的过程与 GAIM 非常相似，前面介绍的气辅注塑工艺方法也适合水辅注塑。

水辅助注射成型过程是利用增压器或空气压缩机产生高压水，经过活塞式的喷嘴将高压水注射到已经部分预充填熔体的型腔内，利用水的压力将熔体往前推而充满型腔。水的前沿像一个移动的柱塞那样作用在制品的熔融芯部，进一步推动聚合物熔体前进；待熔体冷却完成后，利用压缩空气将水从制品中压出，然后将制品顶出，形成中空的制品。

水辅注射工艺的第一步是将熔体部分短射或足量注入封闭型腔。一般来说，在较短延迟时间后，预注射的熔体芯部被流体替代，流体推着熔体向模具内未填充区域和型腔内的开放区域运动，或者回流进入塑化单元。对于每个工艺方法，都需要使用注射流体的背压。因此，与传统注射成型不同，水辅注塑在流动路径上不会产生压力降，保压时间也不受浇口密封点的限制（水压提供）。制品的尺寸稳定赋形后，水要被排出。

与传统注射成型相比，水辅注塑技术的优势不仅体现在制品质量的提高和生产成本的降低上，还体现在它为制品的设计提供了新前景和新选择。与注射成型中薄壁制品的设计准则不同，流体辅助注射技术能在较短成型周期内生产厚壁制品。并且，这一技术还能将自动注射成型过程应用到制品生产中，如生产介质输送管道。不过，制品和模具的设计还需要考虑 GAIM 或 WAIM 的特殊要求。除了精确的制品形状尺寸外，还需要考虑浇口和流体入口的合适位置，特别对于 WAIM 而言，气/水注射器（气针、水嘴）的嵌入位置在很大程度上决定了加工过程的稳定性和制品的质量。

3.2.3 水辅注塑主要设备

WAIM 通常含有独立的带有压力、温度、流速控制的水输送器，以便在加工中对水阀和气阀进行控制。有的系统还配有水过滤器和专门的水注射喷嘴或喷头，一些设备执行使水进入和流出模具的双重作用（将水注入模具和将水排出模具）。不同设备的最大流速和水压有所不同，多数设备则需要一个从注射装置传来的信号触发循环的开始。

以巴顿菲尔（Battenfeld）的 Aquamould® 水辅助注射系统为例说明。Aquamould® 的 WAIM 可采用的工艺方法包括短射法（欠量注射，short-shot process）、回流注射法（back to screw process）、溢流注射法（overflow process）三种。水排除的方法有：通过重力作用、在模腔的远端通过压缩空气吹出、通过注水喷嘴注入压缩空气、通过抽真空。

（1）精密注塑机

WAIM 与 GAIM 一样，要求在注射成型设备的基础上增加一套辅助装置。WAIM 通过精确控制注入型腔的水的预注射量来控制制品的重量、中空率及水道的形状，所以对注塑机的注射量和注射压力控制精度要求较高。通常注射量精度误差应在±0.5%以内，注射压力波动相对稳定，控制系统能和控制单元匹配。因此，要采用注射量和注射压力控制精度较高的精密注塑机。

如果 WAIM 与其他的注塑工艺进行组合（如双色水辅注塑），选择注塑机时，可选择与其组合技术相适应的注塑设备。

（2）水压发生器

用于产生高达近 30MPa 的高压水，熔体在这个压力作用下紧贴型腔壁流动并冷却固化，制品的整个注射保压与冷却定型过程始终受到来自制品芯部水的压力的作用。

Aquamould®WE 系列水压发生器可以产生 30MPa 的水压力和 60L/s 的流速，且一个水压注水单元可以同时供应两部注塑机。

（3）移动控制单元

操作界面与气辅助的气体压力控制单元一样，主要包括信号控制系统（即触发器，有位移触发器和电子触发器两种）和压力控制系统（水压力控制器）。其中，信号控制系统的主要功能是接收注塑机注塑结束的信号以控制延迟时间，然后将此信号反馈给压力器。压力控制器接收到信号控制系统的信号后，根据设定值精确控制各段水的压力和时间。

(4) 水压力控制单元

Aquamould®压力控制单元有如下特点：精确控制水压力的生成；防漏阀门仅通过电动增压；结构紧凑，可以安装在靠近模腔的位置。

(5) 注水喷嘴

通过注水喷嘴（图 3.13）将高压水注入模腔中，由于水辅助注射成型的特性，注水喷嘴要求：尺寸小、注水时直径可以扩充到很大、阀门的开闭灵活、防漏水、易安装。

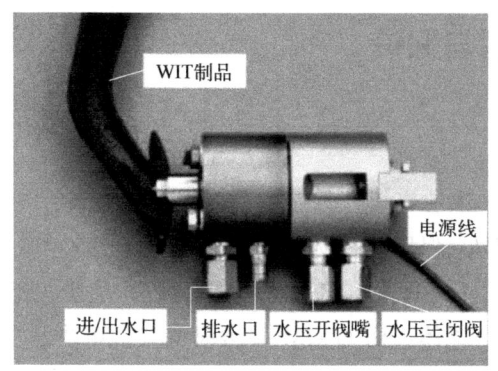

图 3.13　注水喷嘴结构及其与型腔（制品）连接示意图

目前市场上已有的 WAIM 系统及主要供应商：IKV 水辅助注射装置、Alliance Gas Systems、巴顿菲尔 Aquamould®（Battenfeld's Aquamould system）、新普雷斯气辅注塑公司（Cinpres Gas Injection）、恩格尔 Watermelt®（Engel's Watermelt）、米拉克龙（Ferromatik Milacron）、Maximator's WID-Technik system、Project Management Engineering（PME）公司、华南理工大学水辅注塑系统等。

3.2.4　水辅注塑常见缺陷

WAIM 不适合吸湿性大的塑料，原料应用范围比 GAIM 小。BASF、DuPont、Lanxess、Rhodia 和 A. Schulman 公司研发出了适用于汽车内部的水辅注射专用尼龙材料。这些尼龙塑料结晶慢，进而减少过早急冷、水穿透等缺陷，可以替代金属管、金属线槽及其他液体传输零部件。WAIM 的定制材料添加填充剂或改良剂以提高耐湿性，特别是防止因吸湿而引起玻璃纤维偶联剂的失效。

WAIM 典型的缺陷是中空截面的不连续以及水充填末端（出水口）表面质量差。选用适宜 WAIM 的材料、合适的注射技术和过程参数，可以避免这两种缺陷的产生。但迄今为止，水辅注射成型缺陷的形成机理尚未完全清楚，分析并理解缺陷的形成机理仍是 WAIM 研究的课题之一。大多数情况下，水辅注塑过程中缺陷发生在水和聚合物的接触面上，但根据现有的熔体物理特性测量、鉴定方法暂不能清楚阐明。因此，如何确定合适的水温、水压、流速以及熔体内部水的流动对塑料熔体取向及结晶、制品性能的影响仍是工艺研究的重点；此外，水针位置、水的密封、水的排空也是 WAIM 模具结构必须考虑的。

3.3 数学模型与假设

（1）数学模型

GAIM、WAIM 中的充填、保压的数学描述和假设，与传统注塑相似（参考本书第 2 章）。充填、保压的控制方程同样是基于三大守恒定律和本构关系描述的，主要差别在于定解条件的不同，特别是边界条件。在充填过程，传统注塑的移动边界主要是熔体，而 GAIM 要考虑氮气、熔体两个移动边界；WAIM 考虑的是水、熔体两个移动边界。此外，水、空气为牛顿流体，塑料熔体为非牛顿流体。

在注塑过程中，由于流体在压力较低的情况下充填，将流体假定为不可压缩的牛顿流体，塑料熔体假定为非弹性的广义牛顿流体，忽略表面张力对熔体前沿的影响，三维瞬态非等温流动的控制方程如下：

质量守恒：
$$\frac{\partial \rho}{\partial t} + \nabla \cdot (\rho \boldsymbol{u}) = 0 \tag{3.1}$$

动量守恒：
$$\rho \frac{\mathrm{d}\boldsymbol{u}}{\mathrm{d}t} = \rho \boldsymbol{g} + \nabla \cdot \boldsymbol{\sigma} \tag{3.2}$$

能量守恒：
$$\rho C_p \frac{\mathrm{d}T}{\mathrm{d}t} = \nabla \cdot (k_{\mathrm{th}} \nabla T) - T \left(\frac{\partial p}{\partial T} \right)_\rho (\nabla \cdot \boldsymbol{u}) + \tau_{ij} : \nabla \boldsymbol{u} + \rho q \tag{3.3}$$

本构方程（广义牛顿流体）：$\boldsymbol{\tau} = -\eta (\nabla \boldsymbol{u} + \nabla \boldsymbol{u}^{\mathrm{T}})$ (3.4)

式中，$\boldsymbol{u}$ 是速度向量；T 是温度；t 是时间；p 是压力；$\boldsymbol{\sigma}$、$\boldsymbol{\tau}$ 是应力张量；$\boldsymbol{g}$ 是重力加速度；ρ 是密度；η 是黏度；k_{th} 是热导率；C_p 是定压比热容。黏度

公式多用修正的 Cross 模型（参考本书第 1 章、第 2 章）。

（2）熔体波前追踪

气辅注塑、水塑注塑及后面提及的双色注塑，自由边界比传统注塑多，求解控制方程进行数值模拟计算的复杂性和难度增加。这里不再做数学上的推导，只是说明一下型腔充填时塑料熔体波前、GAIM 熔体/气体界面的确定方法。类似地，可确定 WAIM 水/熔体界面、夹芯注塑的壳/芯界面、双色的熔体界面。

和传统注塑的充填流动过程类似，GAIM 中熔体波前位置的确定是基于控制体积法。对于中面模型，为了对熔体、气体两类移动边界跟踪，在气体辅助注射成型充填模拟中，对每个控制体积引无量纲系数——充填因子 f_i 和厚度比因子 f_g。其中，充填因子 f_i 是节点的控制体积内已被熔体充填部分与控制体积之比（含义与本书第 2 章 2.4.3 类似）。因而 f_i 的大小反映了控制体积的熔体充满程度，f_i 的取值范围为 $0 \leqslant f_i \leqslant 1$。$f_i=0$，表示相应节点的控制体积内尚未流入熔体，熔体没有到达该控制体积；$0<f_i<1$，表示相应节点的控制体积被熔体部分充填；$f_i=1$，表示节点的控制体积已被熔体完全充满。厚度比因子的定义如图 3.14 所示，$f_g=a/b$，式中，a 为气体外层聚合物的厚度（主要是塑料熔体形成的冷凝层），b 为型腔厚度的一半，因而 f_g 的大小反映了控制体积的气体充填程度。f_g 的取值范围为 $0 \leqslant f_g \leqslant 1$。$f_g=0$，表示节点的控制体积已经完全被气体充填；$0<f_g<1$，表示相应节点的控制体积已部分被气体充填；$f_g=1$，表示相应节点的控制体积还未进入气体。

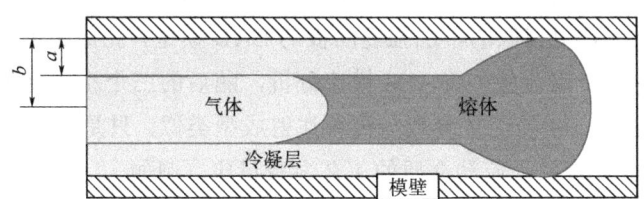

图 3.14　厚度比因子 f_g 定义示意图

在 GAIM 充填模拟中，移动边界的跟踪步骤如下。首先，根据当前的压力场，计算［类似第二章式（2.182）］出流入每一前沿控制体积的净流率及其完全充满所需的时间，流出每一熔体-气体边界有效控制体积的净流率及其熔体部分被完全吹空所需的时间。然后取充满或吹空时间较短的作为时间增量，则在下一个时刻必有一个前沿控制体积被熔体充满或有一个熔体-气体边界上的有效控制体积被吹空，与之相邻的各控制体积的相关节点变为新的前沿节点或新的熔体-气体边界节点。如此进行下去，直至整个型腔被充满。这样就获得了熔体前面、熔体-气体界面随着时间变化的位置。中面模型将气体控制体积简化为厚度比因子的合理性，在于假设气道为一维管状结构。

对于三维单元，使用熔体体积比的充填因子 F 作为追踪运算熔体前沿位置与气体（流体）渗透的参数。当 $F=0$ 时，无熔体；当 $F=1$ 时，则表示控制体积充满熔体，所以熔体前沿分布在 $0<F<1$ 的控制体积内。充填因子根据下面方程获得，其中 u 为速度矢量（参考第 2 章 2.6.3 节相关内容）。

$$\frac{\partial}{\partial t}F_{\Omega_f}(x,t)+\nabla\left[uF_{\Omega_f}(x,t)\right]=0 \qquad (3.5)$$

在熔体充填阶段，熔体移动速度与温度可用已知的模具入口的给定值。当空气或水（流体）在注射时，压力边界条件被设定在流体的进口处。此外，模壁假设无滑移的边界条件，模具温度或热对流边界由能量方程计算。这里需要留意，F 不仅表示熔体，还表示了空气或水的充填状态。不同的模流软件处理方式或有不同，但基本流程与前面中面或传统注塑的充填过程类似。

3.4 气辅注塑模流分析

本章的模拟案例重点在于介绍 Moldex3D 软件气辅/水辅注塑的具体应用，没有过多地考虑工程背景，制品 CAD 模型采用基础篇中第 5 章的传统注塑模型。为便于比较，用相似的带加强筋肋板的 CAD 模型，完成标准 GAIM、带溢流腔的 GAIM、带溢流腔的 WAIM 模流分析，随后的三个小节将依次介绍。

GAIM 和 WAIM 的工艺参数与传统注射成型类似，只是在塑件成型过程中的充填/保压阶段增加了流动介质的工艺参数设定，例如，"介质进入时间"（由充填体积或充填时间控制）、"延迟时间"、"介质保存时间"、"介质进入控制方法"（由压力或由流率控制）等。由于 GAIM 和 WAIM 可以设置溢流区（可以引导介质穿透熔体），因此模具结构与基础篇中的第 5 章传统注射成型的制品模型（图 5.1）相比来说多了溢流区。模具结构的变化、溢流区对 GAIM、WAIM 模拟结果的影响也将在后面 3.5、3.6 小节中说明。

Moldex3D 软件中常规 GAIM 的模拟如下。

3.4.1 制品分析

带加强筋和肋的平板结构,和基础篇中图 5.1 非常相似。不同的地方在于加强筋处希望用气道完成。GAIM 在塑件壁厚区域形成气道,可缩小塑件的厚度差,同时减少塑件壁厚区域表面凹痕的问题。因此,希望通过 GAIM 的模流分析,获得气体穿透长度、气体前沿位置变化及其制品翘曲变形等信息,以便从模拟结果中了解气辅注塑的特点。为便于学习气辅注塑的模流分析,所用流程步骤与基础篇中第 3 章图 3.1 类似,从中可了解传统注塑(CIM)与气体辅助注塑(GAIM)的异同。

3.4.2 前处理

步骤一(打开软件建立项目或新建组别):为了便于比较传统注塑与气辅注塑的模拟结果,用同一个项目的不同组别来进行案例模拟和分析。点击图 3.15 中的"新组别"建立一个新的组别(组别 02),并编辑组别名为"气体辅助射出成型",然后选择制程类型"气体辅助射出成型"。

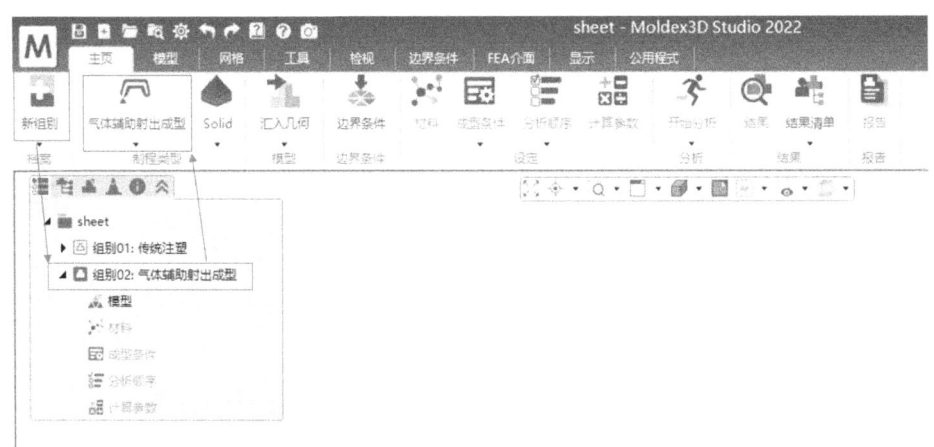

图 3.15 建立组别 02:气体辅助射出成型

步骤二(汇入几何模型):导入建立的几何模型(文件格式为".stp")(图 3.16,详细操作步骤可参考基础篇第 3 章)。

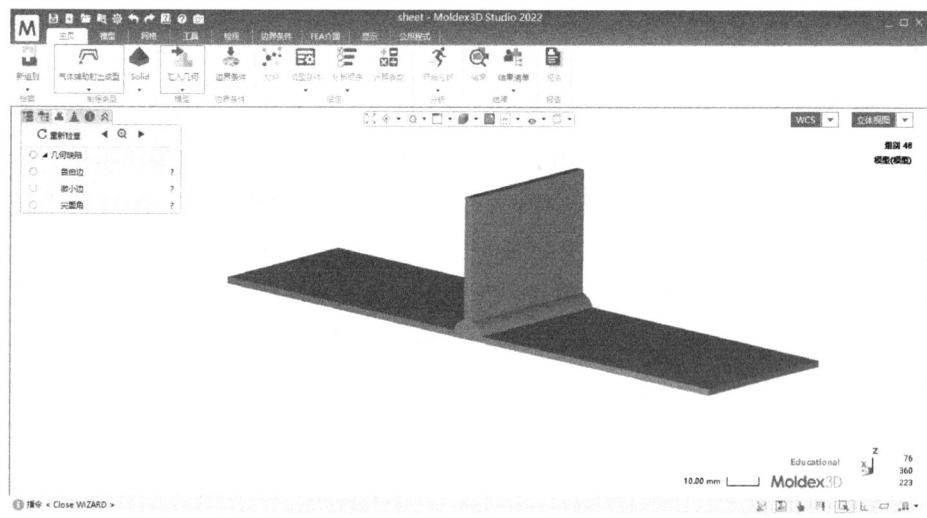

图 3.16 "汇入几何"后的界面

步骤三(检查几何模型):汇入几何之后,选择主菜单中的"模型",点击功能区的"检查几何"选项,则检查结果出现在图 3.17 所示工作窗口的左上方,"几何缺陷"的数量应全为 0。

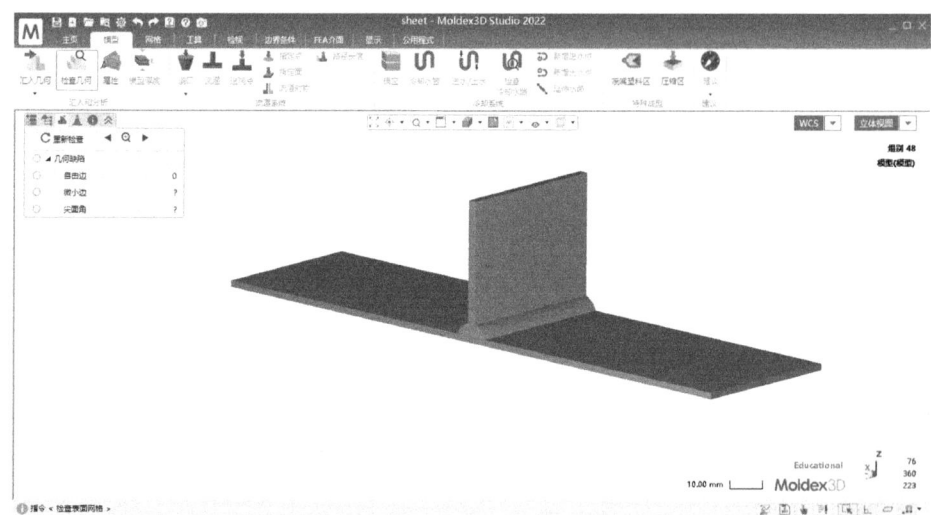

图 3.17 "检查几何"界面

步骤四（设置属性）："检查几何"零缺陷后，选择主菜单栏中的"模型"，点击功能菜单区的"属性"后，长按鼠标左键选取需编辑属性的 CAD 模型，则出现图 3.18 左侧下面的"射出成形属性设定"弹出式窗口，选择"塑件"完成设置属性。

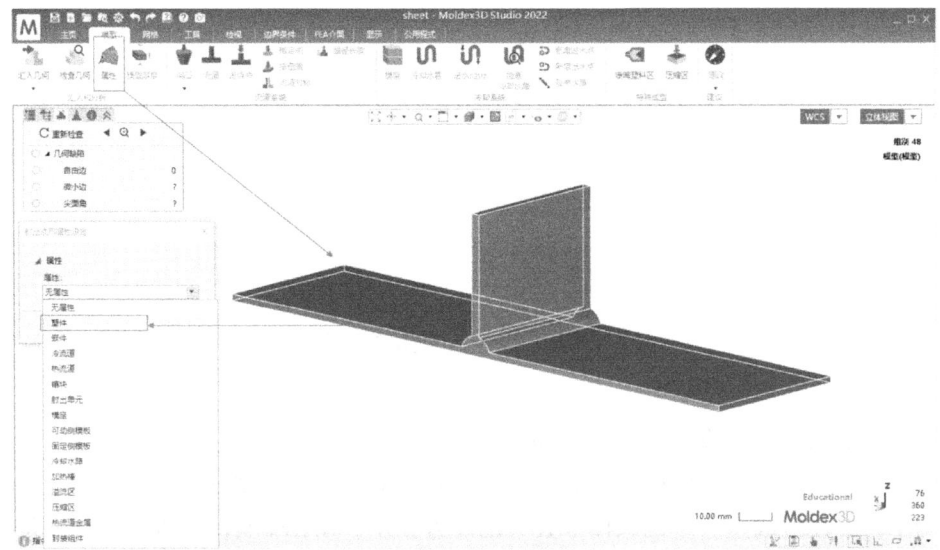

图 3.18　塑件属性设置

步骤五（确定浇口位置）和**步骤六**（建立流道系统）：这里用自行绘制流道线段的方式建立浇道系统，浇口和流道的处理方式与基础篇中第 5 章（5.2 节）类似。具体过程参考基础篇中第 5 章 5.2 节图 5.5～图 5.11 相关的文字和图片。

完成浇道和浇口设置后，对于 GAIM 还需要设置气体的入口位置。选中图 3.19 的"指定点"图标后，点击针点浇口的上端点，将其设定为边界（为比较气辅注塑和水辅注塑，将气针和水针设置为一样的尺寸）。点击"进浇组别 ID"的下拉菜单，设置组别数量为"2"（图 3.19），并将针点浇口设置为组别 2。

类似地，在点击"属性"后选取主流道的进浇点将其进浇组别设置为 1（图 3.20）。

步骤七（生成模座）：参考基础篇第 5 章（5.2 节）步骤七及图 5.12，生成模座。

步骤八（创建冷却系统）：参考基础篇第 5 章（5.2 节）步骤八及图 5.13～图 5.17，完成冷却水路及其进/出水口设计。

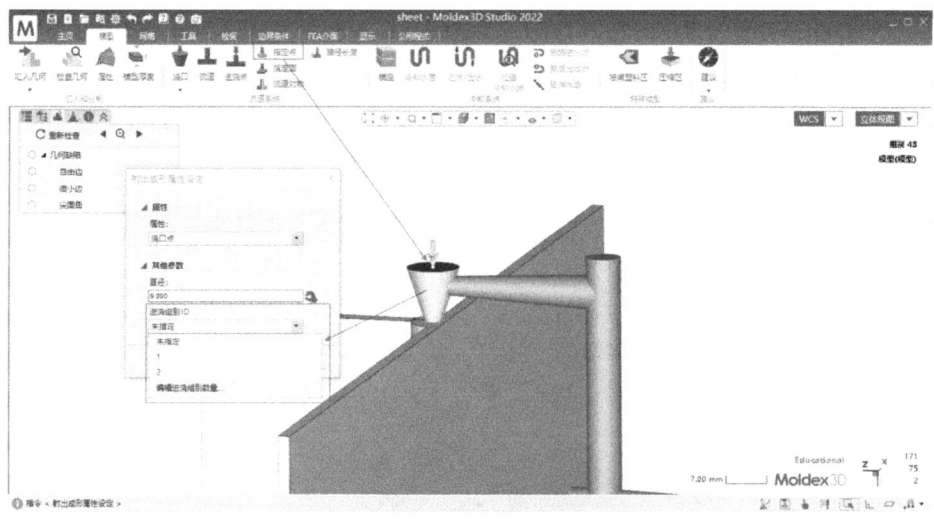

图 3.19　进浇组别数量的设置

步骤九（检查冷却水路）：完成冷却水路设置后，点击"检查冷却水路"，窗口左下角出现"检查水路...正确。"（图 3.21），至此冷却系统的设置完成。不同于常规注射成型（基础篇图 5.18）的地方在于：GAIM 有两个入口，一个是熔体入口，一个是气体入口。

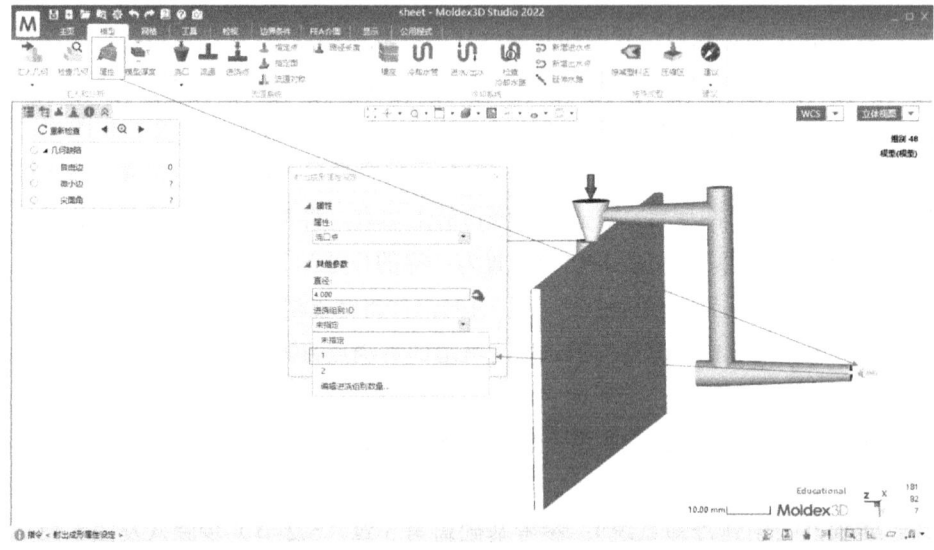

图 3.20　设置主流道进浇口的组别

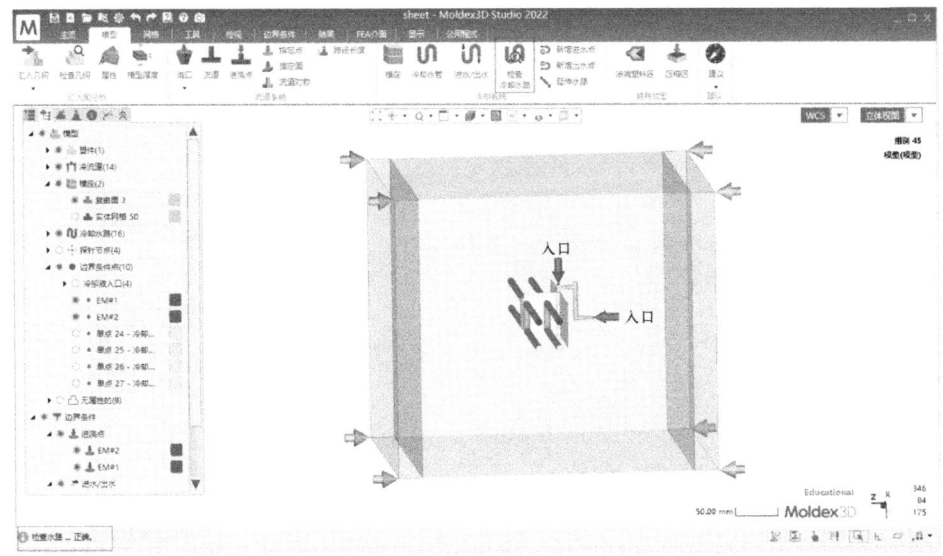

图 3.21 GAIM 的冷却水路检查

步骤十（撒点）：参考基础篇第 5 章（5.2 节）步骤十及图 5.19，完成撒点。

步骤十一（生成实体网格）和**步骤十二**（再次确认检查）：参考基础篇第 5 章（5.2 节）相应步骤及图 5.20、图 5.21，完成实体的网格划分和检查。至此，完成 GAIM 的前处理。

3.4.3　成型参数设定和分析

步骤十三（进入 Moldex3D 材料精灵）和**步骤十四**（材料加入专案）：完成网格检查后，点击"主页"菜单中的"材料"选项，保证进口的"EM#1"为熔胶（熔体），"EM#2"为"气"，并保存设置（图 3.22）。

步骤十五（设置工艺参数）：完成材料选择后，点击菜单栏的"主页"→"设定"标签中的"成型条件"功能图标→"Moldex3D 加工精灵"弹出式窗口，"专案设定"界面的参数使用默认值（图 3.23），点击"下一步"进入"充填/保压"界面。设置过程和 CIM 相似。但 GAIM 要考虑塑料熔体和气体的参数，而 CIM 只考虑塑料熔体（图 3.24）。

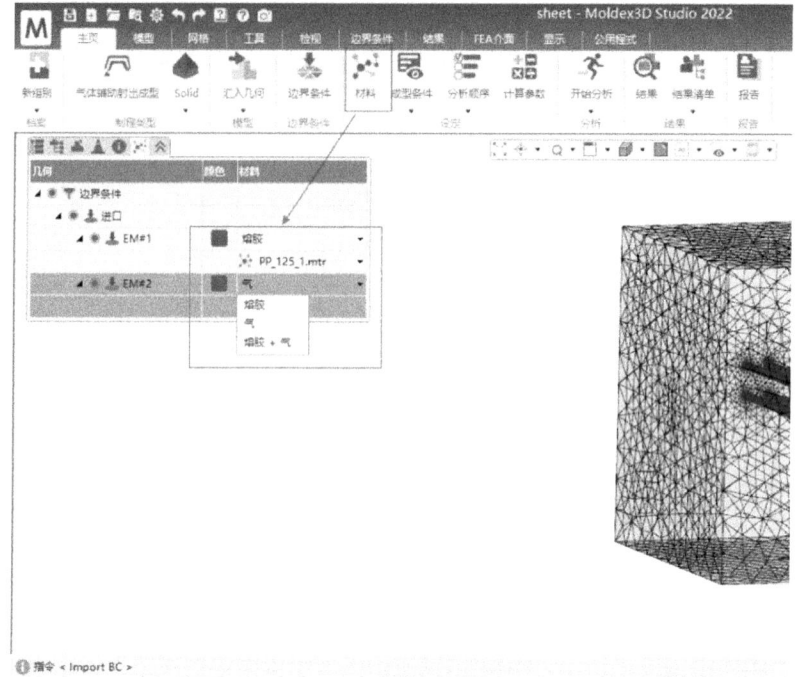

图 3.22　GAIM 的材料设置

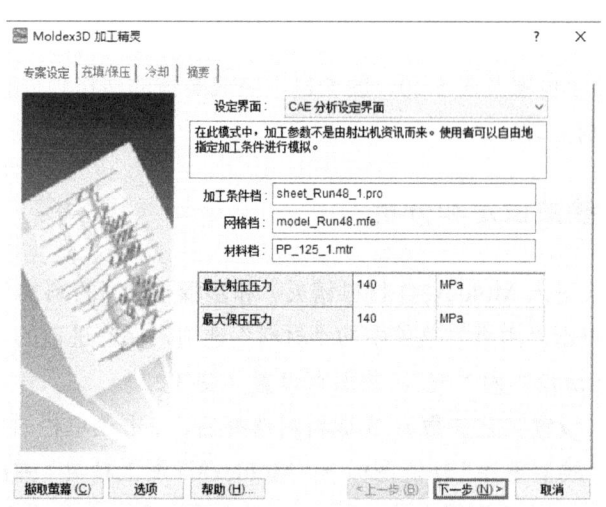

图 3.23　GAIM"Moldex3D 加工精灵"的"专案设定"界面

"Moldex3D 加工精灵"窗口的"充填/保压"界面设置中,"充填时间"为

1秒［图3.24（a）］，设置"速度/压力 切换点""由充填体积（%）"为98，设置"保压时间"为0秒［图3.24（b）］（只靠带压气体进行保压），设置"保压多段曲线基于""机器压力"［图3.24（c）］。

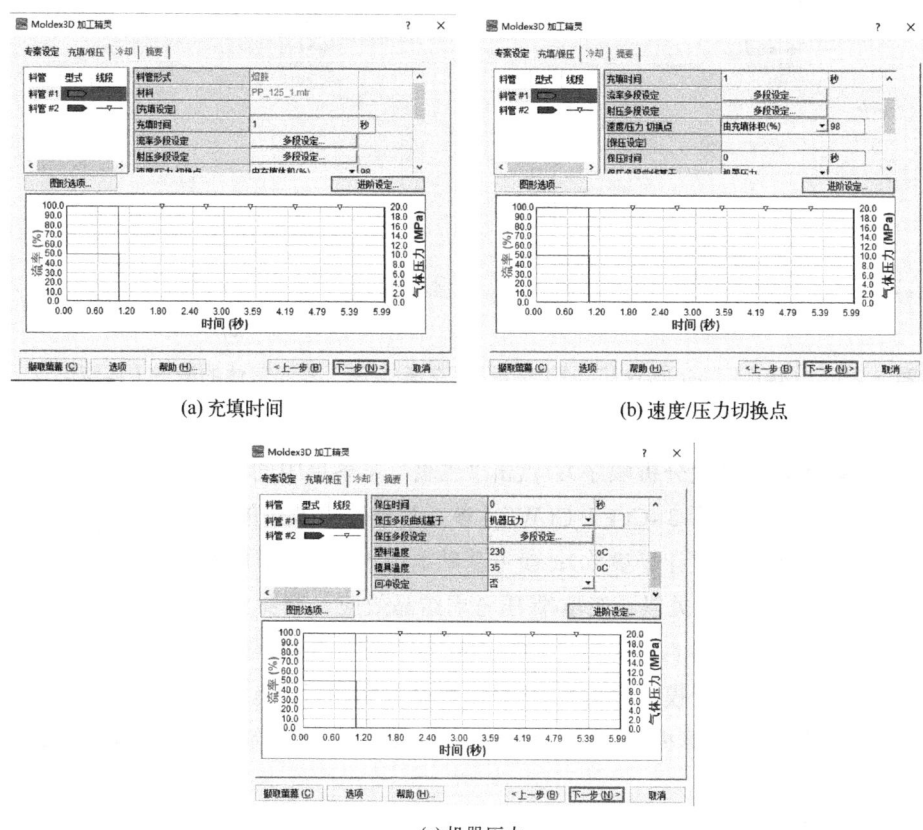

(a) 充填时间　　(b) 速度/压力切换点

(c) 机器压力

图3.24　GAIM"Moldex3D加工精灵""充填/保压"界面熔体的设置（料管#1）

点击"料管#2"进行气体介质的设置。设置"充填时间"为1秒，设置"气体进入时间""由充填体积（%）"为99，设置"延迟时间"为0秒［图3.25（a）］，其余参数使用默认值［图3.25（b）］。

GAIM"Moldex3D加工精灵"的"冷却"界面设置过程与CIM相同。通过"冷却进阶设定"窗口设置"冷却管路"中所有回路的温度、流率、冷却介质后，再返回"Moldex3D加工精灵"的"摘要"界面。在"摘要"界面查阅和检查设置的工艺参数，核实无误后，完成工艺参数的设置（详细过程参考基础篇第 5 章 5.2 节图 5.25～图 5.27）。

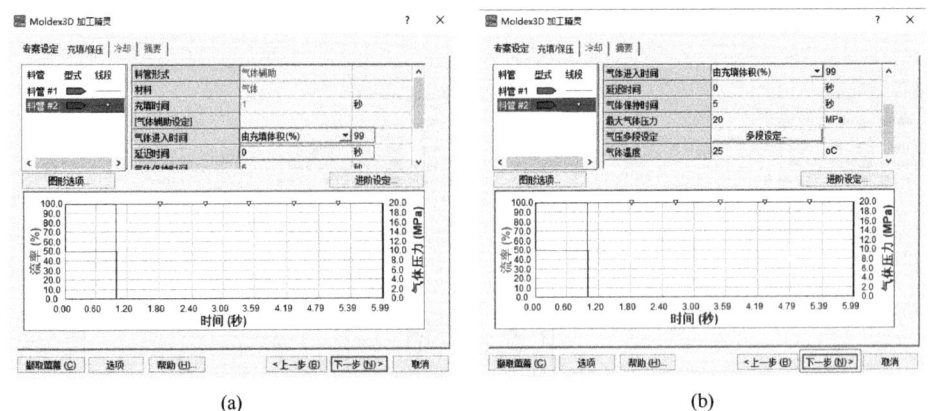

图 3.25　GAIM"Moldex3D 加工精灵""充填/保压"界面气体的设置（料管#2）

步骤十六（设置分析顺序）：点击"主页"主菜单中的"分析顺序"功能图标，选择"瞬时分析 3 -Ct F P Ct W"（参考基础篇第 5 章的 5.2 节图 5.28）。

步骤十七（设置计算参数）：参考基础篇第 5 章 5.2 节图 5.29～图 5.31，计算参数设置与 CIM 类似。充填/保压考虑结晶效应，翘曲分析计算考虑流道和溢流区的影响，同时也考虑温度差异效应与区域收缩差异效应。

步骤十八（执行模拟分析）：计算参数设置完成后，点击"主页"主菜单中的"开始分析"，计算机开始运行分析程序（参考基础篇第 5 章 5.2 节图 5.32）。

3.4.4　后处理

GAIM 运行结束后，可以查看熔体、气体的充填情况、气体穿透状态、残余壁厚、翘曲及尺寸稳定性等模拟结果。熔体充填、制品翘曲变形的查看与 CIM 类似。限于篇幅，这里主要查看熔体充填和气体的穿透情况。

熔体的充填情况和气体在塑件内部形成的气道，可以通过模拟结果查看。点击图 3.26 中主菜单的"结果"后，再选图左侧的"　　"图标，点击"结果 F/P Ct W"菜单中的"充填/保压 时间= 6 …"，在其展开选项中选中"流动波前时间"，则工作界面显示熔体、气体充填的云纹图（图 3.26）。从图中可知，塑料熔体充满型腔，但气体流动不理想，气体一次穿透、二次穿透距离不足，且发生了指形渗透缺陷。

第 3 章 注塑革新工艺（1）——气辅/水辅注塑

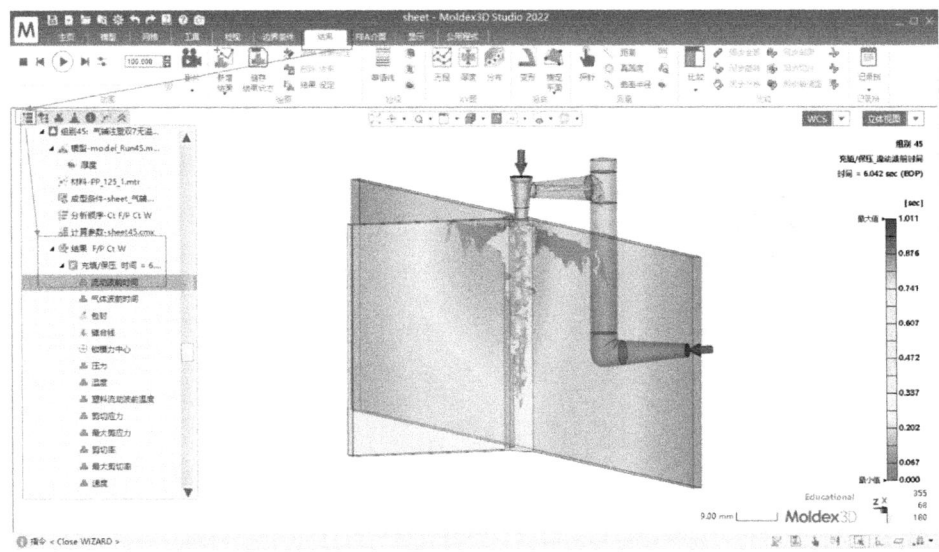

图 3.26 GAIM 模流分析的流动波前结果

通过"充填/保压"结果中的"气体波前时间"可以只查看气体的充填情况。从图 3.27 和图 3.28 可以看出气体在平板处、肋板处都有气体指形渗透缺陷。

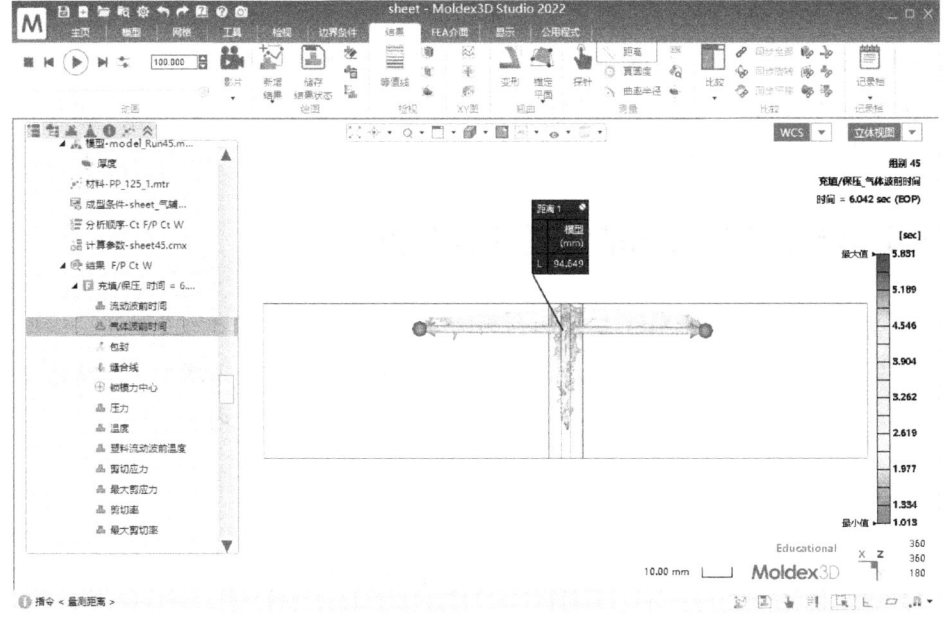

图 3.27 GAIM 模拟的气体平板处的渗透长度

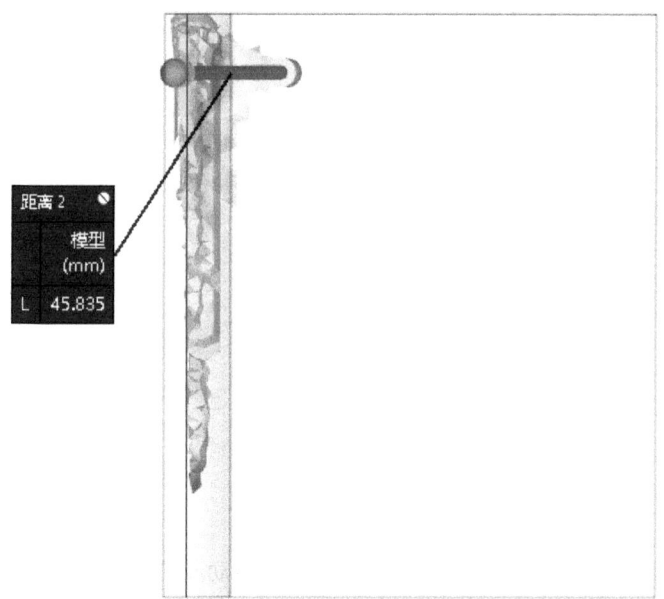

图 3.28　GAIM 模拟的气体肋板处的渗透长度

平板处的渗透长度为图 3.27 测量结果 94.649mm 的一半，约 47.32mm。肋板处的渗透距离为 45.835mm（图 3.28），渗透距离近似相等。根据模拟结果，可以知道带筋、肋平板的 GAIM 不成功，气道长度不理想，且存在气体指形渗透缺陷，制品不合格。为改善成型质量，形成要求的气道通孔，需要对工艺进行调整，使用溢流腔气辅注塑替代标准法 GAIM。

3.5　带溢流腔的气辅注塑模流分析

带溢流腔的 GAIM 中，溢流腔与型腔的连接处，由于尺寸变化较大，网格处理需要用到网格局部加密技术。本节在模流分析中，前处理增加了网格修复技术，成型工艺参数设置增加了"溢流腔"开启闭合的设置内容。

3.5.1　制品分析

带加强筋和肋的平板，希望用气辅注射成型解决缩痕、翘曲变形大的问题，通过生成气道减小壁厚区的厚度，希望通过 GAIM 的模流分析，获得气体穿透长度、气体前沿位置变化及其制品翘曲变形等结果,以便能提高制品成型精度。图 3.29 展示了带溢流腔塑件的尺寸。

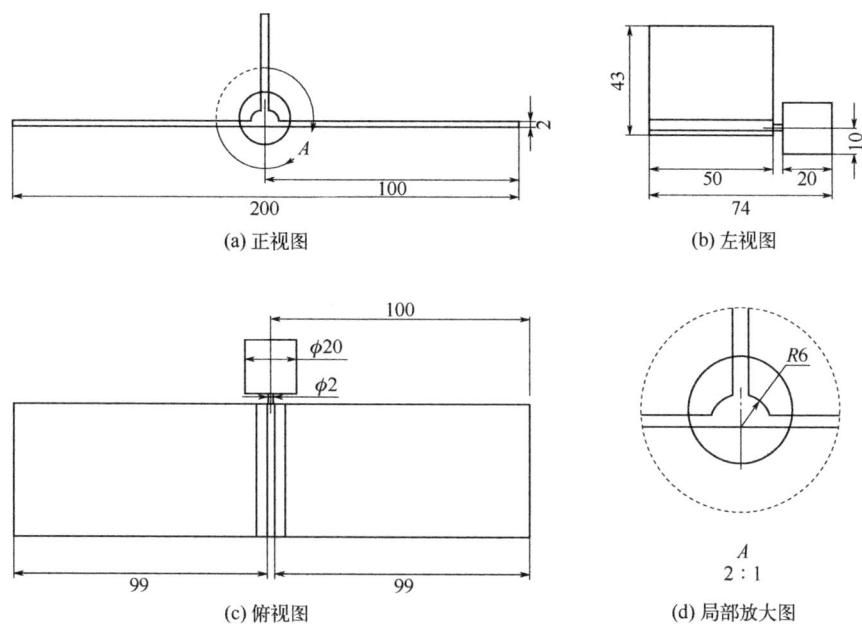

图 3.29 带有溢流腔的气辅成型模型尺寸(单位:mm)

3.5.2 前处理

步骤一(打开软件建立新组别)和**步骤二**(汇入几何模型):新建组别 03,编辑组别名为"气辅注塑带溢流区",保持制程类型"气体辅助射出成型",导入建立的几何模型(文件格式为".stp"),如图 3.30 所示,操作步骤可参考前面 3.4.2 节。

步骤三(检查几何模型):汇入几何之后,点击图 3.31 功能区的"检查几何",则检查结果出现在工作窗口,"几何缺陷"的数量全为 0。

步骤四(设置属性):完成"检查几何"零缺陷后,点击功能区的"属性",长按鼠标左键选取要编辑属性的 CAD 模型,则出现图 3.32 左下方的"射出成形属性设定"弹出式窗口;将薄板属性设置为"塑件",圆柱体(溢流区)属性设置为"溢流区"。

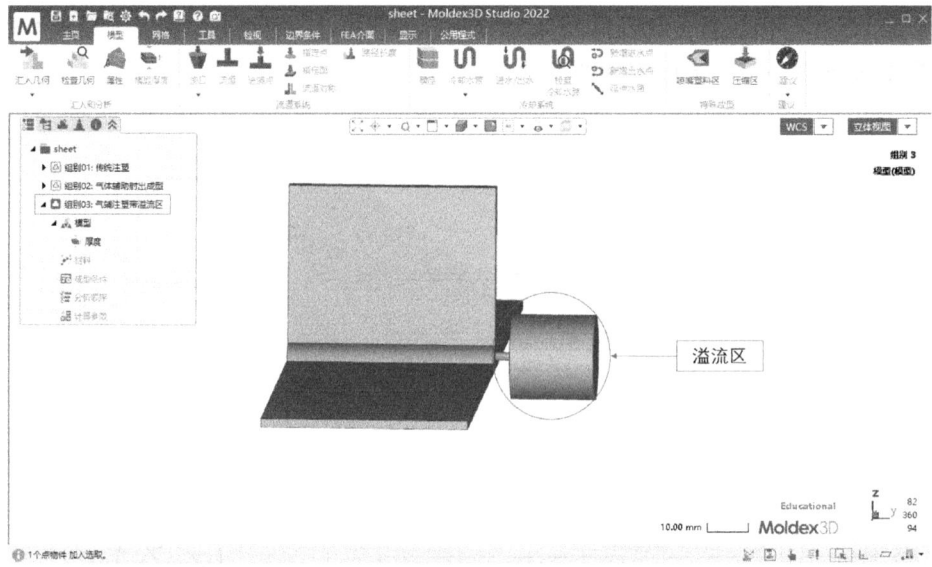

图 3.30 导入带溢流腔 GAIM 的薄板制品模型

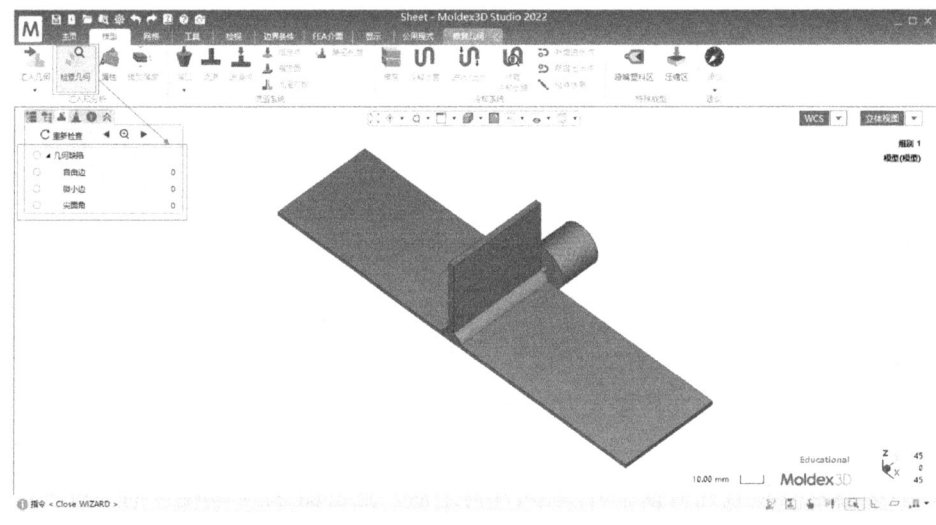

图 3.31 检查几何

步骤五（确定浇口位置）、**步骤六**（建立流道系统）、**步骤七**（生成模座）、**步骤八**（创建冷却系统）、**步骤九**（检查冷却水路），带溢流腔 GAIM 的浇口、流道、模座和冷却水路与不带溢流腔 GAIM 完全相同（具体步骤可参考 3.4.2 节）。

第 3 章 注塑革新工艺（1）——气辅/水辅注塑

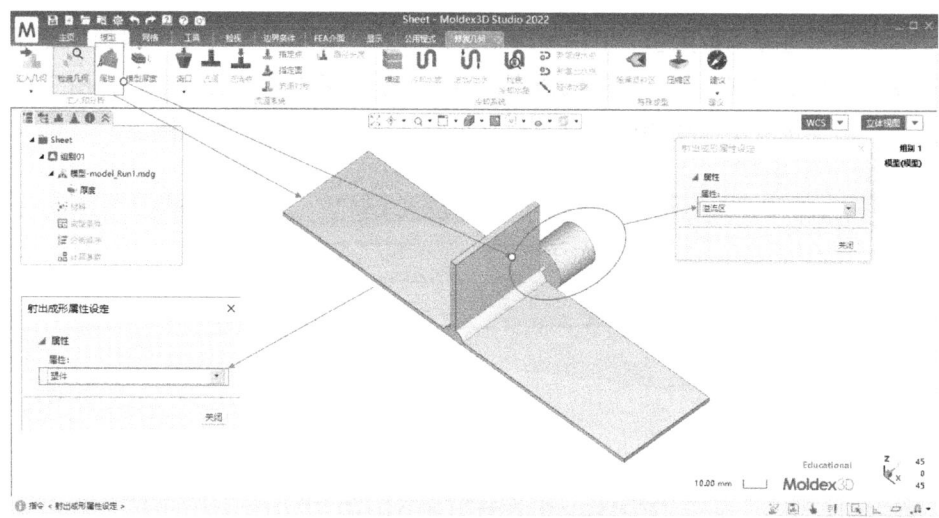

图 3.32 设置属性

步骤十（撒点）：选中主菜单栏的"网格"后，点击图 3.33 中的"撒点"后选择塑件和溢流区，则出现"修改撒点"窗口，设置"网格尺寸"为 1，点击"套用"，再点击" "，结果如图 3.33 所示。

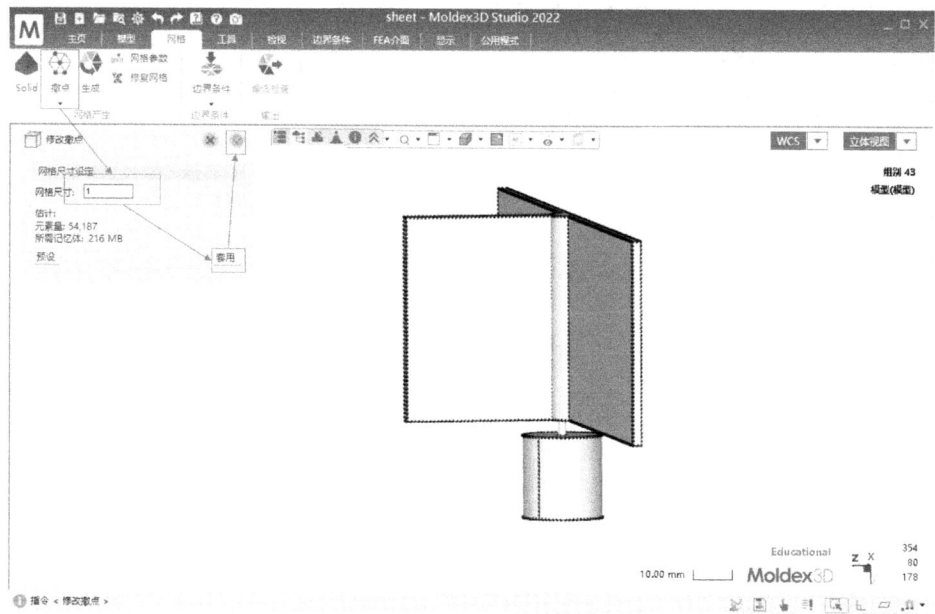

图 3.33 "修改撒点"窗口

183

若需要进行局部加密，用鼠标选中塑件的圆弧线段进行加密，"段数"设置为 5 进行局部加密，加密后的线段高亮显示，加密后的面深色显示，如图 3.34 所示。本案例暂不需要加密，可忽略此步骤直接点击" "完成撒点。

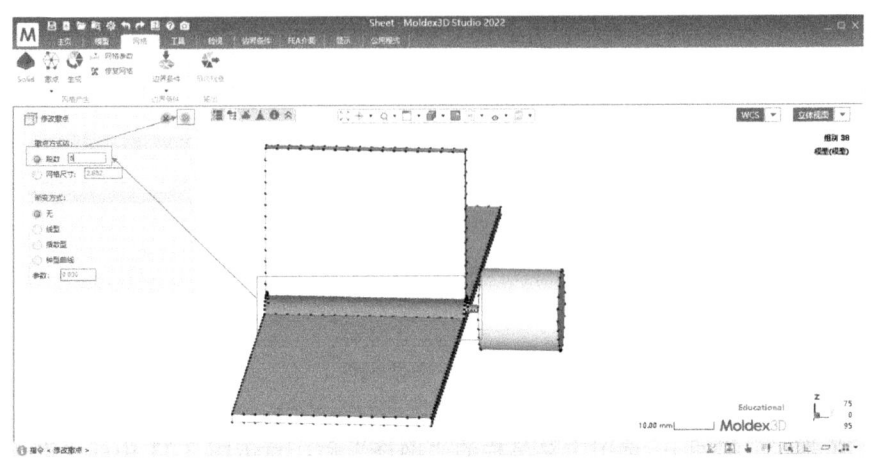

图 3.34　局部加密

步骤十一（生成实体网格）："撒点"完成后点击保存，然后点击图 3.35 中的"生成"，选中"产生 BLM"悬浮式窗口中的"生成"，出现不匹配网格警告弹窗，网格程序终止于"塑件"（图 3.35），此时需要改善表面网格，通过"修复/改善表面网格"进行网格修复。

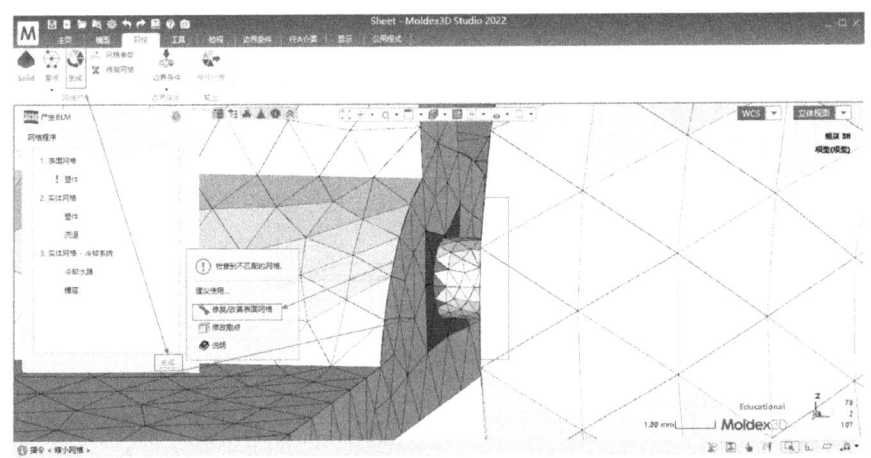

图 3.35　网格"生成"过程中出现的不匹配网格

点击"修复/改善表面网格"后，功能区自动更新为如图 3.36 所示页面。点击功能区中的"删除"，选中不匹配网格所在的表面（图 3.36 中高亮显示），点击" "只显示选中的表面，选取所要删除的网格（图 3.37），点击" "完成网格删除。一般来说，需要删除不匹配网格以及附近的表面网格，之后再重新生成网格，这样产生的网格质量较好。

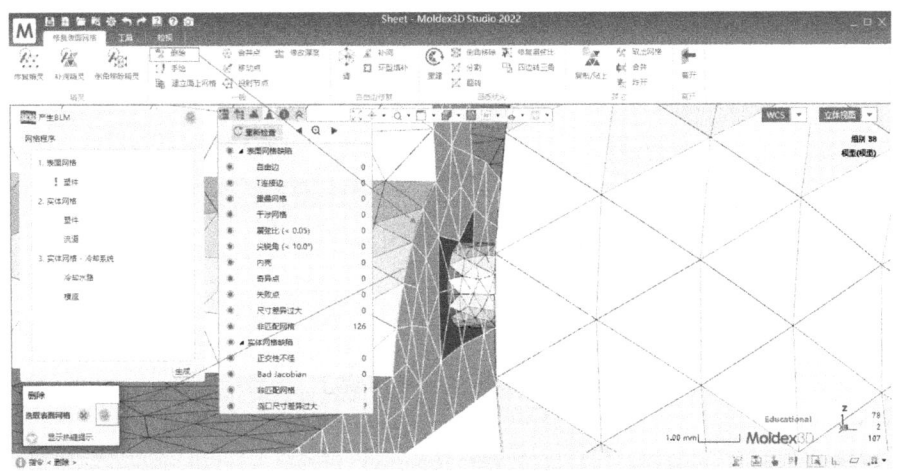

图 3.36　使用"删除"工具

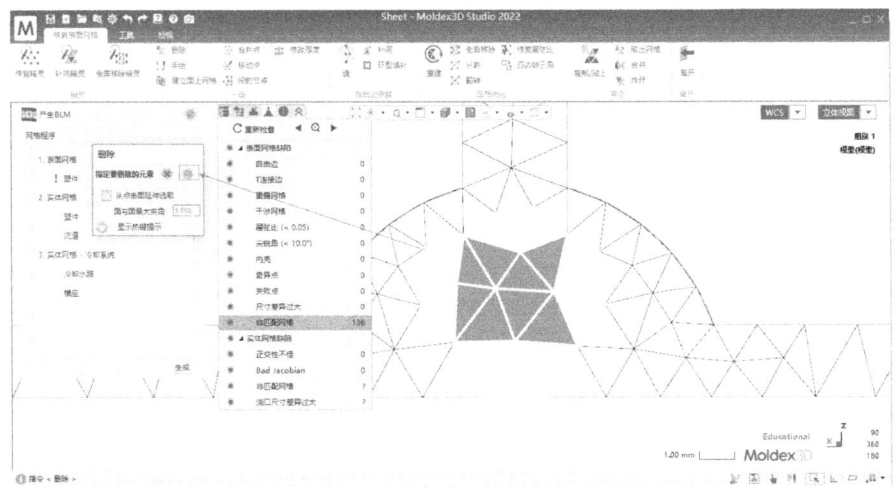

图 3.37　选取所要删除的网格

删除网格后，进入图 3.38 的"模型"悬浮窗口，选中溢流区后点击鼠标右键进行隐藏，只保留溢流区（"复曲面 37"）的上下底面（图 3.38）；点击功能区中的"复制/贴上"，将溢流区与塑件相交的底面复制到塑件的表面（已经删除网格的表面）。

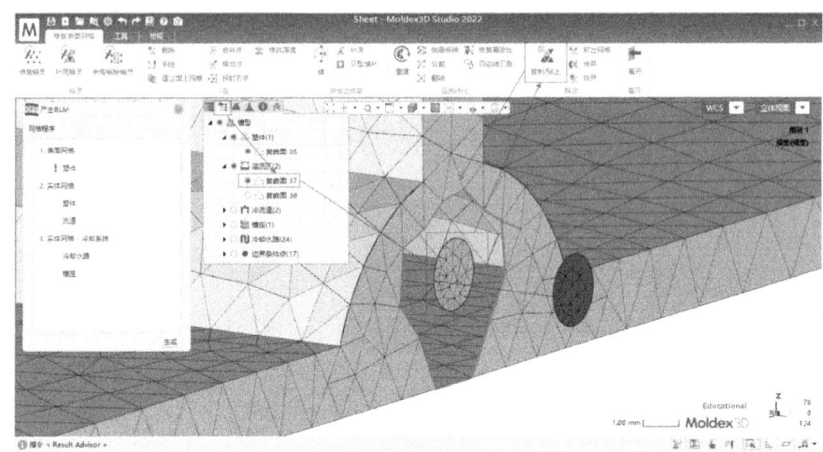

图 3.38　网格的"复制/贴上"

复制底面后，隐藏溢流区的底面，点击功能区中的"环型填补"，选取图 3.39 中的两条封闭曲线作为"环型填补"的两个封闭回路，点击" "，软件自动填补网格，填补后的网格如图 3.40 所示。

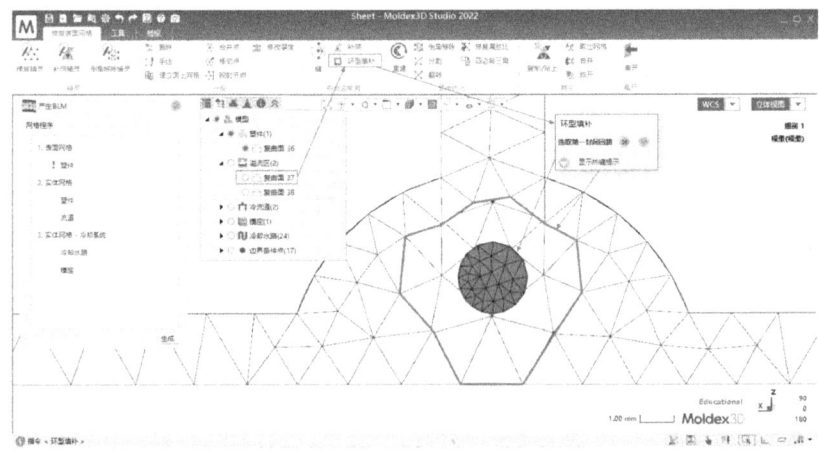

图 3.39　"环型填补"

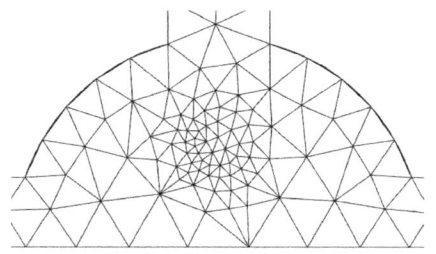

图 3.40 填补后的网格

对于溢流区的不匹配网格采用相似的方法进行修复（过程不再重复），修复完成的溢流区见图 3.41。

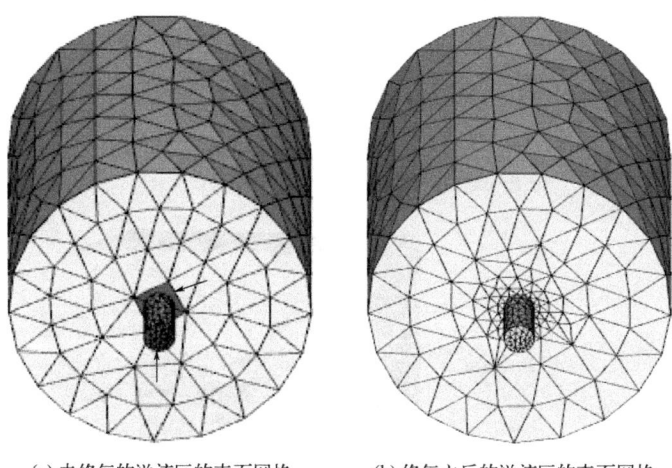

(a) 未修复的溢流区的表面网格　　(b) 修复之后的溢流区的表面网格

图 3.41 修复溢流区的不匹配网格（图中箭头指示处网格）

修复表面网格完成后，进入"重新检查"悬浮窗口（图 3.42 中间窗口），点击"重新检查"，确保表面网格缺陷数量全部为 0（图 3.42）后，点击"产生 BLM"悬浮式窗口中的"生成"，软件自动进行网格划分；当所有选项均为"✓"时，网格划分操作完成，此时所有模型的实体网格已经正常生成，软件提醒用户进行前处理的最后一步"最终检查"，如图 3.43 所示。

步骤十二（再次确认检查）实体网格全部生成完毕后点击"最终检查"（图 3.43），运行完成后，弹出"网格检查"窗口，点击"确定"（图 3.44）。

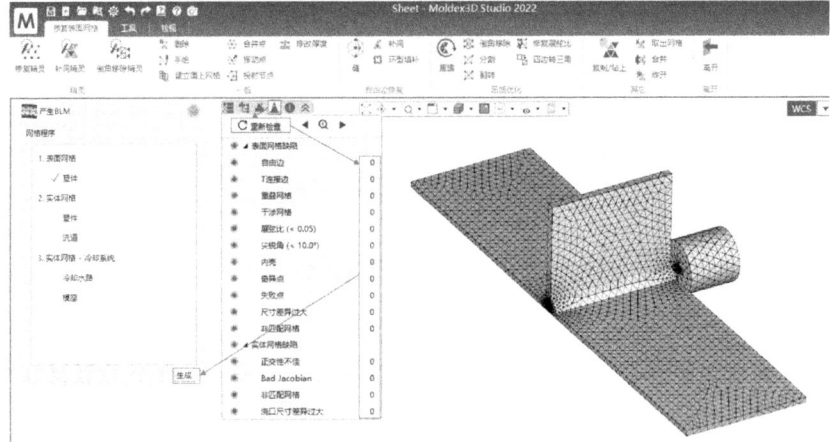

图 3.42　重新检查表面网格

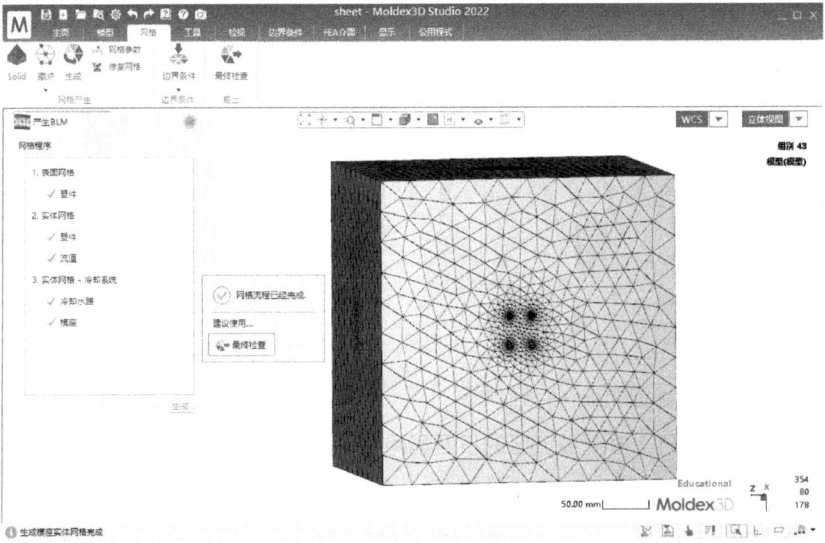

图 3.43　最终检查

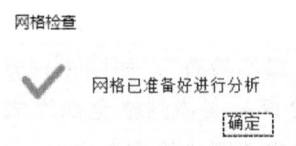

图 3.44　"网格检查"窗口

3.5.3 成型参数设定和分析

步骤十三（进入 Moldex3D 材料精灵）和**步骤十四**（材料加入专案）：网格经过最终检查后，点击"主页"界面内"设定"模块中的"材料"（图3.45），保证进口的"EM#1"为熔胶，材料为"PP_125_1.mtr"（材料加入专案可参考基础篇第3章的步骤十四），"EM#2"为"气"。

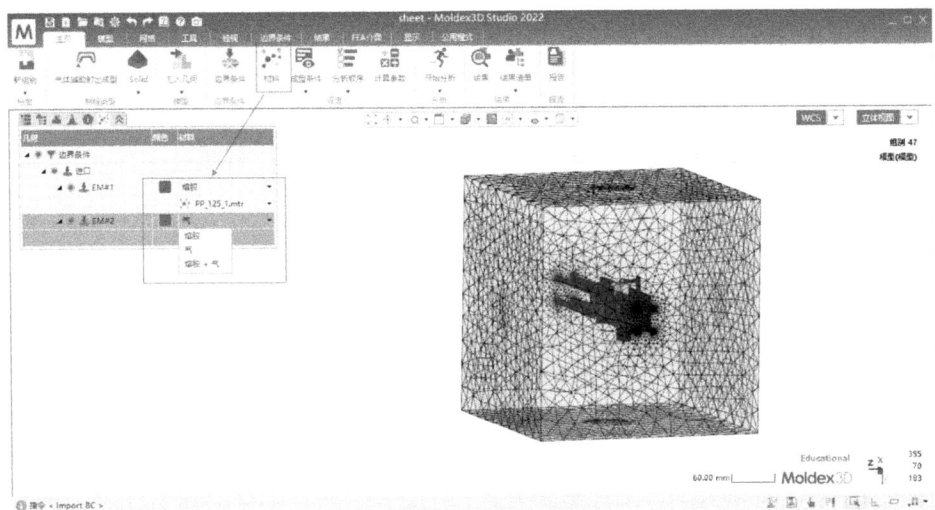

图 3.45 材料项目树导航栏

步骤十五（设置工艺参数）：选择材料完成后，点击菜单栏的"主页"，点击"设定"标签中的"成型条件"功能图标，出现"Moldex3D 加工精灵"弹出式窗口，"专案设定"界面的参数使用默认值（图3.46），点击"下一步"进入"充填/保压"界面。

在"充填/保压"界面设置"充填时间"=1秒[图3.47（a）]，"速度/压力 切换点""由充填体积（%）"= 98，设置"保压时间"= 0秒[图3.47（b）]（也就是说只通过气体进行保压），设置"保压多段曲线基于""机器压力"[图3.47（c）]。

点击"料管#2"进行气体介质的参数设置，设置"充填时间"为1秒，设置"气体进入时间""由充填体积（%）"为99，设置"延迟时间"为0秒[图3.48（a）]，其余参数使用默认值[图3.48（b）]。

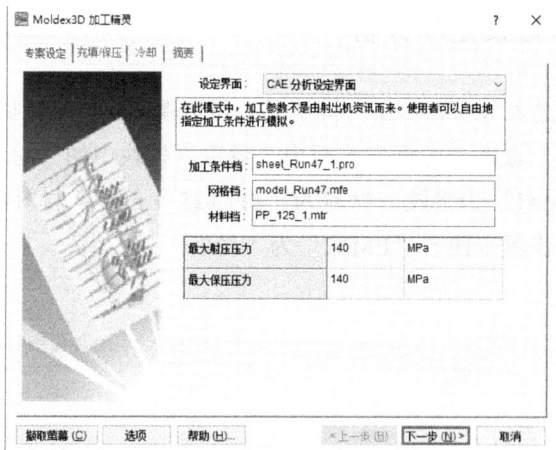

图 3.46 Moldex3D 加工精灵的“专案设定”界面

(a)

(b)

(c)

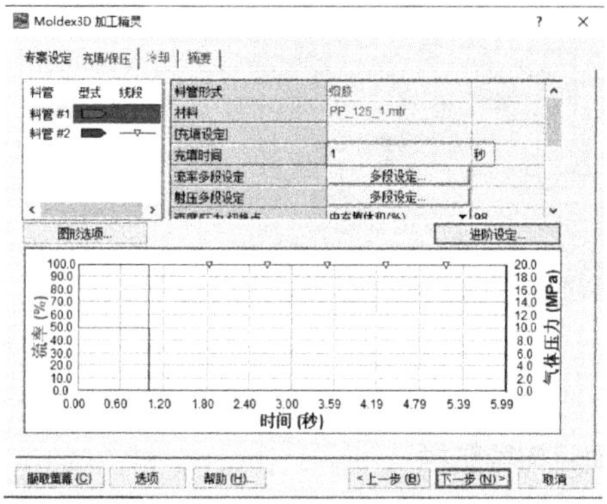

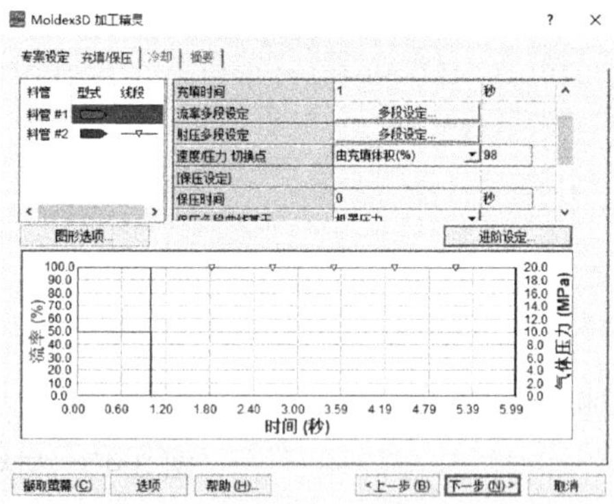

图 3.47 设置“料管#1”的“充填/保压”界面的参数

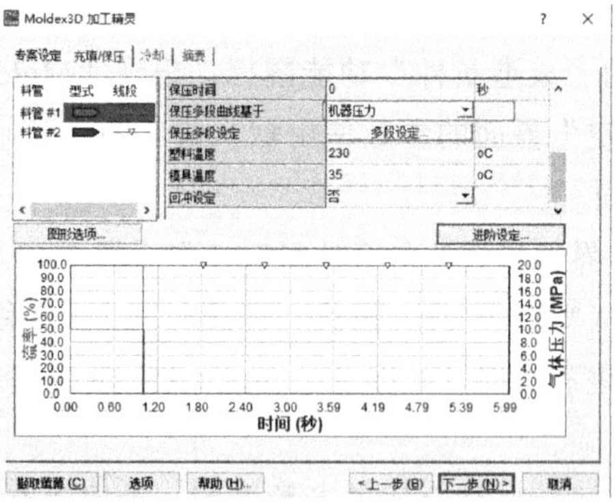

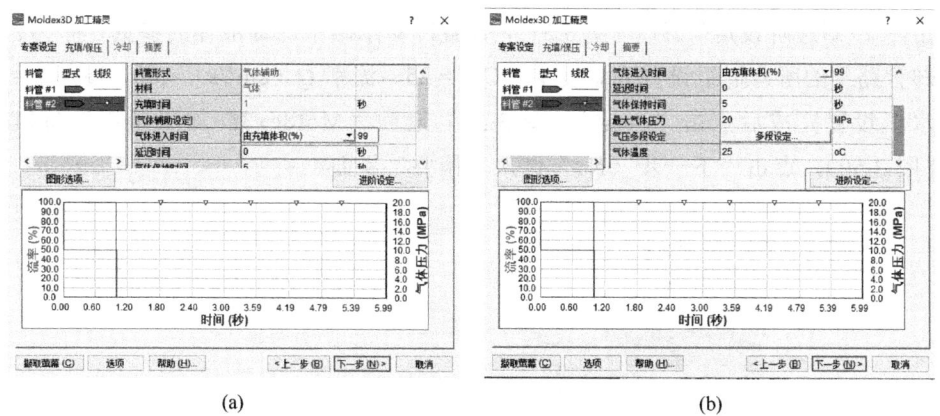

图 3.48 设置"料管#2"的"充填/保压"界面的参数

"料管#2"设置后点击图 3.48（b）中的"进阶设定…"，在"进阶设定…"弹出式窗口中（图 3.49）设置溢流区。溢流区"型式"为"时间控制"，设置"控制点"数量为 2，设置控制点"1-1"的"数值"为 0 秒，"阀浇口动作"为关闭；设置控制点"1-2"的"数值"为 0.999 秒，"阀浇口动作"为开启。

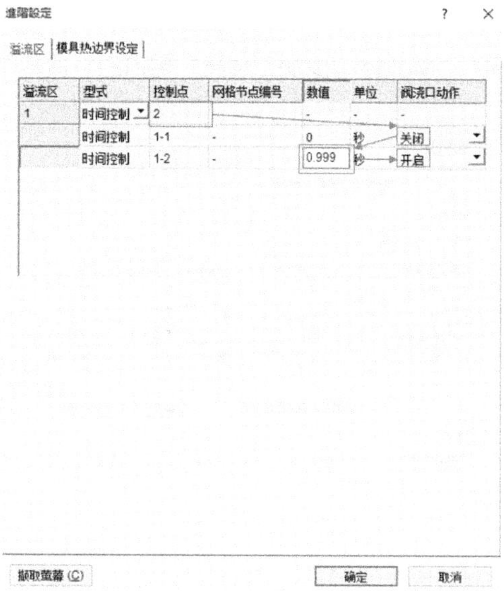

图 3.49 进阶设定窗口的"溢流区"界面

完成溢流区设定后，点击图 3.49 的"确定"，返回"Moldex3D 加工精灵"窗口，然后进入图 3.50 的"冷却"界面。点击"冷却水路/加热棒（C）…"，弹出,"冷却进阶设定"窗口(图 3.51),设置冷却水路中冷却液体的参数,将"冷却管路"的所有群组设置为温度 T(℃)= 25、流率 Q(cm^3/s)= 80、冷却液=水,设置完成后点击"确定"(图 3.51)返回"Moldex3D 加工精灵"窗口(图 3.50),点击"下一步(N)"进入"摘要"界面。

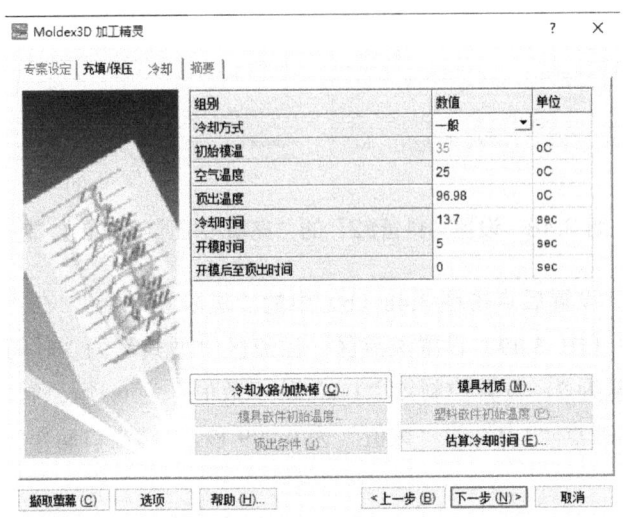

图 3.50 "Moldex3D 加工精灵"窗口的"冷却"界面

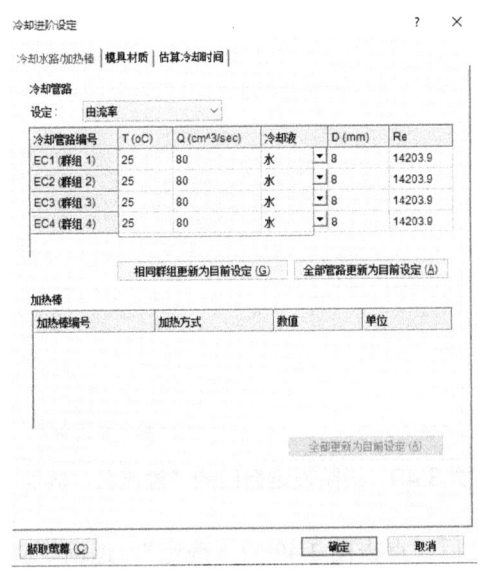

图 3.51 设置"冷却管路"参数

在"摘要"界面可以查阅和检查设置的工艺参数,确认无误后点击"完成(F)"(图3.52)结束工艺参数的设置。

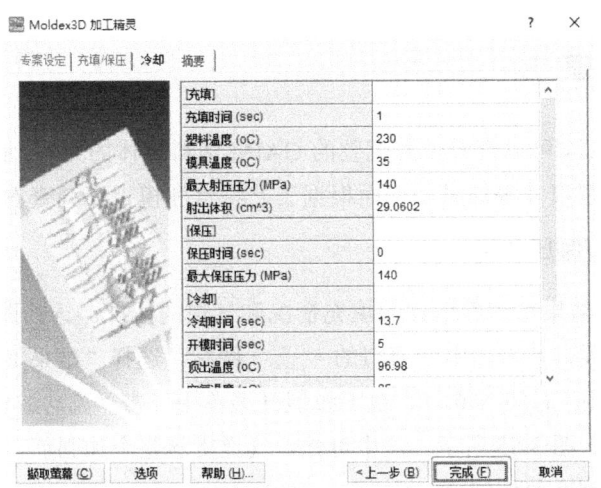

图3.52 通过"摘要"界面检查工艺参数

步骤十六(设置分析顺序):点击主菜单"主页"中的"分析顺序"功能图标(图3.53),选择"瞬时分析3 -Ct F/P Ct W"。

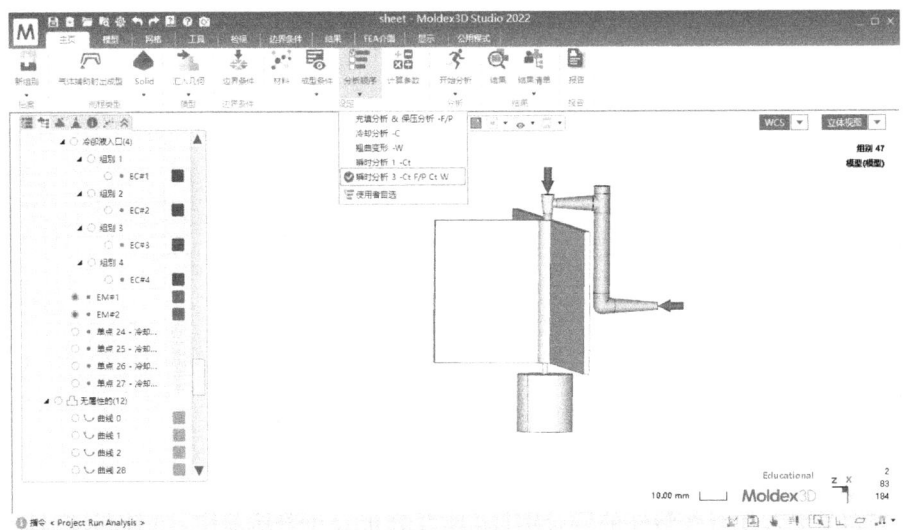

图3.53 GAIM选择"瞬时分析3 -Ct F/P Ct W"

步骤十七（设置计算参数）和**步骤十八**（执行模拟分析）：带溢流腔气辅注塑的计算参数设置和运行分析步骤与不带溢流腔的气辅注塑完全相同，具体步骤可参考 3.4.3 节。

3.5.4 后处理

分析完成后，可以查看带溢流腔的 GAIM 塑料熔体的充填、制品残余壁厚、气体穿透、成型尺寸等结果。下面根据工艺特点和模拟序列查看结果。

（1）充填/保压结果

充填/保压结果可查看熔体的填充情况和气道的情况。选择图 3.54 中主菜单的"结果"项，点击图中左窗口的" "图标，选择"结果 F/P Ct W"菜单中的"充填/保压 时间 = 6..."，在下拉展开菜单中点击"流动波前时间"，模拟结果如图 3.54、图 3.55 所示。从中可知，气道贯穿整个加强筋，熔体能顺利充满型腔，肋板侧有气体渗透。

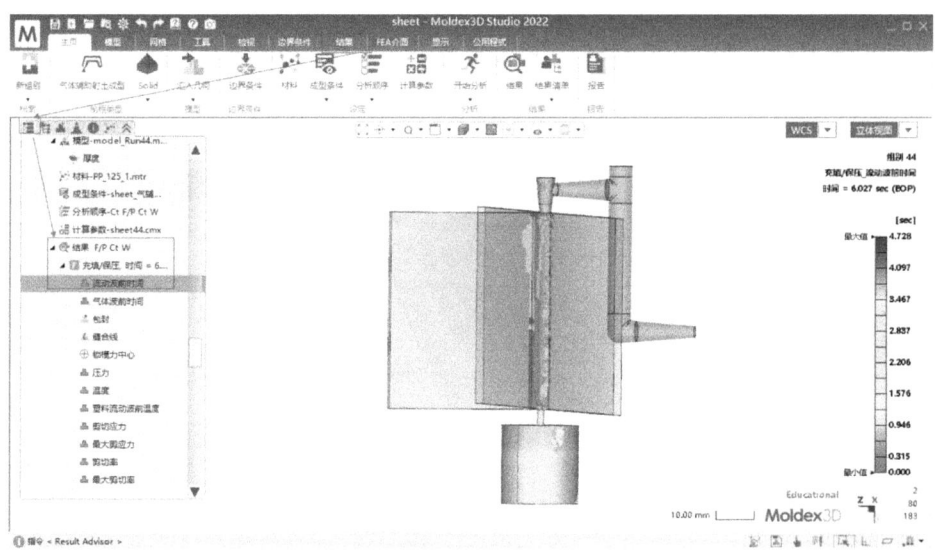

图 3.54 带溢流槽的 GAIM 流动波前云纹图

为了更方便查看塑件的残余壁厚（厚度分布），可隐藏流道、气针和溢流区，只保留塑件。选中"充填/保压"模拟结果中的"皮层厚度"，结果如图 3.56 所示。从云纹图上可以看出塑件厚度最大值与最小值出现的位置都在气体形成的通道中。厚度最小值出现的原因为该区域距离气针较近，气压较大，能够更好地排开熔体形成更大的空间；厚度最大值出现在制品加强筋的末端，原因在于溢流区入口较小且为迟滞区，熔体不容易被气体排开，形成壁厚区域。

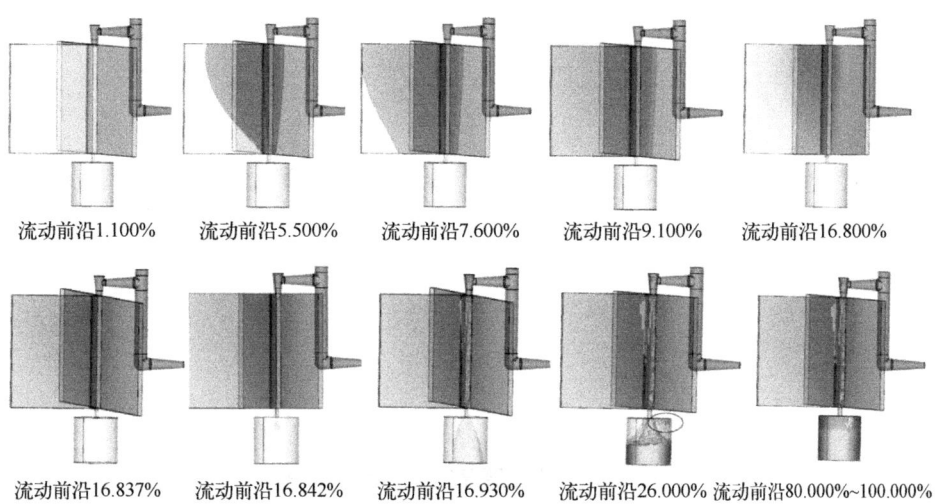

图 3.55　熔体充填过程的流动波前动画截图

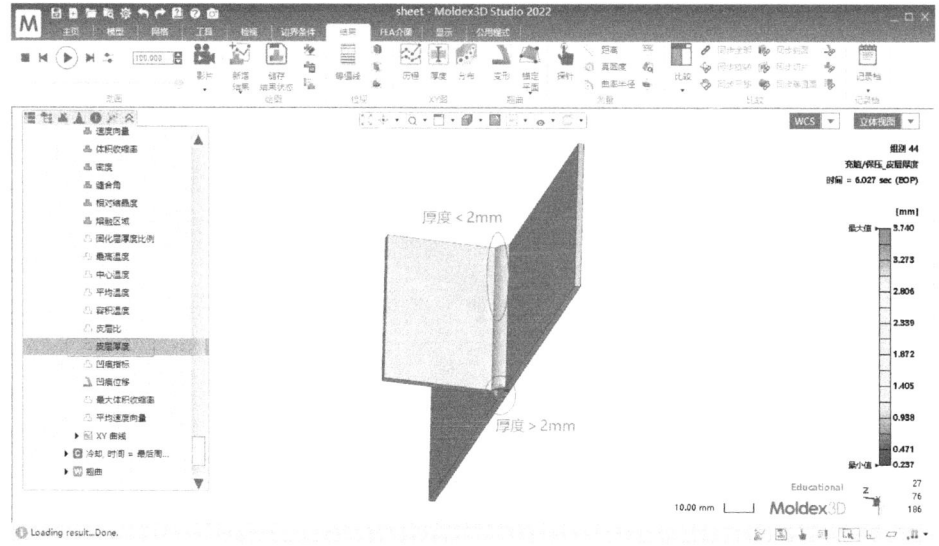

图 3.56　GAIM 模拟的塑件的皮层厚度云纹图

可从"充填/保压"模拟结果的"皮层厚度"选项的"结果判读工具"查看"皮层厚度"分布比例（图 3.57）。从图中可知，73.8%的制品厚度在 1.989～

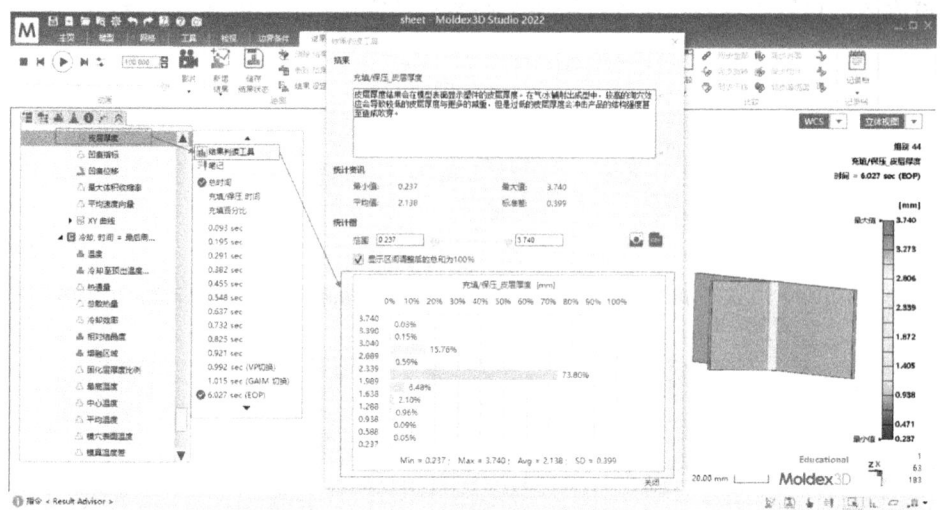

图 3.57　皮层厚度的结果判读工具

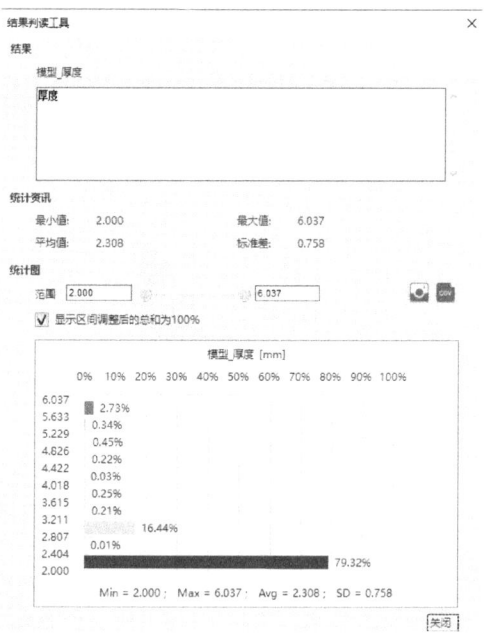

图 3.58　塑件未形成气道时的厚度分布

2.399mm 之间，15.76%在 2.689～3.040mm 之间，厚度较均匀。塑件形成气道前的厚度分布如图 3.58 所示，即塑件无气道时，5.633～6.037mm 的厚度占 2.73%，2.000～2.404mm 占 79.32%，2.807～3.211mm 占 16.44%；气道形成后制品壁厚明显变薄，5.633～6.037mm 的厚度消失，平均厚度也减少。

气辅注塑能够改善塑件表面质量，特别是壁厚处的"缩痕"缺陷，可通过"充填/保压"结果的"凹痕位移"查看。图 3.59 是 GAIM 凹痕位移云纹图。比较传统注塑与气辅注塑凹痕位移的最大值位置（图 3.59 和图 3.60），凹痕位移的最大值从壁厚最厚处转为肋板部分，且气道附近的凹痕位移值大幅减小，从图 3.59 圈出的加强筋部分可知：气道附近的壁厚处表面的凹痕位移大部分减小至 0。

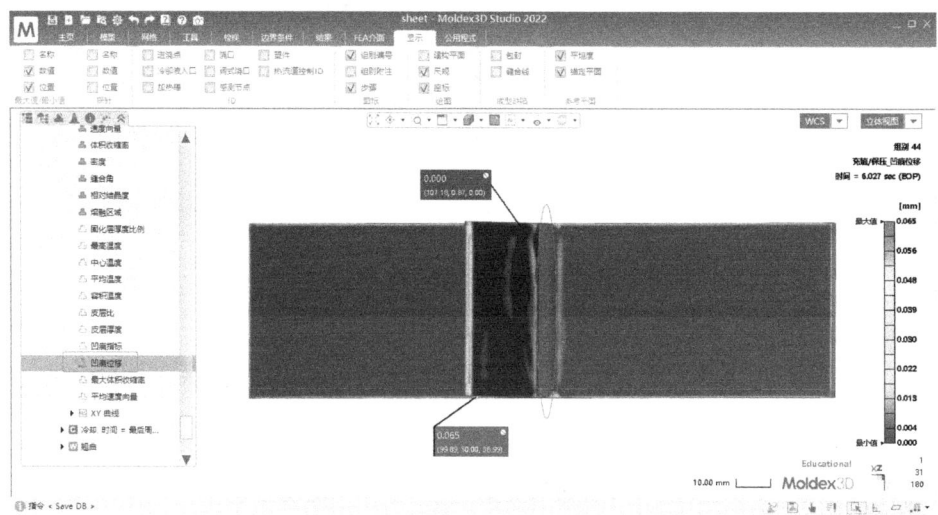

图 3.59 气辅注塑塑件的凹痕位移结果

此外，还可以量化模拟结果。点击"充填/保压"模拟结果中的"气体波前时间"可突出显示气体形成的通道，再点击"距离"工具（图 3.61）可测量气道的尺寸。通过测量可知：图 3.62 中平板侧气道的孔径"距离 1"为 9.235mm，图 3.63 肋板侧气道的空间"距离 2"为 7.865mm。气道形状较规范，没有发生指形渗透现象。

此外，还可以查看锁模力。点击"充填/保压"展开选项中的"XY 曲线"，点击其中的"锁模力"选项（图 3.64）。对比 CIM 的锁模力（图 3.65）可知，成型所需的锁模力最大值从传统注塑的 99.505MPa 降低至气体辅助注塑的 18.000MPa；此外 GAIM 成型的保压压力下降较快，稍显不足，成型工艺仍有改善空间。

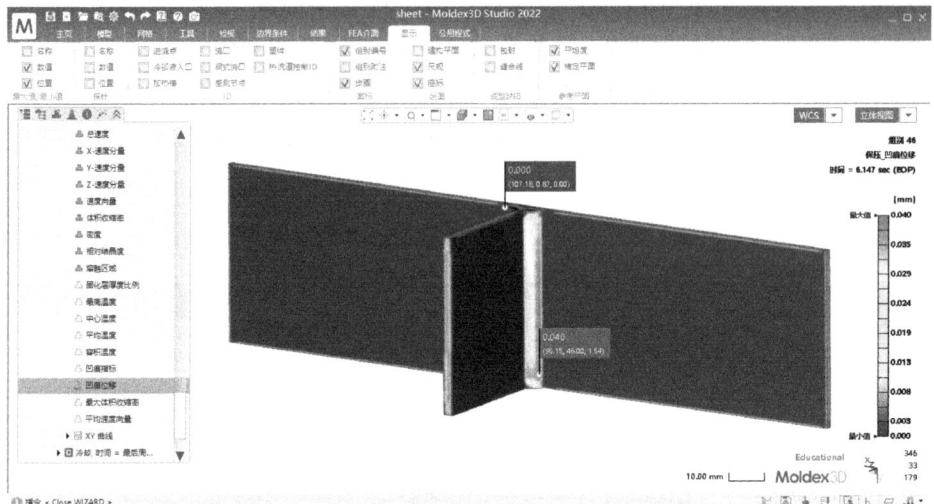

图 3.60　传统注塑塑件的凹痕位移结果

图 3.61　"结果"页签中的"距离"功能图标

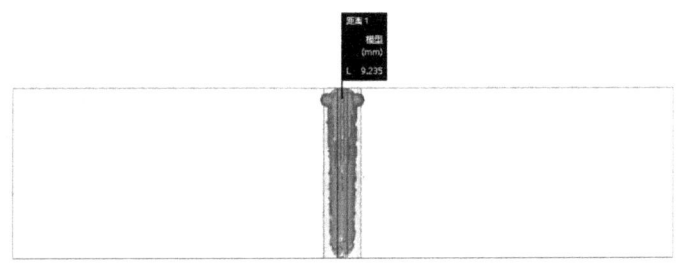

图 3.62　平板上气道的宽度（距离 1）

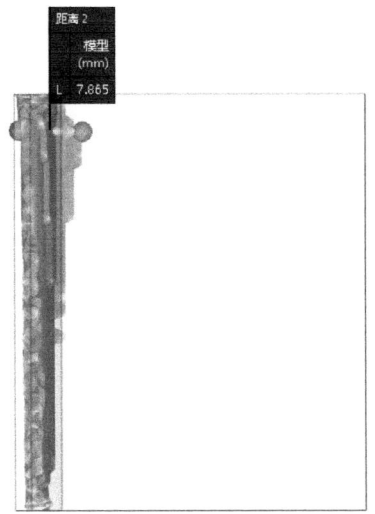

图 3.63　肋板上气道的宽度（距离 2）

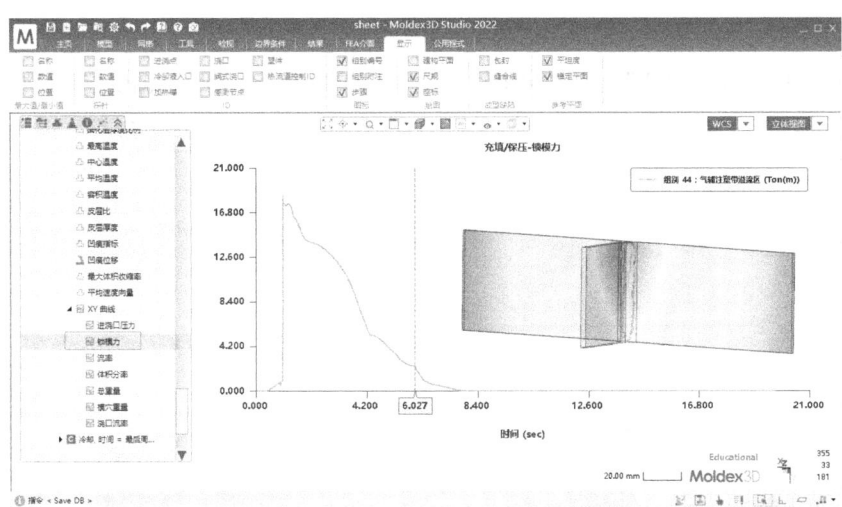

图 3.64　GAIM 模拟的锁模力结果

（2）冷却结果

通过冷却分析结果，可查看冷却水路和制品的温度分布，了解冷却水路的效率及制品冷却过程。冷却结果的查看和基础篇中第 5 章 5.2 节相同，这里重点关注 GAIM 气道对制品温度、结晶的影响。

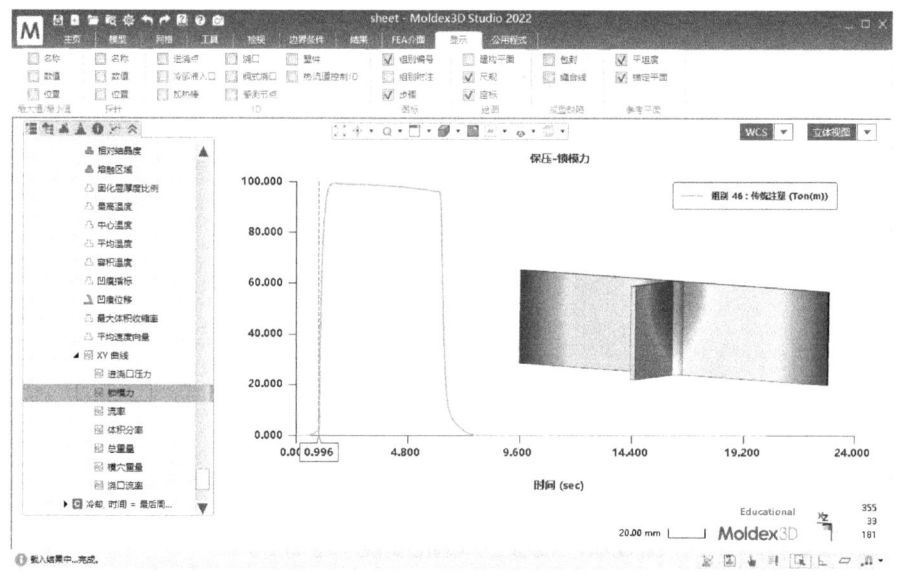

图 3.65　CIM 锁模力的模拟结果

图 3.66 是"冷却"分析结果中制品"温度"的云纹图,可看出温度分布较均匀,但加强筋(气道)附近温度稍高。为此,利用剖面图查看制品中面的温度场结果(图 3.67)。

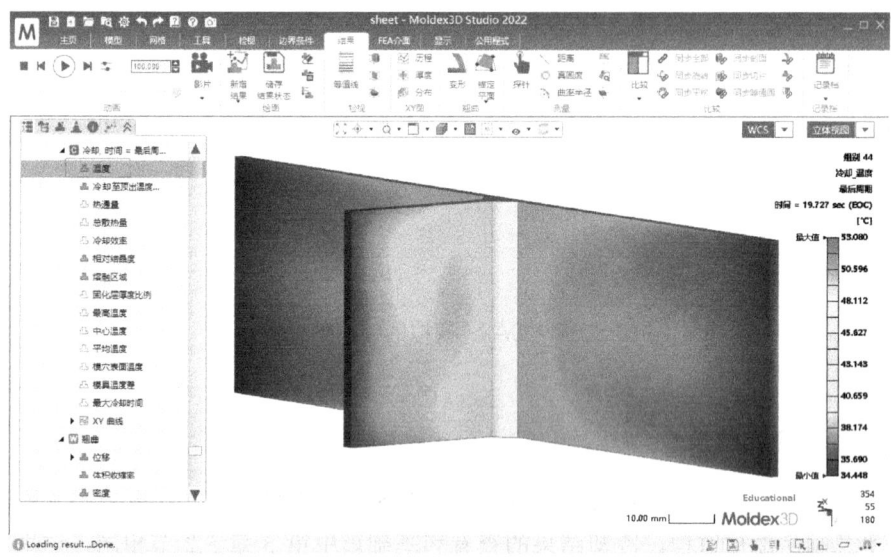

图 3.66　GAIM 模拟的温度分布云纹图

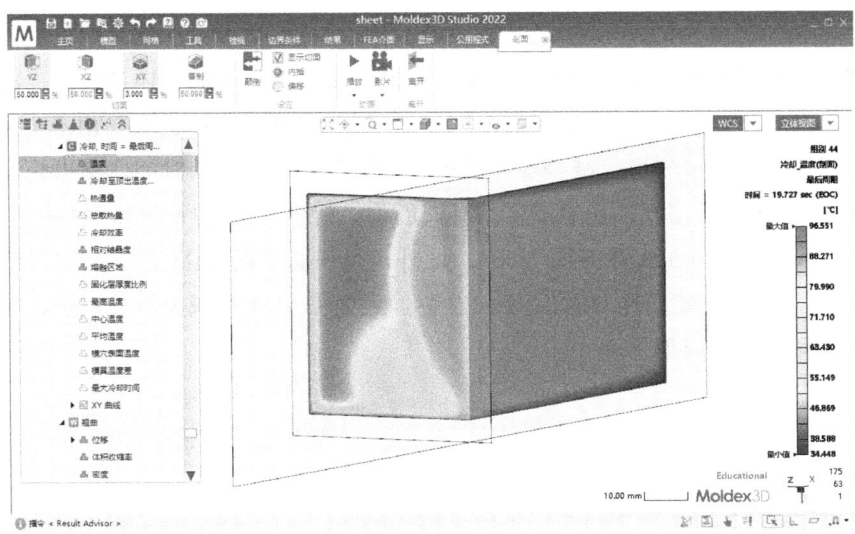

图 3.67　模拟的 GAIM 温度分布剖面图

对比冷却结束后 GAIM 和 CIM 塑件的温度剖面结果，发现：塑件的积热区域由传统注塑的壁厚区域（图 3.68 椭圆区域）变为 GAIM 的肋板部分（图 3.67），但 GAIM 的温度低于 100℃。

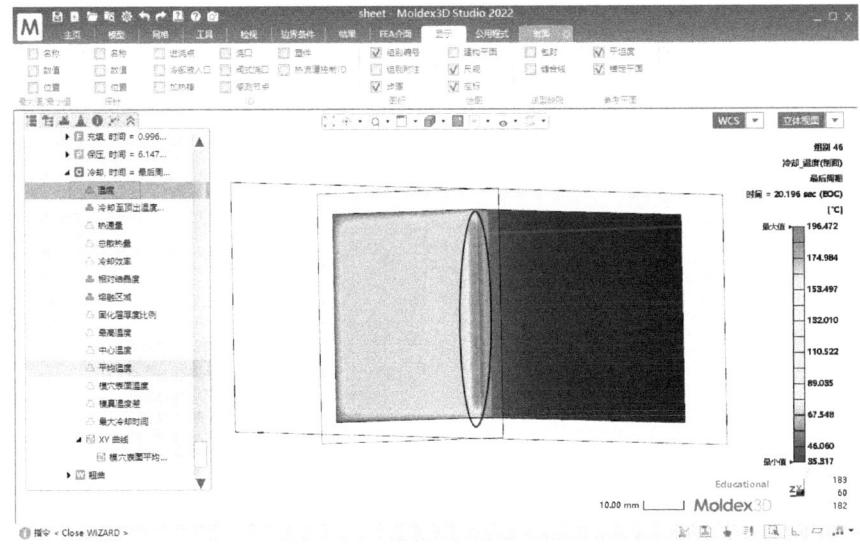

图 3.68　CIM 温度分布剖面图

图 3.69、图 3.70 分别是 GAIM、CIM "冷却至顶出温度所需时间"的模拟结果，可用于查看塑件不同位置冷却至顶出温度所需的时间；还可通过"冷却至顶出温度所需时间"的"结果判读工具"查看相应的时间分布比例。由于 GAIM 的壁厚区域形成了气道，减少塑件的积热，因此降低了冷却时间，壁厚处（加强筋）积热区域冷却至顶出温度所需时间的最大值由 CIM 的 60.936 秒（图 3.70）降为 GAIM 的 13.596 秒（图 3.69）。此外，带筋肋平板 CIM 的冷却时间约为 14.2 秒，而 GAIM 的冷却时间为 13.7 秒，表明 GAIM 可减少塑件积热、缩短冷却时间、减少成型周期。

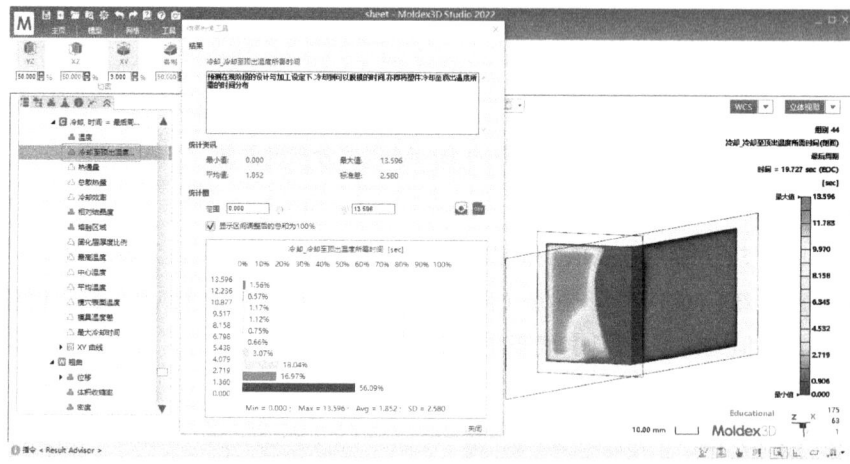

图 3.69　GAIM 的冷却至顶出温度所需时间

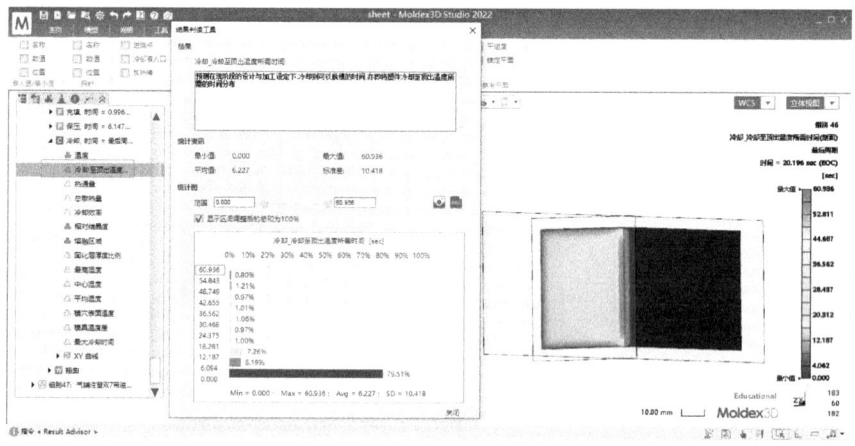

图 3.70　CIM 的冷却至顶出温度所需时间

图 3.71、图 3.72 分别是 GAIM、CIM 冷却分析的"相对结晶度"结果,从中可查看塑件结晶区域的分布情况。其中"相对结晶度"的"结果判读工具",可查看塑件的结晶度分布比例。与 CIM 结果(图 3.72)相比,GAIM 的结晶位置、相对结晶度分布比例(图 3.71)都有变化,相对结晶度的最大值 CIM 在加强筋附近,GAIM 在肋板中间。由于结晶度与温度初值、冷却速率等因素相关,因此相对结晶度分布变化与温度分布变化有关。

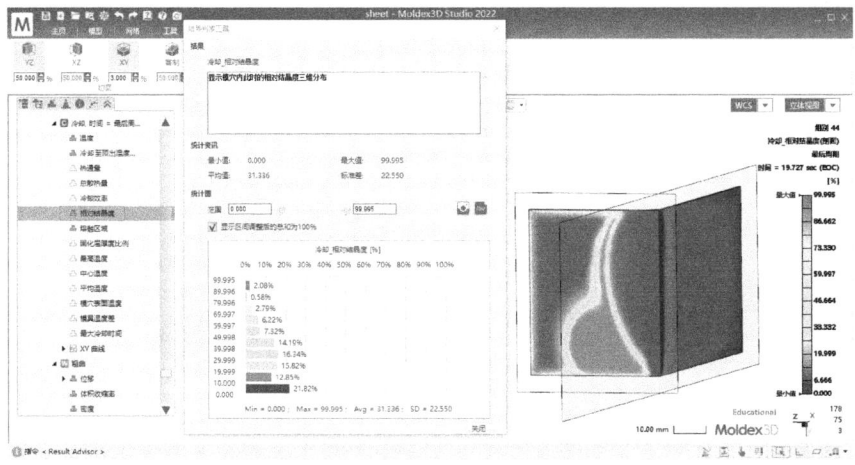

图 3.71　GAIM 的相对结晶度

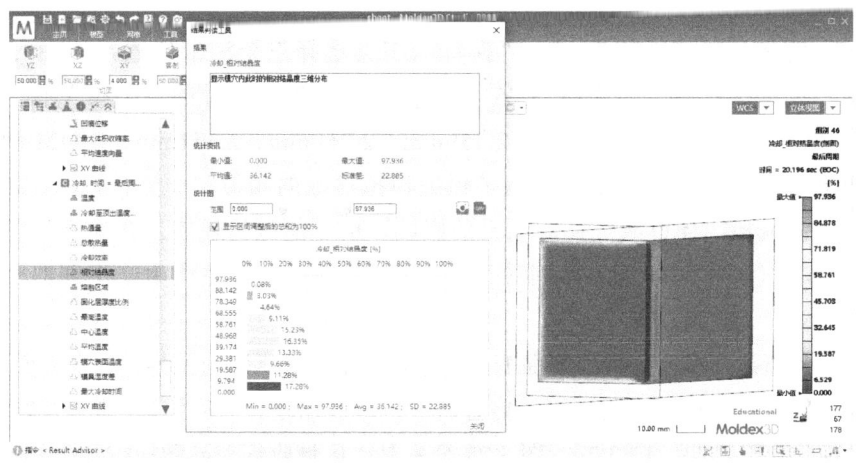

图 3.72　CIM 的相对结晶度

（3）翘曲结果

根据翘曲模拟结果，依次查看 GAIM 的体积收缩率、变形总位移、温度差异变形、收缩差异变形。

首先查看塑件的体积收缩率。图 3.73 表明，气道的存在降低了其附近熔体的体积收缩率。

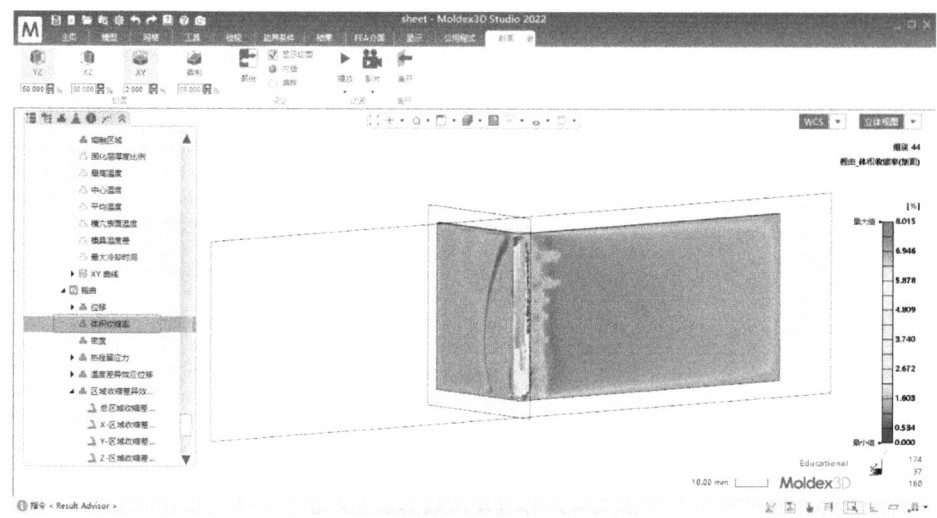

图 3.73 GAIM 塑件的体积收缩率

为便于量化翘曲情况，用"探针"工具选择三个测量位置，如图 3.74 所示。设置探针后，勾选图 3.75 中"显示"页签中探针的"名称"和"数值"，则三个探针的数值分别为 2.359mm、2.260mm、2.351mm。GAIM 制品的变形量大于 CIM，这是由于为了保证模拟参数的相似和一致性，GAIM 没有考虑溢流槽、浇口或气针对结果的影响，也可能是气辅的工艺参数设置并不合理（气压、气体延迟时间等）。接下来，分析气辅注塑中产生翘曲变形的原因。

如前所述，模流分析将翘曲变形归为温度、收缩、取向差异。对本例而言，想要探究产生翘曲变形的原因，需查看"区域收缩差异效应位移"和"温度差异效应位移"结果。图 3.76、图 3.77 分别是"区域收缩差异效应位移"和"温度差异效应位移"结果。

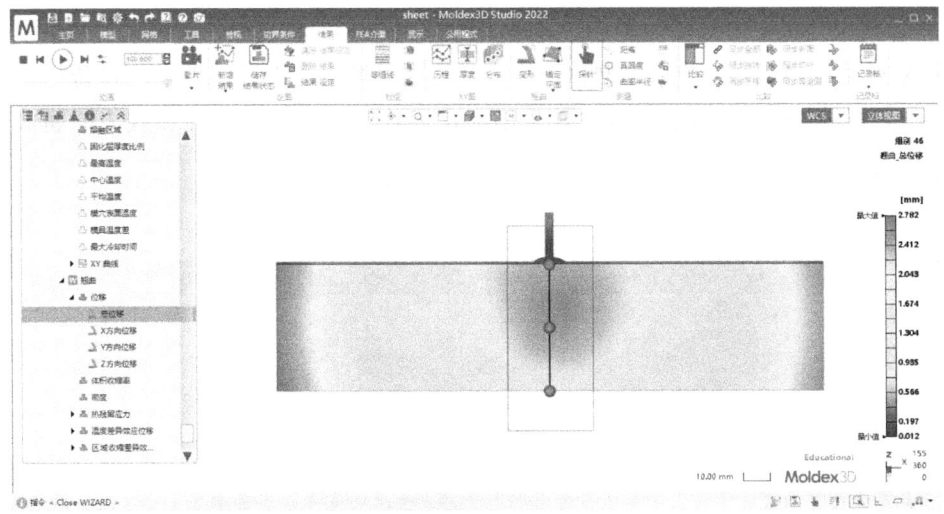

图 3.74　三个探针的位置

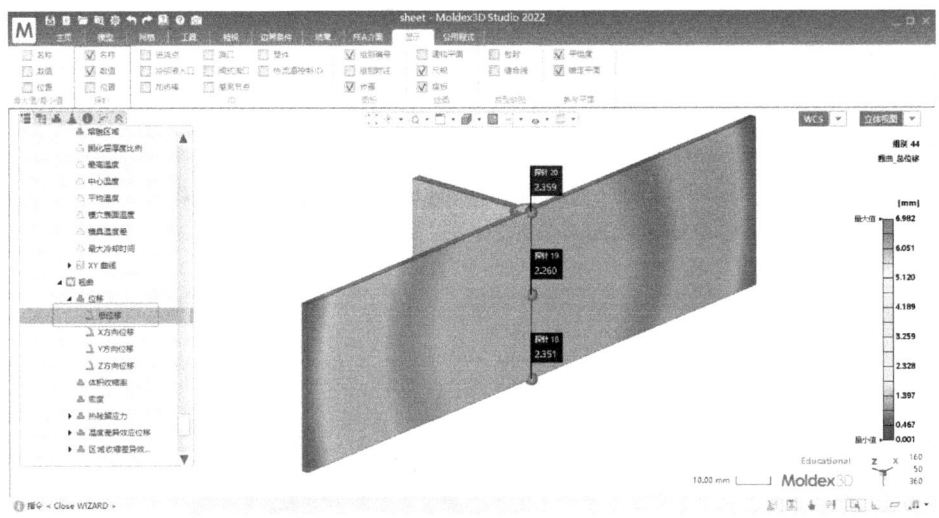

图 3.75　GAIM 塑件的翘曲总位移及探针位置处位移

图 3.76 "区域收缩差异效应位移" 三个探针的变形值分别是 0.351mm、0.114mm、0.479mm。一般来说，GAIM 带压气体的保压效果较好，可降低收缩差异引起的位移，因此收缩差异位移小于 CIM。

从图 3.77 可知，三个探针的 "温度差异效应" 引起的位移分别是 2.141mm、2.168mm、2.143mm，大于 CIM 的 0.306mm、0.380mm、0.437mm，说明温度

差异效应是在使用气辅注塑后翘曲增大的原因。GAIM 温度差异增大主要由于 GAIM 在壁厚区域（也是积热区）形成气道，使得气道附近塑件的热量传递速率与塑件其他部分的热量传递速率增大，导致较大的温度差异和较大的翘曲变形。

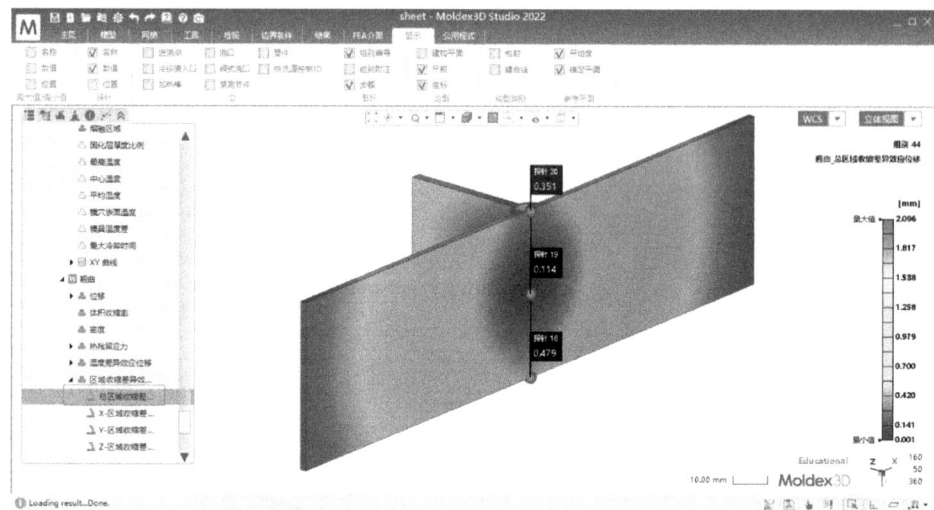

图 3.76　GAIM 塑件的"区域收缩差异效应位移"结果

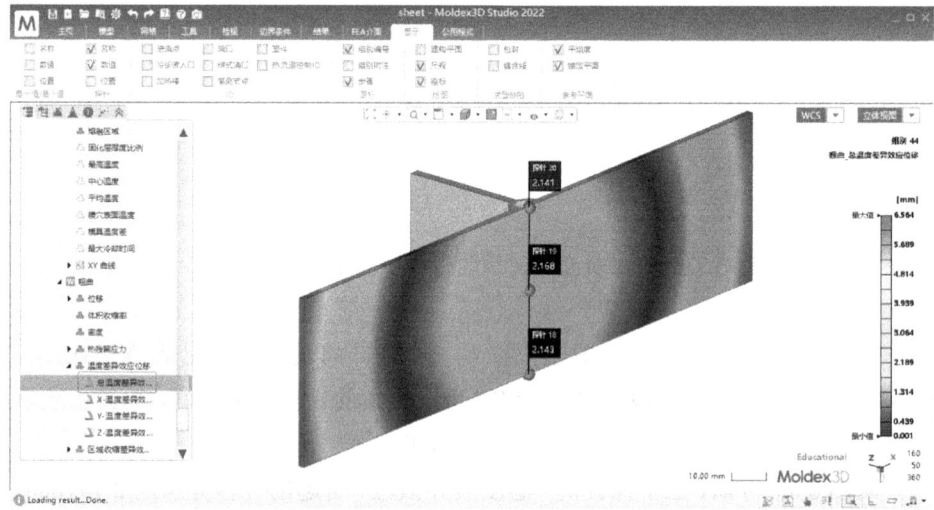

图 3.77　GAIM 塑件的"温度差异效应位移"结果

3.6 带溢流腔的水辅注塑模流分析

3.6.1 制品分析

带加强筋和肋的平板,希望用水辅注射成型在塑件壁厚区域形成通道和均匀的塑件厚度,同时降低塑件壁厚区域的表面凹痕。希望通过 WAIM 的模流分析,获得水穿透长度、水前沿位置变化及其制品翘曲变形等结果,以便能通过模拟结果解读水辅注塑的可行性。

3.6.2 前处理

WAIM 的前处理与 GAIM 的前处理相同(即**步骤一~步骤十二**),这里不再赘述,需要注意的是将"制程类型"更换为"液体辅助射出成型"。

3.6.3 成型参数设定和分析

步骤十三(进入 Moldex3D 材料精灵)、**步骤十四**(材料加入专案):前处理完成后,点击图 3.78 主菜单中"主页"的"材料"选项,设置"EM#1"为熔胶、材料为"PP_125_1.mtr"(材料加入专案参考基础篇第 3 章),"EM#2"为"水"。

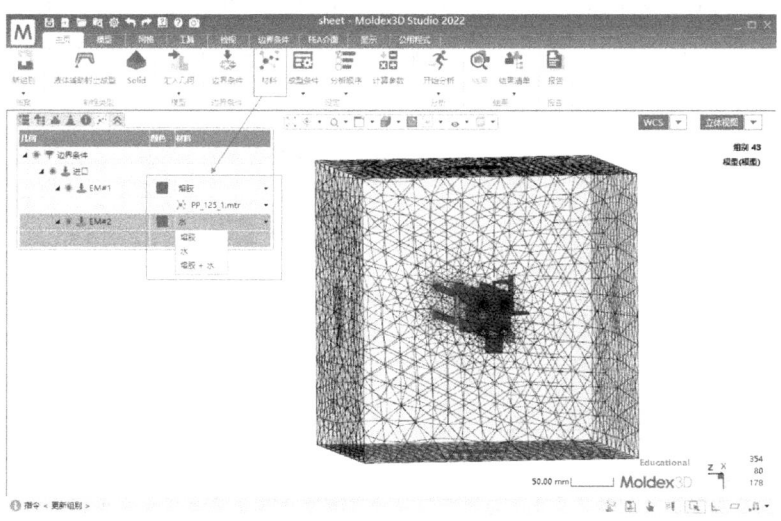

图 3.78 材料项目树导航栏

步骤十五（设置工艺参数）：完成材料选择后，启动"Moldex3D 加工精灵"，其中"专案设定"界面的参数用默认值（图 3.79），点击"下一步（N）"进入"充填/保压"界面。

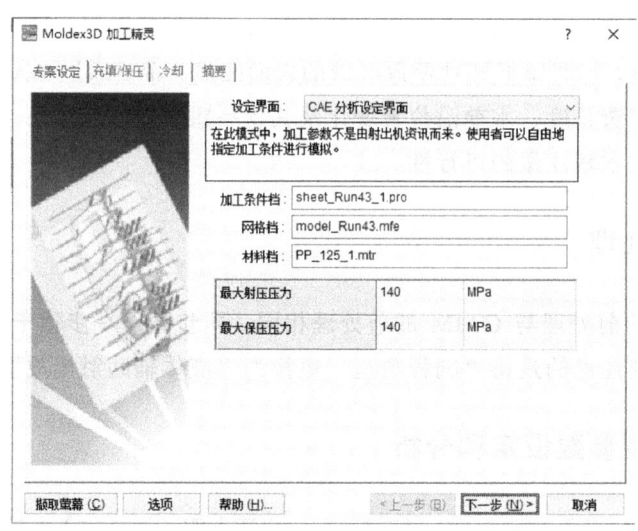

图 3.79　Moldex3D 加工精灵的"专案设定"界面

"充填/保压"界面，设置"充填时间"=1 秒［图 3.80（a）］，"速度/压力 切换点"选"由充填体积（%）"= 98，"保压时间"= 0 秒［图 3.80（b）］（仅通过水进行保压），选择"保压多段曲线基于"的"机器压力"［图 3.80(c)］。

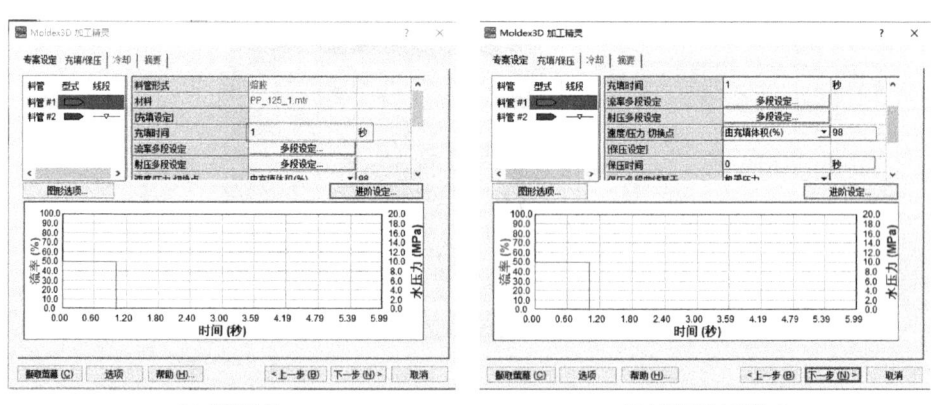

(a) 充填时间　　　　　　　　　　　(b) 速度/压力切换点

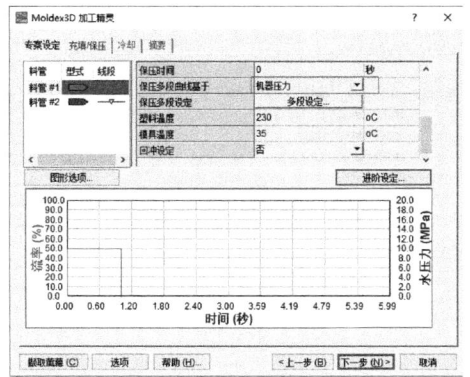

(c) 压力设置

图 3.80 "Moldex3D 加工精灵"料管#1 的"充填/保压"界面

如图 3.81 进行"料管#2"液体介质的参数设置,"充填时间"=1 秒,"水进入时间""由充填体积(%)"= 99,"延迟时间"= 0 秒 [图 3.81(a)],其余参数使用默认值 [图 3.81(b)]。

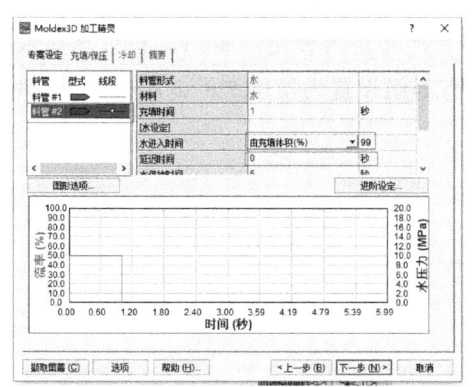

(a) 水进入时间

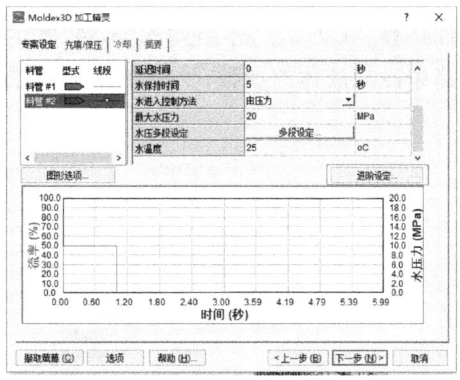

(b) 水的其他参数

图 3.81 "Moldex3D 加工精灵"料管#2 的"充填/保压"界面

"料管#2"设置后点击图 3.81(b)中的"进阶设定…",在"进阶设定…"弹出式窗口中设置溢流区,溢流区"型式"为"时间控制"(图 3.82),设置"控制点"数量为 2,设置控制点"1-1"的值为 0 秒,"阀浇口动作"为关闭;设置控制点"1-2"的值为 0.999 秒,"阀浇口动作"为开启。

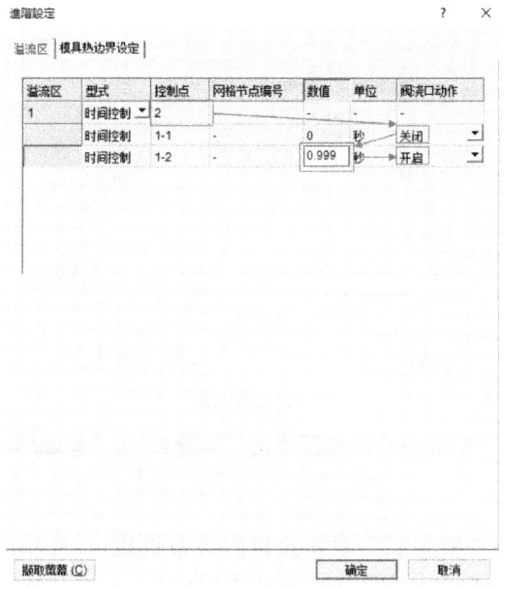

图 3.82 "进阶设定"窗口"溢流区"界面

"Moldex3D 加工精灵"的"冷却"界面（图 3.83）中，点击"冷却水路/加热棒（C）…"弹出如图 3.84 所示的"冷却进阶设定"窗口，设置冷却水路中冷却液体的参数，"冷却管路"的所有群组设置为温度 T（℃）= 25、流率

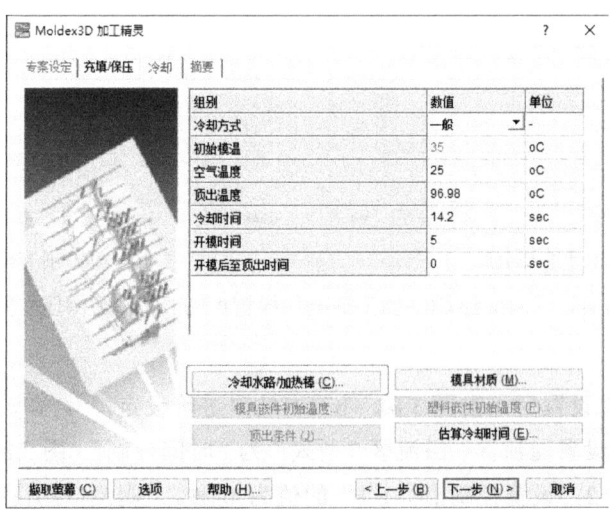

图 3.83 "Moldex3D 加工精灵"设置"冷却"界面参数

Q（cm³/s）=80、冷却液=水，设置完成后点击"确定"离开（图3.84），返回"Moldex3D 加工精灵"窗口点击"下一步（N）"进入"摘要"界面（图3.85）。在"摘要"界面查阅和检查设置好的工艺参数，确认无误后点击"完成（E）"结束工艺参数的设置。

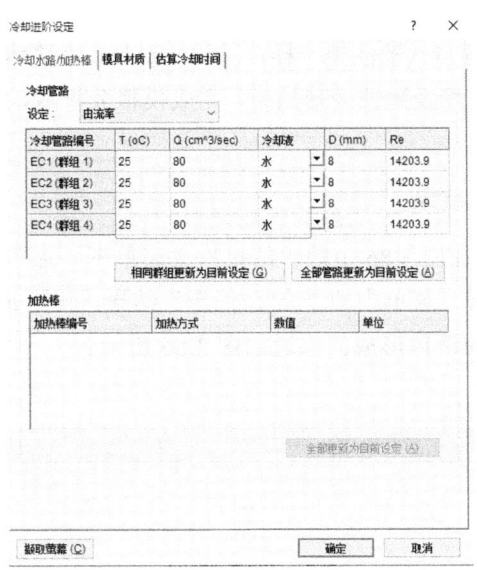

图3.84　设置"冷却管路/加热棒"参数

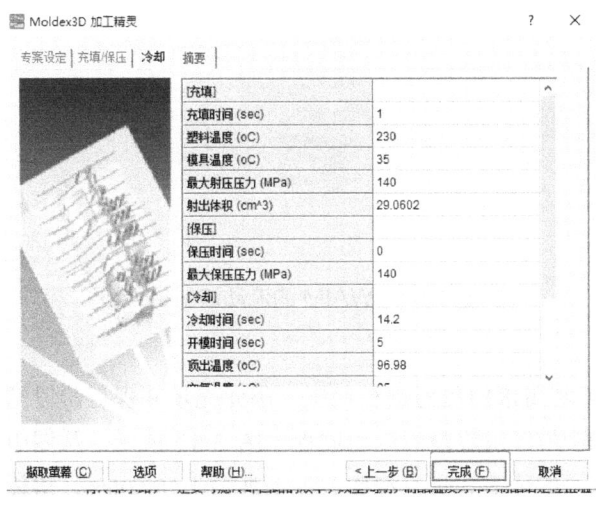

图3.85　"Moldex3D 加工精灵"的"摘要"界面

步骤十六（设置分析顺序）、**步骤十七**（设置计算参数）和**步骤十八**（执行模拟分析）：带溢流腔 WAIM 的分析顺序、计算参数设置和运行分析步骤与带溢流腔的 GAIM 完全相同（具体步骤可参考 3.5.3 节）。

3.6.4 后处理

水辅助注射成型与气辅注塑一样，关注 WAIM 中熔体/流体的充填情况、水道的渗透、残余壁厚及翘曲变形结果。完成模拟分析后，根据成型工艺阶段，查看模拟结果。

（1）充填/保压结果

① 型腔充填。在图 3.86 中的"结果"主菜单下，点击"▦"图标，然后选中"结果 F/P Ct W"菜单中的"充填/保压"结果，再点击"流动波前时间"，则熔体的填充情况和液体形成的水道如图 3.86 所示。

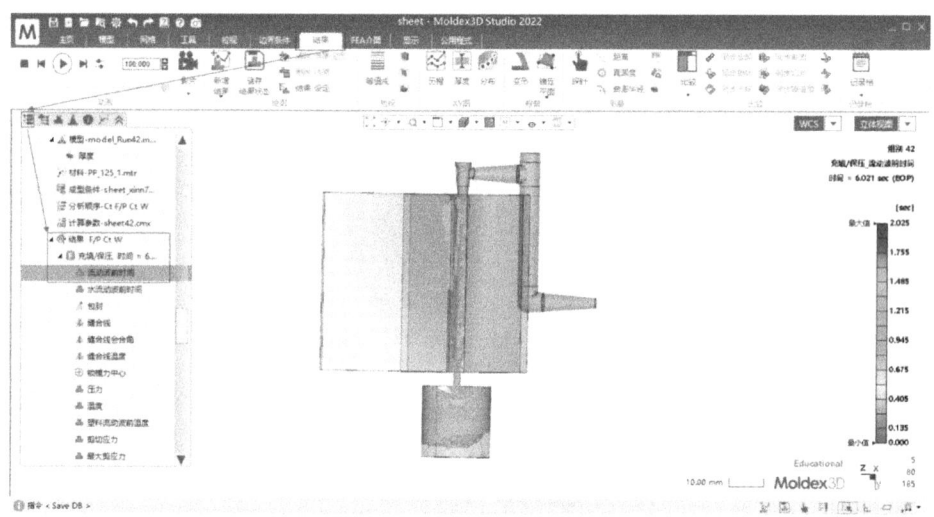

图 3.86　WAIM 的流动波前结果

水辅注塑可利用水的压力进行保压，因此充填和保压阶段结果通常合并在一起。WAIM 充填/保压阶段的流动过程如图 3.87 所示。从图中可获知：流动前沿 1.100%时，熔体准备进入型腔；流动波前沿 5.500%，熔体达到溢流区阀门；流动前沿 7.600%，熔体到达塑件的肋板边界；流动前沿 9.200%，塑件的肋板部分充填完毕；流动前沿 16.660%，溢流区阀门打开；流动前沿 16.734%，水准备进入塑件内部；流动前沿 16.744%，熔体充满塑件内部；流动前沿 16.835%，水贯通加强筋长度，准备进入溢流区内部；流动前沿 27.000%，充填（熔体和水）结束，进入保压阶段；流动前沿 27.000%~100.000%，利用水压对塑件进行保压（不需要注塑机提供保压压力）。

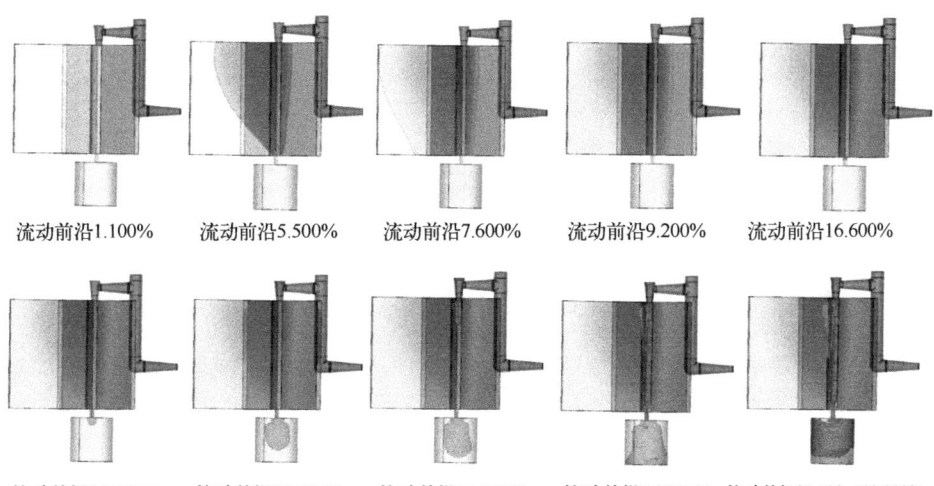

图 3.87 WAIM 的流动波前动态截图

WAIM 过程中，熔体顺利充满整个模具型腔（未发生短射），水贯穿塑件加强筋区域形成水道，符合预期。

② 皮层厚度。为便于了解 WAIM、GAIM 特点，比较了这两种工艺的"皮层厚度"。

WAIM "充填/保压"结果中的"皮层厚度"如图 3.88 所示，可以看出塑件壁厚最大值与最小值出现的位置都在水道上，与 GAIM 类似，形成原因也相同。

WAIM "皮层厚度"的"结果判读工具"如图 3.89 所示。WAIM 皮层厚度的分布比例与 GAIM 的图 3.57 类似，均可降低加强筋处的壁厚尺寸，减少积热。

用"探针"测量与平板和肋板相邻水道的残余壁厚，并与气道结果做对比（图 3.90~图 3.93）。从图 3.90 可知水道附近三个探针的皮层厚度为 0.973mm、1.427mm、1.463mm。从图 3.91 可知 GAIM 相应位置的皮层厚度为 0.995mm、1.422mm、1.456mm。从图 3.92 可知，WAIM 弧形表面的皮层厚度为 1.269mm、

1.418mm、1.669mm。从图 3.93 可知气辅注塑弧形表面的皮层厚度为 1.234mm、1.380mm、1.327mm。

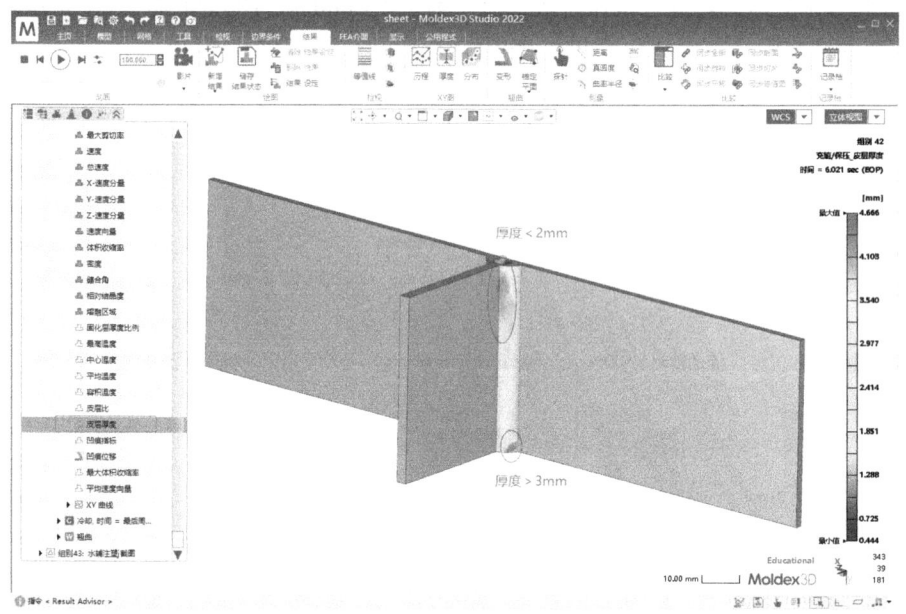

图 3.88　水辅注塑的皮层厚度

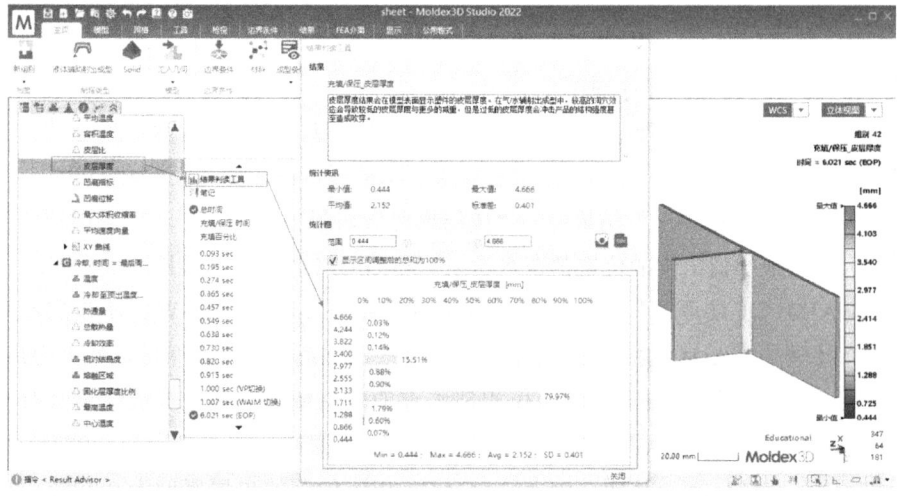

图 3.89　WAIM 的"皮层厚度"的"结果判读工具"界面

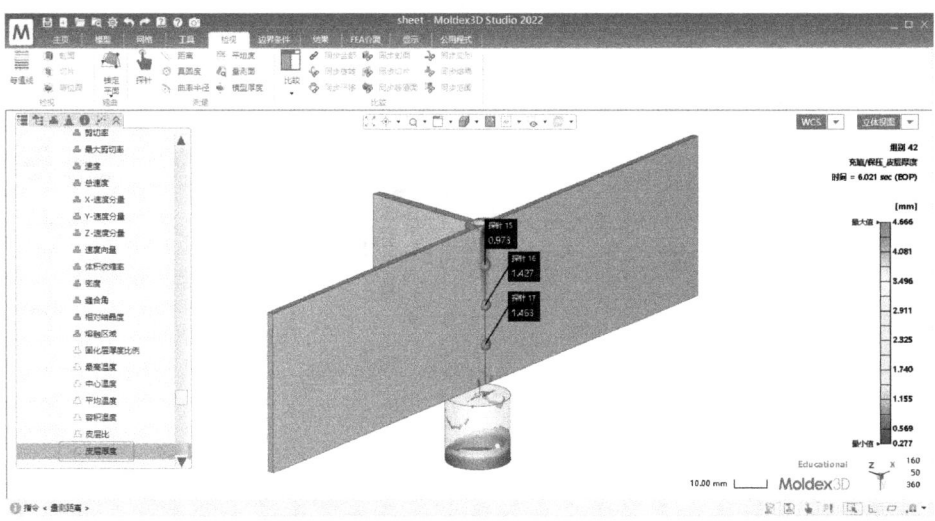

图 3.90　WAIM 平板上水道附近的残余壁厚（三个探针）

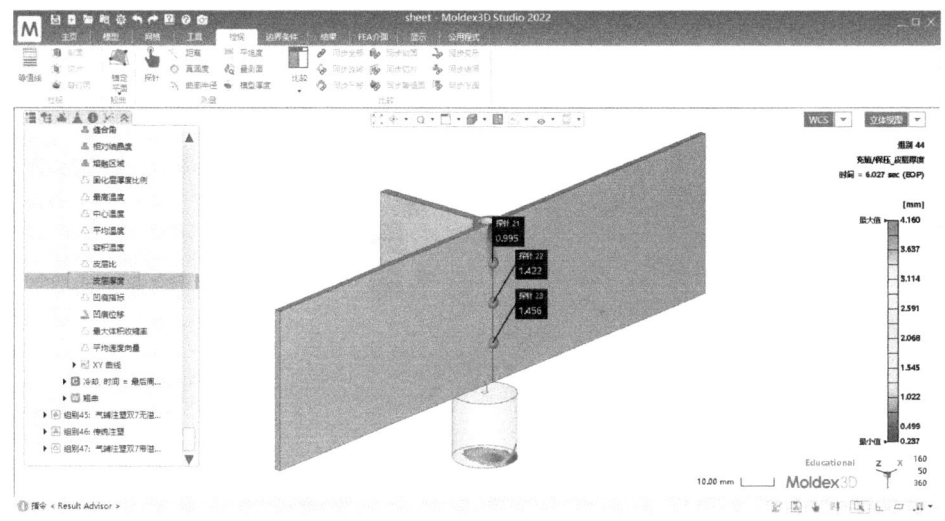

图 3.91　GAIM 平板上水道附近的残余壁厚（三个探针）

由于水的热导率至少是气体（N_2）的 40 倍，比热容是气体（N_2）的 4 倍，且水不可以压缩，因此相对于气辅注塑而言，水辅注塑应形成壁厚更薄的中空制品，但是模拟结果与工程实践结果相反，说明模拟设置的水辅注塑工艺不合理，模流分析失败。

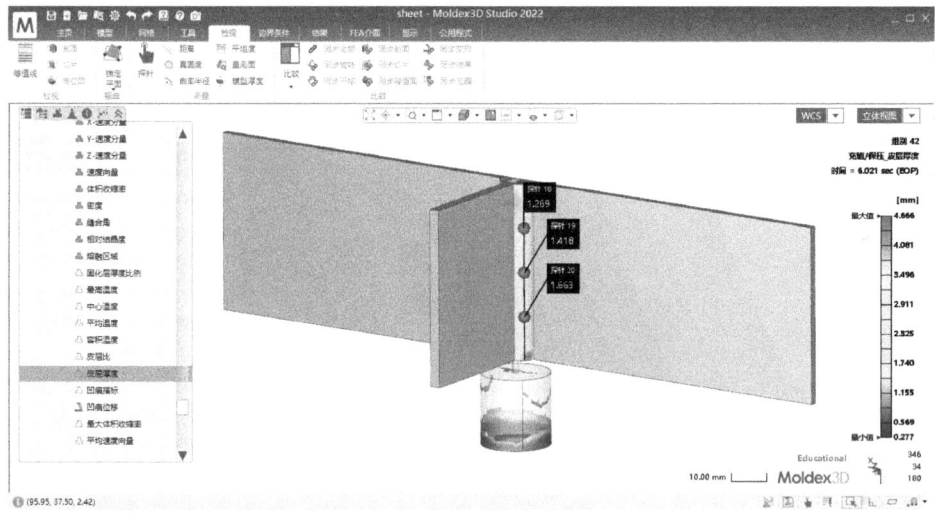

图 3.92　WAIM 弧形表面的残余壁厚（三个探针）

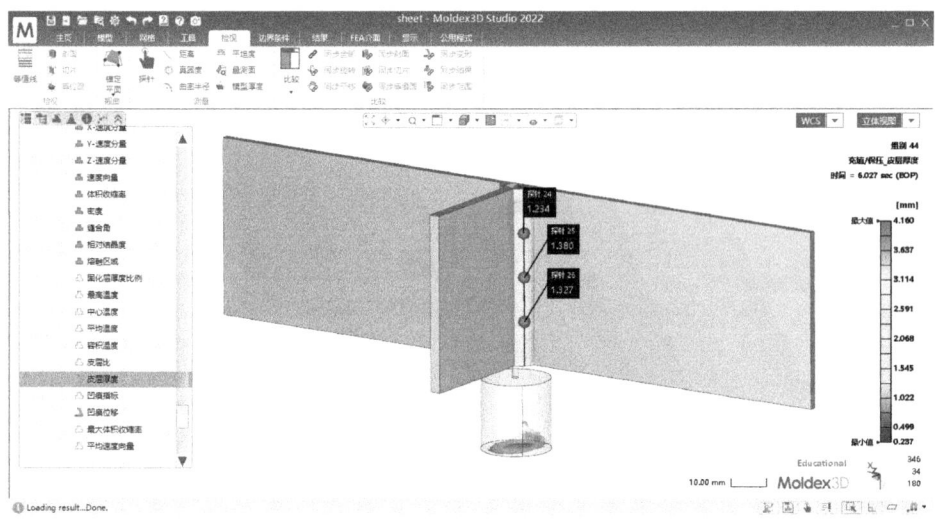

图 3.93　GAIM 保压结束时弧形表面的残余壁厚（三个探针）

③ 凹痕。通过"凹痕位移"可查看 WAIM 凹痕位移的分布，用"距离"工具测量水道附近凹痕位移值为 0 的距离是 8.732mm、14.960mm（图 3.94）；相应位置的 GAIM 气道附近凹痕位移为 8.965mm、14.941mm（图 3.95），这说明水辅注塑和气辅注塑对中空通道附近凹痕位移的影响相似。

第3章 注塑革新工艺（1）——气辅/水辅注塑

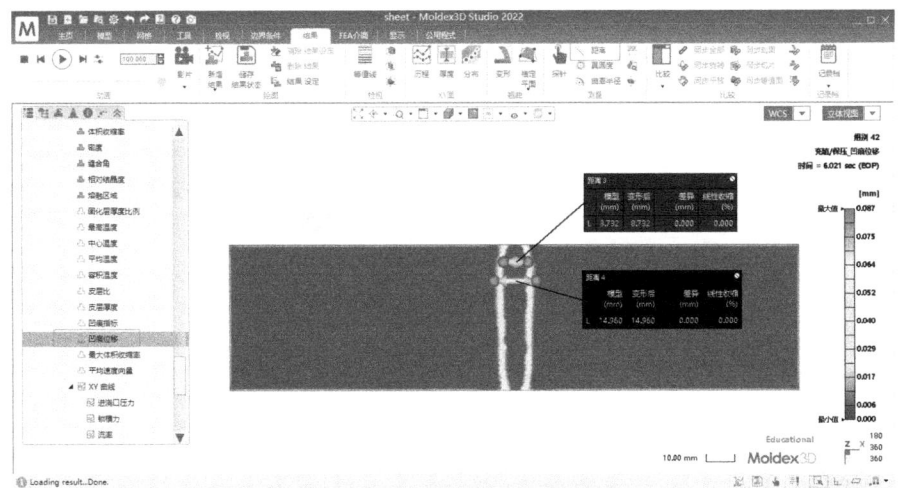

图3.94 水辅注塑的凹痕位移

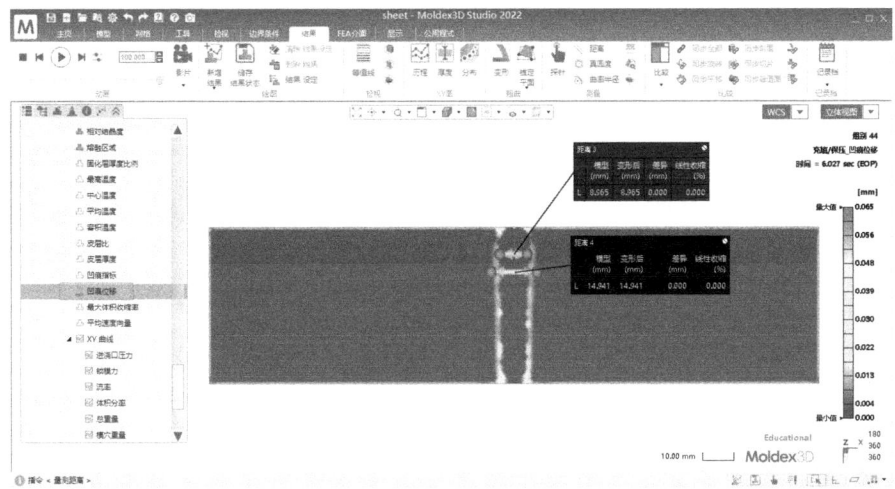

图3.95 气辅注塑的凹痕位移

图3.96、图3.97分别是WAIM、GAIM的"凹痕指标"结果，对比可知，水辅注塑的影响范围更大。

④ 水道尺寸。"充填/保压"结果中的"水流动波前时间"可突出显示水形成的通道（图3.98），可通过测量数据说明水的穿透情况。从图中可知，WAIM的长度距离1为8.684mm，且制品没有出现二次渗透现象，但穿透的通道尺寸离预期目标有差距。

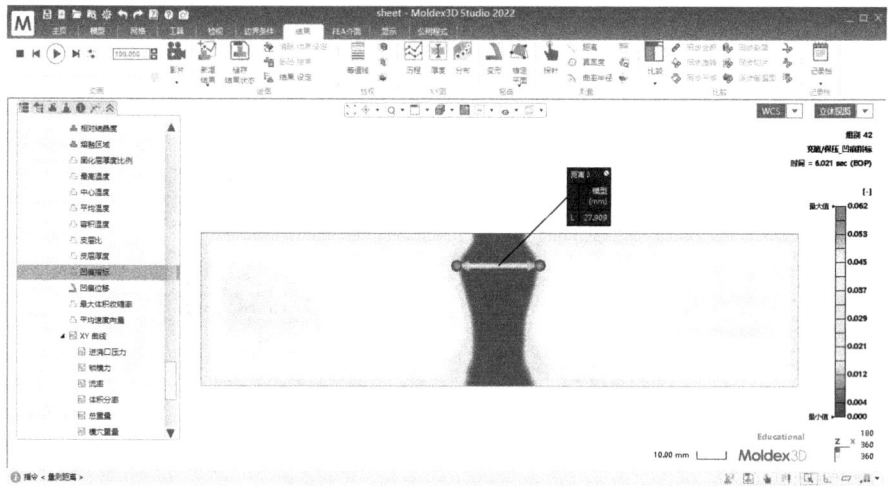

图 3.96 水辅注塑的凹痕指标

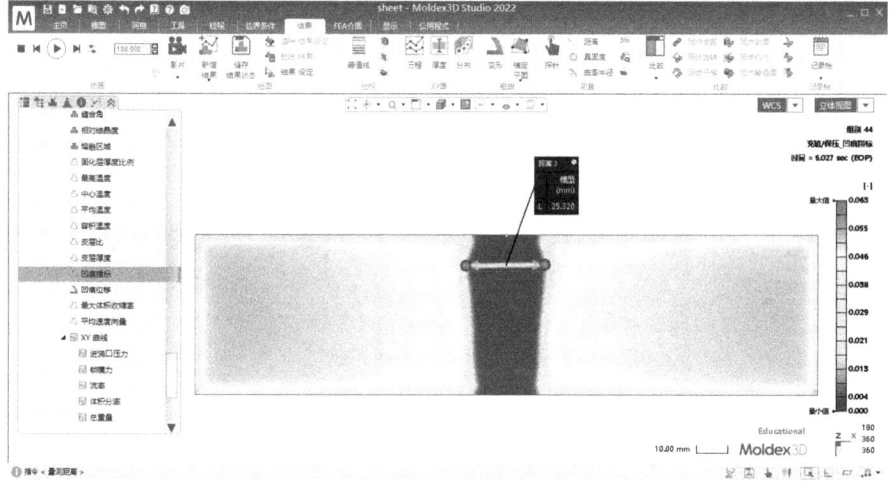

图 3.97 气辅注塑的凹痕指标

图 3.98 平板上通道的宽度(距离 1)

⑤ WAIM 锁模力。水辅注塑的另一个优点就是注塑机不需要提供额外的保压压力，可通过水压就能完成保压。"充填/保压"模拟结果的"XY 曲线"中，选择"锁模力"，则结果如图 3.99 所示。从图中可知锁模力的最大值为 20.966MPa，近似水的压力；但从锁模力-时间曲线可知，锁模力不够平稳，水辅工艺需改善。

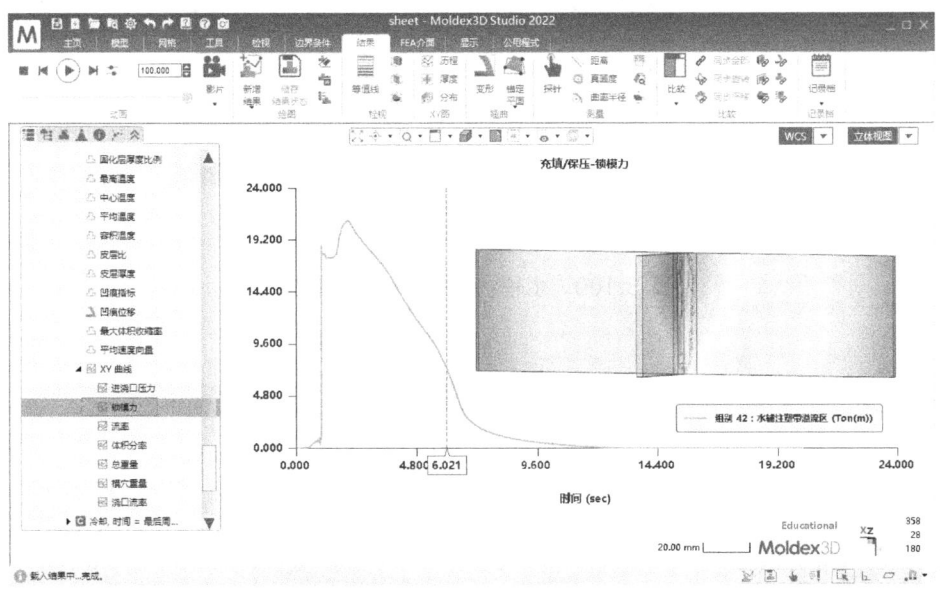

图 3.99　水辅注塑所需的锁模力

（2）冷却结果

"冷却"模拟结果中制品温度分布如图 3.100 所示，温度分布较均匀；制品截面的温度分布如图 3.101 所示，水通过塑件的加强筋区域形成通道，减少了塑件的积热现象，与气辅注塑结果类似（图 3.66 和图 3.67）。

通过"冷却至顶出温度所需时间"查看塑件不同位置冷却至顶出温度的时间（图 3.102）最大值为 13.436 秒；然后打开相应的"结果判读工具"查看时间分布比例（图 3.102 的弹出窗口），从中可知水道形成后，其周边塑料熔体冷却速度快，1.344s 达到脱模温度的占比达 55.96%。水辅注塑的"冷却至顶出温度所需时间"结果与气辅注塑结果相比（图 3.69），冷却速率有所增加。

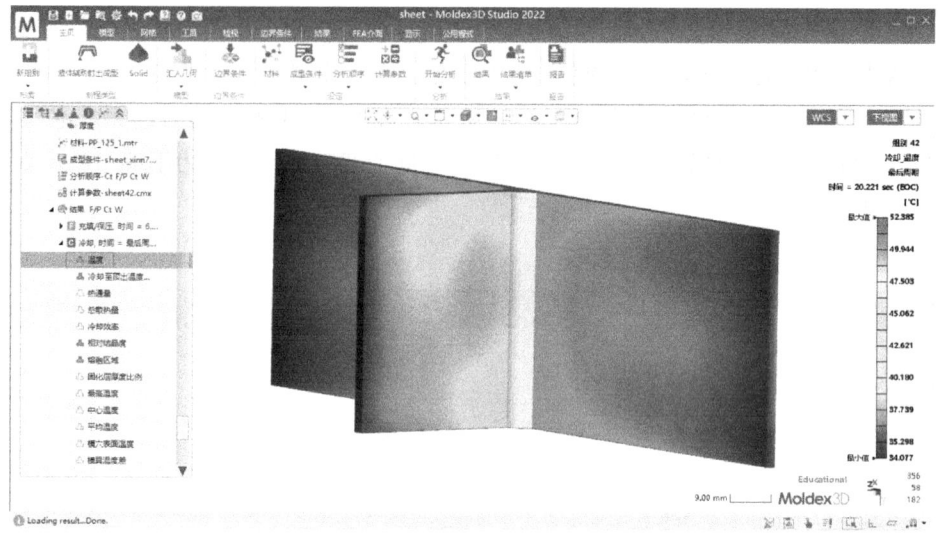

图 3.100 水辅注塑的温度分布位置

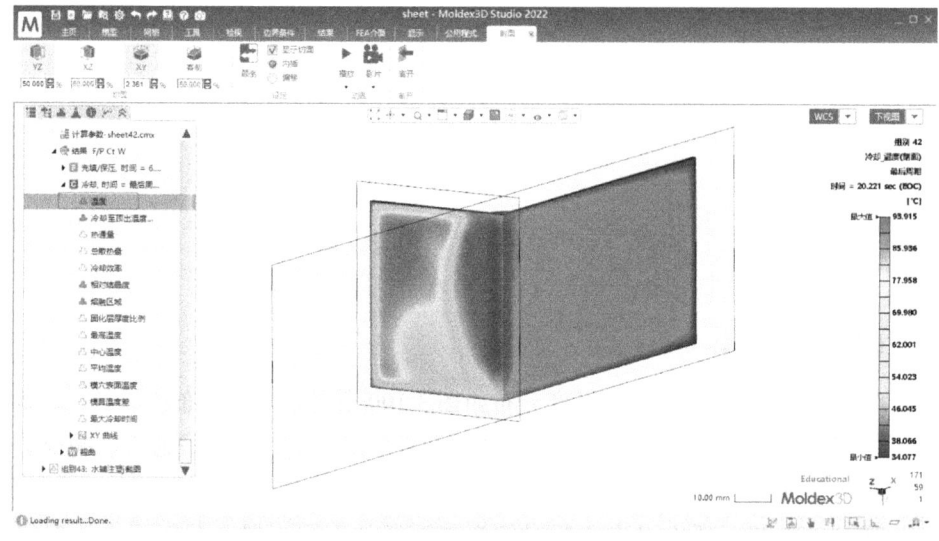

图 3.101 水辅注塑的温度分布位置（剖面图）

"冷却"结果中的"相对结晶度"如图 3.103 所示。通过"相对结晶度"的"结果判读工具"窗口可查看塑件各部分结晶度的分布比例。与 GAIM 的结果（图 3.71）相比，GAIM 的相对结晶度在 20%～30%区间有所增加。

第 3 章　注塑革新工艺（1）——气辅/水辅注塑

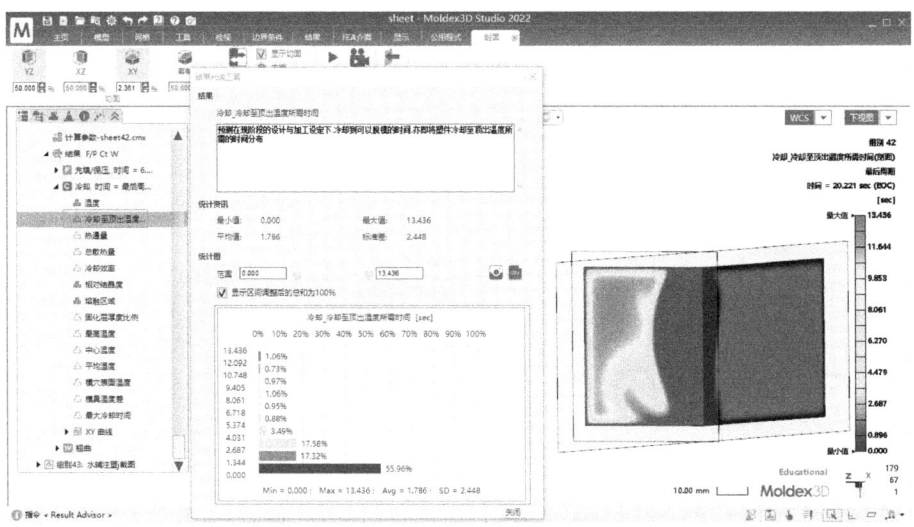

图 3.102　水辅注塑的"冷却至顶出温度所需时间"

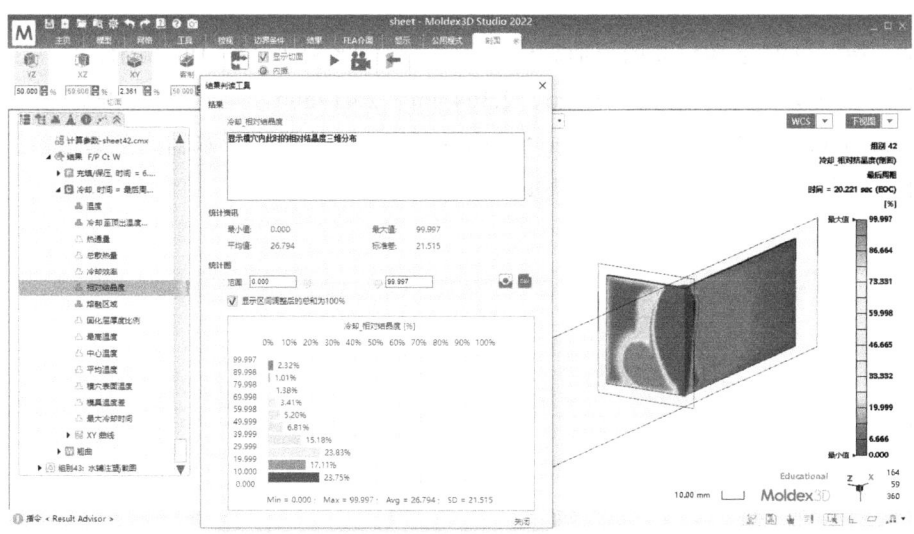

图 3.103　水辅注塑的相对结晶度

（3）翘曲结果

WAIM"翘曲"结果中的"体积收缩率"结果如图 3.104 所示，在水道附近的平板和肋板处收缩率较大，与气辅注塑结果相似（图 3.73）。

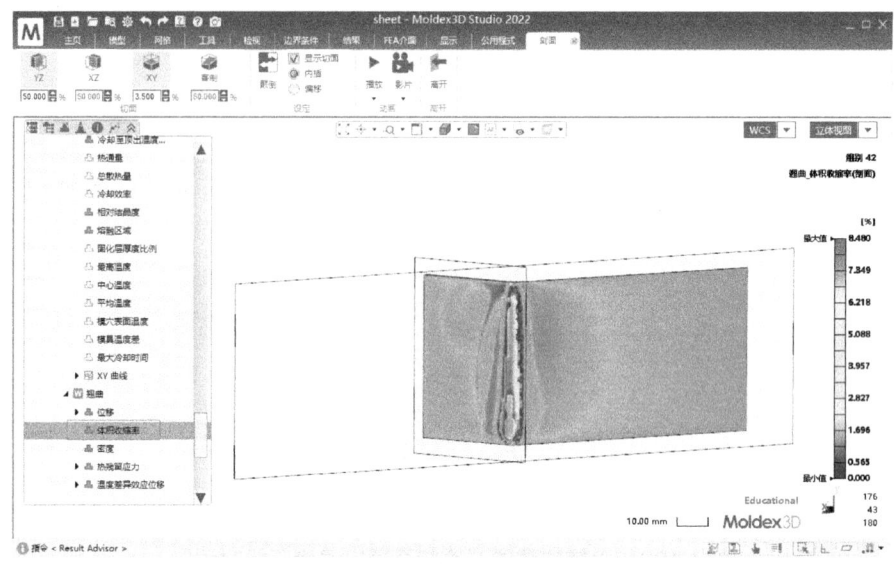

图 3.104　水辅注塑塑件的体积收缩率

指定位置处 WAIM 的翘曲总位移及三个探针结果如图 3.105 所示。图中三个探针的数值分别为 2.479mm、2.304mm、2.419mm，与 GAIM 的三个值（2.359mm、2.260mm、2.351mm）相比有所增大。这是由于水辅注塑通道附近熔体的散热速率相比于气辅注塑更快。

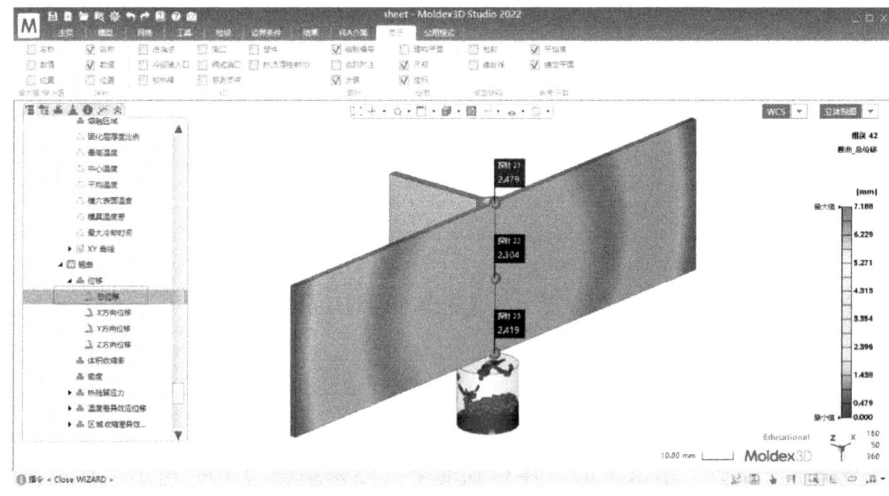

图 3.105　水辅注塑塑件的翘曲总位移

为了分析水辅注塑翘曲变形的主要原因，查看"区域收缩差异效应位移"和"温度差异效应位移"模拟结果（图3.106、图3.107）。从图3.106可知WAIM探针处的区域收缩位移分别为0.336mm、0.099mm、0.489mm，而GAIM的结果为0.351mm、0.114mm、0.479mm（图3.76），这说明水辅注塑能够更好地控制制品因收缩差异引起的翘曲变形。

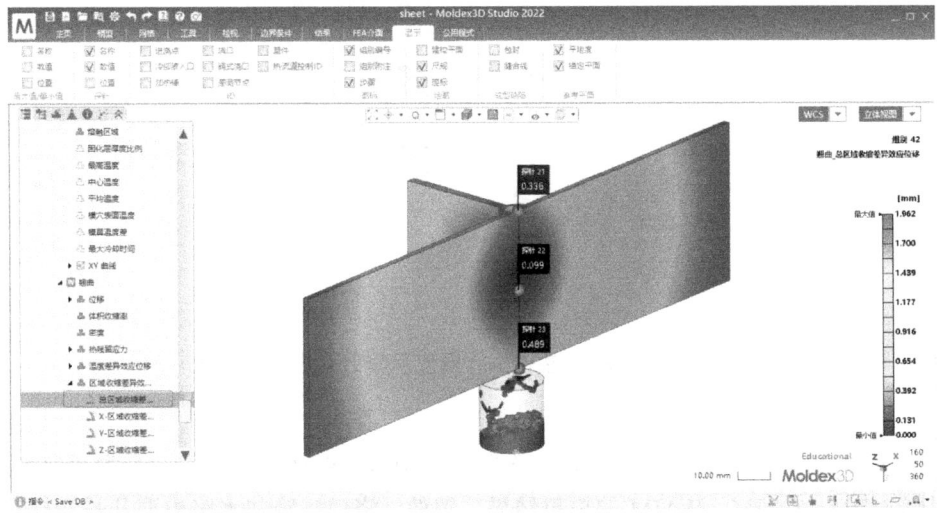

图3.106　WAIM塑件的"区域收缩差异效应位移"结果

水辅注塑探针位置的"温度差异效应位移"结果如图3.107所示。三个探针处温度差异效应位移值为2.254mm、2.258mm、2.263mm；相较于气辅注塑的温度差异效应位移值2.141mm、2.168mm、2.143mm（图3.77），变形增大。这说明温度差异效应位移是WAIM翘曲变形的主要原因。通道附近熔体的散热速率越大，塑件的温度差异效应位移越大，温度差异引起的翘曲总位移越大。因此需要改进工艺和模具结构，进一步减少塑件的凹痕位移和翘曲变形。

3.6.5　小结

本节对薄板制品进行了气辅注塑过程模拟，在不使用溢流区的情况下，气体在制品内部发生指形渗透，这意味着制品质量不合格。于是针对此情况设置了溢流腔重新进行模拟，将带溢流腔的气辅注塑结果与传统注塑、水辅注塑结果进行对比，说明气辅注塑的特点。

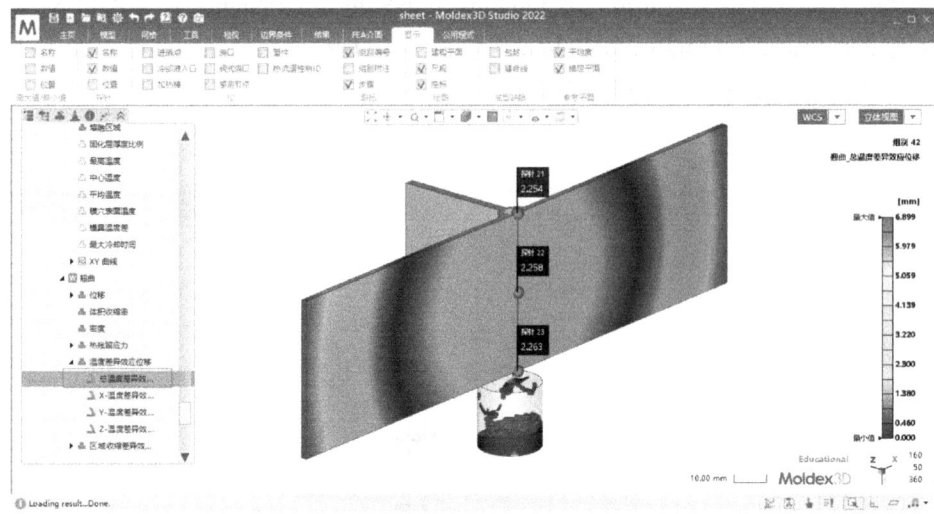

图 3.107　WAIM 塑件的"温度差异效应位移"结果

　　本章的重点是学习 Moldex3D 软件中 GAIM、WAIM 的应用，且为了便于比较 CIM、GAIM、WAIM 的模拟结果，塑件、浇口、冷却水路模型几乎一样，CAD 模型和成型工艺参数设置忽略了工程背景，因此本章 3.4、3.5、3.6 节的模型和模拟方案，软件使用上流程正确，但部分设计和参数不符合工程实际，导致有些模拟结果不合理甚至是错误的。

　　模流分析不合适的地方包括：

　　① 常规 GAIM 中，气体注射压力、注射时间、延迟时间需要与熔体的体积、保压压力匹配；气嘴不建议和塑料熔体的点浇口放在同一位置。

　　② 带溢流腔的 GAIM、WAIM 模拟中，溢流腔的结构、氮气的压力、水的压力设置不合理；工程实践中水嘴尺寸远大于气嘴（气体入口处）尺寸，且溢流腔开关时间需要与型腔充填时间、体积相匹配，不能强求与传统注塑的参数相仿。此外，溢流腔在翘曲变形分析中会对变形形成约束条件，而本章模拟时没有考虑气体入口、水嘴入口、溢流腔对变形的影响，使得变形结果偏大。

　　③ 模流分析或数值模拟技术对前处理和参数设置的合理性是有要求的，否则会产生看似合理的数值结果，但实际上是毫无工程意义的无用数据。从会用

到用好，需要专业知识的积累。

此外，要强调一下：气体/水辅助注射成型技术，解决了厚度不均产品的加工难题，但加工过程需要考虑的因素增加，如渗透长度、掏空比、渗透行为等，成型加工难度增大。而模流分析软件，能预测可能的工艺问题，改善模具或制品结构，优化工艺，减少试错时间，进而降低生产成本。

最后，建议已掌握 GAIM、WAIM 模流分析流程的工程人员，结合工程背景和本章已有的初步模流结果，更改浇口、气针、水嘴位置，更改制品结构和工艺参数，多运行几组模流分析案例以巩固提升模流分析技巧和专业知识。

第4章

注塑革新工艺（2）——多组分注塑

多组分注射成型提供了几种组分在型腔内结合的方法，可减少或避免注射成型后的二次加工，降低生产成本。多组分注塑为工业设计增加了新的自由度，且提升了制品的美感、价值、质量和功能。此外，采用单一注塑机进行多组分注塑生产可减少工序，节省了组装费用和对车间面积的要求。本章介绍多组分注塑时，重点关注共注塑（co-injection molding）中的夹芯注塑、双料共射注塑（bi-injection molding）及其模流分析。

4.1 多组分注塑简介

多组分注射成型是塑料加工行业使用的一种特殊工艺，包括重叠注射、模内组装工艺等。多组分注射成型根据塑料种类、设备（塑化螺杆数）、注射次数、模具结构的不同，有多种分类方式。常用的多组分注射成型技术有：双组分注射成型（two-component injection molding）、三组分注射成型（three-component injection molding）；共注射成型、间歇式注射成型（interval injection molding）等。其中前两类根据塑料原料的组分数分类，工艺特点是不同的塑料熔体在不同的工艺阶段，注入不同的型腔：第一次注射原料形成嵌件，然后将其转移到另外一个型腔；第二种原料熔体注入并充满由嵌件和模具型腔所形成的闭合空间，这两种材料之间的黏合可以通过热、机械或化学作用完成；类似地可进行第三种塑料的注入。而后两种工艺，是将两种不同但相容的材料按顺序或同时注入一个型腔。此外，多组分还可根据注塑设备进行分类，请参考 Arburg 的工程师

Vannessa Goodship 所著图书：*Practical guide to injection molding*（第 2 版）。

4.1.1 多组分注塑的种类

（1）双组分注射成型

① 工艺。双组分注射成型，可以不增加额外投资，用两个单独的模具和传统的注塑机生产。这种方法，先将嵌件（芯层）成型，然后将它转移到另外一个模具中，再将第二种塑料熔体注射在嵌件上面。缺点是需要额外的工序。

常用的方法是使用旋转模具和多注射装置（图 4.1 和图 4.2）。嵌件成型后，驱动系统将型芯和制品旋转 180°，使得塑料熔体交替注射。这样每个周期可成型两个或多个制品。如果有大量制品需要旋转制备，购买带旋转功能的注塑机比购买大量的旋转模具更经济。

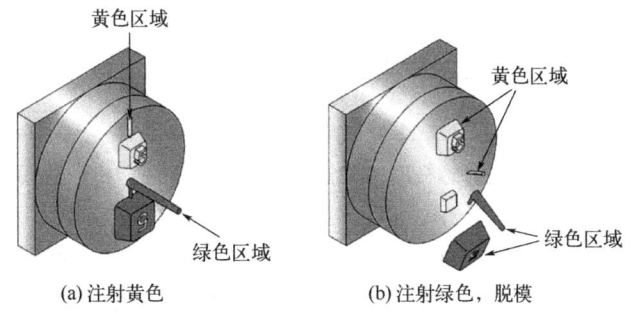

图 4.1 双组分成型示意图

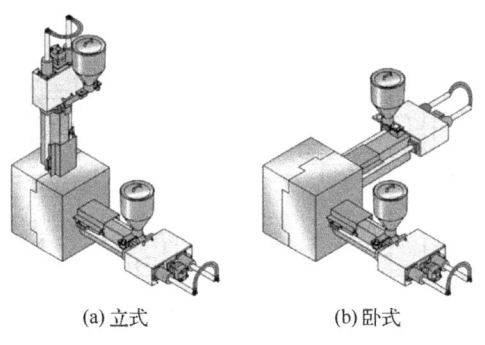

图 4.2 双组分注塑设备示意图

在一台注塑机上装有多副模具和多套注射装置进行注射，如双注射螺杆双色成型注射机（图 4.3）。利用双色注塑机上的回转模具台，第一个喷嘴注射一次形成嵌件，第二个喷嘴注射一次形成第二层，最终得到双色塑件。两次注射时模腔大小不一，且均是充满状态。不同塑料熔体之间的界面结合情况受到熔体温度、模具温度、注射压力、保压时间等因素的影响。图 4.3 所示的注塑机，模具一半装在回转板上，另一半装在固定板上。当第一种颜色的塑料注射完毕，模具局部打开，回转板带着模具的另一半和制件一同回转 180°，到达第二种颜色塑料的注射位置上，进行第二次注射，脱模后，即可取得具有明显分色的双色塑件。

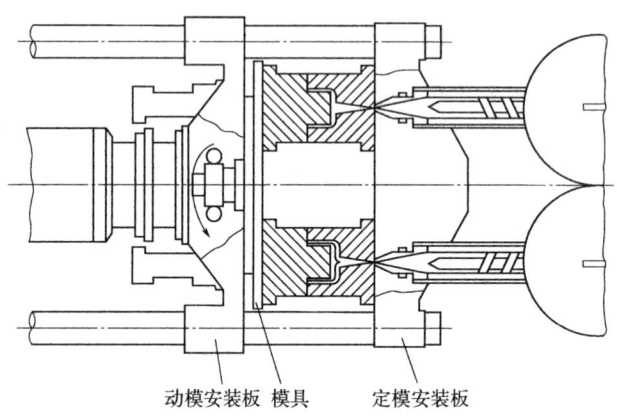

图 4.3 双注射螺杆两型腔沿水平轴旋转的注塑机示意图

另外一种双组分注射成型的工艺是抽芯技术（图 4.4）。当嵌件（第一种射入原料）在模具型腔时，使用可动的型芯或滑块自动扩展原来的型腔形状，或者说，型芯在嵌件固化后回缩[图 4.4（b）]，以便产生空间，利于第二种塑料原料注入。

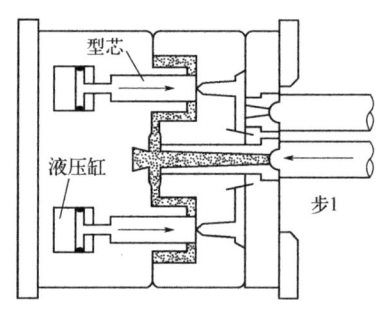

(a) 首先材料被注入，冷却固化　　(b) 型芯或滑块收缩产生空间并由第二种材料充填

图 4.4 双组分注射成型的抽芯技术

② 双色/双料注塑模具设计。双色注射模的设计要考虑以下几个方面。

a．成型部分（型腔）。成型部分设计与常规注塑模基本相同，不同的是要考虑两个位置上注塑模的凸模一致，凹模部分腔体大小不同，而且要与两个凸模都能配合良好。一般这种成型的塑件较小。

b．浇注系统。由于是双色/双料注射，浇注系统分一次注射的浇注系统和二次注射的浇注系统。注射可分别来自两个注射装置。

c．脱模机构。由于双色/双料塑件只在二次注射结束后才脱模，所以，在一次注射位置的脱模机构不起作用。对于沿水平轴旋转的注塑机，脱模顶出可用注塑机的顶出机构。而对于沿垂直轴旋转的注塑机，不能用注塑机的顶出机构，可用在回转台上设置的液压顶出机构。

d．模具安装。由于这种双色注射成型方法特殊，两副模具导向装置的尺寸、精度一定要一致。对于水平旋转的注塑机，模具的闭合高度要一致，两副模具的中心应在同一回转半径上，且相差180°；对于垂直旋转的注塑机，两副模具要在同一条轴线上。

（2）三组分注射成型

三组分注塑工艺和双组分类似，只是嵌件形成后，每个型腔位置的旋转角度从180°改为120°（图4.5）。三组分注塑机中，三个塑化装置的排列方式如图4.6所示，其中（a）是卧式，（b）和（c）是立式，（b）较（c）更省空间。

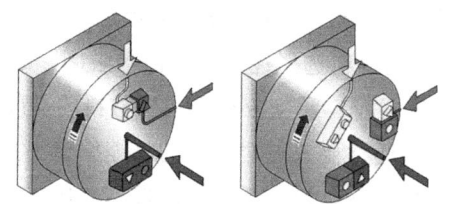

图4.5 三组分成型模具工位示意图

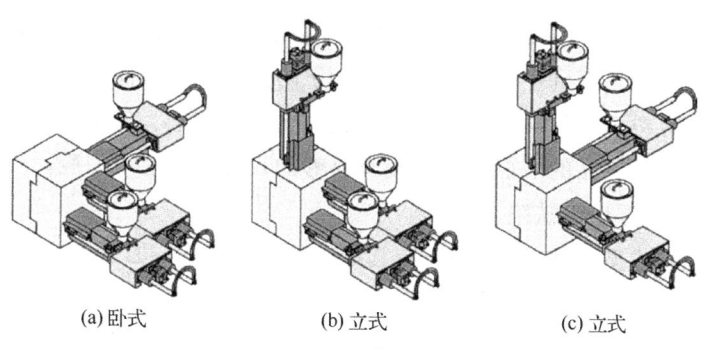

(a) 卧式　　　　(b) 立式　　　　(c) 立式

图4.6 三组分注塑机的类型

(3) 共注射成型

共注射成型种类中，比较典型的是夹芯注射成型，又称三明治共塑、夹芯注塑，是将表皮材料和芯层材料（与皮层相同或另一种不同但相容的材料）按顺序或同时注入型腔。该工艺生产的产品具有三明治结构，芯层材料嵌在表层材料之间。夹芯注射成型是使用具有两个或两个以上注射系统的注塑机，将不同品种或不同颜色的塑料同时或先后注射到一个或几个模具位（型腔）的成型方法。通常是两种材料。

夹芯注射成型的成本和质量优势如下：

① 原材料成本低且可循环使用。可以用回收料/低成本原料作为芯层料，高性能和特殊的工程材料作表层料。

② 使用硬质皮层料/发泡芯层料，可减少重量及残留应力。

③ 使用硬/软材料分别作为皮层料及芯层料，可改善产品力学性能。

④ 使用电磁功能树脂作为皮层料或芯层料，也可让产品有电磁波屏蔽功能。

但夹芯、双料（双色）共注射成型具有一定的局限性：

① 共注射成型的设备结构相对复杂。设备费较普通注塑机高50%～100%，其注塑模具比传统注塑模具需要更长的加工制造时间。

② 共注射成型技术对模具的几何形状、尺寸及制品的结构设计有严格限制。如不能生产带有尖角、加强筋等复杂制品和一模多腔的模具，形状不对称的产品必须注意浇口的位置等，因此该技术的适应范围小。

③ 共注射成型技术的物料选择往往存在诸多限制。芯层与皮层的黏度差异不能太大，一般来说，皮层材料黏度应小于芯层材料的黏度；皮、芯原料必须有相近的收缩和膨胀性能。通常要求芯层材料的收缩率略小，膨胀系数略大；皮、芯材料要有一定的相容性和互黏性，否则会出现芯、皮层界面分层剥落的问题。

双螺杆单流道技术的共注射成型工艺见图4.7。首先是将表皮红色A料注入模具［图4.7（a）］，接着将芯层黄色B料注入型腔［图4.7（b）］，和表皮材料一起充填型腔，直到型腔几近充满；为了防止在制品表面看到芯层材料，再次注入表皮材料A［图4.7（c）］以清除浇口的芯层材料，使得下次注射中芯层材料不会出现在制品的表面。如果没有足够的表皮材料射入型腔，可能会产生"漏芯"或"芯浮出"缺陷。

夹芯注射成型工艺（A-B-A）有其他一些变形形式，如A-B、A-B-B-A。此外，双流道和三（多）流道技术配合同心流道上的喷嘴可完成表皮材料和芯层材料的同步注射。目前新型的共注射成型工艺使用了多浇口共注射热流道系统。

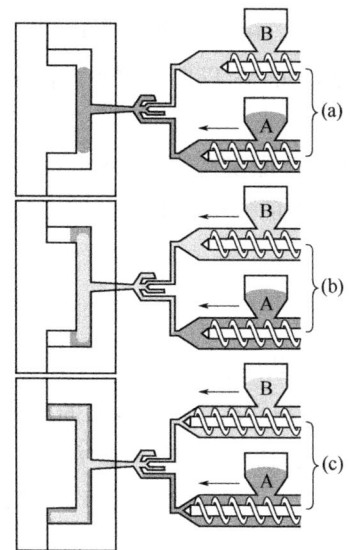

图4.7 夹芯注射成型工艺示意图

如图4.8所示,在三料筒中盛三种不同的塑料原料,通过分配喷嘴,可成型内、中、外不同塑料原料的制品;也可成型同种物料不同颜色花纹的制品,但模具成本较高。

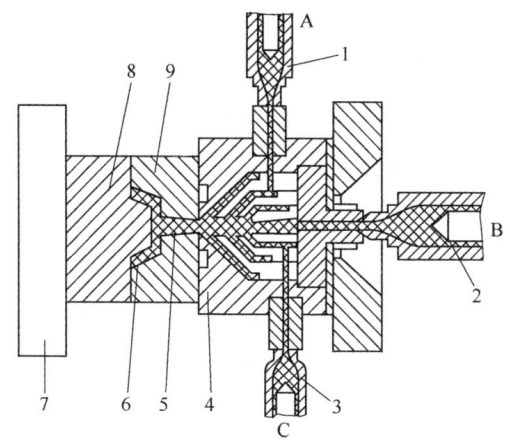

图4.8 三注射头单模注塑机

1—A料注射装置;2—B料注射装置;3—C料注射装置;4—熔料分配板;5—浇注系统;6—塑件;7—注塑机动模安装板;8—动模;9—定模

在设计共注塑模具时,要考虑以下几个方面。

① 成型部分（型腔部分）。由于某些塑料在注射成型过程中，易产生挥发性气体，对腔体表面有腐蚀作用，所以要对型腔表面进行一些防护或强化处理，但模具的型腔结构比较简单。

② 浇注系统。要考虑与分配喷嘴的可靠连接。

③ 排溢系统。由于型腔中的气体会对成型产生很多不良影响，故需在模具上设置排溢系统。

（4）间歇式注射成型

间歇式注射成型可认为是共注射成型的一种变形或广义的双色成型。图4.9说明了共注射成型中夹芯注塑和间歇式注塑制品的区别。夹芯注射成型制品截面［图4.9（a）］是典型的皮-芯-皮结构，芯层材料完全在制品内部；而间歇式注射的产品［图4.9（b）］黑色A料、白色B料两种材料间隔或共同出现在制品表面。

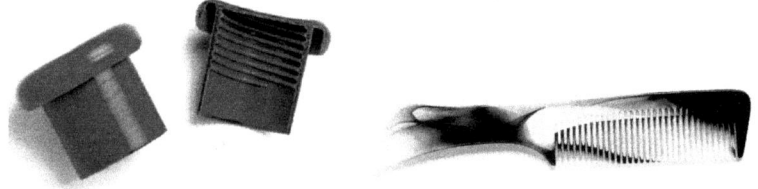

(a) 夹芯注塑工艺生产的瓶盖　　(b) 间歇式注塑工艺生产的梳子

图4.9　夹芯注塑、间歇式注塑制品

间歇式注射成型工艺和夹芯注塑的直观区别可用图4.7中的（b）步骤说明。间歇式注射在该步上仅仅是B料射入，目的是让B料穿过A料，与A料随机混合，使A、B料因熔融扩散形成交替的表面纹理或图案（具有一定的随机性）。

4.1.2　典型应用

多组分注射成型技术摒弃了单一原理的传统注射成型技术，具有其他塑料成型技术无法比拟的特色，其产品应用主要考虑两个方面：一是从经济性角度考虑，二是从产品性能角度考虑。

（1）经济适用的产品

① 废旧塑料作为芯层材料，优质塑料作为皮层材料。在满足表面质量的前提下，既降低了生产成本，又解决了废旧塑料的回收利用，从而实现可持续发展。

② 成本低廉的材料作为芯层材料，强度较大的材料作为皮层材料。在满足

受力件所需的弯曲和冲击强度前提下，减少产品的制造成本。

③ 需要具有高强度、耐热、耐腐蚀、耐磨等优良的物理性能的产品，或是要求表面美观和接触面柔软的产品，共注射成型可以将高表面性能的材料作为皮层，普通的聚合物材料作为芯层，不仅能获得高表面性能的低成本制品，也拓宽了普通塑料的应用范围。

（2）特殊性能的产品

① 要求其中一层有特殊性能的产品，如：内层发泡、外层实心的泡沫制品，即外观和普通制品一样的夹芯发泡制品；外层无特殊要求，内层需要低温成型材料的制品等。

② 综合利用芯/皮层复合结构的特殊性能，生产多功能的塑料产品。如内层为增强材料、外层展现高光洁度的制品，外层耐磨、内层为高强度材料的制品等，都是传统注塑不能实现的。

电子、生活消费类、汽车等领域的各类制品可使用多组分注射成型，如牙刷、工具手柄、活动玩具、器皿把手、化妆粉盒、铰链、电视/VCD 遥控器，汽车的多色尾灯、通风板、车门封条等。图 4.10 显示了部分多组分注塑制品，从左到右依次为：双色瓶盖、多色（多料）牙刷、三色工具把手、密封工程件、多色汽车仪表盘按键（零部件）。

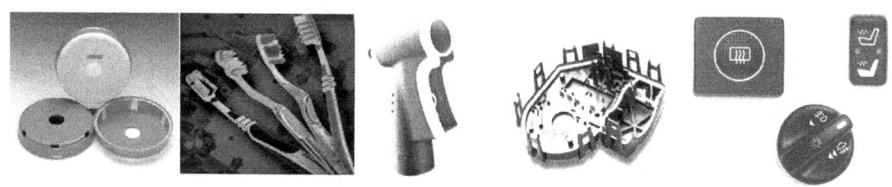

图 4.10　多组分注塑制品

（3）材料及其结合性要求

材料选择是多组分注射成型的关键，要根据材料的相容性、耐化学品性、耐磨性、环境表现和其他特定需求确定。多组分注射成型涉及不同材料结合成一个组合制品，因而材料之间的黏合性很重要。通常要求材料之间相容且结合性好、流变性能（黏度）近似，常用塑料的相容性如图 4.11 所示。影响黏合的因素包括：材料间的相容性、加工温度、接触界面、成型顺序、制品结构及界面互锁结构（图 4.12）等。常用的一种组合是将热塑性弹性体（TPE）叠加到硬基体塑料上，使制品获得柔软触感和更好的手持性能。

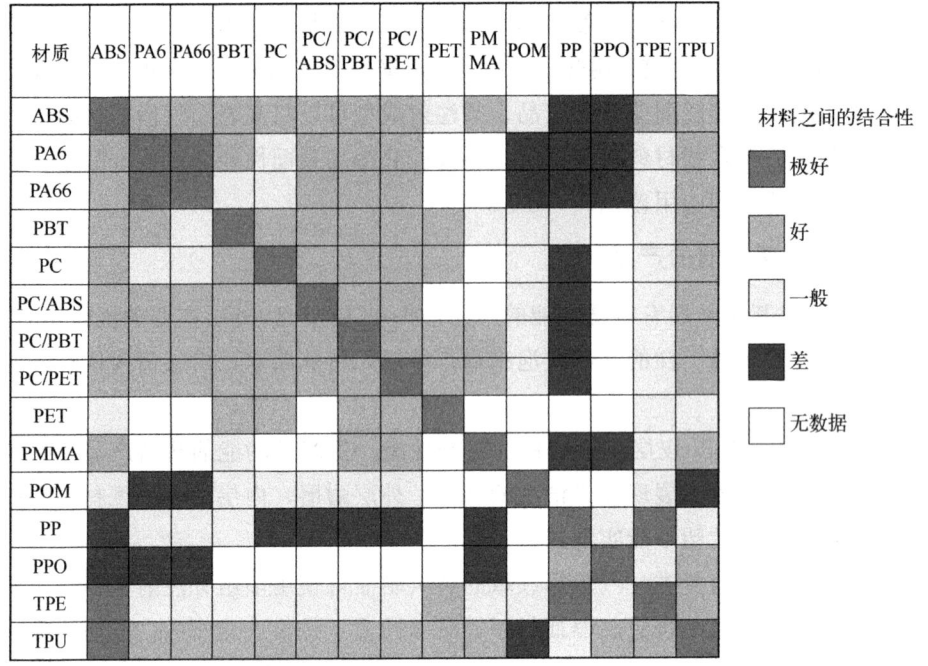

图 4.11 常用塑料的相容性（"差"不可用，推荐使用"极好"）

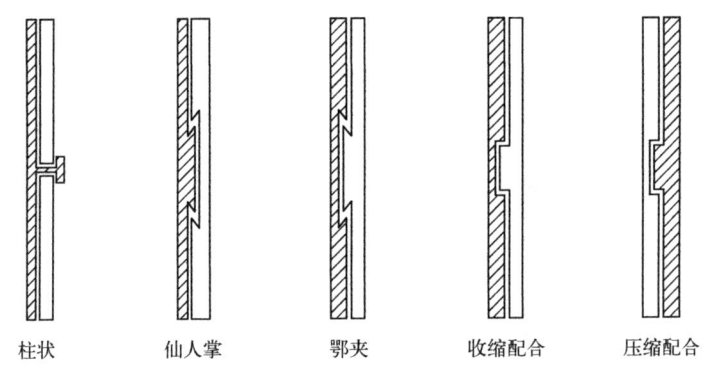

图 4.12 界面互锁设计

4.2 共注塑

4.2.1 概述

共注射成型是 20 世纪 70 年代初英国 ICI 公司的 Gamer 和 Oxley 提出的，

并且取得了基础理论、生产产品及其设备专利等。但由于其对注射设备的要求比较特殊,一直没有得到广泛应用。随着注塑机产业和自动控制技术的发展,共注塑受到了人们的重视,在汽车、电子、家具、包装、化工、光学和医疗器械等行业中的应用越来越广泛。

共注塑是指采取两个或多个注射系统的注塑机,将不同种类或不同色泽的塑料按顺序或者同时注入同一个模具内的成型方法。共注射成型工艺最常见、最具有代表性的是双色注射(bi-color/sequential injection)和夹芯注射(sandwich injection),在这两种成型工艺的基础上,又有:多组分共注射(multicomponent injection)、多色注射(multicolor injection)、气体辅助共注射(gas-assisted co-injection)、层状注射(lamellar injection)等成型技术。按注射次序又分为顺序共注射(sequential co-injection)和同时共注射(simultaneous co-injection)。

以顺序共注射成型(夹芯注塑)为例,其成型工艺过程如图4.13所示。

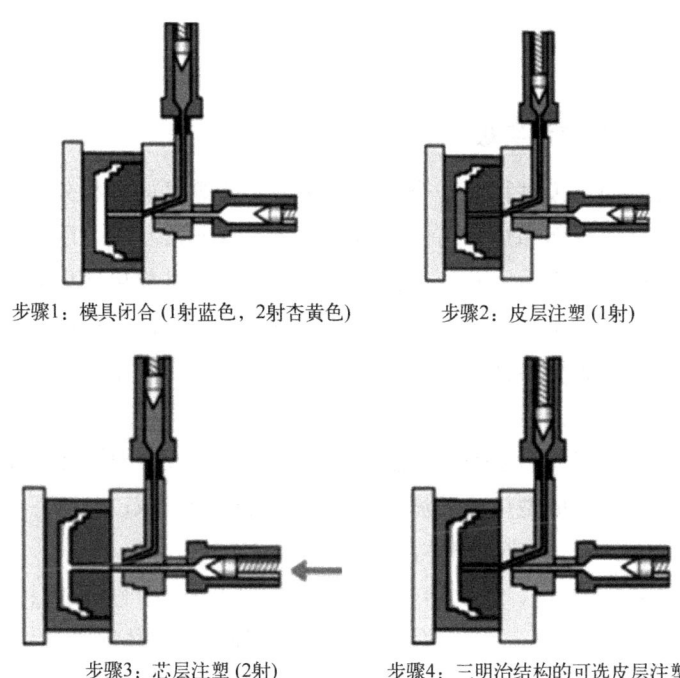

步骤1:模具闭合(1射蓝色,2射杏黄色)　　步骤2:皮层注塑(1射)

步骤3:芯层注塑(2射)　　步骤4:三明治结构的可选皮层注塑

图4.13　共注塑(夹芯注塑)工艺示意图

步骤1:模具闭合,形成型腔。

步骤2:将一定量的皮层材料熔体(蓝色熔体)A注射到模具型腔内,其中，注射量取决于皮层材料和芯层材料的比例，这一比例根据制品的性能和工艺特性确定。

步骤3：皮层材料注入后，立刻注入芯层材料B（杏黄色）。通过同一喷嘴的芯层材料注入皮层材料的中心部位，且迫使皮层材料完全充满整个型腔。

步骤4：选择性注入皮层材料。此步再次注入皮层材料A则为A-B-A模式，如果最后一步没有注射皮层材料A，则为A-B模式，即双色注塑（bi-injection molding）。

4.2.2 夹芯注塑研究进展

夹芯注射成型的研究主要包括：芯层熔体前沿突破、芯/皮层熔体分布均匀性、芯/皮层界面的黏合性、共注射成型制品的力学性能等。而共注射成型数值模拟技术，可预测工艺参数对流动形式的影响。通过研究共注射成型的机理，获取芯层填充量较高、皮/芯层分布均匀性好、力学性能优越的产品。

（1）芯层熔体前沿突破

共注射成型的充模过程是一个三维、瞬态、非等温的多相分层流动，且带有移动的熔体分层界面和熔体前沿界面，成型机理非常复杂。所谓芯层熔体前沿突破是指在充填过程中，芯层熔体前沿追上并且超过皮层熔体前沿，使得最终制品的芯层材料露出制品表面成为废品的现象。而共注射成型的夹芯制品中最主要的缺陷就是芯层熔体前沿突破现象。对于共注射成型制品，一方面要避免芯层熔体前沿突破，另一方面让芯层填充量较大以降低成本。

研究表明，夹芯注射成型充填过程中，芯层熔体前沿一般呈蘑菇状或是"V"字形流动。夹芯注射成型熔体的流动情况可分为四个区域：

① 初始注射区，仅皮层熔体注入模腔；
② 芯层熔体增长区，芯层熔体进入型腔且在皮层材料里流动；
③ 芯层熔体扩张区，芯层熔体前沿推进追赶皮层熔体前沿；
④ 芯层熔体突破区。

夹芯注射成型的充填保压过程如图4.14所示，（a）、（b）、（c）依次为注入皮层材料、注入芯层材料、保压阶段的示意图。在模腔内，聚合物以多相分层流动充填成型，最终固化成芯/皮层复合制品。先射入的熔体形成皮层，后注入的熔体形成复合制件的芯层。

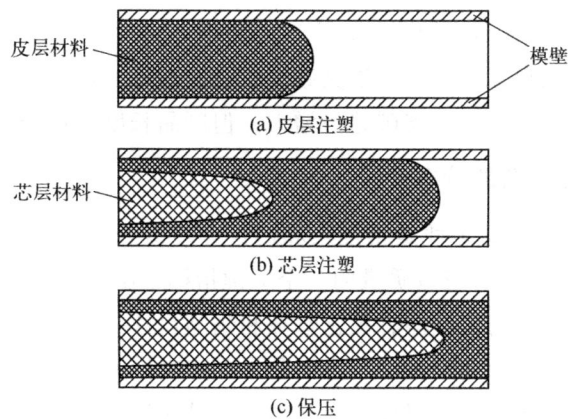

图 4.14 夹芯注射成型充填保压过程示意图

前沿突破与材料黏度等性能密切相关，芯/皮层材料黏度比是个重要的参数。研究表明：芯/皮层黏度比增大，芯层熔体前沿突破趋势减小。芯/皮层零剪切黏度比在 0.04～24.0 之间的 6 种塑料原料中，当芯/皮层黏度比 $R \leqslant 1.0$ 时，可能出现芯层熔体前沿突破现象。通过研究不同芯（PS）/皮（PMMA）黏度比对前沿突破的影响，发现前沿突破还与皮、芯层熔体间的前沿距离和相对推进速度有关。当 PS 和 LDPE 材料组合且物料的零剪切黏度比在 0.04～25.24 之间时，芯层材料黏度增大或皮层材料黏度减小，则芯层厚度增加，穿透深度减小；反之，芯层材料厚度减小，穿透深度增加，进而出现芯层熔体前沿突破现象。

合理地设定共注射成型的工艺参数，也可以在一定程度上避免芯层熔体突破现象。研究结果如下。

① 熔体温度。芯层熔体温度固定，皮层熔体温度升高，突破趋势减小；皮层熔体温度固定，芯层熔体温度升高，突破趋势增加；同时改变芯层和皮层熔体温度，冲破趋势则由芯/皮层黏度比的变化趋势决定。

② 模具温度。模具温度降低，芯层熔体穿透深度增大，低于某一程度时会出现芯层熔体前沿突破现象。

③ 注射速率。芯层注射速率不变，皮层注射速率降低，芯层熔体前沿突破趋势增大。固定皮层注射速率，随着芯层注射速率的增加，若芯层熔体的假塑性大于（或等于、小于）皮层熔体，则冲破趋势增大（或不变、变小）。

④ 皮层预填充量。皮层预填充量影响着皮芯层熔体间的前沿距离，若预填充量减小，则芯层、皮层熔体前沿之间的距离变小，芯层突破趋势增加。

⑤ 延迟时间。延迟时间越长，突破趋势越大。

此外，制品的尺寸对芯层前沿突破也有一定的影响。对矩形薄板共注射制品而言，制品长宽比增大，突破趋势增大，但制品长度存在一个最优值。

（2）皮芯层材料的分布

皮芯层材料分布均匀性是指皮层和芯层厚度分布的均匀性（层间界面形状），这也是衡量共注射成型质量的一个关键指标。影响芯层/皮层厚度分布均匀性的主要因素是材料的性能、工艺参数和制品尺寸。

用两种 PS 作为原料，其中芯层染色来观察充模过程情况。研究发现：芯层黏度高的共注射制品芯层厚度较大，并且容易在浇口附近堆积，因此制品均匀性较差。用硬质 PVC 分别与玻璃纤维增强 PVC、PP、ABS、PC 进行共注射成型实验，发现：浇口附近的芯层材料呈单向、连续状；模腔端部区域，芯层材料基本为零。皮芯层材料的剪切黏度比在 0.5~5 之间时为充模成型的最佳区间，PMMA/PC 材料组合满足此条件，但仍出现非层状流动，且其波动的程度与材料的弹性有关。此外，研究发现：皮层熔体黏度大，则制品具有较厚的皮层和较长的芯层穿透深度；相反，芯层熔体黏度大，制品具有较厚的芯层和较短的芯层熔体穿透深度。

此外，工艺参数对制品的均匀性有较大的影响。在众多工艺参数中，M.Kadota 等认为熔体注射速度对芯层材料分布均匀性的影响较大。D. A. Messaoud 等研究发现当皮层和芯层的注射速率为 30mm/s 和 60mm/s 时，芯皮层材料分布最均匀。对 PS/PP 材料组合而言，芯层材料注射速率固定时，皮层注射速率增大，则芯层熔体的穿透深度减小，相对宽度增大。当皮层注射速率增加到一个固定值后，芯层熔体的穿透深度和宽度分布趋于平缓。用 PP 和 POE 分别作为芯层和皮层材料，研究发现：固定芯层熔体注射速率时，随着皮层注射速率的增加，制品均匀性下降；固定皮层熔体注射速率时，芯层注射速率增加，均匀性也下降。

（3）夹芯制品的力学性能

研究者主要关注芯、皮材料的含量对制品的力学性能的影响，利用微观技术手段研究两材料界面间的结合能力和稳定性。

对纯 PP、10%玻璃纤维/PP 和 40%玻璃纤维/PP 三种原料，芯、皮 6 种组合的夹芯制品进行弯曲模量和冲击强度的研究，发现：纯 PP 为皮层、40%玻璃纤维/PP 为芯层时，在近浇口处弹性模量显著改善；皮层和芯层材料均为 40%玻璃纤维/PP 制件的弯曲模量略高于相同材料的传统注塑制品。此外，当熔体中玻璃纤维含量增加时，共注射制件的最大拉伸强度和最大冲击强度增大。相同和不同型号 PP 共注射成型制品的力学性能，受到注射速率、芯层熔体温度、模具温度的影响。通过有限元数值模拟技术，对 PP 芯层、ABS 皮层共注塑制品的翘曲进行研究，发现：对平板翘曲变形影响最大的工艺参数是保压时间，最小的是冷却时间。PS 为皮层、ABS 为芯层时，研究工艺参数对共注塑制品皮层最厚处、芯层最厚处、浇口位置、芯层前沿四个位置的残余应力的影响，发现：保压压力、保压时间对残余应力的影响最大，且工艺参数对制品不同位置处的残余应力影响不同，影响程度从小到大依次是皮层最厚处、芯层前沿处、芯层最厚处、浇口位置处。

（4）模流分析在夹芯注射成型中的应用

夹芯注塑有两个很难控制的工艺参数：①芯、皮层塑料填充的体积比。理论上，芯层熔体的填充量可以达到 60%以上，但是在实际生产中很难达到，尤其是复杂制品，工程上芯层熔体最多可达 30%。②芯、皮层熔体注射转换的时间控制点。

模流软件的共注射成型分析可根据两种注射塑料的特性，预测它们在模腔中的分布，并给出其最佳混合比例和芯皮层熔体注射的时间控制点。模流分析结果一般包括：①芯、皮层熔体在充填过程中，任意时刻的体积百分比；②芯、皮层熔体在模具型腔中的分布情况；③芯层熔体在成型过程中的厚度变化；④皮层熔体流动前沿的形状及流长的变化；⑤芯、皮层熔体在充填过程中的质量分数（体积分数）；⑥可根据分析模块查看流动、冷却、翘曲及应力等结果。

4.2.3 夹芯注塑工艺模拟机理

夹芯注塑有各种皮层/芯层材料的组合，包括软质皮层/硬质芯层、净料皮层/回收料芯层及纯塑料皮层/强化材料芯层。两种原料熔体的充填、保压控制方程与传统注塑相似。

（1）充填流动数学模型及假设

当皮层、芯层两种塑料熔体同时在模具内充填流动，可假设为可压缩的泛牛顿流体，忽略熔体波前的表面张力，三维瞬时非等温下的皮层、芯层熔体的控制方程式见式（4.1）～式（4.3）。

质量守恒：

$$\frac{\partial \rho}{\partial t} + \nabla \cdot (\rho \boldsymbol{u}) = 0 \tag{4.1}$$

动量守恒：

$$\frac{\partial}{\partial t}(\rho \boldsymbol{u}) + \nabla \cdot (\rho \boldsymbol{uu} - \boldsymbol{\tau}) = -\nabla p + \rho \boldsymbol{g} \tag{4.2}$$

能量守恒：

$$\rho C_p \left(\frac{\partial T}{\partial t} + \boldsymbol{u} \cdot \nabla T \right) = \nabla \cdot (k \nabla T) + \eta \dot{\gamma}^2 \tag{4.3}$$

式中，ρ 是密度；$\boldsymbol{u}$ 是速度向量；t 是时间；$\boldsymbol{\tau}$ 是应力张量；$\boldsymbol{g}$ 是重力加速度；p 是压力；η 是黏度；C_p 是定压比热容；T 是温度；k 是热导率；$\dot{\gamma}$ 是剪切速率。

芯层、皮层熔体的控制方程与传统注塑工艺相差不大，区别在于两种材料的边界条件、初始条件不同；芯层、皮层熔体是双自由表面的熔体充填。

（2）本构方程

由于塑料被视为泛牛顿流体，应力张量可表示为：

$$\boldsymbol{\tau} = -\eta (\nabla \boldsymbol{u} + \nabla \boldsymbol{u}^{\mathrm{T}}) \tag{4.4}$$

利用 Cross 黏度模型加上 Arrhenius 温度相关性来描述熔体黏度，如式（4.5）。

$$\eta(T, \dot{\gamma}) = \frac{\eta_0(T)}{1 + (\eta_0 \dot{\gamma} / \tau^*)^{1-n}} \tag{4.5}$$

其中

$$\eta_0(T) = B \exp\left(\frac{T_\mathrm{b}}{T} \right) \tag{4.5a}$$

式中，n 为剪切稀薄指数；η_0 为零剪切速率黏度；τ^* 决定由低剪切牛顿区至高剪切非牛顿指数关系区（请参考第 1 章黏度模型相关内容）。

（3）熔体波前追踪

夹芯注塑在 Moldex3D 里使用实体网格进行数值模拟。Moldex3D 共注塑可预测两射熔体在型腔内的分布，优化注射时间、两射切换点、模温、射压与流率等成型条件。两种塑料熔体流动前沿的确定，与传统注塑相似。

在数值模拟中，体积分率 f_i 用来表示第一种塑料熔体/皮层(EM#1)/空气($i=1$)，以及第二种塑料熔体/芯层(EM#2)/空气($i=2$)间的界面。当 $f_i= 0$ 时表示未充填，当 $f_i = 1$ 时表示完全填满；熔体的流动波前 f_i 在 0~1 之间的单元上。波前向前发展依据式（4.6）的传质方程。具体方法和步骤请参考第 2 章 2.6.3 节。

$$\frac{\partial f_i}{\partial t} + \nabla \cdot (\boldsymbol{u} f_i) = 0 \qquad (4.6)$$

在熔体充填阶段，速度、流率与温度在熔体入口处已知。型腔模壁上假设无滑移边界，模温是已知的常数。

双料注塑（Bi-IM）的控制方程和熔体前沿确定方法与夹芯注塑一样，区别在于初始条件和边界条件（定解条件）。

4.3　Moldex3D 夹芯注塑模流分析

Moldex3D 夹芯注塑模块可预估型腔中材料的空间分布，这对于结构应用非常重要，因为产品刚度主要取决于皮层/核芯层材料的分布情形。此外，人们的触觉也会受到皮层材料厚度的影响，因此对于软质皮层/硬质核芯层材料的应用也很有意义。夹芯注射成型的关注点是芯层突破时如何量化芯层材料的含量，夹芯注塑模块能根据成型工艺参数（如射速）、塑料性质（如黏性），预测芯层突破时的芯层材料充填比例，并预测突破的位置。再强调一下，Moldex3D 夹芯注塑模块只支持 Solid 网格模型。

下面介绍一下 Moldex3D 夹芯注塑模流分析功能。在夹芯注射成型制程中，皮层材料与芯层材料都被射入相同的型腔中，使用同一个进浇口、流道系统，甚至螺杆，因此前处理阶段的步骤与传统注塑基本相似。下面具体说明夹芯注塑模流分析的步骤（图 4.15）。

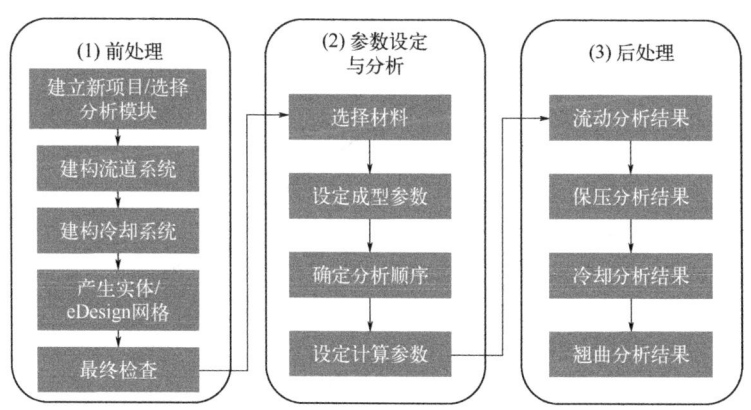

图 4.15　Moldex3D 夹芯注塑模流分析流程

4.3.1 前处理

（1）制品分析

制品是矩形平板状，尺寸为 98mm×49mm×4mm（长×宽×厚），侧浇口位置取在 49mm×4mm 面的几何中心。制品图如图 4.16 所示，其中皮层（A）从下端的流道注射，芯层（B）从上端的流道注射。浇道系统与实验用定制的 JSW 注塑机匹配。

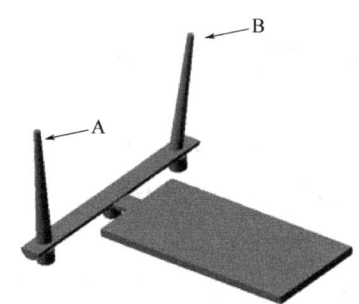

图 4.16　夹芯共注射成型制品与流道示意图

模拟选用的材料型号为 Polypropylene PPH 3060，制造商为 TOTAL Petrochemicals，熔体流动速率为 1.7g/10min（测试条件为 230℃，2.16kg），其黏度-剪切速率曲线如图 4.17 所示，从中可以看出：材料的黏度对温度不敏感，但对剪切速率的变化敏感度高，当剪切速率大于 $10s^{-1}$ 时，其黏度急剧下降。芯层、皮层材料一样，仅仅加入 1% 的色母作为区别。

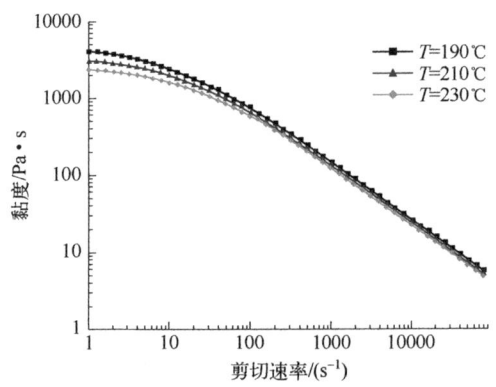

图 4.17　PP 的黏度-剪切速率曲线

(2)模型导入

从 CAD 软件中导出模型（图 4.18），格式设置成 stl 格式，保存文件。

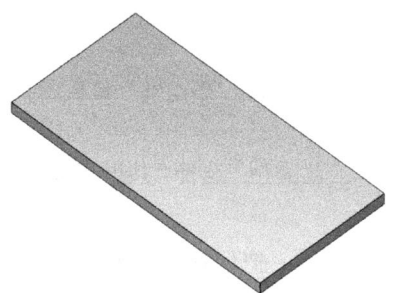

图 4.18　制品 CAD 模型

步骤一：单击"Moldex3D 2022"（或 2023 版，二者基本一致）图标快捷方式打开软件，单击"新增"，在弹出窗口中输入项目名称后，单击"确定"（图 4.19）。

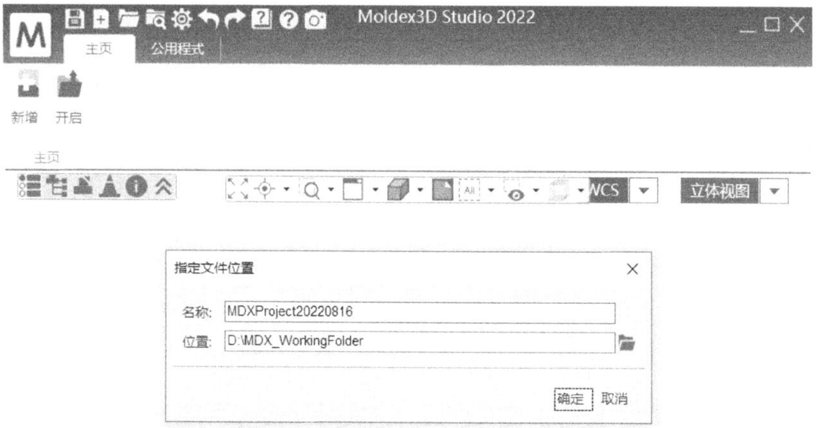

图 4.19　主页菜单"新增"界面

步骤二：点击图 4.20 中的"新组别"下拉菜单中的"新组别"，建立分析组。

图 4.20 "新组别"菜单

步骤三:"制程类型"(工艺类型)选择"共射出成型",此时系统默认"Solid"网格(图 4.21)。

步骤四:单击"汇入几何",把保存的 CAD 模型"*.stl"文件导入;然后单击"检查几何"查看模型是否有错误(图 4.22);若无问题,单击"属性"进行属性的设定(图 4.23)。

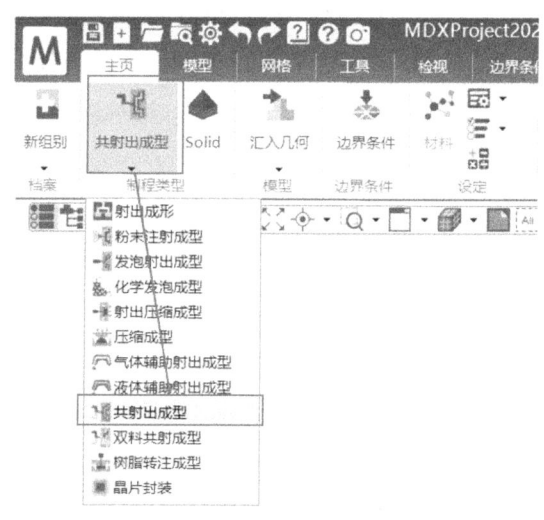

图 4.21 "制程类型"选择界面

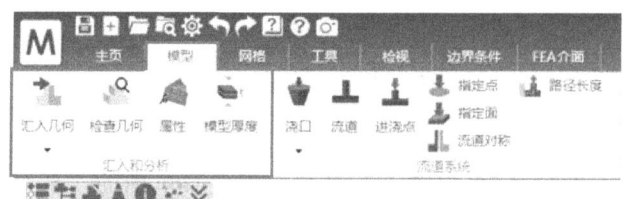

图 4.22 "汇入几何"功能菜单

第 4 章 注塑革新工艺（2）——多组分注塑

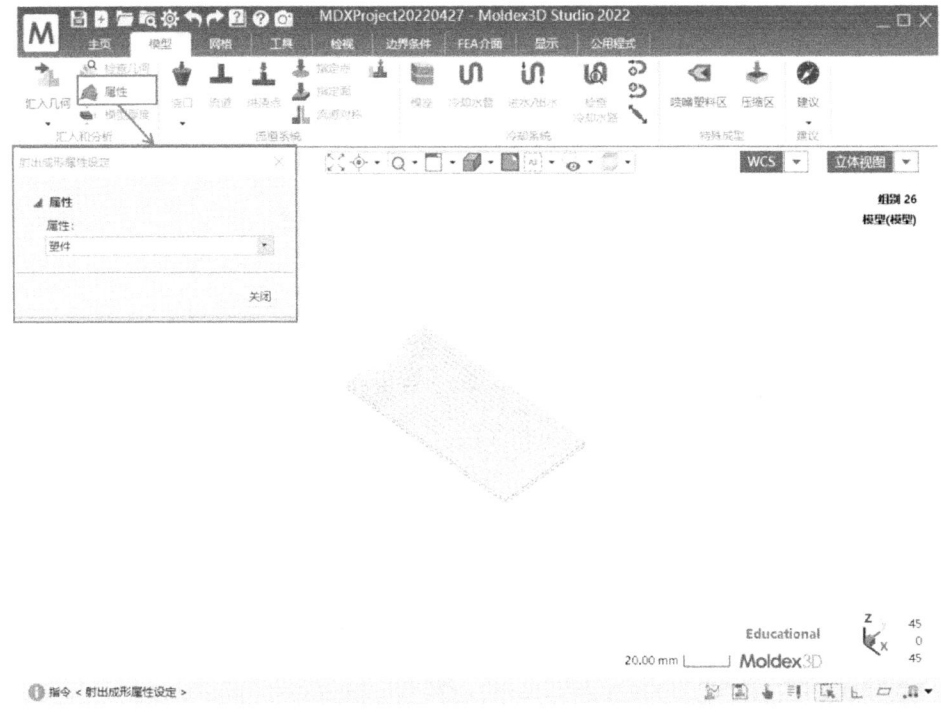

图 4.23 塑件"属性"设置界面

（3）创建浇注系统

步骤五：设置浇口。根据工程实际，选择图 4.24 中"浇口"图标，选择"侧边浇口"，设置浇口属性为"冷流道浇口"（图 4.25），浇口的长×宽×高尺寸为 2.5mm×3mm×1.5mm。

步骤六：建立并设置分流道。如基础篇章节所述，流道可从 CAD 模型中导入，也可以在 Moldex3D 软件集成环境下自行绘制。这个案例中采用后者，在 Moldex3D 软件中建立分流道。

选择主菜单的"工具"（图 4.26），单击"线"图标，在弹出的"产生线段"窗口中，选择第一点，设置方向和长度。单击所画线设置属性，设置成冷流道。分流道形状设置为"半圆形"，半径为 3mm（图 4.27）。主流道形状设置为"圆形"，半径为 3mm（图 4.28）。

步骤七：浇道系统设置完成后，选择图 4.29 的"进浇点"→"指定点"，设置 AB 料的进胶口。

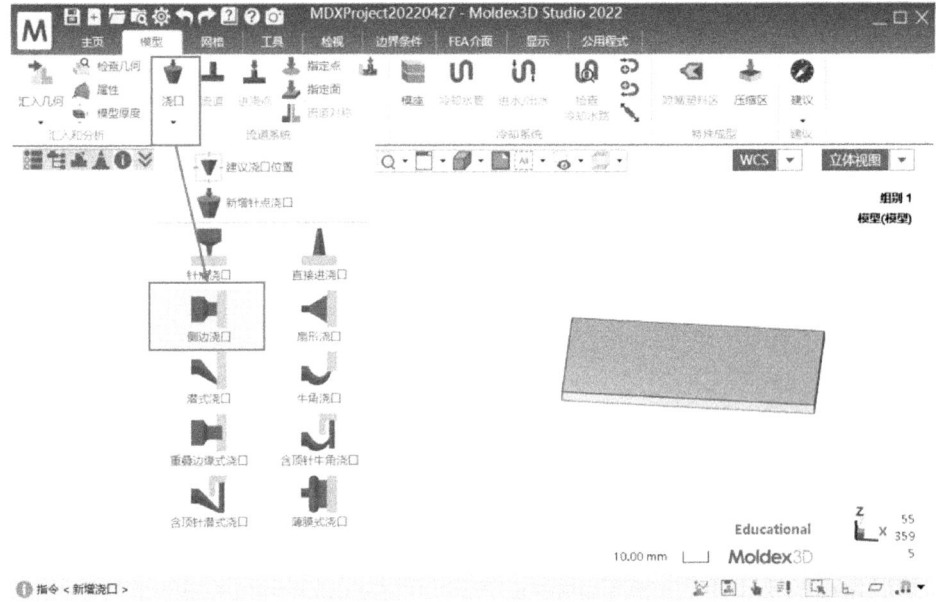

图 4.24 浇口类型选择界面

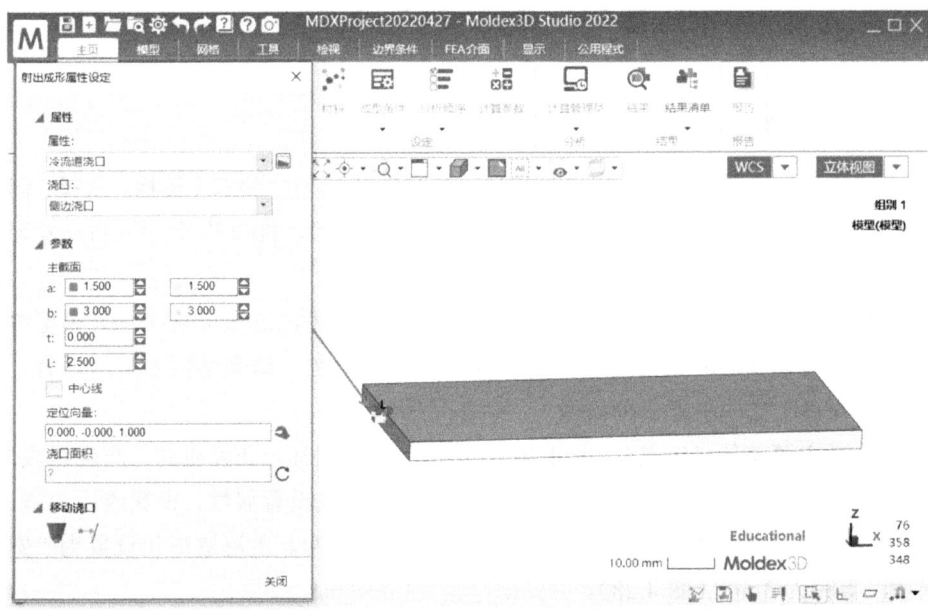

图 4.25 浇口参数设置界面

第 4 章 注塑革新工艺（2）——多组分注塑

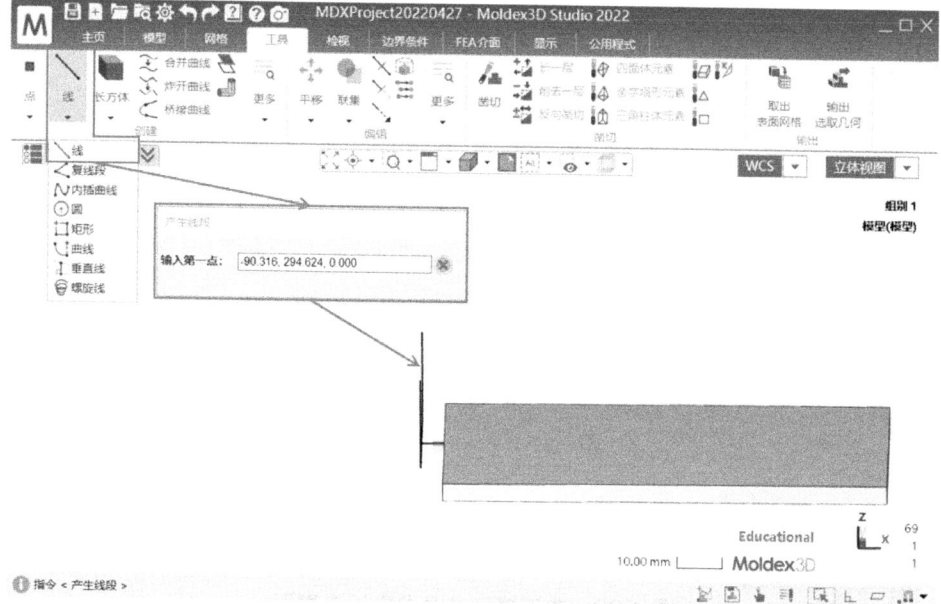

图 4.26 分流道建模示意图

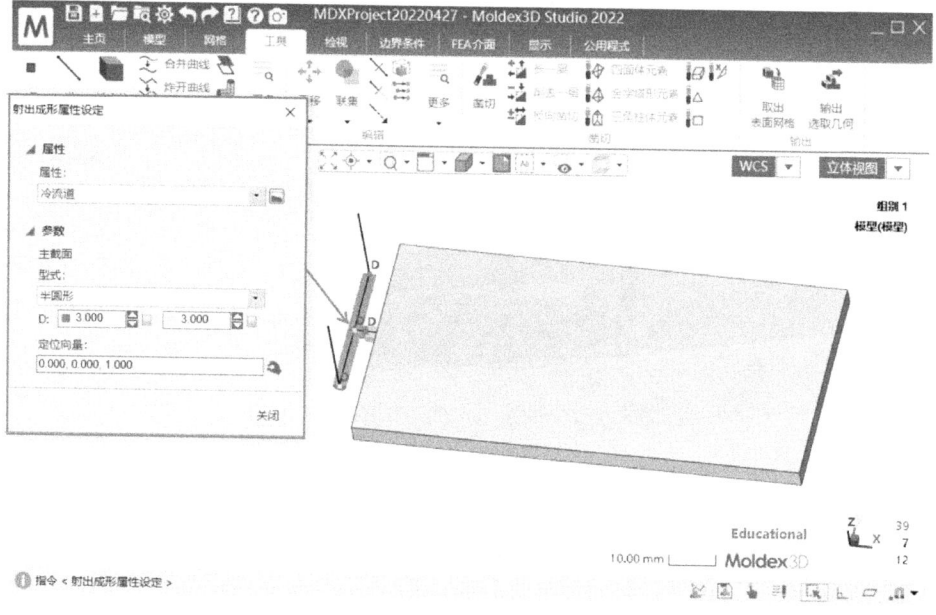

图 4.27 分流道形状及其参数设置界面

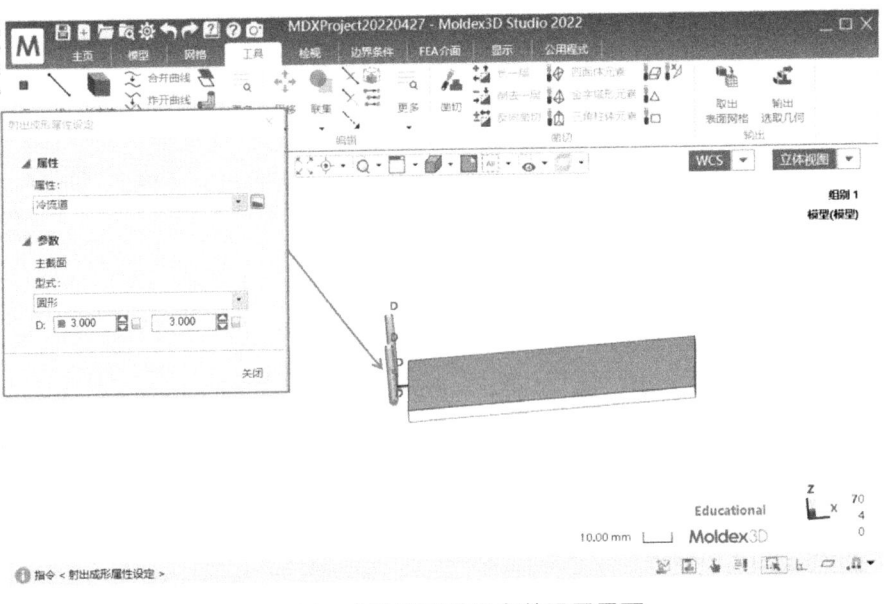

图 4.28　主流道形状及参数设置界面

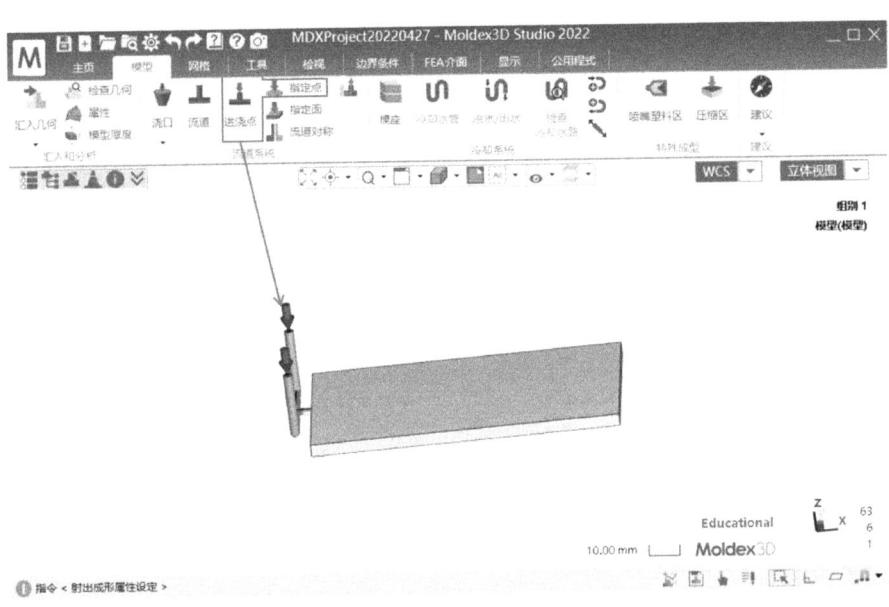

图 4.29　"进浇点"设置示意图

步骤八：设置模座。单击图 4.30 中的"模座"，启动"模座精灵"，软件系统自动匹配模座，这里用"预设值"。

第 4 章 注塑革新工艺（2）——多组分注塑

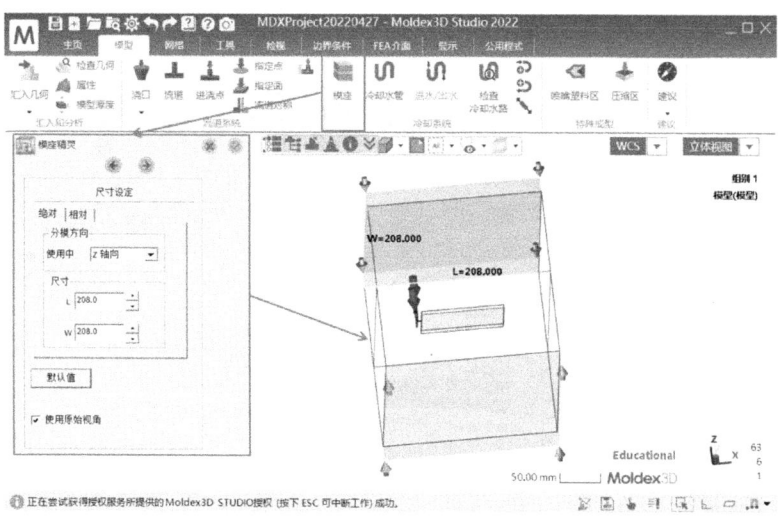

图 4.30 "模座"设置界面

（4）冷却管道设置

步骤九：设置冷却水路。单击图 4.31 的"冷却水管"，启动"水路配置精灵"。选用直线状的水路，水路直径和间距采用软件系统的预设值。

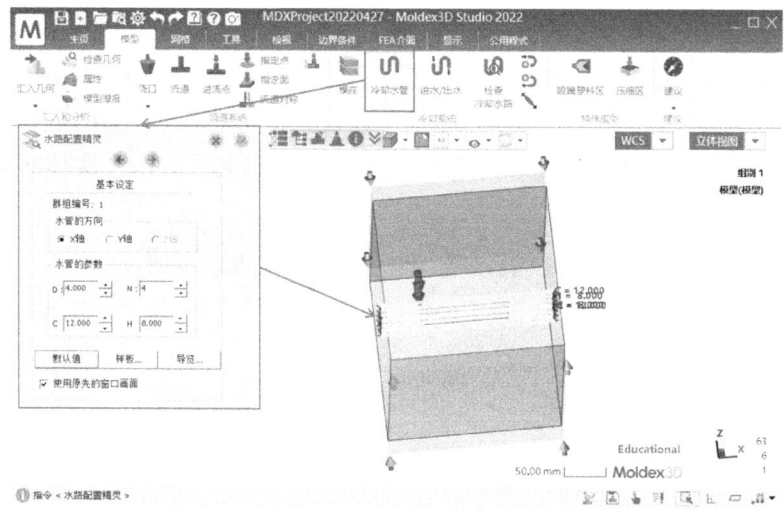

图 4.31 水路设置图

步骤十：冷却回路设置。单击图 4.32 的"进水/出水"图标，则自动匹配

249

进水口和出水口。

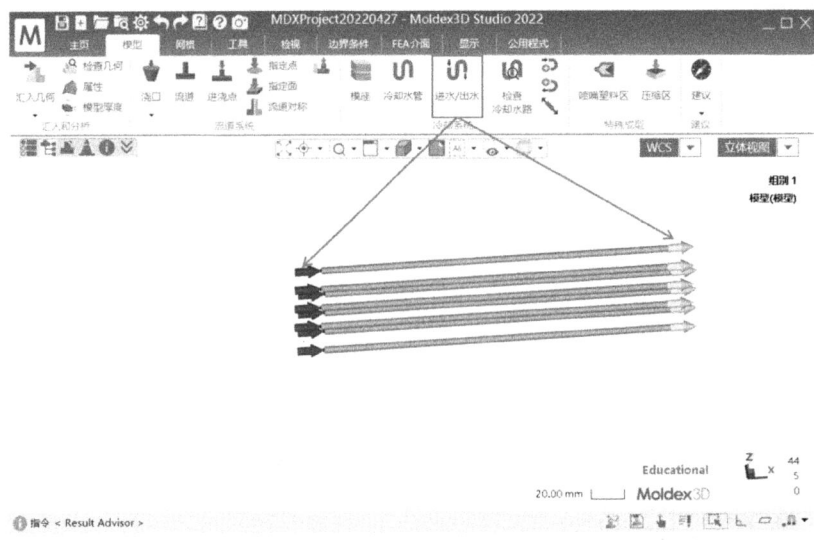

图 4.32 "进水/出水"设置界面

步骤十一：冷却水路设置完成后，单击"检查冷却水路"，若有问题"水路精灵"将给出提示，并给出错误的地方，需进行修改；若无问题，进入下一步。

（5）网格生成

步骤十二：选择图 4.33 的"撒点"，"网格尺寸设定"栏的"网格尺寸"取 5.847，然后单击"套用"。通常网格尺寸的设置和调整，是在原网格尺寸上进行修改，一般是原来参数的 1/3～1/2。网格类型默认是"Solid"实体网格。

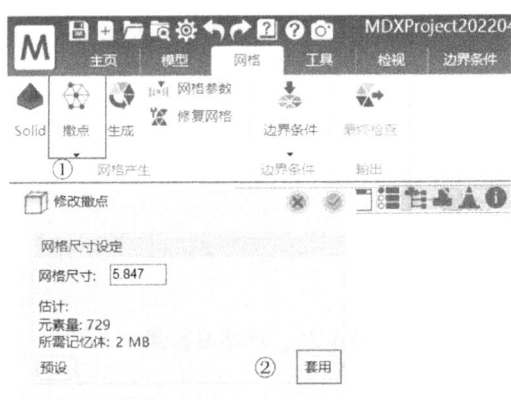

图 4.33 "撒点"及其网格尺寸设置界面

步骤十三：单击图 4.34 中的"生成"图标，弹出"产生 BLM"窗口，选中左侧矩形框中所有选项后，单击"产生 BLM"窗口右下角的"生成"按钮。

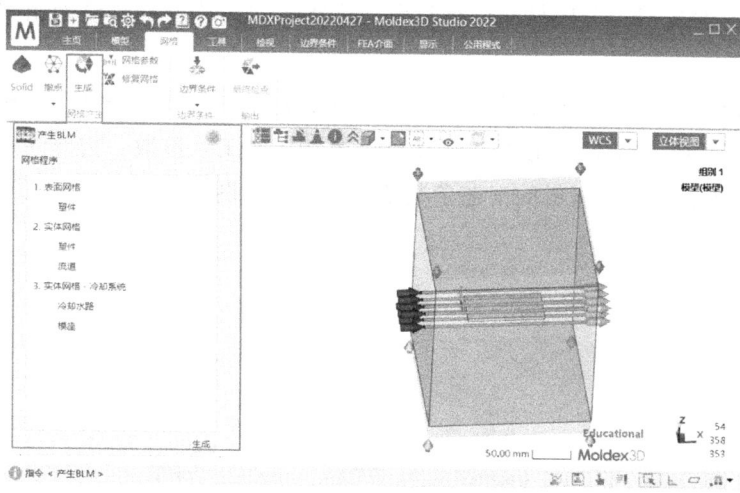

图 4.34　实体网格生成图

步骤十四：网格生成之后，单击图 4.35 中的"最终检查"图标，对生成的网格进行检查，直到"网格检查"弹出窗口出现"网格已准备好进行分析"，则可进行下一步"参数设置"。

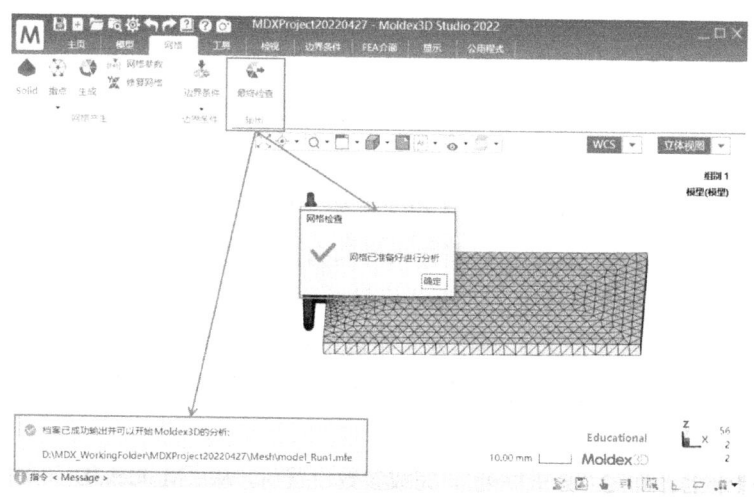

图 4.35　"最终检查"结果图

4.3.2 参数设置及分析

步骤十五：材料设置。单击"主页"菜单中的"材料"图标，启动"材料精灵"，对皮层、芯层材料进行设置。先将皮层、芯层材料设为相同，均为聚丙烯。

步骤十六：工艺参数设置。完成材料选择，单击"成型条件"图标，启动"Moldex3D 加工精灵"，根据工程实际设置相应的工艺参数。需要注意的是夹芯注塑的皮层、芯层材料的工艺参数要分别设置（图 4.36～图 4.38）。

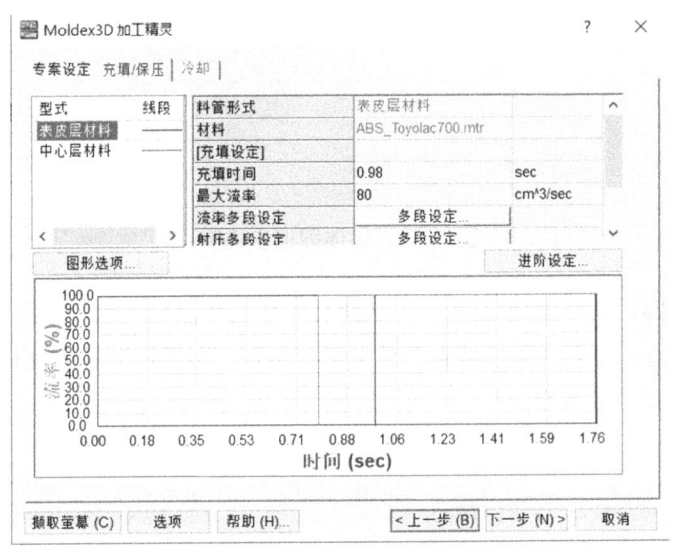

图 4.36 表皮层材料及流率设置界面

不同注塑机会有不同的熔体体积比例或充填时间，输入芯层材料的注入时间（图 4.38）时注意，此芯层材料注入时间为皮层/核芯层转换点。在此注入时间后，则停止射入皮层材料，并将芯层材料注入进胶口。建议使用 40%（"由充填体积"）芯层材料注入时刻作为起始值。需要说明的是：体积比例是根据型腔与流道的总体积进行计算的，型腔中的实际皮层体积百分比将不会与此体积比例相同。

步骤十七：确定"分析序列"。完成参数设置后，从"Moldex3D 加工精灵"返回 Moldex3D Studio，点击"分析序列"并选择"瞬时分析 3-Ct F/P Ct W"（图 4.39）。

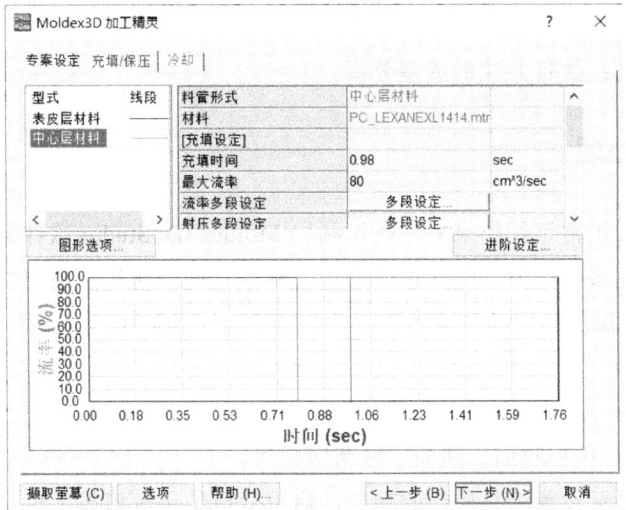

图 4.37 中心层（芯层）材料及流率设置界面

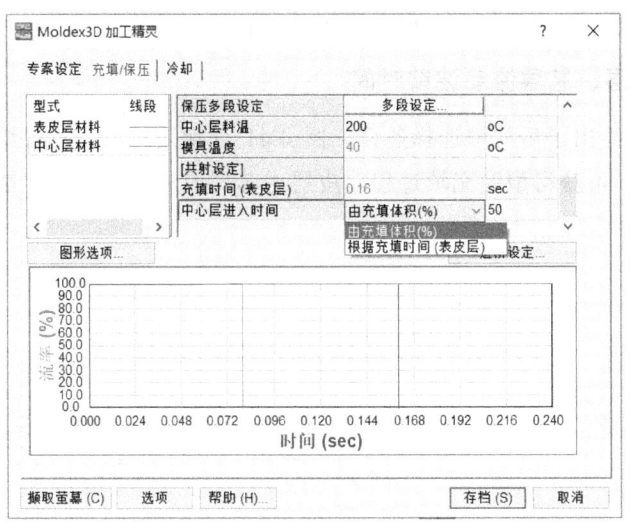

图 4.38 "Moldex3D 加工精灵"中心层材料的"充填/保压"界面

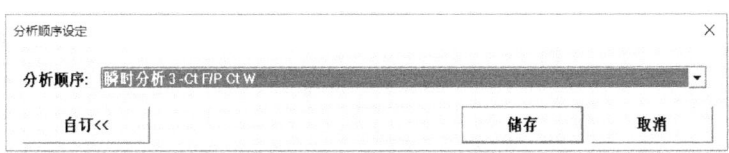

图 4.39 分析顺序选择

步骤十八：计算参数采用默认值。
步骤十九：执行共注射成型分析。

4.3.3 后处理

模流分析正常运行结束后，可以利用 Moldex3D Studio 软件提供强大的工具，查看共注塑的结果。共注塑后处理的基本功能与传统注塑类似。包括：

① 充填/保压：流动波前时间（皮层和芯层）、压力、温度分布、缝合线、包封等。

② 冷却：冷却温度、时间等。

③ 翘曲：体积收缩、翘曲、残留应力等。

通过"显示设置工具栏"的功能，启用分析结果等值线；也可用"动画工具栏"的功能，启用流动波前动画；也可在 Moldex3D Studio 软件的结果窗口中建立 XY 曲线。

这里主要介绍"共射出成型"模块特有的后处理功能。

（1）皮层、芯层流动波前时间

图 4.40 给出了后处理选择条目。图 4.41 分别是皮层、芯层熔体充填的云纹图。据此，可获得型腔充填过程，皮层、芯层流动前沿的变化情况。

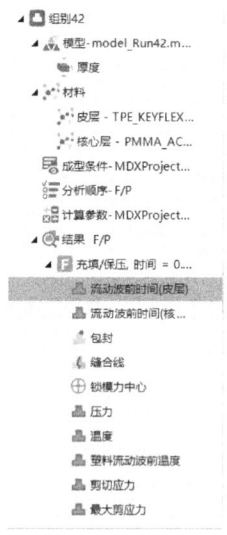

图 4.40 Moldex3D Studio 树状目录中选取"流动波前时间"

第 4 章 注塑革新工艺（2）——多组分注塑

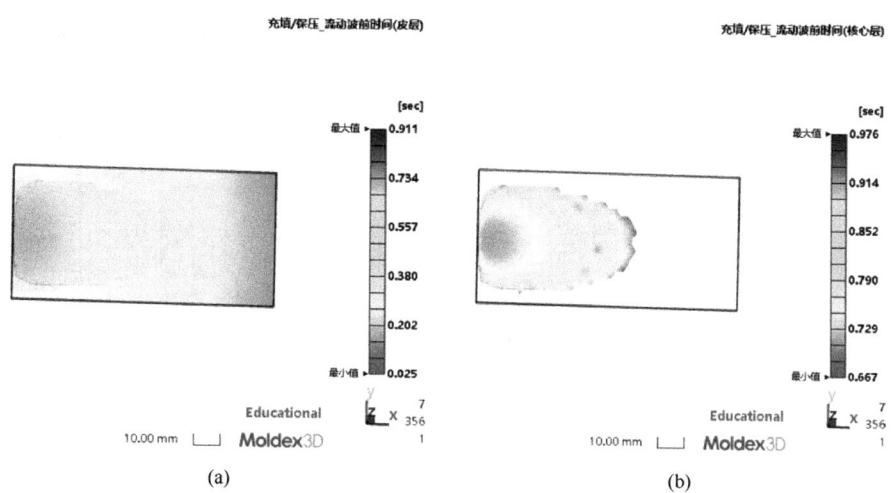

图 4.41 皮层充填流动波前时间（a）和芯层充填流动波前时间（b）

（2）皮层比例和厚度

为评估皮层/芯层材料分布，可查看充填结果中的"皮层比"与"皮层厚度"结果（图 4.42）。皮层比是指在厚度方向上皮层材料占整个塑件厚度的百分比。皮层厚度是制品皮层厚度的绝对值。本案例中平板厚 4mm，皮层材料在浇口位置厚度占比较少，充填末端由于没有芯层材料，厚度为 4mm，或者说充填末端皮层占比 100%。从图 4.43 可知，本例中皮层厚度分布不均匀。据此，可以考虑提升芯层材料的充填速率，以便芯层材料更好地向充填末端流动。此外，皮层比的模拟结果不需要用剖面切割方式查看，非常简便。

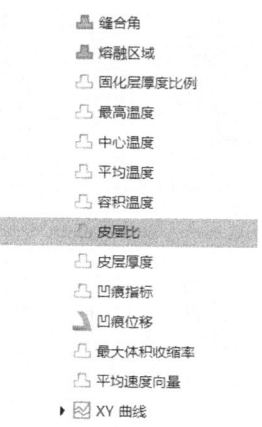

图 4.42 Moldex3D Studio 树状目录中选取"皮层比"

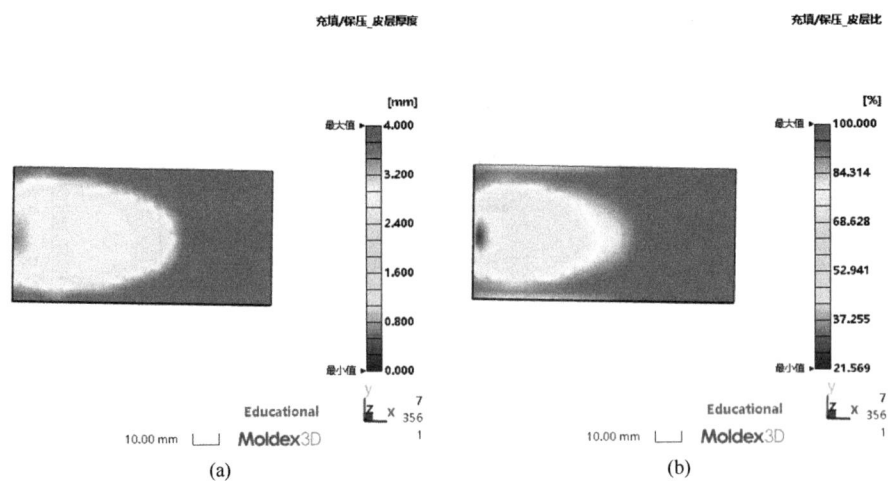

图 4.43 模流分析的皮层厚度（a）和皮层比（b）云纹图

（3）芯层突破

芯层材料的吹穿突破现象是常见的共注塑产品瑕疵，芯层突破产生的位置与时间可通过模流分析预测。芯层材料会沿着充填方向流动，并在波前推挤皮层材料，如果皮层材料在达到充填结束前便已停滞，则芯层材料可能会穿透皮层表面。芯层突破可以通过"流动"模拟结果查看。

首先，可在项目/分析文件夹中的"*.lgf"文件中查看（图 4.44 矩形框）：

```
    No   Time(sec)  CorePres(MPa) CoreQ(cc/sec) CoreFill(%) CPU(sec)
    151  4.681e-02    42.13         18.00         24.098      223
    152  4.711e-02    42.72         18.00         24.559      224
    153  4.742e-02    43.34         18.00         25.017      226
    154  4.772e-02    43.97         18.00         25.472      227
    155  4.803e-02    44.63         18.00         25.925      228
    156  4.833e-02    45.24         18.00         26.374      230
    157  4.863e-02    45.77         18.00         26.814      231
    158  4.893e-02    46.31         18.00         27.249      232
    159  4.924e-02    46.80         18.00         27.674      234
Writing data, please wait....
    160  4.954e-02    47.26         18.00         28.089      239
    No   Time(sec)  CorePres(MPa) CoreQ(cc/sec) CoreFill(%) CPU(sec)
>>> The Core material started to blow through the Skin-Core interface.
    161  4.984e-02    47.35         18.00         28.497      240
    162  5.014e-02    47.46         18.00         28.891      242
    163  5.044e-02    47.63         18.00         29.276      243
    164  5.074e-02    47.89         18.00         29.660      244
    165  5.103e-02    48.23         18.00         30.035      245
    166  5.133e-02    48.68         18.00         30.404      247
    167  5.163e-02    49.31         18.00         30.775      248
    168  5.193e-02    50.04         18.00         31.143      249
    169  5.223e-02    50.76         18.00         31.508      251
    170  5.253e-02    51.44         18.00         31.873      252
```

图 4.44 分析文件夹档案

模流分析软件会根据模拟结果提示"芯层材料开始突破芯/皮界面"(">>> The Core material started to blow through the Skin-Core interface"),还有芯层压力、芯层流率、芯层充填率等信息。此外"lgf"文档清晰给出了芯层突破的时间。图 4.44 芯层突破时间是 0.04954 秒。

其次,可通过"皮层比"结果查看芯层穿透与否。吹穿的芯层材料完全充填剩余的型腔,皮层比是 0,或者是皮层比从大变小(图 4.45 椭圆附近)。当吹穿现象发生时,需要减少芯层材料注入时间、体积充填比和芯层注射速度等。

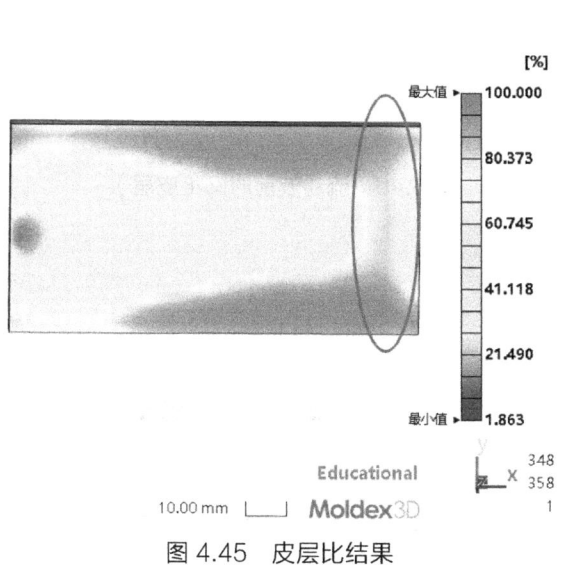

图 4.45 皮层比结果

最直观的是用流动波前时间(皮层)结果的动画播放,可清楚看见芯层材料突破的位置(图 4.46)。如果流动波前发展过程的显示被默认的颜色所干扰,还可通过点击"动画选项"并勾选"单色",以关掉流动波前的颜色显示(图 4.47)。

4.3.4 分析案例

这里说明一下利用模流分析进行夹芯注塑工艺规律的研究。类似地,可以重复前面 4.3.3 节的步骤,建立多个项目或组别,研究夹芯注塑工艺参数、材料黏度对芯层穿透长度和分布的影响。

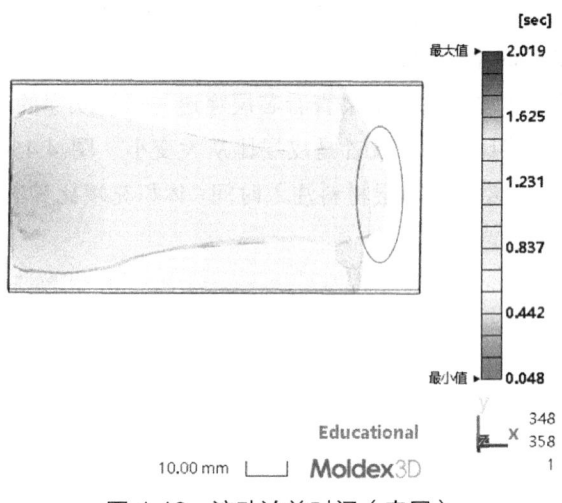

图 4.46　流动波前时间（皮层）

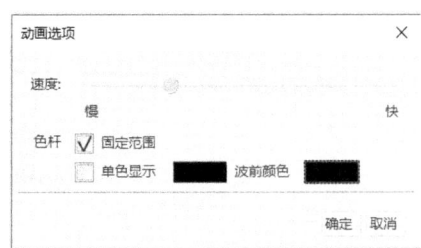

图 4.47　"动画选项"界面

4.3.4.1　模拟方案设计

首先考虑工艺参数对芯层熔体流动的影响。实验时皮层 A、芯层 B 都为聚丙烯，为兰州石化产品 PP-T30s，其熔体流动速率为 2.6g/10min（测试条件为 230℃，2.16kg），摩尔质量 M_w 为 $34.9×10^4$g/mol。为了区分皮层和芯层材料以及看到芯层材料分布，在芯层材料中加入质量分数为 1% 的色母粒（忽略对原料流变性能的影响）。夹芯注射成型实验的工艺参数设置如表 4.1 所示。模拟的工艺参数通过实验的工艺参数换算得到，且尽可能地与实验参数一致。模拟的工艺参数设置如表 4.2 所示，注射速率由实验参数和共注射成型机的参数换算得来，其中皮层 A 的注射量为 68.72%。

表 4.1 共注射制品的成型工艺参数

参数	共注射	
	A 注射（皮层）	B 注射（芯层）
注射压力/MPa	70	70
熔体温度/℃	190	190/210/230
模具温度/℃	30	30
注射速率/（mm/s）	30	10/20/30
延迟时间/s		1/5

表 4.2 皮、芯层材料相同时的模拟工艺参数

序号	熔体温度（皮/芯）/℃	注射速率（皮/芯）/(cm³/s)	延迟时间/s	模具温度/℃
1	190/190	28.86/6.15	1	30
2	190/190	28.86/12.30	1	30
3	190/190	28.86/18.45	1	30
4	190/190	28.86/6.15	5	30
5	190/190	28.86/12.30	5	30
6	190/190	28.86/18.45	5	30
7	190/210	28.86/6.15	5	30
8	190/230	28.86/6.15	5	30

通过将模拟结果与实验结果对比，不仅可以了解工艺参数对芯层熔体充填的影响，还可以验证模流分析的准确性。

在此基础上，皮层、芯层选用不同材料，皮层充填量50%，皮层注射速率20cm³/s固定不变，改变芯层注射速率以达到设计的注射速率比，设计方案如表4.3所示。其中，1~6组实验研究黏度比，7~12组实验研究熔体温度，13~18组实验研究注射速率比对芯层熔体穿透深度的影响。

表 4.3 皮、芯层材料不同时的夹芯注塑工艺参数设置

序号	材料组合（皮/芯）	黏度比（芯/皮）	注射速率比（芯/皮）	熔体温度（皮/芯）/℃	模具温度/℃
1	HDPE/PS1	4.64	1.0	180	65
2	LDPE/PS2	1.96	1.0	180	65
3	LDPE/PS1	1.45	1.0	180	65
4	PS1/LDPE	0.69	1.0	180	65
5	PS2/LDPE	0.51	1.0	180	65
6	PS1/HDPE	0.22	1.0	180	65
7	LDPE/PS1	1.45	1.0	160/180	70
8	LDPE/PS1	1.45	1.0	180/180	70

续表

序号	材料组合（皮/芯）	黏度比（芯/皮）	注射速率比（芯/皮）	熔体温度（皮/芯）/℃	模具温度/℃
9	LDPE/PS1	1.45	1.0	220/180	70
10	LDPE/PS1	1.45	1.0	180/160	70
11	LDPE/PS1	1.45	1.0	180/180	70
12	LDPE/PS1	1.45	1.0	180/220	70
13	LDPE/PS1	1.45	2.0	180	35
14	LDPE/PS1	1.45	3.0	180	35
15	LDPE/PS1	1.45	5.0	180	35
16	LDPE/PS1	1.45	1.0	180	35
17	LDPE/PS1	1.45	0.5	180	35
18	LDPE/PS1	1.45	0.2	180	35

4.3.4.2 分析

根据表 4.2、表 4.3 的参数，在"Moldex3D 加工精灵"中依次完成设置后，单击"分析顺序"，选择"充填分析&保压分析-F/P"（图 4.48）；然后单击"计算管理员"下拉菜单中的"计算管理员"（图 4.49），进入页面之后单击"提交"就可以开始分析了（图 4.50），分析过程中尽量不要再打开其他程序，防止分析中断。

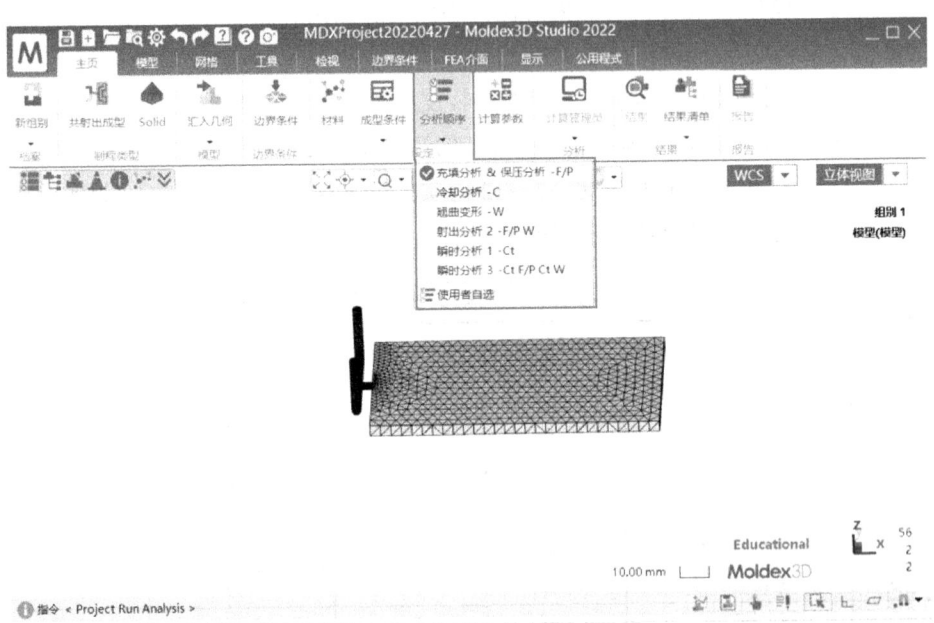

图 4.48 "分析顺序"选择界面

第 4 章 注塑革新工艺（2）——多组分注塑

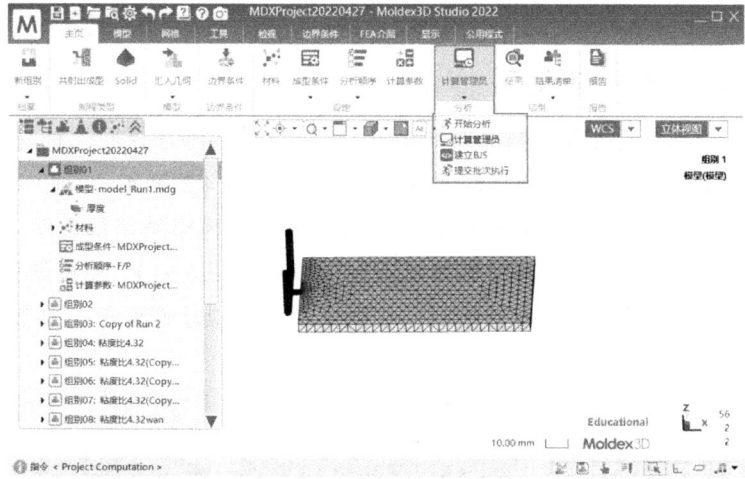

图 4.49 "计算管理员"界面

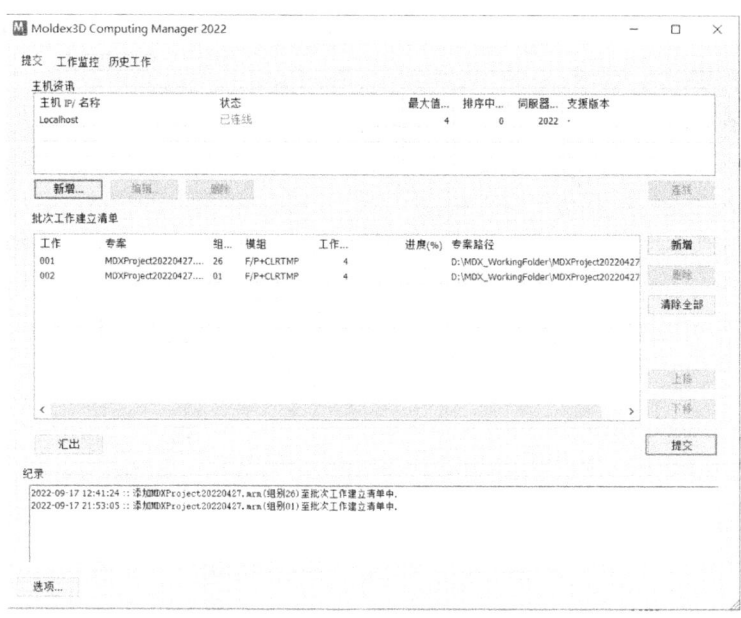

图 4.50 "提交"分析界面

4.3.4.3 结果与讨论

按照上述工艺条件，对共注射成型制品进行分析，研究同种材料夹芯注塑中，工艺参数的变化对芯层熔体穿透深度和芯层熔体前沿形貌的影响。同时将模拟结果与实验结果对比,研究模拟结果和实验结果的吻合程度。

(1)芯、皮层材料相同

① 注射速率对芯层材料分布的影响。当皮、芯层都选择同一种材料注射,采用相同的工艺参数,仅芯层注射速率 $V_\text{芯}$ 变化(表4.2第4~6项)时,查看注射速率对芯层熔体穿透长度的影响。实验结果和模拟结果都表明,随着芯层熔体注射速率的升高,芯层熔体穿透深度降低(图4.51)。模拟结果以注射体积表示,即注射塑料与螺杆横截面积的乘积(模拟软件要求的参数)。

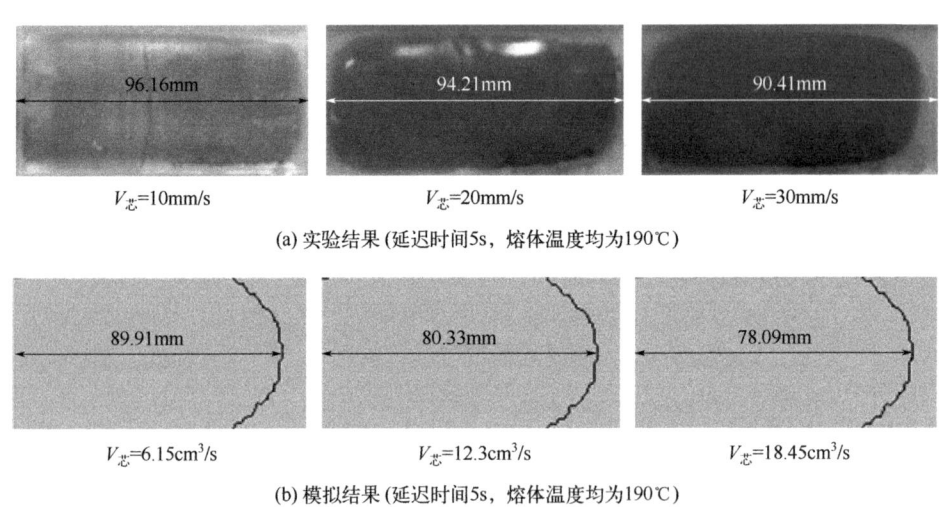

$V_\text{芯}$=10mm/s $V_\text{芯}$=20mm/s $V_\text{芯}$=30mm/s

(a) 实验结果(延迟时间5s,熔体温度均为190℃)

$V_\text{芯}$=6.15cm³/s $V_\text{芯}$=12.3cm³/s $V_\text{芯}$=18.45cm³/s

(b) 模拟结果(延迟时间5s,熔体温度均为190℃)

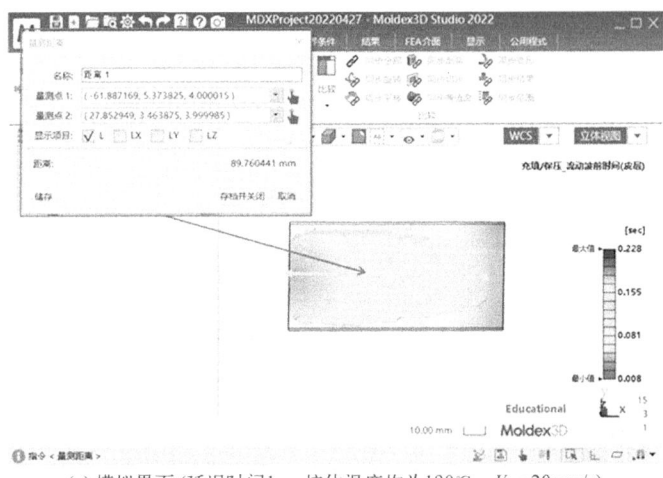

(c) 模拟界面(延迟时间1s,熔体温度均为190℃,$V_\text{芯}$=20mm/s)

图4.51 芯层塑料在工艺结束时的分布结果

② 延迟时间对芯层材料分布的影响。延迟时间也是影响共注射成型中芯层熔体穿透深度和分布的重要因素之一（表4.2第1~6项）。所谓的延迟时间是指皮层注射完成后，芯层材料开始注射时的时间间隔。在相同的工艺参数和材料下，增加延迟时间，模拟结果和实验结果中的芯层熔体穿透长度都增加（图4.52中的纵坐标数值），实验结果增加的程度大于模拟结果。在保证芯层熔体前沿不冲破的前提下，注射速率为10mm/s的芯层材料的充填量最大。延迟时间改变，熔体在充填过程中的温度场和剪切场都发生了改变。延迟时间增加，皮层熔体在型腔中停留时间增长，皮层熔体温度急剧下降，熔体黏度增大，当芯层熔体注射时实际的芯、皮层黏度比减小，芯层熔体穿透深度增加。延迟时间为1s时，模拟结果和实验结果趋势一致；延迟时间为5s时，模拟结果与实验结果有一定偏差（图4.52）。

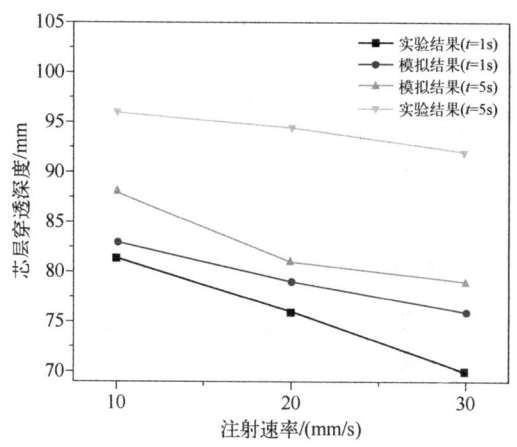

图4.52 注射速率和延迟时间（t）对芯层熔体穿透深度的影响

③ 芯层熔体温度对芯层材料分布的影响。芯、皮层都为PP时，固定其他工艺参数，只改变芯层熔体温度$T_芯$（表4.2第4、7、8项）。实验结果表明，随着芯层熔体温度的升高，芯层熔体的穿透深度明显降低，芯层熔体的填充量明显减少，并且$T_芯$= 210℃、$T_芯$= 230℃都有漏芯现象发生（图4.53黑矩形框处）。可能原因是：先进入型腔的皮层塑料黏度变大，再加上延迟时间比较长，皮层熔体部分固化；芯层熔体注射困难，并且在厚度方向所受阻力大，芯层熔体在流动方向和宽度方向流动比较容易，但皮层熔体部分固化阻碍了芯层熔体

流动，因而芯层熔体在宽度方向上突破，并且穿透深度降低，充填量减少。

模拟结果中，随着芯层熔体温度的升高，芯层熔体的穿透深度和充填量几乎没有变化，可能原因是：温度的增加，熔体的黏度增加幅度不大，芯、皮层黏度比几乎没有变化，所以芯层穿透深度几乎不变。所以模拟结果和实验结果部分相符。

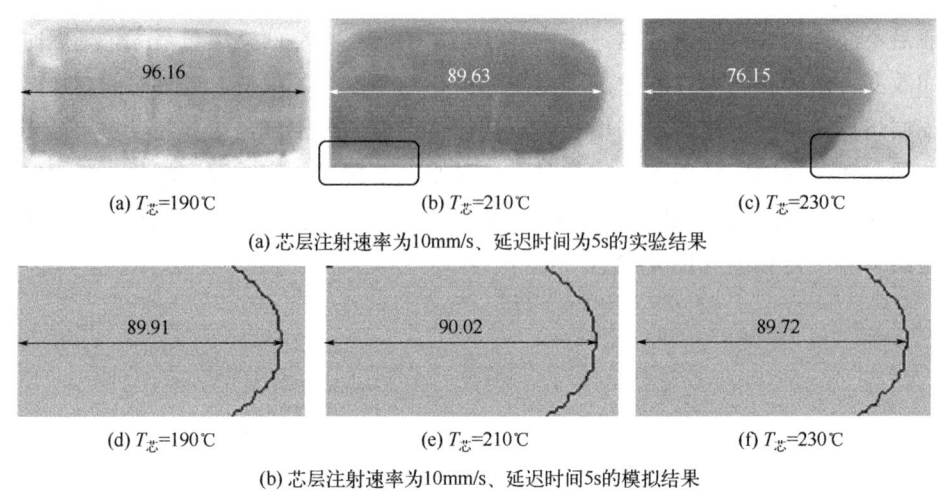

图 4.53　工艺结束时芯层材料分布图

（2）皮层、芯层材料不同

① 黏度比 R 对芯层熔体穿透深度的影响。夹芯注塑中，芯、皮层熔体流动对熔体流变特性比较敏感。表 4.3 中 1～6 项工艺参数反映了黏度比对芯层穿透深度的影响。为便于讨论，用无量纲参数"芯层熔体穿透深度比"说明，即芯层长度与皮层长度的比值。芯层熔体穿透深度比大于 1，说明芯层突破皮层熔体，不是夹芯注塑的合格产品。模拟结果和实验结果的对比如图 4.54 所示。从图中的实验结果可以看出，随着芯层/皮层黏度比的增加，芯层熔体穿透深度比变小，即芯层穿透深度减小。特别是，当黏度比小于 1 时，芯层熔体穿透深度比变大，即芯层熔体穿透皮层熔体的可能性增加，模拟结果和实验结果基本一致。但在实验结果中，在黏度比小于 0.5 时，芯层熔体前沿已突破皮层；而模拟结果中，即使黏度比为 0.22，仍未出现芯层熔体突破现象，这可能与材料的选择有关，模拟用材料与实验材料性能数据没有完全一致。

② 熔体温度对芯层熔体穿透深度的影响。熔体温度是共注射成型中一个很重要的工艺参数，其对芯层熔体穿透深度的影响主要体现在黏度上，因黏度是

温度的函数,黏度对温度的变化比较敏感,所以熔体温度对成型的影响比较大。当皮层熔体和芯层熔体的温度其中一个固定时,变动另一个熔体温度(表 4.3 中的 7~12 项),研究熔体温度对共注射成型芯层熔体穿透深度的影响,模拟结果和实验结果的对比如图 4.55、图 4.56 所示。

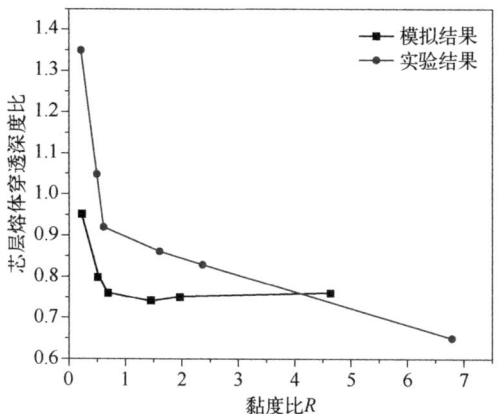

图 4.54　黏度比对芯层熔体穿透深度的影响

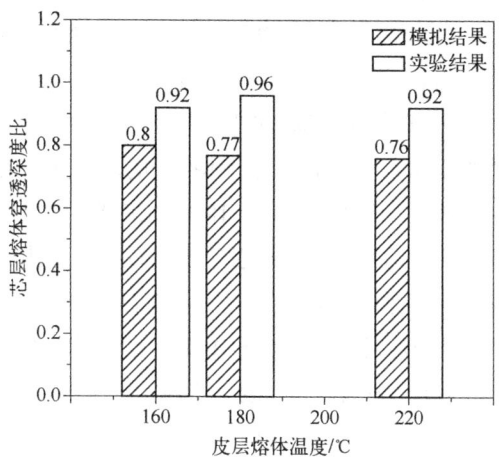

图 4.55　皮层熔体温度对芯层熔体穿透深度的影响

从图 4.55 可知,实验结果中随着皮层温度的升高,芯层熔体的穿透深度变化先高后低(变化幅度不大),在皮层熔体温度为 180℃时芯层熔体穿透深度最大,而模拟结果是随着皮层熔体温度的升高,芯层熔体的穿透深度有少许降低,模拟结果和实验结果变化都不明显。

图 4.56 所示为固定皮层温度和其他工艺参数,芯层熔体温度的改变对芯层熔体穿透深度的影响。实验结果表明,随着芯层熔体温度的升高,芯层熔体的穿透深度增加,但模拟结果变化不大。

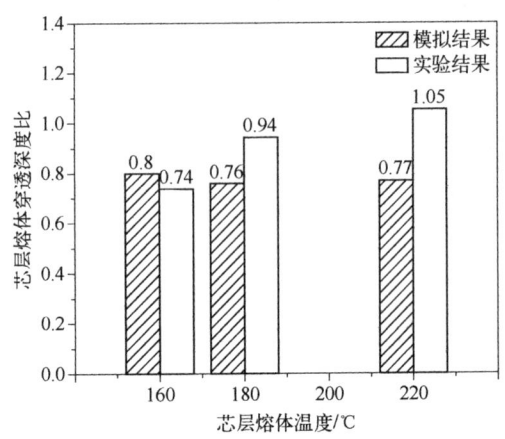

图 4.56　芯层熔体温度对芯层熔体穿透深度的影响

芯层熔体温度升高使得芯层熔体黏度变小,芯、皮层黏度比 R 减小,芯层熔体前沿的相对推进速度增加,穿透深度增大。因此熔体温度对芯层材料穿透深度的影响程度随具体材料而定,同时也看温度变化对黏度的影响程度。

③ 注射速率比对芯层熔体穿透深度的影响。共注射成型中,在芯层熔体注入模具型腔后,皮层熔体的流动完全是由芯层熔体推动的,因此注射速率对芯层熔体穿透深度和前沿突破也有影响。表 4.3 第 13~18 项的工艺参数是固定皮层熔体的注射速率,改变芯层熔体的注射速率来研究注射速率比对芯层熔体穿透深度的影响,结果如图 4.57 所示。实验结果和模拟结果都表明,随着注射速率比的降低,芯层熔体穿透深度明显增大,并且当注射速率比小于 1 时,芯层熔体穿透深度的增大趋势增加,模拟结果和实验结果趋势吻合,但注射速率比小于 1 时芯层没有熔体穿透现象。

芯层熔体注射速率对穿透深度的影响主要来自芯层熔体向前推进过程中引发的皮、芯层熔体剪切速率的变化。芯层注射速率增加,芯层熔体与皮层熔体之间的剪切作用增强,导致皮层材料的流动速率增加,注射时间变短,充填流动中皮层材料固化量减少,皮层熔体在模壁方向堆积量减少,较多的皮层熔体堆积在芯层熔体前沿,使得芯层熔体穿透深度减小。

由于 Moldex3D 采用实体网格,网格的对称性不注意处理可能会引起熔体流动不对称,因此要注意判断模拟结果差异是网格误差引起的还是模拟简化引起的。

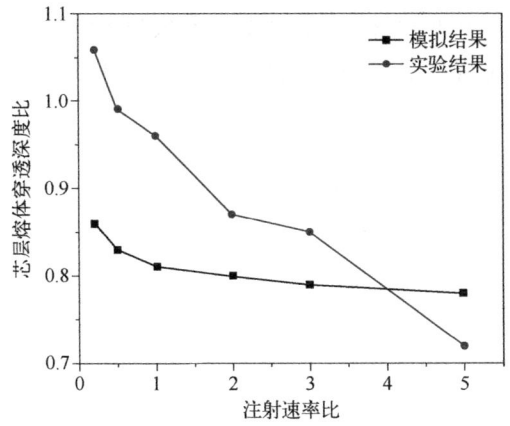

图 4.57 注射速率比对芯层熔体穿透深度的影响

4.4 双料共注塑

4.4.1 概述

使用双色注塑制品有两个目的：一是用不同材质的组合来达成产品功能，二是用不同色彩/图案的组合来传达产品设计，如汽车仪表板的双色组合以区分仪表板上部或是正面，避免喷涂的二次加工。

双料共注塑（图 4.58、图 4.59）主要用于成型双色/双料塑件且不使用二次旋转模成型。不论结构简单或复杂，两种材料分别从不同浇口射入同一型腔中。除了减少成型周期外，使用双料共注射成型的另一优点是由于高温时分子间有

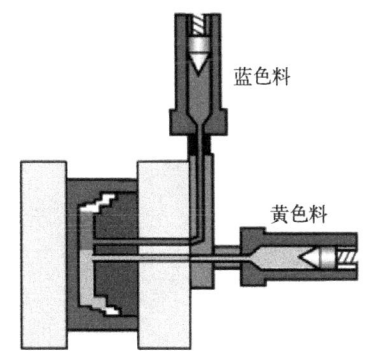

图 4.58 双料共注塑中熔体（蓝、黄）在型腔内的流动

较高的扩散力，所以在两种材料的汇流处可有较佳的键接性。双料共注射成型工艺的挑战是浇口位置与加工条件的选择，因为熔体的流动行为会影响两种材料的键接。

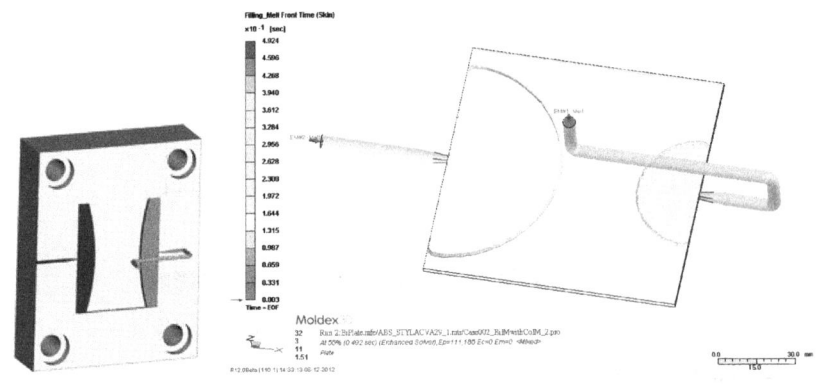

图 4.59　双料共注塑进料截图

4.4.2　Moldex3D 双料共注塑模流分析

Moldex3D 双料共注塑模块（bi-injection molding，Bi-IM）为"双料共射"，能仿真三维双料共注射成型，并具有类似传统注射成型简便的精灵功能，便于设定双料共注射成型的工艺参数，进行充填/保压、冷却及翘曲的分析。需注意的是，Moldex3D 双料共注塑只支持 Solid 网格模型。

（1）前处理

步骤一：建立新项目。开启 Moldex3D Studio 软件，选择"新增"建立新项目后，在"指定文件位置"窗口单击"确定"（图 4.60）。

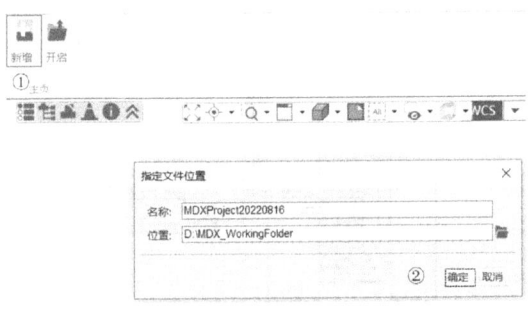

图 4.60　导入文档

步骤二：制程选择（工艺选择）：选择"双料共射"成型制程（图4.61）。

步骤三：在项目建立完后，选择"汇入几何"，也可以汇入Moldex3D Mesh建立好的网格（图4.62）。

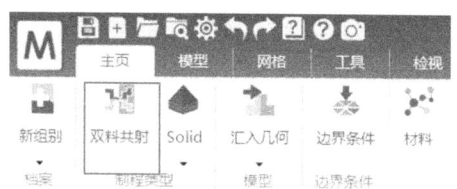

图4.61　工艺类型选择

图4.62　汇入几何

步骤四："汇入几何"后"检查几何"，几何没问题后，设定几何属性（图4.63顺序操作）。

步骤五：依用户需求建立流道与冷却系统，也可将绘制好的流道与冷却系统汇入Moldex3D Studio，汇入后再确认属性是否正确。双料共注射成型需要设定第二射的浇口。由于两种材料的注射需分开控制，因此在设定时要分别设定（图4.64）。

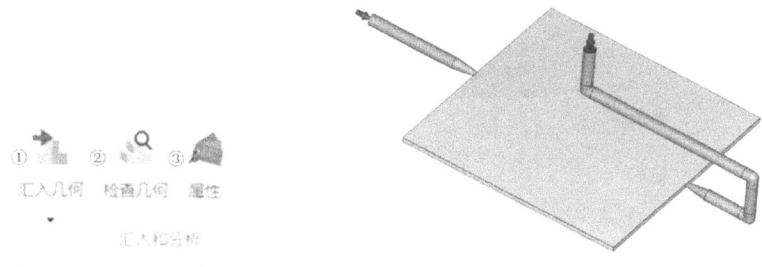

图4.63　汇入和分析　　　　图4.64　模型和浇注系统

步骤六：使用Moldex3D Studio"网格产生"功能的"撒点""生成"建立所需网格，网格建立完成后，执行"最终检查"，检查通过后即可进行参数设定（图4.65）。

（2）参数设定及分析

步骤七：材料选择。双料共注射成型需要指定两种材料（或 2 次为同一材料）及其加工条件。在"材料"菜单中，从材料精灵中选择两种材料（图 4.66）。

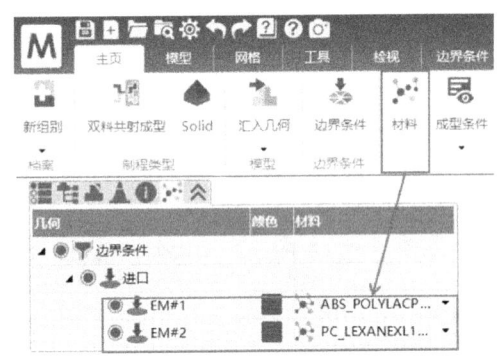

图 4.65 "网格产生"菜单　　图 4.66　设定材料

步骤八：成型参数设置。在加工精灵中的"充填/保压"界面，输入每种材料完全充填型腔所要的充填时间。如果两种材料有相同的流率如 50/50，充填时间将会相同。亦可指定最大流率与压力多段设定（图 4.67）。

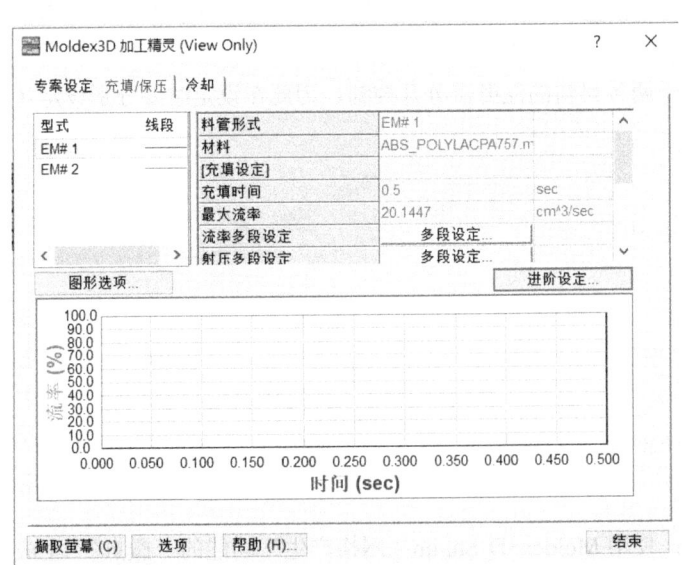

图 4.67　工艺条件设定

步骤九：运行模流分析。完成参数设定后即可进行分析。返回 Moldex3D Studio 主窗口，点击"分析顺序"，并选择"分析-C F/P C W"，计算参数用预设值，执行双料共射成型分析（图4.68）。

图 4.68　选择分析顺序

（3）后处理

模流分析结束后，可查看相应的模拟分析结果。"双色注塑"主要考虑把双料注塑的熔接位置控制在外观需要处，并使两种材料的界面键接强度良好。模拟结果与传统注塑大致相同，双色共注塑的特色结果如下。

① 两种材料分布。在充填/保压分析中，可从浇口贡献度的结果来察看两种材料的分布情形（图 4.69）。流动波前动画可更清晰地动态展示熔体前沿的变化过程，包含可能产生严重产品瑕疵的迟滞与竞流现象。控制材料界面的最简单方法就是调整两种材料的相对充填速率。提高其中一种材料的充填速率，即可将界面位置远离浇口。此外，调控熔体流动的其他方法还有：变更材料、浇口位置甚至是塑件结构。Moldex3D 流动波前分析提供最适合的工具来协助工程技术人员预测不同材料熔体的充填信息。

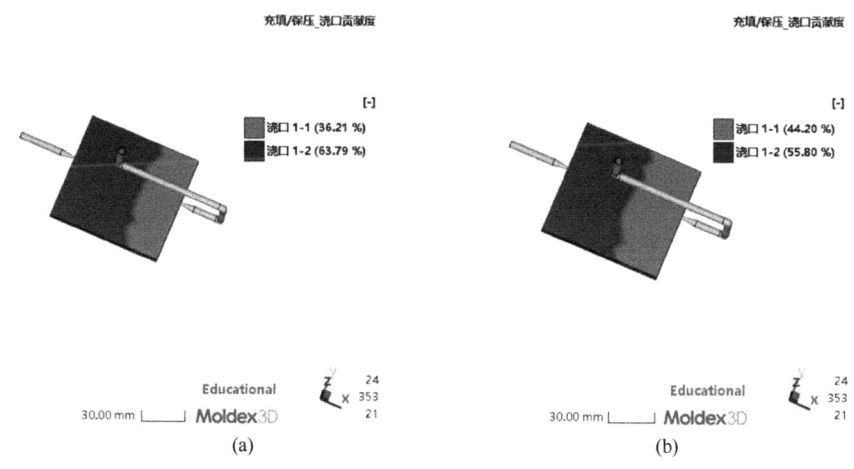

图 4.69　不同的浇口贡献度 [（a）界面浇口 1-1 贡献度小，（b）相当]

② 界面强度。材料界面强度主要取决于材料特性及其成型过程的键接质量，包括会合角（汇合角）与熔接温度。材料相容性通常由材料供货商或注塑机生产制造商所提供。Moldex3D 模流分析提供缝合角与熔体温度的模拟结果（图 4.70～图 4.72），可协助技术人员评估界面（缝合线）的质量。

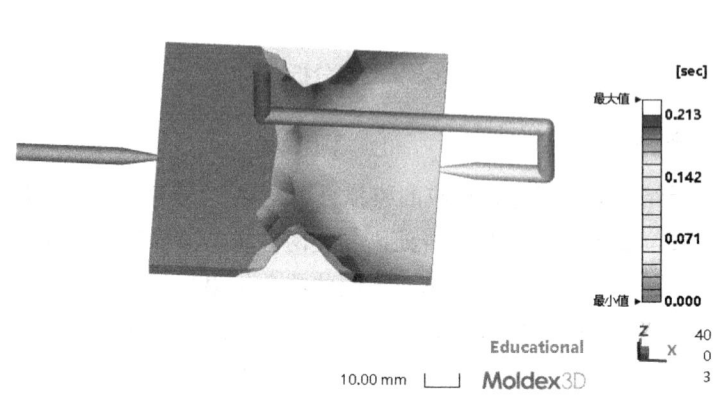

图 4.70 两种塑料熔体的流动波前时间云纹图

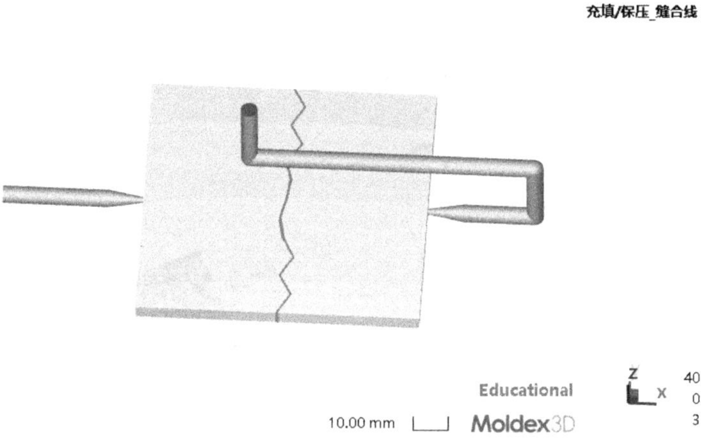

图 4.71 两种熔体界面（熔接线）位置（两浇口贡献度相似）

在充填/保压分析中，可查看界面（熔接线）、会合角与熔接线温度的模拟结果。为求良好的缝合线强度，通常需要提高熔体温度。而缝合线角度大通常意味着缝合线区域有更佳的分子渗透力,因此界面强度也会更高。

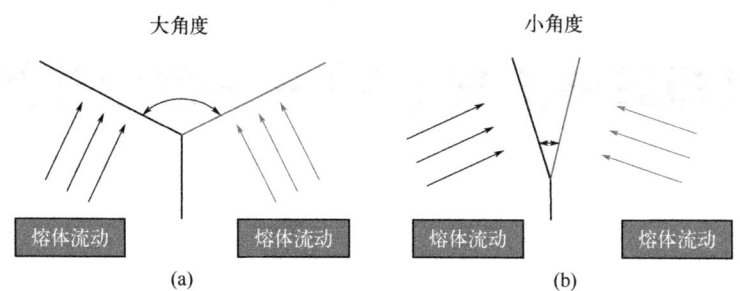

图 4.72 两种熔体的会合角度示意 [（a）强度优于（b）]

第5章

注塑革新工艺（3）——发泡注塑

发泡塑料是指经过发泡过程，基体中具有大量微小气孔结构的塑料。根据气孔间连通与否，发泡塑料可分为开孔发泡塑料和闭孔发泡塑料。发泡方式通常分为物理发泡、化学发泡和机械发泡。物理发泡是在塑料中溶入气体或液体，而使其膨胀或汽化发泡的方法，这种方式适用的塑料种类比较多。化学发泡是由特意加入的化学发泡剂受热分解或原料组分间发生化学反应而产生气体（如二氧化碳、氮气、氨气等），使塑料熔体充满泡孔，常用于聚氨酯发泡。机械发泡是借助机械搅拌方法使气体混入熔体/液体混合料中，然后经定型过程形成泡孔，常用于聚甲醛、脲醛树脂发泡。由于发泡塑料的多孔结构，其具有质量轻、强度高、隔热、隔声、减震等优异性能，广泛用于包装、汽车、体育器材、建筑等领域。但由于发泡过程对温度、压力、时间等因素较为敏感，泡孔的形态、大小、分布不易控制，对发泡塑料制品质量造成影响。因此模拟、量化发泡成型过程为工程技术人员提供参考，也是模流分析的功能之一。Moldex3D 提供了发泡注射成型（foamed injection molding, FIM，即物理发泡）和化学发泡成型（chemical foaming molding, CFM）两种工艺的模拟功能，下面对此进行介绍和应用说明。

5.1 发泡注射成型简介

超临界流体（supercritical fluid, SCF）微孔发泡注塑是由美国麻省理工学院在 20 世纪 80 年代研制出来的。与常规发泡材料制品相比，泡孔尺寸更小且泡孔密度更高，具有质轻、比强度高、吸收冲击荷载的能力强、隔热隔声性能好的特点。微孔发泡塑料指的是材料内部泡孔尺寸在 0.1～50μm 之间、泡孔密度在 10^7～10^{15} 个/cm^3 之间的塑料。在工业应用上，由于受到成型方法和成型条件的制约，泡孔尺寸和泡孔密度达不到上述范围，实际泡孔尺寸为 3～100μm，泡孔密度为 10^6 个/cm^3 以上。SCF 发泡注射成型工艺，是一种环保、节能和多功能的工艺，用于制造具有复杂三维几何形状和更大设计自由度的轻质发泡塑件。

1995 年 Axiomatics 公司（Trexel 公司的前身）率先实现了 SCF 微孔发泡注塑工艺的商业化，随后推出了 MuCell®工艺，也是目前最为常用的微孔发泡注射成型技术，其他商业化的微孔发泡注塑技术还包括 Optifoam®、ProFoam®、Ergocell®和 IQFoam®等。然而，无论何种发泡注塑工艺，其发泡过程均要经历以下步骤（图 5.1）：首先气体溶解于聚合物基体中，形成聚合物/超临界流体均相体系，然后经过螺杆注入模具型腔中，由于均相体系从喷嘴注入型腔时，单相体系压力会发生骤减从而出现气体过饱和，均相体系中气体析出成核；充填后泡核继续长大，随着模具内熔体温度的降低，泡孔发生定型，于是便得到如图 5.2 所示的具有不发泡皮层和存在大量微细泡孔芯层的"三明治"式发泡注塑制件。

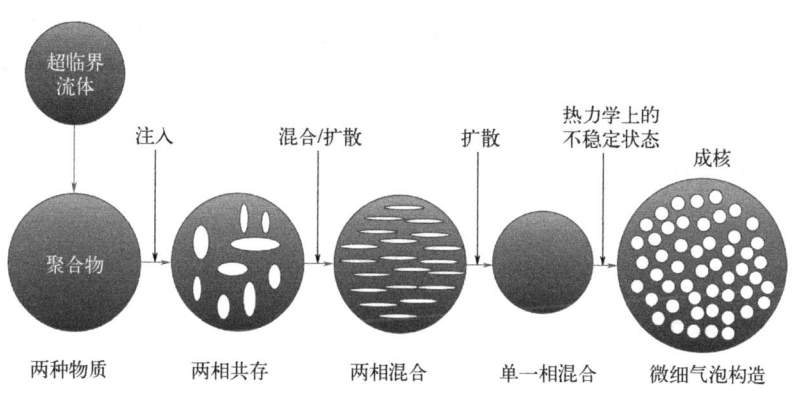

图 5.1 发泡注射成型步骤示意图

因此发泡注射成型技术中，泡孔的形成通常有以下四个步骤。
① 均相溶液：超临界流体射入料筒，在高压下与塑料熔体形成单相熔体。
② 成核：当熔体通过喷嘴射入型腔时，因急速的压力降形成大量的成核点。
③ 气泡成长：气泡成长、合并发生在成型阶段。

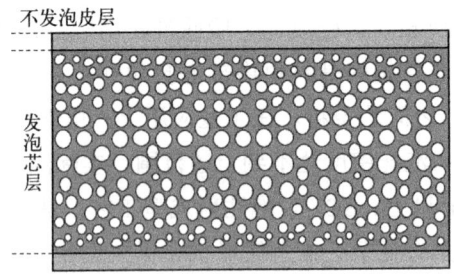

图 5.2 微孔发泡注塑制品形貌示意图

④ 成型：泡孔定型且塑料熔体在模具内固化成型。

通常模流分析中，微孔注射成型中均相溶液、成核是不考虑的，相关参数作为已知条件（设定值），通过数学模型和数值求解后，可预测成型制品中泡孔的分布和尺寸。

5.2 发泡注射成型模流分析原理

5.2.1 充填保压的数学模型

假设单相熔体是由两种物质组成，在气泡成核前，SCF 溶解在聚合物熔体中。聚合物熔体被假定为一般牛顿流体。因此，非等温的三维流动可以由以下数学表达式描述。

（1）质量守恒

$$\frac{\partial \rho}{\partial t} + \nabla \cdot (\rho \boldsymbol{u}) = 0 \qquad (5.1)$$

（2）动量守恒

$$\frac{\partial}{\partial t}(\rho \boldsymbol{u}) + \nabla \cdot (\rho \boldsymbol{u}\boldsymbol{u} - \boldsymbol{\tau}) = -\nabla p + \rho \boldsymbol{g} \qquad (5.2)$$

（3）能量守恒

$$\rho C_p \left(\frac{\partial T}{\partial t} + \boldsymbol{u} \cdot \nabla T \right) = \nabla \cdot (k \nabla T) + \eta \dot{\gamma}^2 \qquad (5.3)$$

式中，$\boldsymbol{u}$ 为速度向量；T 为温度；t 为时间；p 为压力；$\boldsymbol{\tau}$ 为应力张量；ρ 为

密度；η 为黏度；k 为热传张量；C_p 为定压比热容；$\dot{\gamma}$ 为剪切速率；g 为重力加速度。

（4）材料性能及本构方程

高分子熔体可以被视为一般牛顿流体，因此应力张量可以被描述成式（5.4）：

$$\tau = \eta\left(\nabla u + \nabla u^T\right) \tag{5.4}$$

熔体的热导率 k [式（5.5）] 与定压比热容 C_p [式（5.6）] 混合了塑料（下角标 poly）与气体（下角标 gas）的性质，用气体质量分数 ϕ 来计算：

$$k = (1-\phi)k_{poly} + \phi k_{gas} \tag{5.5}$$

$$C_p = (1-\phi)C_{p_{poly}} + \phi C_{p_{gas}} \tag{5.6}$$

超临界流体黏度可通过式（5.7）计算。当气体与熔体融合时，熔体的黏度会呈现下降的情形，可用 Cha-Jeong 模型来描述如下：

$$\frac{\eta}{\eta_p} = 1 - kw^{af_p} \tag{5.7}$$

$$f_p = f_g + a_f(T - T_g) \tag{5.8}$$

式中，η 是含有熔融塑料和 SCF 的材料的黏度；η_p 是纯塑料的黏度；w 是 SCF 含量；a_f 是自由体积分数的膨胀率($4.8 \times 10^{-4} K^{-1}$)；$f_p$ 是聚合物的自由体积；f_g 是玻璃化转变温度下聚合物的自由体积（通常为 0.025）；a、k 是 Cha-Jeong 模型的系数。

修正的 Cross 模型描述高分子熔体的黏度，如下所示。

$$\eta_p(T, \dot{\gamma}) = \frac{\eta_0(T)}{1 + (\eta_0 \dot{\gamma} / \tau^*)^{1-n}} \tag{5.9}$$

$$\eta_0(T) = B\exp\left(\frac{T_b}{T}\right) \tag{5.10}$$

式中，n 为幂律指数；η_0 为零剪切黏度；τ^* 为描述黏度曲线在零剪切速率和幂律区之间的过渡区域参数（同第 1 章的黏度表达式）。

5.2.2 成核和气泡生长模型

微孔发泡过程是在熔体注入型腔后发生。三维数值模拟需要用描述宏观熔体流动的控制方程［式（5.1）～式（5.4）］加上表示气泡生长动态行为的式（5.9）（气泡生长的半径）。

$$\frac{dR}{dt} = \frac{R}{4\eta}\left(P_D - P_C - \frac{2\gamma}{R}\right) \tag{5.11}$$

式中，R 为气泡半径；η 为黏度；P_D 为气泡内压；P_C 为常压压力；γ 为表面张力。

依据边界层条件，薄壳径向溶解的气体浓度用数学上的扩散方程描述［式（5.12）］：

$$\frac{\partial c}{\partial t} = D\left[\frac{1}{r^2} \times \frac{\partial}{\partial r}\left(r^2 \frac{\partial c}{\partial r}\right)\right] \tag{5.12}$$

式中，r 为半径；c 为溶解的气体浓度；D 为扩散系数。

Han 和 Yoo 提出动态气泡生长行为由在气界面处的质量传递方程描述［式（5.13）］：

$$\frac{d}{dt}\left(P_D R^3\right) = \frac{6D(R_g T)(c_\infty - c_R)R}{-1+\left[1+\dfrac{2/R^3}{R_g T}\left(\dfrac{P_D R^3 - P_{D0} R_0^3}{c_\infty - c_R}\right)\right]^{1/2}} \tag{5.13}$$

溶解浓度的表达为式（5.14）：

$$\frac{c_\infty - c}{c_\infty - c_R} = \left(1 - \frac{r-R}{\delta}\right)^2 \tag{5.14}$$

式中，δ 是浓度边界层的厚度；R_0 是成核后初始气泡半径；P_{D0} 是 R_0 处的气泡压力；c_∞、c_R 分别是对应 ∞、R 处的浓度；R_g 是气体常数 。

Moldex3D 支持 Han 模型、Yoo 模型、Payvar 模型和 Shafi 模型。研究结果表明，这些模型中 Shafi 模型的泡孔增长速度最慢；Han 模型、Yoo 模型的泡孔增长速度较快；而 Payvar 模型的泡孔增长速度是最快的。

SCF 发泡成核是因为熔体从浇道到型腔充填过程中的流动压力降。气泡成核、气泡生长是一个竞争机制，并且可以通过（质量守恒）溶解气体浓度的指数函数 $J(t)$ 来表示［式（5.15）］：

$$J(t) = f_0\left(\frac{2\gamma}{\dfrac{\pi M_w}{N_A}}\right)^{\frac{1}{2}} \exp\left\{-\frac{16\pi r^3 F}{3k_B T\left[\dfrac{\bar{c}(t)}{k_H} - P_C(t)^2\right]}\right\} N_A \bar{c}(t) \tag{5.15}$$

式中，f_0 和 F 为拟合参数；$\bar{c}$ 为平均溶解气体浓度；k_H 为常数；N_A 为阿伏伽德罗常数；k_B 为玻尔兹曼常数；M_w 为气体质量。

溶解于聚合物熔体的超临界流体的平均浓度在时间 t 时刻，由式（5.16）获得：

$$\bar{c}(t)V_{L0} = c_0 V_{L0} - \int_0^t \frac{4\pi}{3} R^3(t-t',t') \frac{P_D(t-t',t')}{R_g T} J(t') V_{L0} dt' \quad (5.16)$$

式中，V_{L0} 为聚合物基材的体积。

气泡也可能随着流动分布，如抽芯工艺会使气泡从上游到下游移动，而其扩散行为表示为式（5.17）～式（5.19）：

$$\frac{dR}{dt} = 0 \quad (5.17)$$

$$\frac{dP_D}{dt} = 0 \quad (5.18)$$

$$\frac{dN}{dt} = 0 \quad (5.19)$$

式中，R 为气泡粒径；P_D 为气泡内压；N 为气泡数量密度。

FIM 的数值算法与传统注塑类似，主要的不同在于每个时间步和空间步迭代时需要考虑 SCF 对黏度和泡孔成长的影响。

5.3 Moldex3D 发泡注射成型模块

发泡注射成型是用发泡的塑料制造零部件的技术。此技术优势包括：材料减重、成本降低和优越的尺寸稳定性。然而，拉伸强度、弯曲强度下降，表面缺陷和瑕疵［如粗糙的表面或气体流痕（涡形痕迹）］限制了发泡注塑工艺的推广应用。

发泡注射成型模块可三维模拟 FIM 工艺过程，包括熔体充填阶段（根据需要部分或完全充填）、发泡阶段（成核和气泡生长）。此模块不仅可以完全模拟熔体充满型腔时的气泡成核和泡孔成长行为，预测保压期间的收缩补偿，而且还可以查看翘曲结果。FIM 模拟结果包括：气泡（数目）的密度分布、气泡尺寸分布、平均密度和体积收缩等。Moldex3D 发泡注射成型分析能协助产品设计师量化成型过程中的物理量，得到最佳的工艺参数，并减少可能的成型问题，降低产品缺陷。

大多数 FIM 的模拟结果与传统注射成型的类似。请参考基础篇第 3 章、第 5 章相关内容。下面介绍 FIM 特有的模流分析结果。

① 气泡大小。气泡大小显示了给定时刻、给定区域气泡的平均直径。较高的值代表此区域的气泡相对较大。气泡大小的显示是三维的，且剖面结果可以更清楚地显示气泡在塑件内部的分布。通常来说，由于固化效应，气泡在制品壁厚中心尺寸较大，而在靠近表面区域的尺寸较小。

② 气泡数量密度。气泡数量密度显示当下区域每立方厘米的气泡数量（气泡密度）。较高的数值表示在单位体积中存在较多的气泡。气泡的数量密度，通常来说，受成型过程中超临界流体浓度和熔体压力降的影响。

5.4　Moldex3D 发泡注射成型模流分析

5.4.1　建立网格模型

以一个正方形薄板的 SCF 微孔发泡注塑说明 Moldex3D FIM 的应用。

FIM 前处理阶段与传统注塑成型模拟的基本模块相似。

步骤一：打开 Moldex3D Studio 2022 或 2023，点击"新增"，再点击"确定"，建立新项目"MDXProject20221114"，并保存在指定位置，进入软件主页面（图 5.3）。

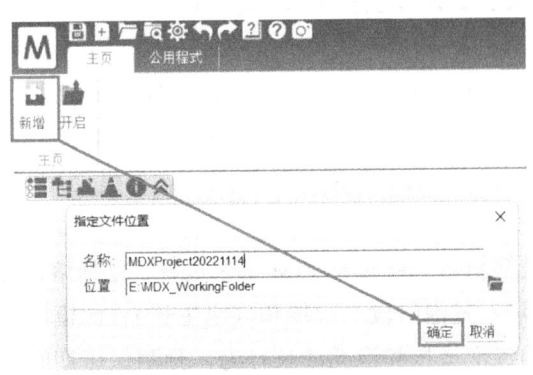

图 5.3　建立新项目示意图

步骤二：在图 5.4 主菜单的"主页"菜单中点击"射出成形"，选择"发泡射出成型"。

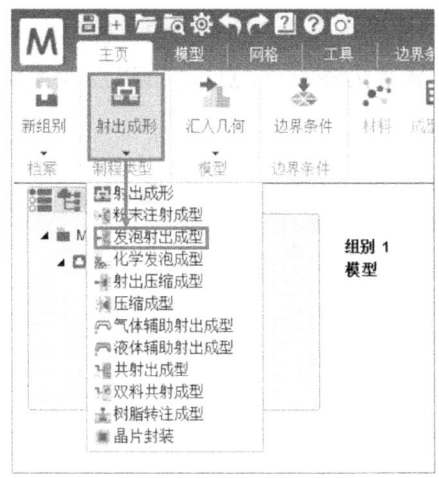

图 5.4 "发泡射出成型"的选择示意图

步骤三：汇入几何模型。几何模型有两种建立方式：①用专业的制图软件（AutoCAD、Solidworks、UG 等）完成，然后导入 Moldex3D 中；②用 Moldex3D 软件本身自带的制图功能绘制 CAD 模型。本案例为微孔面板制品，结构较简单，因此采用第二种方法，即用软件本身带的制图功能绘制，制品尺寸如图 5.5 所示。

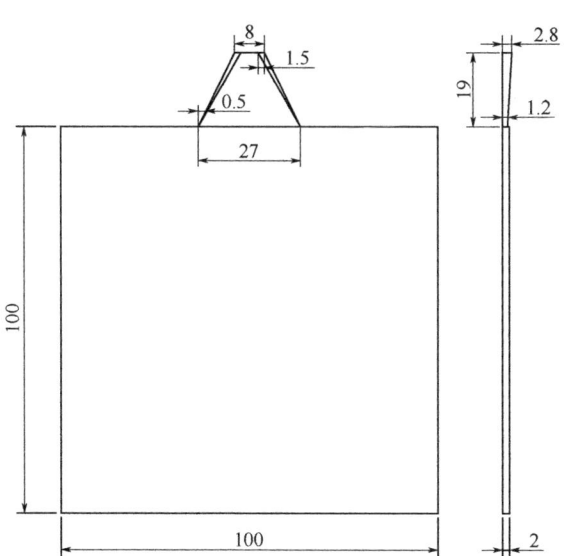

图 5.5 制品尺寸示意图（单位：mm）

步骤四：设置模型属性。点击主菜单中的"模型"，依次完成塑件、流道、扇形浇口的属性设置。流道为冷流道，点击"进浇点"，系统自动选择合适的"进浇点"（图 5.6）。

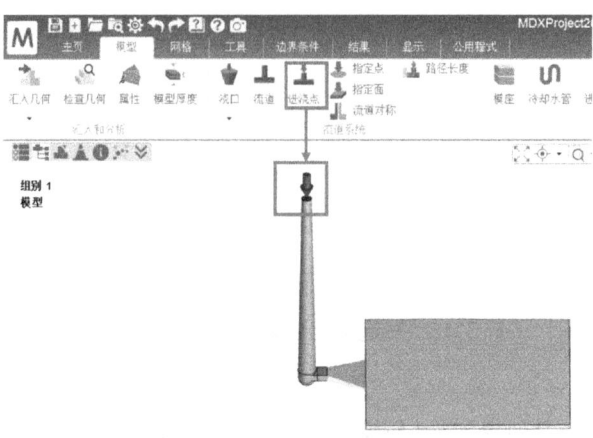

图 5.6 "进浇点"设置示意图

步骤五：建立模座。模座一般不须设置尺寸，这里用"模座精灵"窗口中的预设值，完成后点击"√"确定（图 5.7）。

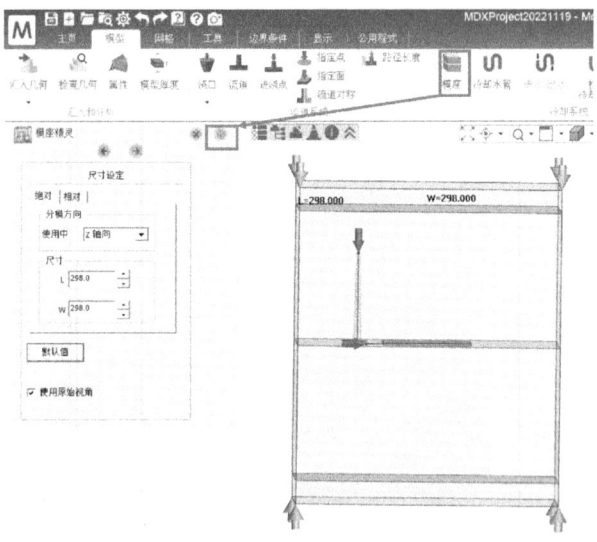

图 5.7 建立模座

步骤六：建立冷却水路。模座建立后，点击"冷却水管"，启动"水路配置精灵"，进行冷却水路的设置。水路的直径、间距等如图 5.8 所示。设置完成后，检查进出水管路是否有干涉现象，如果没有则进行下一步的操作；有干涉现象时需要重新进行冷却水路的设置。

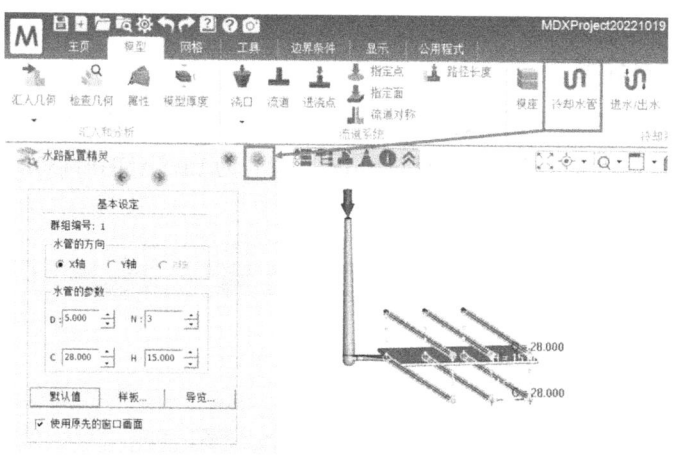

图 5.8　建立冷却水路

步骤七：网格"撒点"。冷却水路检查无误后，在主菜单栏中，点击"网格"→点击图 5.9 中的"撒点"图标→选择塑件→设置网格尺寸=3.85→点击"√"图标。

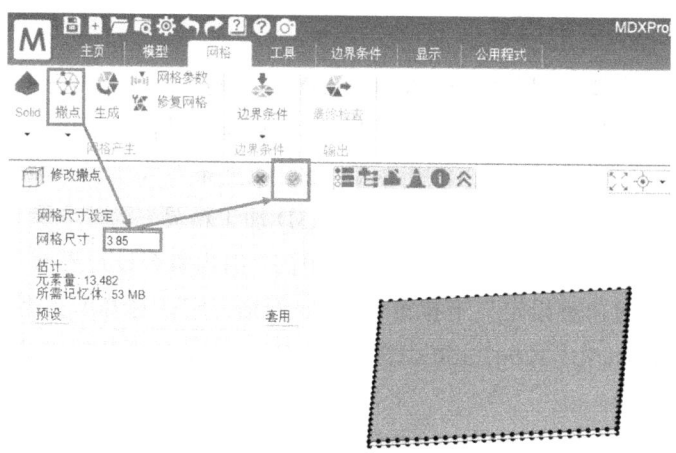

图 5.9　设置网格尺寸

步骤八：生成网格及网格检查。"撒点"完成后，点击图5.9中的"生成"图标（撒点右侧图标），待塑件、模具等网格划分完成后，对网格进行检查。生成的网格通过"最终检查"后，保存"专案"完成前处理。

5.4.2 成型参数设置及运行

（1）材料确定

步骤九：在主菜单栏下选择"材料"，启动"Moldex3D 材料精灵"窗口，在 Moldex3D 材料库中选择制品材料为PC，型号为LEXANHF1130R（图5.10）。

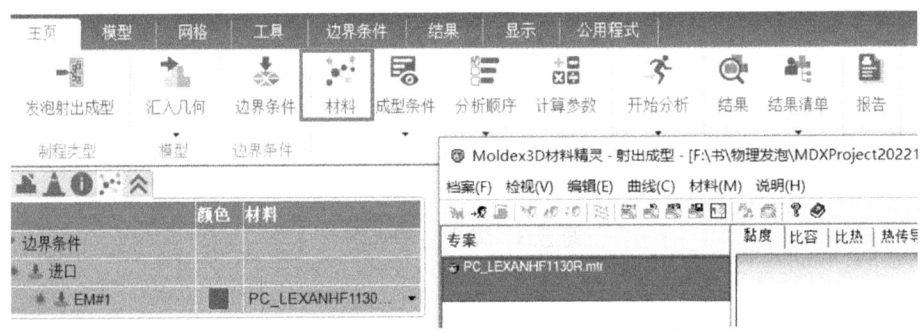

图5.10 材料的选择

（2）加工精灵的设定

步骤十～步骤十四分别是"Moldex3D 加工精灵"的"专案设定""充填/保压设定""发泡设定""冷却设定""摘要"设置。具体介绍如下。

① 专案设定。点击图5.10中主菜单的"成型条件"，则启动图5.11所示的"Moldex3D 加工精灵"窗口。在"Moldex3D 加工精灵"的"专案设定"界面，选择图5.11中的"设定界面："下拉菜单中的"射出机台设定界面1（由多段设定）"。点击"射出机设定"下拉菜单的"<新增...>"，选择所需型号的注塑机（射出机）"ARBURG-1200T 1300-150-25"（图5.12），所选注塑机的具体信息如图5.13所示。

② 充填/保压设定。"Moldex3D 加工精灵"的"充填/保压设定"界面如图5.14所示。工艺参数与传统注射成型类似，本案例的"行程时间"=0.3693s，"保

压时间"=1s,"塑料温度"=290℃,"模具温度"=60℃。

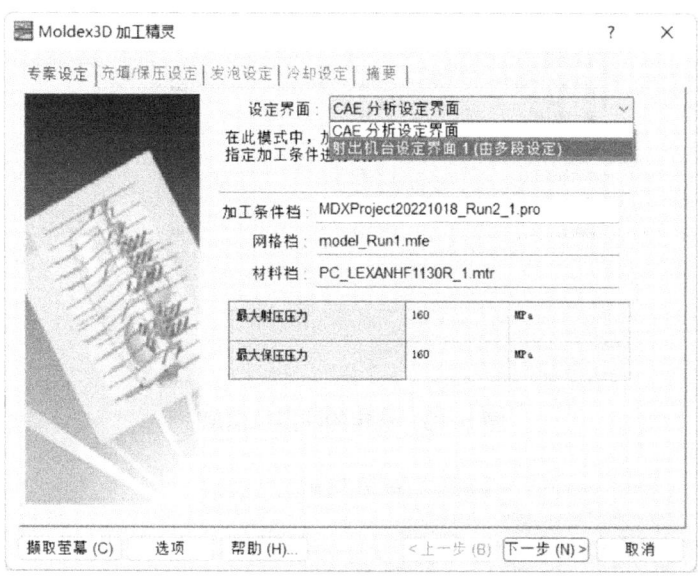

图5.11 "Moldex3D加工精灵"的"专案设定"界面

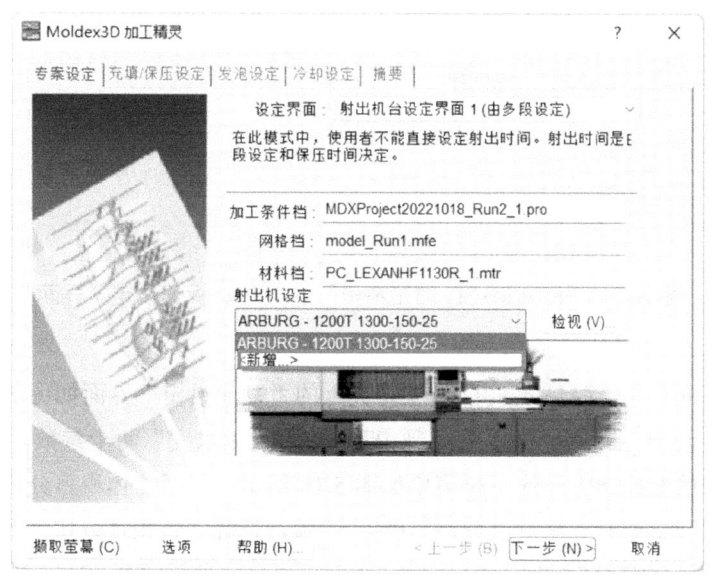

图5.12 "Moldex3D加工精灵"的"专案设定"界面的注塑机设置

图 5.13　选定的注塑机信息

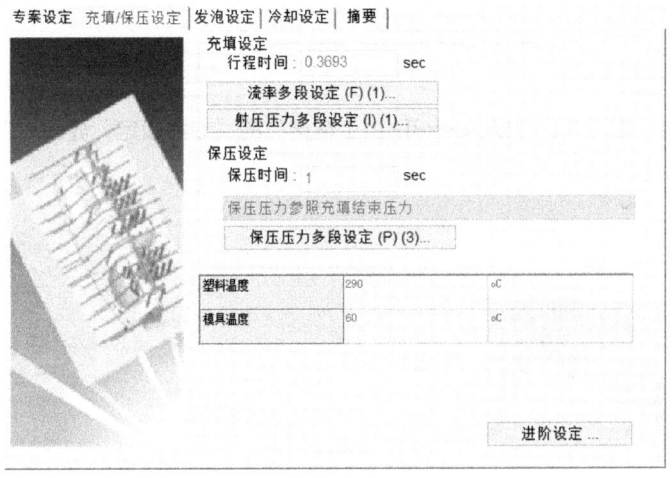

图 5.14　"Moldex3D 加工精灵"的"充填/保压设定"界面

③ 发泡设定。"Moldex3D 加工精灵"的"发泡设定"界面如图 5.15 所示。"发泡成型设定"有"射出重量控制由""初始气体浓度"两个参数。

"射出重量控制由"的下拉菜单如图 5.16 所示,包括"体积百分比"(%)、"射出体积"(cm^3)、"重量百分比"(%)三项,选择"体积百分比"等于 95%。

"初始气体浓度"(图 5.17)下拉菜单包括"气体剂量总数"(%,质量分数)、"气体饱和压力"(MPa)、"化学发泡剂(CBA)"(%,质量分数)。

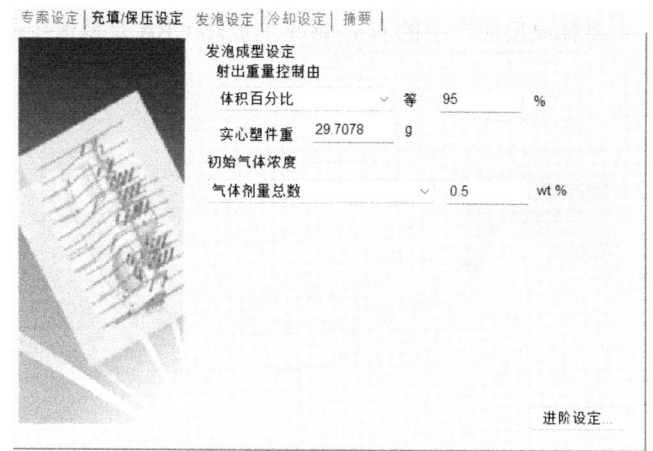

图 5.15 "Moldex3D 加工精灵"的"发泡设定"界面

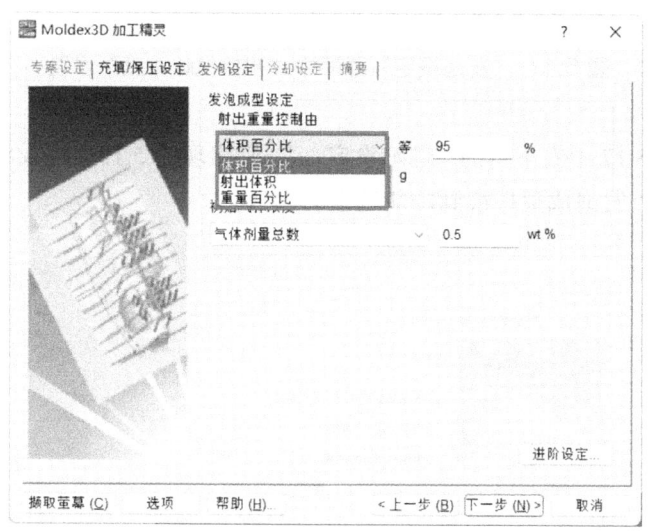

图 5.16 "发泡设定"界面的"射出重量控制由"下拉菜单

a. 气体剂量总数：所用的发泡剂比例；
b. 气体饱和压力：形成 SCF 均相溶液（均相熔体）气体的压力值；
c. 化学发泡剂 CBA：CFM 成型所用化学发泡剂的质量分数。

若选中图 5.17 的"化学发泡剂（CBA）"则可输入化学发泡剂的剂量（参考本章 5.5 节）。通常有吸热和放热两类 CBA。吸热 CBA 吸收反应中的热能，主要释放反应产生的 CO_2，常见的吸热 CBA 是碳酸氢钠和碳酸氢锌；另一种 CBA 是放热化合物，主要释放反应产生的 N_2，常见的放热 CBA 是偶氮甲酰胺。

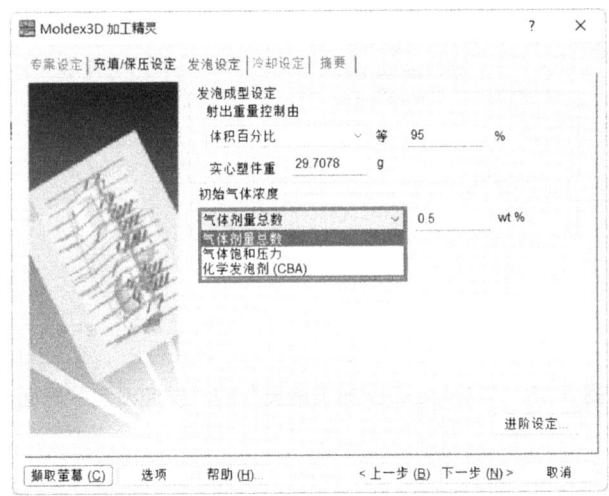

图 5.17 "发泡设定"界面中"初始气体浓度"设置

点击图 5.17 中右下角的"进阶设定..."，则出现图 5.18 的"发泡进阶设定"窗口，选择"发泡成型持续到冷却过程结束"。

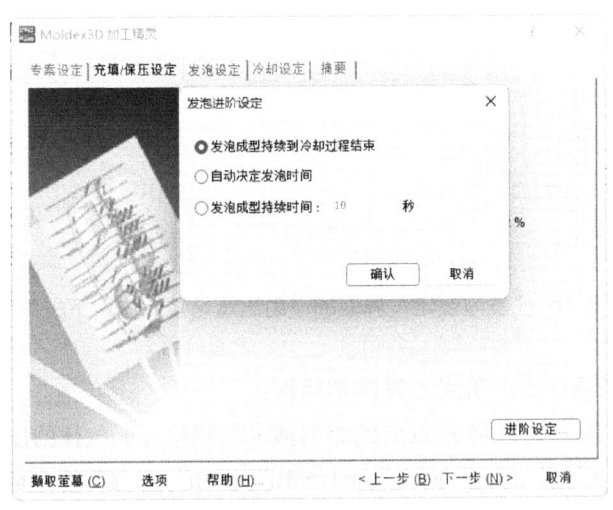

图 5.18 "发泡进阶设定"界面

本正方形薄板案例中，发泡设定如图 5.19 所示。

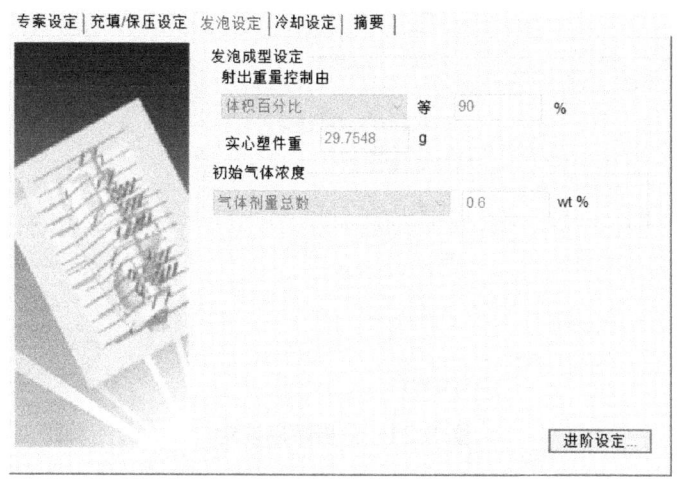

图 5.19 本案例“Moldex3D 加工精灵”的“发泡设定”结果

④ 冷却设定。冷却设定与传统注射成型相同，本案例冷却设定如图 5.20 所示。设置完成后，可查看“摘要”内容，若无误后，则选择“确定”完成“Moldex3D 加工精灵”设置。

组别	数值	单位
冷却方式	一般	-
初始模温	60	oC
空气温度	25	oC
顶出温度	143	oC
冷却时间	15	sec
开模时间	5	sec
开模后至顶出时间	0	sec

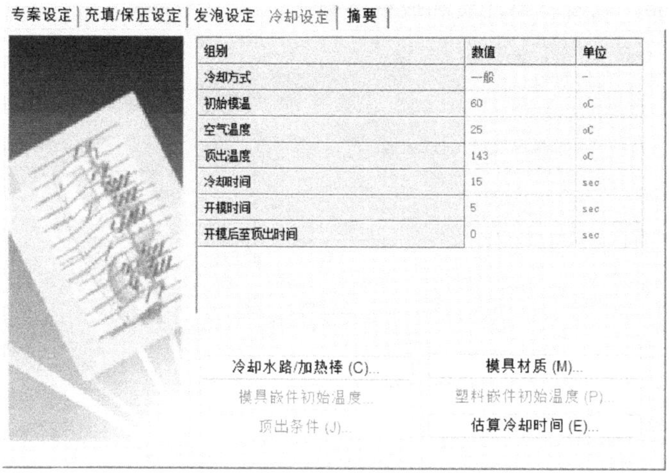

图 5.20 “Moldex3D 加工精灵”窗口的“冷却设定”界面

（3）分析顺序

步骤十五：设置分析顺序。分析顺序选择“完整分析-C F/P C W”，即冷却、充填/保压、冷却、翘曲，如图 5.21 所示。

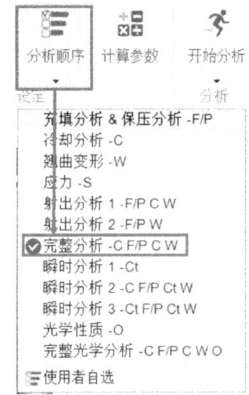

图 5.21　分析顺序设定

（4）计算参数

步骤十六：设置计算参数。在图 5.22 的"充填/保压"标签中，点击"进阶选项..."，出现图 5.22 右侧的"充填/保压进阶设定"窗口的"发泡"界面，在此界面可以输入更具体的发泡模拟参数，"气体类型"=N₂、"气泡成长模型"=Han and Yoo，以及材料性质和成核参数等。

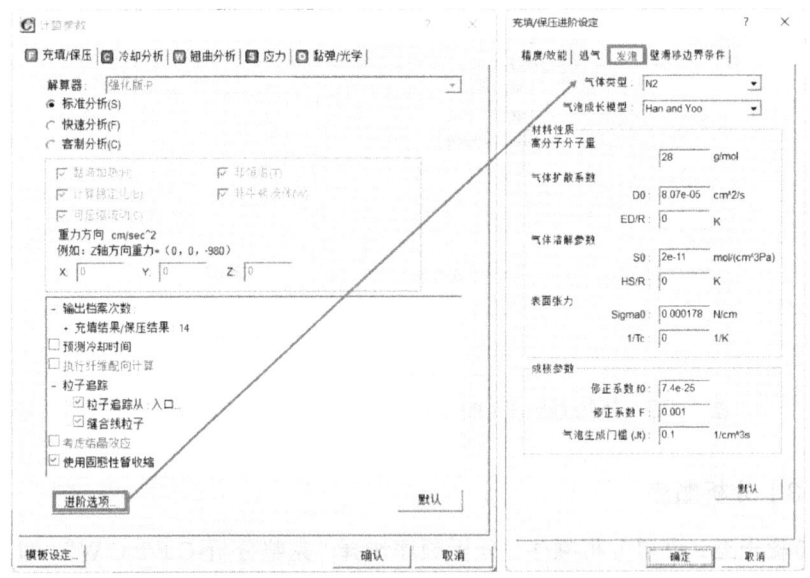

图 5.22　"计算参数"窗口"充填/保压"界面的"进阶选项"及"发泡"设置界面

"气体类型"可选择 N_2、CO_2 或其他气体类型（如 SCF-水）。Moldex3D 提供了 N_2 在不同塑料熔体中的溶解度预设值（默认值）。举例来说，N_2/PP（气体/塑料）的预设溶解度为 4.0×10^{-11} mol/(cm^3·Pa)，而 N_2/ABS 的预设溶解度为 1.6×10^{-11} mol/(cm^3·Pa)。但对于 CO_2 与其他气体而言，预设溶解度皆为 1.15×10^{-10} mol/(cm^3·Pa)。另外，也可手动输入预设之外的气体-塑料组合的材料特性与参数。

Moldex3D 支持五种气泡成长模型（图 5.23），用户可根据特定的气体/塑料体系从下拉菜单中选择合适的气泡成长模型。

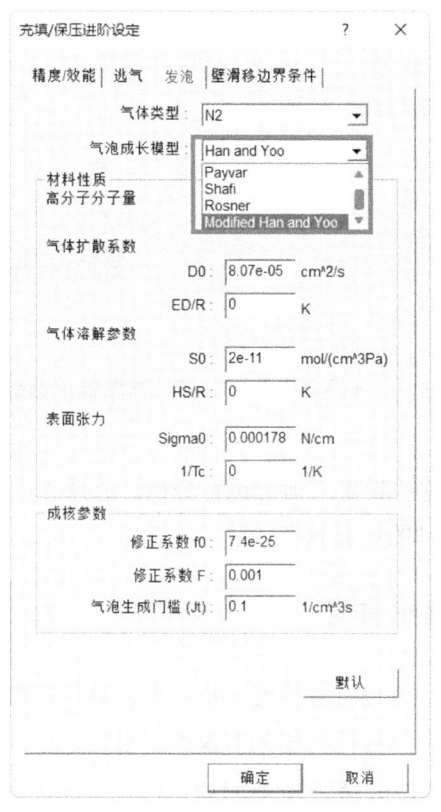

图 5.23 "充填/保压进阶设定"窗口"发泡"界面的"气泡成长模型"

图 5.23 中的"材料性质"包含"高分子分子量"，"气体扩散系数"D_0、ED/R，"气体溶解参数"S_0、HS/R，以及"表面张力"Sigma$_0$、1/T_c。"成核参数"栏

目则包含"修正系数 f_0""修正系数 F""气泡生成门槛（Jt）"。

其他参数如图 5.24 所示。需要注意一下：这里的注射时间是充填时间+保压时间；发泡持续时间取默认的冷却时间。

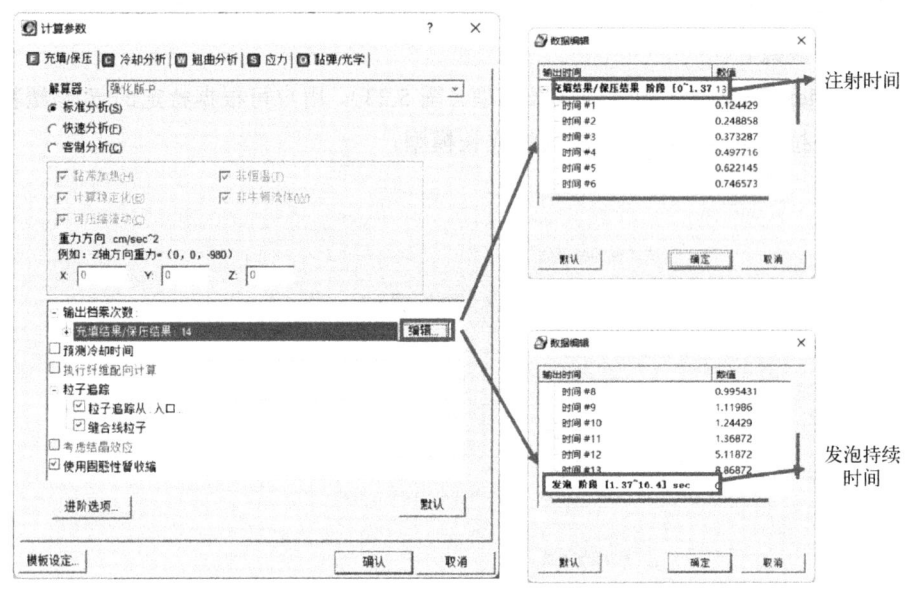

图 5.24 "计算参数"窗口模拟结果输出参数设定

步骤十七：完成这些设置后即可进行分析。选择"开始分析"，则出现工作进程监控器，显示实时的计算状态。

5.4.3 模流分析结果查看

模流运算结束后，可以查看模流分析结果。熔体充填、保压、翘曲和常规注塑类似。这里主要介绍与泡孔相关的模拟结果。

（1）充填/保压阶段的流动波前时间

型腔的顺利充填是 FIM 的基本要求。为此分析完成后，在分析结果项目树状目录选择"充填/保压"结果中的"流动波前时间"，查看熔体充填过程的流动动态行为，以便发现如下问题：

① 充填是否完全，有无短射现象。

② 根据熔体充填过程,判断是否有局部流动阻力过大而产生的迟滞现象。迟滞现象发生区域容易造成塑料熔体提早冻结。

③ 充填过程中是否有流动阻力差异过大造成的"赛马"现象。"赛马"现象容易造成内部熔接线、烧焦、充填不饱的缺陷。

④ 充填结束阶段的流动波前,有无包封(气穴)现象。

⑤ 根据熔体流动波前,判断是否有熔接线问题。

⑥ 对于多点进料,要注意流动平衡,使各浇口对流动贡献均匀,避免流痕等缺陷。

⑦ 对于多型腔模具,根据流动波前,判断各型腔充填是否均匀,流动平衡性是否良好。

本案例中,结构较为简单,型腔充填顺利(图 5.25),从图 5.25 中可知,无短射、流动迟滞、包封、"赛马"现象。

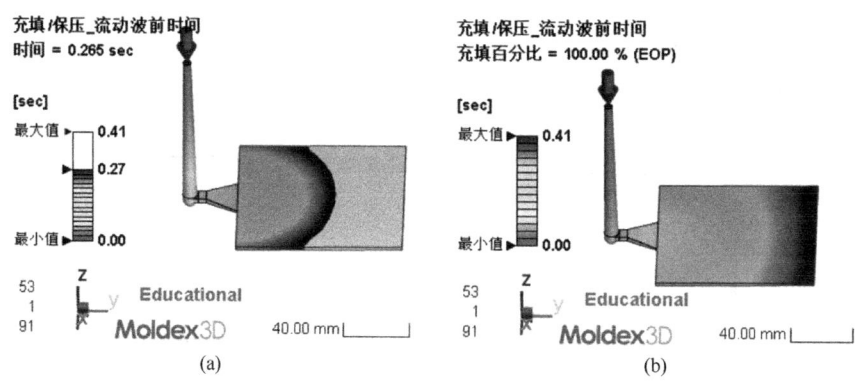

图 5.25　流动波前时间示意图[充填百分比为(a)1.5%,(b)100%]

(2) FIM 模拟的气泡尺寸

① 流动方向上的气泡大小。选择"充填/保压"结果树状目录的"气泡大小",即气泡的直径。利用剖面结果可以查看制品内部的气泡大小,如图 5.26 所示。从皮层、芯层气泡大小的剖面图可知,制品皮层浇口附近以及充填末端比中部区域气泡直径小;制品芯层浇口附近的泡孔直径比中部芯层中心区域的小。气泡直径范围在 $0 \sim 63.31 \mu m$ 之间,满足微孔发泡塑料的要求。

② 厚度方向上的气泡大小。在厚度方向上,气泡大小在浇口附近和充填末端分为三层,而中心区域分为五层,浇口附近与充填末端皮层区域相对较厚(图 5.27)。

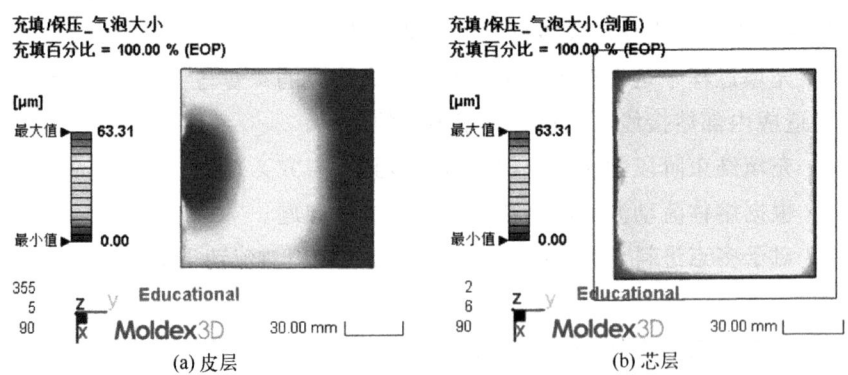

图 5.26　气泡大小示意图

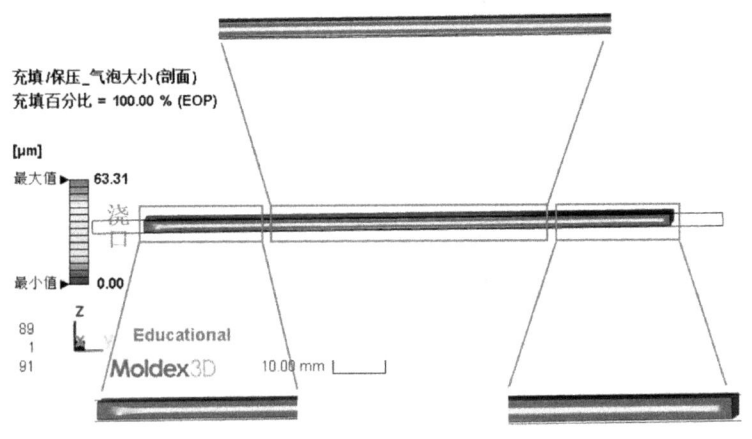

图 5.27　厚度方向中心线上气泡大小剖面图

（3）气泡密度

① 流动方向上的气泡密度。"充填/保压"模拟结果树状目录下选择"气泡数量密度"，利用剖面结果可以查看制品内部气泡数量密度。图 5.28 为皮层、芯层气泡数量密度的剖面图。气泡数量密度范围在 $0\sim3.09\times10^7$ 个$/cm^3$，不符合微孔发泡塑料的定义。但由于受成型材料和成型条件等因素的影响，工业应用上，泡孔密度达不到微孔发泡所规定的范围，有时只能达到 10^5 个$/cm^3$，本案例气泡数量密度达到了工业应用的标准。气泡密度与泡核初值、温度、压力差相关。

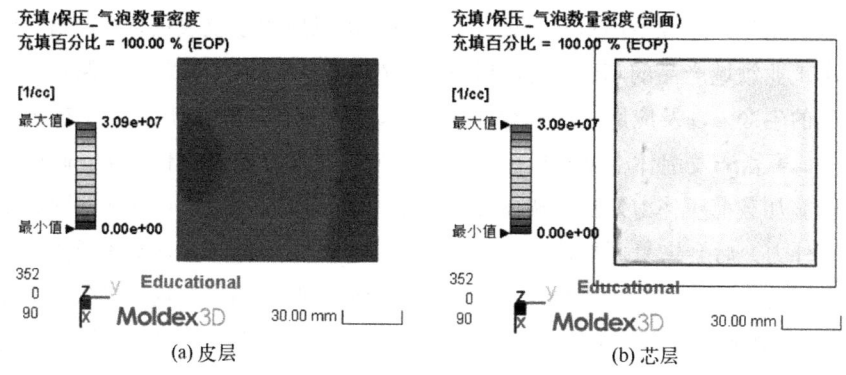

图 5.28 气泡数量密度剖面图

② 厚度方向上气泡数量密度。图 5.29 为在厚度方向中心线上气泡数量密度剖面图,从图中可以看出,浇口附近以及充填末端的气泡数量密度大于中心区域的气泡数量密度。浇口附近、中心区域、充填末端气泡数量密度在厚度上都分为三层。

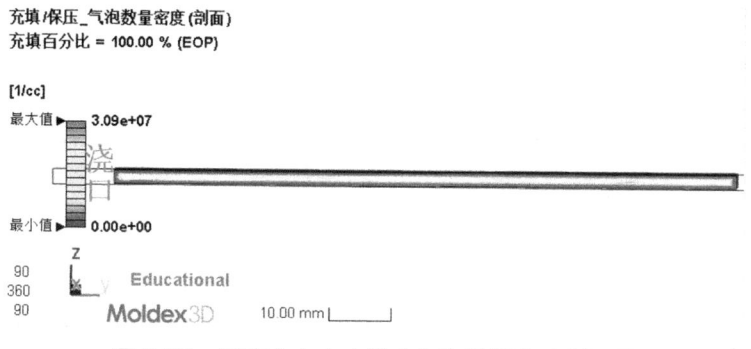

图 5.29 厚度方向中心线上气泡数量密度剖面图

5.5 化学发泡成型模块

5.5.1 概述

化学发泡成型是通过化学反应产生气体进而使熔体填满模具型腔的成型工艺,包含了注射型(无压缩区)、转注型与压缩型。

注射型(无压缩区)发泡以聚氨酯(polyurethane,PU)为例说明。聚氨酯发泡是化学发泡成型中最常见的一种，不仅可以应用于仪表板、方向盘、座椅等汽车工业领域产品的制造，还可以应用于冰箱隔热层、保温夹层等保温隔热行业产品的生产，以及应用于制鞋行业的鞋底、医工领域的病床床垫、手模等产品的生产。聚氨酯发泡体根据其机械性质可分为硬质及软质发泡体两类，硬质发泡体是指施加载荷（外力）后会破坏其形状而无法恢复原形，软质发泡体则在去除载荷（外力）后会恢复原形，具有一定弹性。聚氨酯多是由含有 OH 基团的聚酯或聚醚类等多元醇与异氰酸酯反应而成，并形成交联的网状结构。若原料中加入水，异氰酸酯则与水反应产生 CO_2 并形成多孔隙的聚氨酯发泡体。通过原料成分的配比变化，可成型出具有不同密度的硬质/软质聚氨酯发泡体。

聚氨酯发泡成型的基本工艺过程如图 5.30 所示。首先，将多元醇、异氰酸酯与水等原料混合均匀后注入模具型腔（通常注入阶段不会完全填满）；接着，通过发泡膨胀填满模具型腔剩余的空间，此过程中聚氨酯会因化学发泡反应释出二氧化碳气体，熔体黏度也会因交联反应而不断升高，同时化学反应的放热效应也会使模内温度增高，进一步使二氧化碳释放到聚氨酯中，直到模具型腔内充满聚氨酯泡沫或聚氨酯完全固化为止。

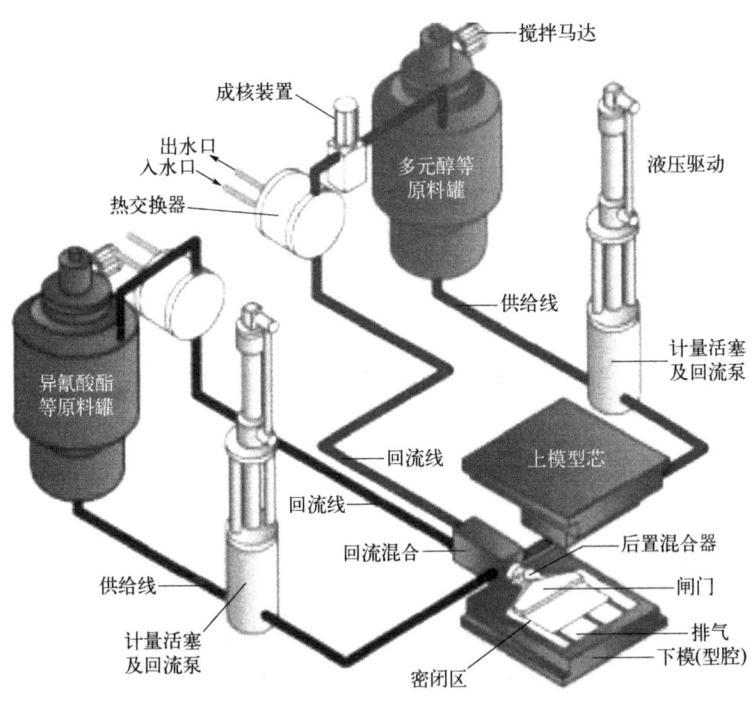

图 5.30　聚氨酯发泡工艺示意图

转注成型发泡是一种广泛应用于热固性塑料（橡胶）的加工工艺。发泡橡胶制品多用于汽车、电子、建筑等行业。当在热固性塑料（橡胶）中加入发泡剂时，工艺过程如图 5.31 所示。热固性预填料被放入料槽后，通过柱状模头施加压力使熔体流进加热的模具型腔中。柱状模头然后快速回抽让原来的料槽变得像是溢流区，以此释放模具型腔中发泡过程产生的多余压力来强化发泡产品的质量。

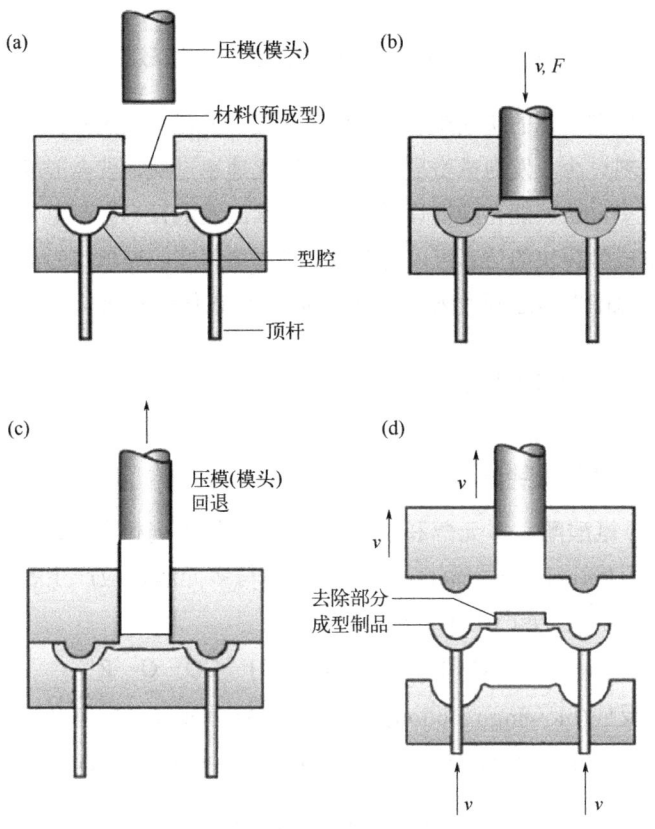

图 5.31　化学发泡转注成型工艺示意图

压缩成型（图 5.32）也可生产发泡的热固性塑料产品。但压缩工艺中的预填料不是由柱状模头而是由加热后的可动式模座来挤压成型，这个过程不会有柱状模头回抽的程序，因此预填料的计量要求更准确。

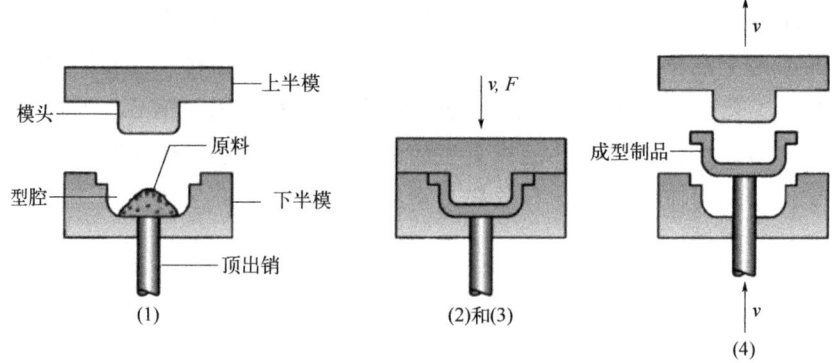

图 5.32 化学发泡压缩成型工艺示意图

化学发泡成型工艺的挑战在于：如何使用较少的原料充满模具型腔而不短射。如果注入的原料过少、发泡量不足或聚氨酯固化速率过快，就会形成短射；但如果注入的原料过多，虽然能充满模具型腔，但后续的发泡行为会产生大量废料，因此借助化学发泡成型模块的仿真可以更准确地预测聚氨酯的充填行为与注入原料的优化。下面以聚氨酯发泡过程为例，介绍 Moldex3D 在化学发泡成型方面的应用。

5.5.2 数学模型和假设

（1）聚氨酯的化学反应

将原料(异氰酸酯、多元醇和水)混合后会进行下列化学反应。

① 交联反应(gelation reaction)：异氰酸酯与多元醇反应产生氨基甲酸酯键，继续进行聚合反应就会产生聚氨酯。

$$R-NCO+R'-OH \rightarrow R-NH-CO-O-R'$$

② 发泡反应(blowing reaction)：异氰酸酯同时与水反应产生 CO_2 气体。

$$2R-NCO+H_2O \rightarrow R-NH-CO-NH-R+CO_2$$

在假设水为少量情况下，聚氨酯化学反应的转化率可描述如下。

$$\frac{d\alpha}{dt} = A\exp\left(-\frac{E}{R_g T}\right)(1-\alpha)(C_{c,0} - 2C_{w,0}\alpha_f - C_{p,0}\alpha) \quad (5.20)$$

$$\frac{d\alpha_f}{dt} = A_f \exp\left(-\frac{E_f}{R_g T}\right)(1-\alpha_f) \quad (5.21)$$

式中，α 为转化率；α_f 为发泡转化率；$C_{c,0}$ 为异氰酸酯初始浓度；$C_{w,0}$ 为水初始浓度；$C_{p,0}$ 为多元醇初始浓度；t 为时间；A 和 A_f 为系数；E 和 E_f 为能量；R_g 为气体状态常数。

（2）发泡聚氨酯的密度变化

发泡转化率愈高，产生的 CO_2 气体愈多，发泡聚氨酯的体积愈大，密度愈小。在假设气体近似理想气体下，发泡聚氨酯的混合密度可以下式描述。

$$\rho = \frac{m_p - m_g}{V_p + V_g} = \frac{1}{\dfrac{C_{w,0}\alpha_f R_g T}{P\rho_p} + \dfrac{1}{\rho_p}} \tag{5.22}$$

式中，下角标 p、g 分别代表塑料和气体；m 为质量；V 为比体积；P 为压力；T 为温度。

（3）发泡聚氨酯输送方程式

非等温发泡聚氨酯在模具内的 3D 流动行为可由式（5.23）～式（5.25）描述。
① 连续性方程式（根据质量守恒定律）：

$$\frac{\partial \rho}{\partial t} + \nabla \cdot \rho \boldsymbol{u} = 0 \tag{5.23}$$

式中，$\boldsymbol{u}$ 为流体速度；t 为时间；ρ 为聚氨酯发泡体密度。
② 动量方程式（根据动量守恒定律）：

$$\frac{\partial}{\partial t}(\rho \boldsymbol{u}) + \nabla \cdot (\rho \boldsymbol{u}\boldsymbol{u} - \boldsymbol{\sigma}) = \rho \boldsymbol{g} \tag{5.24}$$

$$\boldsymbol{\sigma} = -p\boldsymbol{I} + \eta(\nabla \boldsymbol{u} + \nabla \boldsymbol{u}^T) \tag{5.25}$$

式中，$\boldsymbol{u}$ 为流体速度；p 为压力；$\boldsymbol{g}$ 为重力加速度；ρ 为聚氨酯发泡体密度；η 为发泡聚氨酯黏度；$\boldsymbol{\sigma}$ 为应力张量；$\boldsymbol{I}$ 为单位矩阵（张量）；T 为转置运算。动量方程式可以用来形容发泡聚氨酯的流动行为。高分子熔体的黏度用修正的 Cross 模型得到，如式（5.9）所示。
③ 能量方程式：

$$\rho C_p \left(\frac{\partial T}{\partial t} + \boldsymbol{u} \cdot \nabla T \right) = \nabla \cdot (k \nabla T) + \eta \dot{r} + C_{p,0} \frac{d\alpha}{dt} \Delta H_p + C_{w,0} \frac{d\alpha_f}{dt} \Delta H_w \tag{5.26}$$

式中，ΔH_p 为交联反应热；ΔH_w 为发泡反应热。能量方程式可描述聚氨酯发泡体的温度变化情况，最后两项分别表示交联反应放热与发泡反应放热对系统温度的影响。
④ 熔体波前追踪。体积比函数 f 被引入追踪熔体波前的演变。这里，$f=0$

时被定义为空气相，$f=1$ 时作为聚合物熔体相，熔体波前则是 $0<f<1$。f 随着时间的推移则遵循以下输运方程：

$$\frac{\partial f}{\partial t}+\nabla\cdot(\boldsymbol{u}f)=0 \qquad (5.27)$$

流速或注射压力则是在模具入口被确定，模具界面设无滑移假设。注意，在体积分数函数的双曲运输方程中只有入口边界条件是必要的。具体的熔体前沿确定过程与传统注塑（第 2 章 2.6.3 节）类似。

5.5.3 Moldex3D 化学发泡成型模流分析

Moldex3D 的化学发泡成型模块支持化学发泡产品的工艺仿真。通过 3D 模拟充填/熟化过程，可更方便评估设计、生产工艺。此外，Moldex3D 化学发泡成型模块提供智能化的精灵工具和前后处理器，能够协助工程技术人员进行早期缺陷诊断和评估设计方案。

化学发泡成型分析的设置流程与常规注射成型相似（参考本丛书基础篇常规注射成型相关章节），除了工艺类型选择时需选择化学发泡成型。在项目精灵的引导下，输入项目信息，汇入预先准备好的化学发泡成型网格，并利用材料精灵选择适合的材料模型，需注意在化学发泡模块中目前只支持热固性材料的分析。然后，根据需要设置成型条件和计算参数（详情参见下面的内容）。注：Moldex3D 的 CFM 仅支持实体网格。

（1）前处理

开启 Moldex3D Studio2022 或 2023，选择"新增"→建立新项目→指定名称"CFM"→选择项目保存"位置"（目录）→单击"确定"（图 5.33）。

单击"制程类型"下拉菜单，选择"化学发泡成型"（图 5.34）。

汇入几何并划分网格。演示案例使用的模型是聚氨酯化学发泡的汽车仪表板（图 5.35），为单浇口、中心进胶。操作与常规案例相同，请参考基础篇第 3 章或第 5 章相关内容。

（2）参数设定及分析

① 设定材料。这里使用基础篇第 3 章"Moldex3D 材料精灵"相关内容介绍过的搜寻材料功能，选择 Moldex3D 材料库中的 PU-2 材料（图 5.36）。值得注意的是，对于化学发泡材料，材料曲线中额外有反应动力曲线和发泡动力曲

线（图 5.37）。

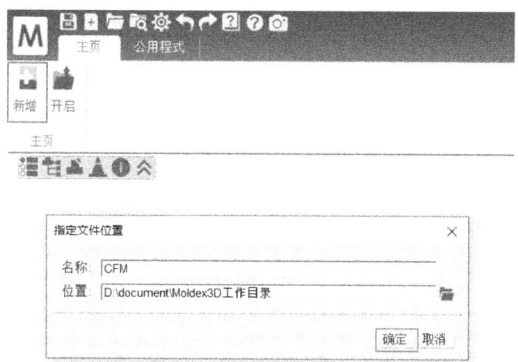

图 5.33　新建项目

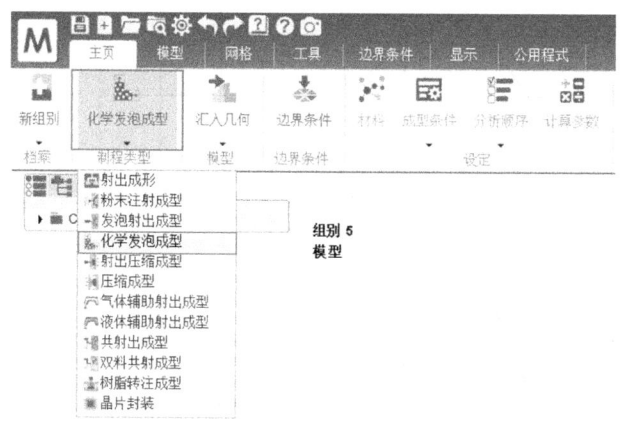

图 5.34　选择"化学发泡成型"

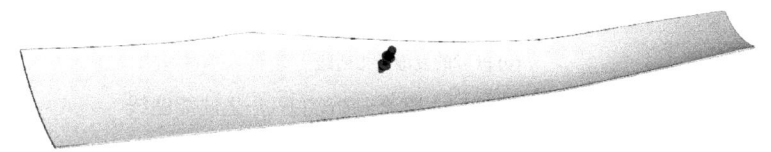

图 5.35　汽车仪表板模型

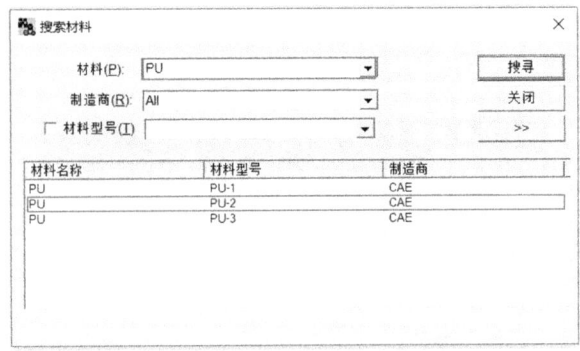

图 5.36 选择材料

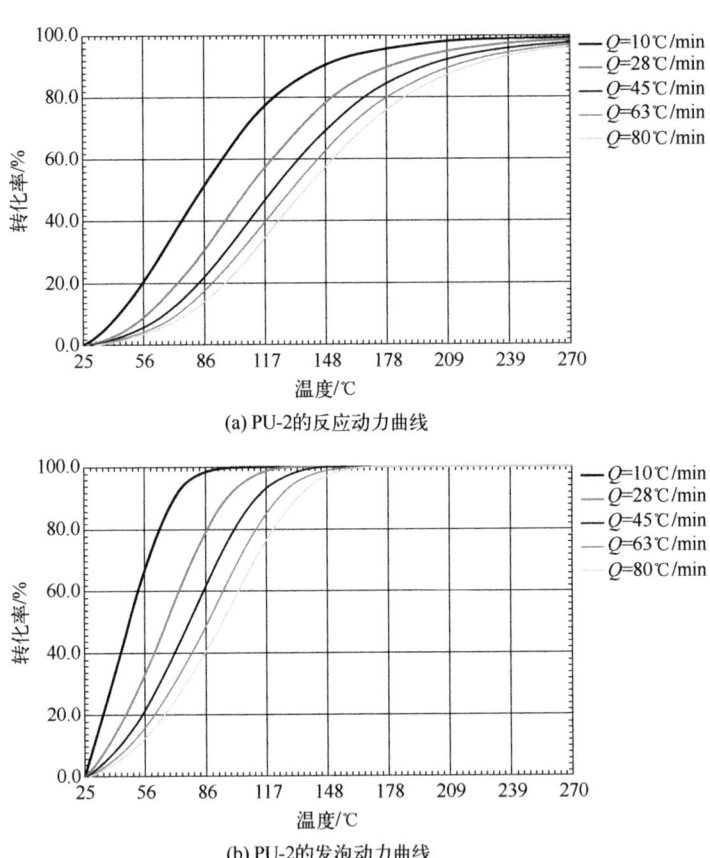

(a) PU-2的反应动力曲线

(b) PU-2的发泡动力曲线

图 5.37 用于 CFM 模流分析的 PU-2 性能曲线

另外，由于化学发泡成型过程会涉及交联反应动力学、发泡反应动力学，如果需要分析其他类型的化学发泡成型过程，可使用"Moldex3D 材料精灵"中的新增材料或修改材料功能，即在图 5.38 所示的"步骤 6：反应动力"和图 5.39 所示的"步骤 7：发泡动力"中指定模型、输入参数。其他成型工艺参数与基础篇的第 3 章和本书前述 FIM 的设置类似。

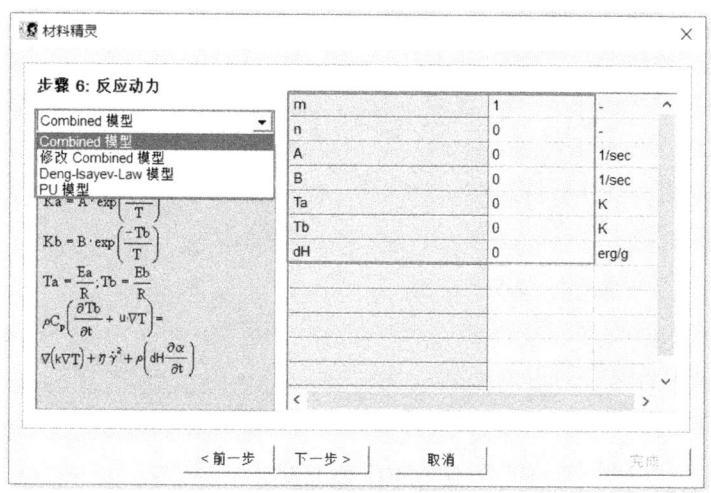

图 5.38 设置反应动力模型和参数

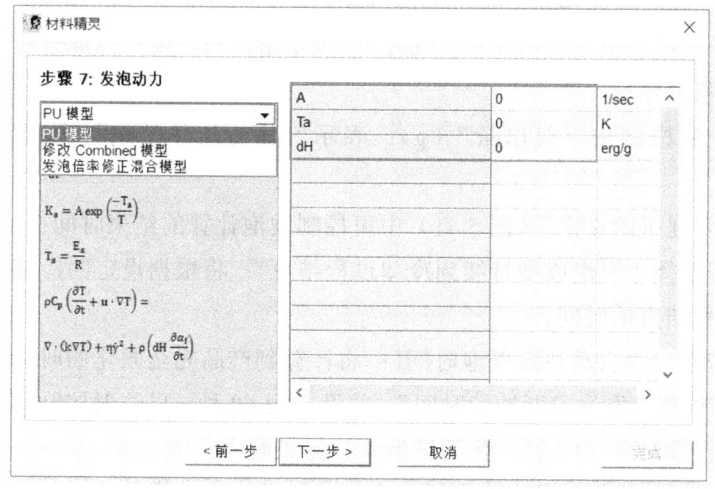

图 5.39 设置发泡动力模型和参数

② 成型条件。这里只介绍化学发泡独有的发泡设定（图 5.40）和旋转设定。在发泡参数设定页应详细输入发泡设定的信息。

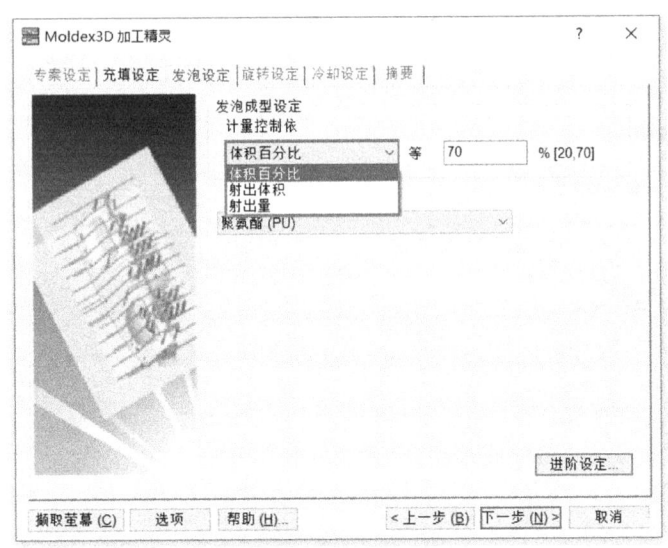

图 5.40　发泡设定

a．计量控制依"体积百分比"（%）：表示熔体与产生气体混合的总体积比例达到整个模具型腔体积的指定比例时停止。

b．计量控制依"射出体积"（cm^3）：表示熔体与产生气体混合的总体积达到指定体积时停止。

c．计量控制依"射出量"（g）：表示气体与熔体的重量到指定重量时停止。

在"发泡进阶设定"（图 5.41）中可控制发泡计算的结束时间：

a．若选择"发泡成型持续到冷却过程结束"：将根据设定的冷却时间计算到冷却过程结束的时间。

b．若选择"自动决定发泡时间"：将计算到产品完全固化的时间。

c．若选择"发泡成型持续时间"，并设定为 60 秒：以注射控制切换时间加发泡成型持续时间（60 秒）作为发泡计算结束时间。

Moldex3D 的化学发泡成型模块支持化学发泡旋转模具分析，其中，模具旋转发泡计算和动画输出支持模具旋转周期和角速度设置，通过重力和离心力来模拟模具旋转过程中的流动行为，且支持发泡动画输出，使用者可以通过模具旋转观察熔体流动和发泡的均匀性。

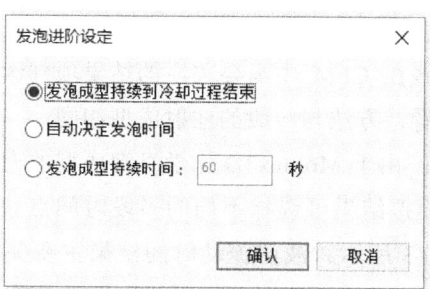

图 5.41　发泡进阶设定

在旋转参数设定页中（图 5.42），旋转条件设置：a.锁模力中心应位于产品的中心，表示锁模力均匀。b.箭头应标于模具的打开方向。

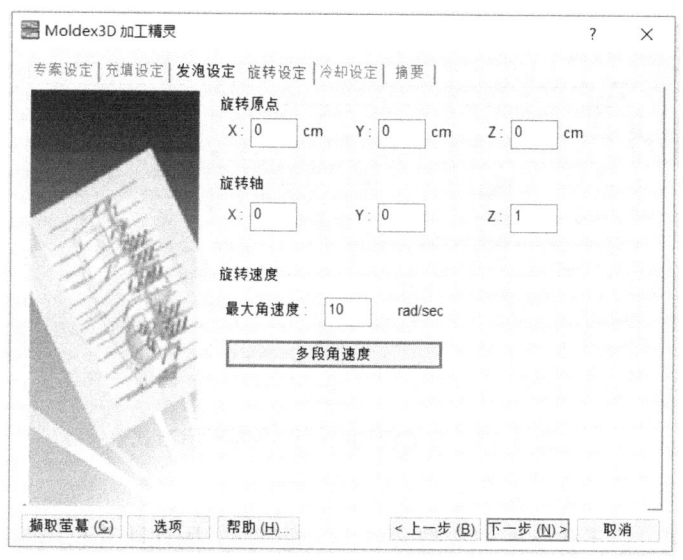

图 5.42　旋转设定

③ 启动分析。上述参数设置完成后，即可选择分析序列，设置计算参数并开始分析。返回 Moldex3D Studio 主页，点击"注射分析 2-F W"，选择充填

与翘曲的分析序列；对于计算参数，与传统注射成型相似。点击开始分析，将会出现工作监控器，显示实时的计算状态。待分析计算完成后，可查看模拟结果。

(3) 后处理

这里主要介绍一些在 CFM 中需要关注的结果项判读，其他模拟结果项可根据需求自行选择查看，方法与一般的注射成型相同。

① 波前流动时间。由于 Moldex3D 化学发泡成型的充填分析持续到发泡结束，因此充填阶段的模拟结果可选择不同的多段时间点获得，也可以根据充填百分比显示，如图 5.43 所示。波前流动时间结果主要关注是否存在流动不平衡和迟滞现象。图 5.44 显示了依据充填百分比显示的结果，从中可知流动较为均衡。

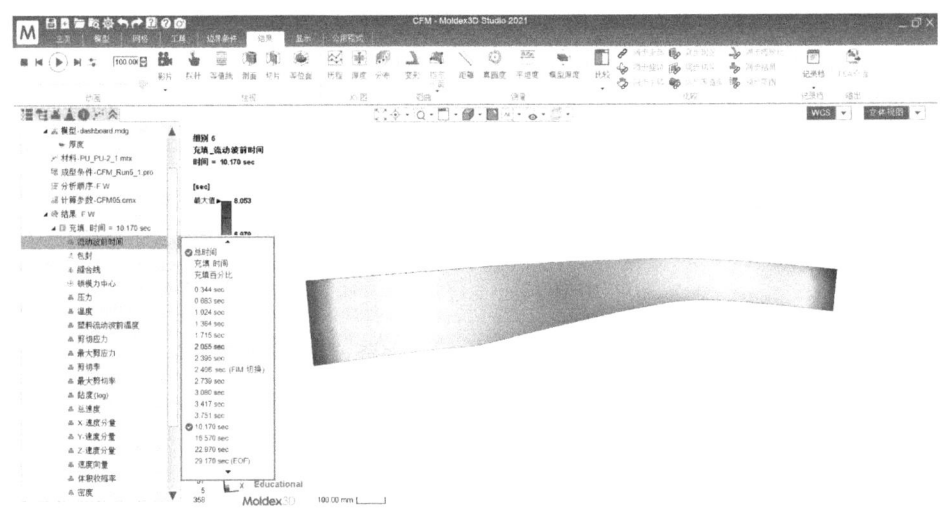

图 5.43 波前流动时间的不同显示方式

② 密度。由于化学发泡成型会放出大量气体，因此随着充填时间增加，气体增加，材料密度会变小，关注密度结果，有助于验证发泡减重效果。图 5.45(a) 显示充填 50% 时，密度区间在 $0.817 \sim 1.075 \text{g/cm}^3$ 之间；图 5.45(b) 显示充填结束后，密度变小，密度在 $0.564 \sim 0.764 \text{g/cm}^3$ 之间，减重效果明显。图 5.46 展示了随着成型时间的变化，制品不同位置密度变化的结果。

第 5 章 注塑革新工艺（3）——发泡注塑

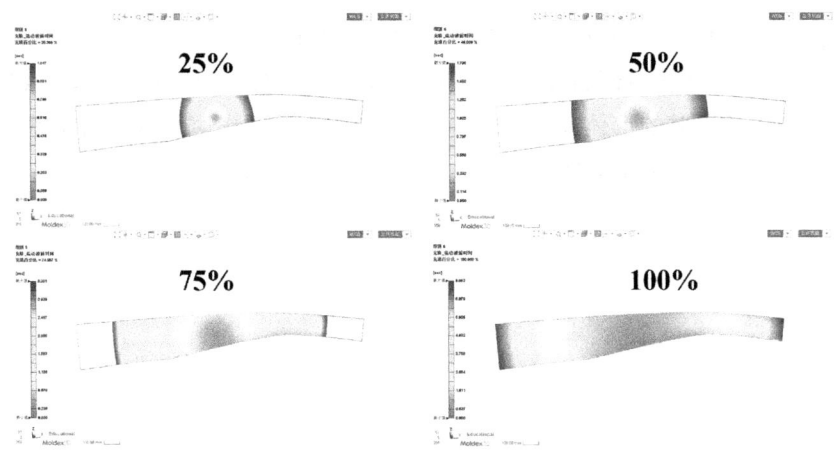

图 5.44 波前流动时间根据充填百分比显示

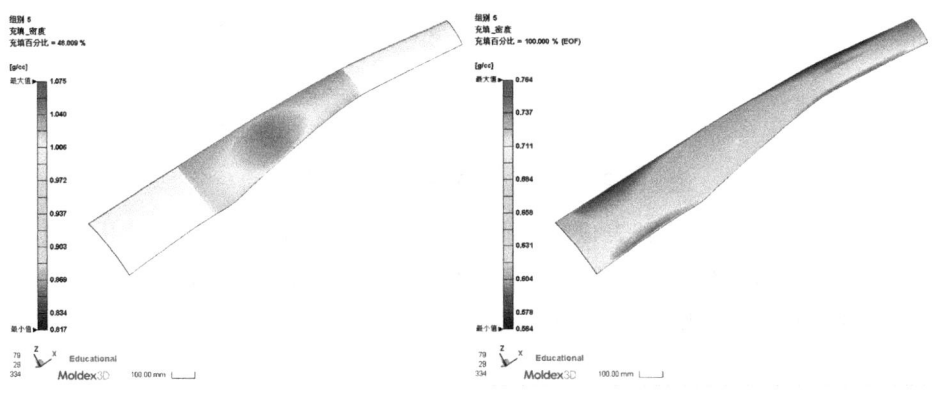

(a) 充填50%　　　　　　　　　　　(b) 充填完成

图 5.45 CFM 模拟的密度结果

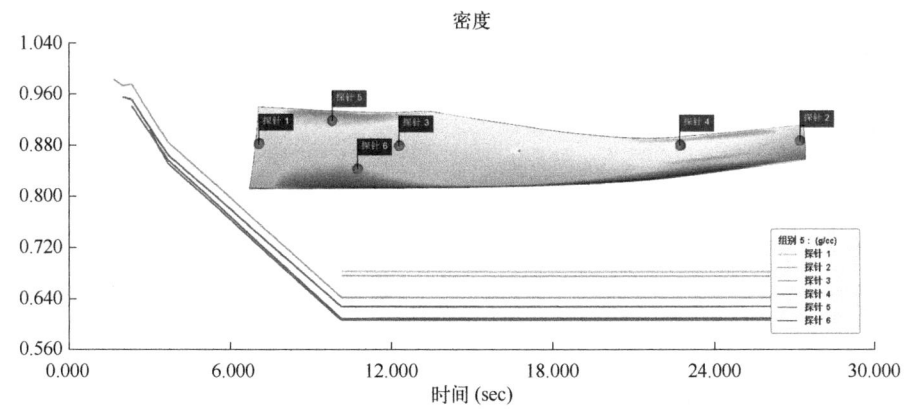

图 5.46 不同位置密度随时间的变化

③ 温度。化学发泡反应会有热量释放，因此随着充填过程的进行，熔体温度会增加。但若熔体内部温度高于模具温度，则热量会从模壁传导。图 5.47（a）显示了充填 50%时的熔体温度分布，图 5.47（b）显示充填结束时熔体温度分布云纹图和剖面的等值线图。

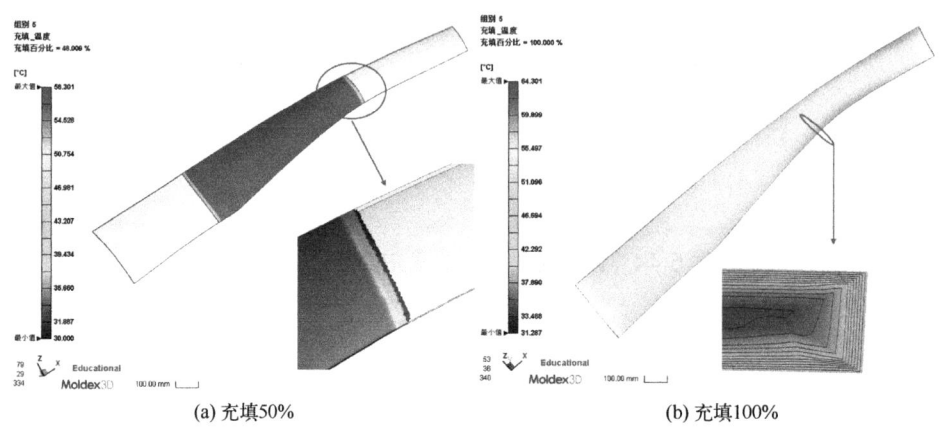

(a) 充填50%　　　　　　　　　　　(b) 充填100%

图 5.47　CFM 模拟的充模温度

④ 转化率。转化率代表化学交联反应的程度，用百分比表示。转化率愈高代表产品愈接近固化，温度愈高转化速率愈快。图 5.48（a）显示充填 50%时的转化率，图 5.48（b）显示充填结束时的转化率。

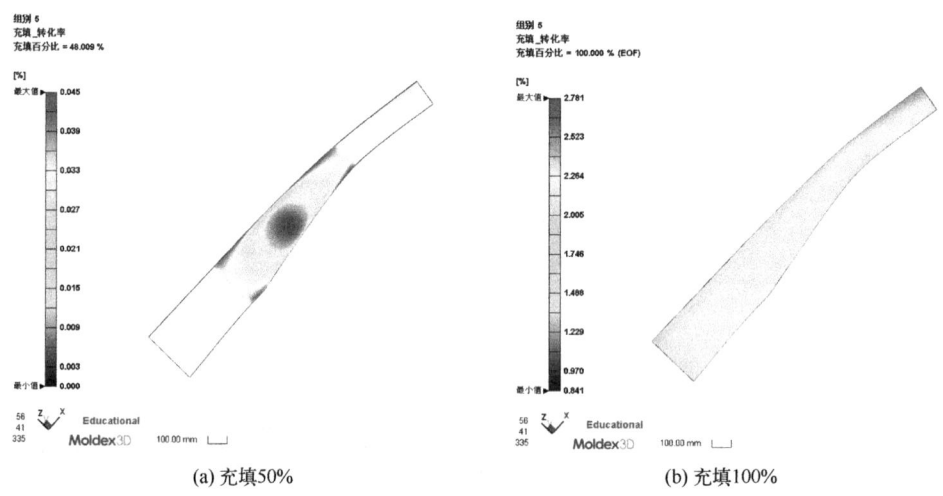

(a) 充填50%　　　　　　　　　　　(b) 充填100%

图 5.48　模流分析的交联转化率结果

⑤ 发泡转化率。发泡转化率代表化学发泡反应的程度。发泡转化率愈高代表愈多气体产生，温度愈高发泡转化速率越大，图 5.49（a）显示充填 50%时的发泡转化率，图 5.49（b）显示充填结束时的发泡转化率。图 5.50 展示了不同位置发泡转化率在厚度上的分布，可以看到越接近皮层，发泡转化率越低。

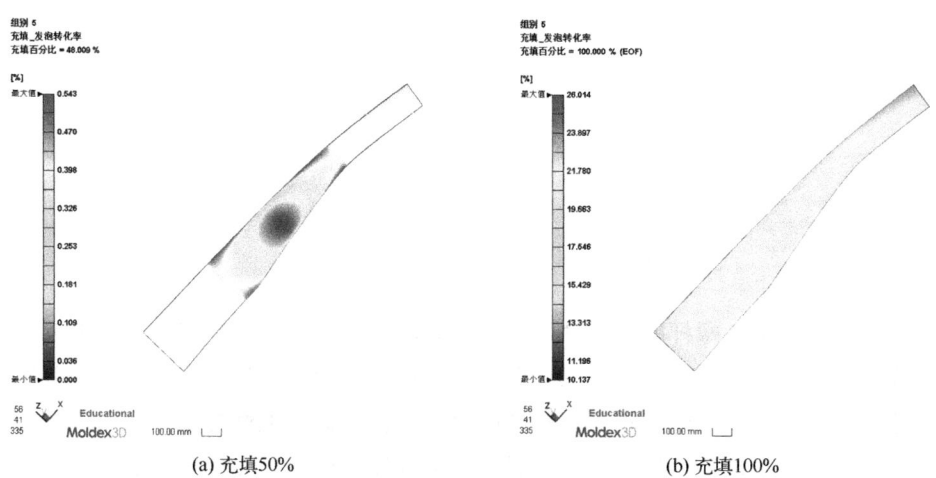

(a) 充填50%　　　　　　　　　(b) 充填100%

图 5.49　CFM 模流分析的发泡转化率结果

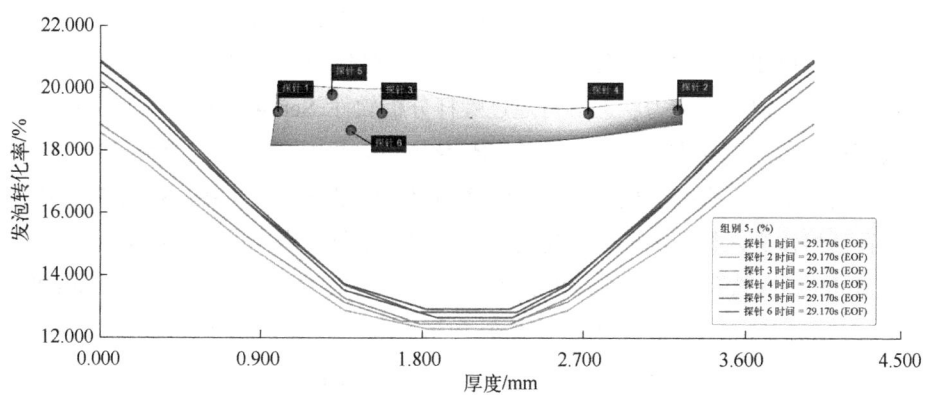

图 5.50　不同位置发泡转化率在制品厚度上的分布

第 6 章

注塑设备（螺杆）分析

注塑过程中，螺杆的塑化功能对熔体充填非常重要。塑料熔体分子链取向程度、纤维或金属颗粒等填充物取向程度、微孔成型是否形成均相熔体、背压数值等都与螺杆塑化过程相关。早期的模流分析，通常把螺杆塑化后的熔体状态作为已知参数进行分析，如熔体温度通常取注塑机控制面板设定的最后一段温度，或者用喷嘴温度取代塑料熔体的实际温度，但这不是真实的熔体温度。不真实的熔体温度，可能会带来模流分析的误差，工程师无法根据模流分析结果正确评估生产工艺的合理性，进而生产出高质量的产品。

塑料料粒在螺杆中经历复杂的热力历程后，熔化为适合注塑工艺充填的熔体，其熔体温度、取向、应力状态等可通过螺杆分析软件 ScrewPlus 获得。ScrewPlus 不仅可在注射成型初期阶段获取真实的熔化温度，而且可知塑料受到螺杆螺纹剪切后的熔化温度，去掉了模具内熔体温度初值的假设条件。此外，ScrewPlus 还可用于评估熔体进入模具前的温度均匀性，方便控制整个生产周期的注塑质量。

Moldex3D 软件中的 ScrewPlus 模块是一个内嵌的模流功能模块。ScrewPlus 由 Compuplast International Inc.与 CoreTech System Co., Ltd.共同研发，界面是中英文混用，且用户须经授权后才能应用这一功能模块。下面对 ScrewPlus 模块进行详细介绍。

6.1 ScrewPlus 简介

通常塑化螺杆的结构如图 6.1 所示，分为进料段、输送段和计量段。塑料固体颗粒压实后进入输送段,随着螺杆的动作及料筒电加热棒加热,被加工的物料边传输边熔化,熔化的热量主要来自塑化过程中的电能与塑料剪切黏滞热。

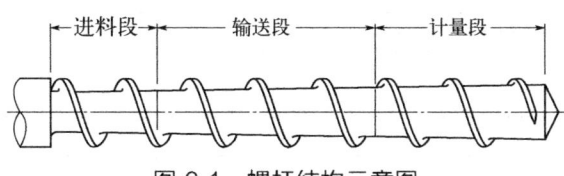

图 6.1　螺杆结构示意图

ScrewPlus 可仿真塑料料粒经过实体输送(塑料输送段)、熔化(过渡段)及泵取(计量段),从固体颗粒状态到熔化状态的整个塑化过程,可提供物料熔化的真实温度,并自动在"Moldex3D 加工精灵"中更新此信息,以便进行熔体充填/保压等模流分析。

ScrewPlus 模拟螺杆塑化,需要已知螺杆、塑料的如下信息。

① 螺杆信息

a．基本信息:螺杆的直径与长度。

b．料筒:料筒平面或凹槽类型、加热区域特性。

c．螺杆特性:区段长度及其类型、螺纹距离及其宽度、沟槽深度。

② 材料。塑料种类及其热力学性能与流变性能(Moldex3D 材料精灵会自动提供)。

③ 工艺参数。Moldex3D 加工精灵会自动提供一些重要的工艺条件,如必须给定螺杆位置等动作条件。

在执行 ScrewPlus 模拟后,软件会自动更新熔化温度等信息。

ScrewPlus 功能模块有标准版、专业版两个版本,二者的异同如表 6.1 所示。

表 6.1　ScrewPlus 两个版本的比较

项目			标准版	专业版
料筒	多区域设置		√(最多 4)	√(无限制)
	种类	光滑型(smooth barrel)	√	√
		沟槽型(grooved barrel)	×[①]	√

续表

项目			标准版	专业版
螺杆	种类	多区域设置	√（最多5）	√（无限制）
		沟槽（channel）	√	√
		障碍槽（barrier channel）	×	√
		空槽（starving channel）	×	√
		混合单元 菠萝状（pineapple mixing element）	×	√
		外凸环（blister ring）	×	√
		凹槽混合单元+[②]（fluted mixing element+[②]）	×	√
		凹槽混合单元-[③]（fluted mixing element-[③]）	×	√
		螺旋槽混合单元+[②]（sprial fluted mixing element+[②]）	×	√
		螺旋槽混合单元-[③]（sprial fluted mixing element-[③]）	×	√
其他		摩擦系数（friction coefficient）	√	√
		压力（pressure）	√	√

① 不支持。
② 熔件经过方向与螺杆旋转方向相同。
③ 熔件经过方向与螺杆旋转方向相反。
注：√有；×无。

6.2　ScrewPlus 使用流程

ScrewPlus 能够在熔体射入模具前，获得螺杆塑化过程中料粒从固态到熔融态的熔化行为。本节将具体说明如何在 Moldex3D Studio 2022 中启动并运行 ScrewPlus 模块。

ScrewPlus 模块是嵌入 Moldex3D 模流分析软件中的。从图 6.2 中可知，为启动/执行 ScrewPlus 模块，要先启动 Moldex3D 软件、建立新项目、汇入网格档（导入网格文件）、进行材料选择；然后进入"操作条件设定"，启动 Moldex3D 中设定工艺条件的"加工精灵"。ScrewPlus 的主要功能在"加工精灵"内。可在"加工精灵"中，进入 ScrewPlus 模块，通过"螺杆几何设定""螺杆阶段操作条件设定""输入真实熔融温度"编辑螺杆的工艺条件，使用 ScrewPlus 求解器模拟螺杆塑化，可视化熔融结果。完成 ScrewPlus 模拟后，再返回"加工精灵"完成注射成型工艺设置。接着,考虑螺杆塑化的效应后,继续执行注射成型的模拟(可参考基础篇中第 2 章、第 3 章内容)。下面依次说明 ScrewPlus 的应用步骤(图 6.2 右侧所示的深色底部分)。

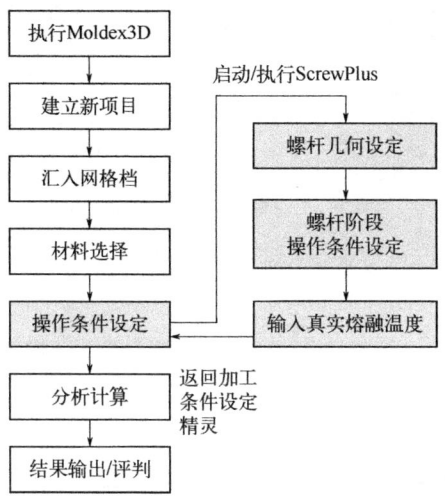

图 6.2　ScrewPlus 模块及 Moldex3D 模流分析流程图

6.2.1　ScrewPlus 的启动

在电脑应用程序菜单中找到"Moldex3D Studio 2022",点击鼠标右键后找到"Moldex3D Project 2022"图标,双击打开软件(图 6.3),获得如图 6.4 所示的界面,界面和功能区划分与 Moldex3D Project 2023 相似。

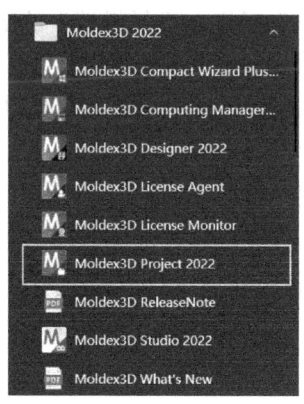

图 6.3　打开 Moldex3D Project 2022 的程序菜单

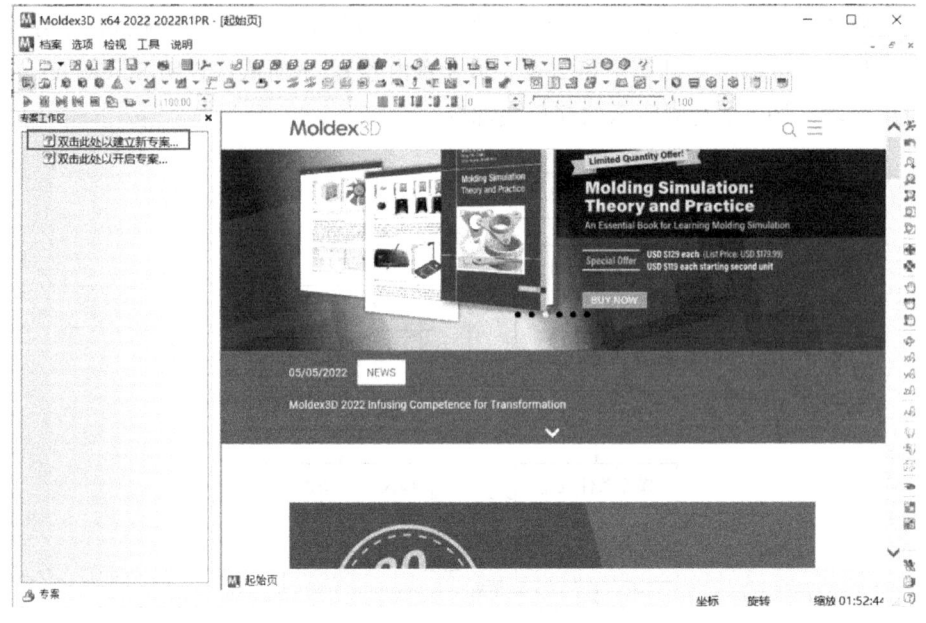

图 6.4 "Moldex3D Project 2022"的主界面

双击图 6.4 中左侧的"双击此处以建立新专案…";选择"简明模式"（图 6.5 右上），单击"确定";然后设置专案名称和专案文件保存位置（图 6.5"建新专案"窗口），单击"确定";系统自动进入"建立新组别：[组别 1]"的"选项"界面（图 6.6），单击"下一步",进入"网格"设置界面（图 6.7）。需要注意的是，这里汇入组别时的"网格"是设置好的，不同于前面 Moldex3D Studio 2022/2023。单击图 6.7 中的"下一步",进入图 6.8 的"材料"设置界面。单击图 6.8 界面中的"塑料"后进入"材料档"的下拉菜单,选中"新增"后进入"材料精灵"界面,具体操作可以参照本书第 1 章 1.6.4 节内容,这里不再详细说明。单击图 6.8 左下角的"下一步",进入图 6.9 所示的"成型条件"设置界面。

单击图 6.9 中的"新增"选项,进入图 6.10 的"Moldex3D 加工精灵"界面。在图 6.10 中"专案设定"条目下的第一行椭圆框内"设定界面："的下拉菜单中,选择"射出机台设定界面 1（由多段设定）"或"射出机台设定界面 2（由射出时间）",只有这两个选项才能使用 ScrewPlus;然后在"射出机设定"的下拉菜单中点击"<新增…>"（图 6.11）,进入图 6.12 的"选择射出机"界面。

第6章 注塑设备（螺杆）分析

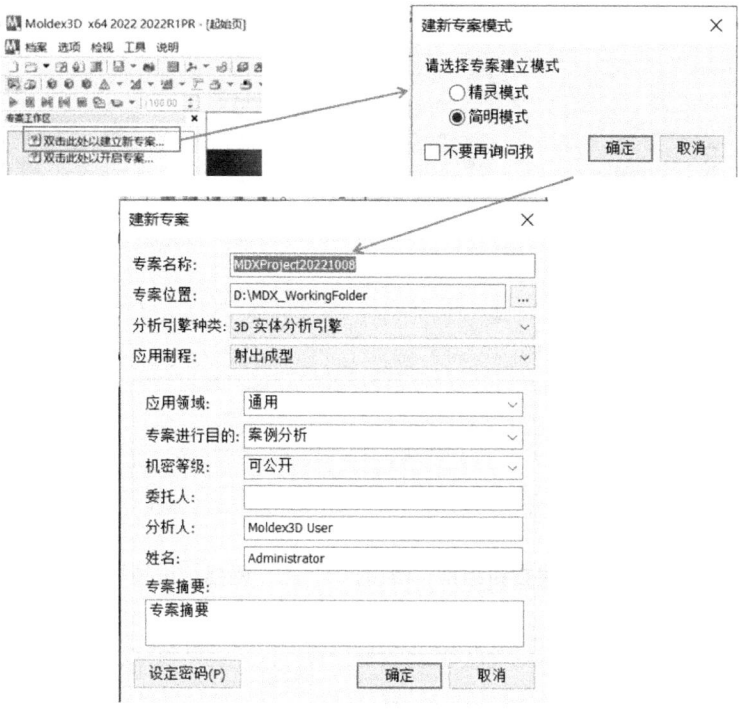

图 6.5 "建新专案"步骤示意

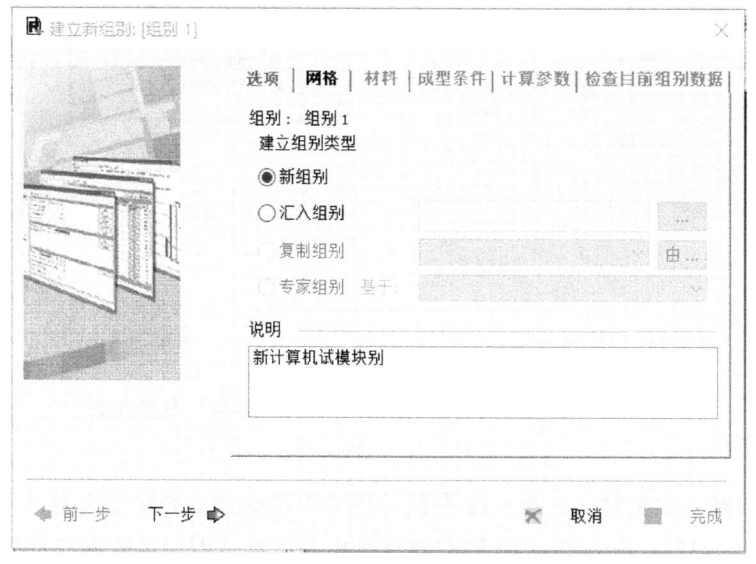

图 6.6 "建立新组别：[组别 1]"的"选项"设置界面

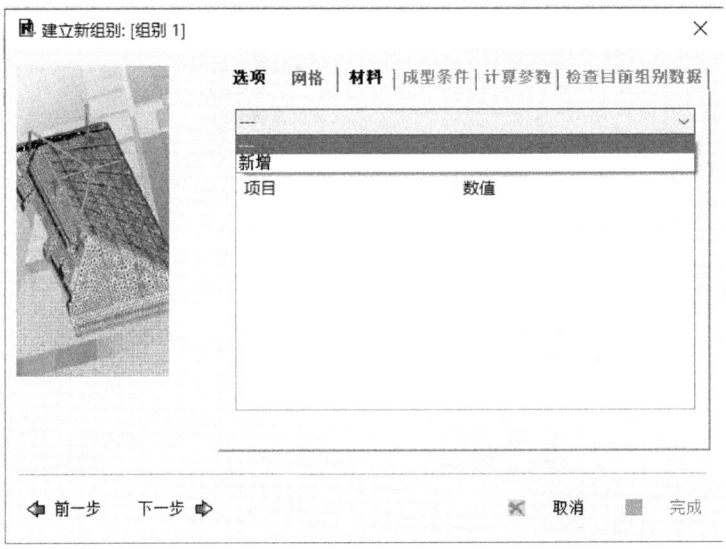

图 6.7 "建立新组别：[组别 1]"的"网格"设置界面

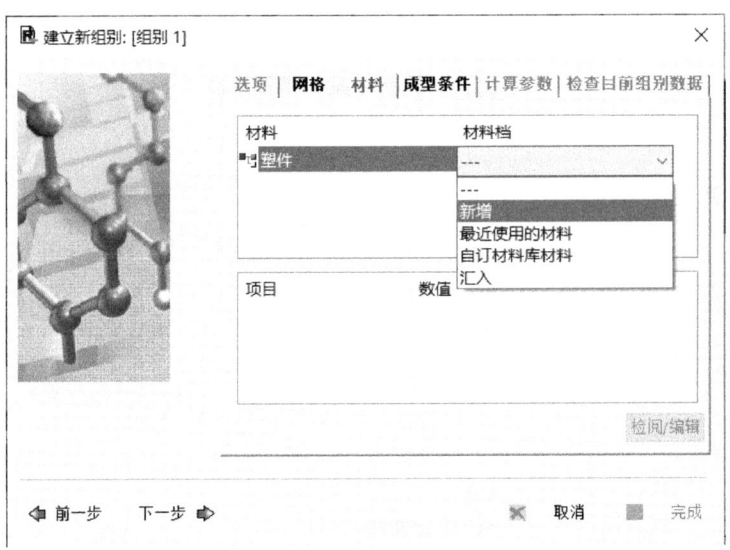

图 6.8 "建立新组别：[组别 1]"的"材料"设置界面

可根据工程实际，在图 6.12 左侧的栏目中选择合适的注塑机型号，如日钢"JSW-60SD-32"，并在图 6.12 的右侧查看相关参数是否与实际参数符合。如符合，点击图 6.12 中的"确认"按钮，完成注塑机设定，返回图 6.13 的"Moldex3D

加工精灵"界面。

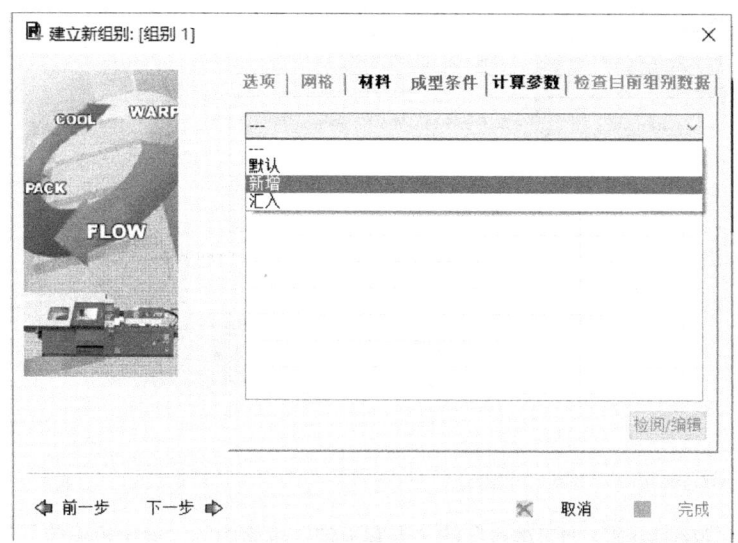

图 6.9 "建立新组别：[组别 1]"的"成型条件"设置界面

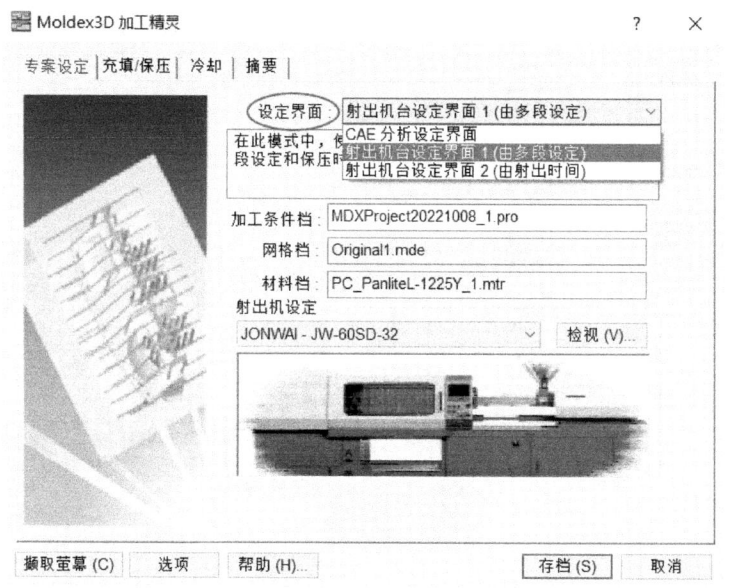

图 6.10 "Moldex3D 加工精灵"的"专案设定"界面

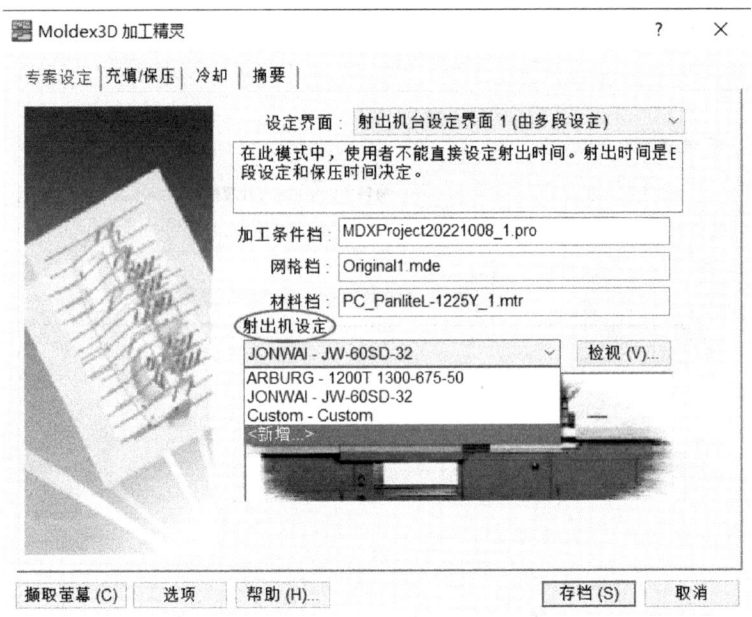

图 6.11 "Moldex3D 加工精灵"的"专案设定"界面中的"射出机设定"下拉菜单

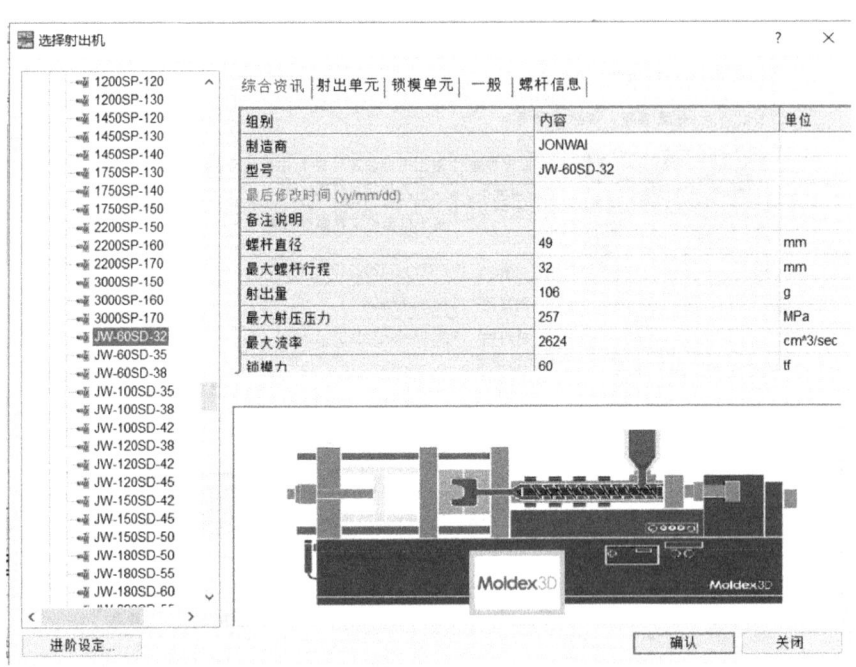

图 6.12 "选择射出机"界面

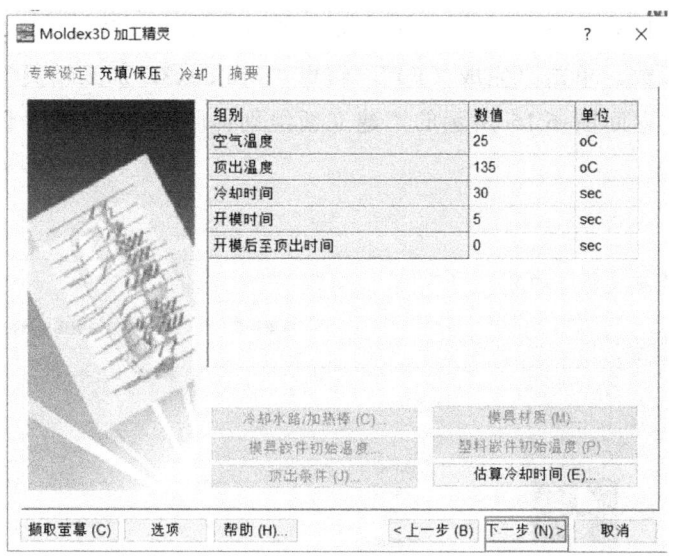

图 6.13 "Moldex3D 加工精灵"的"冷却"界面

单击图 6.13 右下角的"下一步（N）>"按钮，进入图 6.14"摘要"界面，用户可查看注塑工艺的充填、保压、冷却的工艺参数设置（仅能查看主要参数），

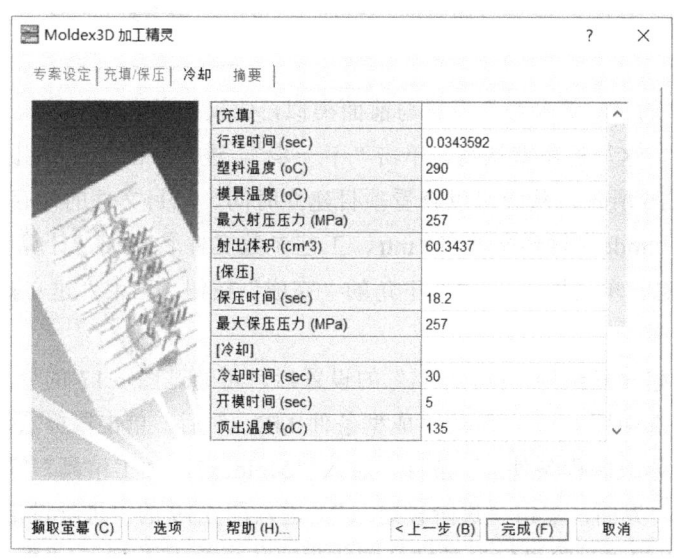

图 6.14 "Moldex3D 加工精灵"的"摘要"界面

如冷却这里只显示冷却时间、开模时间、顶出温度 3 个参数，不同于图 6.13 中的 5 个参数。单击"完成（F）"，结束"Moldex3D 加工精灵"的成型条件设置，并返回图 6.15 所示的"建立新组别：[组别 1]"的"计算参数"设置界面。

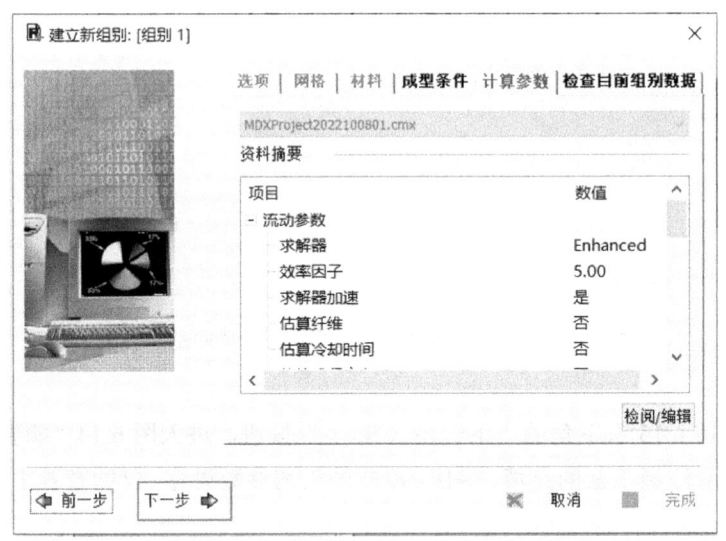

图 6.15 "建立新组别：[组别 1]"的"计算参数"界面

图 6.15 的"计算参数"设置与前面类似，建议初学者用初始值（默认值）。为方便起见，这里选用默认值，单击"下一步"，进入"检查目前组别数据"界面，如图 6.16 所示，从中可以查看项目建立时间、项目文件的储存路径位置、网格文件名*.mde、材料文件名*.mtr、工艺参数文件名*.pro、计算参数文件名*.cmx 等信息。单击图 6.16 中右下角的"完成"按钮，结束"建立新组别：[组别 1]"的设置。

完成"建立新组别：[组别 1]"的设置后，可通过图 6.17 的界面进行工艺参数修改。选中图 6.17 左侧的"成型条件-MD..."后，单击鼠标右键，选择弹出菜单中"修改制程条件..."条目，进入"Moldex3D 加工精灵"（图 6.18）的"充填/保压"界面，点击"进阶设定..."，进入图 6.19 的"进阶设定"窗口。

图 6.19 的"进阶设定"是螺杆塑化程序仿真的重要部分。"模具热边界设定"设置界面矩形框中的"模穴热传："有三个选择项，即"自动决定""由热

传系数""固定模温（M）"。为方便起见，选择"自动决定"，并忽略热流道效应。单击图 6.19 中菜单栏的"射出选项"，进入图 6.20 的界面，可以通过修改"最大充填时间"设置短射标准。

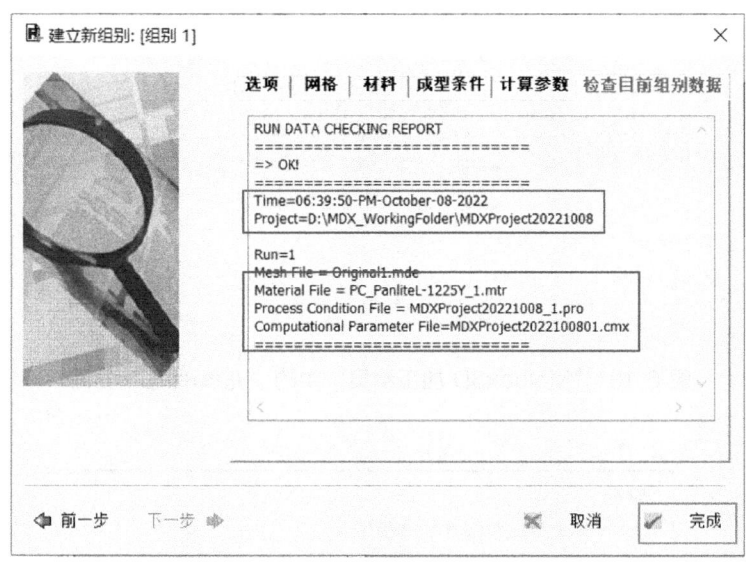

图 6.16 "建立新组别：[组别 1]"的"检查目前组别数据"界面

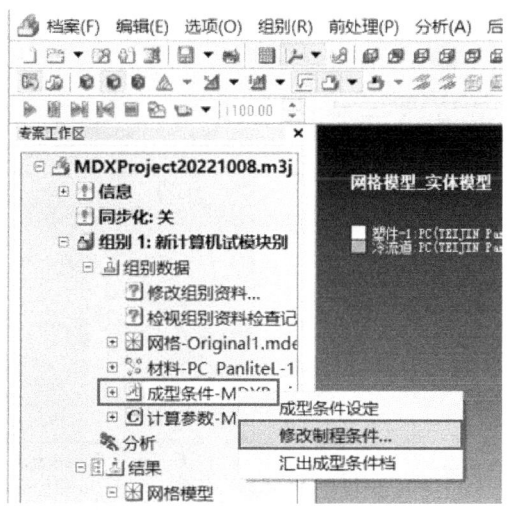

图 6.17 Moldex3D Project 界面中修改成型条件的步骤示意

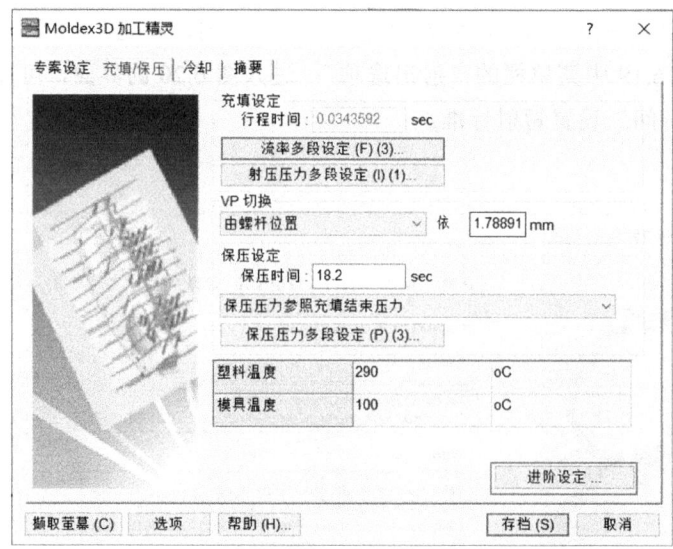

图 6.18 "Moldex3D 加工精灵"中的"充填/保压"界面

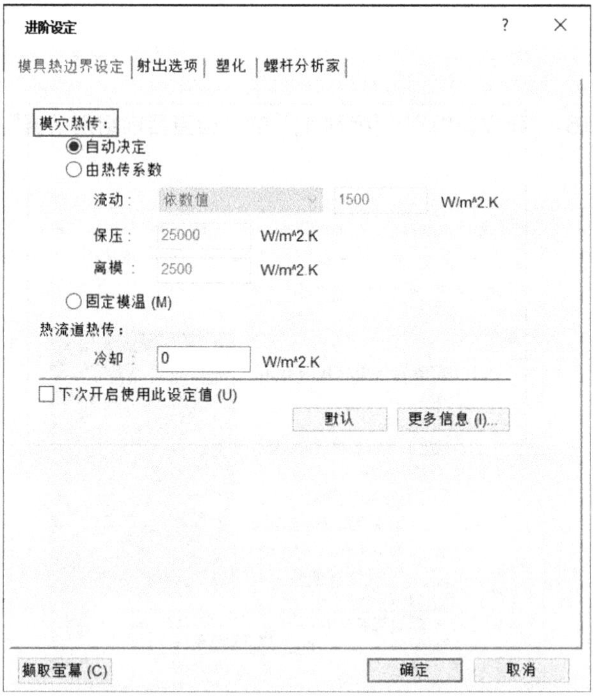

图 6.19 "进阶设定"窗口的"模具热边界设定"界面

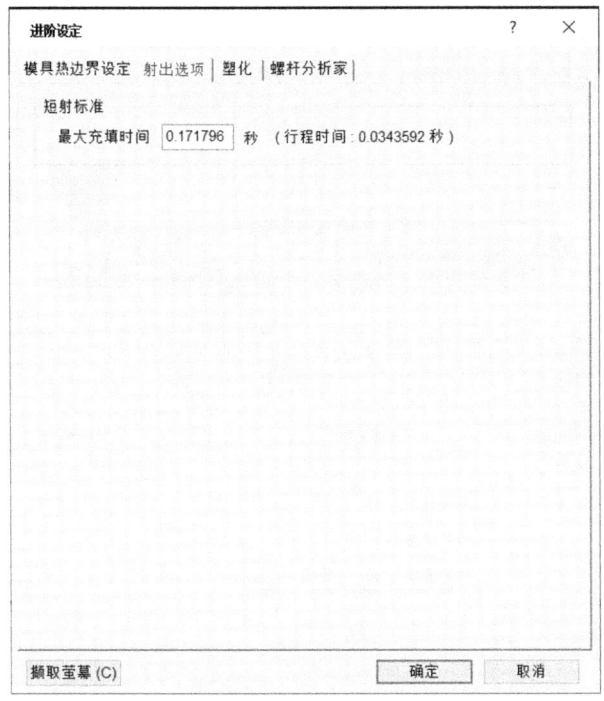

图 6.20 "进阶设定"中的"射出选项"界面

单击图 6.19 或图 6.20 "进阶设定"中的"塑化"按钮,进入图 6.21 所示界面。从图 6.21 中可以看到"网格"文件名 (Original1.mde)、"材料"文件名 (PC_PanliteL-1225Y_1.mtr)、"总体积"和"射出体积"的说明;还可根据需要进行"背压""螺杆速度""料管温度"的参数设置和修改。其中,"料管温度"的设定界面如图 6.22 所示。可以设定"加热片数量",这里选定 3;然后设定喷嘴(N 区)、加热区段(H 区)各段的温度,这里的加热区段是 3 段,温度均设置为 220℃。

单击图 6.21 中的"螺杆分析家"按钮,则出现图 6.23 所示的界面,可以从图 6.23 所示界面查看一些已有的信息,但矩形框中的数据需要完成 ScrewPlus 后,才能显示。

点击图 6.23 中的"执行分析(R)…",则进入图 6.24 所示的界面,即 ScrewPlus 塑化模拟程序窗口界面。注意这个窗口的内容是英文表达。图 6.24 主要包括左侧"Screw characteristics"(螺杆特性)和右侧"Process"(工艺)两部分,其中工艺右上方的虚线框是 ScrewPlus 技术相关的,右下方参数是与注塑工艺相关的参数。至此,完成了 ScrewPlus 功能的启动。

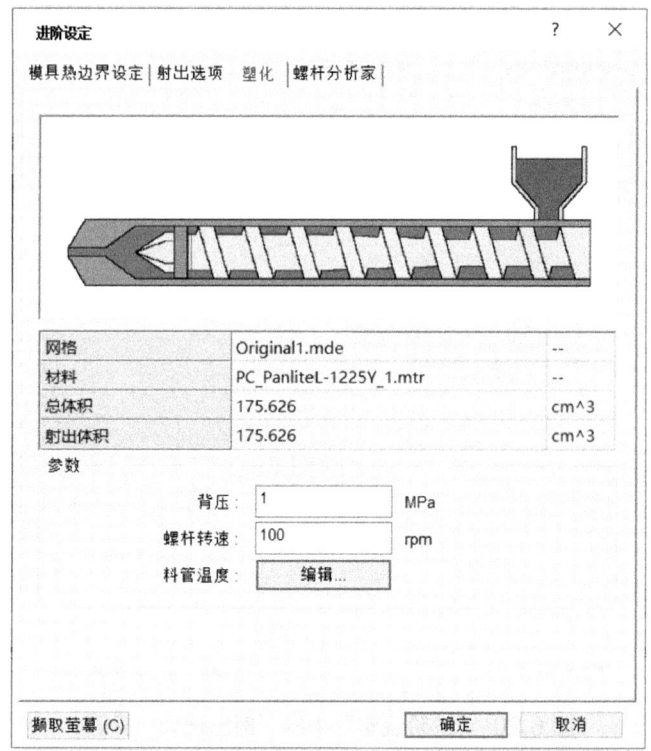

图 6.21 "进阶设定"窗口中的"塑化"界面

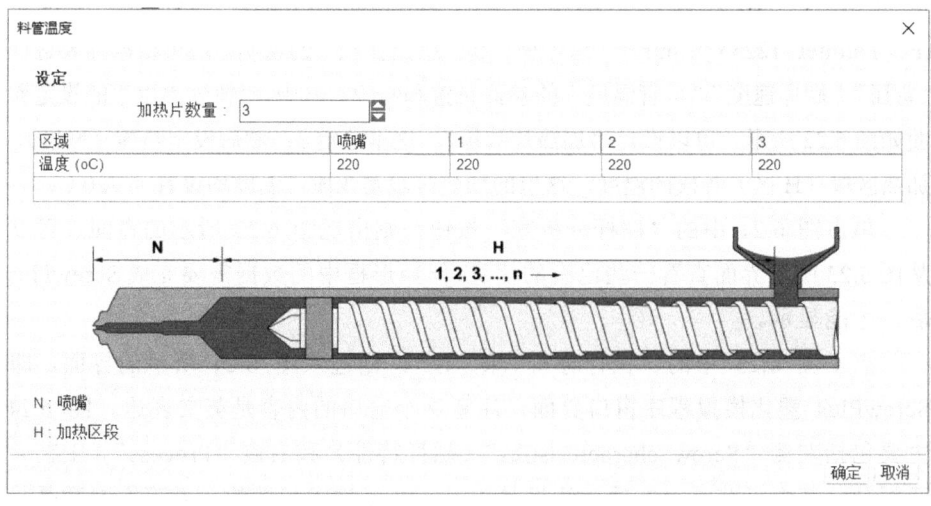

图 6.22 "料管温度"界面

第 6 章　注塑设备（螺杆）分析

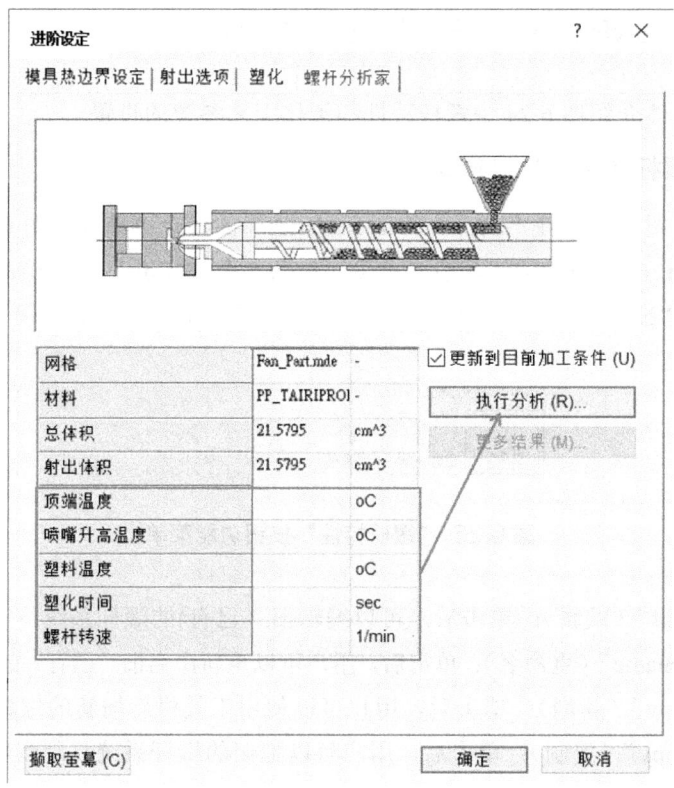

图 6.23　"进阶设定"中"螺杆分析家"界面

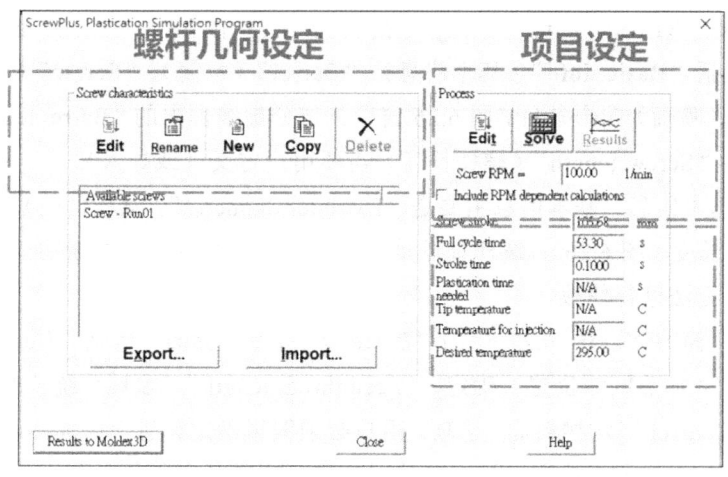

图 6.24　ScrewPlus 塑化模拟程序界面

6.2.2 ScrewPlus 的螺杆特性及工艺设置

本节具体介绍图 6.24 中螺杆特性和塑化工艺参数的设置。

(1) 螺杆特性（几何参数）

首先介绍螺杆特性"Screw characteristics"的各个菜单项（图 6.24 左上虚线框），即图 6.25 中的按钮功能菜单项，包括 5 个："Edit"（编辑）、"Rename"（重命名）、"New"（新增）、"Copy"（复制）、"Delete"（删除）。

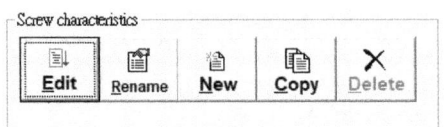

图 6.25 "螺杆特性"按钮功能菜单

a."Edit"（编辑）：单击后，可以编辑旧（已有)的螺杆系统；

b."Rename"（重命名）：单击后，用户可以重新命名旧（已有）的螺杆系统；

c."New"（新增）：单击后，用户可以使用工具栏新增新的螺杆系统；

d."Copy"（复制）：单击后，用户可以把旧的螺杆系统复制到新的螺杆系统中；

e."Delete"（删除）：单击后，用户可以删除指定的螺杆系统。

以"Edit"编辑为例，说明螺杆特性的参数。单击"Edit"，则出现图 6.26 中的"Extruder Geometry Editing"（挤出机几何特性编辑）窗口界面。按钮功能菜单包括"Basic Info"（基本信息）、"Barrel"（料筒）、"Screw"（螺杆）和"Nozzle"（喷嘴）四个条目。图 6.26 窗口下部分虚线框内的"Barrel length"（料筒长度）、"Screw length"（螺杆长度）需要用户定义（或导入）。

① 基本信息。基本信息主要是"Extruder diameter"（螺杆直径）与螺杆长度、料筒长度（图 6.26）；螺杆直径是直接随机器信息导入或更新的（图 6.26），用户在此无法进行修改。

② 料筒特性。图 6.27 中的"Barrel"（料筒）界面，包括"Heating zone positions"（加热区域位置）确定、"Feed throat length"（喂料系统长度）确定、"Grooved barrel"（沟槽料筒）选项。用户必须编辑确定料管上的加热区域位置，加热区的起止位置、长度，图 6.27 中是三段，且总长与料筒长度一致。每个区域的结束位置都会是下个区域的开始位置。加热区域的上限是四个区域。图 6.27

和图 6.28 分别给出了加热区域对应的各段料筒区域。

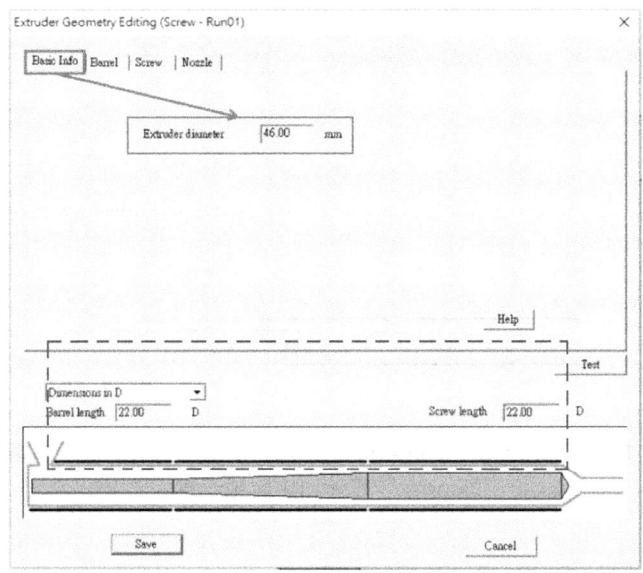

图 6.26 "Extruder Geometry Editing"（挤出机几何特性编辑）的"Basic Info"界面

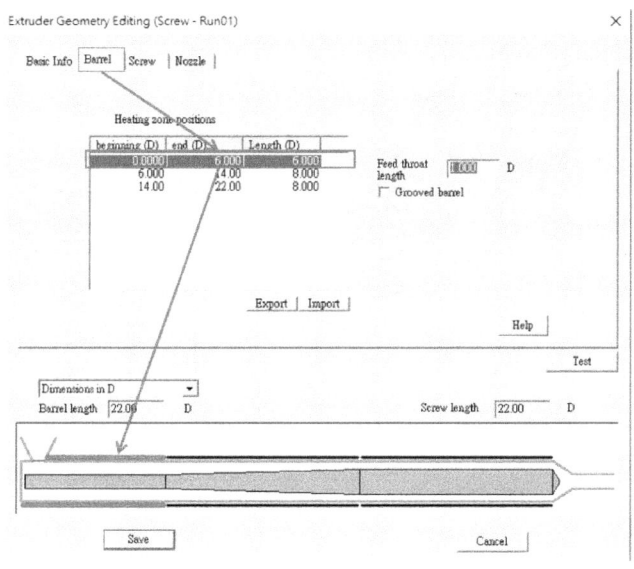

图 6.27 "Extruder Geometry Editing"（挤出机几何特性编辑）的"Barrel"界面

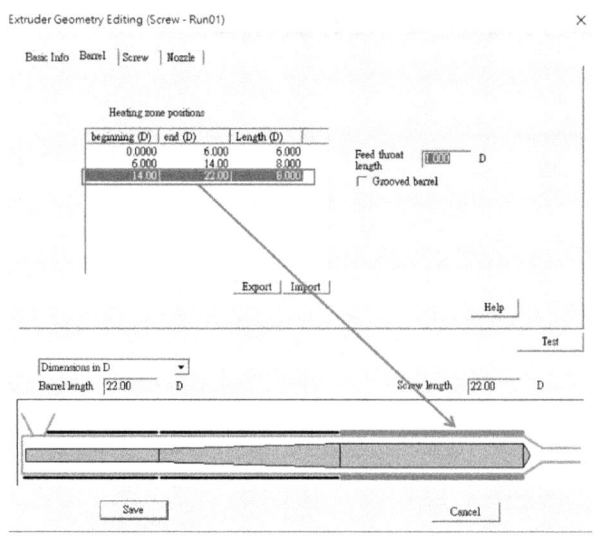

图 6.28 "Extruder Geometry Editing"(挤出机几何特性编辑)的
"Barrel"界面加热区域示意

③ 螺杆特性。图 6.29 是螺杆的设置界面,包括螺杆截面(长度和类型)和螺杆细节信息,例如"Channel Depth"(沟槽深度)、"Flight Pitch"(螺距)、

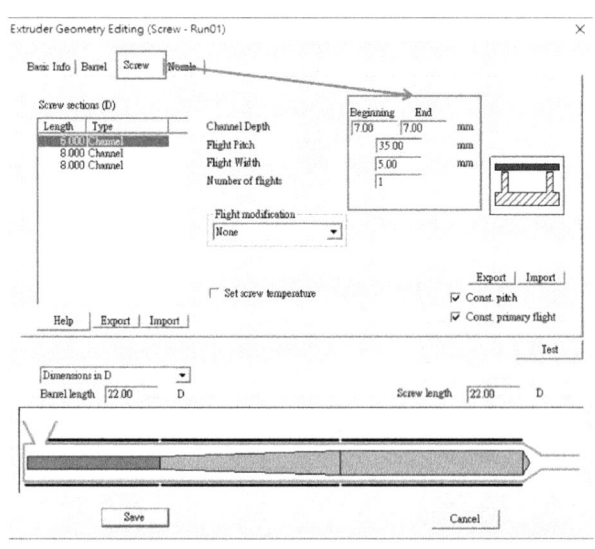

图 6.29 "Extruder Geometry Editing"(挤出机几何特性编辑)的"Screw"界面

"Flight Width"(螺纹宽度)、"Number of flights"(螺纹数)等。螺距与螺纹宽度的默认值为常数。此外也接受定义非常数的螺距与螺纹宽度。

④ 喷嘴特性。注塑机的"Nozzle"(喷嘴)界面如图 6.30 所示,喷嘴几何参数包括:"Nozzle length"(喷嘴长度)、"Inlet diameter"(喷嘴内径)及"Outlet diameter"(喷嘴外径)。依次输入 50.00、20.00、10.00,完成参数设置后,点击"Save"(储存)按钮保留变更,或"Cancel"(取消)按钮放弃变更。

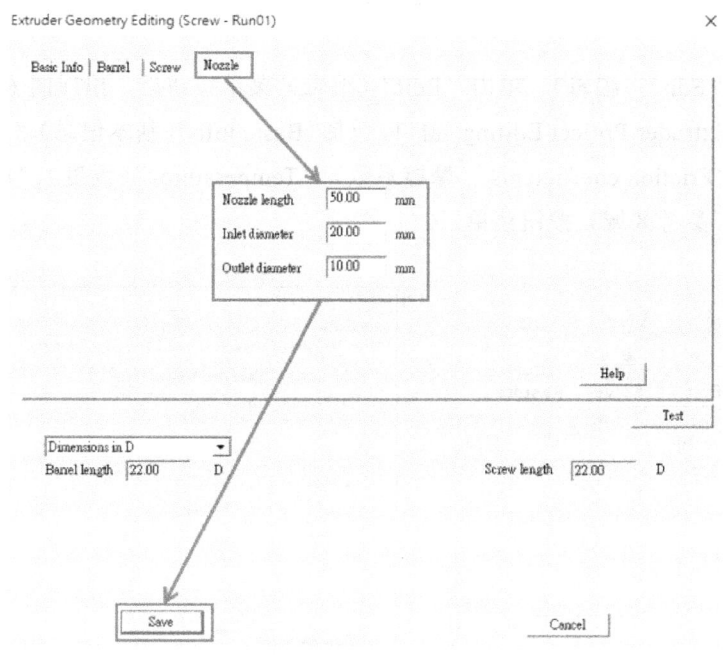

图 6.30 喷嘴设定菜单

（2）塑化工艺设置

设定图 6.31 中所示的螺杆塑化模拟的工艺参数。用户单击"Edit"(编辑)输入塑化所需的条件,完成"Screw Project Editing"(螺杆项目编辑)菜单。然后确定螺杆每分钟的转数,即给定"Screw RPM="的具体数值,这里输入 100.00。塑化过程是否考虑螺杆转速影响,用户可根据工程实际进行选择,希望勾选"Include RPM dependent calculations"(包含 RPM 相关性计算)复选框,可获得不同转速螺杆的塑化模拟结果。下面具体介绍。

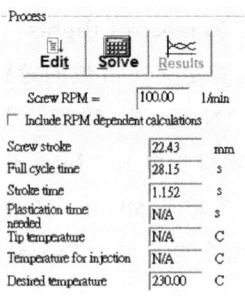

图 6.31 "Process"(塑化工艺)界面

① "Edit"(编辑)。单击"Edit"(编辑)菜单按钮后,出现图 6.32(b)所示的"Extruder Project Editing"窗口,包括"Basic info"(基本信息)、"Material"(材料)、"Friction coefficients"(摩擦系数)、"Temperatures"(温度)、"Reference section"(参考区域)按钮菜单。

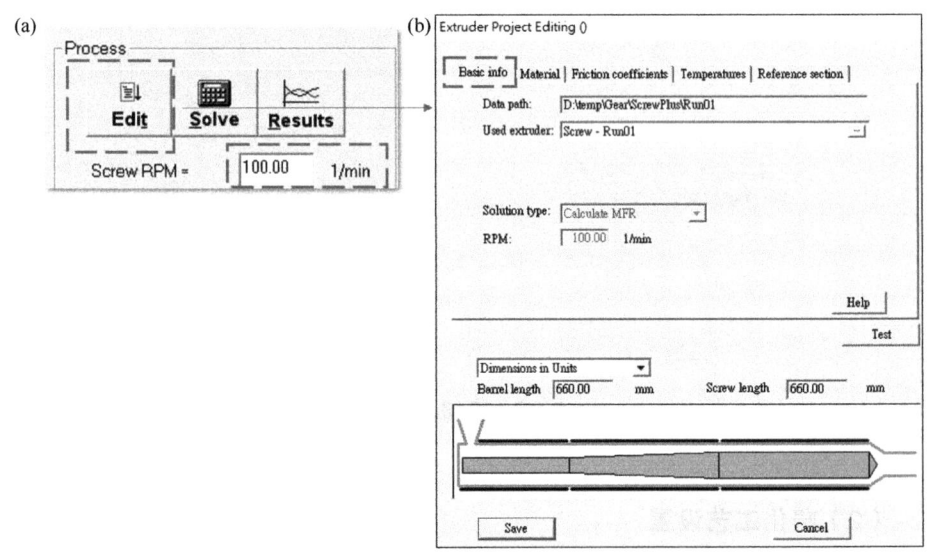

图 6.32 "Extruder Project Editing"窗口及基本信息("Basic info")界面

a."Basic info"(基本信息)。从图 6.33(a)可知文件存放目录,采用的挤出螺杆名称,计算依据是 MFR(熔体流动速率),螺杆转速为 100r/min。单击"See..."按钮,可以查看已完成的(已有的)螺杆特性信息[图 6.33(b)],包括螺杆直径、料筒长度和螺杆长度。若没有问题,则可按"Save"保存,否则可以重新对参数进行设定，直到与工程实际相符。

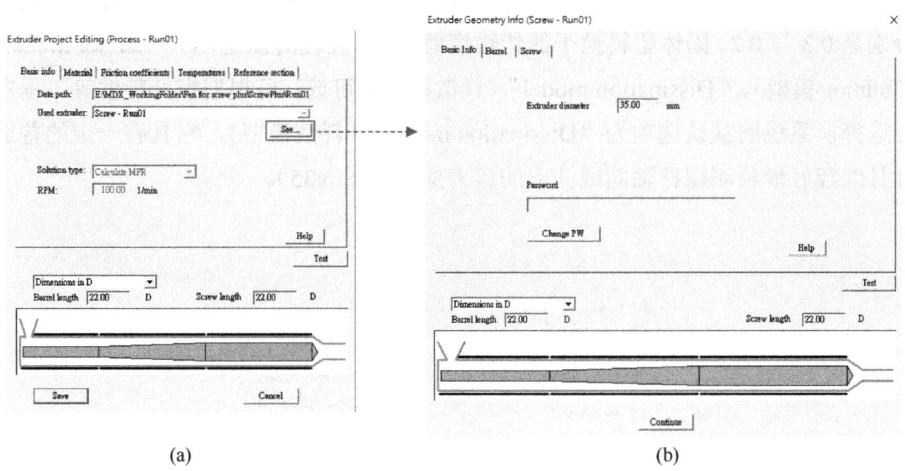

(a)　　　　　　　　　　　　　(b)

图 6.33 "Extruder Project Editing"窗口的"Basic Info"（基本信息）功能

b."Material"（材料）。图 6.34 中的"Material"（材料）界面，可用"材料精灵"中定义的材料，也可从已有的材料文件导入；这里的材料参数，用于定义进入料筒中原料料粒的体积密度与入口温度。

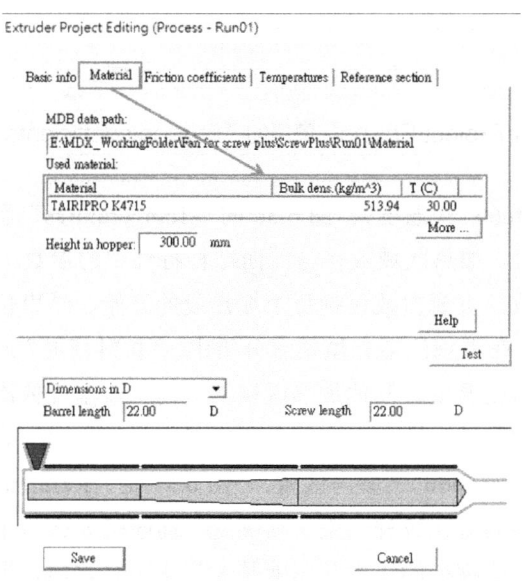

图 6.34 "Extruder Project Editing"窗口的"Material"（材料）界面

c."Friction coefficients"（摩擦系数）。料筒与塑料之间的摩擦系数高于螺杆与塑料之间的摩擦系数，以保证熔融塑料会朝着喷嘴方向移动，二者的默认值分别是 0.3 与 0.2。固体塑料粒子的传输模型（数学方程的描述）有"Tadmor model"（Tadmor 模型）、"Dissipation model"（耗散模型）可选，可根据螺杆特性等工程实际选择，系统的默认选项为"Dissipation model"（耗散模型），它具有一定的普适性且能较好地预测螺杆轴向或法向的压力变化（图 6.35）。

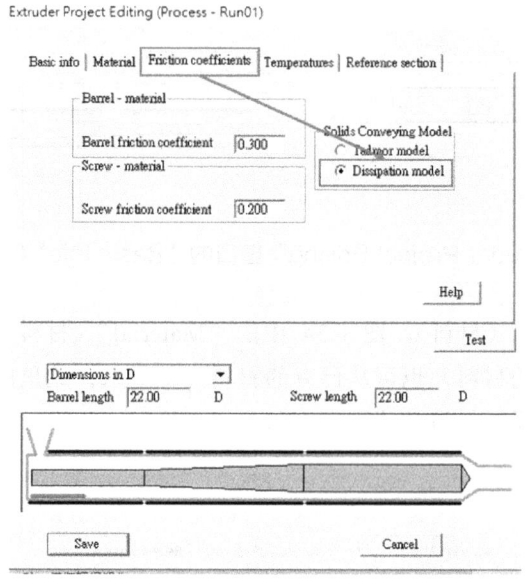

图 6.35 "Extruder Project Editing"窗口的"Friction coefficients"（摩擦系数）界面

d."Temperatures"（温度）。图 6.36 的"Temperatures"温度界面，用于设置料筒各段的温度。加热区域数目与前面螺杆特性中的参数（图 6.22 中的加热片数量）保持一致。主要参数包括每个加热段的开始、结束位置，每个加热区域的目标温度值。在常规注塑充填模流分析中，"材料精灵"通常将料筒最后区域的温度定义为熔化温度，其他加热区域从料筒末端温度依次降低。不过，用户可以根据工程实际设定这些温度值以反映料筒的真实温度。

e."Reference section"（参考区域）。图 6.37 是"Reference section"（参考区域）的界面。因为塑化过程结束于喷嘴处，而喷嘴要么与主流道相连，要么让熔体放空，因此喷嘴处的压力基本就是大气压力。这样，塑化结束的压力要么等于模具压力降，要么是大气压。"Back pressure"（螺杆背压），即防止熔体回流的压力,可根据工程实际填写,这里考虑到与型腔相连,所以赋值为 0。单击"Save"保存后,并回到 ScrewPlus 塑化模拟程序界面(图 6.38)。

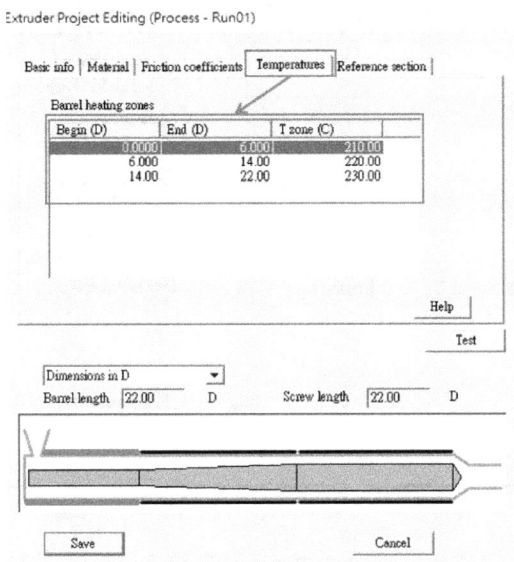

图 6.36 "Extruder Project Editing"窗口的"Temperatures"(温度)界面

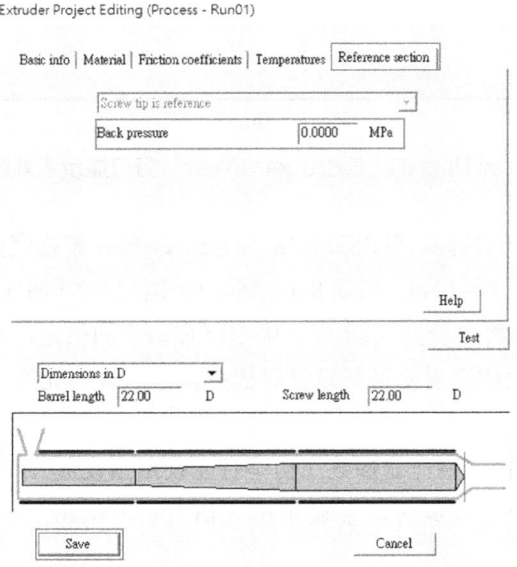

图 6.37 "Extruder Project Editing"窗口的"Reference section"(参考区域)界面

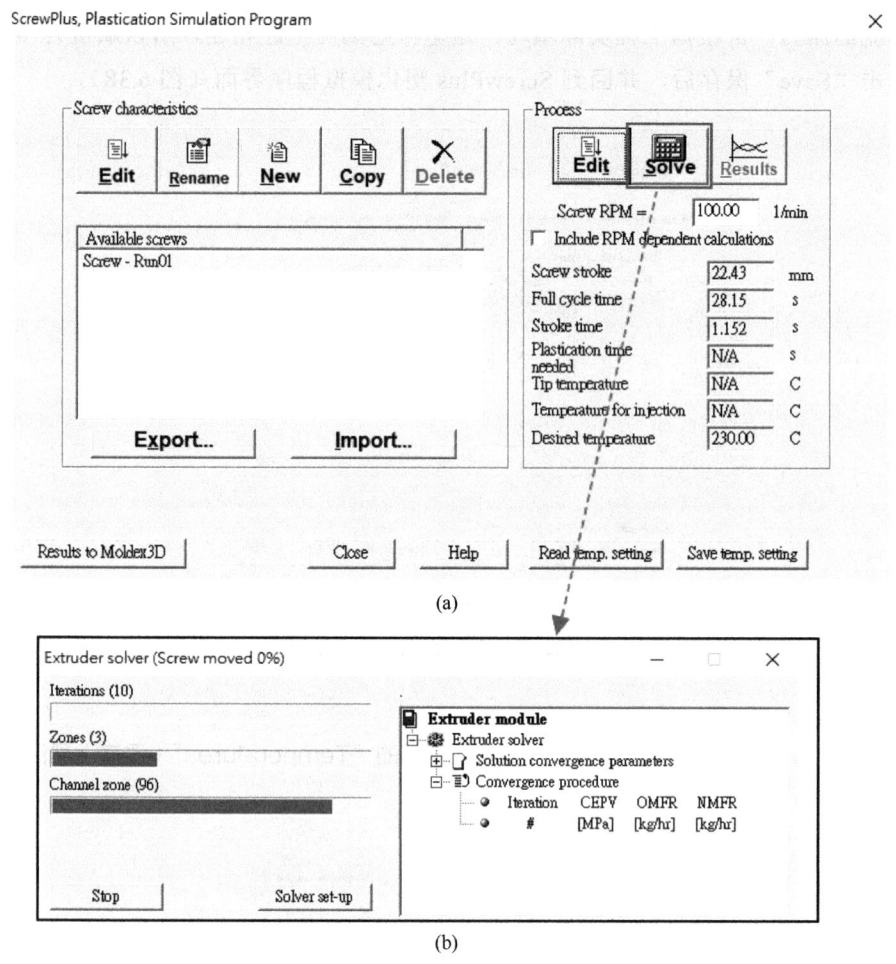

图 6.38 ScrewPlus 的"Extruder solver"窗口显示求解器的计算进度

② "Solve"(求解)。单击图 6.38 (a) ScrewPlus 塑化模拟程序窗口右侧虚线框内的"Solve"菜单按钮,启动 ScrewPlus 的模拟程序 [图 6.38 (b)] "Extruder solver"。计算期间将更新图 6.38 (b) 中右侧窗口中的信息,大部分情况下求解器会收敛,若不收敛则需要重新设置参数后再次运行。此外,用户可以在分析计算过程中单击"Stop"(停止)按钮,随时终止求解器;或单击"Solver set-up"(求解器设定)按钮调整计算参数(初学者建议用预设值)。

ScrewPlus 分析完成时,会显示结束信息,并给出三个重要的计算结果(图 6.39 实线框)。

a."Plastication time needed"(塑化时间)=2.708s,是以在指定的螺杆转

速 RPM 下，在下次射出时将物料塑化成螺杆状的估计时间。

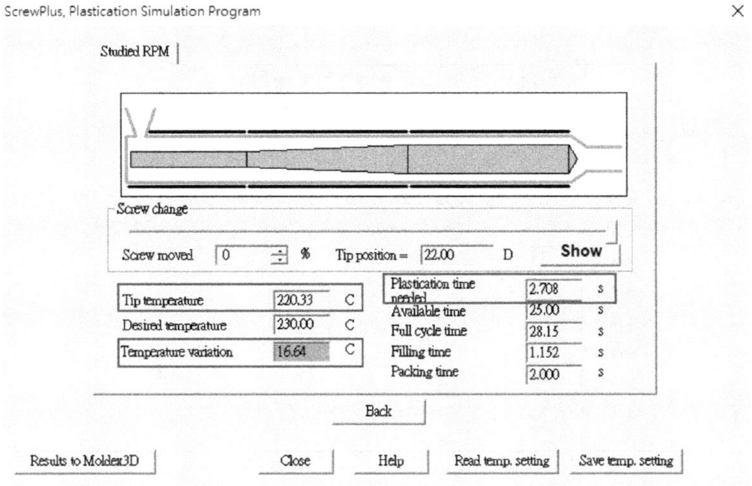

图 6.39　ScrewPlus 分析技术完成界面

b. "Tip temperature"（结束温度）=220.33℃，是喷嘴出口的熔体温度。此值应作为加工精灵（"Process Wizard"）的真实熔化温度。

c. "Temperature variation"（温度变化）=16.64℃，这是计量段的熔体温度变化。

如需查看详细的信息，可单击图 6.39 中 "Show"（显示）按钮。若模拟输入参数和计算结果可接受，单击 "Results to Moldex3D"，返回 "Moldex3D 加工精灵" 的 "进阶设定" 窗口（图 6.40）。图 6.40 左侧矩形框中的结果是图 6.23 更新的部分数据，这部分数据是 ScrewPlus 的分析结果。可以接受 ScrewPlus 的分析结果，单击 "确定"。若不满意这分析结果，单击 "取消" 放弃这次分析结果。单击图 6.40 右侧矩形框中的 "执行分析（R）..." 按钮可再次启动 ScrewPlus 分析。

图 6.40 中的 "更多结果（M）..." 按钮，用于查看详细的螺杆分析结果（本案例为灰色，暂无法启动）。"更新到目前加工条件（U）" 选项勾选后，ScrewPlus 分析结果可直接导入 "Moldex3D 加工精灵" 窗口中更新 "塑料温度"（图 6.41）。

③ "Result"（结果）。图 6.31 中的 "Result" 菜单，在 ScrewPlus 分析后，点击后可查看 ScrewPlus 的分析结果（图 6.42）。

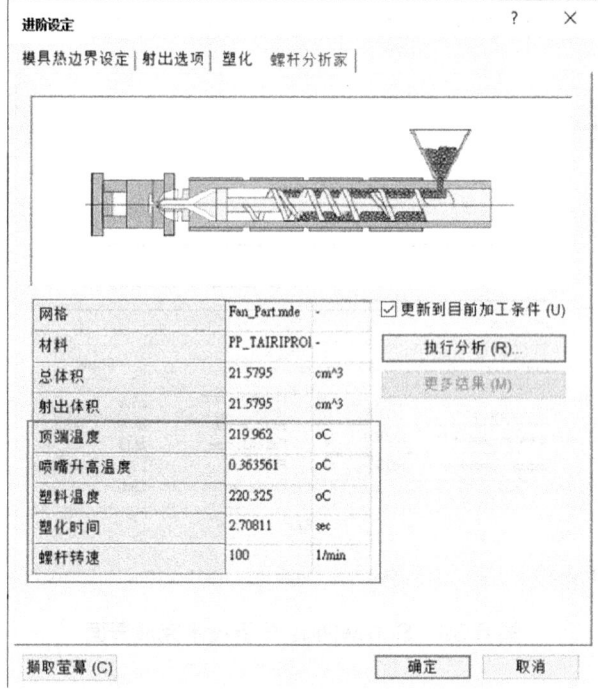

图 6.40 "螺杆分析家"更新后的参数

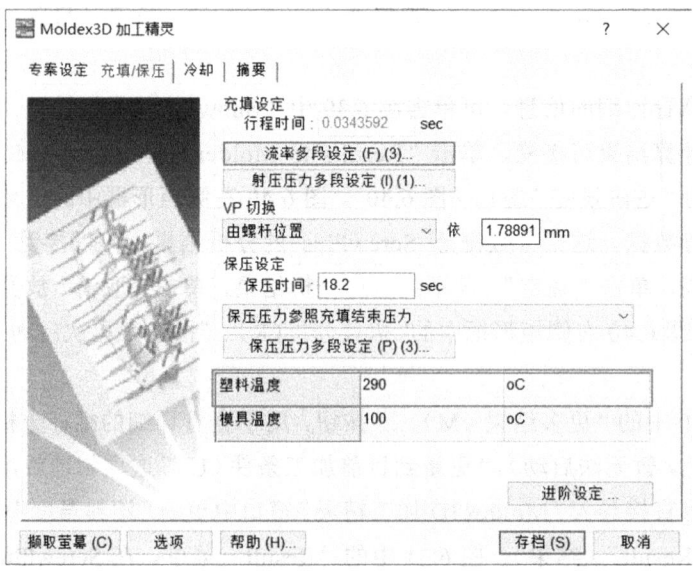

图 6.41 ScrewPlus 分析后可更新的塑料温度

第 6 章　注塑设备（螺杆）分析

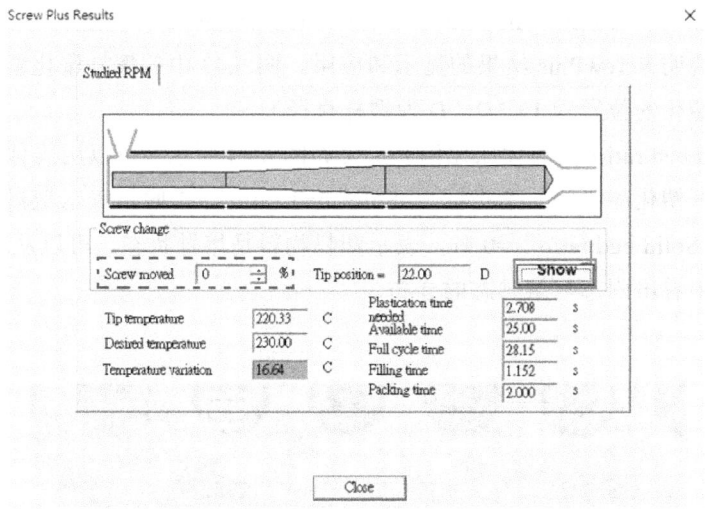

图 6.42　ScrewPlus 分析结果窗口的"Studied RPM"的界面

塑化时螺杆会移动回退，ScrewPlus 分析可设定螺杆移动位置。在"Screw Plus Results"窗口中的"Screw change"（螺杆变化）栏目中设置"Screw moved"（螺杆移动）百分比（图 6.42 中虚线矩形框），输入 0，再单击"Show"（显示）按钮（图 6.42 中实线矩形框），则出现图 6.43 所示的结果。相应的"Tip position"（螺杆前端位置）也会随着螺杆移动百分比的变化而变化。

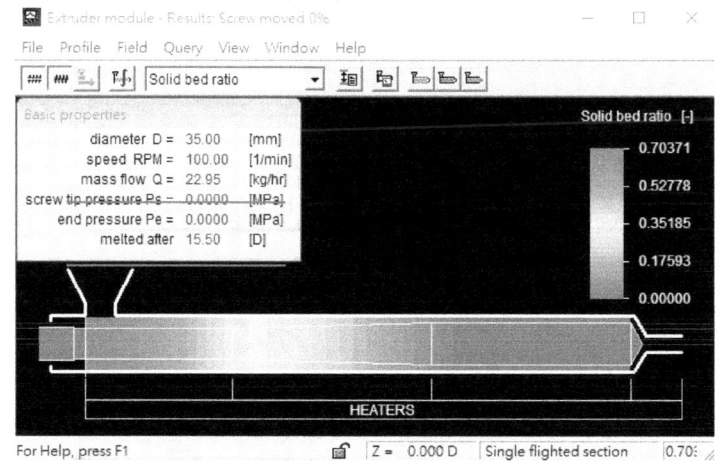

图 6.43　螺杆移动 0%的固体床比例的分析结果

以图 6.43 "Extruder module- Results: Screw moved 0%"（螺杆移动 0%）的分析结果说明 ScrewPlus 结果的显示和应用。图 6.43 中的螺杆塑化量 Q、塑料料粒完全塑化的位置为 $15.5D$（D 为螺杆直径）。

"Solid bed ratio"（固体床比例）定义如图 6.44 所示。可以用固体床比例曲线作为螺杆塑化能力的一个指标。"Solid bed ratio"=1 时，表示塑料物料是固体颗粒；"Solid bed ratio"=0 时，表示塑料物料是熔融状态。可以从图 6.43 的云纹结果中看出固态与熔融态的分布。

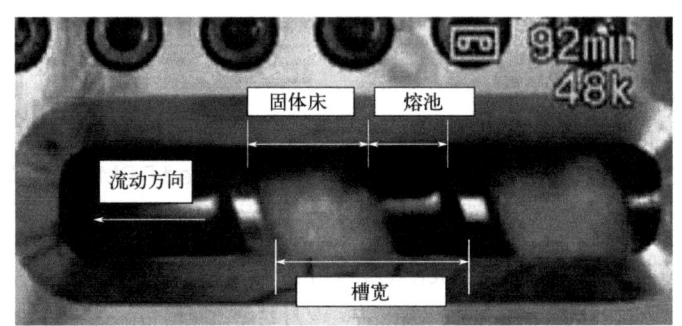

固体床比例=固体床宽度/槽宽

图 6.44 "Solid bed ratio"（固体床比例）的定义

图 6.45 和图 6.46 中的所选图标（矩形框所示，即菜单中第一、二个图标）依次是螺杆轴向、螺杆径向的图标。图 6.47 是螺杆轴向、螺杆径向的固体床比例的曲线图。

图 6.45 螺杆轴向菜单按钮

图 6.46 螺杆径向菜单按钮

第6章 注塑设备(螺杆)分析

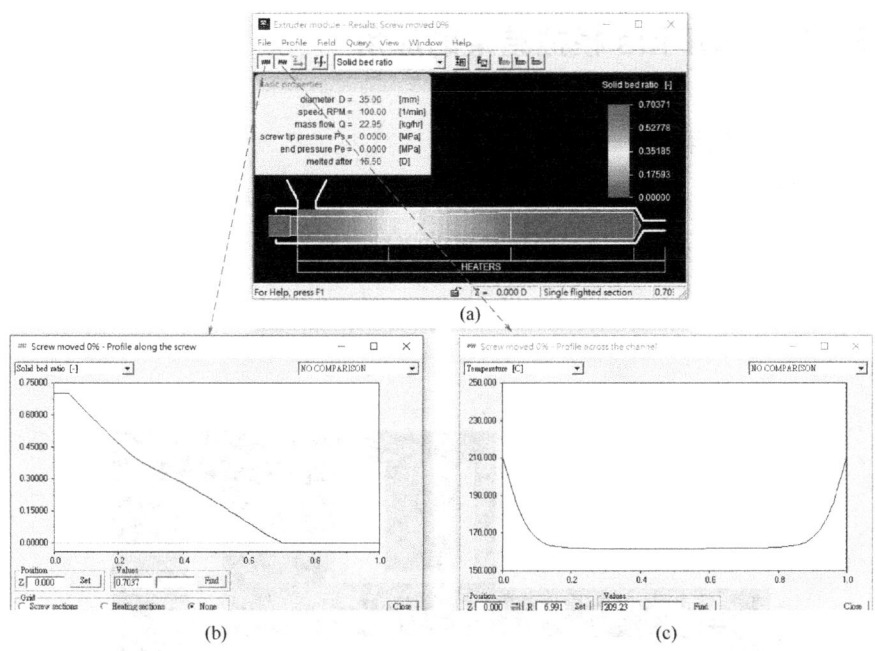

图 6.47 固体床比例的分析结果
(a) 螺杆轴向固体床比例云纹图;(b) 螺杆轴向固体床比例曲线图;(c) 螺杆径向固体床比例曲线图

图 6.48 是 ScrewPlus 的分析结果下拉菜单,包括固体床比例、未熔融的相对量、体(平均)温度、平均压力、螺杆剪切速率、料筒剪切速率、固体颗粒的剪切速率、螺杆剪切应力、料筒剪切应力、固体颗粒的剪切应力、熔体能量通量,详细内容在下一小节说明。

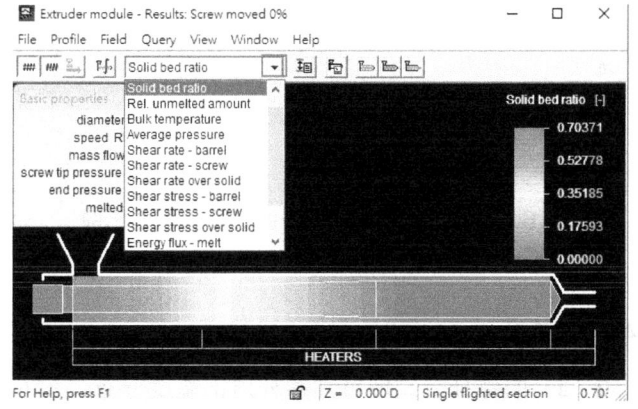

图 6.48 螺杆位置比例 0%时 ScrewPlus 的分析结果下拉菜单

339

6.3 ScrewPlus 模拟结果的应用

(1) 塑化结果

通过固体床比例了解螺杆的塑化能力。图 6.49 中，横坐标为 1 时为完全固化，0 为完全熔融，由此可知固体料粒的熔融位置。

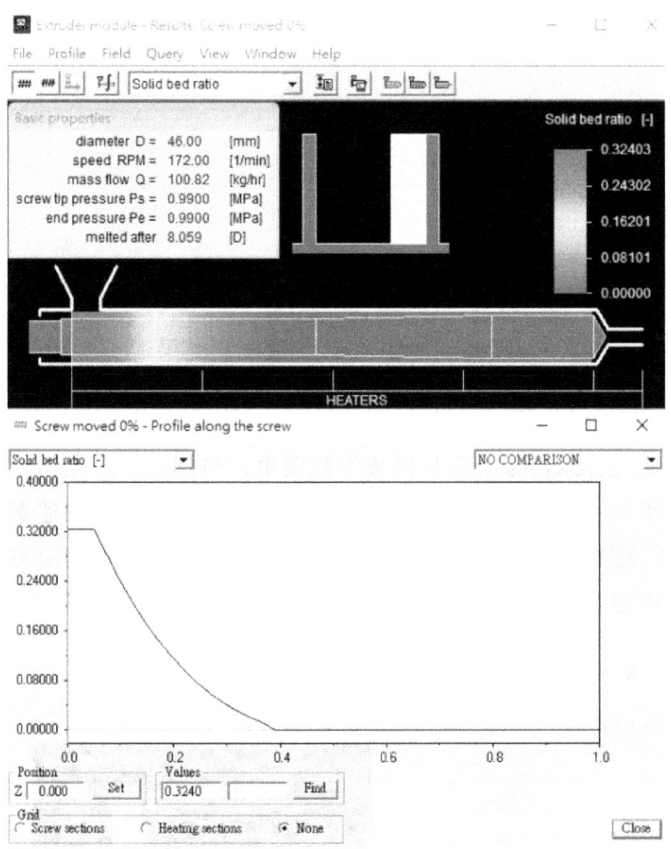

图 6.49 ScrewPlus 分析的螺杆固体床比例

(2) 熔体平均温度

通过图 6.50（a）的螺杆云纹图可知螺杆内部温度分布。图 6.50（b）中的曲线图可以更好量化螺杆内部的塑料温度，方便准确获得考虑螺杆作用后的熔体的注射温度，此时熔体的塑化温度为301.46℃。

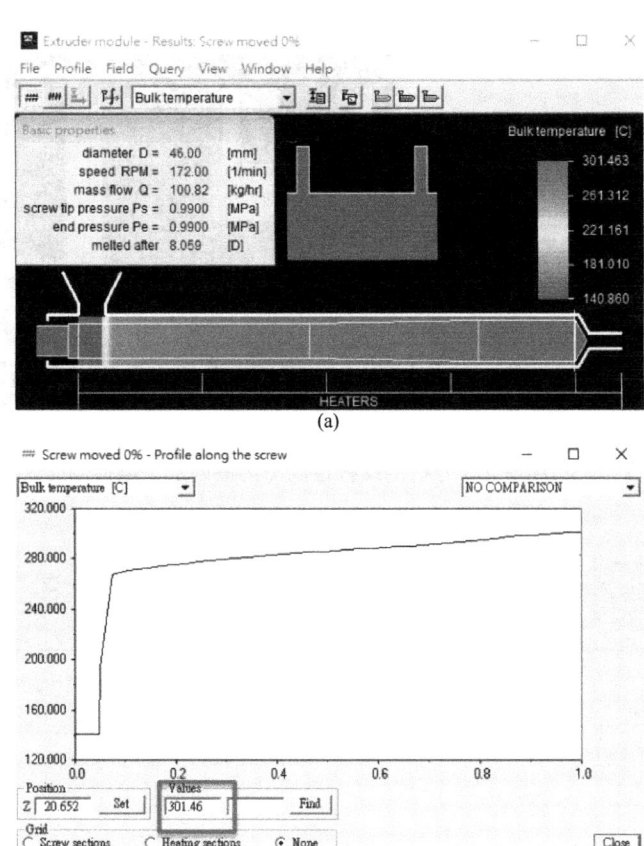

图6.50 ScrewPlus分析的螺杆轴向熔体平均温度

（3）沟槽内熔体温度分布

沟槽内部的温度通常难以获得。ScrewPlus分析可获得螺杆沟槽内的熔体温度云纹图（图6.51）。从图6.52 螺杆径向的曲线图可知沟槽内部最高温度为303.42℃，不同于图6.50的轴向熔体温度。

（4）自洁能力

ScrewPlus的分析结果可帮助人们获得螺杆的自洁能力信息。通过图6.53中的剪切应力或者剪切速率可以判断是否有熔体滞留在螺杆表面。通常当剪切速率大于$8s^{-1}$或剪切应力大于30MPa时，可能有塑料熔体滞留螺杆表面。

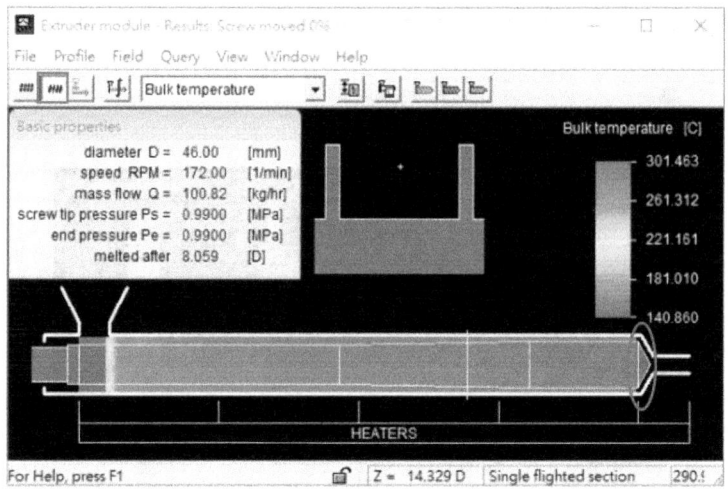

图 6.51　ScrewPlus 分析的螺杆径向（沟槽内部）熔体温度云纹图

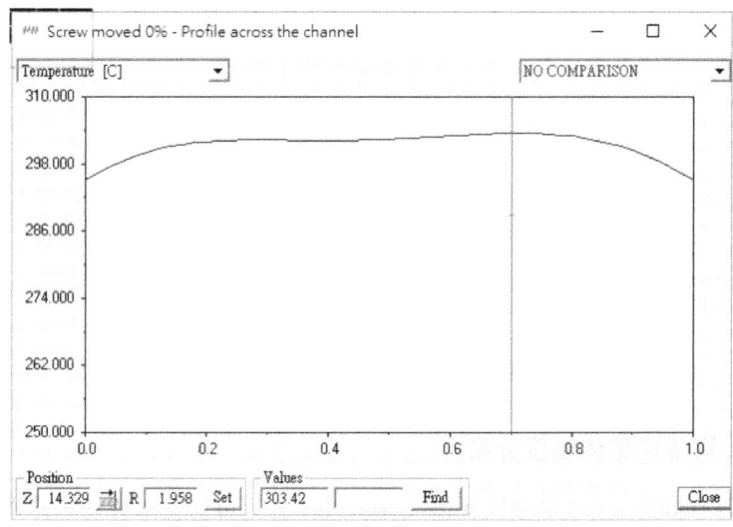

图 6.52　ScrewPlus 分析的螺杆径向熔体温度

（5）压力分布

通过图 6.54（a）中的螺杆径向内部压力分布云纹图，可获得压力分布；通过图 6.54（b）的压力曲线可量化螺杆内部压力变化，此时最大的平均压力为 17.34MPa。

第 6 章 注塑设备（螺杆）分析

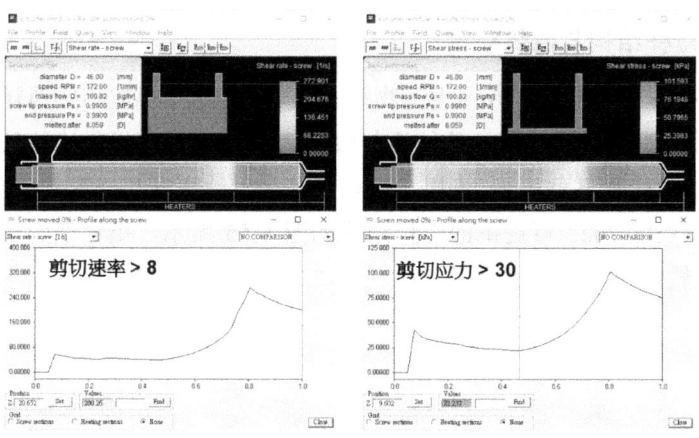

图 6.53 ScrewPlus 分析的螺杆轴向剪切速率和剪切应力结果

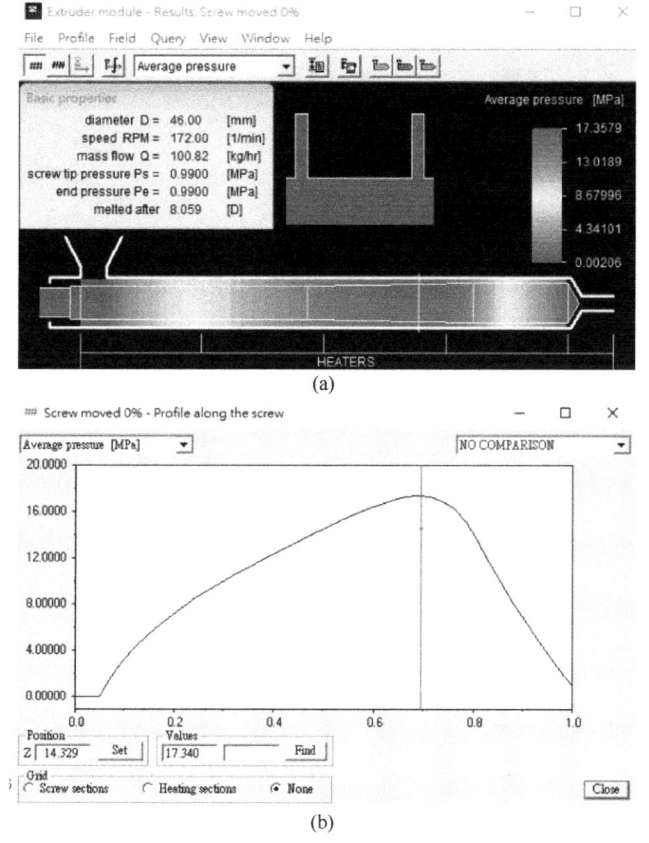

图 6.54 ScrewPlus 分析的螺杆径向压力分布

（6）螺杆结构与混炼结构

ScrewPlus 可提供螺杆塑化量、物料完全熔化位置、料粒熔融消耗的能量及螺杆扭力等量化值，评估螺杆的结构与效率。ScrewPlus 可提供快速且方便的方法建立及修改螺杆几何模型，可用参数化方法来设计螺杆几何形状和螺杆结构。目前 Moldex3D 2022 可提供的螺杆结构如图 6.55 所示，更详细的应用可参考 ScrewPlus 软件用户手册或说明书。

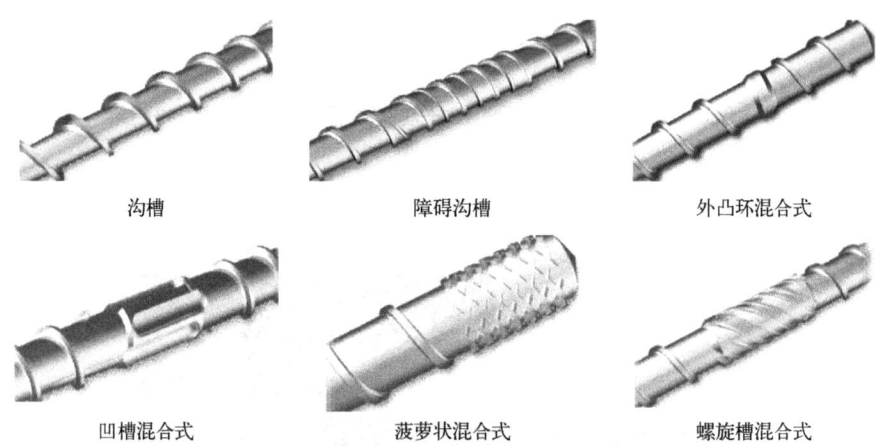

图 6.55 ScrewPlus 可分析的螺杆和混炼塑化单元示意图

第7章

热流道与随形冷却水路分析

注塑模的结构由注塑机的类型和塑料制品的结构特点所决定,注塑模具的基本构成在基础篇第 4 章已有介绍。其中,注塑模的浇注系统具有熔体进入型腔前的再分配功能,将熔融塑件由注塑机喷嘴引向闭合的型腔;注塑模的温控系统为了满足注塑工艺对模具温度的要求,对模具温度进行调节。随着技术的进步和 3D 打印技术的普及,热流道和随形冷却水路在注塑模具中的应用越来越多。本章对热流道技术、Moldex3D 热流道和 Moldex3D 随形冷却水路的数值模拟进行介绍,热流道和随形冷却水路模拟的原理主要是传热学相关的理论。

7.1 热浇道技术

塑料注射成型模具的流道系统分为冷流道与热流道(无流道凝料注射模具)两种。二者的差异如表 7.1 所示。主要差异在于流道内的塑料状态。冷流道内的熔体/塑料和型腔内的塑件一样,在脱模阶段被顶出机构从模具中顶出脱离;但热浇道系统中的塑料一直维持在熔融状态并可供后续的成型周期使用。

表 7.1 冷、热流道对比

项目	冷流道	热流道
流道周边模温	低温(与模温相近)	高温(与料温相近)
初始空间状态	空	填饱熔体
注射压力损耗	高	低
流道脱模	随塑料制品脱模	无须脱模
模具成本	低	高

热流道注射成型又称热浇道注射成型、无流道注射成型。在该成型系统中，注射模的浇注系统始终处于让塑料熔融的高温状态，这样塑件脱模后，浇注系统不需脱模，并在下一成型周期时，与从注塑机料筒中来的新料一起，再注入型腔成型塑件。

热流道是通过加热的方式来保证流道和浇口的塑料原料保持熔融状态，所用的注塑机为通用型的注塑机，但要配备精确的模具温度控制器。

热流道注射成型于20世纪50年代问世，随着聚合物工业的发展及热流道技术不断地进步完善，应用范围越来越广。20世纪80年代中期，美国的热流道模具占注塑模具总数的15%~17%，欧洲为12%~15%，日本约为10%。到了20世纪90年代，美国注塑模具中热流道模具已占40%以上，在大型制品的注塑模具中则占90%以上。而我国的热流道技术，始于20世纪80年代，目前应用率在4%上下，但前景良好。在原材料价格上涨、一线操作人手紧缺的今天，降低原材料消耗，实现生产机械化，是许多塑料制品加工企业的追求，热流道技术可实现这一愿望。下面介绍塑料注塑模热流道的优缺点、热流道技术的分类、应用。

7.1.1 热流道技术的特点

热流道技术可降低流道压力损失、降低注射压力、降低流道内的温度差异、增加保压效率；但热流道模具价格较高、采用热流道技术容易导致塑料原料裂解，不适合纤维增强塑料的加工，无法经常更换颜色或塑料。

（1）热流道技术的优点

① 节省塑料原料。由于热流道无冷凝料，或有很小的冷料柄，不用回收冷流道浇口或废料。这对于价格昂贵、不能用回料加工的塑料产品，可大大节约成本。

② 提高产品质量。与双分型面的三板模相比，热流道系统内的塑料熔体温度不易下降，所以热流道内的塑料熔体更易流动，对于大型、薄壁、难以加工的塑料产品更易成型；脱模后产品残余应力小，产品变形小；热流道系统可使浇口更小，有利于改善制品表面质量。

③ 提高生产率，实现自动化生产。塑料产品经过热流道模具成型后，无须修整浇口，没有取冷料柄工序，有利于浇口与产品的自动分离，便于实现生产过程自动化，缩短塑料产品成型周期。

④ 强化注塑机功能。热流道系统中塑料熔体有利于压力传递,流道中的压力损失较小,可大幅度降低注射压力和锁模力,减少注射和保压时间,可在较小的注塑机上更容易成型长流程的大尺寸塑件,减少注射费用,改善注塑工艺。

⑤ 提高产品的一致性和平衡性。热流道系统可通过温度控制和可控喷嘴实现充模平衡;实现对浇口的精确控制,保证多腔成型的一致性,提高塑件精度。

(2) 热流道技术的局限性

① 模具成本高。热流道系统元件价格比较昂贵,结构相对复杂,机加工成本高,模具成本会大幅提高。有时仅热流道系统的成本,就会超过冷流道整个模具的成本,如果产品生产数量较少,选用热流道系统可能会得不偿失。

② 模具制作工艺要求高。由于热流道技术涉及多门学科,如模具材料、加热材料、电子学等,所以热流道模具需要精密的加工作保证。热流道系统与模具的配合还要考虑到模具材料膨胀等一系列问题,配合不好,就会产生溢料、浇口冻结等现象,导致塑料产品质量下降。

③ 对塑料原料和小型腔数目的分布有一定的选择性。热敏性塑料使热流道系统有焦化的危险。由于热流道喷嘴直径的关系,一些小型腔的数目和分布受到限制。

④ 维护成本提高。和冷流道模具相比,热流道模具相对复杂,使用或操作不当会损坏热流道零件,其检修、替换的成本高。

(3) 对成型原料和模具的要求

① 对成型原料的要求

a. 熔融温度范围宽,黏度在熔融温度范围内变化较小。在较低的模温下具有较好的流动性,而在较高的温度下有较好的热稳定性。

b. 对压力变化敏感。树脂原料在不加注射压力时不流动(能避免流涎现象),但加少许压力即可流动。

c. 热变形温度较高,便于高温下固化,使其脱模时有足够的刚度,进而缩短成型周期。

d. 导热性能好,可将高温原料的热量快速传给模具,以使塑件在模具中可快速冷凝。

e. 比热容小,塑料熔融、固化容易。

适于热流道成型的热塑性塑料有:聚乙烯、聚丙烯、聚苯乙烯。但通过对模具结构进行改进，也适用于聚氟乙烯、ABS、聚碳酸酯、聚甲醛。

② 对模具的要求

a．控制冷却与加热边界的平衡(热喷嘴/浇口处)。

b．清理碳化，避免碳化死角。

c．模具加工精度高。

d．热胀冷缩的公差小。

e．分流板与模具隔热。

7.1.2　热流道的形式

根据流道内塑料原料保持熔融状态的方式不同，热流道注塑模可分为：绝热式热流道注塑模［图7.1（a）］和加热式热流道注塑模［图7.1（b）、（c）］两类，每一类中又有不同的结构。

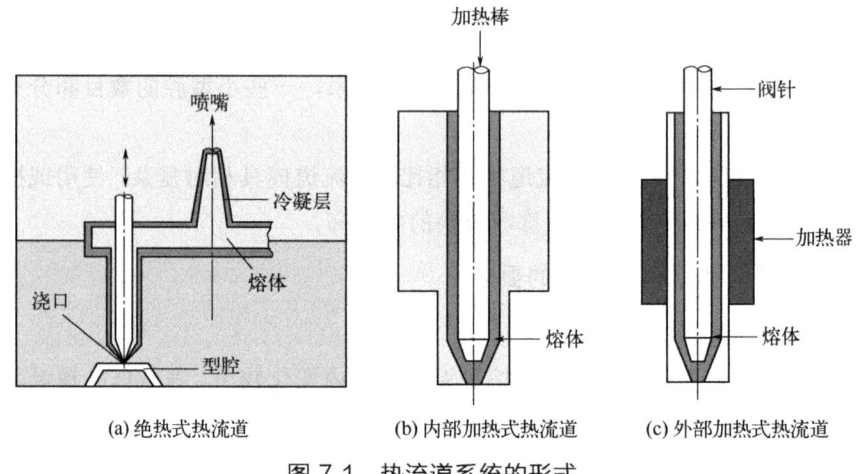

图 7.1　热流道系统的形式

（1）绝热式热流道注塑模

模具的主流道和分流道相当粗大，因此在整个注射过程中，靠近模壁部分的塑料由于散热快而冷凝，形成冷凝层，起着绝热作用；而流道中心部位的塑料仍保持熔融状态，从而使熔融塑料能通过流道顺利进入型腔，满足连续注射的要求。绝热式热流道注塑模包括两种形式。

① 井式喷嘴的绝热式热流道注塑模：它是最简单的热流道模具，适用于单腔模。这种模具的特点是在注塑机喷嘴和模具入口之间装有一个主流道杯，杯内设置了容纳熔融塑料的"井坑"（图 7.2）。在注射过程中，由于杯内熔体层较厚，且被喷嘴和每次通过的熔体加热，所以除外层很快冷凝外，中心部位始终保持熔融状态，来自料筒中的熔体能继续通过而流入型腔。为了保持主流道杯中心部位的熔体不冷凝，注塑机喷嘴与主浇道杯"井坑"应始终紧密接触。

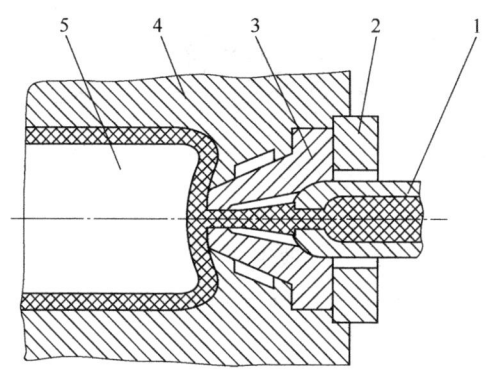

图 7.2 井式喷嘴

1—喷嘴；2—定位圈；3—主流道杯；4—定模；5—型芯

井式喷嘴中主流道杯"井坑"的尺寸不宜过大，否则在注射时由于熔体的反作用力使喷嘴后退而发生溢料。主流道杯的尺寸一般根据塑件重量来确定，通常，主流道杯的容积小于塑件体积的一半。

井式喷嘴因浇口与热源（喷嘴）相距较远，"井坑"内塑料冷凝的可能性较大，故只宜在操作周期较短（每分钟三次以上）的情况下使用。

为了避免"井坑"内塑料熔体的凝固，可用图 7.3 所示的改进形式。其中图 7.3（a）在开模或塑件基本固化后，主流道杯和喷嘴一起与模具的主体稍微分离；图 7.3（b）、（c）中喷嘴前端凸出并伸入主流道杯中一段距离；图 7.3（c）在停机时，可使主流道杯中的凝料随喷嘴一起拔出，便于清理流道。

② 单腔多点进料或多腔绝热式热流道注塑模：模具的主流道都做得相当粗大，其断面常为圆形，常用分流道直径为 16～30mm，视成型周期长短和塑件大小而定。

绝热式热流道的浇口常见的有主流道型浇口绝热模具（图 7.4）和点浇口绝热式热流道模具（图 7.5）。主流道型浇口绝热模具和井式喷嘴注塑模相同，成型周期长时取大尺寸浇口。为减小料流阻力，流道内的转弯交叉处都应圆滑过渡。另外，由于在停机后流道内的熔体将会全部凝固，因此在分流道的轴线上应设置能快速开启闭合的分型面，以便在下次开机前彻底清除全部凝料。

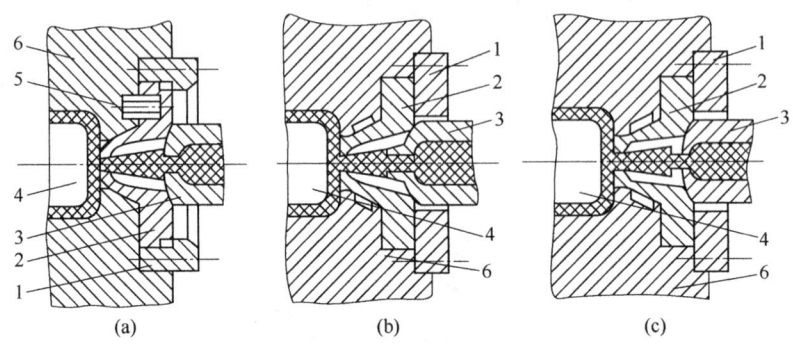

图 7.3　改进的井坑式喷嘴

1—定位圈；2—主流道杯；3—注塑机喷嘴；4—型芯；5—压缩弹簧；6—定模

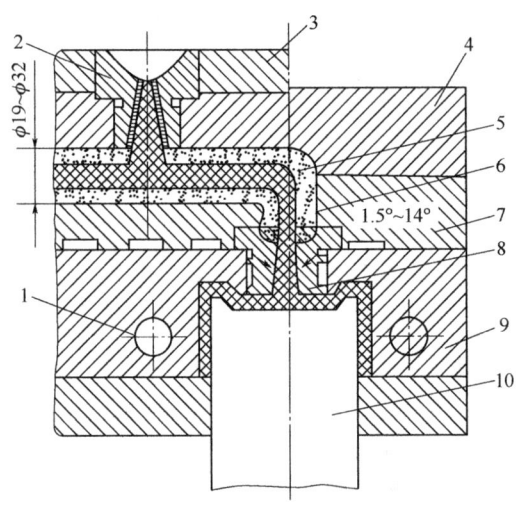

图 7.4　主流道型浇口绝热模具

1—冷却水路；2—浇口套；3—定位圈；4—定模座板；5—熔体；6—冷凝塑料；7—流道板；8—浇口衬套；9—定模型腔板；10—型芯

点浇口绝热式热流道模具，开模时塑件易从浇口处断开，不必再进行修整。缺点是浇口处易冷凝，仅适合成型周期短和容易成型的塑料制品。为了克服点浇口绝热式热流道模具浇口处容易冷凝这一缺点，可在浇口处设置加热元件进行加热。

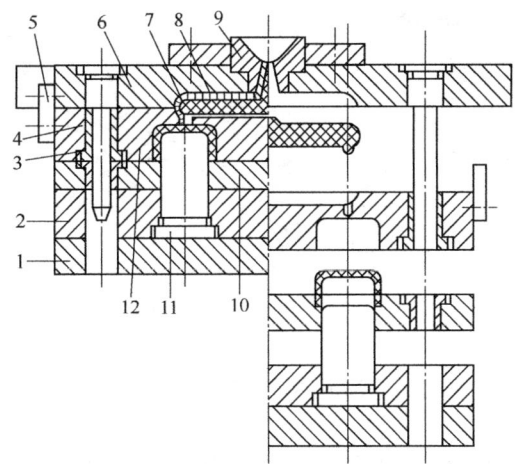

图 7.5 点浇口绝热式热流道模具
1—动模座板；2,10—动模板；3—导杆套；4—导杆；5—开锁链；6—流道板；7—熔体；
8—冷凝塑料层；9—浇口衬套；11—型芯；12—定模型腔板

（2）加热式热流道注塑模

热流道模具在设计上与三板模具类似。热流道系统由两个最基本的单元组成（图 7.6）：分流道板（热流板）和喷嘴(热嘴)。分流道板包含在定模部分，把注塑机内喷嘴里的熔体传到型腔板后选定的位置，经热喷嘴由分流道板直接传递到型腔中，或由冷流道向多个型腔供料。喷嘴通常与分流道板呈 90°。热流道板和热喷嘴通常既被加热又被隔热。加热的分流道板和每一个喷嘴都有独立的加热元件（图 7.7）和控制系统。每个加热线圈或加热棒都会搭配一个传感器来进行控制，在加工条件设定时可以指定个别加热线圈所对应的传感器来设定温度的目标值。加热导热喷嘴的材料具有高导热性，通过分流道板传热。

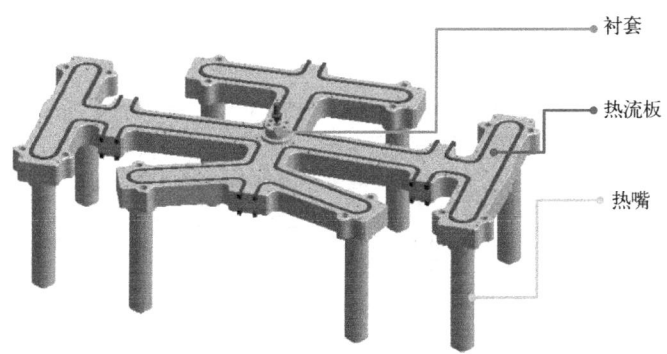

图 7.6 热流道系统构成示意图

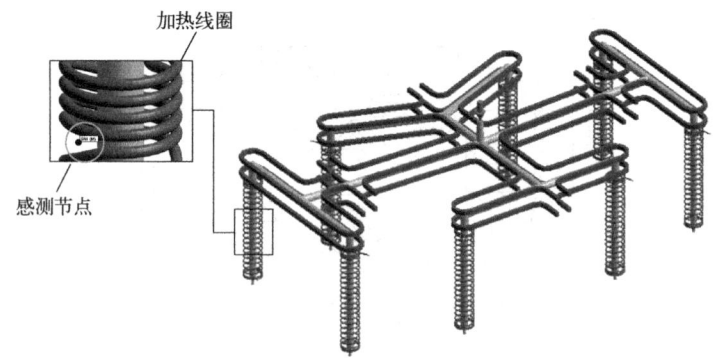

图 7.7 热流道系统加热元件示意图

分流道板和喷嘴的加热方式有内、外两种,因此分流道板和喷嘴可通过不同的组合,组成多种形式的热流道系统。常用的有:①外加热分流道板和外加热喷嘴(图 7.8);②带内加热喷嘴的外加热分流道(图 7.9);③内加热分流道和内加热喷嘴(图 7.10)。

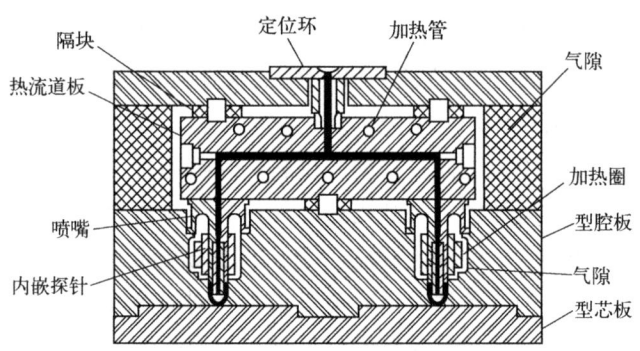

图 7.8 外加热分流道板和外加热喷嘴

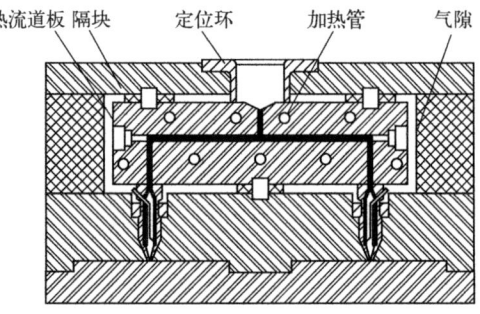

图 7.9 带内加热喷嘴的外加热分流道

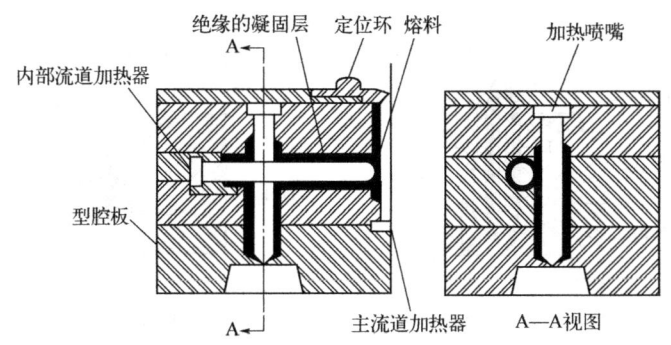

图 7.10　内加热分流道和内加热喷嘴

① 外加热分流道和外加热喷嘴模具，可使模具的压力损失最小。流道截面形状为圆形。该类模具被推荐使用加工热敏性和高黏性材料。外加热方式没有内加热系统和绝热系统的冷凝层，塑料原料更换颜色相对容易。缺点是：熔融塑料容易泄漏，加热位置和加热热量需要确定；外加热喷嘴难以对热喷嘴的浇口末端进行控制。

② 带内加热喷嘴的外加热分流道模具，热量可以很好地供给浇口末端，内加热喷嘴可以提供更好的浇口末端的温度控制（更少的拉丝、流涎、冷凝层）。内加热喷嘴结构的潜在问题是：加热器放在流道中心，对流动有负面作用，还可能产生材料降解、注射压力增加、熔体在加热探针和冷模具壁之间的温度变化不理想等问题。该结构不适用于热敏性塑料。对于要求清洁和浅颜色的制品要慎重使用。

③ 内加热分流道板和内加热喷嘴模具，可较好地消除熔体泄漏问题，并能用加热探针控制浇口末端。该结构色料更换困难，充模压力在热流道中最大，且原料容易降解，不适用于热敏性塑料。

（3）热浇口

有些使用场合取消了分流道板，只采用一个热浇口（热注道）（图 7.11）。图 7.11（a）把熔体注入一个型腔/冷流道，图 7.11（b）则将熔体最后注入多个型腔。

（4）热喷嘴

热喷嘴是热流道的组成部分，其功能是将分流道板的熔融塑料传递给成型型腔。热喷嘴要解决的问题是：

① 防止浇口冻结；

② 在热喷嘴和冷型腔（模具壁）之间形成热隔离；

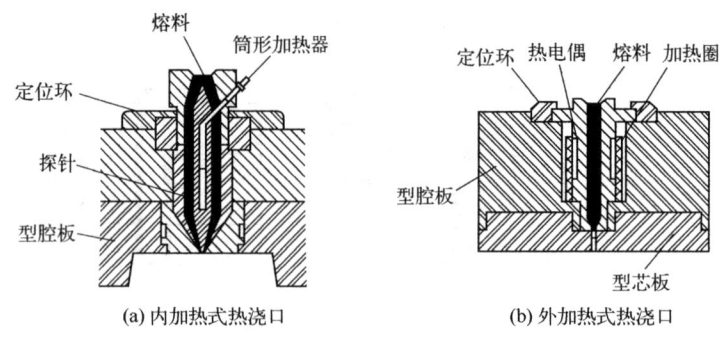

(a) 内加热式热浇口 (b) 外加热式热浇口

图 7.11　热浇口

③ 熔体和制品之间整洁分离（制品浇口痕迹小）；
④ 最小的流动阻力或滞留区；
⑤ 提供较好的熔体温度控制。

常用的热喷嘴形式如图 7.12 所示，其中阀式喷嘴开启及闭合位置如图 7.13 所示。一般来说，热流道生产厂家会提供更详细的设计方案。

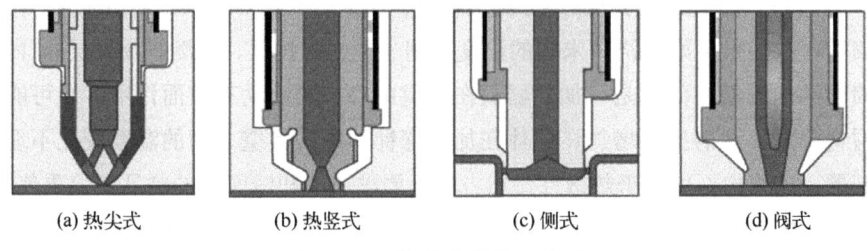

(a) 热尖式　　(b) 热竖式　　(c) 侧式　　(d) 阀式

图 7.12　热喷嘴结构示意图

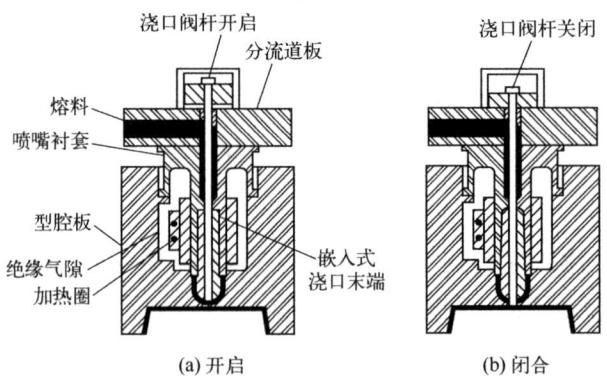

(a) 开启　　(b) 闭合

图 7.13　阀式喷嘴的开启（a）和闭合（b）位置

7.1.3 热流道的应用

这里主要介绍热流道阀式浇口的应用。

(1) 消除表面熔接线

四个浇口进胶的板状塑件如图 7.14 所示。传统的冷流道系统,会在浇口之间形成熔接线;利用阀浇口控制其开启的时间,依次从左到右打开浇口,使得高温熔体如同接力跑步一样充填型腔,可以减少甚至消除熔料前沿形成的表面熔接线。

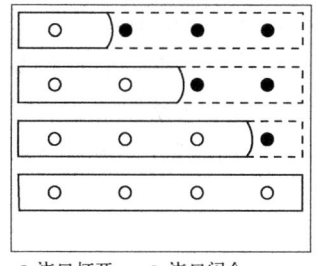

图 7.14 阀式浇口顺序开启示意图

(2) 增加流动长度

大部分的笔记本电脑外壳,流长/壁厚的比值在 160:1 到 180:1 之间。采用单一浇口时,要把 PC 熔体推过 1mm 厚、180mm 长距离的型腔,需要 240MPa 的注射压力,这样高的注射压力不是一般注塑机能够满足的。顺序开启的阀式浇口设计,如同单一浇口的笔记本电脑外壳一样,可以减少表面熔接线,使得流长/壁厚的比值从 180:1 降到 120:1,注射压力仅需 132MPa。

美国 GE 公司开了一个壁厚为 0.88mm 的笔记本电脑外壳模具,该模具用了 5 个阀式浇口:一个在中央,每个角落附近再各加一个;居中的浇口先打开,当熔体波前流到外围的 4 个浇口时,再将这 4 个浇口打开,直到型腔填满为止。

福特汽车公司 1998 年 Windstar 汽车的 TPO 保险杠,采用顺序开启的 6 个阀式浇口,厚度从 3.5mm 降低到 2.4mm;减薄后的制品依然通过了速度为 5mile/h(1mile=1.609km)的冲撞试验,但重量减少了 2.3kg(37%),保险杠的性价比得到提高。

热流道模具技术的发展有以下趋势:①研发新型喷嘴、热流道板及相关技术,以适应不同塑料和制品的要求,如防泄漏、耐磨、耐高温及热平衡等;②微型热喷嘴及加热元件与控温技术;③热流道系统的三维 CAD 及其模拟技术。

7.2 Moldex3D 热流道分析

7.2.1 软件功能简介

Moldex3D 进阶热流道分析模块的主要特色在于支持 eDesign 与 Solid 项目。软件支持全系列的热流道组件（图 7.15、表 7.2），包括热流道金属、传热面、阀针、加热棒、加热线圈、感测节点等，且每个加热线圈或加热棒会搭配一个传感器来进行控制，在加工条件设定时可以指定每个加热线圈所对应的传感器来设定温度的目标值。能独立设定热流道金属的热特性，量化热流道系统的温度分布与变化。

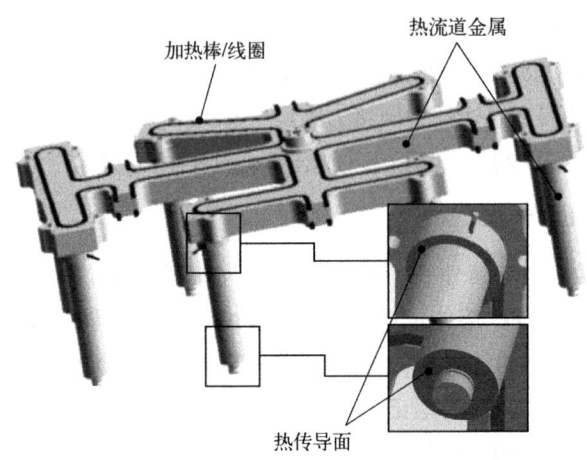

图 7.15　热流道组件的示意图

表 7.2　热流道系统的组件与形式

组件	"Enhanced Fast Cool" (在 Moldex3D Studio 或 Moldex3D Mesh 中)	"Standard Cool" (只在 Moldex3D Mesh 中)
热流道金属	表面网格[①]	实体网格[②]
加热线圈	线	实体网格[②]
	表面网格[①]	
感测节点	点	
热传边界条件	表面网格[③]	表面网格或实体网格[④]

[①]网格型式是"Fast Cool"，不同热流道金属组件间的表面网格节点可不重合，但每个组件的表面网格必须结合成一个封闭［无自由边(free-edge)］的单一表面网格。

[②]网格型式是"Standard Cool"，不同热流道金属组件间的实体网格节点须完全重合。

[③]Moldex3D Studio 中，用户可利用导热面功能进行热传导面的指定。若使用 Moldex3D Mesh，则要复制该区域的表面网格，并使用 Solid Model B.C. Setting 的功能将其指定成 "Heat Conduction Face"。

[④] "Standard Cool" 的形式中，热流道金属与模座接口之间的热边界条件有两种设定方式。在假设绝热的状态下，用表面网格进行热传导面的指定。实体空气层网格不用绝热的假设。

热流道分析的意义如图 7.16 所示，模拟结果如图 7.17、图 7.18 所示，量化热流道金属与加热棒组件的表面温度分布、热流道组件的温度分布，以及热流道对熔体温度、模具温度的影响。

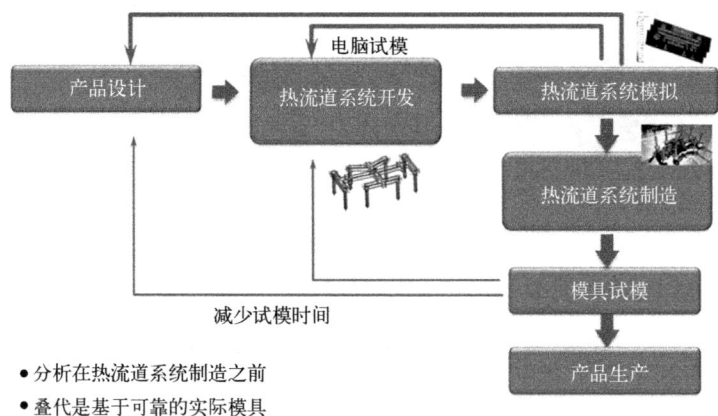

图 7.16　热流道分析意义示意图

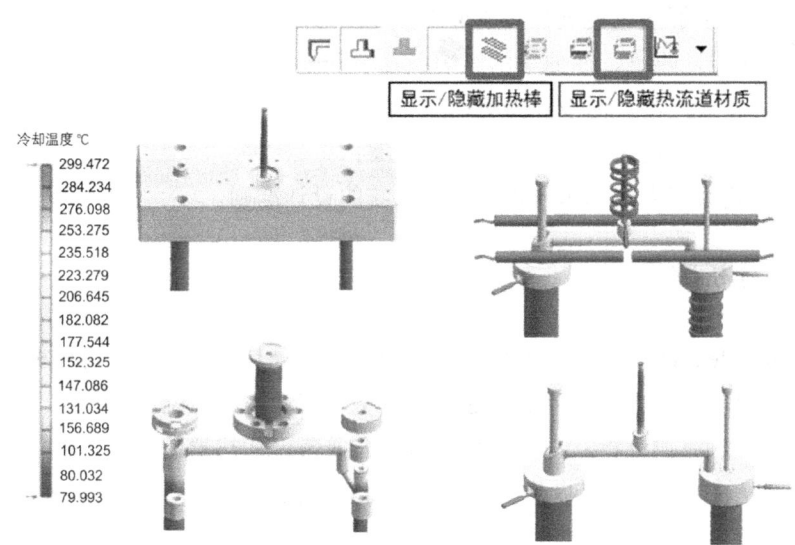

图 7.17　热流道分析的数值结果

所以,热流道分析具有以下功能:

① 模拟真实热流道系统,提供流道与模具内部的熔体温度分布与温度时间变化曲线;

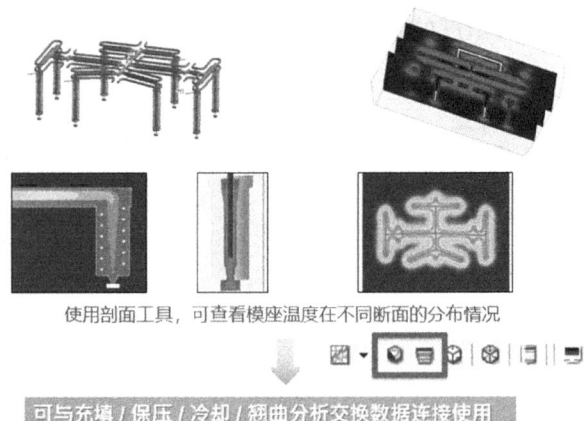

图 7.18　热流道分析的熔体、模具温度结果

② 查看热流道系统设计，改善优化内部组件设计，如加热线圈、分流板、热嘴等；

③ 深入了解热流道设计对成型工艺与产品质量的影响，如对注射压力、锁模力、熔接线、收缩、翘曲等的影响；

④ 协助模具与产品设计变更；

⑤ 帮助诊断问题成因、验证解决方案；

⑥ 快速累积专业知识，如热流道系统的设计准则。

7.2.2　分析案例

在 Moldex3D 中，热流道分析有两种方式：一是简单的热流道分析，只需将流道模型属性设置为热流道，这种方式下，流道内料流温度为设定温度；另一种为进阶热流道分析，与前者相比这种方式考虑加热器的加热效率、功率、尺寸、配置等，能帮助用户验证热流道系统设计的合理性，但需要额外的授权，详细内容请参考 Moldex3D 用户手册。

这里以单浇口热流道为例，按照基础篇第 3 章图 3.1 的分析流程步骤，介绍 Moldex3D 中进阶热流道分析的流程，其中与常规注塑模流分析操作相同的部分略过，不再过多赘述。

（1）前处理

① 汇入几何。进阶热流道分析需导入热流道金属（阀针、衬套、热嘴等）、

加热棒等热流道部件的几何模型，本例导入的模型如图 7.19 所示。

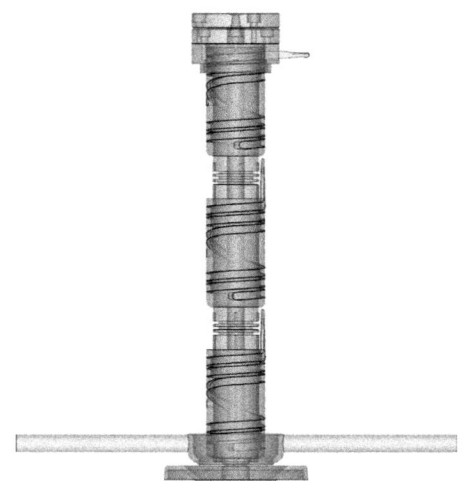

图 7.19　导入的进阶热流道分析模型

② 设置几何模型的属性。

模型属性设置步骤如下：

a．选择图 7.20 箭头指示部分，设置属性为塑件。

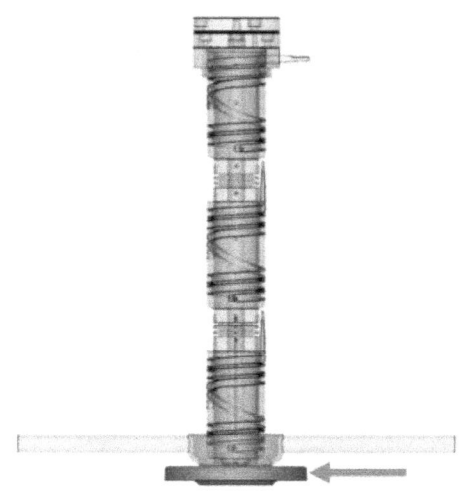

图 7.20　塑件的属性设置

b. 选择图 7.21 箭头指示部分，设置属性为热流道。

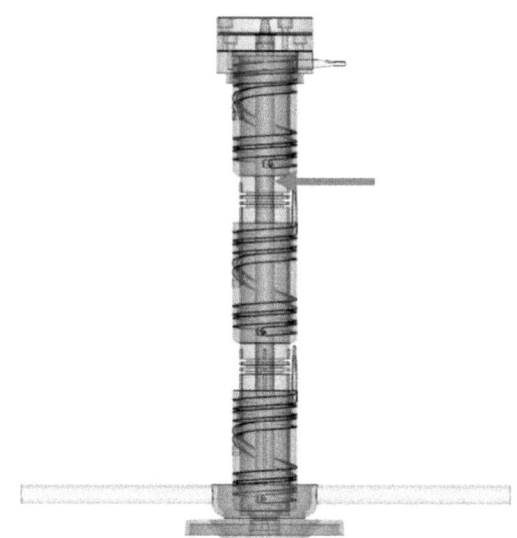

图 7.21　热流道的属性设置

c. 选择图 7.22 箭头指示部分，设置属性为冷却水路。
d. 选择图 7.23 箭头指示部分，设置属性为加热棒。

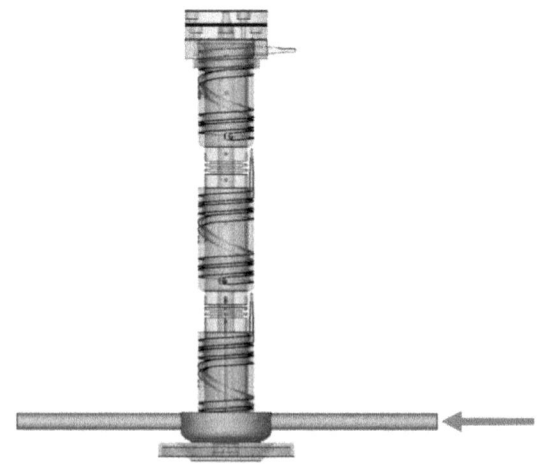

图 7.22　冷却水路的属性设置

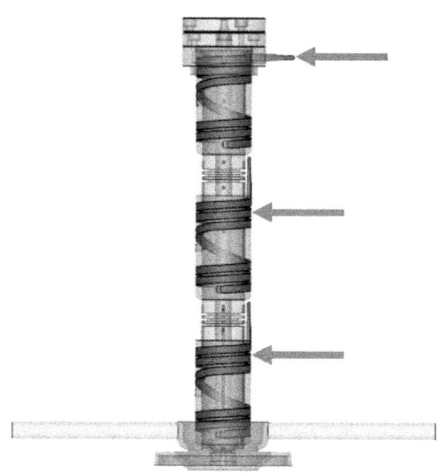

图 7.23　加热棒的属性设置

e．选择图 7.24 箭头指示部分，设置属性为热流道金属，并新增一个材料群组命名为 Brass。过程如下：选中图 7.24 箭头所指示的部分→单击图 7.25 所示的"属性"菜单→在"属性"下拉菜单中（图 7.25）选择"热流道金属"→设置属性为热流道金属后，在"材料群组名称"下拉菜单（图 7.26）中，选择"增加"并在弹窗中输入材料名称"Brass"，并选择显示颜色为黄色，完成如图 7.25 右侧所示的模型。接下来，用类似的方法完成热流道系统中各组件的属性命名（图 7.27～图 7.29）。

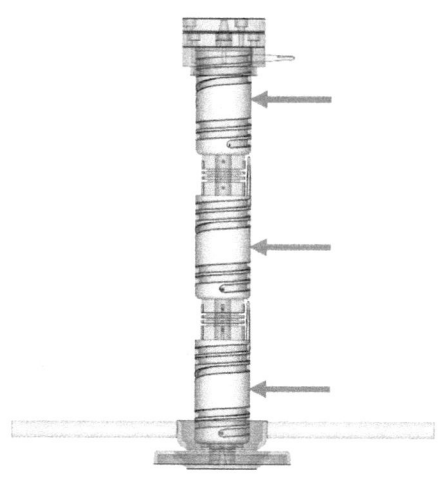

图 7.24　热流道金属 Brass 属性设置

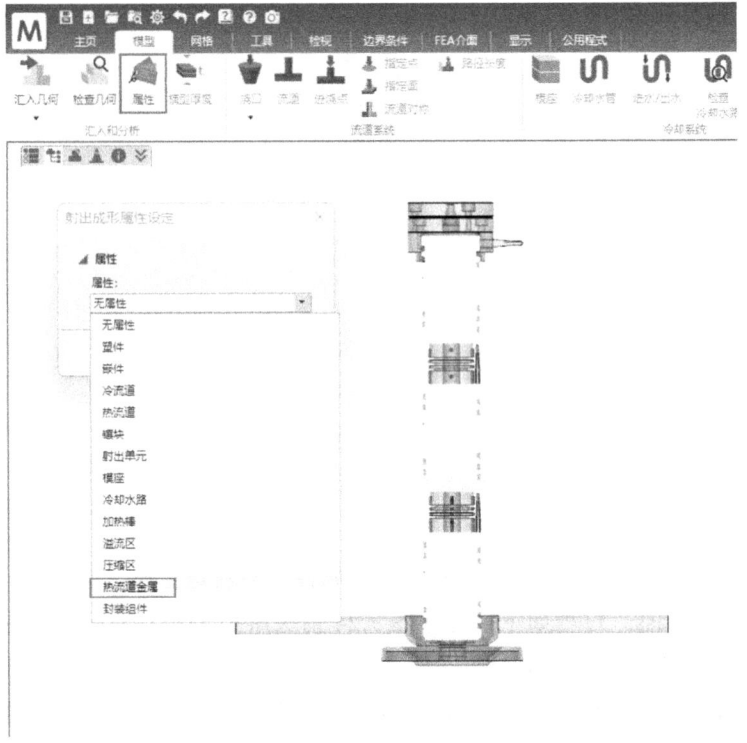

图 7.25 "热流道金属"设置界面

图 7.26 材料群组的添加与设置界面

f. 选择图 7.27 所示的部分设置属性为热流道金属,并新增一个材料群组,命名为 TDAC。

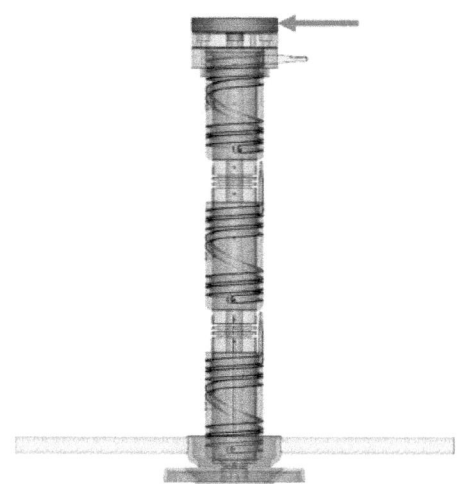

图 7.27 "热流道金属 TDAC"的属性设置

g. 选择图 7.28 所示的部分设置属性为热流道金属,并新增一个材料群组,命名为 skd61。

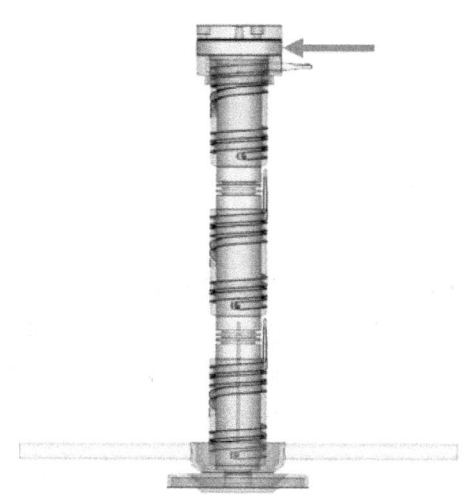

图 7.28 "热流道金属 skd61"的属性设置

h. 选择图 7.29 所示的部分设置属性为热流道金属,并新增一个材料群组,命名为 s420。

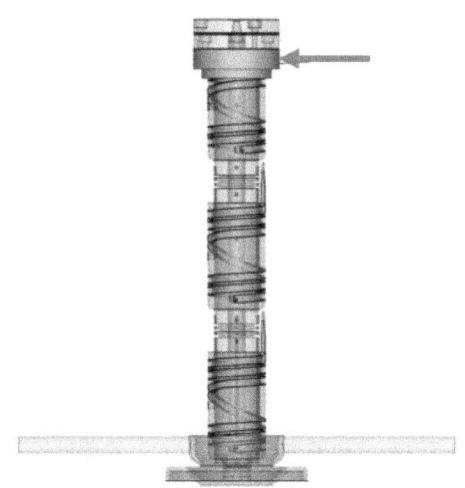

图 7.29 "热流道金属 s420"的属性设置

属性设置完成后,与常规注塑工艺设置一样,按顺序做如下设置。

③ 设置进胶点;

④ 设置冷却水路及进/出水点;

⑤ 设置模座;

⑥ 生成网格。

完成模流分析的前处理工作。

(2)成型工艺参数与模流分析

① 材料设定。应用"材料精灵"完成材料设置。

② 成型条件设定。需要注意的是进行进阶热流道分析时,需在"Moldex3D 加工精灵"的"冷却"菜单下,额外单独设定模具热流道系统的材质。

具体过程如下:点击主菜单中"成型条件"→弹出"Moldex3D 加工精灵"窗口,完成"Moldex3D 加工精灵"窗口的"专案设定"后点击"下一步(N)"→完成"充填/保压"设定,再点击"下一步(N)"→进入"冷却"界面(图 7.30),单击窗口右下方矩形框内的"模具材质(M)…",则弹出图 7.31 所示的"冷却进阶设定"窗口,依次选择、设置前面定义过的热流道金属材料群组的材料性能(图 7.31 左侧矩形框)后,单击"完成",结束模具材料和热流道组件材料的设置。

第 7 章 热流道与随形冷却水路分析

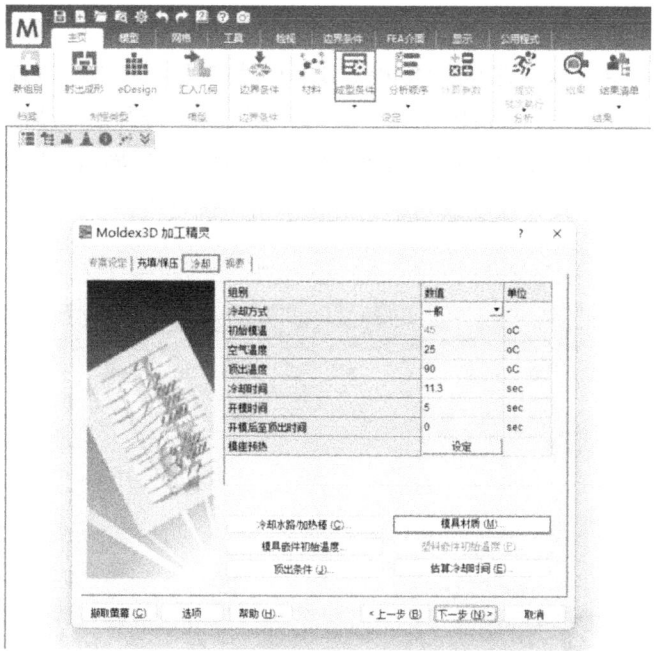

图 7.30 "Moldex3D 加工精灵"窗口的"冷却"设置界面

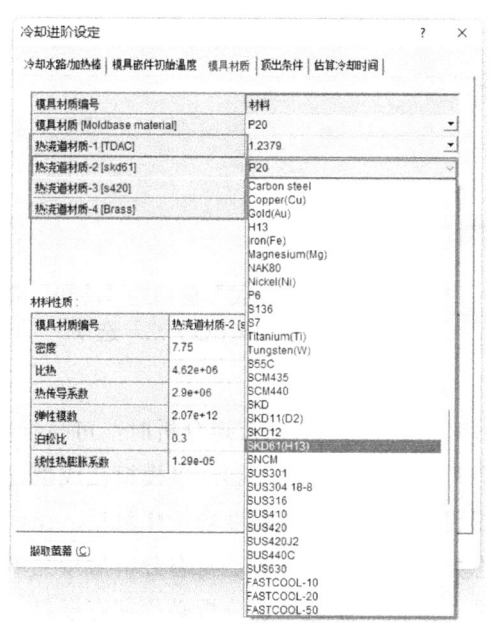

图 7.31 在"冷却进阶设定"窗口的"模具材质"界面进行不同热流道材质的设置

加热棒加热的控制方式也需要通过"Moldex3D 加工精灵"窗口进行设置，与上面操作步骤类似。进入"Moldex3D 加工精灵"窗口的"冷却"设定界面（图 7.30、图 7.32）后，点击图 7.32 左下方矩形框的"冷却水路/加热棒（C）..."后，弹出"冷却进阶设定"窗口的"冷却水路/加热棒"界面（图 7.33），分别设置加热棒加热方式（温度或功率）后，单击"确定"。

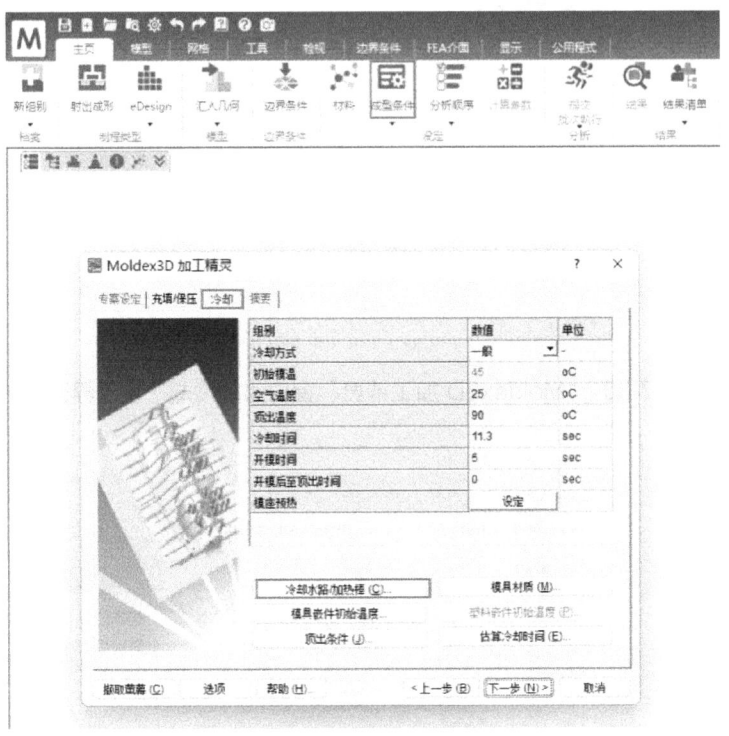

图 7.32 "Moldex3D 加工精灵"窗口的"冷却"菜单下的"冷却水路/加热棒（C）..."选项

③ 设定分析顺序。在执行进阶热流道分析时，可执行瞬时分析（Ct），也可进行热流道稳态分析（HRS）（图 7.34），以模拟在成型过程中真实热流道内部的温度分布，获得更多的热流道及温度场量化数据。在选择分析顺序时，可单独进行热流道稳态分析，也可在热流道稳态分析后接充填分析或其他自定义分析。需要注意的是：执行热流道稳态分析必须拥有授权，才可在计算参数内设置热流道稳态功能与启动相关计算。另外，Ct、HRS 可单独运行，也可组合

运行；Ct 更关注成型过程中冷却系统（水路）及其对模具、熔体温度场的影响；而 HRS 更关注成型过程中热流道系统及其对模具、熔体温度场，以及流道内熔体流率和流动平衡的影响，流道稳态分析不需模拟型腔内流动，即可提升迭代计算效率，减少分析时间。Ct、HRS 的运行，都需要设置相应的边界条件和初始条件（定解条件）。

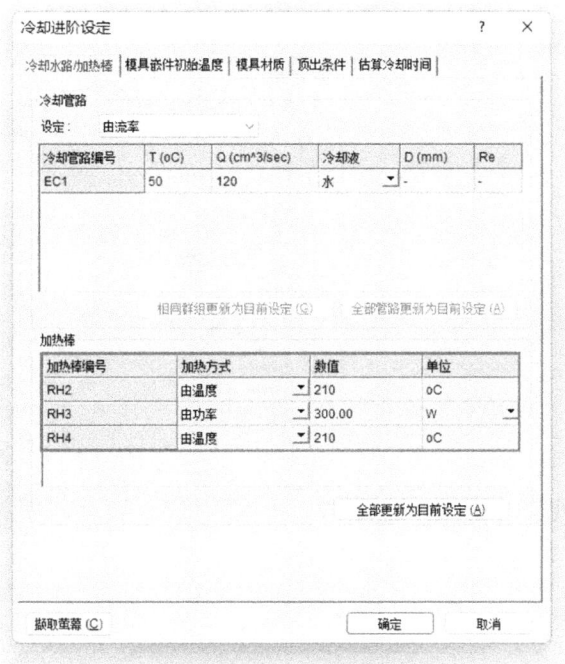

图 7.33 在"冷却进阶设定"窗口的"冷却水路/加热棒"界面进行"加热棒"的设置

图 7.34 热流道稳态分析选择界面

④ 设定计算参数。启动进阶热流道分析，需要在计算参数中选择进阶热流道的选项，以执行进阶热流道分析。该选项若没勾选，则热流道中的熔体温度

假设为不随时间变化。具体步骤为：点击主菜单的"计算参数"后，进入"计算参数"弹出窗口，之后进入"计算参数"窗口的"冷却分析"界面（图 7.35），勾选"执行稳态分析"选项就可以启动进阶热流道分析了。

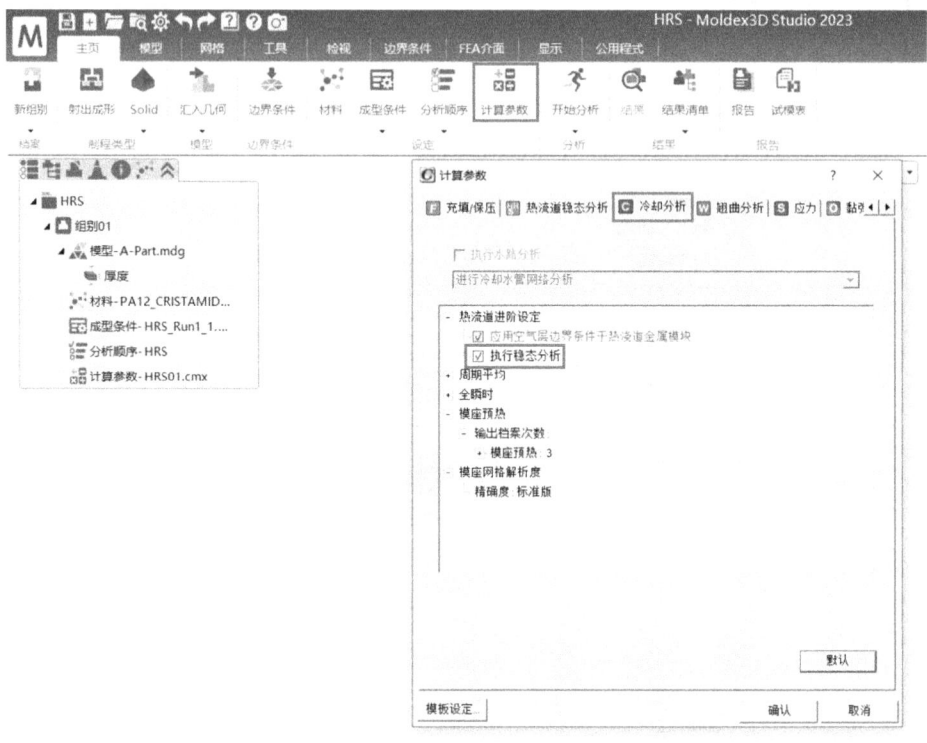

图 7.35 "执行稳态分析"选项界面

激活热流道分析时，"计算参数"窗口会出现"热流道稳态分析"界面（图 7.36），可以在此界面设置热流道稳态分析的相关参数，如"进浇口流率""分析收敛精度"，以及每个浇口的压力，在 CAE 模式下，"进浇口流率"的默认值为型腔体积除以填充时间；在机台模式下，"进浇口流率"的默认值则为型腔体积除以行程时间。热流道浇口压力代表该浇口所受到的外部流动阻力（预设为 0MPa），建议使用者可先试行一组单模穴分析（不包含流道系统，只要求指定进浇点），取得浇口压力结果后代入热流道稳态分析的浇口压力设定。这种做法可获得更精确的预测，并节省分析时间。

第 7 章 热流道与随形冷却水路分析

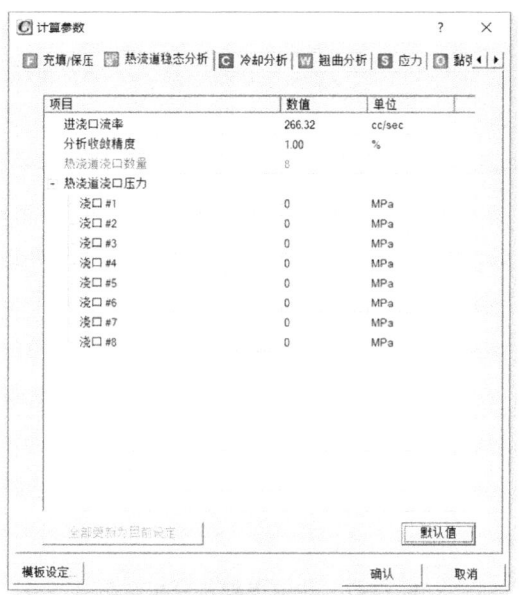

图 7.36 "热流道稳态分析"界面

⑤ 开始分析。执行分析的方法与前面章节相似。

（3）后处理

热流道稳态分析结束后，和常规注塑模流分析一样，可以查看"进阶热浇道"的分析结果，在显示窗口中读取结果分布图（后处理）。

工作区会显示热流道稳态结果，包括压力、温度、剪切力等，使用者可查看每一个热流道的流率，据此评估温度的均匀性及剪切热对流动平衡的影响。此外，流动、保压、翘曲结果显示与常规注塑类似，但温度边界条件和初始条件考虑 Ct、HRS 后，会有不同；冷却结果会有感测点的温度-时间历程曲线，帮助工程技术人员了解温度变化的动态。

这里仅展示"热流道稳态"的分析结果。图 7.37 给出了热流道稳态分析的主要结果项。用户可以根据实际需求，查看对应的结果。

下面介绍一下热流道稳态分析的两个常见应用。

① 无型腔（模穴）模拟的情况下，热流道稳态分析优化热流道设计。在此应用中，主要关注流道的流率和流动平衡比，可在结果记录文件（图 7.38）中查看各浇口的流动平衡情况；并根据流率和流动情况进一步修改热流道几何尺寸与配置，如更改特定区域热流道直径或流道长度，以获得更加平衡的流动。

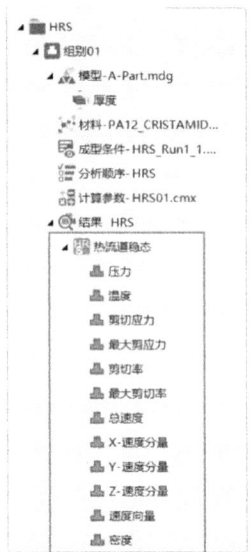

图 7.37 热流道稳态分析结果

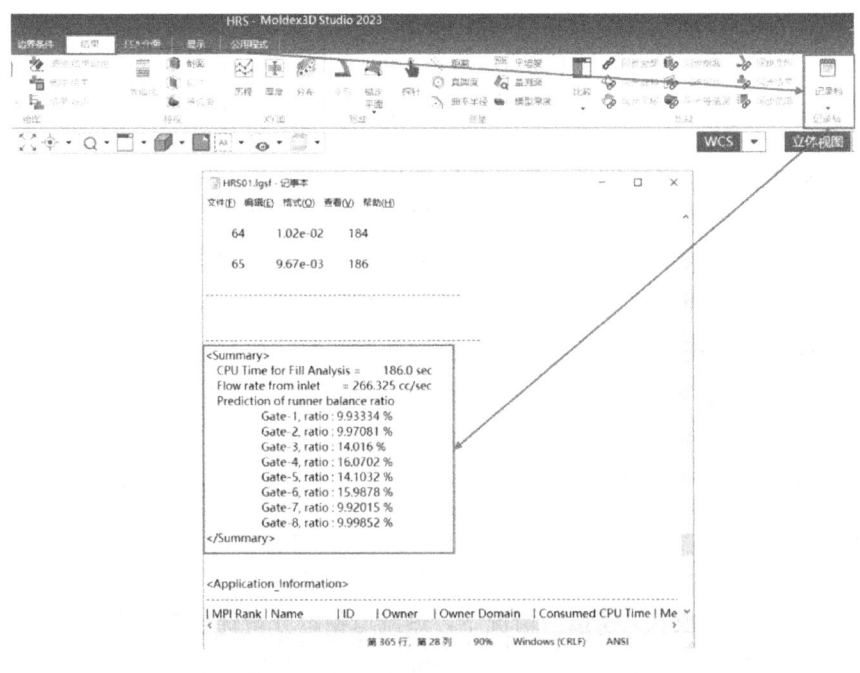

图 7.38 "记录档"中的浇口平衡信息

② 执行"热流道稳态分析-HRS"后，再续接充填分析，以便获得更真实的热流道量化数据。热流道稳态分析可考虑多次注射或多周期注射循环（直到稳定或平衡周期）所累积的剪切生热效应，获得不均匀或不对称的热流道温度分布。因此完成热流道稳态分析再进行充填分析，热流道稳态分析的结果能为充填分析提供更准确的温度初值或温度边界条件，进而提高模拟精度，能获得比常规充填分析更精确的结果。

利用热流道稳态分析的流程如图 7.39、图 7.40 所示。首先，点击主菜单栏中的"分析顺序"，选择下拉菜单中的"使用者自选"（图 7.39），进入"分析顺序设定"窗口（图 7.40），点击"自订"，先从左侧"可用的分析"栏目中添加"热流道稳态分析"和"充填分析"到右侧"选择的分析"栏目中（图 7.40），点击"储存"按钮，完成分析序列设置。

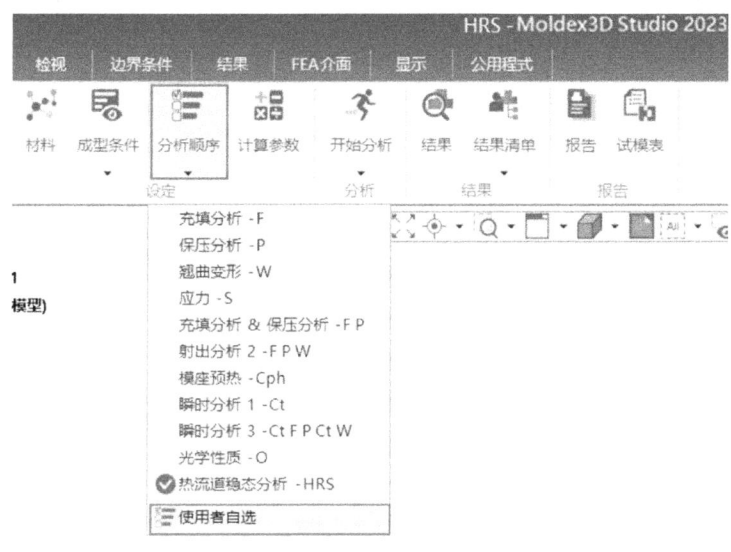

图 7.39 "分析顺序"界面

充填分析若从热流道稳态分析结果中获取热流道初始条件，则会在结果档案中显示，如图 7.41 所示的矩形框文字"From Hot runner Steady"。图 7.42 对比了热流道稳态分析和充填分析结果中热流道的温度分布结果，从中可以看到二者温度场的明显差异：传统充填模拟中，热流道初值通常无温度差，因为这是假定热流道的初始温度均匀[图 7.42（a）]；而"热流道稳态"分析的温度结果中，热流道温差在 20℃左右[图 7.42（b）]。

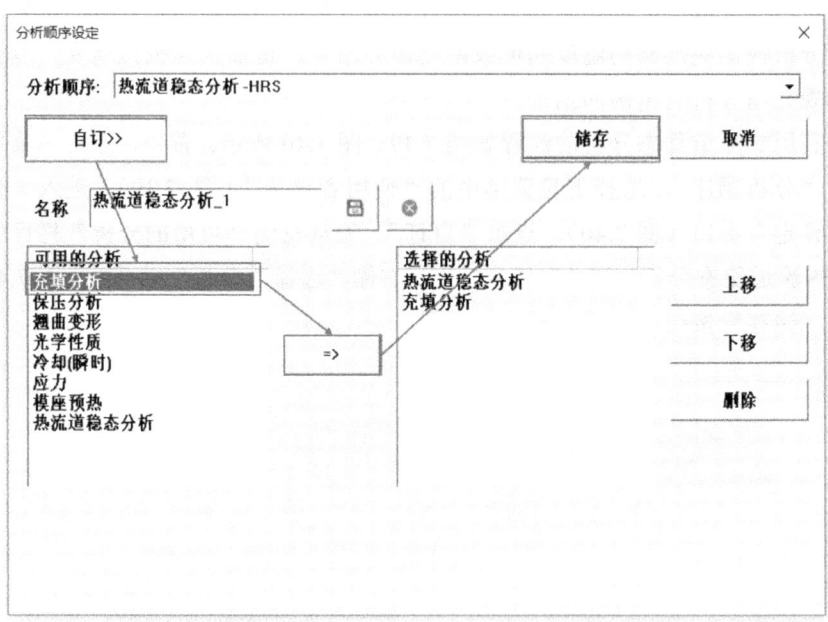

图 7.40 "分析顺序设定"窗口"自订"界面

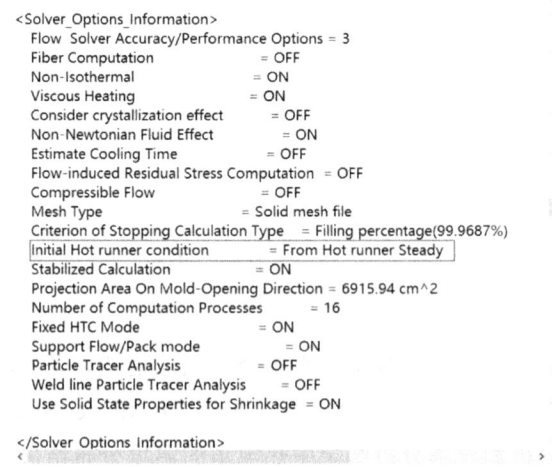

图 7.41 充填分析记录档

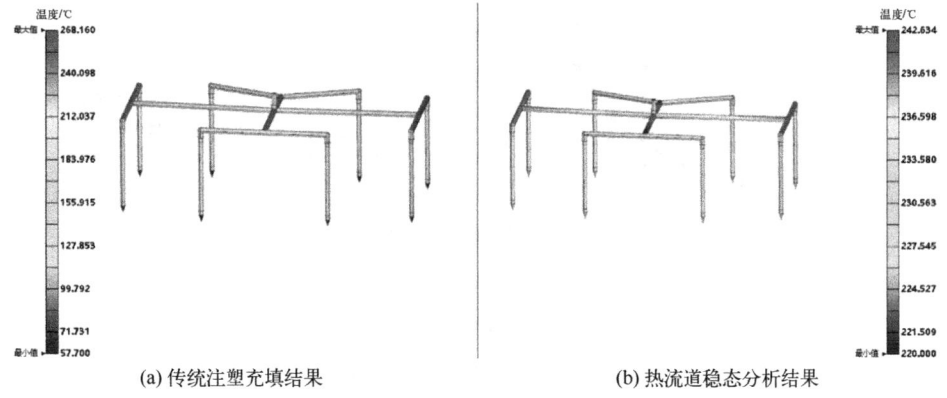

(a) 传统注塑充填结果　　　　　　(b) 热流道稳态分析结果

图 7.42　模流分析的温度结果

7.3　随形冷却水路

7.3.1　概述

注射成型过程的冷却不仅影响成型质量，如制品表面质量、残余应力、取向结晶、热变形（弯曲）等，还影响脱模温度、生产周期等。理论上，整个冷却系统的效率取决于三个方面：①从塑料熔体到模具的换热效率；②塑料-模具界面、水-模具界面之间的热交换效率，主要是模具的热物理性能；③水-模具界面、冷却介质的热交换效率，主要是冷却介质与模具间的对流换热能力。其中①、②主要与塑料原料（图 7.43）、模具材料的比热容、热导率等物性参数有关；③与冷却管道的排列（图 7.44、图 7.45、图 7.47）、管径大小（图 7.46）、长短、冷却介质及流动状态（图 7.48）等相关。图 7.46（b）的冷却管道主要是热传导方式，不能充分利用冷却介质的热对流，因此冷却效果不如图 7.46（a）。

温控系统不仅对成型工艺参数的温度控制意义重大，而且对注射成型效率也有重要影响。在传统模具制造中，受限于传统的加工方式，冷却水路（管道）的排列、形状相对简单，多是直线分布，不能很好地贴合型腔，对某些深腔或结构复杂部位无法有效冷却。如图 7.49 所示的传统注射成型的冷却水路，冷却管道与型腔（制品）的距离不等，很难做到均匀冷却，容易对产品质量造成不利影响，显示了传统冷却水路的局限性。设计出与型腔轮廓相似的冷却水路可提高冷却效率，缩短冷却周期，但随形水路的模具设计、加工、制造技术难度高，传统模具制造技术难以实施。

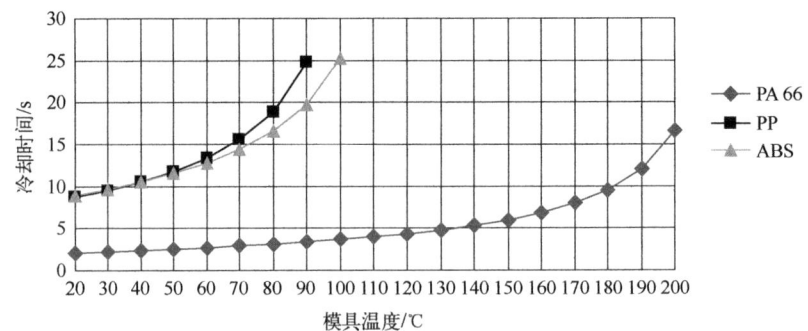

图 7.43　材料不同，冷却时间不同

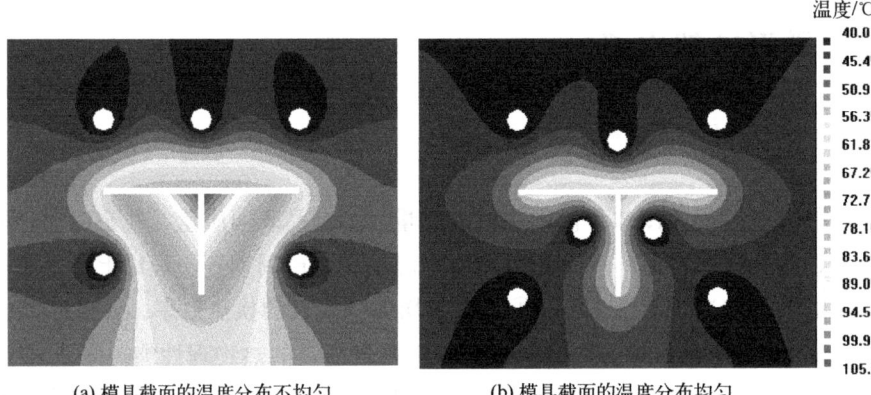

(a) 模具截面的温度分布不均匀　　　　(b) 模具截面的温度分布均匀

图 7.44　冷却管道排列方式不同，冷却效果不同

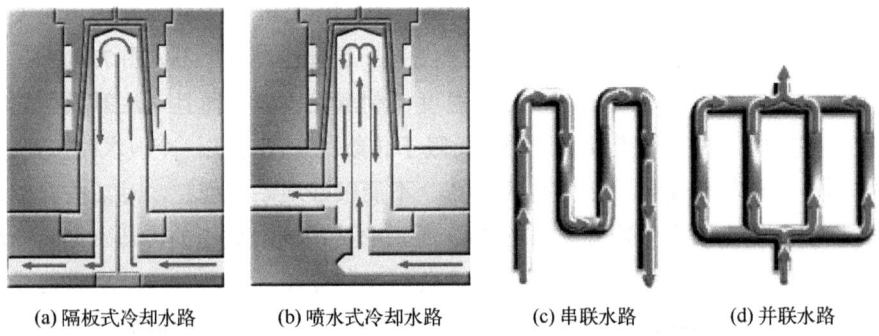

(a) 隔板式冷却水路　　(b) 喷水式冷却水路　　(c) 串联水路　　(d) 并联水路

图 7.45　冷却水路的样式和连接方式示意图

第 7 章 热流道与随形冷却水路分析

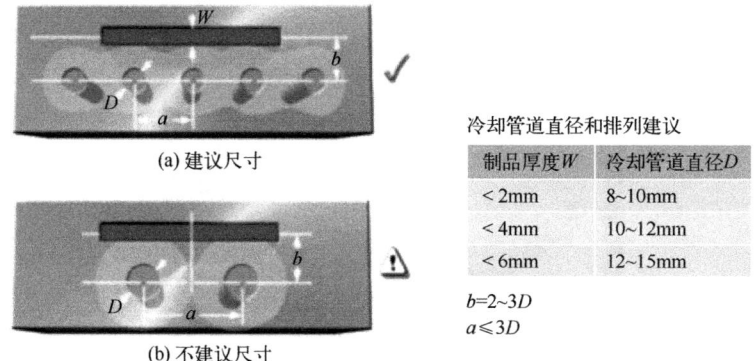

冷却管道直径和排列建议

制品厚度 W	冷却管道直径 D
< 2mm	8~10mm
< 4mm	10~12mm
< 6mm	12~15mm

$b = 2\sim 3D$
$a \leqslant 3D$

图 7.46 常规冷却管道的直径 D 与排列距离 a、b 的经验值

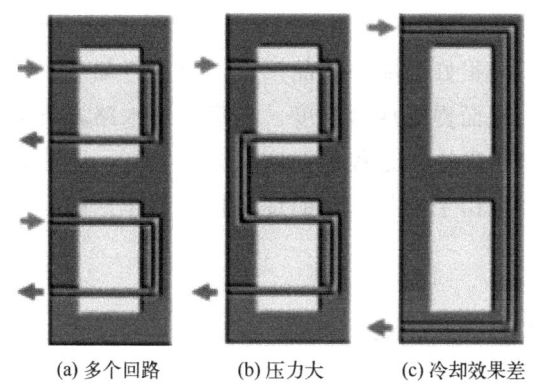

图 7.47 冷却回路的不同排列方式

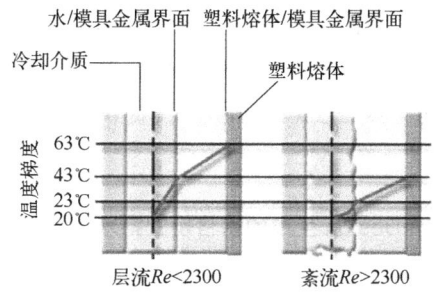

图 7.48 流动状态对温度场的影响

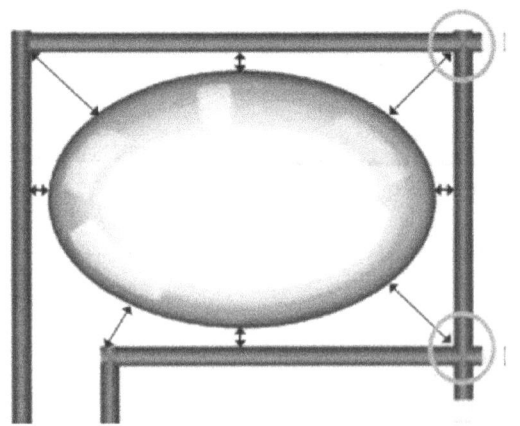

图 7.49 传统冷却水路缺陷示意图

目前的随形冷却水路是一种基于 3D 打印技术的新型模具冷却水路，其可随产品形状分布，能很好地贴合产品形状，提高冷却效率，缩短成型周期，提高冷却均匀性，进而提高成型精度。随形冷却水路本质上与传统冷却水路的目标一致，都是实现注塑过程的温度调节与控制，因此有些设计准则与传统冷却水路类似；但由于增材制造的逐层打印制作，随形冷却水路的设计自由度大很多。

7.3.2 Moldex3D 实体水路分析

Moldex3D 实体水路分析支持"eDesign mode"及"Solid/BLM mode"生成的网格，只有生成水路网格后才可进行水路分析。其中，eDesign 生成的水路网格可使用 2D STL 做 3D 实体水路分析（表 7.3）；但 Solid/BLM 生成的水路网格必须是 3D 实体网格才能运行实体水路分析模块（表 7.4）。需要注意的是，标准版冷却（"Standard Cool"）分析中水路及模座都是实体网格；快速冷却（"Fast Cool"）水路是 1D（线）或 2.5D（STL），仅提供基本水路分析或冷却水路管网分析。

表 7.3 eDesign 生成的网格及支持水路分析的种类

输入的冷却水路类型	基础版（"Not selected"）	冷却水路管网分析	3D 实体冷却水路分析
1D	√	√	
2D	√		√

表 7.4　Solid/BLM 网格及支持水路分析的种类

输入的冷却水路类型	基础版（"Not selected"）	冷却水路管网分析	3D 实体冷却水路分析
1D	√	√	
2D	√		
3D	√		√

3D 实体水路分析适用于"Fast Cool"网格及"Standard Cool"网格，冷却模拟结果项（图 7.50）包括：

① 冷却水管雷诺数（仅"Standard Cool"网格可显示）；
② 冷却水管温度；
③ 冷却水管压力；
④ 冷却水管速度（仅"Standard Cool"网格可显示）；
⑤ 冷却水管速度向量（仅"Standard Cool"网格可显示）；
⑥ 流线。

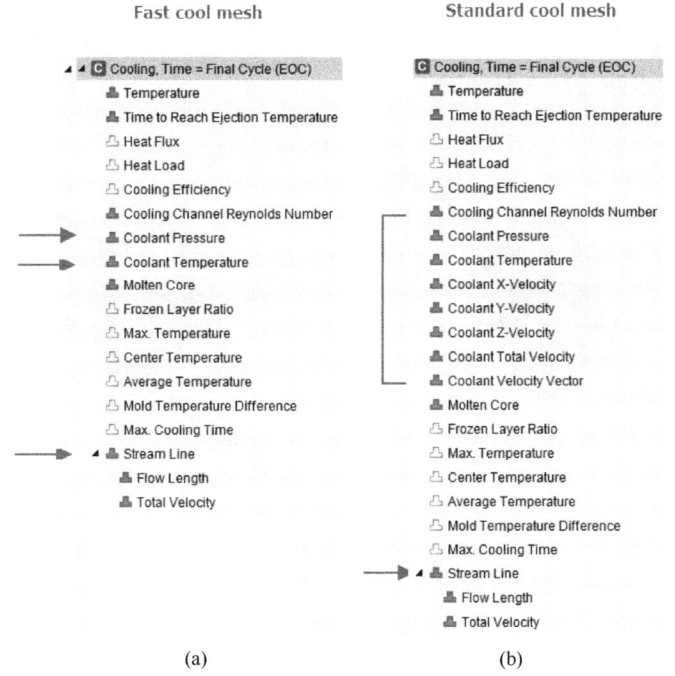

图 7.50　冷却分析模拟结果项

3D 实体水路分析可帮助工程技术人员完成如下工作：

① 评估冷却介质的流体特性（温度、压力、速度、流线等）对冷却水路的影响，或其他特殊冷却水路（隔板式水路及喷泉式水路）的影响；

② 支持复杂冷却系统设计，如多个进、出水口的设计；

③ 查验水路设计在成型过程中的效益，及其对产品质量的影响，包括体缩率、翘曲、雷诺数等；

④ 优化模具及产品设计；

⑤ 量化分析与冷却相关问题的原因及解决问题的可行性；

⑥ 便于工程知识积累，制定设计准则。

7.3.3 Moldex3D 随形冷却水路分析

根据模流分析流程（基础篇中的图 3.1），这里介绍下 Moldex3D 中 3D 实体水路分析的随形水路案例，其中与常规案例冷却分析相同的部分略过，不再过多赘述。

（1） 前处理

① 汇入产品模型。本案例所用的冷却水路如图 7.51 所示，两种模型凸模（公模）侧水路相同，凹模（母模）侧水路分别为传统的隔板式水路 [图 7.51（a）] 和随形水路 [图 7.51（b）]。

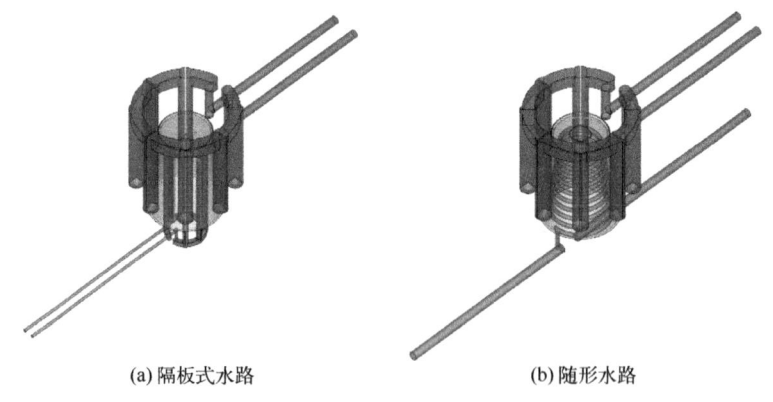

(a) 隔板式水路　　　　　　　(b) 随形水路

图 7.51　冷却水路

② 设置模型属性。③ 设置进胶点。④ 设置冷却水路进水/出水点。⑤ 设置模座。⑥ 生成网格。②～⑥ 步骤与过程请参考基础篇第 3 章、第 5 章类似内容。

（2） 成型工艺参数与 3D 冷却分析

对于实体网格的水路，Moldex3D 提供 3D 实体水路分析功能，可显示冷却水路的雷诺数、温度、压力、速度、速度向量、流线等信息。

① 设定材料。②设定成型条件。③设定分析顺序。①～③步骤与传统注塑类似。

④ 设定 3D 实体水路分析计算参数步骤如下。点击主菜单"计算参数"后，弹出"计算参数"窗口，选择窗口界面中的"冷却分析"（图 7.52），勾选"执行水路分析"后，在下拉菜单中选择"进行三维实体水路分析"。

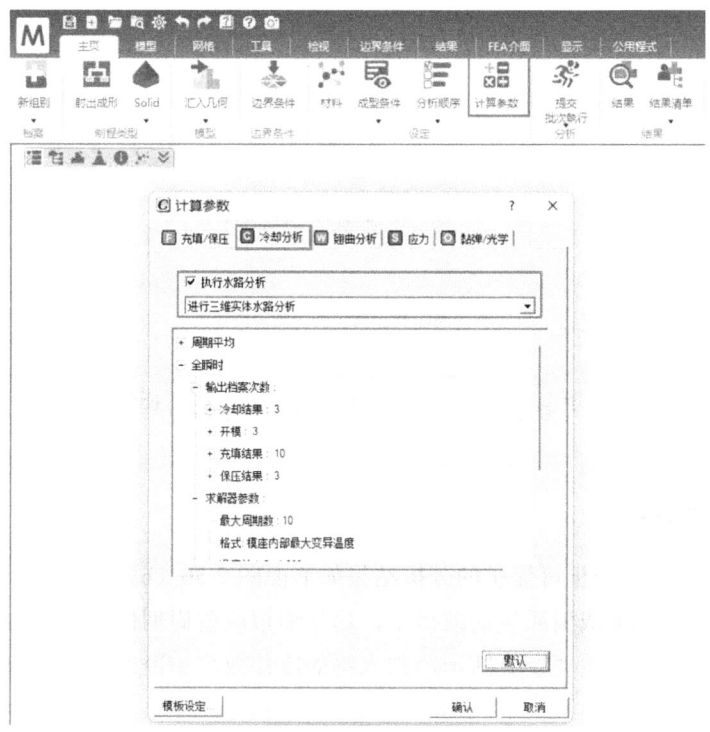

图 7.52 "冷却分析"界面的"进行三维实体水路分析"设置

为考虑冷却效果对产品翘曲变形的影响，在"计算参数"窗口的界面，需要在"翘曲分析"栏（图 7.53 中矩形框），勾选"考虑温度差异效应与区域收缩差异分析"。

⑤ 开始模流分析。设置完成后，进行 3D 冷却分析。

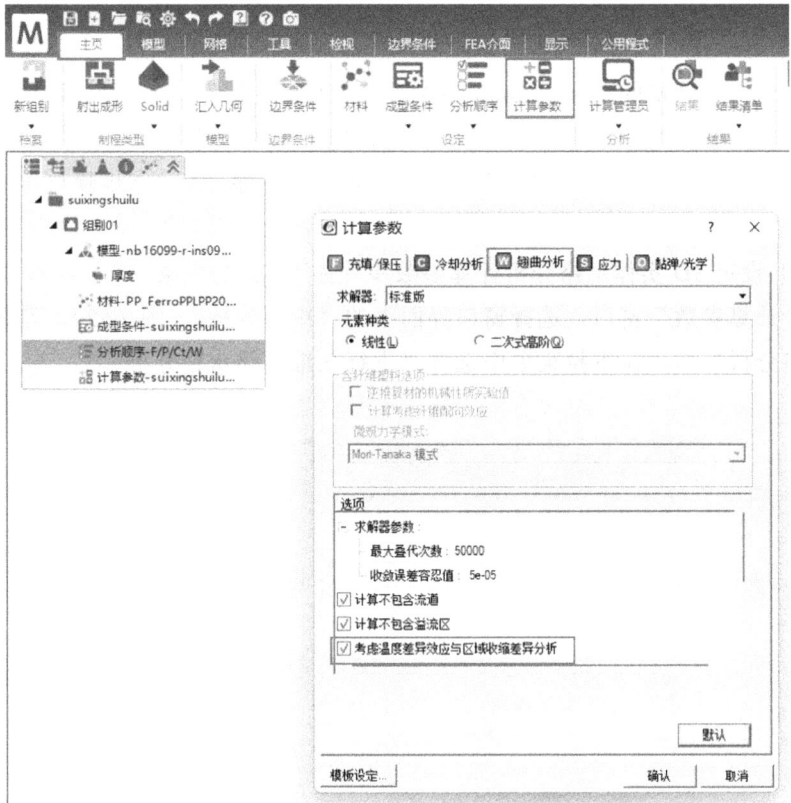

图 7.53 "考虑温度差异效应与区域收缩差异分析"的设置

（3）后处理

3D 实体冷却分析可提供的分析结果如前面图 7.50（b）所示。冷却水路的主要目的是在保证成型质量的前提下，尽量缩短成型周期使制品均匀地冷却。因此，对于本例，主要查看随形冷却水路的冷却效率和冷却效果，相关的模拟结果如下。

① 制品温度。冷却结束时，为便于脱模，制品的温度要低于顶出温度；同时为减小翘曲变形和内应力，制品温度应尽量均匀。传统隔板式水路和随形水路制品内表面在冷却结束时的温度云纹图如图 7.54 所示，从图中可知：使用传统隔板式水路时，制品深腔处有明显积热现象，而随形水路制品表面温度均匀。制品温度分布的统计结果如图 7.55 所示，随形水路制品冷却后的最大温度和温度的均匀性都优于传统隔板式水路。

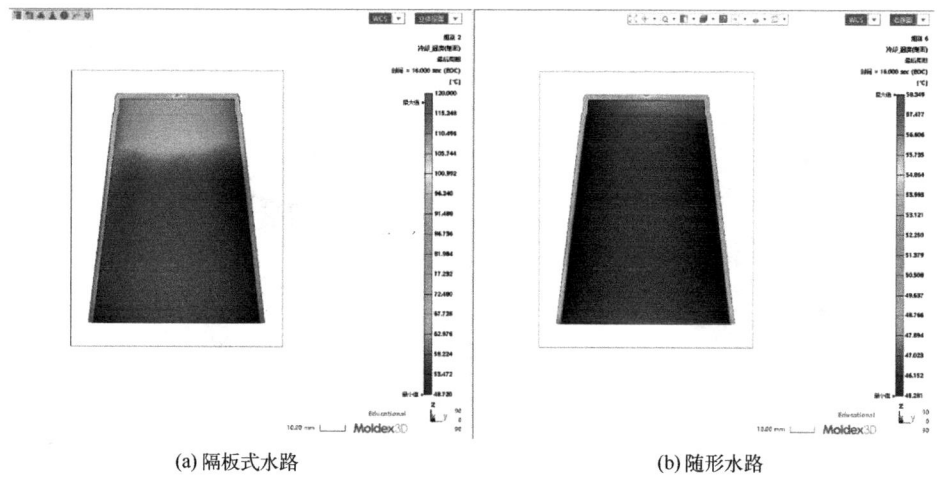

(a) 隔板式水路　　　　　　　　　(b) 随形水路

图 7.54　制品温度云纹图

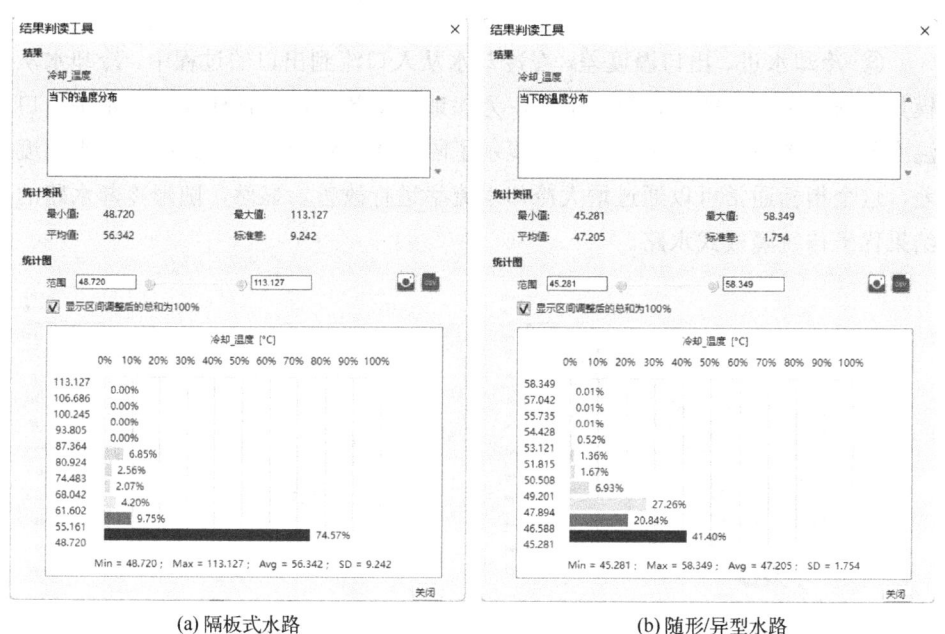

(a) 隔板式水路　　　　　　　　　(b) 随形/异型水路

图 7.55　温度分布统计结果

② 模具温度差。较大的模具温度差可能会导致制品的翘曲变形，为保证成型精度，通常模具温度差要控制在 10℃以下。图 7.56 展示了隔板式水路和随形水路模具的模具温度差，从中可知随形水路有效降低了模具温度差。

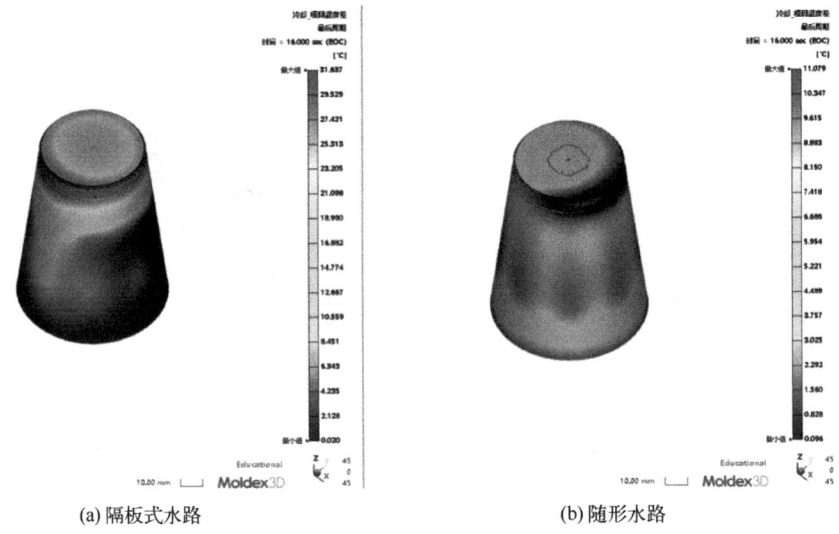

(a) 隔板式水路　　　　　　　　　(b) 随形水路

图 7.56　模具温度差云纹图

③ 冷却水进、出口温度差。在冷却水从入口流到出口的过程中，冷却水从模具、制品中吸收热量，温度上升，为保证冷却效果，通常建议冷却水进出口温度差要控制在 3℃以下。图 7.57 展示了隔板式水路和随形水路的冷却水温度差，这个指标通常可以通过增大冷却水流率进行改善。显然，随形冷却水路的结果优于传统隔板式水路。

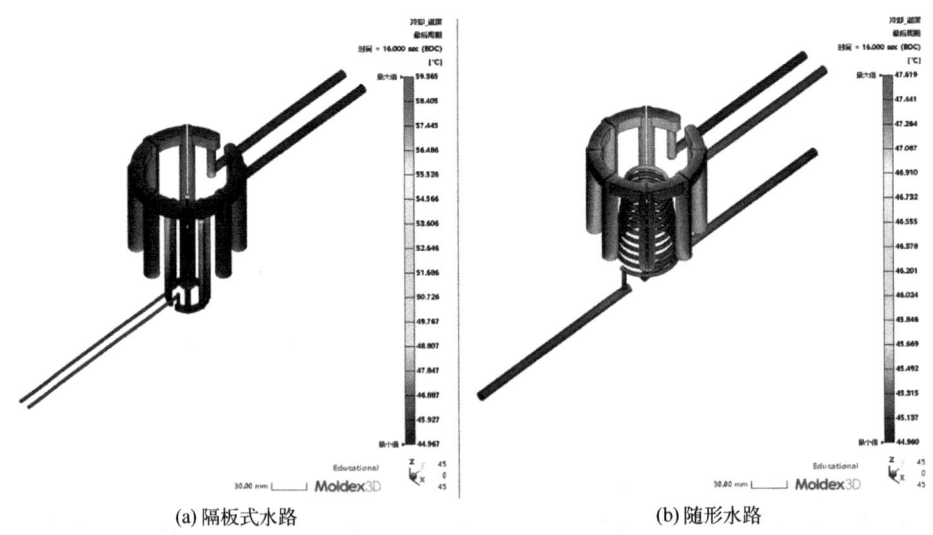

(a) 隔板式水路　　　　　　　　　(b) 随形水路

图 7.57　冷却水温度差云纹图

④ 冷却介质结果。3D 实体水路分析结束后，会有冷却介质的量化结果［图 7.50（b）括号所选条目］，在冷却结果菜单中会显示"冷却水管雷诺数"（图 7.58）、"冷却水管速度向量"（图 7.59）、"冷却介质温度"、"冷却水管压力"（图 7.60）、"冷却介质（X，Y，Z）速度"、"流线"等结果。对于雷诺数，通常建议在 4000 以上以实现湍流，增强换热效率。冷却介质的压力、温度、速度、速度向量、流线等结果，可以帮助人们了解冷却液的流动状态，判断是否存在滞留区和不均衡流动等。从图 7.58 模拟的"冷却水管雷诺数"结果知，冷却介质都处于湍流状态。图 7.59 中的"冷却水管速度向量"结果，表明在随形冷却管道凸模入口处，流速较高，相应的压力也较大（图 7.60）。

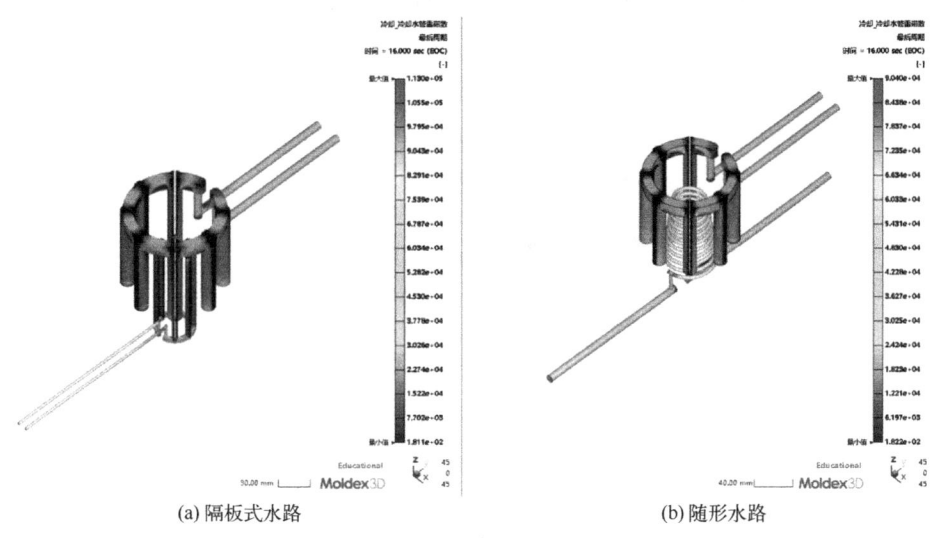

图 7.58 "冷却水管雷诺数"云纹图

⑤ 翘曲分析中温度差异效应位移。在"计算参数"设置时勾选了"考虑温度差异效应与区域收缩差异分析"，翘曲结果菜单下会出现额外的"温度差异效应位移"和"区域收缩差异效应位移"两个菜单（图 7.61），有助于人们分析翘曲产生的原因，不勾选则无相应数值结果。图 7.62 展示了隔板式水路和随形水路产生的温度差异效应位移，从图中可知由于隔板式水路冷却温度不均，导致其制品与随形水路制品相比有较大翘曲，最大位移从图 7.62（a）的 0.505mm降低到图 7.62（b）的 0.051mm。

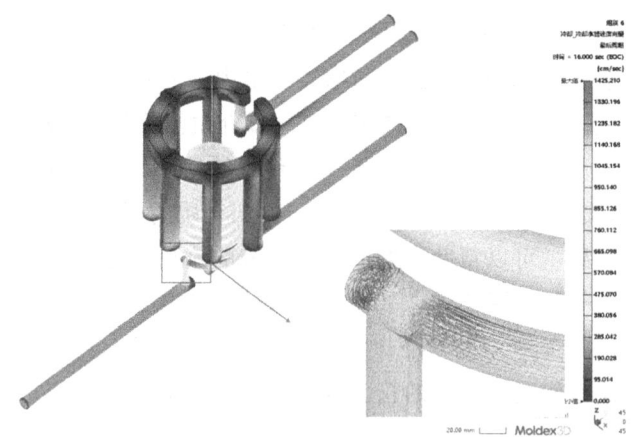

图 7.59　随形水路冷却水管速度向量及平面矢量图

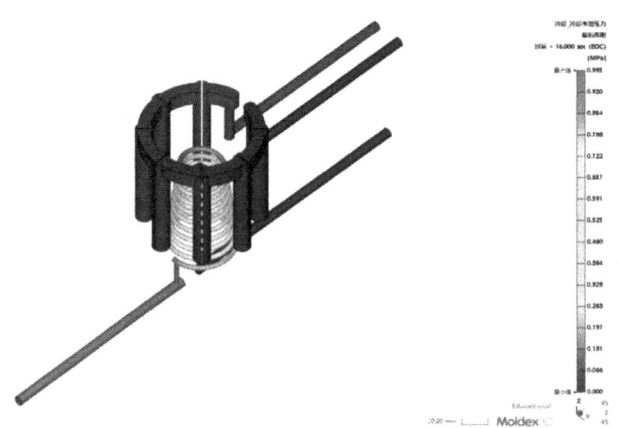

图 7.60　随形水路冷却水管压力

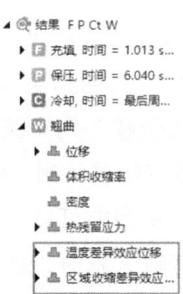

图 7.61　模拟结果中"翘曲"结果菜单

随形冷却管道的设计、制造相对自由，水路距离型腔的位置在保证强度的前提下空间相对自由，相对于传统注塑的冷却管道有较大的优势。从本例深腔制品的模拟结果看，应用随形冷却管道后，塑料制品、型腔的温度均匀性和冷却效率都有较好的改善，因此随形冷却管道的应用前景可观。

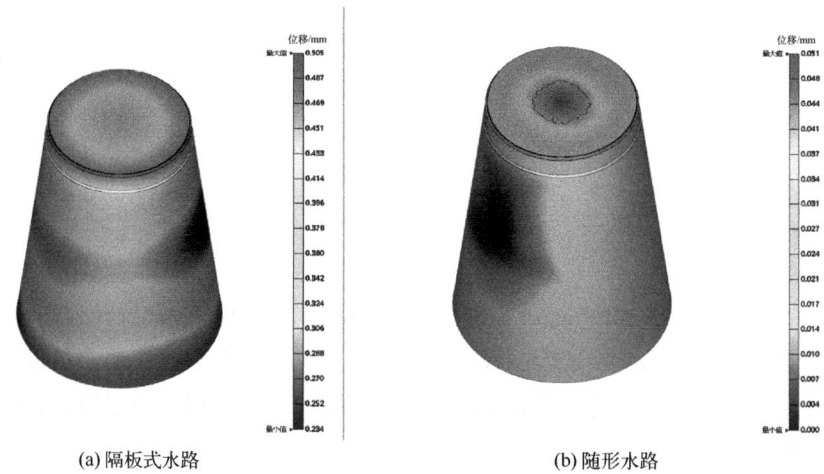

(a) 隔板式水路　　　　　　　　　　(b) 随形水路

图 7.62　模流分析中翘曲结果中的"温度差异效应位移"云纹图

第8章

基于数值模拟的正交试验分析

试验设计法（design of experiment，DOE），是利用数学统计方法设计试验，讨论如何合理地安排试验、取得数据，然后进行综合分析快速获得最优组合方案。应用统计数学进行试验设计的方法包括：回归分析、正交设计、响应曲面分析等。

正交试验设计法是研究与处理多因素试验的一种科学方法。它利用一种规格化的表格，即正交表，挑选试验条件，安排试验计划，并通过较少次数的试验，找出较好的生产条件，即最优或较优的试验方案。正交试验设计主要用于调查复杂系统（产品、过程）的某些特性或多个因素对系统（产品、过程）某些特性的影响，识别系统中的影响因素及其影响程度的大小，以及各因素间可能存在的相互关系。正交试验设计法可促进产品的设计开发和过程优化控制，或改进现有的产品（或系统）。

在注塑过程中，塑料原料塑化熔融后，熔体经历复杂的热力历程后固化成型，所以传统的试凑法不能有效地预测与控制成型过程，选择适合的操作条件是进行高效率注塑的关键。正交试验法可通过控制和改善关键影响因素提高成型质量和产量，优化工艺参数，节约原材料，降低成本。本章主要介绍 Moldex3D 基于正交试验的"专家分析"功能及其应用。

8.1 Moldex3D 专家分析模块

Moldex3D 专家分析模块采用试验设计法帮助工程技术人员根据流道尺寸、

浇口位置及加工条件确定适合的注塑工艺参数，并优化成型工艺。专家分析模块可用于 Shell、eDesign 及 Solid 模型。对于 Shell 模型，专家分析模块基于试验设计法可提供浇口位置、流道尺寸的设计优化、工艺优化及 DOE 分析。对于 eDesign 模型，专家分析模块支持浇口位置的设计优化、成型温度与时间的工艺优化、流率多段设定、保压压力多段设定及 DOE 分析。对于 Solid 模型，专家分析模块提供成型温度与时间等工艺优化、流率多段设定、保压压力多段设定及 DOE 分析。也就是说，Shell、eDesign 及 Solid 中的专家分析模块功能有些差异，但都支持 DOE 分析。

8.1.1 "DOE 精灵"的启动

Moldex3D DOE 分析可帮助工程技术人员预测设计参数与成型参数的最佳组合，并提供分析过程与结论的统计数据。要开启 DOE 分析，首先要有一组作为参考的原始组别为待优化目标。通过原始组别完成模流分析获得关键成型特点后，可确定 DOE 的影响参数/影响因子（Moldex3D 中的"控制因子"）、质量因子（Moldex3D 中的"品质因子"）。Moldex3D 软件通过开启"DOE 精灵"产生 DOE 组别。

启动"DOE 精灵"有两种方式（图 8.1）。方式一：选中"组别 01"后，点击鼠标右键，在弹出菜单中选中"DOE 精灵"[图 8.1（a）]。方式二：点击主菜单栏中"主页"下的"新组别"后，选中"DOE 精灵"[图 8.1（b）]。

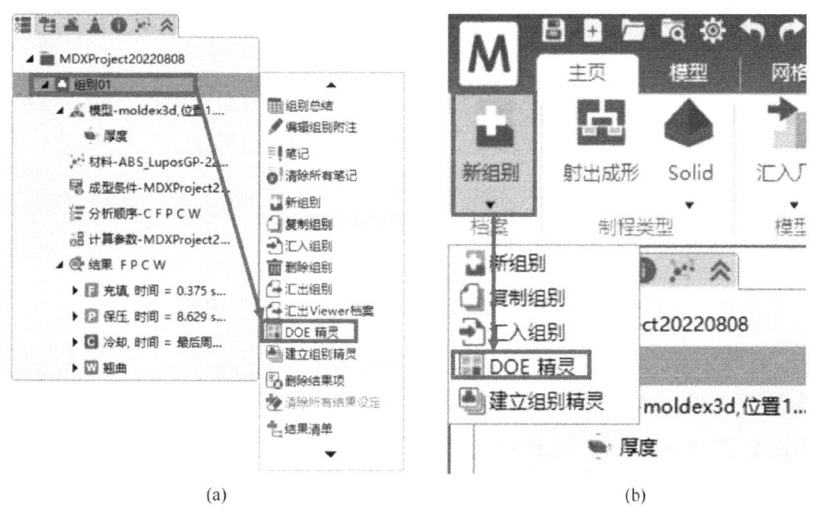

图 8.1 启动"DOE 精灵"的两种方式

启动"DOE 精灵"后的窗口如图 8.2 所示，依次对窗口下面第一行的"设定"与"总结"两部分进行介绍，以完成 DOE 分析所需的设置。在图 8.2 所示的"设定"界面，"DOE 信息"条目下，输入 DOE 分析的"名称："（这里输入"DOE 1"）；在"基于组别："（即前面所述的原始组或参考组）的下拉菜单中选择"组别 1"；在"分析序列："的下拉菜单中选择"分析-C F P C W"；在"DOE 方法："的下拉菜单中有"田口方法"和"全因子实验"两个选项。"田口方法"的试验次数少并能得到较优的因素水平组合；而"全因子实验法"，顾名思义，每个因素的每个水平都至少进行一次试验，试验组数较多。

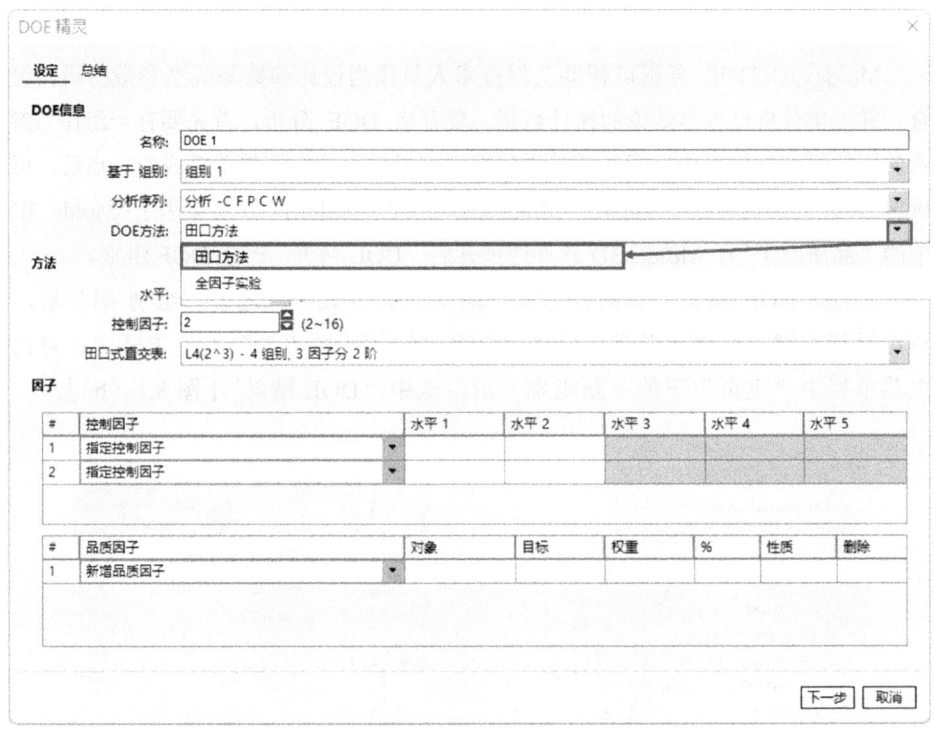

图 8.2 "DOE 精灵"窗口及"设定"界面

若选用"田口方法"，则选定"田口方法"后的"DOE 精灵"窗口的"设定"界面如图 8.3 所示。可根据工程实际需求，选择需要设置的"水平"数和"控制因子"数。"田口式直交表"下拉菜单中，软件提供了多种水平数、控制因子数的正交表（直交表），根据水平数和控制因子数，可以选择相应匹配的表。

若选择"全因子实验","DOE 精灵"窗口"设定"界面如图 8.4 所示。全因子实验与田口方法的不同在于:全因子实验的每个因素的水平数可以不相同,而且每个因素的每个水平至少进行一次试验;田口方法通常每个因素的水平数相等。接下来,了解一下 DOE 中的"控制因子"和"品质因子"。

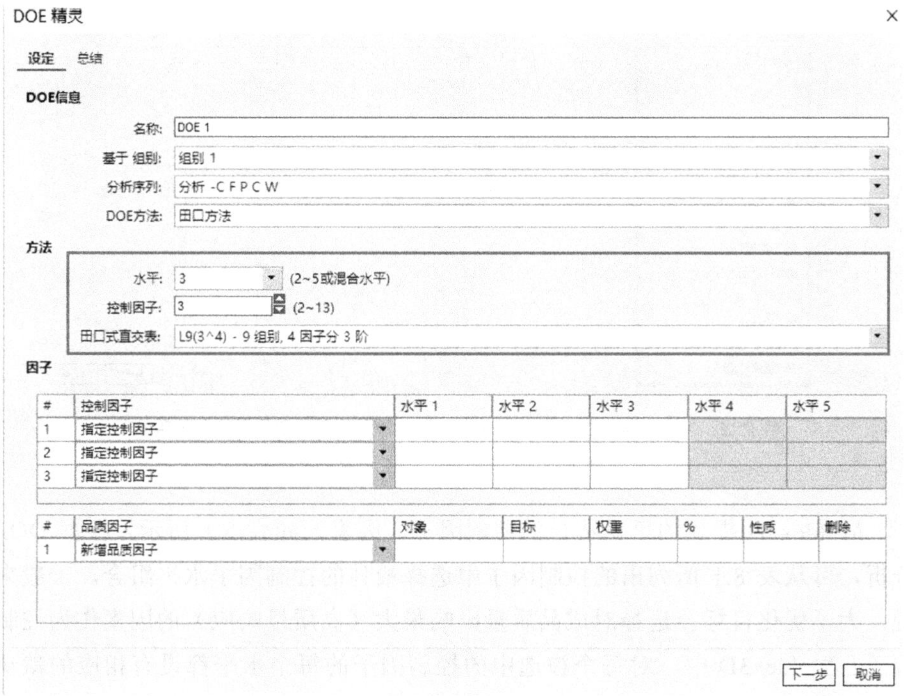

图 8.3 "田口方法""水平"数和"控制因子"的设置界面

8.1.2 DOE 中的控制因子和品质因子

(1)控制因子

DOE 中的"控制因子",即"因子""因素",是指影响试验的条件与原因。如注塑工艺就有温度、压力、时间等影响因素。"水平"是指每个"控制因子"或控制因素下的参数范围,如聚碳酸酯注塑的快速变模温技术中的模具温度这一控制因素或因子,可设为等温度差的 95℃、100℃、105℃三个水平(图 8.4)。

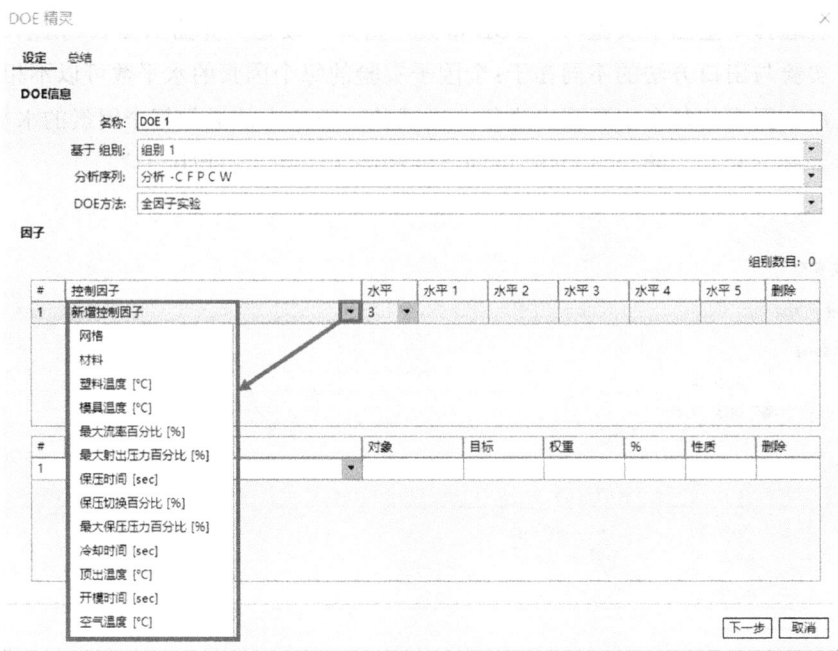

图 8.4 "全因子实验""水平"数和"控制因子"的设置界面

  Moldex3D 提供的可供选择的控制因子（因素）如表 8.1 所示。根据 DOE 分析，可从表 8.1 所列出的控制因子中选择最佳的控制因子水平组合。一般来说，为了优化目标会选择对成品质量影响最大（高质量响应）的因素作为控制因子。Moldex3D 中，对每个被选中的控制因子的每个水平都设有相应的默认值，便于人们更改或设定优化的区间和水平级距；每个控制因子的水平数可根据工程实际情况自行调整。

表 8.1 Moldex3D 中的控制因子

控制因子(control factor)	备注
网格 (mesh)	需预先为设计变更准备不同的网格文档，并将其保存在项目路径下的 mesh 文件夹，才能作为控制因子
材料 (material)	需将材料文档存放在项目目录下的 material 文件夹，才能作为控制因子，同时要注意与加工条件的匹配性
充填时间(filling time) /s	
塑料温度(melt temperature)/℃	
模具温度(mold temperature)/℃	注意：若进行冷却分析(cool analysis)，不能用此当作控制因子，此时应该选择"默认冷却液体温度"为控制因子

续表

控制因子(control factor)	备注
最大注塑压力 (max. injection pressure)/MPa	相当于注塑机的射压上限，通常不适合作为控制因子
最大流率百分比 (max. flow rate profile value)/%	不是常用控制因子
最大注塑压力百分比 (max. injection pressure profile value) /%	不是常用控制因子
保压时间 (packing time)/s	
保压切换百分比(packing switch ratio)/%	V/P 切换
最大保压压力百分比 (max. packing pressure profile value) /%	指定保压压力与最大射压的百分比(仅第一段多段设定)
最大保压压力(max. packing pressure)/MPa	一般不适合作控制因子
冷却时间(cooling time)/s	不支持热固性材料
初始转化率(initial conversion)/%	仅适合热固性材料
开模时间(mold-opening time)/s	不支持热固性材料
顶出温度(ejection temperature) /℃	不是常用因子；不支持热固性材料
空气温度(air temperature) /℃	
预设冷却液体流率 (default coolant flow rate) /(cm³/s)	需要模流分析的模型中有冷却水路；不支持热固性材料
默认冷却液体温度 (default coolant temperature)/℃	需要模流分析的模型中有冷却水路；不支持热固性材料；若无冷却分析，不能用此当作控制因子，应选择模具温度

注：在 Shell 模块中不支持网格(mesh)与材料(material)两项控制因子。

（2）品质因子

DOE 中的"品质因子"，就是可以量化的产品质量特性，可理解为优化目标，多数是能用连续尺度量测的。根据目标的量化特点，一般可分为望目、望小、望大、望均等（表8.2）。

① 望目：结果越近目标值越好，例如尺寸、切换压力、间隙、黏度等。
② 望小：结果越小越好，例如磨耗、收缩、成本、成型周期等。
③ 望大：结果越大越好，例如强度、寿命等。
④ 望均：结果的标准偏差最小，如热流道系统中，流道及其熔体温度分布越均匀越好。

一般情况建议只选择一个质量因子；若有特殊需求，Moldex3D 程序也支持多个质量因子。

表 8.2 质量特征

质量特征	判别对象
望目	结果取平均值与目标值相差最小的
望小	结果越小越好，目标值为最小值
望大	结果越大越好，目标值取最大值
望均	结果标准偏差最小的

选择品质因子来定义成品的质量，需要和前面选取的控制因子匹配起来。表 8.3 给出了 Moldex3D 软件中的"品质因子"及其"目标"的建议。注意：表 8.3 中的内容不仅限于注射成型。

表 8.3 Moldex3D"品质因子"的类型与相应目标

结果	品质因子	目标
充填结果(EOF)	平均温度分布(average temperature distribution)/℃	望均(uniform the best)
	中心温度分布(center temperature distribution)/℃	望均(uniform the best)
	容积温度分布(bulk temperature distribution)/℃	望均(uniform the best)
	剪切率分布(shear rate distribution)/s^{-1}	望小(small the better)
	剪切应力分布(shear stress distribution)/MPa	望小(small the better)
	密度分布(density distribution)/(g/cm^3)	望均(uniform the best)
	体积收缩率分布(volumetric shrinkage distribution)/%	望均(uniform the best)
	熔体波前温度分布(melt front temperature distribution)/%	望均(uniform the best)
	压力分布(pressure distribution)/MPa	望均(uniform the best)
	最大锁模力(maximum clamp force)/t	望小(small the better)
	进浇口注塑压力值(sprue injection pressure value)/MPa	望小(small the better)
	转化率(conversion)/%	望目(nominal the best)
	粉末浓度(powder concentration)/%	望均(uniform the best)
保压结果(EOP)、熟化结果(EOC)	平均温度分布(average temperature distribution)/℃	望均(uniform the best)
	中心温度分布(center temperature distribution)/℃	望均(uniform the best)
	容积温度分布(bulk temperature distribution)/℃	望均(uniform the best)
	剪切率分布(shear rate distribution)/s^{-1}	望小(small the better)
	剪切应力分布(shear stress distribution)/MPa	望小(small the better)
	密度分布(density distribution)/(g/cm^3)	望均(uniform the best)
	体积收缩率分布(volumetric shrinkage distribution)/%	望均(uniform the best)

续表

结果	品质因子	目标
保压结果(EOP)、熟化结果(EOC)	压力分布(pressure distribution)/MPa	望均(uniform the best)
	最大锁模力(maximum clamp force)/t	望小(small the better)
	浇口注塑压力值(sprue injection pressure value)/MPa	望小(small the better)
	转化率(conversion)/%	望目(nominal the best)
	粉末浓度(powder concentration)/%	望均(uniform the best)
冷却结果(EOC)	平均模温差(mold temperature difference)/℃	望小(small the better)
	固化层厚度差(frozen thickness difference)/mm	望小(small the better)
	所需冷却时间(cooling time)/s	望小(small the better)
	塑件平均温度(part temperature)/℃	望均(uniform the best)
翘曲结果	最终体积收缩率分布(volumetric shrinkage)/%	望均(uniform the best)
	翘曲 X 方向位移(X-displacement)/mm	望小(small the better)
	翘曲 Y 方向位移(Y-displacement)/mm	望小(small the better)
	翘曲 Z 方向位移(Z-displacement)/mm	望小(small the better)
	最终总变形量(total displacement)/mm	望小(small the better)
	平坦度(flatness)	总位移结果作为品质因子时，可作目标选取
	真圆度(roundness)	总位移结果作为品质因子时，可作目标选取
	线性收缩的距离(distance)	总位移结果作为品质因子时，可作目标选取

8.1.3 "DOE 精灵"的"设定"

DOE 分析基本操作步骤如下。

步骤一：新增专家组别并选择试验设计法（DOE）。

步骤二：选择品质因子并输入品质特征。若选择多个品质因子，还需输入权重。

步骤三：选择控制因子。

步骤四：设置 DOE 组别。选择适合的田口正交表。

步骤五：开始分析。

如果选择 2 个及以上的品质因子，需要设定每个品质因子的权重，然后再输入其在总体控制因子中的百分比（%）（图 8.5）。通常只选择一个品质因子就好。

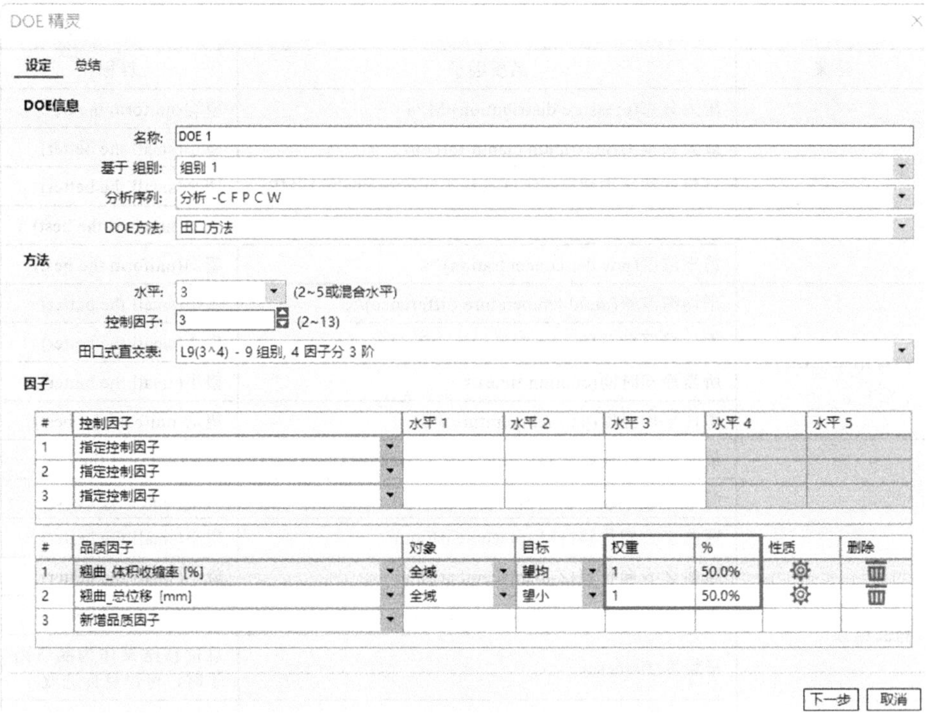

图 8.5 "DOE 精灵"中"品质因子"的设定

若将测量对象应用在 DOE 分析中，需要先利用工具或结果页签的工具创建测量对象，然后在"DOE 精灵"中选择"对象"，如总位移结果作为品质因子，即可在目标中选取测量目标（图 8.6"品质因子"第一行）。

完成"品质因子"设置后，根据"田口方法"或"全因子实验"要求的"控制因子"数和"水平"数，确定"控制因子"及其具体的"水平"值。图 8.6 中，"控制因子"1 是"最大保压压力"，三个水平值分别是：130MPa、140MPa、150MPa；"控制因子"2 是"塑料温度"，其三个水平值分别是：200℃、215℃、230℃；"控制因子"3 是"模具温度"，其三个水平值分别是：35℃、40℃、45℃，是三因素三水平的正交表。

8.1.4 "DOE 精灵"的"总结"

完成图 8.6"DOE 精灵"中"设定"界面的"DOE 信息""方法""因子"的设定后，点击图 8.6 窗口左下方的"下一步"按钮，则切换到"DOE 精灵"

窗口中的"总结"界面（图 8.7），可以预览设置的正交表中所列出的需要计算的控制因子组合。此窗口中部分栏目，如品质因子的"预测值"，最右一列的"翘曲_总位移[mm]（最大值）"此时为空白，但在 DOE 分析完成后会提供相关数据。点击右上角的" ⚙ "图标来开启"DOE 分析设定"窗口（图 8.8）。

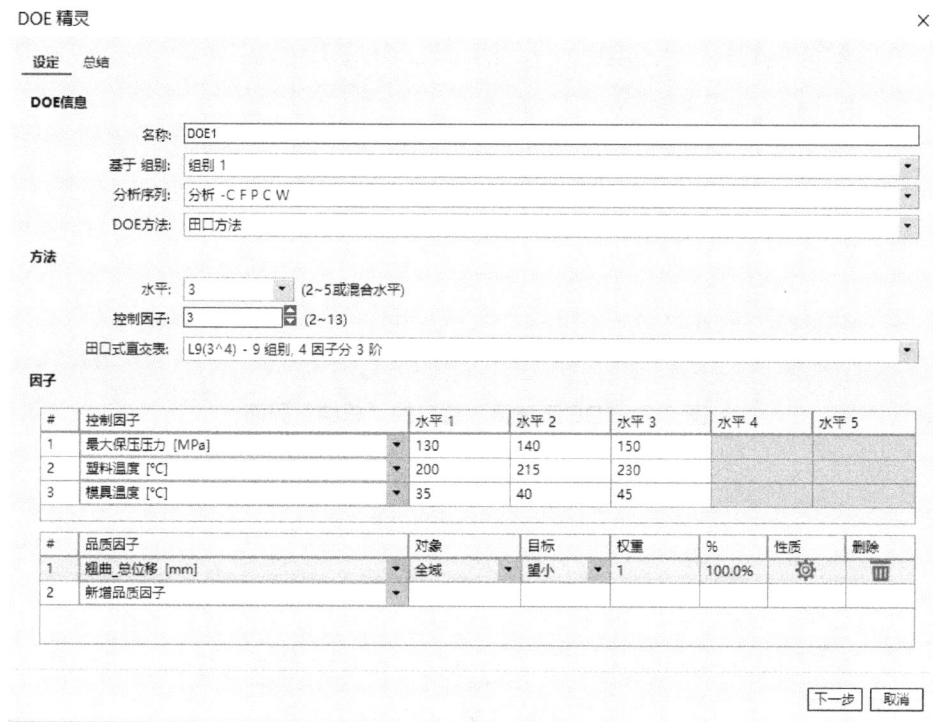

图 8.6　田口方法"因子"设置完成示意图

图 8.8 的弹出"DOE 分析设定"窗口，有三个选项。

① 考虑流道效应：若勾选，在考虑品质因子时会把流道的模拟结果考虑进去。

② 当一个组别出现错误时终止所有分析：此选项需要将计算管理员的工作数量降成 1 才能使用。启用后，如果批次计算中发现其中一个工作出现错误就会取消全部的工作，否则就会跳过。

③ 在组别附注显示变数：若勾选，DOE 分析结果显示考虑变化的量。

点击图 8.8 中"建立"按钮，提交档案后，开始分析。

控制因子	最大保压压力 [MPa]	塑料温度 [°C]	模具温度 [°C]	品质因子	翘曲_总位移 [mm] (最大值)
水平	3	3	3	对象	全域
最小值	130	200	35	目标	望小
最大值	150	230	45	权重	1
1. 组别 13	130	200	35	1. 组别 13	
2. 组别 14	130	215	40	2. 组别 14	
3. 组别 15	130	230	45	3. 组别 15	
4. 组别 16	140	200	40	4. 组别 16	
5. 组别 17	140	215	45	5. 组别 17	
6. 组别 18	140	230	35	6. 组别 18	
7. 组别 19	150	200	45	7. 组别 19	
8. 组别 20	150	215	35	8. 组别 20	
9. 组别 21	150	230	40	9. 组别 21	
组别 22*				组别 22*	
预测					
设定				预测值	

图 8.7 "DOE 精灵"窗口的"总结"界面

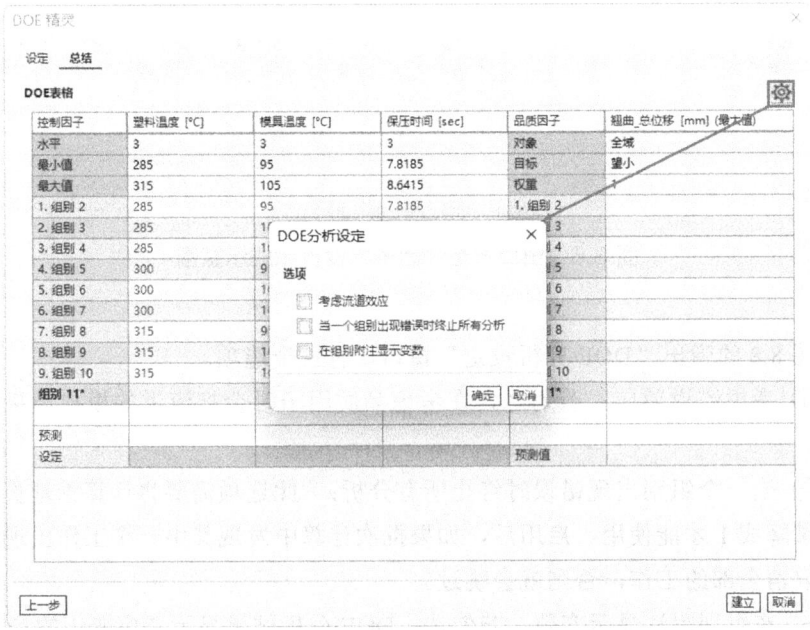

图 8.8 "DOE 精灵"窗口"总结"界面启动"DOE 分析设定"

8.1.5 DOE 分析结果

（1）品质响应

品质响应反映各水平的平均质量响应，并提供变异数分析（ANOVA）的结果。其变化代表了控制因子在不同水平时对品质因子的影响程度。如果品质响应变化不明显，表明在考虑的范围内，该控制因子变化与否不太重要。

（2）信号噪声比响应（S/N 响应）

信号噪声比（signal to noise ratio），整合了质量响应与标准偏差的影响。此外，信号噪声比经过归一化处理，使得不论质量特征如何，信号噪声比数值越高代表质量越好。

（3）响应面绘图

响应面绘图是两控制因子拟合出的品质因子的 3D 变化图，可以显示各控制因子的影响程度、趋势以及优化的区域。两个以上控制因子存在时，右键点击"结果项"并点选"图表选项"更改 X 轴与 Y 轴。具体的细节请参考后面的图 8.22 及相关文字（面板 DOE 结果中的响应曲面相关内容）。

8.2 正交试验分析案例

8.2.1 制品分析

产品是电脑面板框，外廓长宽厚为 388.29mm×250.45mm×5.50mm，是薄壁制品，注射体积为 31.29mm^3。

根据 Moldex3D 的厚度分析（图 8.9）可知：该制品厚度主要集中在 1.001～1.287mm，最大壁厚为 3mm，最小壁厚为 0.145mm，平均壁厚为 1.070mm，厚度分布较均匀。浇道系统如图 8.10 所示。

材料选用聚丙烯（PP），型号为 Lupol TE-5005，制造商为 LG Chemical。注塑工艺参数如表 8.4 所示，作为 DOE 分析的一组原始工艺参数（参考组）。注射成型的模流分析顺序为：CFPCW 的完整分析。

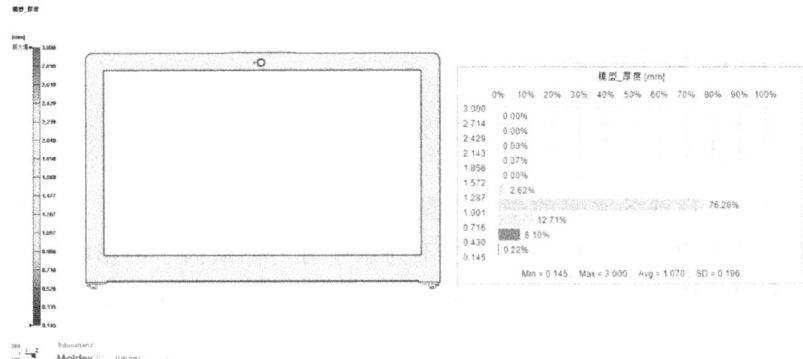

图 8.9　面板框的厚度分布图

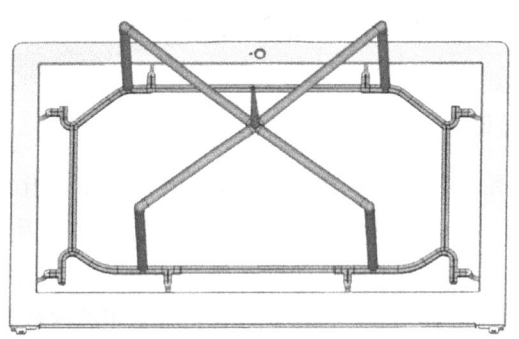

图 8.10　面板框制品的流道系统示意图

表 8.4　面板框制品的工艺参数

工艺参数	数值	工艺参数	数值
充填时间/s	1.18	熔体温度/℃	215
保压时间/s	3.45	模具温度/℃	40
冷却时间/s	10.6	开模时间/s	5
最大注射压力/MPa	140	顶出温度/℃	110
最大保压压力/MPa	140	空气温度/℃	25

8.2.2　原始工艺参数模拟及结果查看

分析流程与基础篇第 3 章（图 3.1）类似，完成面板框制品的模型导入、网格划分、参数设置工作，在"计算参数"窗口中（图 8.11），先后完成"充填/保压""冷却分析"的设置后,点击"翘曲分析"界面,勾选"考虑温度差异效应和区域收缩差异分析"选项,然后点击"确认",提交档案,运行 CFPCW 的分析程序。注意：这是 DOE 分析中原始组的模流分析。

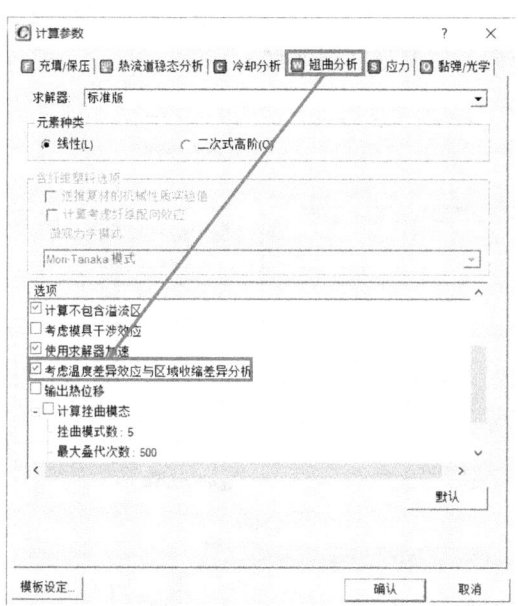

图 8.11 "计算参数"中"翘曲分析"设定

原始组（对照组）模流分析结束后,重点查看与翘曲变形相关的模拟结果,如图 8.12～图 8.15 所示。

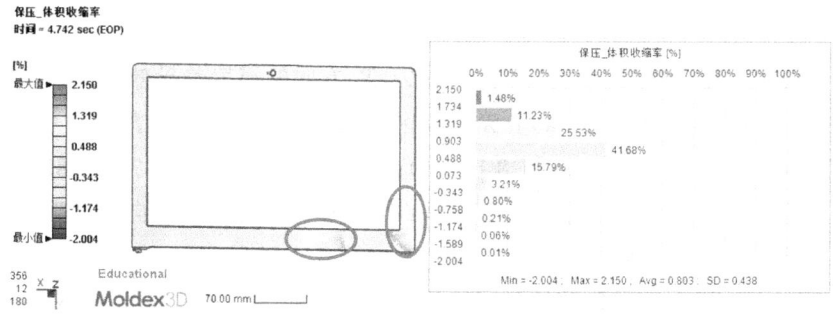

图 8.12 保压结束后的体积收缩率分布

保压结束后的体积收缩率分布如图 8.12 所示。保压结束后，塑件体积收缩率为-2.004%~2.150%，塑件体积收缩率分布不均匀，塑件易产生翘曲变形。

从图 8.13 中可知，翘曲总位移在 0.397~1.223mm 之间。其中 X 方向位移范围是-0.874~0.871mm；Y 方向位移范围是-0.561~0.553mm；Z 方向位移范围是-0.666~0.756mm。从图中可知，制品翘曲变形主要是 X 方向（图 8.14）和 Z 方向（厚度方向）的变形（图 8.15）。

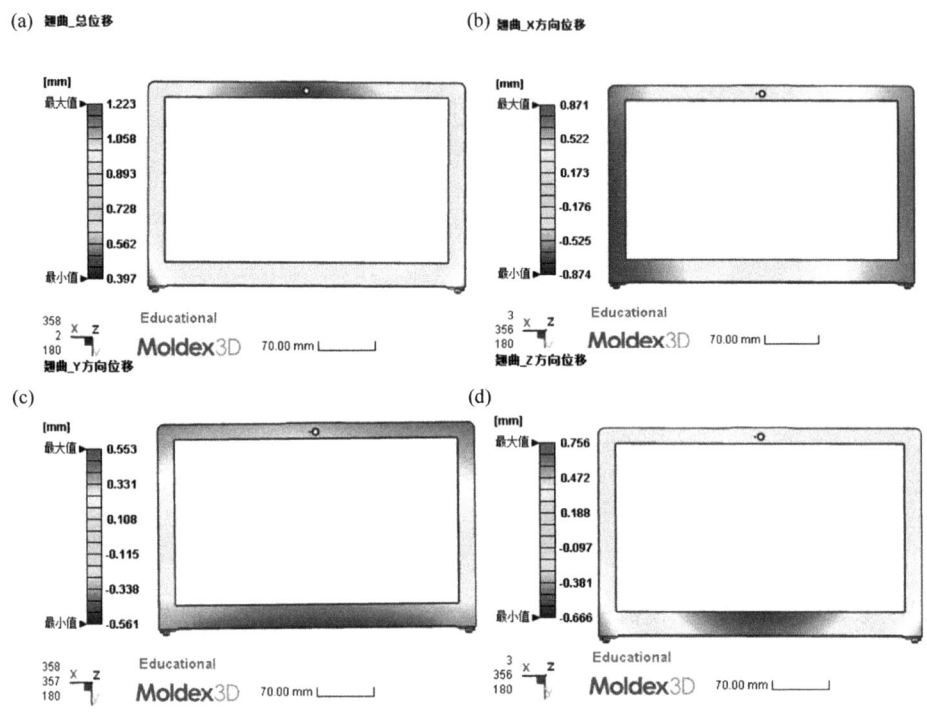

图 8.13　原始组翘曲位移结果

图 8.14 是 X 方向的变形结果对比。X 方向的温度差异效应位移范围为-0.191~0.149mm［图 8.14（a）］；X 方向区域收缩差异效应位移范围为-0.815~0.749mm［图 8.14（b）］。从图 8.14（c）中 X 方向位移（-0.874~0.871mm）可知：温度差异对产品 X 方向翘曲变形的影响有限，制品 X 方向的变形主要是区域收缩差异效应引起的。

图 8.15 是 Z 方向位移的模拟结果。Z 方向温度差异效应位移为-0.026~0.030mm［图 8.15（a）］，Z 方向区域收缩差异效应位移范围为-0.694~0.828mm

[图 8.15（b）]，Z 方向翘曲变形总位移为-0.666～0.756mm［图 8.15（c）]。从图中可知翘曲变形主要是区域收缩差异效应引起的。

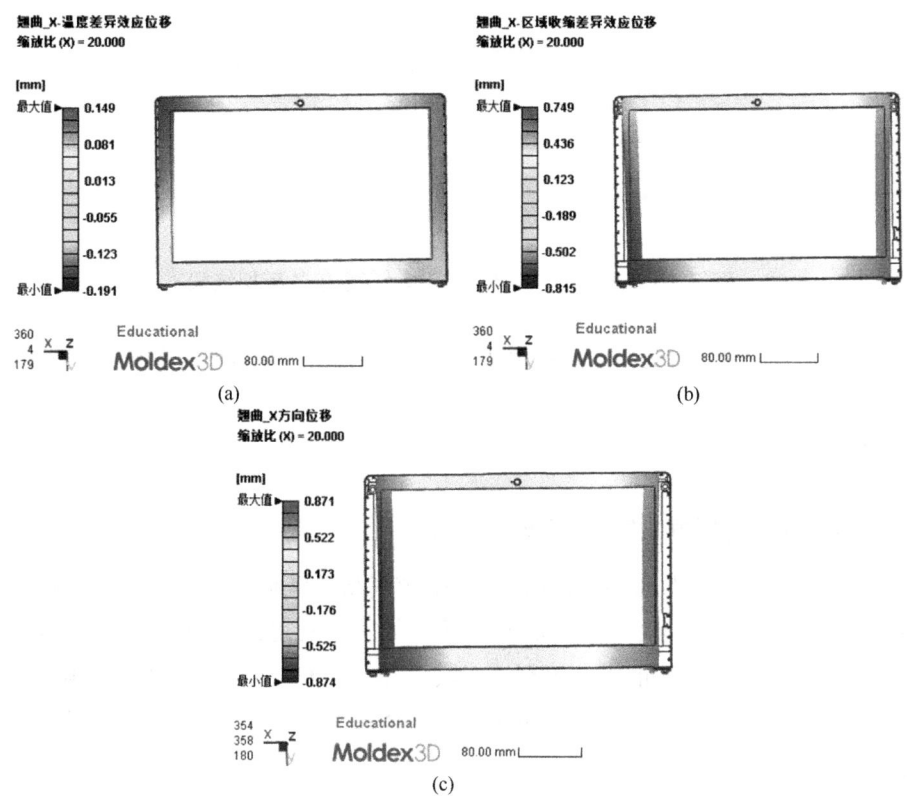

图 8.14　参考组 X 方向位移放大 20 倍的模拟结果

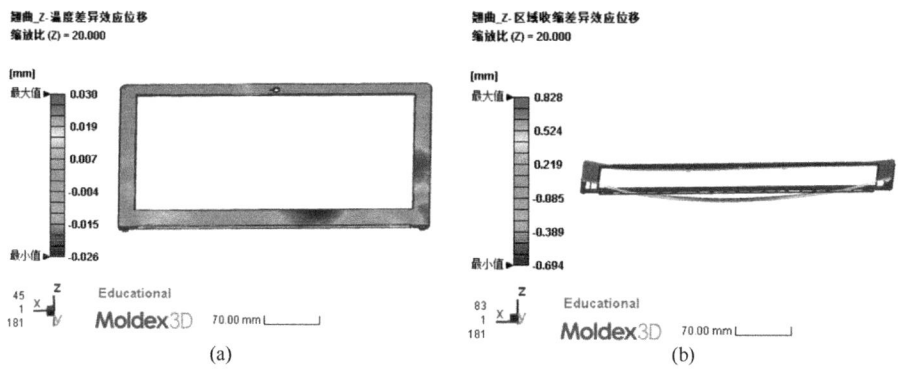

图 8.15

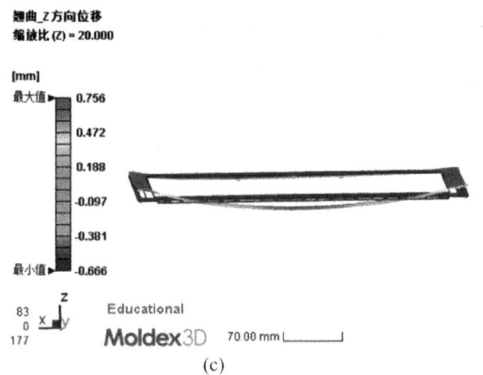

图 8.15　参考组 Z 方向位移放大 20 倍的模拟结果

综上分析，产品的变形主要是由 X 方向、Z 方向的区域收缩差异效应引起的。

8.2.3　DOE 优化

8.2.3.1　面板框"DOE 精灵"设置

根据基础工艺参数组的模拟结果可知，该制品的翘曲变形是由于 Z 方向（厚度）收缩不均（X 方向变形主要是由于面内收缩）。利用模流分析软件的"总区域收缩差异效应位移"的"结果判读工具"（图 8.16）可知，PVT 分布影响了制品的收缩行为。因此，可从保压压力、熔体温度、模具温度等工艺参数方面进行优化，因此 DOE 的田口方法中，"控制因子"选择"最大保压压力""塑料温度""模具温度"3 个因素，每个因素选 3 水平；"品质因子"选取"翘曲总位移"，目标为"望小"（图 8.17）。

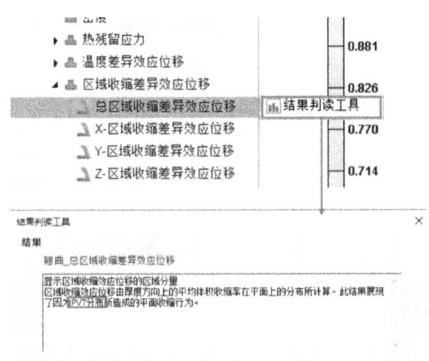

图 8.16　"总区域收缩差异效应位移"的"结果判读工具"

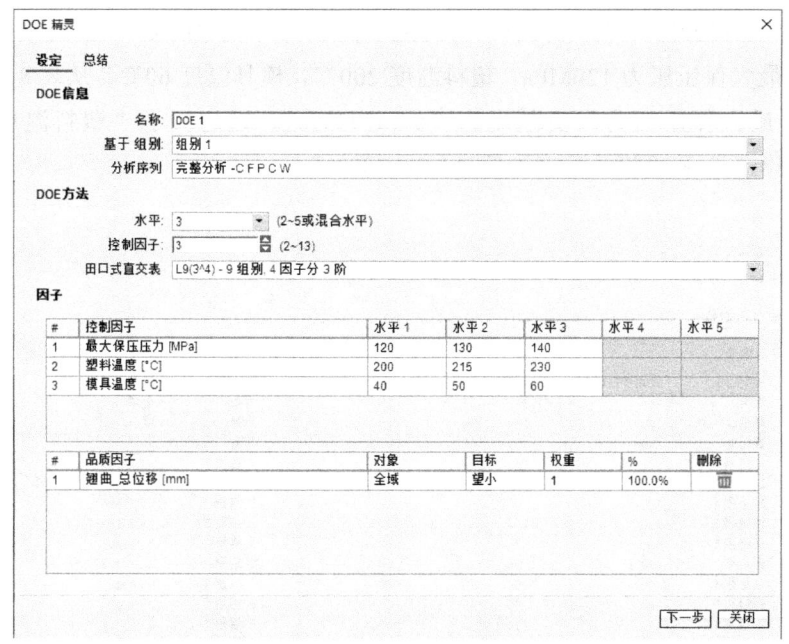

图 8.17 "DOE 精灵"优化参数设置界面

8.2.3.2 面板框制品的 DOE 结果

（1）面板框制品的 DOE 分析结果

DOE 运行结束后，查看 DOE 信息（图 8.18、图 8.19），可得到每组试验结果和优化组合，即最大保压压力为 120MPa、塑料温度为 200℃、模具温度为 60℃时，翘曲总位移最小约为 0.5997mm。下面具体说明。

（2）品质响应

品质响应显示了不同因素水平对质量因子的影响程度，即不同因素水平变化对翘曲变形的影响。从图 8.20 所示的结果可知，对翘曲总位移的影响程度从大到小的顺序为：最大保压压力＞塑料温度＞模具温度。从 DOE 结果导出的 CSV 文档中可获得表 8.5、表 8.6 中的数据。从图 8.17 可知，研究的是 3 因素 3 水平的 DOE 实验。目标是"望小"，就是数值越小越好。从表 8.5 可以得知："最大保压压力"这一行中的最小数值是"0.662808"，即是最佳水平为"水平1"，即对应于图 8.17 中的"120MPa"。同样，"塑料温度"的最小值是"0.79951"，最佳水平同样是"水平1"，即对应于图 8.17 中的"200℃"；"模具温度"的最小值是"0.810955",即"水平3",对应于图 8.17 中的"60℃"。因此最佳水平组合:最大保压压力 120MPa,塑料温度 200℃,模具温度 60℃。从表 8.6 可以看出"最大保压压力"贡献度为"94.67933%",远远大于"塑料温度"的"3.739881%"和"模具温度"的"1.580789%"。

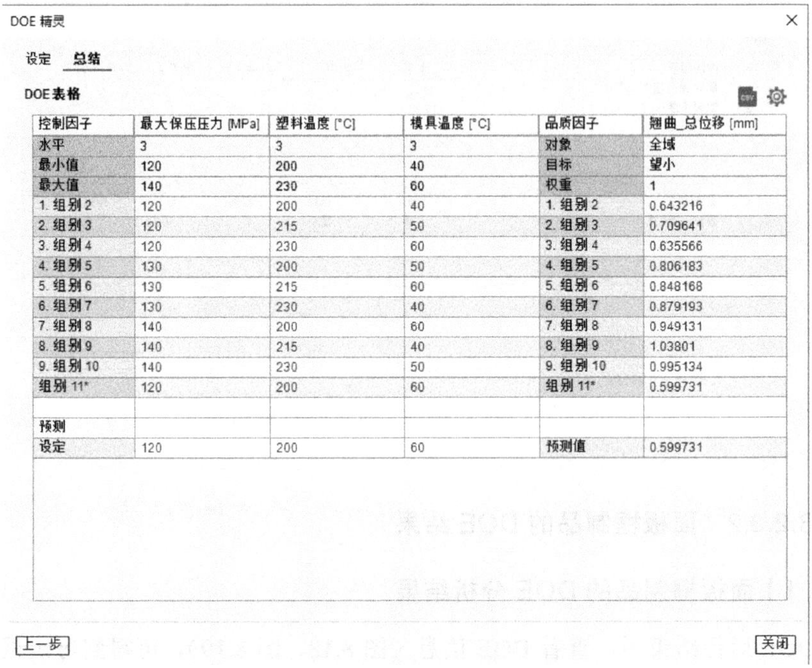

控制因子	最大保压压力 [MPa]	塑料温度 [°C]	模具温度 [°C]	品质因子	翘曲_总位移 [mm]
水平	3	3	3	对象	全域
最小值	120	200	40	目标	望小
最大值	140	230	60	权重	1
1. 组别 2	120	200	40	1. 组别 2	0.643216
2. 组别 3	120	215	50	2. 组别 3	0.709641
3. 组别 4	120	230	60	3. 组别 4	0.635566
4. 组别 5	130	200	50	4. 组别 5	0.806183
5. 组别 6	130	215	60	5. 组别 6	0.848168
6. 组别 7	130	230	40	6. 组别 7	0.879913
7. 组别 8	140	200	60	7. 组别 8	0.949131
8. 组别 9	140	215	40	8. 组别 9	1.03801
9. 组别 10	140	230	50	9. 组别 10	0.995134
组别 11*	120	200	60	组别 11*	0.599731
预测					
设定	120	200	60	预测值	0.599731

图 8.18 面板框制品的 DOE 分析结果

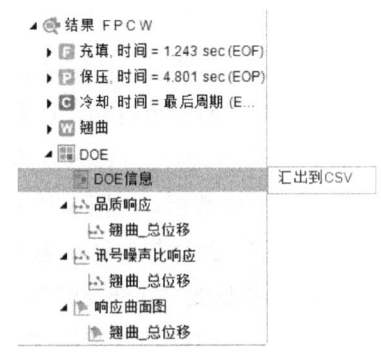

图 8.19 DOE 结果导出"*.CSV"文档

第 8 章 基于数值模拟的正交试验分析

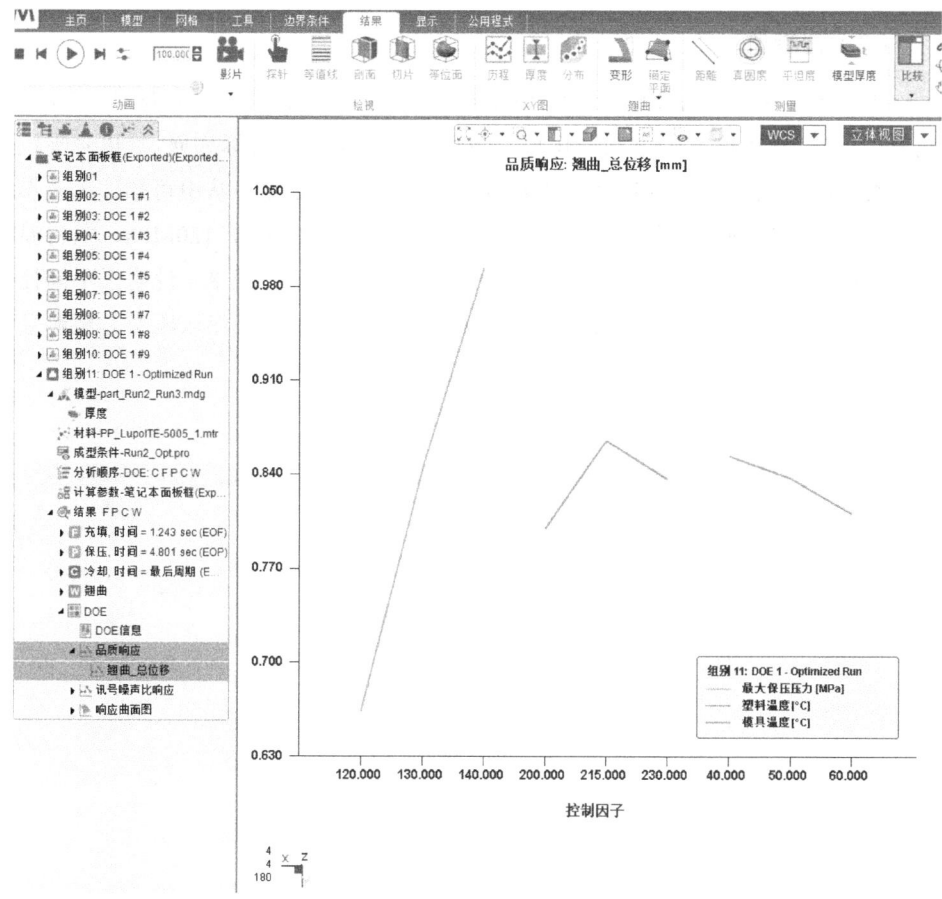

图 8.20 面板框制品 DOE 的品质响应结果

表 8.5 品质响应因子效应

控制因子	水平 1	水平 2	水平 3	效应	最佳水平
最大保压压力	0.662808	0.844515	0.994092	0.331284	1
塑料温度	0.79951	0.865273	0.836631	0.065763	1
模具温度	0.853473	0.836986	0.810955	0.042518	3

表 8.6 品质响应因子方差分析

控制因子	平方和	自由度	变异数	贡献度/%
最大保压压力	0.16514	2	0.08257	94.67933
塑料温度	0.006523	2	0.003262	3.739881
模具温度	0.002757	2	0.001379	1.580789
总和	0.17442	6		

(3)信噪比

田口方法中的"讯号噪声比"(信噪比)整合了质量响应与标准偏差的影响。此外,"讯号噪声比"经过归一化后,使得不论质量特征目标为何,"讯号噪声比"数值越高就代表质量越好。图 8.21 是信噪比响应结果,从中可知"讯号噪声比"越大,翘曲总位移越小。其最优组合为最大保压压力 120MPa、塑料温度 200℃、模具温度 60℃。从表 8.7 中亦可得出此结论。表 8.8 说明了不同控制因子对目标的影响程度,影响程度从大到小依次是:最大保压压力>塑料温度>模具温度,与品质响应的结论相符。

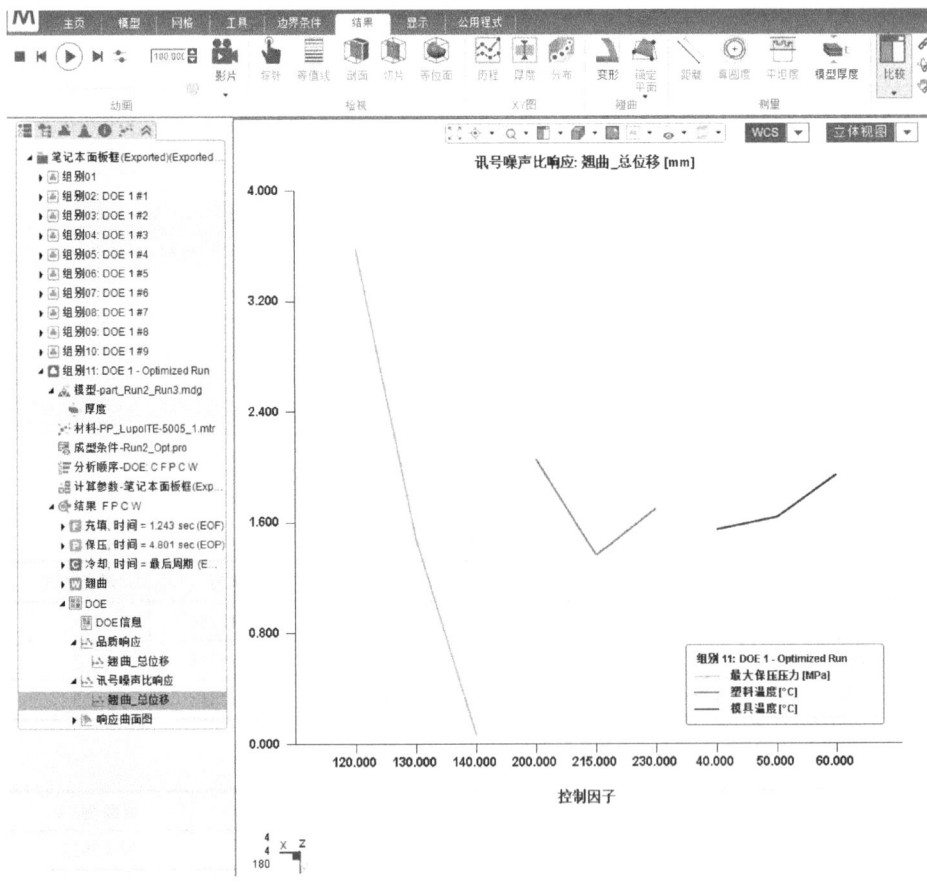

图 8.21 面板框制品的"讯号噪声比"响应结果

表 8.7 "讯号噪声比"因子效应表

控制因子	水平 1	水平 2	水平 3	效应	最佳水平
最大保压压力	3.582959	1.473335	0.057272	3.525687	1
塑料温度	2.052556	1.361853	1.699157	0.690703	1
模具温度	1.542383	1.630974	1.940209	0.397826	3

表 8.8 "讯号噪声比"因子效应方差分析表

控制因子	平方和	自由度	变异数	贡献度/%
最大保压压力	18.88622	2	9.443109	95.07908
塑料温度	0.715736	2	0.357868	3.603237
模具温度	0.26174	2	0.13087	1.317681
总和	19.86369	6		

（4）响应曲面图

响应曲面图是两控制因子所拟合出的品质因子的三维（3D）变化图，可以显示各控制因子的影响程度、趋势以及优化的区域。

响应曲面图可以反映出两个因素对设计目标的交互作用。若响应曲面图上的最大值与沿着某一因素坐标轴方向的最大值不重合，说明因素之间有交互影响。从图 8.22（a）响应曲面图中可以看出，翘曲位移的最大值是在最大保压压力为 140MPa、模具温度为 40℃时，可以得知最大保压压力与模具温度两因素之间没有交互影响；图 8.22（b）中，翘曲位移的最大值是在最大保压压力为 140MPa、塑料温度约为 213℃时，可以得知最大保压压力与塑料温度两因素之间没有交互影响；图 8.22（c）中，翘曲位移的最大值是在模具温度 40℃、塑料温度 222℃时，可以得知模具温度与塑料温度两因素之间有交互影响。通过上述分析，得知最大保压压力与模具温度、塑料温度之间没有交互作用，模具温度与塑料温度之间有交互作用。

（5）DOE 分析前后翘曲结果对比

根据 DOE 分析结果，用优化的工艺参数组合再次进行模流分析，模拟结果如图 8.23 所示。DOE 优化后，翘曲总位移为 0.200～0.600mm；X 方向位移为 -0.320～0.392mm；Y 方向位移为 -0.305～0.269mm；Z 方向位移为 -0.437～0.471mm。优化前后翘曲总变形量改善 51.3%（表 8.9）。

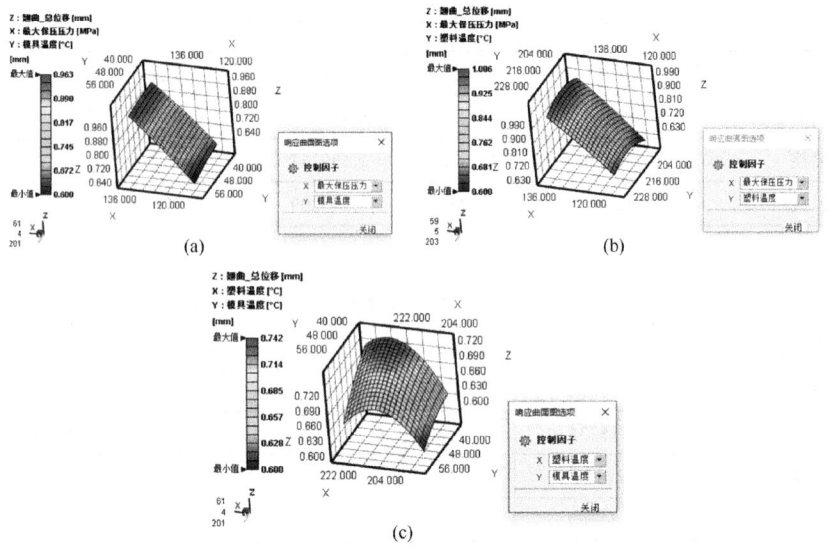

图 8.22 DOE 响应曲面图

(a) X 轴为最大保压压力，Y 轴为模具温度，Z 轴为翘曲总位移；
(b) X 轴为最大保压压力，Y 轴为塑料温度，Z 轴为翘曲总位移；
(c) X 轴为塑料温度，Y 轴为模具温度，Z 轴为翘曲总位移

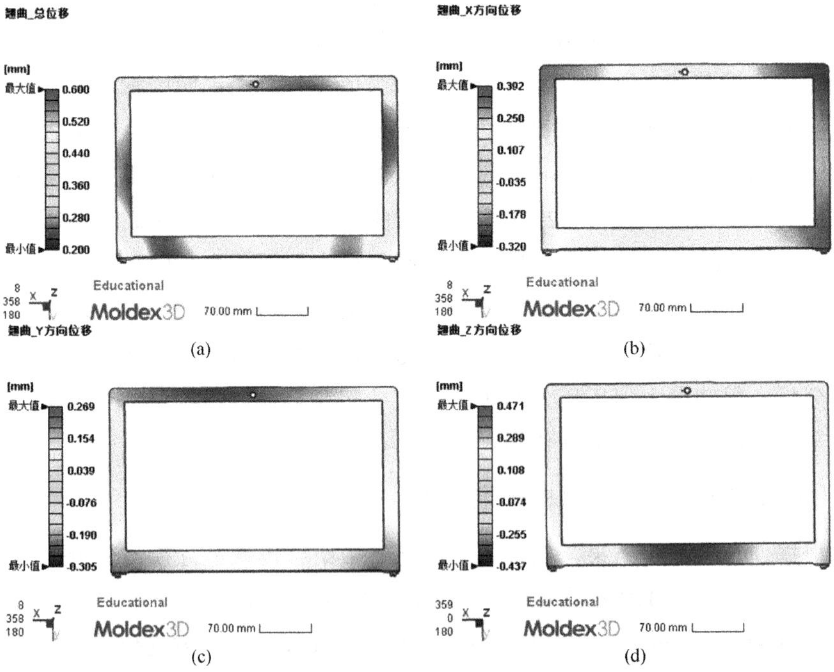

图 8.23 DOE 分析前后翘曲位移

表 8.9 优化前后翘曲结果对比

项目	方向	优化前	优化后	改善度
翘曲总位移最大值/mm	—	1.233	0.600	51.3%
翘曲 X 方向位移最大值/mm	$+X$	0.871	0.329	62.2%
	$-X$	0.874	0.320	63.4%
翘曲 Y 方向位移最大值/mm	$+Y$	0.553	0.209	62.2%
	$-Y$	0.561	0.305	45.6%
翘曲 Z 方向位移最大值/mm	$+Z$	0.756	0.471	37.7%
	$-Z$	0.666	0.437	34.4%

第 9 章

模流分析工程案例

注塑制品广泛应用于家电、电子、通信、汽车等领域。本章对三个实际工程案例进行模流分析。需要说明的是：模流分析仅是非常重要的工具和设计手段，无法替代工程师专业性、创造性的工作。

9.1 多浇口进料家电面板

9.1.1 制品分析

制品是洗衣机面板，长宽高尺寸为 527mm×120.19mm×28.47mm，属于长板类制品。几何结构如图 9.1 所示，其中图 9.1（a）是制品正面带孔结构，图 9.1（b）可见制品背面除孔外的加强筋、肋和装配盲孔。制品原料为 ABS 塑料。制品上表面为外观面，为满足外观的质量要求，需在注塑后进行喷涂（二次加工）。实际生产中存在的主要缺陷是表面熔接线和缩痕（凹痕）影响喷涂工艺的实施。因此，希望用模流分析再现缺陷，并分析制品熔痕和缩痕的成因。

首先，用 Moldex3D 对制品厚度分布进行分析，结果如图 9.2 所示。正面平板壁厚约 3mm，背面由于孔、盲孔、肋、筋结构的存在，特别是在孔附近，壁厚变化较大，壁厚在 3~6mm 之间。由于制品长厚比大，该制品属于较复杂的壁薄结构。通常 ABS 料最大的流长比为 190，为保证熔体的充填和制品自动脱模，采用三点进料的点浇口，浇注系统如图 9.3 所示：流道直径 8mm，浇口直径 2mm，流道体积 29.4cm³，塑件体积 220.7cm³。

第 9 章 模流分析工程案例

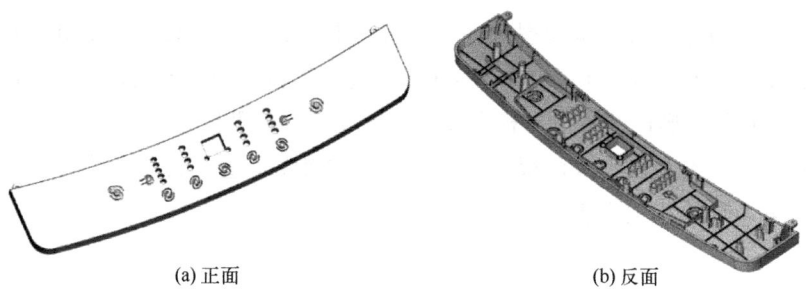

(a) 正面　　　　　　　　　　　(b) 反面

图 9.1　面板制品的结构示意图

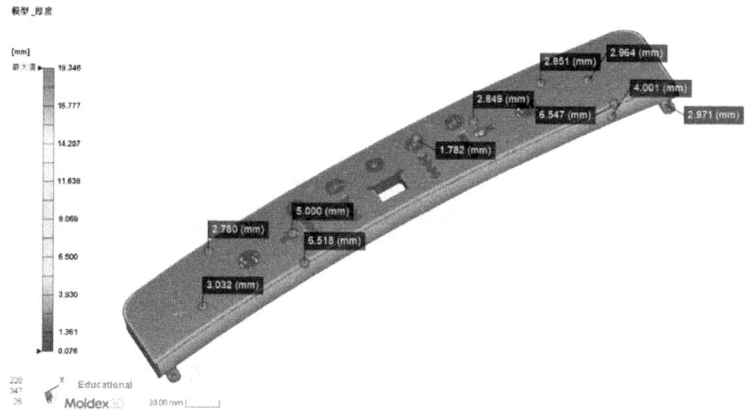

图 9.2　面板制品壁厚分布

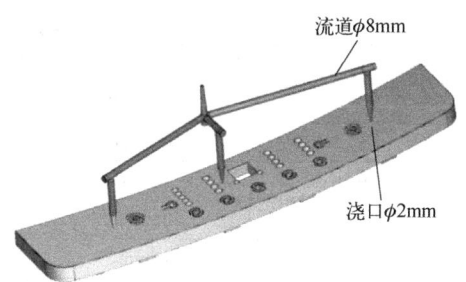

图 9.3　面板制品的浇注系统示意图

9.1.2　模流分析

实际工程中设置成型工艺参数时，要根据实际生产所用的注塑机型号，选择数据库中的注塑机类型和型号,以获取更准确的模拟结果。注塑机参数的设置方法如图9.4所示。在"Moldex3D加工精灵"窗口的"专案设定"界面,选择图9.4上方矩形框的"射出机台设定界面1(由多段设定)"选项,依次根据表9.1的工艺参数,完成面板制品模流工艺参数的设置,方法与步骤请参考基础篇中第3章的相关内容。

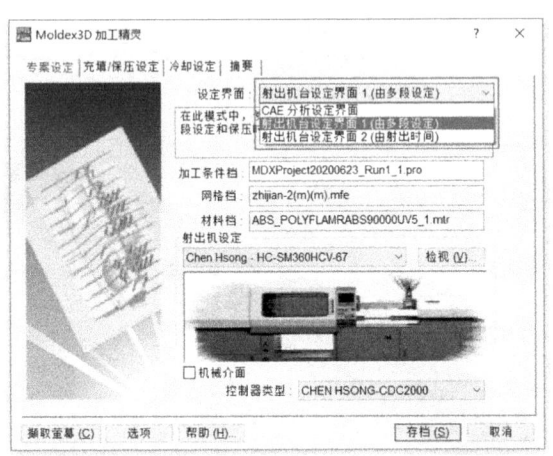

图9.4　注塑机(射出机)参数设置界面

表9.1　原始成型参数

项目	参数		
材料	ABS-Stylac-121		
机台	Chen Hsong　HC-SM360HCV-67		
周期	48s		
模具温度	30℃		
射出多段	压力	速度	位置
射出1	92MPa	23mm/s	92
射出2	112MPa	16mm/s	59
射出3	118MPa	55mm/s	20
射出4	92MPa	16mm/s	
保压一段	压力		时间
保压	59%		9s
冷却时间	15.5s		
模具材料	P20		

（1）原始方案模拟结果

① 熔接线。根据制品模流分析的目的，首先查看制品的熔接线结果。注塑面板实物［图9.5（a）］和模流分析的熔接线结果［图9.5（b）］对比可知，模拟结果与实际样品的熔接线位置吻合。

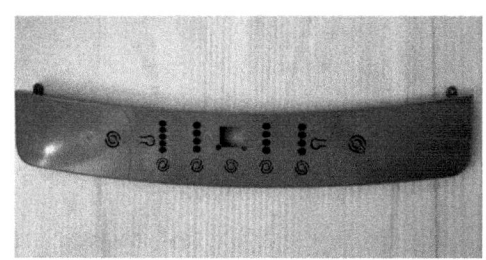

(a) 注塑制品实物熔接线

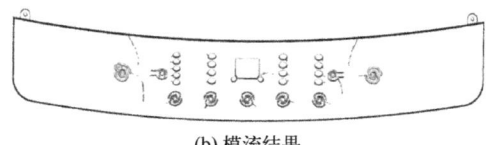

(b) 模流结果

图9.5　面板样品实物与模拟熔接线位置对比图

为清楚熔接线的形成过程（机理），需要了解制品充填过程中熔体的流动情况，分析熔接线产生的原因。图9.6是不同时刻熔体充填的流动波前，从中可以看出不同浇口料流的汇合、熔体通过孔结构后的前沿汇合（图9.6中圆圈位置）是产生熔接线的主要原因。此外从流体充填过程可知熔体（料流）到达充填末端的时间有差异，左侧快，右侧稍慢，流动不平衡。肋、筋、孔等结构是功能需求，不可更改，因此制品结构引起的熔接线很难避免。可通过调整工艺参数来改善熔接线的熔结性能和外观，以提高熔接强度，便于后续喷涂工艺的实施。

② 缩痕。由于制品的结构特点，不仅在熔体充填型腔时易形成熔接线，而且厚度变化也易形成缩痕缺陷，因此还要关注制品的缩痕问题。图9.7是模流分析的缩痕指标的云纹分布结果，从中可以看到三个浇口附近会有较大的缩痕。缩痕问题（参考基础篇4.5.2节）产生的原因在于：浇口固结时熔体温度过高；保压时间不够；进入模具型腔的物料不够。解决缩痕问题需要从材料、工艺、模具结构、制品结构考虑。

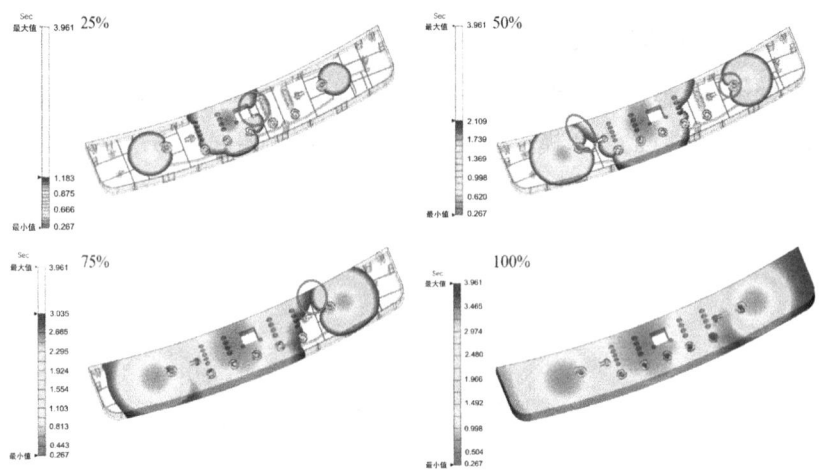

图 9.6　模流分析中不同时刻的熔体流动前沿（波前）

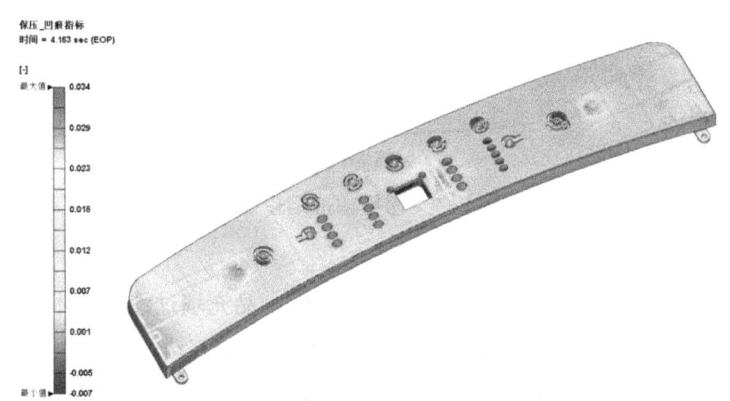

图 9.7　面板制品模流分析的缩痕指标

a．材料的改进：选用收缩率小的材料。

b．成型条件的改进：提高注射压力；增大后期保压压力；降低缩瘪部分对应的注射速度；降低模具温度；降低注射温度。

c．模具结构的改进：改变浇口位置；浇口变短、加大；流道变短、加宽；减少流动阻力；喷嘴和模具口配合完好。

d．制品设计的改进：把筋、突出部分变细，并加圆角；减小壁厚；将筋设计成非实心的；把表面设计成有花纹的以掩饰缩痕缺陷。

对于面板制品，尺寸、原料、模具结构变更成本高，这里以工艺调整为主。

根据缩痕成因，需要根据模拟结果查看现有工艺条件下浇口凝固情况，凝固判据主要根据熔体温度的变化。图 9.8 是保压阶段结束时的熔融区域，从中可知制品大部分仍处于熔融状态，浇口处熔体并未固化，因此可以尝试增大保压压力和保压时间，减少制品缩痕问题，便于后续喷涂工艺实施。

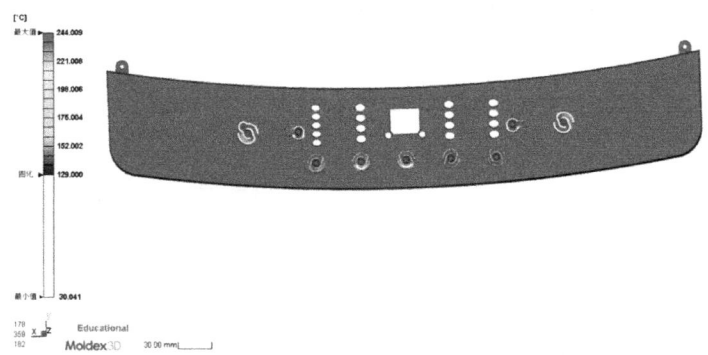

图 9.8　原方案保压阶段制品熔融区域

（2）改进工艺参数模流分析

根据前面的分析，变更注射成型工艺参数，适当提高模温以改善熔接线，同时增大保压压力、延长保压时间以改善缩痕，具体成型参数见表 9.2。根据变更后的工艺参数，重新进行面板制品的模流分析，然后对比工艺调整前后的熔接线和缩痕。

表 9.2　改进后的成型工艺参数

项目	参数		
材料	ABS-Stylac-121		
机台	Chen Hsong　HC-SM360HCV-67		
周期	50s		
模具温度	60℃		
射出多段	压力	速度	位置
射出 1	92MPa	23mm/s	92
射出 2	112MPa	16mm/s	59
射出 3	118MPa	55mm/s	20
射出 4	92MPa	16mm/s	
保压一段	压力		时间
保压	65%		12s
冷却时间	15.5s		
模具材料	P20		

① 熔接线。工艺参数调整后的熔接线（会合角小于 135°）分布和熔体温度小于 235℃时平板温度分布分别如图 9.9 和图 9.10 所示。从图 9.9 可知，熔接线主要分布在面板制品的反面，熔接线数量多的集中在 4 个一排的通孔位置，熔接线尺寸较大，位于图 9.9 的虚线框内。从图 9.10 可知，充填结束后，熔接线温度低于 235℃的区域较少，说明熔接线结合质量较好。

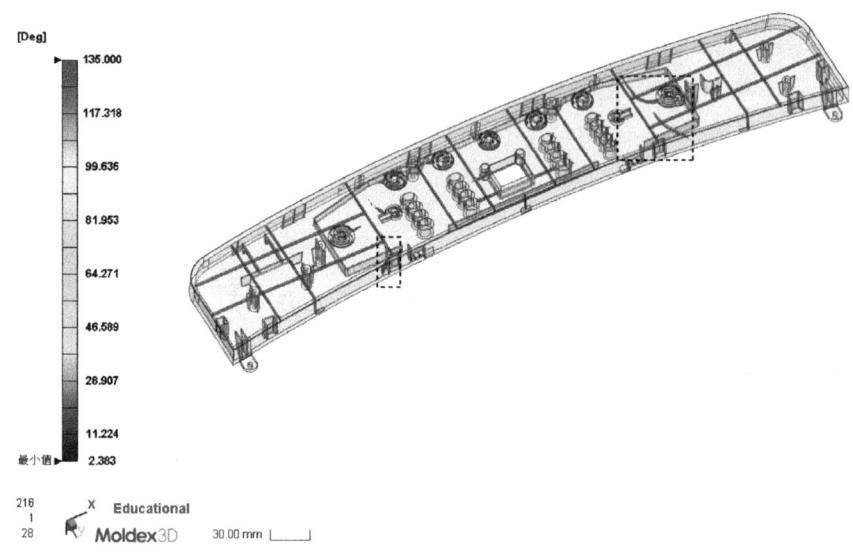

图 9.9　修改工艺参数后熔接线会合角小于 135°的区域

工程上通常认为熔体前沿会合角大于 135°时，几乎不对制品的质量产生明显影响；因此用 135°作为临界值，根据模流分析结果查看工艺参数变化对熔接角的影响。不同注塑工艺熔接线会合角模流分析结果如图 9.11 所示。从图 9.11 可知：熔接线会合角大于 132°的比例，从原始方案的 18.30%提高到改变后的 24.08%，比例增加了 5.78 个百分点；同时会合角大于 106°的比例从 58.00%提高到 61.09%。熔接线有改善，若进一步改善，就要进一步控制熔体流动和温度，减少会合角小角度（小于 50°或 60°）的比例，合理控制熔接线的长度和位置，尽可能减少熔接线对面板质量的不良影响。

② 缩痕。根据模流分析的充填、保压、冷却和翘曲结果，可以方便查看熔体保压结束时制品的压力分布、温度分布等物理量，进而了解充填时间、浇口凝固时间等，分析判断缩痕的位置、程度。限于篇幅，这里比较一下工艺参数

第 9 章 模流分析工程案例

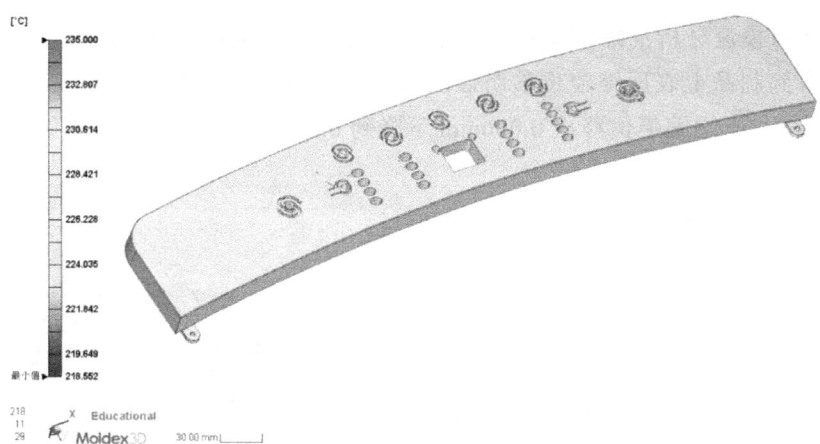

图 9.10 修改工艺参数后制品表面熔接线温度小于 235℃ 的区域

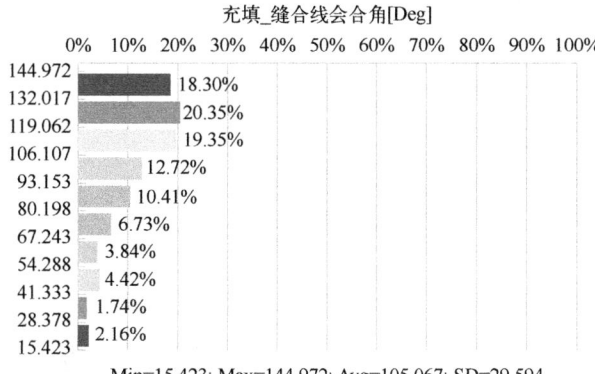

(a) 原始工艺

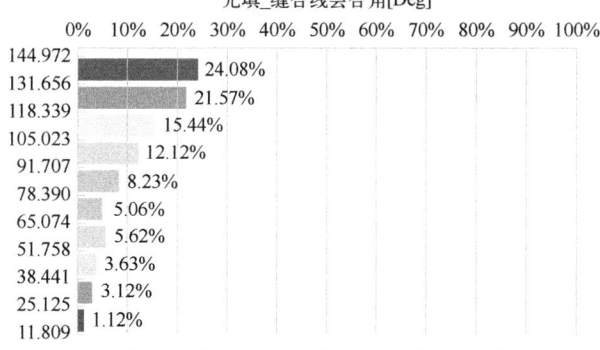

(b) 修改后

图 9.11 模流分析的熔接线会合角结果

修订前后模流分析的缩痕位移。缩痕位移的对比结果如图 9.12 所示，从中可以看到制品上表面缩痕位移明显改善。最大缩痕位移从 0.103mm 降低到 0.047mm，平均缩痕位移从 0.006mm 下降到 0.002mm，缩痕问题改善明显。

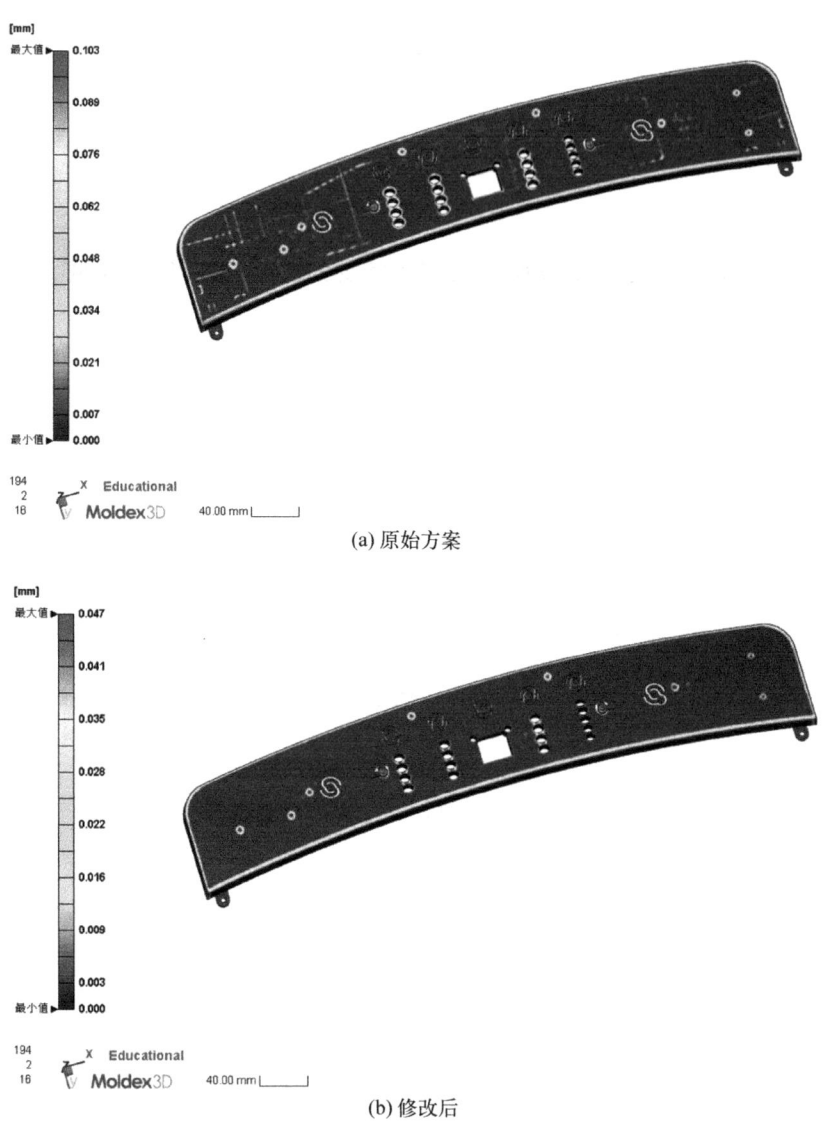

(a) 原始方案

(b) 修改后

图 9.12　模流分析的缩痕位移

9.1.3 结论

本案例根据模流分析的初步结果，多浇口面板制品的熔接线和缩线问题虽然可以通过工艺参数调整进行改善，但作用有限，为此有的企业用快速变模温的温控技术进一步改进，有的单位是对注塑制品进行多工序的二次加工。

通过面板制品的模流分析，可以发现：①模流分析可再现已有模具结构和成型工艺的缺陷，帮助工程技术人员分析缺陷成因；②根据成本和生产可行、可靠性要求，成型质量改善优化的顺序是工艺、原料、模具结构、制品结构；③工程实际中，影响注塑质量的因素是多样的、耦合的，甚至是矛盾的，工程技术人员要系统考虑约束条件后建立优化目标。如提高模温会改善熔接线，但可能延迟冷却时间增加成型周期；增大保压压力和保压时间可利于缩痕问题的解决，但可能对注塑锁模力、模具刚性有更高要求。

9.2 带金属嵌件汽车配件

9.2.1 制品分析

带金属嵌件汽车配件［图 9.13（a）］属于中小型厚壁件，制品外廓尺寸长宽厚为 70.27mm×80.15mm×23.29mm，体积为 17510mm³。制品带有嵌件［图 9.13（b）］、通孔［图 9.13（c）］、盲孔［图 9.13（d）］，需与其他零件进行装配，对强度、真圆度等都有要求，因此要求成型过程中产生的熔接线尽可能少且熔接线处强度要满足要求，制品通孔要保证真圆度。

(a) 实物　　　　　　　(b) 嵌件结构

图 9.13

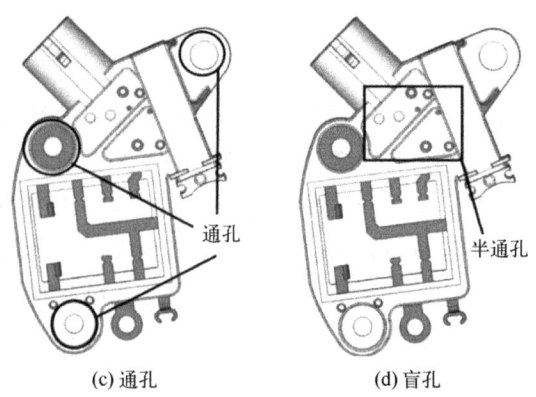

(c) 通孔　　　　　　　　　(d) 盲孔

图 9.13　带嵌件制品实物及结构示意图

用模流软件获得的制品厚度分布如图 9.14 所示。从图 9.14 中可知制品厚度分布不均匀，厚度主要在 0.167~4.949mm 之间，最大壁厚为 16.26mm，最小壁厚为 0.10mm，平均壁厚为 2.593mm。

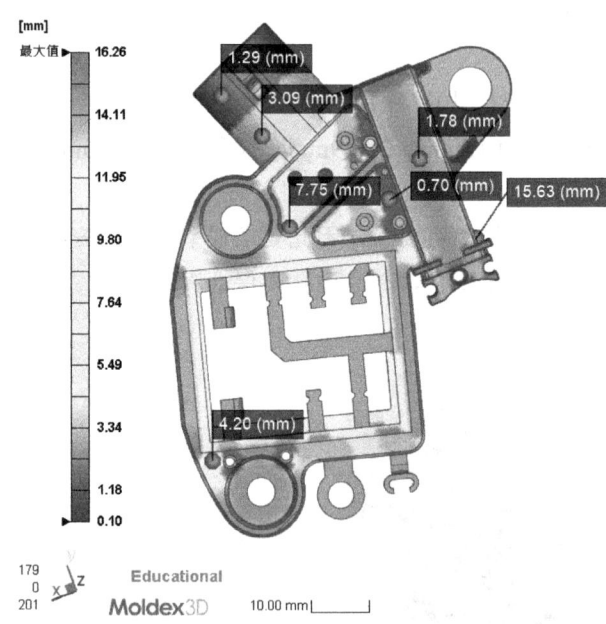

图 9.14　带金属嵌件汽车配件厚度分布云纹图

制品的嵌件需要手动放入型腔后，再进行注射成型。制品的嵌件功能是导电、装配的需要，不同于常规的增强力学性能的作用。此外由于制品长厚比较小，属于厚壁制品，模流分析采用实体模型。由于制品厚度变化大且带有通孔，易形成熔接线，因此浇口位置对熔接线调控作用大，本案例重点讨论如何根据模流分析的结果选择浇口位置。

9.2.2 浇口位置及工艺参数

（1）浇口位置

由于产品是汽车内部装配件，对于产品的外观要求不高，但装配性能要求较高。产品有孔结构及嵌件，在注射充填时会形成熔接线，所以在选取浇口位置时，要充分考虑熔接线的形成及其对产品强度的影响。基于上述原因，这里重点考虑浇口位置。为此，设计了尺寸为 2mm×2mm×3mm 侧浇口的三个进料位置（图9.15）。

方案1：侧浇口位于中下部方框处［图9.15（a）箭头指示处］。

方案2：侧浇口位于制品肩部［图9.15（b）箭头指示处］。

方案3：侧浇口位于制品侧部［图9.15（c）箭头指示处］。

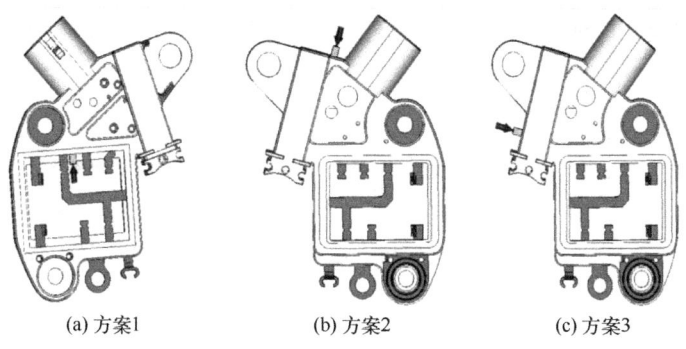

(a) 方案1　　　　　(b) 方案2　　　　　(c) 方案3

图 9.15　浇口位置方案

（2）材料及工艺参数

由于是汽车装配件，注塑材料选用的是高硬度、高刚度、高耐磨的工程塑料聚甲醛（POM），型号为 ALCOM POM 770/1 PTFE15，制造商为 ALBIS PLASTIC。基于数据库推荐的工艺参数，把注射压力设为最大注射压力，保压压力设为最大保压压力的 70%，注塑工艺参数如表 9.3 所示。再次说明一下：

模流分析工艺参数需要根据工程实际的设备参数和控制方式进行换算,本例的注射压力是根据设备性能参数换算的,熔体温度是根据注塑机的设定值获得的。

表 9.3 注塑工艺参数表

项目	数值	项目	数值
充填时间/s	0.50	熔体温度/℃	200.00
保压时间/s	7.00	模具温度/℃	80.00
冷却时间/s	30.00	开模时间/s	5.00
最大注射压力/MPa	50.00	顶出温度/℃	122.00
最大保压压力/MPa	50.00	空气温度/℃	25.00

9.2.3 模流分析

(1) 充填结果

① 熔体流动波前温度。塑料熔体流动波前温度会影响熔接线的熔体融合性能,以及裸眼观察时熔接痕的可见程度。熔体流动波前的温度越高,熔接线越浅(熔接线痕迹不明显)。但若塑料熔体局部温度高于塑料熔体温度,则表示有黏滞发热现象,可能引起烧焦等缺陷。图 9.16 是三个不同浇口位置的熔体流动

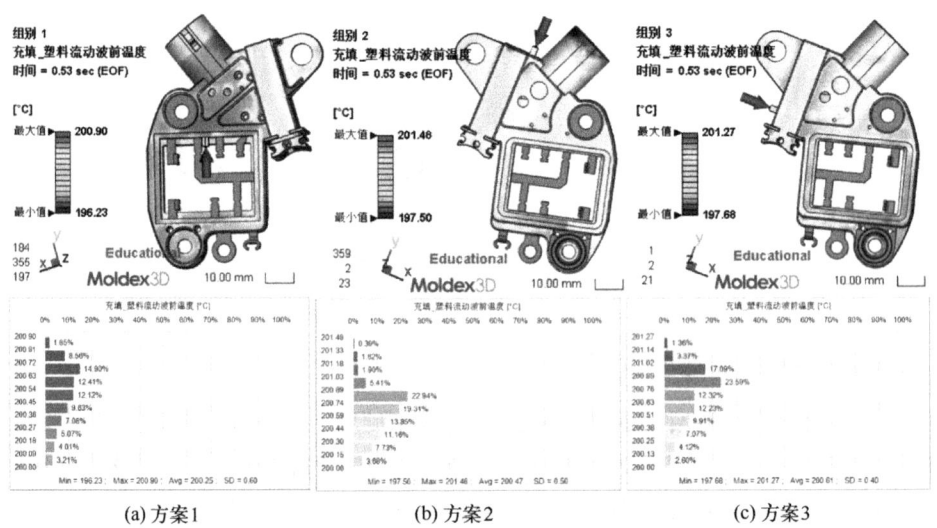

图 9.16 模流分析的熔体波前流动温度

波前的温度结果。从图中可以看出在通孔处或较厚区域，塑料流动波前温度高于熔体温度，有黏滞热产生。表 9.4 是流动波前温度高于熔体温度所占区域百分比，对比可知，三个方案都有黏滞热产生，但方案 3 占比较大，黏滞生热现象最明显。不过，熔体温度为 200℃，通常塑化温度会高于熔体温度 5～10℃，因此黏滞热对汽车零部件影响不大。

表 9.4　流动波前温度高于熔体温度（200℃）的比例

方案	方案 1	方案 2	方案 3
比例/%	78.84	87.97	93.66

② 熔接线会合角。熔接线会合角 θ，是评价熔接线对制品质量影响程度的一个重要指标。熔接线会合角 θ 是两股熔体料流汇合时流动波前切线的夹角（图 9.17），范围从 0°～180°。若 $\theta=180°$ 时，则两股料流的流动方向一致，两股料流同向流动时将汇合成一股。若 $\theta=0°$，则两股料流流动相向（方向相反），两股料流熔体前沿（冷料）面对面相遇融合。一般而言，会合角越小，塑件融合强度越弱，且在塑件顶出后，其熔接线越明显；当熔接线会合角大于 135°时，通常认为熔接线产生风险较低。

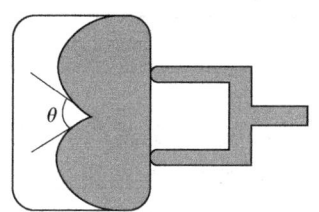

图 9.17　熔接线会合角示意图

多孔嵌件制品不可避免地会有熔接线，这会降低成品的机械强度并导致外观瑕疵。浇口位置的不同引起熔体流动方式的不同，进而熔接线的位置、形状也不同，熔接线的强度也会有差异。本制品的熔接线主要出现在通孔、盲孔、壁厚变化区域，因此需要关注熔接线质量。表 9.5 是熔接线会合角小于 135°的占比结果。从表中可看出：相比于其他两个方案，方案 1 中，$\theta<135°$ 时熔接线占总熔接线区域的百分比最大，因此方案 1 的熔接线数量、形状对制品外观质量影响最大，而方案 2 和方案 3 的占比低于方案 1，且数值接近；方案 2 的占比最低（熔接线风险最小）。因此从熔接线会合角方面来看，方案 2 熔接线对

制品外观质量影响最小，方案 2 的浇口位置设计合理。

表 9.5 熔接线会合角小于 135°的熔接线区域的百分比

方案	方案 1	方案 2	方案 3
百分比/%	88.01	82.07	83.12

③ 熔接线温度。评价熔接线对制品质量影响程度的另一个重要指标是熔接线温度，特别是熔接线会合时熔体的温度。当熔接线所在区域的温度低于熔体流动温度时，熔接线产生风险较大，制品的强度降低，对制品外观质量的负面影响变大。若熔接线所在区域温度接近熔体温度，形成熔接线的两股料流能相互融入，熔体融合键接性能好，对制品强度、外观质量影响不明显。表 9.6 为充填结束时，熔接线温度小于熔体温度的熔接线区域的百分比，从中可以看出，方案 1 所占百分比最大，制品较易产生外观质量问题，方案 3 占比最小，熔接线对制品质量问题的影响较小。所以从熔接线温度方面来看，方案 3 中熔接线对制品外观质量影响最小，因此应选方案 3。

表 9.6 熔接线温度小于熔体温度（200℃）的熔接线区域的百分比

方案	方案 1	方案 2	方案 3
百分比/%	79.34	59.08	53.18

（2）保压结果

制品为厚壁嵌件制品，通常在壁厚处易产生缩痕（凹痕）。缩痕主要是由在冷却时，熔体没有得到足够的补偿而产生的缺陷。可以通过模流分析的"凹痕位移"结果进行分析。根据"凹痕位移"的最大值以及分布，判断给定工艺条件下缩痕对该制品外观的影响。表 9.7 为三个浇口位置的"凹痕位移"结果，从表中可知，浇口位置对"凹痕位移"的影响较小，可能是制品较小且制品中间的金属嵌件分布较广（近似制品的中面），充填保压工艺合适。

表 9.7 不同方案中"凹痕位移"的结果对比

方案	方案 1	方案 2	方案 3
凹痕位移	0.060	0.076	0.080

（3）翘曲结果

由于充填时，塑料和金属的热导率不同，注射成型冷却过程中，塑料和嵌件的收缩不均匀可能导致塑件的变形。翘曲变形会影响汽车零部件的装配,因此在注塑过程中不能出现较大的变形。

图 9.18 为不同浇口位置的翘曲变形情况。从图 9.18 中可以看出,3 种方案的翘曲总位移的最大值分别为 1.085mm、1.162mm、1.167mm。这 3 种方案的翘曲变形量差别不大,原因在于金属嵌件的分布范围较大且合理。

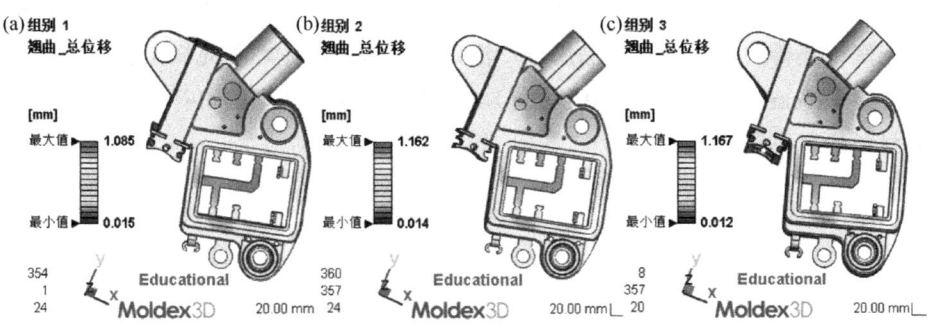

图 9.18 模流分析的不同浇口位置的翘曲变形结果

9.2.4 结论

通过对比塑料熔体流动波前温度、熔接线会合角、熔接线融合温度、凹痕位移、翘曲位移,可看出浇口位置对凹痕位移以及翘曲位移的影响较小,但对塑料流动波前温度、熔接线会合角、熔接线融合温度的影响较大,综合以上分析,应选择方案 2。从案例分析可知,工程实际中的一些需求相互耦合,只有抓住关键点进行分析才能获得可行方案。

另外,需要说明的是,模流分析可提供速度、温度、压力、应力等多种量化数据和统计数据,如何合理根据工程实际完成模流分析的前处理,结合专业知识和专业背景合理解读模流分析的后处理是模流分析的关键。

9.3 汽车座椅

9.3.1 制品分析

座椅制品的材料为长链尼龙 1212(郑州大学自主知识产权的塑料品种),

结构由背板和边框两部分组成，通过应用 Moldex3D 软件，得到的制品厚度分布如图 9.19 所示。其中，背板部分的主要厚度在 3.5mm 左右；边框是制品的主要受力部分，为增加制品的机械强度，边框带有支撑肋板，厚度分布在 7.5～8.5mm 之间。制品总体厚度变化较大，结构较复杂，属于中大型制品。通常，较大的扇形浇口有利于压力传递，且单浇口进料可避免充填过程的多股料流，进而减少形成熔接线的可能性。这里，座椅的浇口采用单一扇形浇口，但单浇口可能带来欠充填、流动不平衡等问题。为此，希望通过模流分析检查新材料用于汽车座椅的可行性；制品用单一浇口能否保证熔体顺利充满型腔（塑件体积 2523.90cm^3，流道体积 10.14cm^3），即新材料注射成型的可行性（模流分析新材料的可模塑性）。

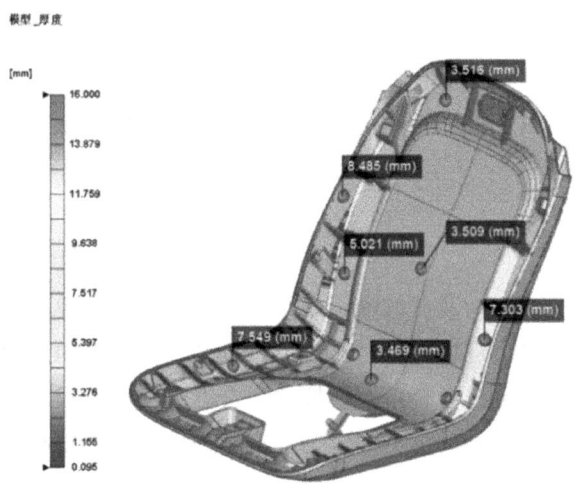

图 9.19　座椅骨架模型和厚度分布

9.3.2　模流分析

座椅案例的前处理和分析计算与常规注射成型模流分析相同，不同点在于所用材料尼龙 1212 未收录在 Moldex3D 材料库中，因此需要应用"材料精灵"（参考基础篇第 1 章 1.6.4 节）的"自定义新材料"，通过"新增材料功能"将测得的材料性能数据添加到材料库中，完成长链尼龙材料 PA1212 性能参数的导入；或者应用"材料精灵"的"材料近似替代"功能，修改近似物料的材料性能参数后进行模拟。本例分析使用的模流分析参数如表 9.8 所示。座椅的注塑模流分析结果图 9.20~图 9.25 所示。

表 9.8 注射成型工艺参数

材料	注塑机各段螺杆温度/℃				注射压力/MPa	保压压力/MPa	保压时间/s
	一	二	三	四			
PA1212	210	220	225	215	85	70	20

（1）充填结果

模流分析结束后，用充填阶段的熔体流动前沿查看料流在型腔内的流动情况。熔体充填体积占比分别是 20%、40%、60%、80%、99%、100%的情况如图 9.20 所示。从图 9.20 可知：由于厚度变化，厚度小的背板流动阻力大，厚度大的边框处流动阻力小，出现流动不平衡的现象，并最终在背板部分形成包封。熔体充满没有问题，但可能形成的包封是否会对制品质量造成较大影响，需要进一步分析。

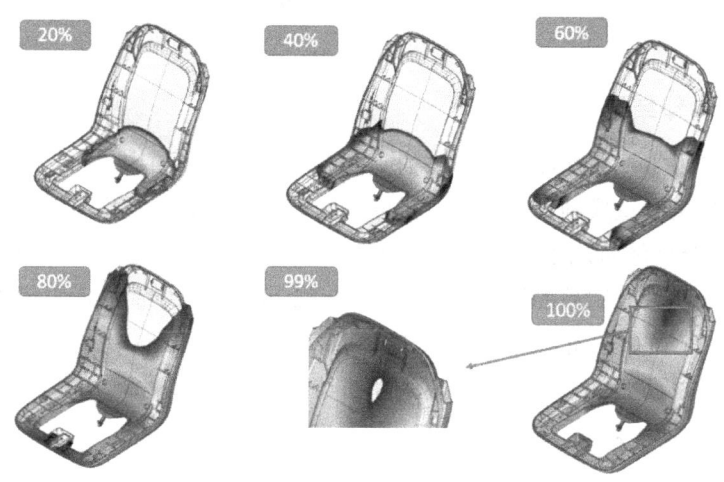

图 9.20 充填阶段不同时刻的流动波前

（2）保压结果

包封是否会对产品的质量造成较大影响，主要考虑包封位置在保压阶段的温度和压力能否使塑料熔体良好熔接，不产生烧焦、气泡等缺陷。图 9.21 展示了保压阶段的温度和压力分布。如图 9.21（a）所示，保压阶段包封位置的温度为 210.173℃，高于 PA1212 的熔点，但低于螺杆塑化阶段的 215℃，塑料熔体不会有烧焦、黑斑等现象；同时包封位置的压力为 11.568MPa [图 9.21（b）]，压力传递较好，对包封位置的补偿效果好，可以认为包封对制品强度影响较小。

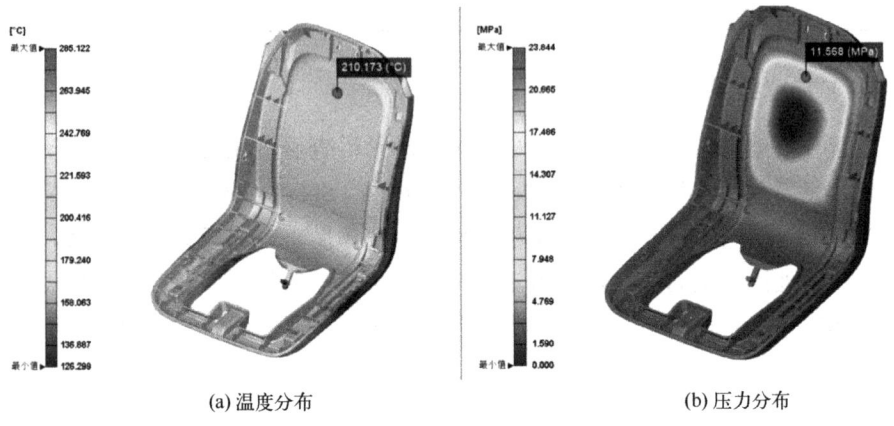

(a) 温度分布　　　　　　　　　　(b) 压力分布

图 9.21　保压阶段温度与压力分布

（3）冷却结果

冷却结果主要关注冷却结束时的制品温度以及温度的均匀性。冷却温度过高可能在顶出时造成制品的变形，温度不均匀将导致收缩不均匀而产生翘曲变形，同时部分区域可能由于冷却系统设计不合理产生积热，并引起变形。图 9.22 展示了冷却结束时制品的温度分布，从图 9.22 可以看到制品表面温度均低于顶出温度（166.85℃），但表面温差较大，可能产生翘曲变形，对制品质量造成不利影响，所以需要进一步查看模流的翘曲结果。

（4）翘曲分析

翘曲的模流分析结果主要关注制品总体的变形量，以及分析翘曲变形产生的原因。图 9.23 是制品总体变形放大 10 倍的结果，从中可以看到制品总体的变形趋势是边框较厚部分向内收缩，同时挤压背板中间部分，使其向外凸出。图 9.24 展示的制品体积收缩率分布验证了这一点，从中可知收缩率较大的部分多集中在边框处，而背板中心部分收缩率较低。

第 9 章 模流分析工程案例

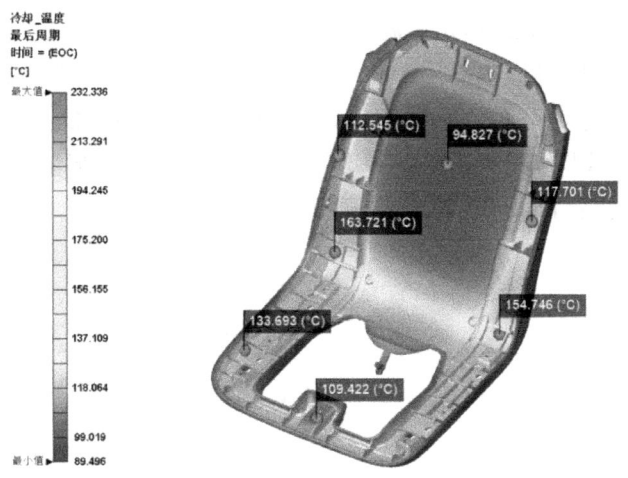

图 9.22 冷却阶段的温度分布

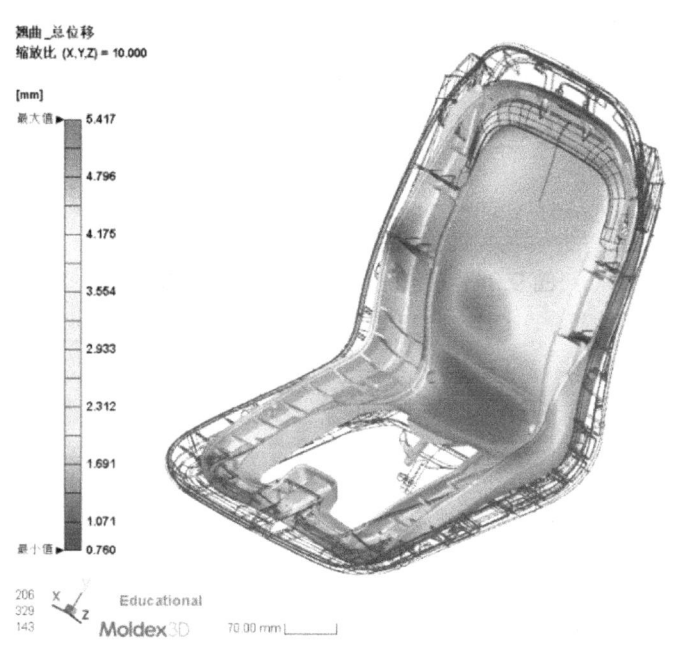

图 9.23 模流分析的制品翘曲总变形（放大 10 倍）

Moldex3D 分析翘曲变形原因，包括取向、温度不均匀、收缩不均匀三个方面。本案例中的原料是纯料，因此可忽略取向因素，从温度差异和区域收缩

429

差异查看数值结果。图 9.25 展示了温度差异 [图 9.25（a）] 和区域收缩差异 [图 9.25（b）] 造成的变形量。从图中可知：温度差异主要造成座椅两端的收缩变形，这主要是模具水路分布的影响（冷却水路分布展示在图 9.26 中，冷却水路分布不均衡）。区域收缩差异是厚度不均匀造成的。但总体变形量为 5.417mm，翘曲变形百分比小于 1%，能满足装配要求。

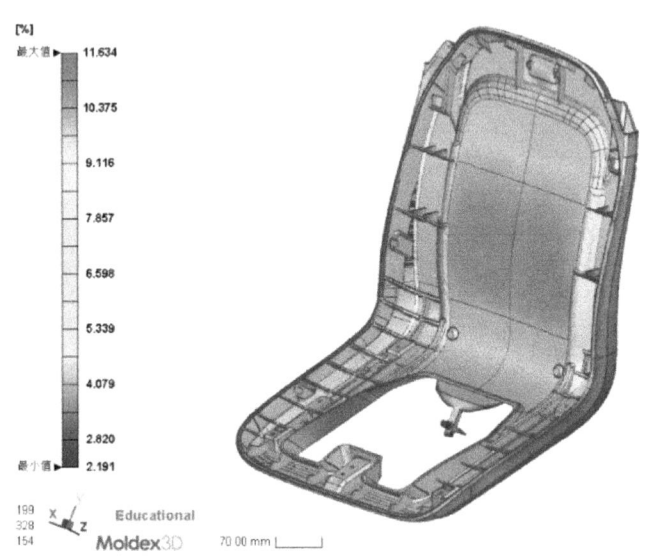

图 9.24　模流分析的制品体积收缩率

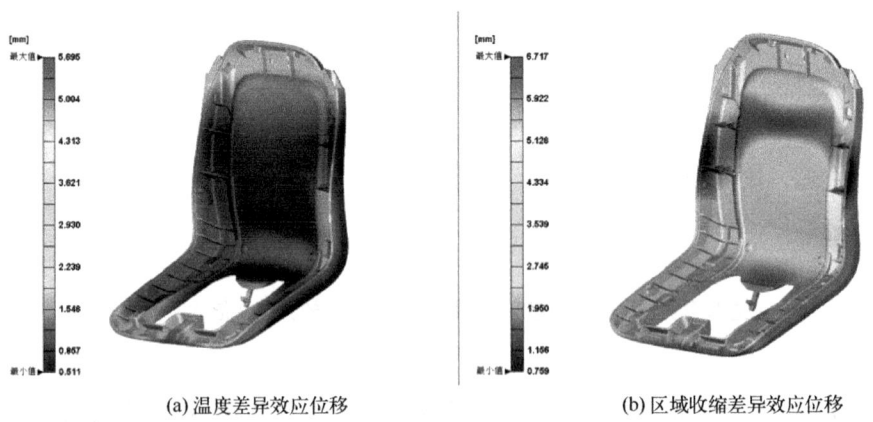

(a) 温度差异效应位移　　　　　　　(b) 区域收缩差异效应位移

图 9.25　模流分析的翘曲变形原因

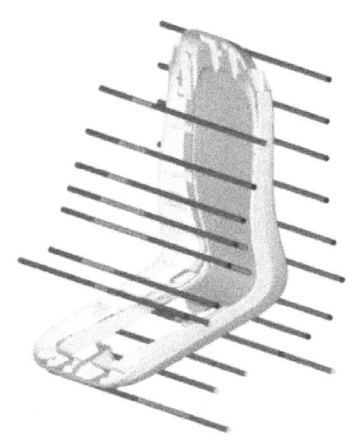

图 9.26　冷却水路分布

9.3.3　结论

综合模流分析的结果可知：单一扇形浇口熔体能顺利充满型腔，熔体流动形式虽不完美，可能有包封问题（图 9.20 的 80%充填、图 9.27），但根据后续对制品的力学性能测试和疲劳、冲击载荷测试后，发现充填路径不会对制品外观和性能有明显影响（图 9.28）。制品冷却过程的温差稍大，但满足脱模条件和精度要求。

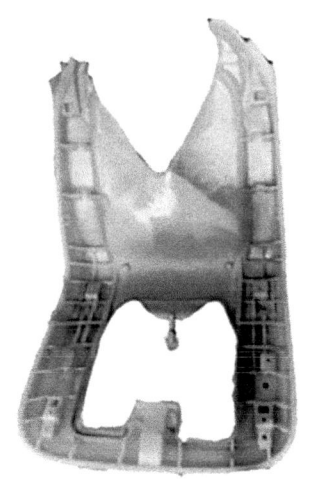

图 9.27　缺料的实际注塑制品

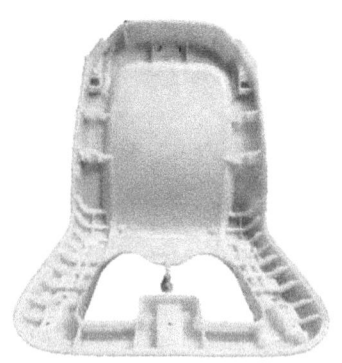

图 9.28　注射成型的座椅制品

此外,模流分析的正确性也在实际注塑中得到验证:图 9.27 所示的缺料注塑的结果,与模流分析的充填结果中料流趋势一致(图 9.20)。图 9.28 是符合工程要求的注塑制品实物,说明了新材料良好的模塑性,适用于注射成型这种加工方式。

限于篇幅,本章没有给出过多的模流分析结果,感兴趣的读者可以扫描本书书后二维码,关注"化工帮"公众号,回复"Moldex3D 精进篇",下载这三个产品在 Moldex3D 2022 中的模流分析结果。Moldex3D 2023 因部分数值算法的革新,数值结果可能有所不同。需要说明的是,除了结果报告外,充填、保压、冷却、翘曲详细的模拟结果、工艺参数、数据库等需要 Moldex3D 软件环境或特定的应用软件模块。

参考文献

[1] 王国中，申长雨. 注塑模具 CAD/CAE/CAM 技术[M]. 北京：北京理工大学出版社，1998.
[2] 李海梅. 注塑成型及模具设计实用技术[M]. 2 版. 北京：化学工业出版社，2009.
[3] 申长雨. 注塑成型模拟及模具优化设计理论与方法[M]. 北京：科学出版社，2009.
[4] 申长雨. 塑料模具计算机辅助工程[M]. 郑州：河南科学技术出版社，1998.
[5] 申长雨. 橡塑模具优化设计技术[M]. 北京：化学工业出版社，1997.
[6] 杨晓东，刘保臣，刘春太，等. 高分子聚合物熔体 Cross 黏度模型的改进[J]. 高分子材料科学与工程，2010，26(11)：172-174.
[7] 徐佩弦. 高聚物流变学及其应用[M]. 北京：化学工业出版社，2003.
[8] 刘来英. 注塑成型工艺学[M]. 北京：机械工业出版社，2005.
[9] 黄锐. 塑料成型工艺学[M]. 2 版. 北京：中国轻工业出版社，2008.
[10] 杨铭波. 聚合物成型加工基础[M]. 北京：化学工业出版社，2009.
[11] 俞芙芳. 塑料成型工艺与模具设计[M]. 北京：清华大学出版社，2011.
[12] Stevenson J F. 聚合物成型加工新技术[M]. 刘廷华，等，译. 北京：化学工业出版社，2004.
[13] Menges G, Mohren P. How to make injection molds[M]. Second edition. Munich: Hanser Publishers, 1993.
[14] Osswald T A, Turng L H, Gramann P J. Injection molding handbook[M]. Munich: Hanser Publishers, 2001.
[15] Osswald T A, Menges G. Materials science of polymers for engineers[M]. Second edition. Munich: Hanser Publishers, 2003.
[16] Lin Y W, Li H M, Chen S C, et al. 3D numerical simulation of transient temperature field for lens mold embedded with heaters[J]. International Communications in Heat and Mass Transfer, 2005, 32(10): 1221.
[17] Chen S C, Jong W R, Chang J A, et al. Dynamic mold surface temperature control using induction and heater heating combined with coolant cooling[J]. International Polymer Processing, 2006, 21 (5): 457.

[18] 王超房. 注塑成型模拟关键理论与算法研究及 Z-Mold 软件改进[D]. 郑州：郑州大学，2016.
[19] 翟明. 塑料注射成型充填过程的数值模拟、优化与控制[D]. 大连：大连理工大学，2002.
[20] 刘春太. 基于数值模拟的注塑成型工艺优化和制品性能研究[D]. 郑州：郑州大学，2003.
[21] 杨晓东. 面向注塑模 CAE 的特征造型、变密度网格划分及中面抽取[D]. 郑州：郑州大学，2003.
[22] 徐文莉. 透明注塑件残余应力与光学性能的研究[D]. 郑州：郑州大学，2006.
[23] 凯尔文·T·奥卡莫特. 微孔塑料成型技术[M]. 张玉霞，译. 北京：化学工业出版社，2004.
[24] 曹伟. 注塑成型中粘性不可压缩非等温熔体的三维流动模拟[D]. 郑州：郑州大学，2004.
[25] 曹伟，任梦柯，刘春太，等. 注塑成型模拟理论与数值算法发展综述[J]. 中国科学：技术科学，2020，50：667-692.
[26] 余晓容. 注塑模优化设计理论的研究与应用[D]. 郑州：郑州大学，2004.
[27] 石宪章. 注塑冷却数值分析方法的研究与应用[D]. 郑州：郑州大学，2005.
[28] 肖长江. 注塑成型熔接线性能的实验研究和数值模拟[D]. 郑州：郑州大学，2003.
[29] 李倩. 气体辅助注射成型充填/后充填过程流动数值模拟[D]. 郑州：郑州大学，2002.
[30] 许江伟. 基于数值模拟的平板类注塑件飞边研究[D]. 郑州：郑州大学，2014.
[31] 马鑫萍. 共注射成型数值模拟及其聚丙烯制品的柱晶结构研究[D]. 郑州：郑州大学，2013.
[32] 刘艳龙. 超临界流体微孔注射成型中成核分布的研究[D]. 郑州：郑州大学，2010.
[33] 张羽标. 超临界氮气微孔注塑成型工艺参数与制品机械性能研究[D]. 郑州：郑州大学，2009.
[34] 张亚涛. 超临界微孔注塑聚碳酸酯制品泡孔形态的研究[D]. 郑州：郑州大学，2009.
[35] 姜坤. 透明塑料制品应力光弹图的计算机识别研究[D]. 郑州：郑州大学，2007.
[36] 王小峰. 气体辅助注射成型气体穿透行为和制品力学性能的试验研究[D]. 郑州：郑州大学，2007.
[37] 翟建兴. 注塑模冷却阶段三维温度场的有限元模拟[D]. 郑州：郑州大学，2006.
[38] 马志国. 注塑中熔接行为及熔接线性能研究[D]. 郑州：郑州大学，2006.
[39] 任鹏. 水辅助注射成型穿透行为的数值模拟[D]. 郑州：郑州大学，2010.
[40] 刘永志. 温度场的有限元数值模拟及其在塑件和模具冷却分析中的应用[D]. 郑州：郑州大学，2003.
[41] 郭志英. 注塑制品翘曲变形数值模拟及实验研究[D]. 武汉：华中科技大学，2000.
[42] Suh N P. Axiomatic design advances and applications[M]. Cincinnati: Hanser / Garden Publications, 1996.
[43] Osorio A, Turng L S. Mathematical modeling and numerical simulation of cell growth in injection molding of microcellular plastics[J]. Polymer Engineering and Science, 2004, 44: 2274.
[44] Lee J, Turng L S, Dougherty E, et al. A novel method for improving the surface quality of microcellular injection molded parts[J], Polymer, 2011, 52: 1436.
[45] Han C D, Yoo H J. Studies on structural foam processing-IV: Bubble growth during mold filling[J]. Polymer Engineering and Science, 1981, 21: 518.
[46] Ferkl P, Karimi M, Marchisio D L, et al. Multi-scale modelling of expanding polyurethane foams: Coupling macro- and bubble-scales[J]. Chemical Engineering

Science, 2016, 148(12): 55.
[47] Baser S, Khakhar D. Modeling of the dynamics of water and R-11 blown polyurethane foam formation[J]. Polymer Engineering ans Science, 1994, 34(8): 642.
[48] Groover M P. Fundamentals of modern manufacturing: materials, processes, and systems[M]. John Wiley & Sons, Inc, 2010.

附录
Moldex3D 软件错误与警告讯息

为便于发现和解决问题，程序员和用户都需要一些信息判断模流分析过程和模拟结果出现的各种问题，并会设定相应的唯一代码进行识别，类似学校学生的学号。这里根据 Moldex3D 软件说明及前面展示的功能模块，对材料、流动、充填/保压分析的警告与错误给予介绍。唯一的错误/警告代码是程序工程师命名的，因此不能保证编码序号的连续。

运行软件出现的警告和错误，可以帮助用户检查：①材料参数、工艺参数、模拟顺序选择与设定是否合理；②网格划分、模拟参数是否合理；③数学模型与算法是否合理。需要指出的是：出现警告，软件程序可能会中断，也可能继续运行；出现错误，则程序运算一定中断、结束。

常规的警告和错误（附表 1.1 通用错误），主要是权限、软硬件环境相关的内容。材料性能方面的警告和错误主要是材料模型参数赋值、材料模型类型的问题（附表 1.2）。流动、保压、充填/保压、冷却、翘曲的错误警告分别如附表 1.3~附表 1.7 所示。从中，可以发现不同的功能模块可能由于是不同的软件工程师完成的，有工程师个人的特点；冷却分析包括型腔-制品间的热量与温度变化、冷却管道（温控系统）传热效率两部分（附表 1.6）。翘曲模块功能包括两部分，一是预测成型加工质量，二是形成输出文件供市场化、商品化程度高的结构分析软件使用，预测制品的使用性能。因此实体模型的翘曲分析错误与警告一方面是流动、保压、冷却过程引起的翘曲模拟的问题，另一方面是与软件相关的接口问题，具体内容见附表 1.7。

附录　Moldex3D 软件错误与警告讯息

附表 1.1　常规的警告和错误

错误代码	症状/现象	解决方案
Error 5500	无法找到相关的外部信息文件	检查信息是否添加到外部文件中
Error 5502	用户取消	用户取消
Error 5503	ID 无法识别	检查 ID 输入正确与否
Error 5504	获取授权失败	检查授权合法性
Error 5700	运行模拟分析内存不够	增加电脑的 RAM 或者减少计算单元数目
Error 5701	结果写入文件出错	可行的处理方法：①增加磁盘空间，重新运行分析软件；②检查写入文件的授权
Error 5800 Error 5801	无法读入 moldex3d.ini 文件	①将 Mdx3DLicense.exe 放在 Bin 目录下；②重新注册生成 moldex3d.ini 文件；③重装 Moldex3D 软件；④若③仍不能解决，请直接联系科盛公司
Error 5802	MCM 分析模块授权失败	请确认 MCM 模块在*cod 文件的授权，若非法，请将 Mdx3DLicense.exe 放在 Moldex3D 软件的 Bin 目录下，重新注册
Error 5803	Fiber 纤维模块授权失败	请确认纤维模块在*cod 文件的授权，若非法，请将 Mdx3DLicense.exe 放在 Moldex3D 软件的 Bin 目录下，重新注册
Error 5804	初始化授权失败	检查电子狗（即硬件密码卡）是否正确连接在计算机上。若是网络浮点授权，请检查计算机与服务器连接是否有问题
Error 5805	授权失败	检查电子狗（即硬件密码卡）是否正确连接在计算机上。若是网络浮点授权，请检查计算机与服务器连接是否有问题
Error 5806	授权检查失败	检查电子狗（即硬件密码卡）是否正确连接在计算机上。若是网络浮点授权，请检查计算机与服务器连接是否有问题
Error 5807	Moldex3D 工程与求解器版本不匹配	请重新安装 Moldex3D 软件。若问题仍然存在，请联系科盛公司或代理商
Error 5900	网格文件过期	请进入 Designer 重新保存网格文件为最新版本
Error 5901	MDXKNLogErrMsgTool.dll 文件过期	请检查 MDXKNLogErrMsgTool.dll 文件的版本，重新下载最新版本。重新安装 Moldex3D 软件
Error 5902	MFEIO.dll 文件过期	请检查 MFEIO.dll 文件的版本，重新下载最新版本。重新安装 Moldex3D 软件
Error 5903	MDX3RIConv.dll 文件过期	请检查 MDX3RIConv.dll 文件的版本，重新下载最新版本。重新安装 Moldex3D 软件

附表 1.2 材料数据相关的警告和错误

错误代码	症状/现象	解决方案
警告 Warning 291501	基于材料参数的黏度不合理	黏度
警告 Warning 291502	黏度不在数据区间内	牛顿模型：$\eta_0 \leq 0$；η_0 是牛顿黏度。
警告 Warning 291503	某些黏度参数值不合理	幂律模型：$B \leq 0$，$T_b \leq 0$；B、T_b 是材料常数。
警告 Warning 291504	部分黏度参数值不在数据区间内	修正 Cross 1 模型：$(\tau, B) \leq 0$，$(T_b, D) < 0$；τ 为应力，D 为压力 P 对黏度的影响；其他符号意义同前。
警告 Warning 291505	黏度模型在检查功能中不受支持	修正 Cross 2 模型：$(\tau, B) \leq 0$，$(T_b, D) < 0$；符号意义同前。 修正 Cross 3 模型：$(\tau, D_1, D_2, A_{2b}) \leq 0$，$(D_3, A_1) < 0$；$D_1$、$D_2$、$A_1$、$A_{2b}$ 为材料常数；其他符号意义同前。 Carreau 模型：$(\tau, B) \leq 0$，$(T_b, D) < 0$；符号意义同前。 Carreau-Yasuda 模型：$(\tau, B, a) \leq 0$，$(D, \eta_\infty) < 0$；η_∞ 为剪切率趋于无限大时的黏度；a 为从 0 剪切率到幂次区域转换的无因次值；其他符号意义同前。 Herschel-Bulkely Cross 模型：$(\tau, B, T_b) \leq 0$，$(D, \tau_{y0}) < 0$；τ_{y0}、T_y 是材料常数，分别代表应力、温度对材料应力的影响；其他符号意义同前。 Herschel-Bulkely Cross (2)模型：$(\tau, D_1, D_2, A_{2b}) \leq 0$，$(D_3, A_1, \tau_{y0}) \leq 0$；符号意义同前
警告 Warning 291601	基于材料参数比体积不合理	比体积，修正的 Tait(2)模型： 对于 C_p 恒定的材料，参数 b_5 与 C_p 峰值温度（T_c）相差太大
警告 Warning 291602	比体积不在数据区间内	比容，修正 Tait (2)模型： 参数 b_5 与根据材料类型建议的 C_p 峰值温度（T_c）值差异太大
警告 Warning 291603	某些 PVT 参数值不合理	
警告 Warning 291604	某些 PVT 参数值不在数据区间内	
警告 Warning 291605	PVT 的转变温度与 C_p 峰不一致	
警告 Warning 291606	PVT 的转变温度可能不合理	
警告 Warning 291607	检查功能不支持 PVT 模型	
警告 Warning 291701	基于材料参数的比热是不合理的	
警告 Warning 291702	比热容不在数据区间内	
警告 Warning 291703	此版本不支持"检查比热容"	

续表

错误代码	症状/现象	解决方案
警告 Warning 291801	基于材料参数的传热系数不合理	
警告 Warning 291802	传热系数不在数据区间内	
警告 Warning 291803	此版本不支持"检查传热系数"	
警告 Warning 291901	松弛行为可能还不够明显	
警告 Warning 291902	橡胶态模量可能太高	
警告 Warning 291903	建议将 T_f 设置为 T_g	
警告 Warning 291904	固体 VE 的转变温度与 PVT 的转变温度不一致	说明：VE，黏弹性
警告 Warning 292121	C_p 峰值的温度可能不合理	比热容：C_p 峰变化温度（T_c）与基于材料的建议值相差太大（例如：PP = 120℃；HDPE = 11℃；PEEK = 295℃；PA6 = 18℃；PA66 = 235℃；SPS = 23℃；POM = 145℃；PBT = 19℃）
警告 Warning 292131	固化温度可能不合理	加工条件：固化温度与玻璃化转变温度（T_g）和结晶温度（T_c）的差异不合理
警告 Warning 292132	固化温度应大于或等于通过黏度参数计算的温度	
警告 Warning 292141	顶出温度可能不合理	加工条件：合理设置顶出温度与玻璃化转变温度（T_g）和结晶温度（T_c）的差异
警告 Warning 292142	顶出温度大于固化温度	
警告 Warning 292143	顶出温度大于 T_m 或 T_g	
警告 Warning 292151	熔体温度不在区间内	
警告 Warning 292152	最低熔体温度至少比 T_m 高 2℃	
警告 Warning 292153	最低熔体温度至少比 T_g 高 5℃	
警告 Warning 292201	弹性模量过大	
警告 Warning 292202	弹性模量过小	
警告 Warning 292203	线性热膨胀系数（CTLE）过大	
警告 Warning 292204	线性热膨胀系数（CTLE）过小	
警告 Warning 292205	弹性模量 $E1$ 不在合理范围内	
警告 Warning 292206	弹性模量 $E2$ 不在合理范围内	
警告 Warning 292207	弹性模量 $E1$ 应大于或等于 $E2$	
警告 Warning 292208	泊松比 $v23$ 不在合理范围内	

续表

错误代码	症状/现象	解决方案
警告 Warning 292209	两个方向的泊松比（$v12$ 和 $v23$）不应该相等	
警告 Warning 292210	剪切模量 G 不在合理范围内	
警告 Warning 292211	线性热膨胀系数（CLTE）$a1$ 不在合理范围内	
警告 Warning 292212	线性热膨胀系数（CLTE）$a2$ 不在合理范围内	
警告 Warning 292213	线性热膨胀系数（CLTE）的 $a1$ 应小于或等于线性热膨胀系数 $a2$	
警告 Warning 292214	纤维长径比不在合理范围内	
警告 Warning 292215	纤维质量分数不合理	
警告 Warning 292216	聚合物密度不在合理范围内	
警告 Warning 292217	聚合物泊松比不在合理范围内	
警告 Warning 292218	聚合物模量不在合理范围内	
警告 Warning 292219	聚合物线性热膨胀系数（CLTE）不在合理范围内	纤维增强材料
警告 Warning 292220	纤维密度不在合理范围内	
警告 Warning 292221	纤维模量 $E1$ 不在合理范围内	
警告 Warning 292222	纤维模量 $E2$ 不在合理范围内	
警告 Warning 292223	纤维模量 $E1$ 应大于或等于 $E2$	
警告 Warning 292224	纤维泊松比不在合理范围内	
警告 Warning 292225	纤维剪切模量 G 不在合理范围内	

附表 1.3　实体模型流动分析模块

错误代码	症状/现象	解决方案
警告 Warning 271501	计算终止，因为流速过低，在当前填充时间内无法充满型腔	
警告 Warning 271502	熔体温度过于接近 T_g，可导致计算稳定性变差及更糟糕的结果	
警告 Warning 271503	达到填充百分比阈值，计算终止	
警告 Warning 271504	无法打开 *.w3f 文件输出数据	
警告 Warning 271505	无法打开 *.w3f 文件收集数据	
警告 Warning 271506	一些单元存在亚音速流动区域的马赫数	
警告 Warning 271507	自动确定的 HTC（传热系数）功能由于熔体温度和模具温度接近而关闭。默认的 HTC 值需要设定	
警告 Warning 271508	相应的瞬态冷却结果不正确，瞬态冷却效果选项不可用	

续表

错误代码	症状/现象	解决方案
警告 Warning 271509	此时所有的阀式浇口同时关闭，这在当前求解器中是不允许的	
警告 Warning 271512 警告 Warning 271513	此模型中没有关于开模方向的设置。在此模型中，Z 轴将被假设为开模方向	
警告 Warning 271514	该热流道系统有多个浇口，这可能会导致标准实体流动计算的不稳定	
警告 Warning 271517	当前锁模力大于最大锁模力设定值。注射单元将从填充阶段变为保压阶段	
警告 Warning 271518	模座没有冷却水路。3D 实体冷却水路分析不可使用	
警告 Warning 272010	无法打开用于实体冷却水路分析的工艺文件	
警告 Warning 272011	工艺文件版本太旧，无法进行实体冷却水路分析	
警告 Warning 272012	3D 实体冷却水路分析不支持切换多级冷却。求解器将禁用 3D 实体冷却水路分析选项	
警告 Warning 272013	3D 实体冷却水路分析不支持蒸汽冷却介质。求解器将禁用 3D 实体冷却水路分析选项	
错误 Error 273001	未找到熔体入口单元	请检查网格文件中是否未设置熔体入口，并在修改后重新生成
错误 Error 273002	网格文件包含模具嵌件块，但为旧的 MFE 文件版本	请将网格文件重新转换为最新版本，以获得更好的后续模具嵌件分析支持
错误 Error 273003	非壁面上设置了零件表面边界条件	请检查网格以解决此问题
错误 Error 273004	无法打开 MFE 文件	请检查 MFE 文件是否存在，或者通过 Moldex3D Mesh/Designer 重新生成网格文件
错误 Error 273005	MFE 文件与求解器计算的表面单元数不匹配	发生此错误的原因是网格文件中出现了一些意想不到的表面网格拓扑问题。请启动 Moldex3D Mesh/Designer 重新划分或修复
错误 Error 273006	无法打开网格文件	请检查网格文件名和路径
错误 Error 273007	创建 MFV 文件失败	请检查 MFV 文件名和路径
错误 Error 273008	预处理阶段重新局部划分网格失败	请更新到最新的 Designer 并重新创建实体网格
错误 Error 273009	生成的与 MFV 相关的程序中存在一些问题	请检查 MFV 相关程序是否存在
错误 Error 273010	磁盘存储空间不足无法创建 MFV	请检查磁盘的空间是否足够
错误 Error 273011	MFE 文件版本太旧	请重新转换为最新版本的网格文件以解决此问题

续表

错误代码	症状/现象	解决方案
错误 Error 273012	在EXE处理阶段，局部重划网格失败	请检查网格文件的文件路径
错误 Error 273013	在预处理阶段，局部重划分网格失败。由于内存不足，程序已终止	请检查是否有足够的内存来运行此分析
错误 Error 273014	在EXE处理阶段，局部重划分网格失败	请检查面拓扑关系，并更新到最新的Designer以重新创建实体网格
错误 Error 273015	在EXE处理阶段，局部重划分网格失败	请检查面单元拓扑关系，并更新到最新的Designer以重新创建实体网格
错误 Error 273016	在EXE处理阶段，局部重划分网格失败	请检查入口面拓扑关系，并更新到最新的Designer以重新创建实体网格
错误 Error 273017	无法输出多面体网格文件	请检查网格文件
错误 Error 273018	PRO和网格文件之间的阀浇口设置不兼容	请在Moldex3D Mesh/Designer中重置阀式浇口设置，并重新生成网格文件
错误 Error 273019	通过流动前沿检查阀式浇口失败	请检查熔体前沿阀浇口工艺条件设置中的节点值
错误 Error 273101	Cross黏度模型1在Solid-Flow中尚不受支持	请使用其他黏度模型
错误 Error 273102	由于A12导致Cross模型3的WLF黏度参数发生错误	请检查在A1和A2b中的参数设置，并查看设置中是否有任何负值
错误 Error 273103	求解器目前不支持材料文件中使用的比热容模型	请在"材料精灵"中选择另一个比热容模型，然后重新运行模拟
错误 Error 273104	求解器目前不支持材料文件中使用的热导率模型	请在"材料精灵"中选择另一个热导率模型，然后重新运行模拟
错误 Error 273105	当前版本不支持此材料的黏度模型	请在"材料精灵"用户库中修改黏度模型
错误 Error 273201	此时所有阀式浇口同时关闭，这在本求解器中是不允许的	请启动"加工精灵"以更正阀式浇口控制设置
错误 Error 273202	PRO文件中的注射体积远大于型腔体积	请在"加工精灵"中检查ram位置设置
错误 Error 273203	PRO文件中的注射体积远小于型腔体积	请在"加工精灵"中检查ram位置设置
错误 Error 273204	Solid-Flow不支持阀式浇口计算	请使用增强版Solid-Flow
错误 Error 273205	网格文件与PRO文件在"Element BC"中的数量不一致	请在"加工精灵"中检查模具温度边界条件设置并再次生成PRO文件
错误 Error 273206	3D冷却水路流动分析中的读取文件错误	请检查.run文件是否存在
错误 Error 273207	获取流速设置错误：入口组的流速与Pro&Mesh中的不一致	请重新传输网格文件
错误 Error 273211	由于螺杆到达底部，计算终止	请在"加工精灵"中检查"流速配置文件设置"
错误 Error 273300	非法调用Moldex3D求解器	请启动项目管理以运行求解器
错误 Error 273301	找不到以下CMX文件	求解器尚不支持非英语路径名的文件位置。请①确保项目位于仅英语路径；②检查路径中是否存在Run文件；③在项目中重新运行分析或新建一个项目并运行

续表

错误代码	症状/现象	解决方案
错误 Error 273302	Solid-Flow 不支持流体辅助注射成型计算	请使用增强型 Solid-Flow
错误 Error 273303	非法分析类型计算	请检查成型方法是否合理
错误 Error 273304 错误 Error 273305	找不到*.cmp 文件	请检查*.cmp 文件，然后重新运行分析
错误 Error 273306	输出数据在写入*.snf 文件时中断	请检查硬盘存储空间是否足够
错误 Error 273307	输出数据在写入*.m3f 文件时中断	
错误 Error 273308	输出数据在写入*.o2d 文件时中断	
错误 Error 273309	输出映射数据在写入*.m3x 文件时中断	
错误 Error 273310	读取瞬态冷却数据时出现错误。*.c2f 中的尺寸与当前网格文件的不一致	请在 Solid-Flow 分析之前重新运行 Solid-Cool
错误 Error 273311	读取瞬态冷却数据时出现错误。*.c2f 中的数据不完整	
错误 Error 273312	CPU 设备尚未准备好进行此计算	请检查 CPU 设备的状态。或者将加速方法切换到 CPU
错误 Error 273500	由于数值解发散，分析终止	下面列出了一些可能的检查项，以帮助解决此问题。①网格相关：修复质量差的网格（如果有）。如果四面体网格出现问题，请将其删除。②材料及工艺条件相关：检查工艺条件是否与材料性能正确匹配；检查注射时间设置是否与实际成型尺寸正确匹配；如果使用热流道，则降低初始流速。③计算参数：检查是否使用了过大的求解器效率因子。④其他：检查是否使用了热交换系数设置。如果已使用"热交换系数"设置，请减小该值并重新运行分析，HTC 建议值为 1000～25000
错误 Error 273501	求解器加速计算因错误代码终止	请检查网格，看看是否存在任何与拓扑相关的问题
错误 Error 273503	由于数值解发散，分析终止	下面列出了一些可能的检查项，以帮助解决此问题。①网格相关：修复质量差的网格（如果有），如果四面体网格出现问题，则将其删除；②材料及工艺条件相关：检查工艺条件是否与物料性能正确匹配，检查保压压力曲线设置中是否有过大的阶跃变化
错误 Error 273504	压力计算中的入口边界条件类型（Ⅰ）非法	请检查控制阶段的参数输入
错误 Error 273505	压力计算中的入口边界条件类型（Ⅱ）非法	请检查控制阶段的参数输入
错误 Error 273506	更新边界压力的入口边界条件类型（Ⅱ）非法	请检查控制阶段的参数输入

续表

错误代码	症状/现象	解决方案
错误 Error 273507	Moldex3D-Solid-Flow 异常中止	①请确认 Moldex3D 的版本为最新版本；②请确认目前的项目是由最新版本的 Moldex3D Project / Moldex3D Mesh 或 Designer/ Process Wizard / Materials Bank 生成。必须检查网格文件、工艺条件文件和材料文件
错误 Error 273508	网格文件中包含的网格信息表示文件版本太旧	请将 Designer 或 Rhinoceros 中的 MFE/mde 文件重新导出到最新版本以解决此问题

附表 1.4　实体模型的保压分析

错误代码	症状/现象	解决方案
警告 Warning 281501	发生短射。由于流速过低，无法在给定填充时间内充满型腔，因此计算终止	
警告 Warning 281502	熔体温度与 T_g 过于接近，可能引起计算的稳定性问题，并导致更糟糕的结果	
警告 Warning 281507	求解特征值/特征向量的迭代次数过多	
警告 Warning 281510	对应的瞬态冷却结果不正确。现在将禁用瞬态冷却效果选项	
警告 Warning 281511	自动确定的 HTC（热交换系数）功能由于熔体温度和模具温度接近而关闭；默认的 HTC 值需要设定	
警告 Warning 281513	此模型中没有关于开模方向的设置。在此模型中，Z 轴将被假定为开模方向	
警告 Warning 281514	目前标准 Solid-Flow 暂不支持由流动引起的残余应力。由于没有用于残余应力计算的中间数据文件，现将禁用残余应力选项	
警告 Warning 281515	由于达到所需的脱模温度，将禁止保压计算扩展到冷却阶段	
警告 Warning 281516	由于残余应力的计算需要更高的网格质量，残余应力的计算结果可能不收敛	
警告 Warning 281517	流动引起的残余应力尚不支持热固性材料，估算残余应力现在将被禁用	
警告 Warning 281518	锁模力远高于"加工精灵"中的最大锁模力设置	
警告 Warning 281519	锁模力高于"加工精灵"中的最大锁模力设置	
警告 Warning 281529	材料没有粉末信息，分析工艺的类型将改为注射成型分析	
警告 Warning 281530	填充结束压力高于最大保压压力。现保压压力参考保压分析时的最大保压压力	

续表

错误代码	症状/现象	解决方案
警告 Warning 281531	由于材料文件中的密度是常数，因此密度结果与粉末分布聚集没有任何关系	
错误 Error 283001	没有熔体入口单元	请检查网格文件中是否未设置熔体入口，并在修改后重新生成
错误 Error 283002	网格文件包含模具嵌件块，但为旧的 MFE 文件版本	请将网格文件重新转换为最新版本，以便获得更好的后续模具嵌件分析
错误 Error 283003	零件表面边界条件设置在非壁面上	请检查网格以解决此问题
错误 Error 283004	无法打开 MFE 文件	请检查 MFE 文件是否存在；或通过 Moldex3D Mesh/Designer 重新生成网格文件
错误 Error 283005	MFE 文件与求解器计算的表面单元数不匹配	此错误是由网格文件中的某些意外曲面网格拓扑问题而产生的；请用 Moldex3D Mesh 或 Designer 修复
错误 Error 283006	打开网格文件失败	请检查网格文件名和路径
错误 Error 283007	创建 MFV 文件失败	请检查 MFV 文件名和路径
错误 Error 283008	预处理阶段局部网格划分失败	请更新到最新的 Designer 并重新创建实体网格
错误 Error 283009	生成的与 MFV 相关的程序中存在问题	请检查 MFV 相关程序是否存在
错误 Error 283010	磁盘存储空间不足无法创建 MFV 文件	请检查磁盘的空间是否足够
错误 Error 283011	MFE 文件版本太旧	请将网格文件重新转换为最新版本以解决此问题
错误 Error 283012	在 EXE 处理阶段局部网格划分失败	请检查网格文件的文件路径
错误 Error 283013	在预处理阶段局部网格划分失败。由于内存不足，程序已终止	请检查是否有足够的内存来运行此分析
错误 Error 283014	在 EXE 处理阶段局部网格划分失败	请检查面拓扑关系，并更新到最新的 Designer 重新创建实体网格
错误 Error 283015	在 EXE 处理阶段局部网格划分失败	请检查面单元拓扑关系，并更新到最新的 Designer 重新创建实体网格
错误 Error 283016	在 EXE 处理阶段局部网格划分失败	请检查入口面拓扑关系，并更新到最新的 Designer 以重新创建实体网格
错误 Error 283017	无法输出多面体网格文件	请检查网格文件
错误 Error 283018	阀式浇口设置在 PRO 文件和网格文件之间不兼容	请在 Moldex3D Mesh/Designer 中重置阀式浇口设置，并重新生成网格文件
错误 Error 283101	Solid-Flow 不支持 Cross 黏度模型 1	请使用其他黏度模型
错误 Error 283102	A12 导致 Cross 模型 3 的 WLF 黏度参数产生错误	请检查在 A1 和 A2b 中的参数设置，并查看设置中是否有任何负值
错误 Error 283103	目前求解器不支持材料文件中使用的比热容模型	请在材料精灵中选择另一个比热容模型，然后重新运行模拟
错误 Error 283104	目前求解器不支持材料文件中使用的热导率模型	请在材料精灵中选择另一个热导率模型，然后重新运行模拟

续表

错误代码	症状/现象	解决方案
错误 Error 283105	当前版本尚不支持此材料的黏度模型	请在材料精灵中的用户数据库修改黏度模型
错误 Error 283107 错误 Error 283108	该材料的冻结温度远低于凝固温度,该材料文件太不合理	①请在此材料文件中修改 WLF 模型的参数;②请重新进行曲线拟合,并将此材料转换为修正的 Cross 模型(Ⅱ),并尝试重新运行此案例
错误 Error 283109	发现非法材料密度模型	请启动材料精灵进行更正
错误 Error 283201	此时所有的阀式浇口同时关闭,这在当前求解器中是不允许的	请启动加工精灵以更正阀式浇口控制设置
错误 Error 283202	PRO 文件中的注射体积远大于型腔体积	请在加工精灵中检查 ram 位置设置
错误 Error 283203	PRO 文件中的注射体积远小于型腔体积	请在加工精灵中检查 ram 位置设置
错误 Error 283204	SBC 文件中没有分配通行设置	请检查加工精灵中的分配模式设置
错误 Error 283205	网格文件与 PRO 文件在"Element BC"(单元边界条件)中的数量不一致	请检查"加工精灵"中的"模具温度"设置,然后重新生成 PRO 文件
错误 Error 283300	非法调用 Moldex3D 求解器	请启动程序管理以运行求解器
错误 Error 283301	找不到以下 CMX 文件	求解器尚不支持非英语路径名的文件位置。请①确保项目位于仅英语路径;②检查路径中是否存在 Run 文件;③在项目中重新运行分析或新建一个项目并运行
错误 Error 283500	由于数值结果发散,分析终止	下面列出了一些可能的检查项,以帮助解决此问题。①网格相关:修复质量差的网格(如果有)。如果四面体网格出现问题,请将其删除。②材料及工艺条件相关:检查工艺条件是否与材料性能正确匹配;检查注射时间设置是否与实际成型尺寸正确匹配;如果使用热流道,则降低初始流速。③计算参数:检查是否使用了过大的求解器效率因子。④其他:检查是否使用了"热交换系数"设置。如果已使用"热交换系数"设置,请减小该值并重新运行分析,HTC 建议值为 1000~25000
错误 Error 283501	求解器加速计算出现错误代码终止	请检查网格,看看是否存在任何与拓扑相关的问题
错误 Error 283503	由于数值结果发散,分析终止	下面列出了一些可能的检查项,以帮助解决此问题。①网格相关:修复质量差的网格(如果有);如果四面体网格出现问题,请将其删除。②材料及工艺条件相关:检查工艺条件是否与材料性能正确匹配,检查保压压力曲线设置中是否有剧烈的阶跃变化

续表

错误代码	症状/现象	解决方案
错误 Error 283504 错误 Error 283505	在这种情况下发生短射。由于流速过低，无法在当前填充时间内完全填充型腔，因此计算终止	下面列出了一些可能的检查项，以帮助解决此问题。①网格相关：修复质量差的网格（如果有）；如果四面体网格出现问题，请将其删除。②材料及工艺条件相关：检查工艺条件是否与所用材料正确匹配；检查注射时间设置是否与实际成型尺寸正确匹配
错误 Error 283506	网格文件中包含的网格信息表示文件版本太旧	请将 Designer 或 Rhinoceros 中的 MFE/mde 件重新导出到最新版本以解决此问题
错误 Error 283507	Moldex3D 保压分析不支持充填阶段出现短射时的排气分析	当涉及排气分析时，请确保在填充阶段达到满射

附表 1.5　实体模型充填/保压模拟模块的警告与错误

错误代码	症状/现象	解决方案
警告 Warning 1501	在这种情况下，会发生短射。由于流速过低，无法在当前填充时间内完全填满型腔，因此终止了计算	
警告 Warning 1502	熔体温度太接近材料的 T_g 可能引发计算稳定性问题，并导致更糟糕的结果。因为：①材料 T_g 可能太高，请重新检查材料属性；②输入的熔体温度可能太低	
错误 Error 3001	未找到熔体入口单元	请检查网格文件中是否未设置熔体入口，并在修改后重新生成
错误 Error 3002	网格文件包含模具嵌件块，但有旧的 MFE 文件版本	将网格文件重新转换为最新版本，以获得更好的后续模具嵌件分析
错误 Error 3003	零件表面边界条件设置在非壁面处	请检查网格以解决此问题
错误 Error 3004	无法打开 MFE 文件	请检查 MFE 文件是否存在；或通过 Moldex3D Mesh/Designer 重新生成网格文件
错误 Error 3005	MFE 文件与求解器计算的表面网格数不匹配	此错误是由于网格文件中的某些意外曲面网格拓扑问题而产生的；请启动 Moldex3D Mesh 或 Designer 进行修复
错误 Error 3101	在 Solid-Flow 中不支持 Cross 黏度模型（Ⅰ）	请使用其他黏度模型
错误 Error 3102	由 A1 导致 Cross 模型（Ⅲ）的 WLF 黏度参数产生错误	请检查 A1 和 A2b 中的参数设置，并查看设置中是否有任何负值
错误 Error 3103	目前求解器尚不支持材料文件中使用的比热容模型	请在"材料精灵"中选择另一个比热容模型，然后重新运行模拟
错误 Error 3104	目前求解器尚不支持材料文件中使用的热导率模型	请在"材料精灵"中选择另一个热导率模型，然后重新运行模拟
错误 Error 3105	当前版本不支持此材料的黏度模型	请在"材料精灵"中的用户数据库中修改黏度模型

续表

错误代码	症状/现象	解决方案
错误 Error 3201	所有阀式浇口在此时同时关闭，这在当前求解器中是不允许的	请启动加工精灵以更正阀式浇口控制设置
错误 Error 3202	PRO 文件中的注射体积远大于型腔体积	请在"加工精灵"中检查 ram 位置设置
错误 Error 3203	PRO 文件中的注射体积比型腔体积小得多	请在"加工精灵"中检查 ram 位置设置
错误 Error 3204	Solid-Flow 不支持阀式浇口计算	请使用增强型 Solid Flow 来代替
错误 Error 3300	非法调用 Moldex3D 求解器	请启动项目管理程序运行求解器
错误 Error 3301	找不到下面的 CMX 文件	求解器尚不支持非英语路径名的文件位置。请：①确保项目位于仅英语路径；②检查路径中是否存在 Run 文件；③在项目中新建一个运行并重新运行分析
错误 Error 3500	由于数值发散，分析被终止	下面列出了一些可能的检查项，以帮助解决此问题。①网格相关：修复质量差的网格（如果有）。如果四面体网格出现问题，请将其删除。②材料及工艺条件相关：检查工艺条件是否与材料性能正确匹配，检查注射时间设置是否与实际成型尺寸正确匹配，如果使用热流道，则降低初始流速。③计算参数：检查是否使用了过大的求解器效率因数。④其他：检查是否使用了热导率设置。如果已经使用了热导率设置，请减小该值并重新运行分析。建议值为 1000～25000
错误 Error 3501	求解器加速计算，因出现的错误代码终止	请检查网格，看看是否存在任何与拓扑相关的问题
错误 Error 3503	由于数值发散，分析被终止	下面列出了一些可能的检查项，以帮助解决此问题。①网格相关：修复质量差的网格（如果有）。如果四面体网格出现问题，请将其删除。②物料及工艺条件相关：检查工艺条件是否与物料性正确匹配，检查填料压力曲线设置中是否有剧烈的阶跃变化

附表 1.6 实体模型冷却分析模块错误和警告

错误代码	症状/现象	解决方案
警告 Warning 131002	由于模座网格生成错误，冷却 Cool 求解器从 Enhanced FastCool 自动切换到 Standard FastCool	
警告 Warning 131003	由于内存不足，冷却 Cool 求解器已从 Enhanced FastCool 自动切换到 Standard FastCool	
警告 Warning 131701	计算机内存不足以运行默认的模座分析。现在"求解器"通过自动重新运行程序来更改模座分析	

续表

错误代码	症状/现象	解决方案
警告 Warning 132001	由于中间文件*.f2c 不存在,无法从填充分析中读取热相关数据	
警告 Warning 132002	由于中间文件*.p2c 不存在,无法从保压分析中读取热相关数据	
警告 Warning 132003	通过填充分析计算出的温度分布将不纳入此冷却分析中	
警告 Warning 132004	文件*.f2c 不存在或文件不完整,来自填充分析的热数据将不包含在此冷却分析中	
警告 Warning 132005	整个塑料零件冷却到脱模温度以下	
警告 Warning 132006	由于中间文件*.RSP2C 不存在,因此保压阶段没有残余应力数据。下面的分析将忽略冷却过程的残余应力	
警告 Warning 132007	无法从 Run X 中读取第 1 次注射的分析结果。用加工精灵中的嵌件初始温度设置值	
警告 Warning 132008	在瞬态冷却分析中不支持自动设置冷却时间 AutoSetCoolTime;求解器将禁用 AutoSetCoolTime 的选项	
警告 Warning 132009	填充数据与工艺设置中的不同。冷却分析求解器停止读取流动数据	
警告 Warning 132010	从充填结果中恢复的温度比熔体温度高 300℃,这是一种异常情况	
警告 Warning 132011	无法计算冷却水路流动结果。求解器将禁用 3D 实体冷却水路分析选项	
警告 Warning 132012	3D 实体冷却水路分析不支持多冷介质切换。求解器将禁用 3D 实体冷却水路分析选项	
警告 Warning 132013	3D 实体冷却水路分析不支持蒸汽冷却介质。求解器将禁用 3D 实体冷却通水路分析选项	
警告 Warning 132014	由于中间文件*.RSP2C 不匹配,无法从保压分析中读取残余应力数据。下面的分析将忽略冷却过程的残余应力	
警告 Warning 132015	残余应力的材料数据不正确。下面的分析将忽略冷却过程的残余应力	
警告 Warning 132016	由于中间文件*_cry.p2c 不存在,因此没有来自保压过程的结晶数据。下面的分析将忽略冷却过程的残余应力	备注:不考虑结晶引起的应力
警告 Warning 132017	由于中间文件*_cry.p2c 不匹配,无法从保压分析中读取结晶应力数据。下面的分析将忽略冷却过程的残余应力	

续表

错误代码	症状/现象	解决方案
警告 Warning 132018	通过填充分析计算出的温度分布将不计入此冷却分析中	
警告 Warning 132019	保压分析计算出的温度分布将不纳入此冷却分析中	
警告 Warning 132020	无用于冷却水路网络分析的冷却水路。冷却水路网络分析模块自动关闭	
警告 Warning 132021	由于该模型复杂的几何特征,Cool 冷却求解器已自动从平均循环温度 Cycle Average 切换到瞬态 Transient	
警告 Warning 132022	晶体的材料数据不正确。在下面的分析中将忽略冷却过程的结晶计算	
警告 Warning 132023	3D 实体冷却水路分析不支持加热棒计算。求解器将自动禁用 3D 实体冷却水路分析选项	
警告 Warning 132024	出口截面太短,无法达到完全发展流状态	
警告 Warning 132025	由于该材料文件中没有黏弹性数据,估计残余应力的选项将被自动禁用	
错误 Error 133001	网格拓扑错误	请重新转换网格文件(MFE 或 MDE 文件)到最新版本
错误 Error 133002	无法从网格文件中获取模具金属材料	此问题可能是由于*.mmp 文件丢失或 mmp 和 MFE 文件不一致。将网格文件重新转换为最新版本以解决此问题
错误 Error 133003	从网格文件中提取与 MCM 相关的数据时发现内部错误	
错误 Error 133004	网格文件包含具有旧 MFE 文件版本的模具嵌件	请将网格文件重新转换为最新版本,以便获得更好的后续模具嵌件分析支持
错误 Error 133005	此模型中没有模座(模具)数据	请定义模座边界以在网格文件中完成模座构造
错误 Error 133006	在当前版本中,Solid Cool 求解器不支持型腔或流道设为对称的边界条件	请尝试用完整模型构造修改网格模型以解决此问题
错误 Error 133007	网格文件已过期,请更新	请将网格文件(MFE 或 MDE 文件)重新转换为最新版本
错误 Error 133008	冷却水路数据中的网格文件错误	请将网格文件(MFE 或 MDE 文件)重新转换为最新版本
错误 Error 133009	网格文件和运行设置文件中的塑料制品材料数不一致	检查模型是否有不正确的嵌件
错误 Error 133010	读取用于 Pipe Network 分析的MFE文件时出错。模型中没有冷却介质入口	请创建合适的冷却介质入口
错误 Error 133011	读取用于 Pipe Network 分析的MFE文件时出错。冷却水路网络未完全设置冷却介质	请检查模型是否有任何不正确的冷却介质入口位置或未连接的通道

续表

错误代码	症状/现象	解决方案
错误 Error 133012	读取用于 Pipe Network 分析的 MFE 文件时出错。不允许在冷却水路网络中使用多个冷却介质	请检查加工精灵是否为一个冷却通道网络中有多个不同的冷却介质
错误 Error 133013	读取用于 Pipe Network 分析的 MFE 文件时出错。模型中没有冷却介质出口	请创建冷却介质出口
错误 Error 133014	读取用于 Pipe Network 分析的 MFE 文件时出错。冷却水路网络分析中不允许有冷却水路在模具末端	请①在模具末端设置冷却介质出口；或②将模具末端更换为挡板或喷泉式的回路
错误 Error 133015	读取用于管网分析的 MFE 文件时出错。不允许将不同的挡板或喷泉式回路连接在一起	请检查挡板或喷泉式冷却回路的模型
错误 Error 133016	读取用于 Pipe Network 分析的 MFE 文件时出错	请检查挡板或喷泉式冷却回路模型。注意：①只允许挡板或喷泉回路的一端连接在冷却水路壁上；②挡板或喷泉式回路不能相互连接
错误 Error 133017	读取用于 Pipe Network 分析的 MFE 文件时出错	请检查挡板或喷泉式冷却回路模型。注意：①一个挡板或喷泉回路的两端相通；②不同尺寸的挡板（喷泉）相互连通
错误 Error 133018	读取用于 Pipe Network 分析的 MFE 文件时出错。模型与工艺设置文字不匹配	请检查 Pro 文件和 MFE 文件中的冷却介质入口编号
错误 Error 133019	读取用于 Pipe Network 分析的 MFE 文件时出错。模型与工艺设置文件不匹配	请检查 PRO 文件和 MSH 文件
错误 Error 133020	读取用于 Pipe Network 分析的 MFE 文件时出错	请检查 MFE 文件
错误 Error 133021	读取用于 Pipe Network 分析的 MFE 文件时出错。读取模型文件失败	请检查 MSH 文件
错误 Error 133022	读取用于 Pipe Network 分析的 MFE 文件时出错。读取工艺设置文件失败	请检查 Pro 文件
错误 Error 133023	读取用于 Pipe Network 分析的 MFE 文件时出错。MFEIO.dll 文件不匹配	请更改 MFEIO.dll！
错误 Error 133024	读取用于 Pipe Network 分析的 MF 文件时出错。读取 MFE 文件错误	请检查 MFE 文件
错误 Error 133025	冷却管路入口/出口不在模座壁面	请前往 Moldex3D Mesh，将冷却介质入口、出口放在模座壁面
错误 Error 133026	由于网格信息不正确，无法运行冷却水路网络分析	请更新 Moldex3D Mesh，并从 CAD 模型重新生成网格
错误 Error 133027	由于塑料制品边界面数不正确，无法运行冷却分析	请更新 Moldex3D Mesh，并从 CAD 模型重新生成网格
错误 Error 133028	由于模座塑料制品边界面数不正确，无法运行冷却分析	请更新 Moldex3D Mesh，并从 CAD 模型重新生成网格
错误 Error 133029	塑料制品的边界单元数与有边界条件的单元数不一致	请更新 Moldex3D Mesh，并从 CAD 模型重新生成网格

续表

错误代码	症状/现象	解决方案
错误 Error 133030	边界节点 ID 大于局部（零件或模座）节点的总数	请更新 Moldex3D Mesh，并从 CAD 模型重新生成网格
错误 Error 133031	内部节点 ID 大于局部（零件或模座）节点的总数	请更新 Moldex3D Mesh，并从 CAD 模型重新生成网格
错误 Error 133032	网格分区错误	请：①使用单个 CPU 进行计算；②更新 Moldex3D Mesh，并从 CAD 模型再生网格
错误 Error 133101	找不到材料(.mtr) 文件	请在材料精灵中重新生成新的材料文件
错误 Error 133102	零件嵌件的力学性能缺少有关密度的信息	用于嵌件设置的旧版本材料文件可能不包含有关密度的信息。请从材料精灵中添加一个嵌件的新材料以获得更完整的力学性能
错误 Error 133103	网格文件中的零件材料总数与运行数据中的零件材料总数不同	请在项目中创建新运行，然后重新运行分析
错误 Error 133201	"工艺设置"中的模具金属材料数量与网格文件中的模具金属材料数量不一致	请启动"加工精灵"并检查"工艺条件"的嵌件设置，或重新生成新的"工艺条件"文件
错误 Error 133202	MFE 文件包含模具嵌件块，但工艺参数文件版本早于 2008	请启动"加工精灵"并更新工艺文件，以获得更好的模具镶件分析支持
错误 Error 133203	工艺参数文件包含嵌件设置，但网格数据中没有嵌件设置	请检查工艺文件和网格文件之间嵌件设置的一致性
错误 Error 133204	网格文件与工艺条件的设置不一致。检测到工艺参数文件中的冷却水路/加热棒数量与网格文件中的冷却水路/加热棒数量构成不一致	请在"加工精灵"中重新生成新的工艺条件文件，或检查是否存在任何重复的冷却水路以解决此问题
错误 Error 133205	网格文件与工艺条件的设置不一致	请在"加工精灵"中重新生成新的工艺条件文件以解决此问题
错误 Error 133206	加工工艺错误	请在"加工精灵"中重新生成新的工艺条件文件以解决此问题
错误 Error 133207	至少有一个冷却水路没有设置属性	请在"加工精灵"中重新生成新的工艺条件文件以解决此问题
错误 Error 133208	按压力设置冷却管路仅支持冷却水路网络分析和 3D 实冷却水路分析	请在"加工精灵"中按流速更改冷却通道设置
错误 Error 133301	找不到以下 CMX 文件	请①确保项目位于纯英语路径；②检查路径中是否存在 CMX 文件；③启动计算参数精灵重新生成 CMX 文件并再次运行分析
错误 Error 133302	找不到 RUN 文件；求解器尚不支持非英语路径名的文件位置	请：①确保项目位于纯英语路径；②检查路径中是否存在 Run 文件；③在项目中新建一个运行，然后再次运行分析
错误 Error 133303	在执行并行计算时发现错误,部分计算过程的 Moldex3D 版本不同	请确保所有计算节点均已安装相同的 Moldex3D 版本

续表

错误代码	症状/现象	解决方案
错误 Error 133304	读取 cmx 文件"COOL"部分时发现错误：AutoSetCoolTime 计算容差值（收敛条件）不合理	请启动计算参数精灵并将收敛条件重新设置在 10^{-8}~100 之间
错误 Error 133305	读取 cmx 文件"COOL"部分出错：AutoSetCoolTime 迭代次数不合理	请启动计算参数精灵并重置 1~20 之间的最大迭代值
错误 Error 133501	由于数值结果发散，分析被终止。在模型中发现温度异常	下面列出了一些可能的检查项目，以帮助解决问题。①网格相关：请检查模型的网格质量；②材料相关：请确认密度、比热容等所有材料参数已确定
错误 Error 133502	由于数值模拟发散，分析终止。调整时间步长时，数值过小	下面列出了一些可能的检查项目，以帮助解决问题。①网格相关：请检查模型的网格质量；②材料相关：请确认任何材料参数已给定，如密度、比容等
错误 Error 133503	由于数值模拟发散，分析终止。使用循环平均值计算时，没有 Cooling Channel/heating rod 模块的计算结果，可能会引起发散	使用其中一种解决方案来获得分析结果：①瞬态冷却分析；②增加冷却水路分析获得稳态平均温度值
错误 Error 133504	由于数值模拟发散，3D 实体冷却水路分析（3D Solid Cooling Channel analysis）被终止	请使用其中一种解决方案来获得分析结果：①禁用 3D 实体冷却水路分析；②延长出口段水路，达到充分展开流动的状态
错误 Error 133601	并行计算中的映射关系错误	请将网格文件（MFE 或 MDE 文件）重新转换为最新版本
错误 Error 133602	找不到以下 RUN 文件	未指定的操作可能会导致此类问题。请检查路径中是否存在 RUN 文件（*.run 文件）。如果 Run 文件不存在，请建新的运行项目，并重置 Run 数据，然后再次运行分析
错误 Error 133701	无法为模座网格分配内存	请尝试增加 RAM 或减少单元数量，然后重新运行分析
错误 Error 133702	没有足够的内存来创建模座网格	
错误 Error 133703	没有足够的内存来运行此案例	
错误 Error 133901	MFEIO.dll 已过期，请更新	请检查此文件的版本，并将其更新到最新版本。亦可尝试重新安装 Moldex3D 解决此问题

附表 1.7 实体模型翘曲分析模块错误和警告

错误代码	症状/现象	解决方案
警告 Warning 151004	网格划分质量差。有些单元是有负雅可比（Jacobian）的单元。建议通过 Moldex3D mesh 修正这些负雅克比的单元	
警告 Warning 151005	网格划分质量差。有些单元是有负雅可比的单元。"二次单元种类（quadratic element type）"的选项将在下面的分析中关闭	

续表

错误代码	症状/现象	解决方案
警告 Warning 151024	网格包括热浇道。下面的分析中将移除热浇道	
警告 Warning 151025	黏弹性分析目前不支持非匹配网格	
警告 Warning 151026	模内约束效果不支持不匹配的网格	
警告 Warning 151027	二次单元目前不支持非匹配网格	
警告 Warning 151028	位移边界条件设置在连接面自由度的节点上	
警告 Warning 151029	连接约束不支持不匹配的塑料嵌件网格	
警告 Warning 151101	嵌件的材料不是纤维填充聚合物。本分析中将没有纤维取向来自前面的注射	
警告 Warning 151102	聚合物材料的 PVT 特性不可用	
警告 Warning 151311	冷却结果不存在，翘曲分析将不考虑模内约束效应	
警告 Warning 151312	冷却结果不存在，不会分析模座变形	
警告 Warning 151313	冷却结果不存在，翘曲分析将不考虑黏弹性分析	
警告 Warning 151314	黏弹性分析不支持模内约束效应	
警告 Warning 151401	具有多个嵌件的网格不支持"Consider the previous shot run"选项	
警告 Warning 151500	充填或保压分析存在短射或发散问题，会导致不合理的翘曲结果	
警告 Warning 151501	无法使用求解器加速分析。自动切换到安全模式	
警告 Warning 151505	压缩不完整。这可能会导致不合理的翘曲结果	
警告 Warning 151800	"计算参数"设置中的任务数大于授权计算进程数，这将禁用并行计算。现在，任务编号重置为默认值 1	
警告 Warning 152000	"计算参数"中的任务模式设置非法，将禁用并行计算。现重置为默认值	
警告 Warning 152001	冷却结果不存在，翘曲分析可能不考虑热位移的影响	
警告 Warning 152002	填充结果不存在，翘曲分析可能不会考虑由流动行为引起的变形	
警告 Warning 152003	保压结果不存在，翘曲分析可能不会考虑由体积收缩引起的变形	
警告 Warning 152004	体积收缩值不合理，可能导致翘曲分析结果不合理	
警告 Warning 152005	流动诱导的残余应力的结果不存在，翘曲分析不会考虑流动引起的残余应力的影响	

续表

错误代码	症状/现象	解决方案
警告 Warning 152006	纤维取向结果不存在，翘曲分析不会考虑纤维取向的影响	
警告 Warning 152007	"the previous shot"的运行文件不存在，在此分析中，不会考虑"the previous shot"引起的纤维取向	
警告 Warning 152008	"the previous shot"的网格文件不存在，在此分析中，不会考虑"the previous shot"引起的纤维取向	
警告 Warning 152009	"the previous shot"的纤维取向结果不存在！在此分析中，不会考虑"the previous shot"引起的纤维取向	
警告 Warning 152010	嵌件的材料与前次注射的材料不同	
警告 Warning 152011	填料取向结果不存在，翘曲分析不会考虑填料取向的影响	
警告 Warning 152012	对于热固性材料的制品，"输出热位移"选项将无效	
警告 Warning 152999	3DWarp 计算异常完成	
错误 Error 153000	无法读取网格文件	请检查 MFE 文件是否存在；或通过 Moldex3D Mesh 重新生成网格文件
错误 Error 153001	增强型 Warp 目前不支持不匹配网格	请切换到标准 Warp
错误 Error 153100	无法读取材料文件	请检查材料文件是否存在
错误 Error 153101	无法从材料文件中读取机械性能	请检查机械性能参数
错误 Error 153102	刚度矩阵非正定	请检查机械性能参数是否合理
错误 Error 153103	泊松比不合理	请检查机械性能参数
错误 Error 153104	无法从材料文件中读取结构黏弹属性	请检查结构的黏弹属性是否存在
错误 Error 153300	无填充、保压或冷却结果。现在分析即将终止	请在运行翘曲分析之前检查是否存在填充，保压或冷却结果
错误 Error 153301	读取 RUN 文件失败	请检查 RUN 文件是否存在
错误 Error 153302	无法写入 Lgw 文件	请检查共享磁盘的权限是否为"完全控制"
错误 Error 153303	无法读取填充结果	请在运行翘曲分析之前检查填充结果是否存在
错误 Error 153500	由于数值模拟发散，分析被终止	
错误 Error 153501	矩阵不是正定的	请检查网格质量或材料属性
错误 Error 153600	无法启动并行计算	请：①检查是否安装了并行计算模块；②检查机器名称或 IP 是否存在；③检查 Moldex3D 文件夹是否正确；④检查共享文件夹名称是否正确；⑤检查共享文件夹名称的权限是否足够

续表

错误代码	症状/现象	解决方案
错误 Error 153601	并行计算后无法获得翘曲结果	请检查共享文件夹磁盘中是否有足够的空间,或者共享磁盘的权限是否为"完全控制"
错误 Error 153602	未能建立用于并行计算的网格系统	
错误 Error 153603	无法为并行计算创建材料文件	
错误 Error 153604	无法为并行计算创建运行文件	
错误 Error 154000	非法命令执行	请通过 Moldex3D Project 重新执行 Moldex3D Warpage
错误 Error 154999	3DWarp 计算异常完成	
警告 Warning 171008	LSDYNA、Nastran、MSC.NASTRAN 和 MSC.Marc 不支持四面体网格。模座的网格结构中有四面体网格,模座的输出将被忽略	
警告 Warning 171009	LSDYNA、Nastran、MSC.NASTRAN 和 MSC.Marc 不支持四面体网格。流道的网格结构中有四面体网格,流道的输出将被忽略	
警告 Warning 171010	此网格中存在雅可比误差或翘曲因子误差。使用应力求解器进行分析时,这可能会导致错误	
警告 Warning 171011	LS-DYNA 仅支持二次四面体网格,流道的网格构造中还有其他单元类型流道的输出将被忽略	
警告 Warning 171012	LS-DYNA 仅支持二次四面体网格。模座的网格结构中还有其他单元类型。模座的输出将被忽略。	
警告 Warning 171013	在映射的网格中找不到嵌件。嵌件的输出将被忽略	
警告 Warning 171014	该网格超过 10 个节点,因此 LS-DYNA 不支持。网格的输出将被忽略	
警告 Warning 171015	PCG 求解器不支持 SOLID62 单元,请更换另一个求解器	
警告 Warning 171100	没有纤维取向数据,请检查纤维取向分析是否已成功完成	
警告 Warning 171200	无法读取*.m3o 数据,请重新启动流动分析	
警告 Warning 171300	CMI 参数文件不存在	
警告 Warning 171301	CMI 参数文件的格式不正确	
警告 Warning 171302	没有冷却分析结果,冷却温度的数据输出将被忽略	
警告 Warning 171303	没有充填分析结果,充填温度的数据输出将被忽略	
警告 Warning 171304	没有保压分析结果,保压温度的数据输出将被忽略	

续表

错误代码	症状/现象	解决方案
警告 Warning 171305	保压中没有体积收缩数据,"填充"中的"体积收缩"数据将用作计算的输入数据（接口：输出）	
警告 Warning 171306	无法打开*.cmx 文件，压力结果的多个时间步长输出将被忽略	
警告 Warning 171307	没有翘曲分析结果。热残余应力数据输出将被忽略，请检查翘曲分析是否已成功完成	
警告 Warning 171308	充填/保压中没有体积收缩数据。体积收缩数据的输出将被忽略。请检查充填/保压分析是否已成功完成	
警告 Warning 171309	没有冷却分析结果。初始应变的数据输出可能不考虑热位移的影响	
警告 Warning 171310	没有填充分析结果。充填压力的数据输出将被忽略	
警告 Warning 171311	没有保压分析结果。保压压力的数据输出将被忽略	
警告 Warning 171312	没有流动残余应力分析结果。流动残余应力数据输出将被忽略，请检查流动残余应力分析是否已成功完成	
警告 Warning 171313	该材料缺乏力学性能参数	
警告 Warning 171314	没有充填/保压分析结果	
警告 Warning 171315	缺少一个多时间步长填充分析结果	
警告 Warning 171316	缺少一个多时间步长保压分析结果	
警告 Warning 171317	这不是发泡注塑（FAIM）模型	
警告 Warning 171318	没有填充分析结果，充填速度的数据输出将被忽略	
警告 Warning 171400	ANSYS 不支持这种网格类型	
警告 Warning 171401	反应注射成型（RIM）材料不支持机械材料模型。在这种情况下，将采用默认材料属性	
警告 Warning 171402	不支持此网格类型	
警告 Warning 171403	无法同时输出流动压力和模座压力的数据	
警告 Warning 171404	映射网格文件仅包括型腔网格。仅能导出型腔网格及其相应数据	
警告 Warning 171405	映射网格文件仅包括模座网格。仅导出模座网格及其相应数据	

续表

错误代码	症状/现象	解决方案
警告 Warning 171406	Moldex3D-FEA 不支持网格 ID 重新编号，最大网格 ID 大于网格总数。导出映射结果可能需要更长的时间。建议先在映射的网格文件中重新编号网格。可以使用 Designer 进行重新编号，从而导出一个 MFE 文件	
警告 Warning 171407	包括嵌件或模座在内的可能映射结果应该是不正确的	
警告 Warning 172000	"映射域参数段 X" 超出范围，重置为默认值	
警告 Warning 172001	"映射域参数段 Y" 超出范围，重置为默认值	
警告 Warning 172002	"映射域参数段 Z" 超出范围，重置为默认值	
警告 Warning 172003	"材料减少参数：FiberThetaSegment" 超出范围，重置为默认值	
警告 Warning 172004	"材料还原参数：FiberPhiSegment" 超出范围，重置为默认值	
警告 Warning 172005	"材料减少参数：Fiber Strength Segment" 超出范围，重置为默认值	
警告 Warning 172006	"材料减少参数：Fiber Strength XSegment" 超出范围，重置为默认值	
警告 Warning 172007	"材料减少参数：Fiber Strength YSegment" 超出范围。重置为默认值	
警告 Warning 172100	无法打开 Mi2 文件	
警告 Warning 172200	在表面网格中找不到厚度	
错误 Error 173000	Moldex3D 网格和映射网格之间的体积差异达到 6.2%。跳过映射网格的步骤	
错误 Error 173001	无法打开 MFE 文件	
错误 Error 173002	无法读取 MFE 文件	
错误 Error 173003	无法打开*.MSH 文件	
错误 Error 173004	*.MSH 文件格式不一致	
错误 Error 173005	此网格文件的质量很差。有些网格具有负雅可比	在输出映射的网格之前，请尝试提高此文件的网格质量
错误 Error 173006	映射网格和 Moldex3D 网格的边界框不相等，误差大于 1%	
错误 Error 173007	由于模型中的四面体网格，在 ANSYS 计算初始应力输出时不允许使用 Solid-185 单元类型	请在初始应力输出的接口功能选项中将单元类型更改为高阶单元 Solid-186，或提供新的网格文件以输出映射网格
错误 Error 173008	没有映射的网格文件	

续表

错误代码	症状/现象	解决方案
错误 Error 173009	映射网格的某些网格缺少节点	
错误 Error 173010	此网格中存在雅可比误差或翘曲因子误差。使用应力求解器进行分析时，这可能会导致错误	
错误 Error 173011	此网格中存在雅可比误差。使用应力求解器进行分析时，这可能会导致错误	
错误 Error 173100	无法打开*.mat 文件	
错误 Error 173101	没有纤维取向数据	检查纤维取向分析是否已成功完成
错误 Error 173102	没有力学性能	请重新导入材料文件
错误 Error 173300	无法生成 CMI 参数文件	
错误 Error 173301	无法读取 CMI 参数文件	请检查 CMI 文件是否存在
错误 Error 173302	无法打开*.run 文件	
错误 Error 173303	无法打开 ANSYS（*.ans）文件，ANSYS 文件信息不足	
错误 Error 173304	无法打开*.inp 文件，ABAQUS 文件信息不足	
错误 Error 173305	无法打开 NASTRAN (*.bdf; *.dat; *.nas) 文件，Nastran 文件信息不足	
错误 Error 173306	无法打开*.cmx 文件	
错误 Error 173307	digimat 文件不存在	
错误 Error 173308	无法辨认 digimat 文件	
错误 Error 173309	在 CMI 文件中找不到参数的设置	
错误 Error 173310	无法打开 LSDYNA（*.dyn）文件，LSDYNA 文件信息不足	
错误 Error 173311	无法打开 marc (*.dat)文件，MARC 文件信息不足	
错误 Error 173400	Moldex3D eDesign-I2 暂不支持	
错误 Error 173401	不支持四面体网格类型	
错误 Error 173402	Moldex3D eDesign-I2 不支持导出原始网格和变形网格	
错误 Error 173403	映射的网格文件不包括模座网格。无法导出模座网格及其相关数据	
错误 Error 173404	映射网格文件不包括空腔网格。无法导出腔体网格及其相关数据	
错误 Error 173405	LSDYNA、NENatran、NX-Nastran、OptiStruct、MSC.NASTRAN 和 MSC.Marc 不支持四面体网格	
错误 Error 173406	输出路径的长度超过了微软的限制，请尽量减少路径字符的长度	

续表

错误代码	症状/现象	解决方案
错误 Error 173407	LS-DYNA 仅支持二次四面体网格	
错误 Error 173500	由于数值模拟发散，分析终止	
错误 Error 173501	Moldex3D Solid-I2 Run-time Error；数值运行时错误，执行异常，现在退出程序	
错误 Error 173502	输入数据错误	
错误 Error 173700		请尝试增加 RAM 或减少单元数量，然后重新运行分析
错误 Error 173800	授权检查错误，没有运行 I2 输出的权限	请检查 I2 输出的授权码，然后重新运行分析。如果这个问题仍然无法解决，请直接联系当地的代理商或 CoreTech（已启用此功能）
错误 Error 173801	授权检查错误，没有运行 I2 MCM 输出的权限	
错误 Error 173802	授权检查错误，无权运行 VOXEL 分析	
错误 Error 173803	错误代码 00	
错误 Error 173804	授权检查错误，没有运行 I2 AVM_ErrorCode：1 输出的权限	请检查 I2 输出的授权码，然后重新运行分析。如果这个问题仍然无法解决，请直接联系当地的代理商或 CoreTech（已启用此功能）
错误 Error 173805	授权检查错误，没有权限运行 I2 AVM_ErrorCode：2 输出	
错误 Error 173806	授权检查错误，没有权限运行 I2 AVM_ErrorCode：3 输出	
错误 Error 173807	授权检查错误，没有权限运行 I2 AVM_ErrorCode：4 输出	
错误 Error 173808	授权检查错误，没有权限运行 I2 AVM_ErrorCode：5 输出	
错误 Error 173809	授权检查错误，没有权限运行 I2 AVM_ErrorCode：6 输出	
错误 Error 173810	授权检查错误，没有权限运行 I2 AVM_ErrorCode：7 输出	
错误 Error 173811	刚度矩阵不是正定的	请检查力学性能是否合理